TRAITÉ

DE L'ASSOCIATION

DOMESTIQUE-AGRICOLE.

TOME II.

Avis,

~~~~~

Ces deux Volumes (Prix 15 fr.), faisant partie d'un Ouvrage qui doit contenir à peu près 6 tomes, on ne devra pas s'étonner d'y trouver des lacunes & des renvois auxquels suppléeront les tomes suivans. Le 3ᵉ donnera tout ce qui n'a pas pu trouver place dans les deux premiers.
~~~~~

TRAITÉ
DE L'ASSOCIATION
DOMESTIQUE-AGRICOLE.

Par Ch. Fourier.

» Aures habent et non audient ;
» Oculos habent et non videbunt. »
PSALMISTE.

TOME II.

A PARIS,

Chez BOSSANGE, Père, Libraire de S. A. S. Mgr. le Duc
d'Orléans, rue Richelieu, N° 60 ;
P. MONGIE AINÉ, Libraire, Boulevart-Poissonnière, N° 18.

A LONDRES,

Chez Martin BOSSANGE et Compe., FOREIGN BOOKSELLERS,
Great Marlborough Street, N° 14, *and at* 124 Regent Street.

1822.

CONTRE – SENS.

Pag. 379, lign. 17 : *prétentions*, lisez *précautions*.
  » » 32 : *préjugé*, lisez *piége*.
  426 » 3 : après le mot *cause*, ajoutez *de la longue durée de cette maladie*, supprimez *dont.*
  615 » 1 : *différence*, lisez *déférence*.

Quelques autres n'ont pas été notés.

ERRATA.

Pag. 79, lign. 2 : *ce* 1er, lisez *ce* 2e.
  138, » 28 : fonctions *dont*, lisez *d'où.*
  376, » 2 : *créa*, lisez *crée.*
  » » 4 : *ajouter*, lisez *ajoute.*

DISTRIBUTION DU IIme TOME.

SYNTHÈSE ROUTINIÈRE.

LIVRE I. — *Dispositions du mécanisme*.

Prologue. 1
SECTION 1re. Dispositions matérielles. 8
Citra-Pause. 68
SECTION 2e. Dispositions passionnelles. 76
Citer-Logue. 129

LIVRE II. — *De l'éducation unitaire*.

SECTION 3e. Education en phases antér. et citér. . . 137
1re NOTICE. Education antérieure. 141
2e NOTICE. Education citérieure. 187
Citer-Pause. 227
SECTION 4e. Education en phases ultér. et postér. . 233
3e NOTICE. Education ultérieure. 238
4e NOTICE. Education postérieure. 290

INTERLIMINAIRES. 363

LIVRE III. — *Dispositions de haute Harmonie*.

SECTION 5e, *renvoyée*. Des deux moduls mesuré et
puissanciel. 427
Ulter-Pause. 435
SECTION 6e, *ébauchée*. Des deux moduls ambigu et
infinitésimal. 440
Ulter-Logue. 471

LIVRE IV. — *De l'équilibre passionnel*.

SECTION 7e. Des équilibres cardinaux. 477
Ultra-Pause. 553
SECTION 8e. De l'équilibre unitaire interne. . . . 561
Post-Logue. 617

EPI-SECTION. Mode sociétaire simple. . . 631
EPILOGUE, *renvoyé*. 648

PLAN DU IIme TOME.

NOTA. *Cet article serait mieux placé à la fin du volume : je l'insère en tête, pour occuper les pages vacantes de la demi-feuille.*

Le 2e tome devait contenir huit sections en quatre livres ; mais les 3e et 4e sections s'étant trop étendues, il a fallu renvoyer les 5e et 6e, se borner à donner l'argument de l'une et l'abrégé de l'autre.

Une lacune très-notable dans ce traité provisoire, est celle de l'équilibre unitaire externe ou mécanisme de commerce véridique, (relations extérieures des Phalanges) : c'eût été un traité assez long, (300 pages au moins). Il exigeait, entr'autres préalables, une analyse des 36 caractères du commerce anarchique, I, 168, dont le 31e, LA BANQUEROUTE, est tablé en ordres, genres et espèces, II, 419. Il a fallu renvoyer ce sujet au 3e tome, ainsi que les sections 5 et 6.

Une autre lacune qui se fera sentir dans le cours de toutes les sections, c'est celle de l'analyse des passions, selon l'échelle donnée à la table, I, 394. J'ai déjà prévenu que cette analyse employant plus d'un demi-volume, ne pourra trouver place qu'au 4e tome.

On ne saurait contenter tous les goûts. Quelques-uns ont pensé que je donnais trop d'étendue au traité de l'éducation, livre II : c'est la seule branche d'Harmonie dont on puisse décrire en détail le mécanisme ; encore ai-je été entravé à la 4e notice, 290, affectée à la tribu qui entre en âge d'amour. Nos coutumes ne pouvant pas admettre l'hypothèse de libre choix en amour, il a fallu s'arrêter à cette tribu : l'examen des suivantes aurait exigé qu'on spéculât sur la pleine liberté de choix. Nos rigoristes en admettent volontiers le tableau, quand il s'agit des brigands Turcs et Barbaresques, et ils le trouveraient indécent en perspective de mœurs futures, applicables seulement à la 3e génération d'Harmonie ; inconséquence digne de gens qui veulent protéger la fourberie commerciale, et faire régner l'auguste vérité.

L'obstacle dont il s'agit, m'a obligé à donner un long intermède, 363, sur la fausseté générale des amours civilisés ; critique indispensable en théorie d'équilibre passionnel. Voyez la note (*).

(*) *Les preuves sur le mécanisme sociétaire doivent être* NÉGATIVES *et* POSITIVES *à la fois, preuves composées : si le respect dû aux usages et préjugés, oblige à retrancher quelque branche de preuves positives, il faut se rattacher aux négatives, comme les tableaux de la fausseté civilisée en relations d'amour et de famille,* CITER 369, INTER 389, ULTER 398. *Ces analyses dénotent le besoin d'un régime différent pour arriver à la vérité. Or, si notre système familial était conservé dans l'état sociétaire (Harmonie composée, I, 25), l'Association fonderait donc ses équilibres passionnels sur la fausseté, et par suite Dieu serait ami de la fausseté, puisqu'il en ferait le pivot de son mécanisme social.*

Cette opinion injurieuse à Dieu, est combattue dans les 3 articles

Dans cet intermède, l'exposition placée aux deux articles Præ, 363, et Cis, 365, est fort incomplète ; elle est simpliste, ne roulant que sur les vices inhérens à la fausseté.

Ce sujet devait être envisagé sous un point de vue composé, et joindre la perspective des garanties solidaires à celle du règne de la vérité.

Il eût fallu, dès l'exorde, Præ, 363, mentionner ce double but, Vérité et Garanties solidaires : il est exprimé bien tard, 365 1/2, et trop peu mentionné aux articles Trans et Post.

J'ai commis cette erreur, ce simplisme de but, en voulant faire trop de concessions à l'esprit français qui exige que, dans une dissertation sur l'amour, on débute par les roses, les papillons et autres fariboles. Préoccupé de cette obligation, j'ai perdu de vue l'un des deux buts, *les solidarités*, et je n'ai fait envisager que *la vérité*. On commet aisément ces inadvertances, quand le manuscrit n'est composé qu'au moment d'être livré à l'ouvrier.

En traitant de la vérité, il faut se garder de la recommander par elle seule, selon l'usage de nos politiques. Il faut toujours lui accoler l'utile ou bénéfice qu'elle produit constamment dans l'état sociétaire. Elle y devient agréable et utile : dans l'état civilisé, elle n'est que ruineuse et honnie.

Citer, *Inter* et *Ulter*, *où l'on voit que la fausseté établie par le régime actuel, n'engendre que des mœurs infames qui ne sauraient être le vœu de la divinité. De là j'ai conclu (Trans., 416), contre le régime de fausseté conjugale et commerciale, et conclu sur le besoin d'un régime garant de vérité en commerce et en amour.*

C'est traiter une question d'équilibre social en sens négatif : pour passer au positif, je donnerai, au 3e tome, le mécanisme de commerce véridique ; mais il restera à donner celui des amours véridiques ; et tant que les préjugés s'opposeront à ce qu'il soit publié, on ne devra pas s'étonner que les théories d'équilibre passionnel présentent des lacunes.

Les passions ne sont pas une mécanique dont on puisse équilibrer séparément telle ou telle branche, selon les caprices de chaque lecteur et les restrictions de chaque sophiste ; leur équilibre doit être intégral et unitaire ; *chacune des parties y correspond au tout, et si on fausse l'équilibre en amour, il sera, par contre-coup, faussé du plus au moins dans les autres branches du mécanisme sociétaire. J'ai dû employer un long Intermède à établir ce principe ; il sert de réplique à toutes les objections qu'on pourra m'adresser sur des lacunes, des points faibles, etc. Quand il me sera permis de décrire l'Harmonie pass., en entier, sans en exclure une passion de très-haute influence, (l'amour, cardinale rectrice mineure), on verra qu'il n'existe aucun côté faible dans l'Harmonie passionnelle ou théorie d'unité sociétaire, et que Dieu a bien intégralement calculé et consolidé les équilibres sociaux, sur tous les points de son mécanisme.*

On verra aux sections 7 et 8, que la nouvelle science d'équilibre passionnel est de la compétence des femmes comme des hommes, et qu'ici les *contre-poids et balances* ne sont plus des sentiers de ronces, comme dans les sciences actuelles.

Obligé de renvoyer les sections 5 et 6, j'ai motivé ce délai par deux aperçus, dont le 1er, 427, prouve que le sujet de la 5e section roulerait sur des calculs trop profonds pour des commençans ; et le sujet de la 6e, sur des calculs souvent risibles aux yeux de civilisés qui ignorent que les moindres plaisirs sont, en Harmonie, l'objet de vastes calculs en essor infinitésimal.

J'ai fait à cet égard une épreuve sur les lecteurs, par des dissertations puériles en apparence, l'une sur l'échelle des vilains goûts, 452, et ses emplois en infiniment petit ; l'autre, sur une babiole gastronomique, les petits pâtés, 459. On se tromperait fort, si on traitait ces détails de futilités lorsqu'ils s'appliquent à des spéculations étendues au globe entier. Je préviens que cette courte section est un piège pour les esprits faux et gens à courte vue, qui ne manqueront pas de s'y prendre, ignorant qu'on ne peut pas établir les équilibres de consommation, production, hygiène et autres, sur les grains et farines, si on ne sait pas l'établir sur leurs plus menus emplois, comme petits pâtés, croquignoles et dragées.

Déjà j'ai préludé sur les questions d'*infiniment petit* au Post-Ambule, I, 492, où j'ai indiqué une économie annuelle de 400 milliards sur des épingles, des allumettes et autres minuties que dédaigneraient nos sublimes génies. Toutefois, il faut faire ici une différence de nation à nation, et je suis persuadé que ces calculs sur les emplois de l'infiniment petit, seront mieux appréciés hors de France.

Non seulement ils forment une branche pivotale de l'Harmonie ; mais ils doivent y produire des équilibres généraux en matériel et en passionnel : c'est la thèse que je démontre à la 6e section, sur des infiniment petits. Le calcul sur les œufs de poule, I, 492, n'est qu'une harmonie matérielle simple : ici je présente l'harmonie des infiniment petits en composé matériel et passionnel. Au reste, si les sots raillent sur pareille thèse, les géomètres et les vrais équilibristes en sentiront l'importance. Voyez II, 465.

J'ai déjà remontré, I, 145, les lecteurs pointilleux qui ne s'attachent qu'aux accessoires, aux minuties, aux cotés plaisans pour des esprits superficiels : je leur réitère que, dans une affaire d'intérêt si majeur, l'attention doit se fixer sur les sept points principaux, énoncés *Avant-Propos*, Præ, pag. X ; il importe de le rappeler au début du 2e tome, afin de garantir le lecteur bénévole des insinuations de détracteurs et ergoteurs qui lui feraient perdre le fruit de cette étude, en le distrayant par la critique des formes, au lieu de le fixer à l'examen du fond, à la question de réalité de l'invention.

TRAITÉ

TRAITÉ

DE L'ASSOCIATION

DOMESTIQUE—AGRICOLE.

SYNTHÈSE ROUTINIÈRE.

PROLOGUE.

AUX HOMMES PRESSÉS DE JOUIR.

» *Nous arrivons enfin au tableau de cet ordre sociétaire*
» *qui, selon les paroles de Molière,*
    » Doit être tout confit en douceurs et plaisirs. »
» *Nous voilà délivrés des éternels prolégomènes, dont il*
» *a fallu boire le calice jusqu'à la lie, pour se rendre*
» *apte à l'initiation ; maintenant, plus d'obstacles ; nous*
» *n'aurons à lire qu'une théorie facile, charmante, et nos*
» *études vont devenir un sentier de roses. »*

*Ainsi raisonnera un lecteur qui ne saura pas faire la
différence des préparatifs du plaisir avec le plaisir même.
Les gens pressés de jouir voudraient qu'un arbre donnât
le fruit avant les feuilles, et que le livre qui enseigne les
voies du bonheur, fût une étude aussi agréable que les
biens qu'il doit donner.*

*Un bal, un opéra, un festin, nous divertissent ; mais les
travaux qui ont préparé cette fête, n'ont pas été des plaisirs.
Ainsi, quelque délicieux que soit le régime sociétaire, la
théorie qui doit nous l'enseigner n'a rien de récréatif par
elle-même. Elle ne doit charmer que par la justesse des
calculs sur l'ordonnance de ces passions tant méprisées,
et qui pourtant sont, de toutes les œuvres de Dieu, la
plus parfaite, la plus sublime.*

*Un écrivain de profession saurait semer de fleurs ce
brillant sujet ; mais j'ai prévenu qu'on ne doit attendre de*

moi que le talent d'inventeur, et non celui de rhéteur. N'est-ce pas assez servir les hommes, que de leur apporter l'objet de leurs désirs, l'art de s'élever promptement à la richesse et au bonheur! Quels faibles soldats que ceux qui s'effraieraient d'un peu d'étude pour obtenir un tel bien!

Vouloir que le livre qui résout ce grand problème soit encore un livre d'agrément, n'est-ce pas imiter un freluquet qui refuserait un trésor de cent mille ducats, en disant que le sac est de grosse toile rousse, et qu'il n'acceptera cet or que dans une corbeille ornée de falbalas!

C'est un tort général en France, que de confondre les inventeurs avec les spéculateurs qui écrivent pour amuser. Lorsqu'il s'agit de l'utile, on doit envisager le fond, et non la forme d'une théorie. La seule idée qui doive ici préoccuper le lecteur, c'est de vérifier si vraiment l'ordre des Séries passionnelles à la propriété d'élever la richesse aux degrés indiqués (T. I, 372),

Au triple effectif et décuple relatif en assoc. simple;
Au quintuple effect. et vingtuple relat. en assoc. mixte;
Au septuple effect. et trentuple relat. en assoc. composée.

On doit chercher ici des calculs et non des phrases : le problème n'est pas d'orner l'esprit, mais de remplir la bourse. Manque-t-il d'écrivains qui ne s'occupent qu'à récréer le public? Il pleut du bel esprit en France, comme des lavemens dans Pourceaugnac : mais ce qui manque, en fait de livres, c'est celui qui enseignerait l'art de s'enrichir subitement. Lorsqu'enfin ce secret est livré, quelle inconséquence d'exiger que le traité prenne le ton flatteur de ces fariboles oratoires, de ces systèmes insidieux dont les auteurs, loin de songer à enrichir le public, ne veulent que s'enrichir à ses dépens.

Ramenons donc les esprits dans la droite voie, et observons-leur que plus ils sont impatiens de jouir, plus ils doivent rechercher, dans la théorie qui va les satisfaire, des calculs rigoureux et non des fleurs de rhétorique. Loin d'exiger de moi le talent des orateurs et des beaux-esprits, ils devraient se méfier de mon livre, s'il se présentait sous ces formes. Un lecteur judicieux, qui ne veut que des intentions utiles, fait peu de cas de ces illusions oratoires:

il exige, avant tout, des raisonnemens, des principes, des preuves ; il veut être convaincu et non pas entraîné. Ce n'est donc point ici l'appât du style qu'on doit chercher, mais la garantie qui naît de calculs réguliers en preuve et contre-preuve.

Que chaque civilisé nous dise à quelles fatigues il se soumettrait pour obtenir le bénéfice annoncé ! Qu'on propose à l'homme dont le revenu ne s'élève qu'à mille francs, une corvée de deux années pour prix de laquelle on lui garantira une fortune de trois mille francs de rente, et des agrémens décuples de ceux dont il jouit ; vous verrez notre civilisé souscrire à toutes les tribulations, s'expatrier, courir aux Antipodes, braver les naufrages, les guerres, les intempéries. Et cet homme qui, pour tripler sa fortune, s'exposerait pendant deux ans à pareille corvée, doit-il trembler d'étudier deux volumes pour atteindre à son but, à la richesse ?

» Non, vraiment, réplique-t-il : si on était sûr de tripler sa fortune, on étudierait deux cents volumes, au besoin. Mais, dit le lecteur, quand j'aurai étudié vos deux tomes de théorie, me donneront-ils le moyen de former un canton sociétaire, sans lequel on ne peut pas opérer l'avènement du monde social à l'Harmonie ? Trouverai-je dans vos deux volumes, la somme de trois à quatre millions de francs, avance nécessaire pour cette fondation ? Y trouverai-je le moyen d'influencer les souverains, les ministres et les riches personnages qui peuvent être actionnaires et fondateurs ! »

Sans doute on trouvera ici cette voie d'influence : quiconque entoure les rois et les grands, aura des moyens assurés de les déterminer à fonder le canton d'épreuve ; il suffira qu'il fasse valoir auprès d'eux les avantages suivans, entre cent autres :

Extirper tous les germes de révolution :

Assurer au fondateur un empire, un césarat ou l'omniarchat :

Libérer de dette publique la nation fondatrice :

Tripler d'emblée le produit effectif de l'industrie :

✗ Concilier la vertu avec la cupidité.

Celui qui aura bien compris la théorie de l'Attraction

et du mécanisme sériaire, saura démontrer à un monarque, à un ministre, la facilité d'arriver à tant de biens par la fondation d'un canton sociétaire. Il saura, par un recueil d'argumens pressans, tel que celui qui termine l'appendice I, 391, convaincre monarques et ministres, par-tout empressés d'étouffer les fermens révolutionnaires, d'étendre leur domination et la garantir aux héritiers légitimes.

Ceux qui entourent un prince auront d'autant plus de facilité à le persuader, que la théorie d'Association n'est point une science ardue comme les mathématiques, la chimie, la botanique, etc. On ne trouvera pas dans ma théorie le quart des difficultés que présente chacune de ces trois sciences, et pas le 20e de celles qu'on rencontre dans les grimoires d'idéologie et d'économisme.

C'est donc à ceux qui ont besoin de la fortune, à faire les avances d'études et de démonstrations, pour déterminer aux avances de fondation l'un des 4000 candidats nantis de la fortune, et dont chacun peut devenir chef de souscription actionnaire et de fondation.

Si ce traité, comme toutes les théories élémentaires, présente dans les détails quelques ronces didactiques, on peut dire que la science est toute de fleurs, quant au cadre général. Quoi de plus séduisant qu'une doctrine qui va nous enseigner à allier les vertus avec la soif de l'or, marcher à une fortune rapide par la culture des sciences, des lettres et des arts, y marcher par l'exercice des plaisirs aujourd'hui si ruineux, faire que celui qui se livrera le plus ardemment au plaisir, devienne éminemment utile au bonheur de tous! une théorie si merveilleuse n'est-elle pas plus intéressante à elle seule, que toutes les connaissances acquises, dont elle va d'ailleurs décupler l'étendue, ainsi qu'on a pu le voir à l'article PIVOT INVERSE, I, 497!

Insistons sur la propriété pivotale ou accord de la vertu avec la cupidité, et par suite, avec la volupté. Les Épicuriens eurent l'idée de cet accord : c'était une louable intention; ils avaient entrevu le but de Dieu, mais non pas les moyens : ils omettaient de porter en compte la condition principale, ou assurance de trouver le chemin de la fortune dans la pratique de la vertu et de la vérité.

Je croirai, si l'on veut, que la vertu isolée du plaisir doive séduire par elle seule ; mais d'où vient qu'elle ne séduit aucun de ces histrions qui s'en disent les apôtres, et qu'en nous prêchant le mépris, l'inconsidération ou non-considération (*) des richesses, ils sont disposés à commettre tous les crimes pour s'élever à la fortune !

Admettons leur sincérité, et raisonnons-en spéculativement. Si la vertu par sa seule beauté trouve encore des partisans, malgré les disgrâces qui l'accablent, quel doit être leur enthousiasme pour l'ordre sociétaire qui fait de la fortune le prix de la vertu ! jusqu'à présent il a fallu opter entre l'une ou l'autre, puisque la civilisation ne présente aucun moyen d'atteindre simultanément à l'une et à l'autre. L'état sociétaire va mener de front ces deux ressorts

(*) Admirable formule, savante doctrine que prêchait à Paris un conventionnel nommé Pison du Galand (1796). Il enseignait à cette Convention déjà si féconde en vertus, qu'il fallait inconsidérer, ou non-considérer les richesses, et que cette morale ferait le tour du monde.

La Convention nationale était si unanime pour la vertu, que personne ne contredit l'orateur. D'ailleurs, elle réunissait dans son sein d'autres champions moraux de même force que M. Pison. L'un d'entr'eux avait proposé à l'auguste sénat conventionnel, « De faire confisquer tout l'or et l'argent existans dans la république, de fondre ces vils métaux, et en fabriquer des boulets pour les lancer contre les vils satellites de Pitt et Cobourg. »

La motion ne fit pas fortune ; elle valait pourtant celle du citoyen Pison. C'était de part et d'autre même doctrine : l'un prêchait la théorie et l'autre la pratique.

En effet, si l'on juge à propos d'inconsidérer ou non-considérer l'or et l'argent, peut-on faire mieux que de les lancer sur nos ennemis, comme objets de nulle valeur, et garder pour nous le fer, puisqu'il ne faut aux républicains que du pain, du fer, du salpêtre et des vertus !

Je trouve seulement un inconvénient dans ce projet ; c'est que, si on eut confisqué, rassemblé et fondu tout cet or et cet argent pour les lancer sur les ennemis, il eut été à craindre que certains coryphées républicains n'en conservassent quelques boulets d'or massif, et des plus lourds, tout en inconsidérant ou non-considérant ces vils métaux.

La belle chose que la philosophie ! Que de sublimes doctrines elle nous a enseigné depuis 300 ans ; combien de succès elle a obtenus dans Paris sur le dogme du mépris des richesses ! et le siècle qui prêche ces sornettes se vante d'avoir perfectionné la raison !

si incompatibles dans l'état morcelé. Quelle doctrine séduisante pour quiconque est sincèrement épris de la vertu! son amant le plus farouche pourrait-il être ennemi d'une fortune qui deviendra le prix des bonnes actions, et qui réalisera le vœu des Epicuriens, rêvant en civilisation le plus brillant effet du régime sociétaire!

D'ailleurs, ces éloquens amis de la vertu sont pour l'ordinaire des savans: obligés de sacrifier la fortune à la culture des sciences, ils deviennent à double titre partisans de l'état sociétaire, qui les conduira à la fortune par la science et par la vertu. (Voyez à l'intermède I, les deux moyens positifs 268, 280.

Quant à la multitude qui ne connaît guères d'autre guide que les sens, elle deviendra idolâtre du gouvernement et de la science, au nom de qui on lui recommandera de se livrer au plaisir, dont on lui fournira d'innombrables variétés. Jusqu'à présent l'étude des passions n'a été qu'une région de ténèbres, où l'on a marché sans boussole, réglant tout arbitrairement*, prenant les diatribes et sophismes pour des doctrines. Dans une telle confusion, les Zoïles ont beau jeu de diffamer un inventeur qui apporte la BOUSSOLE SOCIALE, ou calcul des Séries pass.; de ravaler son livre au niveau des productions sophistiques, et condamner l'ouvrage sur la lecture d'un paragraphe. Ecoutons-les parler : voici le ton et la manière de ces oracles.

Que dit-il, ce livre de l'Attraction? Bah! des folies: un homme qui prétend qu'on a manqué la découverte des destinées; que le genre humain est réservé à un immense bonheur; qu'il existe un calcul sur l'Harmonie universelle des pass.; qu'elles tendent à former un nouvel ordre social, qui serait l'opposé des discordes civilisées; un ordre où tous les peuples vivraient dans les délices et dans l'opulence graduée, malgré l'inégalité des fortunes! un ordre où le travail deviendrait plus attrayant que nos bals et spectacles! un ordre qui, dès le 1er essai, serait adopté avec transport par tous les peuples civilisés, barbares et sauvages! C'est un roman gigantesque, s'il en fut jamais; grandiose, à la vérité, mais impraticable. Si l'auteur avait raison, tous nos philosophes se seraient donc trompés: tant de torrens de lumière, Platon et Sénèque, Montesquieu et Rousseau, seraient donc réduits au néant! Ah c'est impossible; cet homme rêve assurément. Eh quel est-il? Est-ce un académicien, un philosophe célèbre? Non: c'est un provincial des plus obscurs. Bah, il n'a pas le sens commun! La province fournit de plaisans originaux.

Ainsi raisonne l'orgueil : chacun se donne des airs d'Aristarque, aux dépens d'une découverte qui heurte les préjugés. Chacun au 15ᵉ siècle semblait homme d'esprit, en traitant Colomb de visionnaire. Employez 20 ans de travail à tirer du néant une théorie de haute importance, vous serez jugé sans appel par un farfadet qui, n'ayant pas même lu l'ouvrage, n'étant pas capable d'en réfuter un seul argument, tranche de l'oracle et entraîne les suffrages en flattant les petits esprits jaloux des découvertes.

Pourquoi l'Europe ridiculisa-t-elle Colomb qui annonçait le nouveau monde continental ! Je l'ai dit en d'autres termes ; c'est qu'en admettant que Colomb pût avoir raison, l'on déversait le ridicule sur 20 siècles précédens. Cent millions d'individus ne veulent pas consentir à se suspecter en masse, douter de toutes les lumières acquises, et donner du relief à un inconnu qui entre en scène. En vain leur représente-t-on les avantages de la découverte, et même leur intérêt personnel ; dussent-ils en recueillir les mines du Potose, ils ne voient que l'affront fait à l'orgueil général ; chacun regimbe et accuse l'inventeur de vision, pour sauver la gloriole du siècle et la sienne propre.

Les adeptes de la doctrine sociétaire devront se garder d'aucun débat avec cette tourbe de précieux. On ne doit s'attacher qu'à initier un des hommes éclairés qui entourent les trônes, ou bien un riche capitaliste ; car, après tout, il ne faut qu'un homme pour fonder l'Association, et dès qu'il aura fait mine de disposer le terrain, toutes les légions d'IMPOSSIBLES seront déjà battues de fait, confuses de leur détraction anticipée, et humbles apologistes de l'invention qu'elles auront ravalée la veille. Il suffira donc d'efforts médiocres pour l'exécution comme pour l'étude. Assurés de trouver aisément un candidat sur une masse de 4000, comment les disciples pourraient-ils concevoir des craintes !

J'ai dû les rassurer dans ce court prologue, et remontrer ceux qui pensent trouver une lecture amusante dans un ouvrage qui enseigne les voies du bonheur. Ce serait exiger de la théorie ce qu'on doit attendre de la pratique : beaucoup de gens commettent fort innocemment cette erreur. Après les avoir désabusés, nous pouvons entrer en matière.

LIVRE PREMIER.

DISPOSITIONS DU MÉCANISME.

~~~~~~~~~~~~

SECTION PREMIÈRE.

DISPOSITIONS MATÉRIELLES.

CHAPITRE PREMIER.

PRÉPARATIFS du Canton d'Essai.

Pour déférer au vœu des impatiens, aux intentions des Français chez qui j'écris, je vais faire de mes lecteurs des *ROUTINIERS* en art sociétaire : je vais les éduquer comme les *maçons-gâcheurs*, qui en pratiquant deviennent architectes sans connaissances géométriques.

Etudions donc l'Association en praticiens qui négligent les principes, ou n'en apprennent que le strict nécessaire. J'en glisserai çà et là quelques-uns ; mais superficiellement, et sauf à les exposer avec régularité, quand nous passerons d'une synthèse routinière à une synthèse régulière.

Je suppose que les lecteurs, *même les impatiens*, ont connaissance des chapitres dont j'ai déclaré la lecture OBLIGÉE, (Tom. I, Avant-propos, *post.*). Quiconque aurait négligé cette initiation préliminaire, échouerait dans l'étude routinière. Je veux bien épargner aux impatiens, moitié et même deux tiers des instructions préalables ; cependant la complaisance a des bornes, surtout en affaires scientifiques, et je ne peux pas, dans l'enseignement d'une science neuve comme l'Association, dispenser un lecteur d'étudier les principes en abrégé, selon l'instruction donnée pour les caractères frivoles.

Je dois donc exiger et supposer qu'on ait lu au moins le minimum assigné (Avant-propos, *post.*) à la classe frivole ; minimum qui ne comprend guères qu'un tiers du premier volume. Ce tiers a dû suffire pour leur enseigner la distribution d'une Série et les relations de ses groupes.
~~~~~~~~~~~~

Autre avis à leur rappeler. C'est qu'il faut traiter de l'Harmonie composée avant d'enseigner la simple, qui est une réduction, comme la gravure qui retrace un grand tableau.

Il est à peu près certain qu'on débutera par la petite Harmonie, désignée sous les noms de *hongrée* ou *simple* (7ᵉ période, 1ʳᵉ partie ,25) : elle n'exige qu'environ 80 familles villageoises, peu de terrain, peu de capitaux. Il conviendrait donc d'en faire l'objet de nos premières études ; mais pour bien comprendre le mécanisme de la petite Harmonie, il faut préalablement étudier la grande, puis déterminer ensuite quels retranchemens elle peut subir, et quelle marche on doit suivre en réduisant à 1/3 ou 1/4 ce vaste mécanisme. Il faut l'envisager dans son entier, pour apprendre à le réduire au quart ; il faut étudier la 8ᵉ période et ses magnificences, pour apprendre à organiser le système bourgeois de la 7ᵉ.

D'ailleurs, dès que l'épreuve de la 7ᵉ sera faite, on voudra dès l'année suivante fonder la 8ᵉ. Dès-lors il est indispensable d'étudier celle qui est but ultérieur, et qui suivra de si près le petit essai d'Harmonie hongrée.

Nous supposerons donc l'essai fait par un souverain ou par un particulier opulent, comme les Devonshire, Northumberland, Bedfort ; les Scheremetoff, Labanoff, Czartoriski ; les Esterhazy, Belmonte, Medina-Celi ; les Baring, Lafite, Hope, etc., ou enfin par une compagnie puissante, qui voudrait éviter les tâtonnemens, et organiser d'emblée la grande Harmonie, la 8ᵉ période en plénitude. Je vais indiquer la marche à suivre en pareil cas.

Il faut, pour une Association de 1,500 à 1,600 personnes, un terrain contenant une forte lieue carrée, soit une surface de six millions de toises carrées : (n'oublions pas qu'il suffira du tiers pour le mode simple).

Que le pays soit pourvu d'un beau courant d'eau, qu'il soit coupé de collines et propre à des cultures variées, qu'il soit adossé à une forêt et peu éloigné d'une grande ville, mais assez pour éviter les importuns.

La Phalange d'essai étant seule et sans appui de Phalanges vicinales, aura, par suite de cet isolement, tant de lacunes d'attraction, tant de calmes passionnels à redouter dans ses manœuvres, qu'il faudra lui ménager soigneusement le secours d'un bon local approprié aux variétés de fonctions. Un pays plat, comme Anvers, Leipsick, Orléans, serait tout-à-fait inconvenant, et ferait avorter beaucoup de Séries, à égale surface de terrain. Il faudra donc rechercher un pays coupé, comme les environs de Lausanne, ou tout au moins une belle vallée pourvue d'un courant d'eau et d'une forêt, comme la vallée de Bruxelles à Halle. Un beau local près Paris, serait le terrain situé entre Poissy et Conflans, Poissy et Meulan.

On rassemblera 1,500 à 1,600 personnes d'inégalité graduée en fortunes, âges et caractères, en connaissances théoriques et pratiques ; on ménagera dans cette réunion la plus grande variété possible ; car plus il existera de variété dans les passions et facultés quelconques des sociétaires, plus il sera facile de les harmoniser en peu de temps.

On devra donc réunir dans ce canton d'essai tous les travaux de culture praticable, y compris ceux de serres chaudes et fraîches ; y ajouter pour l'exercice d'hiver et des jours de pluie, au moins trois manufactures accessoires ; plus, diverses branches de pratique en sciences et arts, indépendamment des écoles. On adaptera une Série pass. à l'exercice de chaque branche : elle établira parmi ses sectaires des divisions de genre, des groupes d'espèce, conformément aux instructions données au premier tome, 15 et 423.

On devra, avant tout, statuer sur l'évaluation des capitaux versés actionnairement ; terres, matériaux, troupeaux, instrumens, etc. Ce détail paraît être un des premiers dont il faudrait s'occuper ; je crois à propos de le renvoyer. Bornons-nous à dire qu'on représentera tous ces versemens en actions transmissibles et coupons d'actions. Laissons ces comptes minutieux, et dissertons préférablement sur des questions de politique attractionnelle.

Une grande difficulté à surmonter dans la Phalange d'essai, sera de parvenir à former les nœuds de haute mécanique ou liens collectifs des Séries, avant la fin de la belle saison. Il faudra, avant le retour de l'hiver, parvenir à liguer passionnément la masse des sociétaires ; les amener au dévouement collectif et individuel pour le soutien de la Phalange, et surtout à l'accord parfait dans les répartitions de bénéfice, en raison des trois facultés, *Capital*, *Travail* et *Talent*.

Cette difficulté sera plus forte dans les pays du nord que dans ceux du midi, vu la différence de huit mois à cinq mois, sur le temps d'exercice agricole.

Une Phalange d'essai ne pouvant débuter que par les travaux agricoles, elle n'entrera en plein exercice qu'au mois de mai (en climat de 5o degrés), comme aux environs de Londres ou Paris ; et puisqu'il faudra, avant la cessation des travaux champêtres, avant le mois d'octobre, parvenir à former les liens généraux, les nœuds harmoniques des Séries, on n'aura guères que cinq mois de plein exercice dans les régions du 5o° : l'opération devra être consommée dans ce court délai.

L'épreuve se ferait donc bien plus commodément en pays tempéré, comme Florence, Naples, Valence, Lisbonne, où l'on aurait huit à neuf mois de pleine culture ; et d'autant plus de facilité à consolider les nœuds, qu'il ne resterait à franchir que trois ou quatre mois de calme passionnel pour atteindre au deuxième printemps, époque où la Phalange, dès sa rentrée aux travaux agricoles, reformerait ses liens et cabales avec beaucoup plus d'activité, leur donnerait un degré d'intensité bien supérieur à celui de la première année ; elle serait dès-lors en état de pleine consolidation, et assez forte pour éviter les calmes passionnels dans le cours du second hiver.

On verra au chapitre des lacunes d'attraction (notice du mode simple), que la première Phalange, par effet de sa solitude sociale et autres entraves inhérentes au canton d'épreuve, aura douze obstacles spéciaux à surmonter, obstacles qui n'existeront pas pour les Phalanges de fondation subséquente. C'est pourquoi il importerait fort d'avoir, dans ce canton d'épreuve, l'appui de cultures prolongées huit et neuf mois, comme celles de Naples et de Lisbonne.

Si, au lieu d'être entourée de civilisés, la Phalange d'essai était avoisinée de peuples élevés en septième période, ou seulement eu sixième (I, tabl. 25), elle pourrait compter sur deux secours de mécanique spirituelle, qui donneraient du nerf à ses intrigues, et l'aideraient à franchir aisément les premiers pas. Mais elle ne sera entourée que de ces vipères sociales qu'on nomme civilisés, *Progenies viperarum*, dit l'Evangile; gens dont les relations toutes mensongères seront, pour la première Phalange, *en spirituel*, ce que serait, *en matériel*, un entourage de pestiférés pour une ville salubre. Cette ville serait obligée de les éloigner d'elle, et braquer le canon contre ceux qui approcheraient ses murs.

La Phalange d'épreuve sera obligée de faire, *en sens moral*, pareille opération contre la contagion des mœurs civilisées : elle sera forcée à s'isoler de ses perfides voisins en toute relation passionnelle ou spirituelle : (il faut se rappeler que ces deux mots sont synonimes par opposition au matériel).

Les civilisés sont si habitués à la fausseté, qu'ils la pratiquent même dans les circonstances où ils inclineraient à pratiquer la vérité. Un civilisé est menteur par bienséance et par moralité. Avec de telles habitudes, les civilisés fausseraient le mécanisme d'Harmonie, si on leur permettait de s'y entremettre.

Cette défiance n'empêchera pas d'admettre quelques civilisés comme spectateurs consignés en *quarantaine morale*, et cette admission conditionnelle sera l'objet d'une spéculation très-lucrative, qui vaudra en bénéfice une vingtaine de millions à la Phalange d'essai, pour peu qu'elle dirige habilement l'affaire. (On en verra plus loin l'estimation).

Continuons sur les détails de rassemblement.

Elle devra avoir, en cultivateurs et manufacturiers, au moins les 7/8ᵉˢ de ses membres ; le surplus se composera de capitalistes, savans et artistes, qui ne seraient pas nécessaires dans le petit essai d'Harmonie hongrée ou simple, borné à 80 ou à 100 familles de villageois et artisans. Mais il est entendu que nous spéculons sur le mode composé, à 1500 ou 1600 sociétaires ; mode qu'il faut expliquer d'abord, avant de descendre au simple, puisque le simple est une réduction du composé.

Continuons donc à spéculer sur une grande Phalange de 1500 habitans, exploitant un terrain de 6 millions de toises carrées ; (je dirais 2 millions en mode simple).

La Phalange serait mal graduée et difficile à équilibrer, si, parmi ses capitalistes, il s'en trouvait plusieurs riches à 100,000 fr., plusieurs riches à 50,000 fr., sans fortunes intermédiaires. En pareil cas, il faudrait chercher à se procurer des fortunes moyennes de 60, 70, 80, 90,000 fr. La Phalange la mieux graduée en tout sens, élève l'Harmonie sociale et les bénéfices au plus haut degré.

En préparant les plantations et ateliers de la Phalange

d'essai, il faudra prévoir et estimer à peu près la dose d'attraction que doit exciter chaque branche d'industrie. Par exemple,
on sait que le prunier attire beaucoup moins que le poirier; on
plantera donc moins de pruniers que de poiriers. La dose d'attraction sera la seule règle à suivre dans chaque branche d'industrie agricole et manufacturière.

Des économistes raisonneraient différemment ; ils poseraient
en principe, qu'il faudra cultiver ce qui rendra le plus, et
forcer en dose sur les objets les plus productifs. La Phalange
d'essai doit se garder de cette erreur : elle doit avoir une politique différente de celles qui la suivront : quand toutes les
régions passeront à l'Harmonie et s'organiseront combinément,
sans doute il sera nécessaire de proportionner les cultures aux
convenances d'intérêt et d'attraction ; mais dans le canton
d'essai, on a un tout autre but à atteindre ; il s'agit d'arriver
à faire travailler une masse de 15 à 1600 personnes, par pure
attraction ; et si l'on pouvait prévoir que les chardons et les
ronces attireront plus activement au travail que les vergers et
les fleurs, il faudrait abandonner vergers et fleurs, et leur préférer chardons et ronces, dans le canton d'épreuve.

En effet, dès qu'il aura atteint ses deux buts, attraction industrielle et équilibre pass., il aura assez de moyens d'étendre
son industrie aux objets utiles et négligés dans l'essai. Ses
forces d'ailleurs seront doublées, dès que les cantons de son
voisinage se seront organisés en Harmonie, et que toute la
région pourra intervenir dans le mécanisme d'attraction. Il
faudra donc, dans le coup d'essai, s'attacher uniquement à
créer l'attraction industrielle, sans acception des produits sur
lesquels on l'exercera.

J'ai dû poser rigoureusement la thèse, parce que les critiques pourront s'étonner de ce que j'ordonne pour le 1er canton,
beaucoup de fleurs, de vergers, d'animaux de basse-cour, et
fort peu de grande culture. C'est qu'il n'aura pas encore pour
la grande culture certains leviers d'attraction, qui ne naîtront
que de l'organisation générale, et des secours vicinaux que se
prêteront les Phalanges dans leurs travaux. Le 1er canton,
dépourvu de ces moyens, devra adopter une tactique de circonstance, et résoudre le problème d'attraction industrielle par
des voies quelconques.

On connaît à peu près les espèces d'animaux et végétaux dont le soin offre le plus d'attrait, et l'on jugera facilement des proportions à observer dans les préparatifs industriels de la Phalange d'épreuve. On commettra nécessairement, dans ces estimations, quelques erreurs, et il faudra plusieurs années pour fixer la juste proportion à établir dans les détails industriels d'un canton.

Au reste, comme les frais de fondation de la Phalange d'essai seront remboursés par la Hiérarchie sphérique, à 12 capitaux pour un, il importera peu aux actionnaires qu'on ait commis, dans la distribution des travaux, quelques fautes de distribution qui diminueront le profit des premières années : on devra s'attacher exclusivement à atteindre le but, attraction industrielle et équilibre passionnel. Ce sera le gage de la victoire ; et les actionnaires ou fondateurs devront se rappeler que, lorsqu'ils auront obtenu cette victoire, démontré pratiquement l'équilibre passionnel et frayé la voie d'avènement aux destinées heureuses, le globe croira n'avoir pas assez de trésors pour récompenser les libérateurs qui lui auront ouvert l'issue du labyrinthe civilisé, barbare et sauvage.

CHAPITRE II.

Fonds capital et chances de réduction.

Quelle somme faudra-t-il avancer pour cette brillante fondation qui va changer la face du monde, le transformer en paradis terrestre ? Si je réponds *dix mille francs*, chacun va éclater de rire ; si je réponds *dix millions*, chacun va tirer de l'aile et dire que les souverains mêmes n'ont pas dix millions d'argent mignon à exposer pour le succès d'une belle théorie.

Indiquez donc la somme qu'on voudra y affecter. Je laisse l'option sur toutes les sommes, depuis 10,000 francs jusqu'à 10,000,000 fr. : toutes peuvent réussir également, sauf le degré d'influence qu'aura le fondateur, et sauf le degré d'essai qu'on voudra tenter, depuis la Phalange de pleine Harmonie à 15 ou 1600 sectaires, jusqu'à la Phalange sous-hongrée, qui peut se réduire à 200 personnes, soit 40 familles de villageois et artisans, selon le tableau II, 17.

Le fondateur sera-t-il un souverain ou un particulier; sera-t-il de classe moyenne, comme un grand propriétaire ou un riche banquier? Toutes ces variantes de facultés individuelles fournissent autant de chances, quant au versement du fonds capital ; et il est très-certain qu'un grand souverain pourra, moyennant une avance de 10,000 fr., fonder une Phalange de haute Harmonie, ce que ne pourrait pas faire à égal prix un simple particulier.

Expliquons le mystère : ce souverain peut, de ses domaines ou forêts, fournir le terrain en bail ou fermage, et avec grand bénéfice ; l'avance ne lui coûtera pas une obole, car on transigera avec les fermiers qu'on admettra dans l'Association. Il trouvera au bout de trois ans un ample bénéfice dans la vente de son terrain que rachètera la Phalange quand elle sera en plein exercice.

Un souverain peut donc affecter une de ses forêts, en tout ou en partie, pour éviter un achat de terrain cultivé. Le roi de France pourrait assigner, sur la forêt de Saint-Germain, une portion prise entre Poissy et Conflans. Un roi peut prêter quelques bataillons pour faire la coupe et coopérer aux travaux de défrichement et fondation ; il peut aussi avancer un de ses domaines cultivés, car il est bon que la Phalange d'essai trouve quelques vergers déjà emplantés et donnant du fruit ; quelques vignes d'âge ; enfin quelques occupations productives de la première année.

Si un grand souverain consent, comme il le peut , à faire l'avance de ces divers objets qui ne lui coûteront aucun déboursé, il ne lui restera que peu de frais à faire pour installer la Phalange. Il pourra y affecter (toujours à titre d'avance remboursable) un de ses châteaux inutiles ; par exemple, Choisy ou Meudon près Paris. Mais comme les bâtimens civilisés sont distribués sans aucun rapport avec les relations d'Harmonie, il conviendra beaucoup mieux de construire en plein l'édifice et les étables , sauf à bâtir économiquement en briques et matériaux de peu de valeur ; précautions nécessaires, puisque la Phalange d'essai, dépourvue d'expérience , commettra nécessairement des fautes sur les dimensions convenables à l'édifice.

En supposant la fourniture du terrain et le prêt de quelques bataillons à petit salaire, pour accélérer le travail de fondation, il ne restera à faire que peu d'avances pécuniaires pour les constructions, plantations, achats d'animaux, établissement d'ateliers et équipement des sociétaires de la classe pauvre.

Admettons que pour ces divers frais, il faille encore une somme de quatre millions de francs dont les constructions absorberaient la majeure partie : on divisera cette somme en 400 actions de dix mille francs, et si le prince prend la première action, les courtisans, financiers, banquiers, prendront à l'instant toutes les autres, vu qu'il n'y a pas une obole à risquer, l'affaire étant purement agricole et manufacturière.

D'ailleurs, dès qu'on aura mis la main à l'œuvre, dès que le monde civilisé verra que la civilisation va finir et qu'il faut tourner ses vues vers le nouvel ordre, les actions du canton d'essai se vendront à une hausse inappréciable et dont j'indiquerai plus loin les causes.

Si le prince, en délivrant les actions, se réserve de les retirer moyennant un bénéfice de 50 p. 0/0 aux détenteurs, il aura la chance de gagner deux millions dans le cas de doublement, 6 millions dans le cas de triplement du prix. Or, il est certain que, pour l'avantage d'être actionnaires de la première Phalange, beaucoup de membres achèteront à 30,000 fr., l'action qui n'en aura coûté que 10,000. Ils y trouveront bénéfice pécuniaire sur le revenu, triple de celui de civilisation, et avantage de prérogatives que donnera le rôle d'actionnaire : on en verra plus loin le détail.

A ce compte, un souverain fondateur n'aura réellement avancé que 10,000 fr. employés à la première action, et pour ce faible effort, il aura la garantie de l'omniarchat du globe, ou sceptre héréditaire de l'unité universelle, T. I, 286. C'est un résultat si plaisant et si facile, qu'il conviendra de le démontrer amplement dans des chapitres spéciaux. En attendant, il est bon de l'annoncer, pour rassurer ceux qui craignent qu'on ne réussisse pas à engager un des princes d'Europe à cette fondation. Il est plus probable que la majeure partie d'entr'eux s'en disputeront l'honneur, puisque les petits souverains de 400, 300 et même 200,000 habitans, comme ceux de Darmstadt, Parme et Weïmar, ont tous les moyens nécessaires pour opérer cette fondation *sans bourse délier*,

et

et en se bornant à prendre la première action, avec réserve de rachat du tout à 5o p. o/o de bénéfice.

Voilà une chance économique pour un monarque ou prince : j'en indiquerais vingt autres pour des particuliers moins puissans, et qui ne voudraient entreprendre pour essai qu'une Phalange minime à 4o familles villageoises, opérant sur un petit terrain, sur un carré de 5oo toises de base. On aura mille moyens d'éviter la dépense d'un devis général de 10 millions en grande Harmonie, ou 3 à 4 millions en petite.

Sans nous arrêter à l'examen de ces voies d'économie dont je pourrai disserter, au besoin, avec l'entrepreneur, étudions notre théorie comme si les fonds étaient faits, comme si on était déjà assuré d'un prince ou d'une compagnie de sous— cripteurs prêts à verser, soit dix millions, soit cinq, soit deux, selon le degré d'épreuve auquel on se décidera, et ne perdons pas de vue que, pour bien connaître la théorie d'Association en tous degrés, il faut étudier le plus élevé, d'où on descendra facilement aux autres. Nous allons donc continuer sur l'hypothèse d'un essai de la grande Harmonie à 15 ou 1600 personnes.

On ne peut pas admettre indifféremment toute masse de colons. Il faut établir une proportion entre les fortunes et le nombre des sectaires : en voici le tableau.

Tableau des Gradations de Fortune et de Nombre, exigibles dans chaque degré d'Harmonie passionnelle.

Degrés.	Nombre d'agens.	Échelle de fortunes.
Ʞ	200 Sous-Hongré.	de o à 20,000 environ.
1	400 Hongré.	o à 60,000.
2	600 Sur-Hongré.	o à 200,000.
3	800 Sous–Mixte.	o à 600,000.
4	1000 Mixte.	o à 2000,000.
5	1200 Sur–Mixte.	o à 6000,000.
6	1400 Sous-Composé.	o à 20000,000.
7	1600 Composé.	o à 60000,000.
X	1800 Sur-Composé	o à 200000,000.

On ne pourrait pas élever le nombre des sociétaires à 2000 ; ce serait hasarder une confusion de mécanisme. Encore pour le porter à 1800, faudra-t-il une Phalange excessivement riche en graduation de fortunes. Je dis *graduation*, car il ne suffira pas qu'il s'y trouve un prince ou particulier riche à 200,000,000; il faudra que l'échelle de fortunes soit régulière et complète. On ne verra guères de ces brillantes Phalanges que dans les lieux de résidence d'un très-grand souverain : elles seront néanmoins praticables dans tous les lieux où on réunirait les fortunes colossales bien échelonnées.

Nous ne spéculerons, dans ce traité, que sur le degré 7°, qui est déjà Phalange de haut parage, (puisqu'on y suppose les fortunes des sociétaires graduées par degrés jusqu'à 50 ou 60 millions), et sur le degré 1, dit hongré.

Nous spéculerons en même temps sur l'extrême réduction, sur le degré К ou Harmonie minime, transition qui est hors de gamme, puisque le nombre ne se prête pas à l'opération essentielle ou division en seize tribus d'âges dont je parlerai plus loin, division qu'on peut déjà former avec le nombre 400 (degré 1). Mais pour faciliter les candidats qui auraient peu de capitaux disponibles, je donnerai la théorie du degré К, et je la donnerai assez régulière pour que le candidat qui, faute de moyens pécuniaires, n'aura pu fonder que ce degré bâtard, jouisse néanmoins du titre et des avantages de fondateur de l'Harmonie universelle aussi bien que s'il avait fondé l'un des hauts degrés, comme 6, 7 et ⋈. La hiérarchie sphérique jugera le fondateur selon ses moyens ; et s'il a fait autant qu'il a pu faire, n'eût-il fondé que le degré К ou minime, il sera de plein droit déclaré initiateur de l'Harmonie, et omniarque héréditaire du globe.

Je recommanderai seulement au fondateur de ne pas donner dans l'excès de timidité, et ne pas choisir le degré К s'il peut opérer sur le degré 1 ; car on peut avec 400 sociétaires former en plein les 32 chœurs des âges, et on ne le peut pas avec 200. On aura donc sur le nombre 400, des chances de mécanique très-étendues, et qu'on ne trouverait nullement dans le nombre de 200 sociétaires.

Toutefois, j'ai des procédés de circonstance que je ne me hâterai pas d'indiquer, et qui suppléeront un peu au défaut de nombre. Je ne décrirai pas ces procédés dans le présent traité ; je les réserve pour les fondateurs.

Les rassemblemens coloniaux qu'on forme souvent en Europe, et qui émigrent en Amérique ou en Tauride, ne conviendraient pas même pour une tentative d'Association minime ⚥, dite sous-hongrée. Il faut, pour le mécanisme des Séries, une variété graduée d'âges, fortunes, caractères, connaissances, etc. Le bas degré n° 1 est le moins exigeant sur cette variété, mais encore veut-il quelque graduation, et c'est ce qui manque dans ces réunions d'émigrans pour les colonies : elles se composent de gens la plupart sans fortune ; elles n'ont souvent ni vieillards, ni enfans ; elles manquent de beaucoup d'autres ressorts indispensables. Cependant si l'une de ces réunions était choisie pour noyau, il serait facile d'y ajouter les variétés nécessaires pour une Association de bas degré à 400 personnes.

Il ne suffirait donc pas de réunir tel nombre de personnes ; il faut encore les assortir par inégalités graduées en toutes facultés, et étendre l'échelle d'inégalités en proportion du degré d'épreuve ; c'est-à-dire que dans le haut degré ✕ 8e, il faut que la graduation assemble depuis l'homme sans fortune, degré o, jusqu'au cent millionnaire ; tandis que dans le bas degré 1, il suffira d'une échelle de petites fortunes graduées depuis o jusqu'à 20,000 fr. de capital.

Expliquons une contradiction apparente au sujet des nombres 1600, 1800, que j'indique pour les sectaires d'une Harmonie de haut degré 7e, ou ✕ 8e.

La théorie fixe à 810 le nombre des caractères distincts et composant l'échelle entière ou clavier général des caractères à employer en grande Harmonie domestique ; pourquoi en rassembler 1600 et 1800 ? Cette question exige une table des seize tribus d'où l'on extrait les 810 caractères de ligne.

Tribus.			Tribus.		
2e	—	36.	15e	—	36.
3	—	42.	14	—	42.
4	—	48.	13	—	48.
5	—	54.	12	—	52.
6	—	60.	11	—	60.
7	—	66.	10	—	66.
8e	—	72.	9e	—	72.

Choristes . 378.   378. . 756. ⎫
Etat-major et minor des 14 tribus. . . 54. ⎬ 810.
                                                 ⎭

En sus de ce contingent d'Harmonie active, . . . 810.

ajoutons, *Hors de ligne essentiellement.*

Tribu n° 1, des Bambins et Poupons ⎫
A　　Tribu des Bambins . . 1 78 ⎬ 192.
　　　　　　et Poupons. . . 1 84 ⎪
　Tribu des Patriarches, n° 16° 30 ⎭

Hors de ligne accidentellement.

Malades. . . . . 50 ⎫
B　Absens voyageurs. . . . 100 ⎬ 450. ⎫
　Corvéistes. . . . . . 100 ⎪　　⎬ 810.
　Surnuméraires en faibles titres 200 ⎭　⎭

Complémentaires doublans.

Pour les cinq tribus　2 à 6　48 ⎫
G　Pour les quatre tribus　7 à 10　72 ⎬ 168.
　Pour les cinq tribus　11 à 15　48 ⎭

TOTAL. . . . . 1620.

On voit par ce tableau, que si le cadre de l'actif est de 810, il faut doubler ce nombre pour bien opérer ; car l'hypothèse de 810 caractères actifs suppose déjà 192 inutiles et hors d'âge mentionnés à l'article A : les uns n'ont pas encore les forces physiques, les autres par caducité en sont dépourvus. C'est donc une masse essentiellement hors d'harmonie active, et non comprise dans les 810 caractères de grand clavier, nommés Choristes. . . . . . 192 ⎫
Plus, 450 personnages, les uns distraits par maladie, voyage, corvée ; les autres par noviciat ou insuffisance du titre de caractère. 450 ⎬ 810.
Enfin, un renfort de doubles, qu'on ne peut estimer moins de . . . . 168 ⎭

La pleine Harmonie ou ame intégrale exige donc environ 1620 individus pour tenir en activité soutenue le clavier général de 810 caractères de ligne, opérant journellement, constamment et sans lacune, dans les quatorze tribus de manœuvre active, dont douze figurent en gamme, deux en pivot, ainsi qu'on le verra aux chapitres spéciaux.

D'ailleurs, en débutant avec des civilisés et barbares qui sont très-dépourvus de passions, de vigueur, de dextérité et de lumières, il faudra, pendant la première génération, suppléer au défaut de facultés par la quantité, et ajouter en sus des nombres indiqués aux articles B et C. Les générations suivantes, à mesure qu'elles seront plus exercées, pourront réduire numériquement leurs Phalanges, et en verser le superflu sur les territoires à coloniser.

J'ai traité de ce qui concerne le nombre des sociétaires, et l'économie sur les avances de capitaux ; il reste à parler des rapports sexuels en régie d'intérêts.

L'Harmonie distingue par-tout trois sexes ; elle ne confond jamais les enfans avec les hommes et les femmes. Elle sait que l'enfance étant privée de deux passions affectives, forme une classe différente des deux sexes qui fonctionnent sur ces passions mineures, dites *amour* et *famillisme*. L'on distinguera donc les trois sexes,

masculin ou mâle pubère,

féminin ou femelle pubère,

neutre ou âges impubères, enfans.

Quant à la proportion numérique, les hommes doivent intervenir en rapport de 415 pour 395 femmes, ou 21 pour 20, selon le rapport établi par la nature dans la balance des naissances ; toute proportion étant utile en Harmonie, quand elle est indiquée par la nature.

CHAPITRE III.

Administration interne et usages domestiques.

Il semble qu'en bonne méthode, je devrais d'abord enseigner comment on forme et distribue les Séries industrielles, comment on les fait manœuvrer de manière à s'entraîner par plaisir au travail. Cette étude est bien celle dont j'occuperai spécialement les lecteurs ; préalablement, il convient de jeter un coup d'œil sur l'ensemble des dispositions domestiques d'une Phalange.

Elles sembleront, au premier coup d'œil, arbitrairement imaginées, vu leur opposition à nos usages : mais quand on connaîtra le mécanisme des Séries dont je commencerai à parler dès cette 1re section, l'on se convaincra qu'il n'y a rien d'arbitraire dans les dispositions indiquées, et qu'elles sont exactement le vœu de la masse et de toutes les classes de fortunes.

En donnant à ce traité d'*Assoc. comp.*, le titre de *Synthèse routinière*, je suis dispensé de méthode rigoureuse. Qu'òn ne s'arrête donc pas à me demander pourquoi je distribue la Phalange en 16 tribus plutôt qu'en 12 ou 20 ? On connaîtra plus tard les convenances de cette division. Les lecteurs doivent se considérer ici comme gens qu'on introduit dans un vaste palais où ils ne seraient jamais entrés : avant de chicaner l'architecte sur la distribution des parties, ils doivent prendre connaissance du tout : à défaut, ils s'exposeront à élever mille argumens saugrenus, qu'ensuite ils seront forcés de désavouer.

Par exemple, tout Français habitué à la suffisance philosophique, et selon *Palissot*, « pensant que rien n'échappe à » ses yeux pénétrans, » croira opiner judicieusement, en me disant : « vous divisez la Phalange en 16 tribus d'âges ; c'est ❥ un moyen de déplaire à toutes les femmes. Elles n'aiment » point à manifester leur âge ; même la plus prude répugnera » à déclarer au public qu'hier elle est entrée dans la cinquan- ❥ taine, et qu'en conséquence elle prend place dans la tribu » de 50 ans. » Là-dessus notre aristarque croira avoir élevé une objection victorieuse. Quel sera son étonnement quand il verra que ces tribus d'âges sont au contraire un moyen de *dissimuler les âges*, et de donner à la femme qui atteint 40, une place parmi celles de 30, si tel est son bon plaisir !

On ne saurait trop le redire ; il faut laisser au pilote le soin de conduire la manœuvre, et de donner aux commençans les instructions convenables sur la formation d'une Phalange.

L'organisation interne sera dirigée *dans les premiers temps* par une régence ou conseil, composé des actionnaires les plus notables par leurs capitaux et leurs connaissances industrielles ou scientifiques. Les femmes, s'il s'en trouve de capables, devront y intervenir comme les hommes ; elles sont, en Harmonie, de niveau avec les hommes dans toute affaire d'intérêt, sauf les lumières nécessaires.

L'Harmonie ne peut pas connaître de communauté ni rétribution collective à des sociétés familiales ou conjugales ; elle est obligée de traiter avec chacun individuellement, même avec les enfans au-dessus de 4 1/2 ans, et de répartir à chacun en raison des trois facultés, travail, capital et talens.

Il est loisible aux parens, aux époux, aux amis, de mettre en commun ce qu'ils possèdent, comme on le voit en civilisation : mais la Phalange dans ses relations avec eux, ouvre au grand livre un compte à chacun, même à l'enfant de 5 ans. Ses bénéfices ne sont point donnés au père ; et l'enfant, dès l'âge de 4 1/2, est propriétaire des fruits de son industrie, ainsi que des legs, hoiries et intérêts que la Phalange lui conserve et garantit sans frais jusqu'à sa majorité, fixée à 19 ou 20 ans, au jour où il passe de la 6e tribu, *jouvenceaux et jouvencelles*, à la 7e tribu, *adolescens et adolescentes*.

Après avoir évalué, en monnaie courante, les terres, machines, matériaux, meubles et fournitures quelconques apportées par chaque sociétaire, on les représente ainsi que les capitaux versés, par 1728 actions transmissibles et hypothéquées sur les meubles et immeubles du canton, sur le territoire, les édifices, troupeaux, ateliers, etc. La régence délivre à chacun des actions ou coupons d'action, en équivalent des objets qu'il a fournis. On peut être sociétaire sans être actionnaire ; on peut aussi être actionnaire extérieur sans être sociétaire exerçant. Dans le deuxième cas, on n'a pas de droit sur les deux portions de revenu affectées au travail et au talent.

Le bénéfice annuel, après inventaire, est divisé en trois portions inégales et rétribué comme on l'a déjà dit :

    5/12   au travail manouvrier,

    4/12   au capital actionnaire,

    3/12   aux connaissances théoriques et pratiques.

Chacun peut, selon ses facultés, participer aux trois classes de bénéfice cumulativement ou séparément.

Comme chargée de la comptabilité, la Régence fait à chaque sociétaire pauvre l'avance de vêtement, nourriture et logement d'une année. On ne court aucun risque à cette avance, car on sait que les travaux que le pauvre exécutera *par attraction et partie de plaisir*, excéderont en produit le montant des avances à lui faites ; et qu'après inventaire, la Phalange en solde de compte sera débitrice de toute la classe pauvre à qui elle aura fait cette avance de minimum, qui comprend,

La nourriture aux tables de 3e classe, à cinq repas par jour ;

Un vêtement décent, et les uniformes de travail et de parade, ainsi que tout l'attirail industriel de culture et manufacture ;

Le logement individuel d'une chambre avec cabinet, et l'accès aux salles publiques, aux fêtes de 3ᵉ classe et aux spectacles en 3ᵉˢ loges.

Pendant les premiers temps où la Phalange n'a pas encore de récoltes, la Régence est chargée de l'achat des subsistances ; mais la gestion en est confiée aux séries gastronomiques.

Si la Phalange est composée de 1500 personnes, on peut estimer qu'il y en aura, quant à la vie animale,

$$
\left.
\begin{array}{lll}
900 & \text{én} & 3^{e}\ \text{degré.} \\
300 & \text{en} & 2^{e} \\
100 & \text{en} & 1^{er}
\end{array}
\right\} \text{classes abonnées.}
$$

50   en commande ou chère non-abonnée.

Ainsi la cuisine ou préparation alimentaire entretient cinq Séries de genre, parce qu'il faut ajouter aux quatre genres ci-dessus, un 5ᵉ, qui est la cuisine des animaux, très-nombreux et fort bien traités en Harmonie. V. I, 378.

Les préparations dans chacune des classes annoncées, comportent trois subdivisions de sexe. On prépare pour les hommes, les femmes et les enfans, ce qui exige dans chaque degré trois cuisines distinctes et assorties aux goûts de chaque sexe, qui sont très-différens, les femmes n'ayant pas les goûts des hommes, ni les enfans ceux des pères et mères.

En conséquence, les trois sexes ont communément leurs tables et salles distinctes, sauf la faculté de réunions particlles ou collectives qui ont lieu quelquefois à déjeûné ou à soupé : mais le dîné étant un repas où les trois sexes discutent sur leurs cabales gastrosophiques et ont chaque jour une thèse d'ordre à débattre, il est d'usage que les sexes ne s'y confondent pas. Ils n'en sont que mieux intrigués à leurs tables respectives, et plus gais aux réunions du soupé, qui n'ayant rien de scientifique, admettent la confusion des sexes.

Les enfans ne dînent pas aux tables des pères. Cette coutume usitée parmi nous, troublerait à la fois les études et les plaisirs des uns et des autres. On a assez le temps de se rencontrer à table dans les deux petits repas, le délité et le goûté ; mais les deux repas moyens, déjeûné et soupé, ainsi que le pivotal ou dîné, sont distribués plus méthodiquement et d'après le vœu de l'attraction ; car tout est libre dans ces distributions : elles se conforment toujours au vœu des passions strictement analysé, et dont nous ne pouvons pas juger dans l'état actuel où tout le jeu des passions est faussé. Un père de famille dira, en lisant cet aperçu : « mon plaisir est de dîner » avec ma femme et mes enfans, et quoi qu'il arrive, je » conserverai cette habitude qui me plaît. » C'est fort mal jugé : elle lui plaît aujourd'hui, faute de mieux ; mais quand il aura vu deux jours les coutumes d'Harmonie, et qu'il aura mordu à l'hameçon des intrigues et cabales de Série, il voudra dîner avec ses comités cabalistiques, et renverra au bercail la femme et les enfans, qui de leur côté ne demanderont pas mieux que de s'affranchir du morne dîné de famille.

L'Harmonie n'admettant aucune mesure coërcitive, les travaux à faire y sont indiqués et non pas ordonnés par l'Aréopage, qui est conseil suprême de l'industrie. Il se compose des officiers supérieurs de chaque Série, et n'exerce qu'à titre de consultant passionnel. Ses opinions et décisions sont subordonnées au vœu de l'Attraction, chaque Série étant maîtresse de statuer librement sur ses intérêts industriels. Ainsi l'Aréopage ne peut pas ordonner la moisson, la fauchaison ; il déclare seulement que telle époque est opportune, d'après telles observations météorologiques ou agronomiques ; là-dessus, chaque Série opère selon sa volonté, qui ne peut guères différer de l'Aréopage, puisqu'il est puissance d'opinion.

CHAPITRE IV.

Mobilité et produit net du capital en Harmonie.

C'est ici un chapitre plus digne d'un comité d'usuriers que d'une compagnie de lecteurs honorables ; mais il faut se conformer au goût du siècle entièrement mercantile, et l'entretenir d'abord de ce qui touche à l'agio des fonds.

Les hommes les plus rétifs à l'idée d'un nouvel ordre social, seront les capitalistes et propriétaires ; il est donc à propos de placer ici une courte digression sur l'emploi des capitaux et la valeur des immeubles dans l'Harmonie : les avantages qu'elle présente à cet égard, sont dignes de fixer l'attention des propriétaires et capitalistes, si fortement compromis par les révolutions et les fourberies du régime civilisé : un parallèle de quelques lignes suffira à les convertir.

Après les peines essuyées en civilisation pour amasser une fortune, on éprouve de nouvelles fatigues, de nouvelles inquiétudes pour la conserver et la garantir à des enfans qui, après la mort du père, ne tarderont guères à être victimes des embûches sociales, banqueroutes de l'état ou des particuliers, astuces d'un fermier ou d'un homme d'affaires. Tous ces inconvéniens disparaissent dès que l'Harmonie est organisée, et cet avantage est, ce me semble, un des premiers qu'il convienne de faire entrevoir.

On ne possède pas en Harmonie des terres sans garantie de produit, comme il arrive des domaines civilisés ; toute la Phalange qui cultive les terres, est garante envers le propriétaire actionnaire ; et dans le cas de grêle ou autres fléaux, cet actionnaire est toujours assuré de recueillir un minimum dont la Phalange entière et la région entière sont collectivement assureurs. J'ai déjà préludé sur ce sujet, I, 456 ; il convient d'en rappeler quelques détails, puisque les impatiens peuvent l'avoir franchi selon l'autorisation donnée (avant-propos, *Post.*)

Les propriétaires, soit par orgueil, soit par défiance, repoussent l'idée d'Association : il faut multiplier les détails propres à les rassurer : il faut leur prouver, à plusieurs reprises, que dans l'état morcelé ils sont privés de tous les biens qu'ils ambitionnent, et que l'état sociétaire leur en garantit la jouissance complète et subite.

J'ai devisé sur leur pauvreté actuelle, I, 456. A les en croire, ils ont de beaux domaines, superbes propriétés ; mais quel en est le revenu ? A peine 3 p. $°/_0$ après la déduction des impôts, délais, voleries, dommages accidentels et procès qu'il n'est pas possible d'éviter, car *qui a terre, a guerre.* Il n'est d'ailleurs pas rare de voir une année *blanche* comme 1816, où le propriétaire, loin de rien recevoir, est encore obligé de faire des avances au fermier. Cet inconvénient devient très-fréquent dans les pays vignobles, depuis la dégradation climatérique, I, 363.

On a vu, I, 456, que l'Association assure au petit propriétaire un revenu fixe ou OPTION de 8 1/3 p. $°/_0$, lequel revenu ressort souvent au double par adjonction des deux lots de travail et talent ; et que, pour le petit propriétaire, ce revenu *net effectif* de 16 à 17 p. °/₀ , ressort à 5o p. °/₀ en *net absolu*, par la dispense des frais d'entretien de ménage, femme, enfans, etc. Ces détails sont bons à rappeler aux possesseurs d'immeubles, si gênés en civilisation.

Si quelques-uns crient à l'exagération sur ces perspectives, on peut leur répondre : pourquoi l'Harmonie ne ferait-elle pas pour le propriétaire, moitié de ce que la civilisation fait pour la classe de parasites nommés marchands et agioteurs, qui gagnent bien plus de 8 et de 16 p. °/₀ ; car on les voit arrivés avec quelques sous, s'installer bientôt dans des hôtels somp-tueux ? Ils ont donc gagné annuellement non pas 16, mais 100 et 200 p. °/₀ de leurs capitaux, tout en se plaignant qu'on ne protège pas le commerce, qu'il ne se fait rien, que le commerce est anéanti.

Ce préambule doit rassurer certains individus, qui de prime-abord semblent répugner à mettre leurs domaines en société dans le canton de la Phalange. Ne sont-ils pas déjà en société avec chacun de leurs métayers ? D'ailleurs, c'est la Phalange entière qui se met en société avec eux et devient leur fermière : c'est elle qui leur livre toutes ses terres en hypothèque, tous ses édifices, troupeaux et ateliers : obtiendront-ils pareille garantie dans le village où ils possèdent un domaine ? Verront-ils cent familles du village s'engager solidairement pour leur assurer un minimum de 8 1/3 ou 12/144 p. °/₀ en revenu annuel du prix d'achat de leur domaine ? Voilà ce que leur vaudra cette Association dont ils se défient avant d'en connaître les conditions et les résultats.

Ils trouvent donc dans ce nouvel ordre :

1. Garantie du revenu habituel et de tous dommages que peuvent essuyer les fonds, terres, édifices, usines, ateliers, etc.

2. Accroissement colossal du revenu effectif par option de 8 1/3. Voyez le chap. 10ᵉ, tome 1, p. 456.

3. Accroissement du net absolu dont ils ne peuvent pas jouir en civilisation, I, 456.

4. Chance des bénéfices de travail et talent, avec dispense de tous soins et de toute inquiétude.

A ces nombreux avantages, s'en joint un bien plus inconnu dans l'état actuel, et auquel n'auraient jamais su parvenir nos fameux amis du commerce et de la circulation ; c'est la faculté de réduire tous les immeubles en effets mobiliers circulans, réalisables à volonté.

Chaque Phalange rembourse, dès qu'on l'exige, les actions au prix du dernier inventaire, avec agio pour la portion d'année qui se trouve écoulée : ainsi un homme, possédât-il cent millions, peut réaliser d'un instant à l'autre sa fortune, sans lésion d'une obole, ni droit de mutation (*), ni frais de vente. Il reçoit en outre la portion d'intérêt ou dividende courant de l'année, comme il la recevrait sur un effet à ordre dont on négocie l'intérêt jour par jour.

Si une Phalange manquait de fonds pour rembourser subitement un propriétaire de nombreuses actions, le congrès de sa province paierait pour elle et garderait les actions qui font une valeur bien plus réelle qu'aujourd'hui les domaines et le numéraire ; car le numéraire en civilisation peut être volé, et ne produit rien par lui-même si on ne le place pas. Une action territoriale, en Harmonie, produit beaucoup sans placement ni risque ; elle ne peut se perdre ni par vol, ni par égarement, ni par incendie ; la propriété étant constatée sur triple registre placé dans deux corps de logis de la Phalange et dans un des congrès voisins. Les transmissions n'étant valables que par adhésion du titulaire enregistré, il ne court aucun risque de larcin, égarement, incendie, pas même de tremblement de terre ; car un tremblement n'engloutirait jamais les registres placés en divers lieux, ni la transcription qui est au congrès provincial.

Le capital est donc complètement mobile dans ce nouvel ordre, quoique placé à gros intérêt sur propriétés territoriales qu'aucune chance de révolution ou fraude ne peut compromettre, et qu'on peut réaliser à l'instant sans frais. De-là vient que les rôles de *propriétaire* et *capitaliste* deviennent synonimes en Harmonie.

(*) Sans droit de mutation ! eh, comment le fisc y consentirait-il ? Patience ; on ne traite pas tous les sujets dans le même chapitre. Ignoré-je que l'Harmonie devra servir avant tout les intérêts du Prince ? Or, que désire-t-il ? de l'argent ; on lui en donnera beaucoup plus qu'il n'en perçoit aujourd'hui ; dès-lors que lui importera le système d'imposition ramené à l'impôt direct, unique et sans frais.

Cette mobilité du capital est le point sur lequel échouent en plein les économistes civilisés. Pour se conserver aujourd'hui un capital mobile, on court des risques si nombreux, que les Anglais placent en dépôt chez un banquier, sans aucun intérêt et pourtant avec péril de banqueroute, pour le seul avantage de remboursement exigible à volonté. On peut encore, sur les places de commerce et de banque, se conserver un capital mobile, en prenant jour par jour des informations sur la solvabilité des débiteurs ; mais pour peu que les informations se ralentissent, on est bientôt compromis dans les faillites, où se trouvent pincés les plus cauteleux.

Une Phalange ne peut, dans aucun cas, faire banqueroute, emporter son territoire, son palais, ses ateliers, ses troupeaux. La contrée est assureur solidaire contre les ravages des élémens qui seront bien réduits après cinq ou six ans d'Harmonie, d'où naîtra une active restauration climatérique. Les incendies seront de même réduits à très-peu de chose, par suite des excellentes dispositions de ce nouvel ordre domestique.

Un pupille ne risque jamais de perdre son capital ni d'être lésé sur la gestion et les revenus : la régie est la même pour lui que pour tous les actionnaires ; s'il a reçu en héritage des actions sur diverses Phalanges, elles sont inscrites sur les registres de ces Phalanges ; elles y portent le même intérêt pour lui que pour d'autres, et ne peuvent lui être enlevées sous aucun prétexte, jusqu'à sa majorité où il en disposera.

Une Phalange peut perdre sur une branche d'exploitation, comme une nouvelle fabrique ; mais avant de procéder à l'ouvrage, elle notifie à chaque actionnaire toute entreprise hasardeuse, manufacture, fouille de mine ou autre tentative qui sort du cercle des opérations habituelles et connues. L'actionnaire est libre de réaliser ses actions, ou de s'isoler de l'entreprise qui n'obtient pas sa confiance. Il peut donc, tout en conservant ses actions, se borner aux chances ordinaires ; dans ce cas il gagnerait dividende plein, lors même que la Phalange gagnerait moins par insuccès d'une nouveauté.

Mais une Phalange en masse, dirigée par son Aréopage d'experts, ses Patriarches, ses Cantons vicinaux, et autres gens exercés, n'est pas sujette à l'imprudence comme un particulier ; et pour peu qu'une tentative industrielle soit aventureuse, comme la fouille d'une mine, on a soin d'en diviser le risque entre un grand nombre de Phalanges, consulter long-temps, faire assurer, etc. Quant aux risques de fourberie, il n'en peut exister aucun en Harmonie.

J'ai dit, I, 457 3/4, que tout actionnaire a l'option d'intérêt fixe ou de dividende éventuel sur le produit de l'année. L'intérêt fixe a été estimé 8 1/3 ; le dividende éventuel ou sociétaire doit produire davantage ; ainsi les aventureux et les prudens peuvent se satisfaire.

D'autres dispositions dont il n'est pas encore temps de parler, prouveront que la propriété foncière ne peut être à la fois *mobile* et *garantie* que dans l'Harmonie, et qu'elle n'est ni mobile, ni garantie en civilisation, quelques mesures qu'on puisse prendre pour atteindre au moins l'un des deux buts ; car celui qui place en domaines, manque la mobilité, et la garantie contre les révolutions et les piéges de la chicane. D'autre part, celui qui a un porte-feuille, n'a point encore sa fortune mobile ; car le risque des banqueroutes devient pour lui une entrave permanente *COMPOSÉE*.

1° Entrave réelle par la périodicité de banqueroutes auxquelles ne peut échapper l'homme à porte-feuille.

2° Entrave idéale par les craintes et les contre-coups qui d'un jour à l'autre alarment le capitaliste prêteur.

Ainsi la civilisation est organisée de manière à contrarier en double sens les opérations du riche propriétaire ou capitaliste, et l'Harmonie, de manière à les satisfaire doublement.

C'est dans tous les détails que nous trouverons ce résultat de bienfait composé en régime d'Harmonie, et vexation composée en régime de civilisation ; tant il est vrai que le mouvement simple est contraire à la nature de l'homme, et qu'on doit arriver en tout sens, ou au double mal en périodes lymbiques, ou au double bien en périodes sociétaires. C'est une vérité triviale à force d'évidence, et bien connue du peuple qui dit, 1, 475, *qu'un mal ne va jamais sans l'autre : ABYSSUS ABYSSUM INVOCAT*. Quiconque réfléchira sur cet effet constant de la nature passionnelle, sera converti à l'Harmonie, avant même d'en avoir lu la théorie dont je vais, dès le chapitre suivant, décrire les dispositions matérielles.

Il a convenu de rassembler dans ces quatre petits chapitres

quelques réminiscences du 1er tome, en remémorer un peu les lecteurs. Mon plan, selon l'avant-propos, est de procéder par degrés, de l'aperçu à l'abrégé, et de l'abrégé au traité. Je dois aussi récapituler par degrés et redescendre de l'abrégé à l'aperçu, reproduire en différens termes et succinctement, quelques notions déjà données ; les resserrer dans un cadre plus étroit, pour les graver dans la mémoire ; en former un fonds de dòcumens et de principes dont l'adepte puisse constamment s'étayer pour repousser les suggestions des détracteurs, des champions d'impossibilité, et autres pygmées qu'on verra s'élever contre la découverte de l'Association, comme ces Vandales si bien définis dans la belle strophe de Lefranc de Pompignan : « Le Nil a vu sur ses rivages. »

CHAPITRE V.

DISTRIBUTION *du Phalanstère et des Séristères.*

L'ÉDIFICE qu'habite une Phalange n'a aucune ressemblance avec nos constructions, tant de ville que de campagne ; et pour fonder une grande Harmonie à 1600 personnes, on ne pourrait faire usage d'aucun de nos bâtimens, pas même d'un grand palais comme Versailles, ni d'un grand monastère comme l'Escurial. Si on ne fonde pour essai qu'une Harmonie minime, II, 17, à 2 ou 300 sociétaires, ou une hongrée à 400 sociétaires, on pourra, quoiqu'avec peine, y approprier un monastère ou palais : (*Meudon*).

Les logemens, plantations et étables d'une Société qui opère par Séries de groupes, doivent différer prodigieusement de nos villages ou bourgs affectés à des familles qui n'ont aucune relation sociétaire, et qui opèrent contradictoirement : au lieu de ce chaos de maisonnettes qui rivalisent de saleté et de difformité dans nos bourgades, une Phalange se construit un édifice régulier, autant que le terrain le permet : en voici un aperçu de distribution pour un local favorable aux développemens.

Sur ce sujet, comme sur beaucoup d'autres détails descriptifs, il eut convenu de donner des gravures ; elles sont indispensables quand il s'agit de dispositions inusitées en architecture : » *Segniùs irritant animos demissa per aures.* » Mais les frais de planches auraient coûté, d'après information, 7 à 8000 fr., non compris les frais d'impression de l'ouvrage. Il eut fallu se couvrir de cette dépense par une souscription de 12,000 fr. Je n'ai pas pu la proposer.

Le Phalanstère ou édifice de la Phalange d'essai, devra être construit en matériaux de peu de valeur, bois, briques, etc., parce qu'il serait, je le répète, impossible dans cette première épreuve, de déterminer exactement les dimensions convenables à chaque Séristère ou local de relations publiques affecté aux divers ateliers, magasins, étables, etc.

Soit pour exemple un poulailler ou colombier; avant de le construire, on aura calculé et prévu avec soin, combien une Phalange de tel degré doit élever de poules et pigeons; en combien d'espèces et variétés elle doit classer les sortes, pour coïncider avec les Attractions des divers groupes qui soigneront les animaux, et favoriser les rivalités de Série.

Mais comme la 1re Phalange ne peut avoir aucune notion pratique, elle commettra nécessairement beaucoup d'erreurs sur les quantités, dimensions et compartimens : avant d'arriver à des données exactes sur ces menus détails, il faut des tâtonnemens pratiques, sur-tout dans un premier essai.

La 1re Phalange sera une ébauche, une esquisse faite pour le compte du globe qui en remboursera douze fois le capital. Elle sera en quelque façon une boussole pour les Phalanges qu'on fondera par-tout dès l'année suivante. Elle servira à déterminer exactement les proportions d'animaux, végétaux et étables nécessaires pour cadrer avec l'essor des passions sociétaires, et avec les lésions d'Attraction que causera l'inégalité des températures, si différentes de Naples à Londres.

Il est évident que dans une fondation aussi neuve, la théorie distributive aura besoin d'être éclairée par la pratique locale, pratique très-variable selon les climats. Il serait donc imprudent d'employer des matériaux précieux en construisant la Phalange d'épreuve, dont les bâtimens seront plus ou moins défectueux en dimensions appropriées à l'essor des passions. Il est même certain que le premier édifice, malgré toute la prévoyance possible, sera tellement défectueux sur toutes ces proportions, qu'il faudra le reconstruire au bout de quelques années; ce qui n'importera aux actionnaires, puisque tous les frais du

canton

canton d'épreuve seront remboursés par la Hiérarchie sphérique, sur le pied de douze capitaux pour un. Je vais donc
me borner à décrire les dispositions générales et approximatives.

Le centre du Palais ou Phalanstère doit être affecté aux
fonctions paisibles, aux salles de repas, de bourse, de conseil,
de bibliothèque, d'étude, etc. Dans ce centre, sont placés le
temple, la tour d'ordre, le télégraphe, les pigeons de correspondance, le carillon de cérémonie, l'observatoire, la cour
d'hiver garnie de plantes résineuses, et placée en arrière de la
cour de parade.

L'une des ailes doit réunir tous les ateliers bruyans, comme
charpente, forge, travail au marteau; elle doit contenir aussi
tous les rassemblemens industriels d'enfans, qui sont communément très-bruyans en industrie et même en musique. On
évitera par cette réunion un fâcheux inconvénient de nos villes
civilisées, où l'on voit à chaque rue quelqu'ouvrier au marteau,
quelque marchand de fer ou apprenti de clarinette, briser le
tympan de cinquante familles du voisinage.

L'autre aile doit contenir le caravenserai, avec ses salles de
bal et de relations des étrangers, afin qu'ils n'encombrent pas
le centre du palais et ne gênent pas les relations domestiques
de la Phalange. Cette précaution d'isoler les étrangers et concentrer leurs réunions dans l'une des ailes, sera très-importante dans la Phalange d'essai, où les curieux afflueront par
milliers, et donneront à eux seuls un bénéfice que je ne puis
estimer au-dessous de 20 millions, en supposant une Phalange
de 7ᵉ degré; et 4 millions au moins, dans une Phalange de
degré 1, qui sera déjà excessivement attrayante pour les curieux, parce qu'on y verra une nouveauté d'un prix inestimable : on y admirera l'équilibre passionnel, qui, à la vérité,
sera très-incomplet au degré 1 : il n'aura pas moins le mérite
de la plénitude, en ce que les lacunes auront été prévues,
indiquées; et d'après l'annonce, elles seront autant de preuves
en faveur des degrés supérieurs, où les vides passionnels seront
comblés à mesure qu'on s'élevera en échelle.

Nous reviendrons sur les détails du Palais ou Phalanstère;
je me borne provisoirement à indiquer l'emploi spécial du
centre et des deux ailes : passons aux bâtimens détachés, et
aux Séristères ou subdivisions principales.

Le *PHALANSTÉRE* ou Manoir de la Phalange doit contenir, outre les appartemens individuels, beaucoup de salles de relations publiques : on les nommera *Séristères* ou lieux de réunion et développement des Séries pass.

Ces salles ne ressemblent en rien à nos salles publiques, où les relations s'opèrent confusément. Une Série n'admet point cette confusion : elle a toujours de fondation ses 3, ou 4, ou 5 divisions qui occupent vicinalement 3 localités, ou 4, ou 5; ce qui exige des distributions analogues aux fonctions des officiers et des sociétaires. Aussi chaque Séristère est-il, pour l'ordinaire, composé de trois salles principales ; une pour le centre, deux pour les ailes.

En outre, les trois salles du Séristère doivent avoir des cabinets adhérens pour les groupes et comités de Série : par exemple, dans le Séristère de banquet ou salle à manger, il faut d'abord six salles fort inégales ;

> 1 d'Aile asc. pour la 1re classe, environ . 150.
> 2 de Centre pour la 2e . . . . 400.
> 3 d'Aile desc. pour la 3e . . . . . 900.

Ces six salles très-inégales devront avoir à proximité une foule de cabinets pour les divers groupes qui voudront s'isoler de la table de genre. Il arrive chaque jour que certaines réunions veulent manger séparément; elles doivent trouver des salles à portée du Séristère où l'on sert le buffet principal qui alimente les tables d'un même genre.

En toutes relations, l'on est obligé de ménager à côté du Séristère, ces cabinets adhérens qui favorisent les petites réunions. En conséquence, un Séristère ou lieu d'assemblée d'une Série, est distribué en système composé, en salles de relations collectives et salles de relations cabalistiques, subdivisées par menus groupes. Ce régime est fort différent de celui de nos grandes assemblées, où l'on voit, même chez les Rois, toute la compagnie réunie pêle-mêle, selon la sainte égalité philosophique, dont l'Harmonie ne peut s'accommoder en aucun cas.

Les étables, greniers et magasins doivent être placés, s'il se peut, vis-à-vis l'édifice. L'intervalle situé entre le Palais et les étables, servira de cour d'honneur ou place de manœuvre qui doit être vaste. Pour donner sur ces dimensions un plan approximatif , j'estime que le front du Phalanstère peut être fixé à 600 toises de Paris , dont 300 pour le centre et la cour de parade , et 150 pour chacune des deux ailes et des côtés joignant le centre.

Ce devis est applicable à un palais de 7° degré (17). Si nous descendons progressivement jusqu'aux degrés 3 , 2 , 1 , il est clair que les dimensions devront se réduire à chaque échelon ; et si on spécule sur le degré ϗ ou Harmonie minime , on pourra supprimer tous ces aperçus de parade et d'étiquette , ou les réduire à peu de chose ; car l'Harmonie , quelque minime qu'en soit le degré , ne peut pas se passer d'un luxe proportionnel. Pour bien juger de la dose de luxe convenable en degré ϗ minime , *Sérigermie* , continuons à disserter sur le degré 7 , d'où nous descendrons méthodiquement jusqu'au dernier degré.

Derrière le centre du Palais , les fronts latéraux des deux ailes devront se prolonger pour ménager et enclore une grande cour d'hiver , formant jardin et promenade emplantée de végétaux résineux et verts en toute saison. Cette promenade ne peut être placée qu'en cour fermée , et ne doit pas découvrir la campagne.

Pour ne pas donner au Palais un front trop étendu , des développemens et prolongemens qui ralentiraient les relations , il conviendra , (dans une grande Phalange de degré 7 ou ✕) , de redoubler les corps de bâtimens en ailes et centre , et laisser dans l'intervalle des corps parallèles contigus , un espace vacant de 15 à 20 toises au moins , qui formera des cours allongées et traversées par des corridors sur colonnes à niveau du 1er étage , avec vitrage fermé , et chauffé ou ventilé selon l'usage de l'Harmonie.

Si ces cours allongées entre deux corps de logis parallèles avaient moins de 15 toises , elles ne pourraient pas comporter de plantations , et seraient inadmissibles en Harmonie, où l'on doit réunir par-tout les agrémens de toute espèce.

Les jardins doivent être placés , autant que possible , derrière le palais , et non pas derrière les étables , au voisinage desquelles conviendra mieux la grande culture. Au reste , cette distribution est subordonnée aux localités ; mais nous spéculons ici sur un terrain à choix.

3.

Je ne décris pas l'ordonnance des plantations, qui n'ont rien de semblable aux nôtres ; ce sera le sujet d'un chapitre spécial : nous n'en sommes qu'aux détails de l'édifice.

Le Palais doit être percé d'espace en espace, comme la galerie du Louvre, par des arcades à voiture, conservant ou coupant l'entresol.

Pour épargner les murs, le terrain, et activer les relations, il conviendra que le Palais gagne en hauteur ; qu'il ait au moins trois étages et la jacobine ou logement de frise, outre le rez-de-chaussée et l'entresol, qui sont logemens des enfans et des vieillards très-avancés en âge.

Tous les enfans, riches ou pauvres, logent à l'entresol, parce qu'ils doivent être dans la plupart des relations et sur-tout dans celles du soir et du matin, (soir, de 9 à 11 ; matin, de 3 à 5 h.) ; séparés des adolescens et en général des âges qui exercent en amour. On en verra plus loin les motifs ; admettons-les provisoirement, ainsi que la nécessité d'isoler les enfans des relations de l'âge d'amour, concentrées au 1er étage ; tandis que l'enfance et l'extrême vieillesse (chœurs 1 et 16, Patriarches, bambins), doivent avoir leurs salles de relations au rez-de-chaussée et à l'entresol. Ils doivent être isolés de la *rue-galerie*, qui est la principale pièce d'un Palais d'Harmonie, et dont on ne peut se former aucune idée en civilisation. C'est pour cela seul qu'il convient d'en donner une courte description dans un chapitre spécial.

CHAPITRE VI.

GALERIES internes ou Rues-Galeries, formant péristyle fermé et continu.

LES rues-galeries sont une méthode de communication interne qui suffirait seule à faire dédaigner les palais et les belles villes de civilisation. Quiconque aura vu les rues-galeries d'une Phalange, envisagera le plus beau palais civilisé comme un lieu d'exil, un manoir d'idiots qui, en 3000 ans d'études sur l'architecture, n'ont pas encore appris à se loger sainement et commodément ; ils n'ont su spéculer que sur le luxe simple, sans avoir eu aucune idée du composé.

Notre mal-adresse en ce genre est à tel point, que les Rois mêmes, loin d'avoir des communications en galerie fermée, n'ont souvent pas un porche pour monter en voiture à l'abri de la pluie. Le Roi de France est un des premiers monarques de civilisation ; il n'a point de porche dans son palais des Tuileries. Le Roi, la Reine, la famille royale, soit qu'ils montent en voiture, soit qu'ils en descendent, sont obligés de se mouiller comme de petits bourgeois qui font venir un fiacre devant leur boutique. Sans doute il se trouvera, en cas de pluie, force laquais et force courtisans pour tenir un parapluie sur le Prince qui descend de voiture ; mais c'est toujours manquer de porche et d'abri, n'être pas logé.

Un Roi est bien plus dépourvu, s'il s'agit de communiquer entre les divers corps de son palais : s'il veut aller du château aux écuries, à l'orangerie, il sera obligé de se mouiller et crotter. On ne connaît, en civilisation, ni les rues—galeries, ni les rues souterraines, ni la vingtième partie des agrémens matériels dont jouit en Harmonie le plus pauvre des hommes.

Un Harmonien des plus misérables, un homme qui n'a ni sou, ni maille, monte en voiture dans un porche bien chauffé et fermé ; il communique du Palais aux étables par des souterrains parés et sablés ; il va de son logement aux salles publiques et aux ateliers, par des rues-galeries qui sont chauffées en hiver et ventilées en été. On peut en Harmonie parcourir en janvier les ateliers, étables, magasins, salles de bal, de réfectoire, d'assemblée, etc., sans savoir s'il pleut ou vente, s'il fait chaud ou froid ; et les détails que je vais donner sur ce sujet, m'autorisent à dire que si les civilisés, en 3000 ans d'études, n'ont pas encore appris à se loger, il est peu surprenant qu'ils n'aient pas encore appris à diriger et harmoniser leurs passions. Quand on manque les plus petits calculs en matériel, on peut bien manquer les grands calculs en passionnel.

Passons à la description des rues—galeries, qui sont un des charmes les plus précieux d'un Palais d'Harmonie.

Une Phalange qui peut contenir jusqu'à 1600 et 1800 personnes, dont plusieurs familles très-opulentes, est vraiment une petite ville ; d'autant mieux qu'elle a de vastes bâtimens ruraux, que nos propriétaires et citadins relèguent dans leurs habitations champêtres.

La Phalange n'a point de rue extérieure ou voie découverte exposée aux injures de l'air ; tous les quartiers de l'édifice hominal peuvent être parcourus dans une large galerie, qui règne au 1er étage et dans tous les corps de bâtiment ; aux extrémités de cette voie, sont des couloirs sur colonnes, ou des souterrains ornés, ménageant dans toutes les parties et attenances du Palais, une communication abritée, élégante, et tempérée en toutes saisons par le secours des poêles ou des ventilateurs.

Cette communication abritée est d'autant plus nécessaire en Harmonie, que les déplacemens y sont très-fréquens, les séances des groupes ne durant jamais qu'une heure ou deux, conformément aux lois des 11e et 12e passions (Papillonne et Compos., I, 434, 436). S'il fallait, dans ces transitions d'une salle à l'autre, d'une étable à un atelier, communiquer en plein air, il arriverait que les Harmoniens en une semaine de gros hiver, de temps brumeux, seraient criblés de rhumes, de fluxions et de pleurésies, quelle que fût leur vigueur. Un état de choses qui oblige à des déplacemens si fréquens, exige impérieusement les communications abritées ; et c'est une des raisons pour lesquelles il sera très-difficile d'organiser dans un grand monastère la moindre des Harmonies, le degré minime ŋ, qui pourtant n'emploiera que la classe populaire, assez aguerrie contre les injures de l'air.

La rue-galerie ou *Péristyle continu* est placée au 1er étage. Elle ne peut pas s'adapter au rez-de-chaussée, qu'il faut percer en divers points par des arcades à voiture.

Ceux qui ont vu la galerie du Louvre ou Musée de Paris, peuvent la considérer comme modèle d'une rue-galerie d'Harmonie, qui sera de même parquetée et placée au 1er étage, sauf la différence des jours et de la hauteur.

Les rues-galeries d'une Phalange ne prennent pas jour des deux côtés ; elles sont adhérentes à chacun des corps de logis ; tous ces corps sont à double file de chambres, dont une file prend jour sur la campagne, et une autre sur la rue-galerie. Celle-ci doit donc avoir toute la hauteur des trois étages qui d'un côté prennent jour sur elle.

Les portes d'entrée de tous les appartemens de 1er, 2e, 3e étage, sont sur la rue-galerie, avec des escaliers placés d'espace en espace, pour monter aux 2e et 3e étages.

Les grands escaliers, selon l'usage, ne conduisent qu'au 1er étage ; mais deux des grands escaliers latéraux conduisent au 4e étage, où se trouve en frise le camp cellulaire dont nous parlerons plus loin.

La rue-galerie occupera en largeur 6 toises en centre, et 4 en ailes, quand on construira les bâtimens définitifs au bout de 30 ans ; mais provisoirement, le globe n'étant pas riche, se bornera à des bâtimens économiques, et avec d'autant plus de raison, qu'il faudra les refaire, au bout de 30 ans, sur un plan beaucoup plus vaste. On réduira donc la rue-galerie aux environs de 4 toises en centre, et 3 en ailes.

Les corps de logis auront environ 12 toises dans œuvre, selon le compte suivant : tablé en pieds de Paris.

Aperçu de dimensions.

Une galerie . . 18 à 24 p.	}	*Dans œuvre.*
Chambre sur galerie . 20	}	12 toises ou 72 p.,
Chambre sur la campe. 24	}	sauf avant-corps.
Deux murs intérieurs 4	}	

Les salles publiques pourront à ce compte être portées à 8 toises de largeur, et prendre jour sur la galerie et la campagne.

Il convient de donner environ 8 toises d'épaisseur aux corps de logis, la galerie non-comprise, afin de pouvoir ménager dans les deux files de chambres, des alcoves et cabinets qui épargneront beaucoup d'édifices ; car une alcove profonde de 8 pieds et garnie de son cabinet, vaut une seconde chambre. Le minimum de logement pour la classe pauvre, sera donc une chambre à alcove et cabinet pour chacun. Ainsi l'exige une Harmonie de 7e degré, et même de 6e et 5e, II, 17. On se rédimera beaucoup dans une Phalange de 1er degré et dans le degré minime ⚥, où il suffira de donner une cellule à chaque paysan.

Les croisées de la galerie pourront être, comme celles des églises, de forme haute et ceintrée. Il n'est pas nécessaire qu'elle ait trois rangs de croisées, comme les trois étages qui prennent jour sur elle.

Le rez-de-chaussée contient, sur quelques points, des salles publiques et cuisines, dont la hauteur absorbe l'entresol. On y ménage des trapes d'espace en espace, pour élever les buffets dans les salles du 1er étage. Cette percée sera très-utile aux jours de fête et aux passages de caravanes et légions, qui ne pourraient pas être contenues dans les salles publiques ou Séristères, et qui mangeront sur double rang de tables dans la rue-galerie.

On doit éviter de placer au rez-de-chaussée toutes les salles de relations publiques, et pour double raison.

La première, est qu'il faut ménager au rez-de-chaussée les logemens des patriarches dans le bas, et des enfans à l'entresol.

La deuxième, est qu'il faut isoler habituellement les enfans des relations non-industrielles de l'âge mûr; c'est pour cela que les Séristères des enfans sont au rez-de-chaussée, où règne aussi une galerie comme au 1er étage, sauf les interruptions inévitables des arcades.

La galerie peut se rétrécir jusqu'à 3 toises dans les corps de bâtiment peu fréquentés; mais on ne doit pas la réduire à 2 toises, comme les corridors de monastères, parce qu'elle fait service de salle publique pour les repas d'armée industrielle.

Je ne parle pas des bassins supérieurs pour le cas d'incendie; c'est une précaution de rigueur en Harmonie, où les bassins sont entretenus comme dans une salle d'opéra.

Les corps de logis parallèles et rapprochés d'un 20e de toise, sont joints par des couloirs sur colonnes, au 1er étage: les communications au 1er seront sans interruption, moyennant ces couloirs de 5o en 5o toises.

Cette facilité de communiquer par-tout, à l'abri des injures de l'air, d'aller pendant les frimats au bal, au spectacle en habit léger, en souliers de couleur, sans connaître ni boue, ni froid, est un charme si nouveau, qu'il suffirait seul à rendre nos villes et châteaux détestables à quiconque aura passé une journée d'hiver dans un Phalanstère. Si cet édifice était affecté à des emplois de civilisation, la seule commodité des communications abritées et tempérées par les poêles ou les ventilateurs, lui donnerait une valeur énorme. Ses loyers, à égale quantité de pièces et de logemens, seraient recherchés à prix double de ceux d'un autre édifice.

Les appartemens sont loués et avancés par la régence à chacun des sociétaires. Les séries d'appartemens doivent être distribuées en ordre composé et engrené, jamais en simple; c'est-à-dire que s'ils sont de vingt prix différens, depuis 5o,

100, 150, etc. jusqu'à 1000, il faut *éviter la progression consécutive continue*, celle qui placerait au centre tous les appartemens de haut prix et irait en déclinant jusqu'à l'extrémité des ailes ; il faut engrener les séries dans l'ordre suivant :

TABLEAU DE L'ENGRENAGE DES LOGEMENS D'HARMONIE, LEUR DISTRIBUTION EN ORDRE COMPOSÉ.

Aux deux corps d'ailerons, par   50, 100, 150, 200, 250, 150, 200, 250, 300, 350.

Aux deux corps d'ailes, par 250, 300, 350, 400, 450, 500, 400, 450, 500, 550, 600, 650.

Aux 2 de centre, par 550, 600, 650, 700, 750, 800, 850, 700, 750, 800, 850, 900, 950, 1000.

Cet engrenage des six séries est une loi de la 12ᵉ pass. I, 434.

La progression simple et constamment croissante ou décroissante, aurait des inconvéniens très-graves :

En principe, elle serait fausse et vicieuse, comme simple, tout ressort d'Harmonie devant opérer en mode composé.

En application, elle serait vicieuse, en ce qu'elle blesserait l'amour-propre, et paralyserait divers leviers d'Harmonie. Cette progression simple rassemblerait toute la classe riche au centre, et tout le fretin sur les ailes ; il arriverait que les corps de logis d'ailes ou ailerons seraient déconsidérés et réputés classe inférieure. Il faut éviter cette distribution, qui serait simple et entraverait l'engrenage des diverses classes.

On doit adopter la progression engrenée (comme ci-dessus) au moyen de laquelle un homme ou femme logeant dans le centre ou quartier d'apparat, peut se trouver inférieur en fortune à tel qui occupe un logement en ailes, puisque les principaux appartemens d'ailes 650, sont plus précieux que les derniers de centre 550. Cet engrenage de valeurs des logemens progressifs donne du relief aux séries extrêmes d'ailes ou ailerons, et prévient les distinctions d'échelle simple, qui seraient dans divers cas offensantes pour l'amour-propre. On ne saurait trop éviter ce vice, qui serait un germe de discorde comme tout mode simple.

Je diffère à parler des étables distribuées fort différemment des nôtres, et sur lesquelles je donnerai, ainsi que sur les ateliers, d'amples détails dans des chapitres spéciaux. Celui-ci doit se borner à traiter des logemens, dont une seule portion, la rue–galerie ou salle de lien universel, prouve que les civilisés, après 3000 ans d'études sur l'architecture, n'ont rien su découvrir sur le lien d'unité. Cette ignorance est un résultat nécessaire d'un ordre de choses qui s'éloignant en tout sens de l'esprit d'unité et d'association, ne favorise que la discorde, la pauvreté, mauvais goût, et tous les vices matériels ou spirituels qui naissent du mode simple.

CHAPITRE VII.

Du Camp cellulaire, et des Curieux.

DANS un siècle tout préoccupé de balance, de solde et de grivelage, c'est une affaire d'intérêt majeur qu'un bénéfice de 20 millions pour les actionnaires de la Phalange d'essai, qui peut-être n'auront pas versé 2 millions en avances pécuniaires. L'examen de cette branche de profits mérite bien un chapitre à part.

Indépendamment des récompenses à recueillir du globe, et dont l'une sera le remboursement des actions à douze fois le capital ; indépendamment des récompenses honorifiques et lucratives à la fois, comme celle d'*un Pentarchat par action*, I, 291, et d'une souveraineté dix ou vingt fois plus étendue pour celui qui aura pris dix ou vingt actions d'origine ; indépendamment du profit de revente qui pourra s'élever au décuple, sans priver l'actionnaire primitif de ses droits au Pentarchat, et qui transmettra seulement les droits d'intervention accidentelle dans le mécanisme de la Phalange ; indépendamment de tous ces bénéfices colossals et d'autres dont je supprime le tableau, les actionnaires de la 1ʳᵉ Phalange auront un bénéfice de plaisante espèce à prélever sur les curieux, et l'on va voir que je cave beaucoup trop bas en l'estimant à 20 millions, monnaie de France.

Quelques arlequins de libéralisme vont dire qu'il ne sera pas noble d'imposer les curieux dans une entreprise qui doit décider du bonheur du monde, et qui doit d'ailleurs être amplement récompensée par le globe ; que ce serait petitesse et mesquinerie aux actionnaires, de spéculer sur le tribut des curieux. Ce sera, au contraire, une juste représaille. La Phalange d'essai devra prouver aux civilisés, qu'elle sait les apprécier ce qu'ils valent. Elle devra, pour leur confusion, les assujettir à un de ces tributs mercantiles dont la théorie insidieuse est aujourd'hui la seule science révérée. Il faudra, pour l'adieu à la civilisation, la berner honorablement et de franc jeu. Elle n'admire que ceux qui savent pomper l'argent d'autrui. Il faut, pour la scène de clôture, souffler à tous ses beaux esprits 20 millions versés de franc jeu, et aussi spontanément que l'argent donné à la porte de l'opéra.

Notre siècle n'estime que celui qui sait gagner de l'argent, *per fas et nefas*; il est, en termes de commerce, *habile garçon*, *bonne tête*, lors même qu'il a gagné par des voies déshonorantes. Il faudra donc, pour confondre les mercantiles civilisés, que la Phalange d'essai leur impose par forme d'indemnité, un tribut d'entrée.

Les actionnaires auront été critiqués par les beaux esprits et raillés par les sots; ils feront bien de rendre la pareille à cette maligne engeance, en l'obligeant à payer cher pour voir ce nouvel ordre qu'elle aura raillé avant de le connaître.

D'ailleurs, on aura des frais à faire pour se garantir des importuns; il faudra entourer tout le canton d'une fraise, ou d'une palissade étayée de piliers d'espace en espace; à défaut, on aurait sur les bras des légions de curieux, qui encombreraient le canton à tel point, qu'il serait impossible aux groupes et Séries d'opérer régulièrement. On sera obligé d'employer des barrières pour se garantir de ces flots de curieux : on en laissera entrer quelques milliers, mais à bonnes enseignes, et en les distribuant de manière à n'être gêné par eux, ni en matériel, ni en passionnel.

On aura non-seulement des curieux à admettre, mais des envoyés de toutes les contrées du globe; car, en tout pays, avant de fonder les cantons d'Harmonie, on ne manquera pas, selon les règles de la prudence, d'envoyer un homme chargé d'examiner, non pas le matériel des dispositions d'Harmonie, qu'il sera fort aisé de communiquer par gravures ou lithographies, mais le mécanisme passionnel qu'aucune relation ne pourra décrire convenablement, et qu'il sera bon d'avoir vu avant de fonder un canton. Il faudra d'ailleurs observer de près les fautes de distribution que ce canton d'essai aura pu commettre, s'en assurer par une vérification locale et oculaire. Toutes les régions du globe jugeront qu'il vaut mieux hasarder le voyage d'un mandataire, habile observateur, que de s'exposer à faire des fautes en distribution matérielle ou passionnelle. On aura donc pour les régions civilisées et barbares, plus de 2 à 300,000 envoyés à satisfaire, et un nombre de curieux au moins triple ; car l'Harmonie des passions étant le spectacle le plus surprenant qui puisse exister pour des civilisés et barbares, tous les individus en santé qui auront le moyen de faire le voyage, seront vivement tentés de le faire, et on peut compter sur une masse de 6 à 800,000 curieux, outre les 2 à 300,000 envoyés. Réduisons, si l'on veut, à moitié ; ce sera environ 4 à 500,000 visites à recevoir.

Parlons du local qu'on assignera pour logement à ces légions de passagers, et de la rétribution qu'on devra exiger d'eux.

Si on était en pleine Harmonie, dans une génération élevée aux précautions contre le feu, je conseillerais à la Phalange d'essai de placer le camp cellulaire à la frise, au-dessus du 3e étage, en jacobine ou croisée de demi-hauteur.

Il doit contenir quatre rangs de cellules, divisées d'abord par un large corridor central et continu, qui partage les doubles rangs, subdivisés entr'eux par groupes de 5 ou de 7 ; 2 sur 3, ou 3 sur 4, laissant une croisée libre entre chaque groupe. Cette croisée éclaire deux cellules extrêmes du 2e rang ; les deux moyennes, ou la moyenne en 3 sous 2, sont éclairées par la fenêtre vacante du mur opposé.

Il faudrait ici une lithographie ; negligeons ce détail, d'autant mieux que ladite méthode ne conviendra pas pour loger des civilisés, fort imprudens quant aux précautions contre l'incendie. Il sera mieux de les réunir par chambrées, comme les militaires, à une douzaine de lits par salle.

Je spécule ici sur un essai de grande Harmonie, à 15 ou 1600 personnes, et un édifice de grandeur assortie, dont je regrette de ne pouvoir pas donner le plan, parce que les dispositions des corps de logis ne sont pas les mêmes que celles de nos grands palais ou monastères.

Si on ne fait qu'un petit essai de degré minime ૪, à 200

personnes, p. 17, ou une Harmonie hongrée de 400 personnes, les curieux ne seront guères moins empressés : ils seront même proportionnément plus nombreux pour le petit essai, car j'estime qu'il en attirera au moins 200,000. Il faudra donc, dans tous les cas, même dans un essai minime, se mettre en mesure de recevoir et héberger ces curieux, qui venant pour s'instruire sur le mécanisme des Séries et passer trois jours dans leur canton, ne seront pas exigeans sur le logement ; car ils n'y entreront qu'à l'heure du coucher, toute leur journée devant se passer à observer et à parcourir les Séries.

En grande Harmonie, le camp cellulaire doit régner non seulement dans toute la partie supérieure du palais, nommée frise, mais encore au-dessus des étables, où ce camp est quelquefois à double et triple étage dans les Phalanges de grand passage, qui, dans ce cas, peuvent contenir facilement 12000 cellules, et loger commodément 24000 passans.

Ce logement sera une spéculation très-importante pour la 1re Phalange, car elle aura en manœuvre passionnelle deux à trois ans d'avance sur les autres Phalanges ; elle sera donc la seule bonne à visiter pour les renseignemens et l'instruction pratique.

Une masse de 500,000 curieux admis successivement pour trois jours, à 200 fr. par personne, (c'est-à-dire 100, 200 et 300 fr., selon les degrés de fortune ; en moyen terme 200), non compris leur dépense, produiraient une recette de 100 millions. Supposons le quart de ce produit, 25 millions, ce ne sera pas un bénéfice à négliger.

On a vu, en 1814, 1815, 1816, sortir de la seule Angleterre au moins 100,000 curieux pour venir voir Paris. Que sera-ce donc de l'harmonie des passions, chose la plus digne de piquer la curiosité? C'est un ordre domestique si surprenant, si éloigné de nos coutumes civilisées, que tout individu qui aura le moyen de faire le voyage, ne manquera pas d'accourir.

Jusqu'à présent les curieux n'ont pu admirer dans les ouvrages de l'homme que du beau matériel. Pour la première fois ils pourront voir le beau passionnel, dire qu'ils ont vu Dieu en personne et dans toute sa sagesse ; car, qu'est-ce que l'esprit, la sagesse de Dieu, sinon l'harmonie des douze passions, leur développement complet sans aucun conflit et en accord aussi parfait que celui d'un excellent orchestre ! Ce bel œuvre est le seul qui puisse donner aux humains une idée de la gloire et de la sagesse de Dieu.

Nous connaissons jusqu'à présent sa sagesse matérielle qui éclate dans l'harmonie des sphères célestes et dans la mécanique des objets créés ; mais nous n'avons aucune idée de sa sagesse politique et sociale. Nous ne connaissons en ce genre que l'esprit démoniaque dont nos sociétés sont l'image, par leur mécanisme de fausseté, de pillage et d'oppression. Nous ne verrons l'esprit de Dieu que dans l'Harmonie des Séries passionnelles, dans leur unité, leurs vertus, et le charme qui les stimule sans cesse à l'industrie utile. En réfléchissant sur l'enthousiasme dont cette innovation fortunée va remplir le globe, ce n'est pas trop de compter sur 500,000 curieux qui viendront admirer l'équilibre et l'Harmonie des passions développées sociétairement, par Séries contrastées, rivalisées, engrenées, évitant les sept vices de l'industrie individuelle, tom. 1, 489.

On ne pourra admettre les curieux qu'en petit nombre la première année, parce que la Phalange ne sera pas exercée, n'aura pas pris son à-plomb, noué ses intrigues ; mais dès le printemps suivant, où elle rentrera en exercice avec des habitudes formées et une marche assurée, on pourra admettre les masses de curieux au parcours intérieur, en graduant le prix d'admission selon les fortunes ou les concessions de parcours, et en faisant gérer les cuisines et tables du caravenserai par des traiteurs civilisés, qui confinés dans ce local, ne gêneront en rien les relations de la Phalange primitive.

Lorsqu'ensuite on formera d'autres Phalanges, elles seront pendant longtemps en arrière de celle d'épreuve, d'autant mieux que la terre entière voudra s'organiser à la fois. On manquera de bois de construction ; il faudra aller faire une forte coupe dans les régions de l'Amazone et du Mississipi : ce travail, à force de dissémination des ouvriers exercés, marchera lentement ; dès-lors la 1ʳᵉ Phalange, si elle est fondée en haut degré, sera longtemps la plus avancée en Harmonie, et la seule digne de curiosité.

C'est une spéculation sur laquelle devront réfléchir les actionnaires. A n'en juger que par le concours des Anglais venus à Paris après la pacification, l'on pourrait espérer des seuls Anglais une recette de 15 millions, et par conséquent 60 millions de l'Europe entière ; j'ai dit 20 à 25 millions, pour caver au plus bas.

Il sera indispensable d'astreindre les civilisés à cette contribution, car on serait excédé par leurs sollicitations et leurs importunités. Mais quand ils verront qu'on peut à peine admettre ceux qui paient cent, deux cents et trois cents francs par jour, ils se rendront à cette observation, la plus convaincante pour des êtres habitués à juger tout au poids de l'or.

Entretems, cette collecte mercantile ne sera qu'un des menus profits de la Phalange d'épreuve ; son bénéfice principal consistera dans la récompense à recevoir du globe, aussitôt que la Hiérarchie sphérique sera constituée ; et quiconque aura concouru d'une manière quelconque à cette initiative d'où dépend l'avènement aux destinées, sera assuré de recevoir une souveraineté héréditaire de degré plus ou moins élevé. Je renvoie sur ce sujet aux chapitres qui traitent de la division du globe en Harmonie, et des titres de souveraineté dont la création sera obligée dans ce nouvel ordre, I, 291.

A ce détail de l'édifice principal, il resterait à ajouter un tableau des édifices accessoires ; châteaux-cardinaux, castels, belvédères, etc. Une Phalange régulière a quatre châteaux placés à demi-distance de ses limites, et à peu près dans la direction des quatre points cardinaux. L'on y porte le déjeûné ou le goûté, dans les cas où des cohortes du voisinage se sont réunies pour accélérer un travail. Chaque groupe a aussi son belvédère à l'un des angles du terrain où il gère une culture. Chaque Série a son castel sur le point le plus central entre ses diverses cultures. On n'aura pas besoin de tout ce luxe dans un début ; et d'ailleurs notre tâche, ici, est d'étudier la formation des Séries et leur mécanisme ; après quoi il sera facile de déterminer les édifices d'utilité ou de luxe qu'elles devront construire.

Tout en se bornant pour le canton d'essai à un Phalanstère en brique et des hangars au lieu de châteaux, l'établissement sera déjà assez attrayant pour que les actions en soient recherchées à des *prix fous* le lendemain de l'installation, et que la famille royale du pays vienne y demander par faveur un petit appartement.

CHAPITRE VIII.

Distributions agricoles des Séries, et Mariages des Groupes.

On vante nos progrès en agriculture ; on les admire, comparativement à l'impéritie des barbares : est-ce donc être au chemin de la perfection, que d'être un peu moins stupide qu'un voisin ignare ? Si nous pouvions voir les cultures des Harmoniens au bout d'un demi-siècle, temps nécessaire pour la restauration des forêts, qui ne peuvent pas croître comme les choux, d'une saison à l'autre, nous serions bien surpris de reconnaître que la civilisation, avec son jargon de perfectibilité, est pleinement sauvage en diverses branches de culture, comme les prairies ; et que sur d'autres objets d'intérêt très-majeur, notamment les eaux et forêts, nous sommes fort au-dessous des sauvages ; car nous ne nous bornons pas à laisser comme eux les forêts incultes et vierges ; nous y portons la coignée et le ravage, d'où résulte l'éboulement des terres, le déchaussement des pentes et la détérioration du climat.

Ce vice, en detruisant les sources et multipliant les orages, cause en double sens le désordre du système aquatique. Nos rivières toujours alternant d'un excès à l'autre, des crues subites aux longues sécheresses, causent des dégâts périodiques, et ne peuvent nourrir que très-peu de poisson qu'on a soin de détruire dans sa naissance, et réduire au dixième de ce qu'il devrait produire. Ainsi, nous sommes pleinement sauvages sur la gestion des eaux et forêts.

Combien nos descendans maudiront la civilisation, en voyant tant de montagnes dépouillées et mises à nu, comme celles du midi de France, que les armées d'Harmonie seront obligées de recouvrir et boiser à grand-peine pendant plusieurs siècles ! Ce dégât tout récent est principalement l'ouvrage des temps qu'on appelle beau siècle des lettres sous Louis XIV, et beau siècle de la philosophie sous Louis XV ; ces deux beaux âges modernes seront nommés dans l'avenir, *LES DEUX ATTILAS* de l'agriculture et des climatures qu'ils ont dévastées, en nous

donnant

donnant pour consolation de belles théories, bien impraticables , sur l'aménagement des forêts.

Tel est l'effet constant de la civilisation ; faire en tout sens le contraire de ce qu'elle enseigne ; indiquer le bien désirable, et favoriser, par le fait, les progrès du mal. Ignore-t-on ce qu'il faudrait faire ? Est-il d'enfant qui ne sache qu'on devrait détruire chaque année les chenilles et les hannetons ; opération des plus faciles , et qui pourtant ne sera jamais exécutée en civilisation ! Tant s'en faut : les chenilles croissent en nombre, depuis qu'on leur a opposé en France 400 académies agricoles, créées en 1818. On dirait qu'elles narguent cette armée scientifique ; le mal va croissant.

Quand vous voyez pulluler les beaux systèmes sur l'économie , l'agriculture , la morale , prononcez hardiment qu'on choisira cette époque pour aggraver tous les fléaux contre lesquels déclament les rhéteurs. S'il paraît cent traités sur la restauration des finances, vous êtes assuré que la génération à qui on les dédie , va contracter par milliards des dettes publiques , et sapper par ce vice les bases morales de la société , en même temps que les bases matérielles ou forêts.

Venons à la distribution agricole d'un canton sociétaire. J'ai parlé du matériel de ses édifices ; il faut donner une idée générale de ses campagnes , pour compléter la notice des aperçus en matériel : de là nous passerons au mécanisme des Séries qui exploitent le canton.

La culture sociétaire comporte trois modes amalgamés :

1° L'ordre simple ou massif,   *Dorique.*
2° L'ordre ambigu ou vague,   *Ionique.*
3° L'ordre composé ou engrené,   *Corinthien.*

1° *L'ordre simple ou massif* est celui qui exclut les entrelacemens ; il règne en plein dans nos pays de grande culture , où tout est champ d'un côté, tout est bois de l'autre ; quoiqu'on voie dans la masse des terres à blé, beaucoup de points qui pourraient convenir à d'autres cultures , et sur-tout aux légumineuses ; de même que dans la masse des bois , on trouve beaucoup de pentes douces qui pourraient convenir à une vigne ; beaucoup de plaines intérieures qui pourraient convenir à une clairière cultivée , et améliorant la forêt où il faut ménager des espaces vides , pour le jeu des rayons solaires, la circulation de l'air et la maturation du bois.

2° *L'ordre ambigu ou vague et mixte*, est celui des jardins confus qu'on nomme *Anglais*, et qu'on devrait nommer *Chinois*, puisque l'Angleterre a emprunté des Chinois cette méthode, fort agréable quand elle est employée à propos ; mais non pas avec la mesquinerie civilisée, qui rassemble des montagnes et des lacs dans un carré de la dimension d'une cour. L'Harmonie étant ennemie de l'uniformité, emploiera sur divers points d'un canton et notamment dans les pays coupés comme le pays de Vaud, cette méthode chinoise ou vague et ambiguë, qui rassemble comme par hasard toutes sortes de cultures et de fonctions ; elle formera un contraste piquant avec les massifs (méthode 1) et les lignes engrenées (méthode 3).

3° *L'ordre composé et engrené* est l'opposé du système civilisé, selon lequel chacun tend à se clorre et s'entourerait volontiers de bastions et batteries de gros calibre. Chacun en civilisation veut se retrancher, et faire une citadelle de sa propriété. On a raison en *civilisation*, parce que cette société n'est qu'un ramas de voleurs gros ou petits, dont les gros font pendre les petits ; mais en Harmonie, où l'on ne peut pas essuyer le moindre vol, et où un enfant ne volerait pas même une *grappe de groseilles*, (on en verra la preuve, tom. 2, liv. 2), on emploie, autant qu'il se peut, dans les distributions de culture, l'ordre matériel composé ou méthode engrenée, selon laquelle chaque Série s'efforce de jeter des rameaux sur tous les points, engage des lignes avancées et des carreaux détachés dans tous les postes des Séries dont le centre d'opération se trouve éloigné du sien (*).

L'ordre massif est le seul qui ait quelque rapport avec les méthodes grossières des civilisés ; ils réunissent toutes les fleurs d'un côté, tous les fruits de l'autre ; ici toutes les prairies, là toutes les céréales : enfin ils forment par-tout des masses dépourvues de lien ; leur culture est en état d'incohérence universelle et d'excès méthodique.

(*) Ces trois ordres sont comparables à ceux de l'architecture grecque. On n'a rien pu trouver de neuf après les trois colonnes grecques et leurs accessoires : les formes nommées *Composite*, *Ionique moderne*, et *Toscane*, sont de légères modifications des ordres grecs. Il en sera de même de toutes les méthodes agricoles qu'on pourrait indiquer ; elles ne seront que modifications des trois ordres ci-dessus.

D'autre part, chacun d'eux sur son terrain fait abus de la méthode engrenée ; car chacun voulant recueillir, sur le sol qu'il possède, les objets nécessaires à sa consommation, accumule vingt sortes de cultures sur tel terrain qui n'en devrait pas comporter moitié. Un paysan cultivera pêle-mêle blé et vin, choux et raves, chanvre et pommes-de-terre, sur tel sol ou le blé seul aurait convenu : puis le village entier mettra en blé exclusivement, quelque terrain éloigné qu'on ne peut pas surveiller contre le vol, et qu'il aurait convenu de mélanger de diverses plantations.

Une boussole principale des civilisés dans leurs distributions de cultures, leurs assolemens, leurs époques de récolte, c'est le risque de vol. Dites à un agronome : vous semez-là du blé ; j'y mettrais un verger ; le terrain me semble convenable. Oui, répondra-t-il, mais je serais volé ; c'est un local que je ne peux pas surveiller. Reprochez-lui de vendanger trop tôt, de récolter ses vergers avant maturité ; il vous dira : vous avez raison ; mais je serais volé, je n'aurais rien, et je suis forcé de cueillir mes fruits encore verts.

En Harmonie on ne court aucun de ces risques : les distributions de cultures s'établissent en pleine convenance avec le terrain, et rien n'empêche qu'on répartisse à chaque sol ce qui lui est assorti. Cette répartition s'opère selon les trois modes indiqués plus haut ; le massif, le vague et l'engrené, parce que l'Harmonie a besoin d'allier les Groupes et les Séries de divers titres, et de leur ménager des rencontres dans les travaux, afin de les intéresser les uns aux autres.

Une Phalange exploitant son canton comme s'il était domaine d'un seul particulier, commence par déterminer à quels emplois convient chaque portion, quels alliages elle peut subir, quels accessoires on ajoutera à la culture pivotale. Ces alliages ont pour but d'amener divers groupes sur un même terrain, et de laisser le moins que possible un groupe isolé dans ses travaux, quoique bornés à une courte séance.

A cet effet, chaque branche de culture cherche à s'entrelacer et pousser des divisions parmi les autres. Ainsi le parterre et le potager qui sont parmi nous les deux divisions voisines de l'habitation, ne sont point, dans une Phalange, rassemblés et confinés aux attenances du Palais : tous deux poussent dans

4.

la campagne de fortes lignes, ou des masses détachées de fleurs et de légumes qui diminuent par degrés, s'engagent par détachemens successifs dans les champs, vergers, prairies et forêts dont le sol peut leur convenir. Et de même les vergers qui sont plus éloignés du Phalanstère ou Palais, ont à sa proximité quelques postes de ralliement, quelques lignes d'arbustes et d'espaliers, engagées dans le potager ou entre les lignes de fleurs et de légumes.

Cet engrenage agréable sous le rapport du coup-d'œil, tient encore plus à l'utile, à l'amalgame des passions. La Série des cerisistes peut avoir ses grands vergers à un quart de lieue du potager; mais elle s'y rallie et place au voisinage au moins un poste de ralliement, un petit bouquet d'une cinquantaine de cerisiers d'espèces les plus convenables au terrain du potager. Ce local fréquenté quelquefois par des groupes de cerisistes, met leur Série en liaison avec celle du potager. D'autre part, les potagistes ou légumistes ont poussé vers le grand verger des cerisistes, un ou plusieurs carreaux ensemencés d'objets convenables à ce terrain; de sorte que, par fois, un ou deux groupes de la Série des légumistes vont se mêler à ceux des cerisistes, par coïncidence de travaux sur même terrain.

On doit établir ces engrenages en tout sens, distribuer les travaux de manière que chaque Série pousse des masses ou lignes de culture, et porte des groupes sur le terrain de ses voisines ou à côté de leurs travaux. Cet amalgame donne lieu aux rencontres des groupes et aux divers liens qui s'en suivent.

On doit s'attacher sur-tout à ménager des rencontres de groupes d'hommes avec ceux de femmes, et faire engrener leurs cultures. Par exemple, si la Série des cerisistes est en nombreuse réunion à son grand verger, à un quart de lieue du Phalanstère, il convient que dans sa séance de 4 à 6 heures du soir elle ait vu se réunir avec elle et autour d'elle,

1° Une cohorte de la Phalange voisine, venue pour aider à la Série des cerisistes;

2° Un groupe de dames fleuristes du canton, qui viennent cultiver une ligne de cent toises de mauves, formant perspective pour une route voisine, et bordure entre le verger des cerisistes et le champ voisin;

3° Un groupe de la Série des légumistes, venus pour cultiver un carreau de racines qui prospèrent sur ce point;

4° Un groupe de jouvencelles fraisistes, sortant de cultiver une clairière garnie de fraises, dans la forêt attenante au grand verger des cerises.

A cinq heures et demie, les fourgons partant du Phalanstère, amènent le goûté pour tous ces groupes ; et comme c'est la Série des cerisistes qui préside en cette occasion, les groupes de fraisistes, mauvistes, légumistes, n'étant que des détachemens de Série, de même que la cohorte venue de la Phalange voisine, c'est au château des cerisistes qu'on sert le goûté, repas léger et très-court ; il a lieu de 5 heures 3/4 à 6 heures 1/4 ; tous ces groupes y sont rassemblés, et se dispersent après la séance de goûté, où ils ont formé des liens amicaux et négocié des réunions industrielles ou autres, pour les jours suivans.

Observons que ces rencontres de groupes industriels ne sont pas des réunions d'amusette, où l'on se borne, comme dans l'état actuel, à des négociations d'amour qui ne flattent que le jeune âge : ce sont encore des ligues d'émulation cabalistique, où les divers groupes s'intéressent et se concertent pour le soutien des prétentions industrielles de la Phalange et des Phalanges voisines. Tout, en Harmonie sociétaire, se coordonne au bien de l'industrie ; les amours mêmes, quoique plus actifs qu'en civilisation, concourent, et en tout sens, à stimuler le travail et accroître la richesse.

Ainsi s'accomplit le vœu de la 12ᵉ passion, dite composite ou engrenante. Elle exige, dans l'industrie comme en toutes relations, des liens *composés* ou *dualisés*. Le lien ne serait que simple, s'il se bornait à exciter l'émulation industrielle par appât du gain ; il faut y joindre des véhicules tirés d'autres passions, comme les rencontres amicales ou les amours qui naissent de ces réunions, et qui attachent les femmes à une industrie où elles doivent déjeûner, à l'issue de la séance, avec des hommes qui leur sont agréables, tant de leur Phalange que des Phalanges voisines.

Plus d'un civilisé va dire qu'il n'enverrait ni sa femme, ni sa fille à pareilles assemblées. C'est raisonner comme le père que j'ai cité 25, au sujet des dînés de famille : à peine aura-t-il passé trois jours en Harmonie, qu'il trouvera avantageux pour lui et ses enfans de renoncer aux dînés de famille.

Sous le même rapport, les pères seront les premiers à applaudir leurs femmes et filles lorsqu'elles fréquenteront les Séries industrielles, parce qu'ils sauront que *rien de ce qui s'y passe* ne peut rester inconnu. Or, les femmes sont bien gardées en lieu où elles sont assurées que toutes leurs actions seront connues. C'est ce qui n'arrive pas dans une maison civilisée, où le père, s'il veut surveiller femmes ou filles, est trompé par tout ce qui l'entoure, et ne peut connaître ni les actions, ni les intentions de ceux dont il se défie.

On verra plus loin (sect. 4ᵉ), que les mariages étant très-faciles en Harmonie, *même sans dot*, les filles sont toujours placées de 16 à 20 ans, et que jusque–là on peut leur laisser pleine liberté, parce qu'elles se surveillent entr'elles. Il n'est de garde sûre auprès d'une femme, que l'œil de ses rivales, et on ne peut pas, en Harmonie, tromper sur la virginité ni sur la fidélité : quand les femmes en seront bien convaincues, les maris et les pères pourront négliger la surveillance, qui, en civilisation, n'aboutit qu'à les faire mieux duper.

Renvoyons ces débats aux chapitres de l'éducation, et continuons sur les dispositions générales.

CHAPITRE IX.

ALLIAGE des trois ordres agricoles.

L'ÉTAT sociétaire, ainsi qu'on vient de le voir, exige l'emploi des ordres, 3 engrené, 2 mixte, et 1 massif. Pour faciliter l'amalgame de ces trois méthodes, on les marie autant que le terrain le permet.

S'il peut admettre dix sortes de végétaux ; si la diversité des pentes et expositions d'un coteau peut comporter sur divers points, 1° les féves, 2° la navette, 3° les oignons, 4ᵉ les haricots, 5° les pommes, 6° les pêches, 7° le blé, 8° l'orge, 9ᵉ le maïs, 10ᵉ la vigne, on ménage sur les pentes nord et sud, est et ouest du coteau, toutes ces sortes de cultures, avec des belvédères adaptés à chacune, et un castel sociétaire, entretenu proportionnellement aux frais des divers groupes dont le coteau réunit les cultures.

Une telle disposition est d'ordre mixte ou ambigu 2°.

L'Association procède méthodiquement dans l'emploi des

trois ordres : en plaine, elle entrelace les cultures par mode engrené, par lignes droites ou courbes, échelonnées ou serpentées, selon que le terrain le comporte. Sur un coteau, les alliages sont vagues et tiennent de la méthode mixte, nommée Anglaise ou Chinoise, qui exige des variantes selon les pentes, les expositions, les moyens d'arrosage.

Ainsi, les entrelacemens, soit en ligne droite et croisée, (méthode composée ou 3e), soit en compartimens vagues et pittoresques (méthode mixte ou 2e), forment une variété dont l'aspect est aussi récréatif que celui de la méthode civilisée est monotone. Elle a pour vice dominant, l'abus du 1er ordre, dit *massif ou simple*. Toujours elle agglomère sur un point et en vastes amas, un seul végétal comme le blé, dont les variétés pourraient convenir à d'autres points du canton.

Ou bien la culture civilisée tombe dans l'excès contraire, dans le mixte diffus sur un terrain circonscrit ; comme dans le cas ou 300 familles villageoises cultivent 300 masses de choux sur 300 points, dont à peine 30 sont convenables à cette production.

L'état sociétaire exploitant un vaste canton comme s'il était *domaine d'un seul homme, et sans risque de larcin*, peut admettre combinément l'emploi des trois modes. Leur amalgame garantit l'utile et l'agréable ; il réunit les avantages du produit à ceux du coup-d'œil, à la facilité de marier les groupes en réunion locale, de combiner leurs intrigues, les activer l'une par l'autre ; c'est l'union du beau et du bon.

Cette distribution serait impossible en civilisation, vu l'exiguité de certaines cultures, comme les jardinages et vergers, que le risque de vol et le défaut de fonctionnaires spéciaux obligent à restreindre au 10e de la proportion naturelle.

Mais en Harmonie, où l'on consomme beaucoup et où l'on exporte beaucoup, il faut, s'il se peut, développer en détail chaque branche de culture, sauf à faire un choix des variétés qui alimentent le travail par Série ; c'est pourquoi un seul végétal, comme l'artichaut, pourra donner lieu à former des lignes engrenées et des détachemens disséminés, qui fourniront les diverses qualités nécessaires à une Série. Ces divisions réparties sur un espace d'une lieue carrée, pourront s'entrelacer en cent manières avec les lignes et détachemens d'autres végétaux, et favoriser en tout sens les rencontres de groupes, leurs mariages industriels.

On engrenera donc, autant que possible, toutes les cultures de fruits, de légumes, de céréales et de fleurs; les pâturages, les bois, les bassins et poissons spéciaux, etc., afin de faire croiser les groupes en tout sens, et donner de l'activité à leurs intrigues.

Lorsqu'on ne pourra pas pratiquer cette méthode composée ou engrenée, qui est la 3ᵉ et la meilleure, on se ralliera à la méthode mixte ou 2ᵉ qui favorise déjà les liens, et on ne se fixera à la méthode civilisée ou simple, ordre massif, qu'autant qu'il sera impossible de mieux faire.

Encore, dans les cas où l'ordre massif sera nécessité par la nature du sol, aura-t-on soin d'y faire diversion par des lignes de bordures, des autels de fleurs et autres ornemens.

D'ailleurs, l'ordre massif n'est pas désagréable et devient même noble, quand il est placé à propos et entouré convenablement : il n'est insipide en civilisation que par affluence en toutes cultures, et privation de parures en entourage.

Les femmes n'interviennent guères qu'en accessoire dans l'ordre massif, qui comprend les emplois fatigans; elles s'y entremettent pour le soin des bordures, des réserves et des autels (*) de secte.

L'alliage agricole des sexes conviendrait fort peu en civilisation, où les mariages sont difficiles ; il n'y serait qu'une source de libertinage, de même que la réunion des âges divers. Les vieillards civilisés ne tirent aucun parti de rencontres avec la

____

(*) Les femmes et enfans cultivent les autels champêtres que chaque groupe et chaque Série élèvent au centre ou aux angles de leur terrain favori, et qui sont utiles pour allier les sexes, faire participer l'un aux travaux de l'autre.

Sur ces autels, on place au sommet d'un monticule de fleurs et arbustes, les statues ou les bustes des patrons de la secte, des individus qui ont excellé dans ses travaux et l'ont enrichie de quelques méthodes utiles. Ces images sont pour la secte un objet de culte agricole. Un groupe ne commence point son travail sans avoir brûlé l'encens sur l'autel de ses Dieux de secte : l'industrie étant aux yeux des Harmoniens la plus louable des fonctions, l'on a soin d'y allier sans cesse l'esprit religieux et les mobiles d'enthousiasme, comme le culte des hommes qui ont servi l'humanité en perfectionnant l'industrie.

jeunesse ; au moins ne sont-elles profitables qu'aux gens riches.

Il n'en est pas ainsi dans l'état sociétaire. On verra à la section du *RALLIEMENT PASSIONNEL*, que tous les âges ont des liens d'amitié en Harmonie, et participent tous au charme des réunions de divers sexes. De là vient qu'on s'attachera principalement à entrelacer les trois modes industriels :

1, *Simple ou massif ;* 2, *ambigu ou vague ;* 3, *composé ou engrené.*

Nous avons déjà, quant au matériel, une ombre de ces entrelacemens, dans les vignes en hautain, où l'on mélange des lignes de blé, de légumes, de millet, etc., sous des allées de cerisiers, pruniers et autres arbres qui surmontent la vigne. Ces alliages sont une faible image *du matériel* d'un des trois ordres agricoles, mais non pas *du passionnel ;* car ils ne produisent chez nous aucune de ces réunions de groupes divers qu'ils rassemblent fréquemment dans l'état sociétaire, où la séance en finissant est égayée par les petits repas de déjeûné et goûté qu'on envoie en fourgons suspendus. Les trois autres repas, délité, dîné, soupé, ne sont jamais servis hors du Phalanstère, à moins de nécessité.

L'ordre sociétaire sait établir l'alliage des trois sexes et des cultures diverses, dans les branches qui nous en paraissent le moins susceptibles, comme une grande prairie ou une pièce de vigne obligée par la nature du sol. On trouve toujours moyen d'opérer des alliages et entrelacemens dont la description serait insipide pour le lecteur qui ne connaît point ces usages. D'ailleurs, ces détails d'amusemens agricoles contrastent fort avec la misère de nos paysans ; mais ce n'est pas par la misère qu'on peut arriver à l'Harmonie des passions.

Quelles que soient les distributions de culture, il faut toujours un édifice d'entrepôt et de vestiaire, à portée du point de rassemblement. Un groupe de vingt dames doit se réunir à 6 heures 1/2 du matin en telle clairière, pour y cultiver des fraises ou des framboises ; mais ces dames arriveront de plusieurs points différens ; car au sortir du repas de délité et de la parade matinale à 5 heures, elles se seront distribuées dans divers ateliers ou sur divers points des jardins et vergers ; il faut donc à ces dames un petit hangar ou belvédère servant de vestiaire, avec une pièce distincte pour les hommes qui feront partie de ce

groupe, et en outre une salle commune pour les rafraîchissemens et le conseil.

Les mariages ou rencontres industrielles des groupes, ont
lieu dans les relations de toute espèce par d'autres voies ; car
on ne peut pas assembler deux manufactures dans le même
local, ni les marier en exercice d'industrie comme les groupes
champêtres ; mais il est mille moyens d'opérer ces ligues,
tant en industrie qu'en plaisir : admettons-les avant l'exposé,
et étudions-en les conséquences.

Si telle Série de cerisistes ou de poiristes ne jetait pas quelques détachemens, quelques masses d'arbres au voisinage des
potagers et des parterres ; et si, d'autre part, les Séries de
fleuristes et légumistes ne portaient pas quelques lignes ou
carreaux vers les grands vergers de cerisiers et poiriers, on
perdrait des deux côtés, non seulement le charme des rencontres industrielles, mais l'intérêt pour les travaux respectifs
qui servent de distraction et de leviers d'intrigue.

Les groupes et Séries prennent dans ces rencontres la même
amitié que les régimens qui ont coopéré dans une affaire. Le
but est d'amener toutes les Séries à se soutenir entr'elles, s'intéresser les unes aux autres, et atteindre par cette amitié collective au gage d'Harmonie, qui est *la répartition des dividendes en raison directe des masses, et inverse du carré
des distances de capitaux.* Ce n'est qu'en multipliant les liens
qu'on peut arriver à cette répartition équilibrée, Section 8°.

On doit donc donner les plus grands soins à ménager ces
rencontres et entrelacemens de groupes qui excitent l'amitié,
l'intérêt réciproque. On pratiquera ces mariages de groupes,
même sur un seul travail ; par exemple, dans les orchestres
que nous confions exclusivement aux hommes, et dont divers
instrumens, comme le violon, seront communément affectés
aux femmes.

A défaut d'un plein mariage ou balance numérique des
sexes, l'on en approchera du plus au moins, et l'on se ménagera quelques adjoints de l'autre sexe, même dans les travaux
qui paraissent convenir exclusivement à un seul, comme le
soin de la cave. Si les cavistes d'une grande Phalange sont
au nombre de 200, on verra au moins une vingtaine de femmes
former un groupe affilié à cette Série, et en exercer quelque

branche de travail, comme dans la gestion des vins blancs mousseux, qui sont attrayans pour les femmes.

Il en sera de même de certains travaux tout féminins aujourd'hui, comme la buanderie et autres, qui trouveront quelques acolytes parmi les hommes. Selon la règle d'exception, quelques hommes se trouveront passionnés pour une branche de ce travail ; ce ne sera pas d'emblée, mais lorsque l'Attraction aura atteint son plein développement chez une génération harmoniquement éduquée, selon les procédés décrits au 2e livre. Alors la parfaite division des travaux ménagera dans chaque genre quelqu'espèce applicable au sexe incompétent sur le tout ; cette transition ralliera la Série à l'autre sexe. On n'aura pas besoin de tous ces engrenages dans une Phalange d'Harmonie hongrée ; mais nous sommes d'accord de décrire la haute Harmonie, pour descendre de là aux procédés de la moyenne et de la basse.

De même que les Séries s'attachent à opérer entr'elles des mariages de groupes et de sexes, des entrelacemens de culture, ainsi les groupes opèrent entr'eux des amalgames et échanges de sectaires. Les séances étant limitées à une heure ou deux, chacun peut tenir à 40 et 50 branches d'industrie et s'intéresser à leur succès. Cette méthode d'engrenage universel est loi de la 11e passion, dite Papillonne, et de la 12e, dite Composite. Or, on doit se souvenir que la boussole générale d'Harmonie est de développer sans cesse en matériel comme en passionnel, les trois pass. distributives, tant décriées par les moralistes, et dont l'essor est pourtant le seul gage de cette unité et de cette vérité, si vainement rêvées et si faciles à établir.

CHAPITRE X.

Corollaires sur l'accord matériel du bon et du beau par alliage des trois ordres.

En comparant ces tableaux de l'état sociétaire avec les coutumes civilisées, le lecteur inclinera fort à douter et critiquer, jusqu'à la fin du 4e livre, où il sera suffisamment initié.

Le premier livre n'est, en quelque façon, qu'une promenade en Harmonie, un coup-d'œil sur l'ensemble du matériel examiné en 1re section, et sur l'ensemble du passionnel examiné en 2e section.

En terminant cet aperçu du matériel, insistons sur le point principal, sur la nécessité de combiner les trois ordres.

On en fait dans l'état actuel un emploi si mal entendu, que chacun des trois devient une caricature. Jugeons-en par l'ordre mixte ou ambigu, dont nous voyons une ombre dans les jardins anglais, tels que Petit-Trianon, Navarre, Schwetzingen, etc.

Ces jardins pittoresques sont, comme les bergers et les scènes de théâtre, des rêves de beau agricole, des gimblettes harmoniques, des miniatures d'une campagne sociétairement distribuée. Mais ce sont des corps sans ame, puisqu'on n'y voit pas les travailleurs en activité. Il vaut encore mieux n'y en point trouver, que d'y apercevoir les tristes et sales paysans de la civilisation.

De tels jardins auraient besoin d'être animés par la présence d'une vingtaine de groupes industriels, étalant un luxe champêtre. L'état sociétaire saura, jusques dans les fonctions les plus mal-propres, établir le luxe d'*espèce*. Les sarraus gris d'un groupe de laboureurs, les sarraus bleutés d'un groupe de faucheurs, seront rehaussés par des bordures, ceintures et panaches d'uniforme; par des chariots vernissés, des attelages à parures peu coûteuses, le tout disposé de manière que les ornemens soient à l'abri des souillures de travail.

Si nous voyions, dans un beau vallon distribué en mode ambigu dit anglais, tous ces groupes en activité, bien abrités par des tentes colorées, travaillant par masses disséminées, circulant avec drapeaux et instrumens, chantant dans leur marche des hymnes en chœur; puis le canton parsemé de castels et belvédères à colonnades et flèches, au lieu de cabanes en chaume, nous croirions que le paysage est enchanté, que c'est une féerie, un séjour olympique; et pourtant ce local ne serait encore qu'une monotonie, parce qu'il ne contiendrait qu'un des trois ordres agricoles, que l'ambigu ou 2e, dit anglais. On n'y verrait pas le mode engrené, 3e, qui est bien autrement brillant, et qui donne à l'ensemble des végétaux d'un canton, l'aspect d'une grande armée exécutant différentes évolutions, chacune représentée par quelque Série végétale.

Au lieu de ce charme unitaire, on ne trouve dans les campagnes civilisées qu'une dégoûtante et ruineuse confusion. 300 familles villageoises cultivent 300 carreaux de pois ou d'oignons, confusément assemblés et enchevêtrés ; c'est un travestissement complet de l'ordre engrené, qui distribuerait dans le canton 300 compartimens d'un même végétal, distingués en carreaux de genre, d'espèce, de variété, ténuité, minimité, selon les convenances de terrain, et liés par des divisions d'ailes, centre et transitions adaptées aux divers sols.

Appliquons cette méthode aux légumes favoris de la philosophie, aux choux et aux raves. La série des *choutistes*, pour profiter de tous les terrains opportuns, pourra disposer sa ligne d'opérations sur un front d'une demi-lieue comprenant 3 divisions, 30 potagers et 300 carreaux.

En supposant que le centre de Série opère en face du Phalanstère, l'aile droite à l'est et l'aile gauche vers l'ouest, il pourra y avoir une demi-lieue de distance de l'une à l'autre aile. Ces trois divisions porteront sur divers points leurs carreaux de transition, engrenant dans d'autres cultures.

Le même jour où cette corporation d'amis des choux sera en travail et disséminée au bas des coteaux, il se pourra que la Série des ravistes soit de même à l'ouvrage sur les hauteurs, hissant ses pavillons sur 30 belvédères surmontés de raves dorées, et que les deux assemblées soient nombreuses par emprunt de cohortes vicinales, ou station de légions qui prendront part à l'ouvrage.

La scène déjà fort animée par ces groupes éparpillés, le sera encore plus par la gaieté et la passion, bannies des travaux de nos salariés, qui à tout instant s'arrêtent et s'appuient sur la bêche, par distraction à leur ennui.

Dans cette occurrence, un philosophe traversant le canton, contemplera de sa voiture le ravissant spectacle qu'offriront tous les vrais amis des choux et des raves, les héritiers des vertus de Phocion et Dentatus, déployant avec orgueil leurs drapeaux, leurs tentes et leurs groupes sur les hauteurs et dans toute la vallée parsemée de brillans édifices, au centre desquels s'élevera le Phalanstère ou manoir général dominant majestueusement le canton. A cet aspect, notre philosophe se croira transporté dans un nouveau monde, et commencera à concevoir que la terre, lorsqu'elle sera administrée selon le mode sociétaire ou divin, éclipsera toutes les beautés dont nos romanciers ont paré leurs séjours olympiques.

Reprenons les détails industriels : deux Séries, choutistes, ravistes ou autres, se garderont bien de former comme nous des massifs énormes et sans liens : j'ai dit au chapitre précédent, qu'elles mettront à profit les variétés de sol et d'exposition, pour entrelacer à propos les espèces de choux et de raves, pousser quelques choutières sur les hauteurs affectées aux ravières, et de même quelques ravières dans les bas affectés aux choutières.

Malgré cette dissémination, une Série dans l'ensemble de ses travaux ne présentera pas la 30ᵉ partie de la complication qui règne dans 300 jardinets de nos paysans, dont peut-être les 9/10ᵉˢ sont mal placés pour la culture et l'arrosage du chou, et hors d'état de faire prospérer les différentes espèces, comme on le ferait en les répandant sur la masse du territoire, et plaçant les choutières sur chaque point où nulle autre culture ne pourrait obtenir autant de succès.

Lorsque le terrain est également convenable à plusieurs végétaux, on engrène leurs lignes en équerres ou échelons, 3ᵉ ordre. C'est par le mélange de ce 3ᵉ ordre avec le 2ᵉ ou ambigu, et le 1ᵉʳ ou massif à bordures et autels, que les campagnes d'une Phalange, vues des hauteurs, présentent, en règne végétal, l'image de plusieurs grandes armées, ou des évolutions qu'une seule peut effectuer successivement. Les forêts mêmes offrent cet aspect, parce qu'elles sont entrecoupées de nombreuses clairières cultivées, ne fût-ce qu'en fourrage naturel et artificiel, dont les distributions rentrent dans le système d'amalgame des trois ordres.

Pour l'activité du mouvement agricole, peu importe quelles Séries interviennent. Le paysage est même plus animé, plus régulièrement meublé, si, au lieu de deux Séries formant 60 groupes, il est occupé par des détachemens de 30 Séries, fournissant chacune deux groupes.

Ainsi, au lieu de voir en une belle matinée, 60 groupes d'amis des choux et des raves, on pourra n'en voir que deux, auxquels s'adjoindront 58 autres groupes, les uns, amis des carottes et des oignons ; les autres, amis des asperges et des

artichauts : si l'on peut mettre en scène toutes sortes de cultures, la campagne n'en sera que mieux ornée : il suffit qu'on
la voie occupée par une foule de groupes agissans, et que le
fond du tableau soit suffisamment garni de personnages. L'action n'en sera que plus intéressante si elle fait intervenir une
trentaine de Séries, fournissant chacune deux groupes (nombre
certain pour un incertain) ; ou bien 1, 2, 3 groupes ; car
en calculs généraux on sous-entend toujours l'inégalité distributive.

Les séances étant de courte durée, on voit souvent ces groupes
en mouvement général de déplacement, aux heures de 6 1/2,
8 1/2, 10 1/2 du matin, et ainsi dans la soirée. Cette activité
n'existe pas dans les campagnes civilisées, où le paysan est
stationnaire pour une journée entière.

Le charme de ces tableaux ne serait que simple, si leurs
personnages étaient comme aujourd'hui des affamés dont il
faudrait plaindre le sort. Ce serait le beau isolé du bon, selon
la méthode civilisée, qui ne sait créer *le beau* qu'aux dépens
du bon. Aussi tout ce qu'elle présente de beau, en jardins
ou en édifices, est-il improductif ; et par suite, les lieux où
existe le bon, les campagnes cultivées et les manufactures,
n'offrent-elles qu'un spectacle affligeant pour l'homme juste ;
il y voit des cultivateurs et ouvriers affamés, dont les trois
quarts ne mangent pas à leur appétit, et n'ont pas, dans les
ardeurs de la canicule, un verre de vin pour se garantir de la
fièvre, pas une tente mobile pour s'abriter en moissonnant ;
tandis que dans la ville voisine, les oisifs et les gobemouches
réunis sous des tentes bariolées et garnies de falbalas, se gorgent
de glaces, liqueurs fines et rafraîchissemens.

Ce bien-être, ce BEAU de civilisation, s'allie chez les Harmoniens avec le BON, avec les charmes de l'industrie productive. Si la campagne d'un canton est couverte d'une centaine
de groupes, chacun des cent est pourvu de ces agrémens que
l'état civilisé procure aux oisifs ; chacun a des provisions dans
ses belvédères ; fruits, confiseries, vins assortis ; et si la séance
n'est pas de celles qui se terminent par un repas, on verra
partir du Phalanstère une centaine d'ânons, ou des chameaux
conduisant au pas les paniers de rafraîchissemens aux divers
groupes. Ainsi s'opérera l'alliance *du bon et du beau*, qui

sont toujours concordans en Harmonie, toujours discordans en civilisation.

L'on s'étourdit sur les pauvretés de l'agriculture civilisée, en lisant dans les poëtes quelques tableaux de plaisirs champêtres ; Delille, usant largement du droit de mensonge accordé aux poëtes, nous assure que les champs sont un séjour de délices ineffables, que nous ne savons pas *SAVOURER* ; c'est son expression :

» Mais peu savent goûter leurs voluptés touchantes ;

» Pour les bien *SAVOURER* c'est trop peu que des sens.

Que voit-il donc de si touchant dans les voluptés d'une troupe d'ouvriers qui, exposés au soleil de la canicule, souffrent la faim et la soif ; qui, à midi, mangent tristement une croûte de pain noir avec un verre d'eau, et en s'isolant chacun de son côté, parce que celui qui a un morceau de lard rance ne veut pas le partager avec ses voisins ? Qu'y a-t-il donc à *SAVOURER* dans l'aspect des privations de ces pauvres gens ? Il faut le crédit de Delille pour faire passer une telle arlequinade pastorale ; Delille est en morale un autre *CHAPELAIN*,

» Qui, de son lourd marteau, martelant le bon sens. »

Il exige, au début de son poëme, *des yeux exercés et des sens délicats*, pour goûter les plaisirs de l'amour des champs ; à quelques pages de là, il veut exclure les sens de la partie, et faire *savourer* des voluptés touchantes qu'il reconnaît lui-même peu flatteuses pour les sens.

Elles ne sont pas moins insipides pour l'ame : en effet, 3oo familles d'une bourgade, cultivant 3oo carreaux de choux, n'auront dans ce travail aucun stimulant pour l'amitié, l'amour, l'ambition, ni pour les pass. distributives 10°, 11°, 12°.

12. Point d'intrigue en *COMPOSITE* (I, 434). Il n'y a dans leur jardin chétif et barricadé, aucun charme pour l'esprit ni les sens. Le travailleur n'y est mu que par le triste véhicule d'échapper à la famine, et de s'approvisionner de quelques mauvais choux, pour soutenir sa femme et ses enfans affamés ; sauf encore à surveiller, la nuit, les voisins qui tenteront de lui voler ses choux. Tous ces calculs sont loin de l'enthousiasme qu'exige la 12° passion.

10°. Point d'intrigue en *CABALISTE* (I, 432) ; car dans la culture de ses choux à cochon, il ne songe pas aux rivalités

de

de perfectionnement, au choix des espèces, aux ligues avec des coopérateurs. Il n'a d'autre but que de remplir sa pauvre marmite philosophique, en disant des plus détestables choux : plût à Dieu qu'on en eût toujours !

11°. Point d'intrigue en *PAPILLONNE* (I , 436) ; car en mangeant sa piètre soupe de choux, bien durcis faute d'arrosage, il ne pourra pas varier sur les espèces, ni *savourer* pendant le cours de l'année, cent sortes de choux , tant de son canton que des cantons voisins ; variétés qui seraient chaque jour une amorce de plus pour le cultivateur.

C'est assez démontrer que, dans nos cultures civilisées et notre vie champêtre , tout s'éloigne du bon et du beau, relégués jusqu'à présent dans les rêves poétiques. Encore les poëtes sont-ils, dans leurs fictions mêmes, en contradiction avec la nature sociétaire : ils nous peignent Daphnis et Chloé tenant des houlettes près de leurs tendres agneaux. Rien dans ces tableaux ne s'accorde avec la nature ; car, en Harmonie , période 8°, I, 25 , les bergers et bergères conduisant un immense troupeau, sont montés sur de beaux chevaux , et entourés d'une vingtaine de chiens qui font exécuter les mouvemens ordonnés : les troupeaux d'Harmonie sont toujours très-nombreux , leurs bergers sont relayés de deux en deux heures, comme nos sentinelles , et assemblés par couples ou quadrilles à cheval. Pendant cette station , ils n'ont ni houlettes , ni rubans roses , ni rien des fades usages que leur prête la poésie civilisée. Dans ces fictions , comme par-tout , elle n'a pas plus de notion sur le *BEAU* agricole que l'Économisme n'en a sur le *BON*.

L'union du beau et du bon en agriculture , dépend de l'amalgame des trois ordres : ils ne sont pas même connus des agronomes civilisés , qui n'en savent employer que les trois caricatures ; savoir :

1° *En massif,* les amas de forêts ou de champs : leurs guérets sottement prônés par les poëtes, offrent l'aspect le plus insipide et le plus monotone ; tandis que les forêts sont un chaos de masses informes et peu productives , en ce que leur confusion intercepte le jeu des rayons solaires.

2° *En ambigu,* les cultures entremêlées, qui ne servent qu'à favoriser le vol, exciter les procès sans exciter l'émulation , et provoquer tous les inconvéniens des propriétés morcelées.

3° *En engrenage*, la confusion ou dissémination, comme celle d'une bourgade où l'on ne cultive, en 3o jardins, que trois sortes d'un légume ; tandis qu'une Phalange, avec 3o potagers seulement, en cultiverait 3oo variétés.

Ainsi, la méthode civilisée donne complètement dans les trois excès opposés à l'alliance du beau et du bon. *Toute concentrée ou toute morcelée*, voilà la culture civilisée : il semble qu'elle prenne pour modèles ses procureurs, qui tantôt écrivent en lettres d'un pouce de haut quand ils travaillent à la toise, et qui l'instant d'après écrivent en pieds de mouche, quand on ne paye que l'exploit et non les pages. Ce double excès est inséparable de l'état subversif, (tom. I , page 25, périodes lymbiques).

Résumant sur le bon et le beau, objets de nos illusions poétiques, morales et politiques, j'observe que nous commettons sur ce point trois erreurs ; la mesquinerie, le faux emploi et la duplicité d'action.

1° *La mesquinerie*. Nos poëtes, nos chantres d'imagination, ne savent pas imaginer le quart du bien que la nature nous destine dans l'état sociétaire. Les bergers d'opéra et les jardins d'Armide ne sont que des avortons en luxe champêtre : toujours des bosquets de roses et des nymphes parées en guirlandes de roses ! un tel luxe est inapplicable aux champs comme aux palais : c'est un rêve d'imagination déréglée. Quant au bonheur pastoral des églogues et des idylles, c'est une mesquinerie dont les poëtes rougiront lorsqu'ils auront vu un canton d'Harmonie agricole.

2° *Le faux emploi*. Ils veulent concilier le beau et le bon avec la civilisation, qui ne peut admettre ni l'un ni l'autre. Aussi voit-on que la vertu ou vérité, qui est le beau moral, y est impraticable, parce qu'elle ne peut pas conduire à la fortune, qui est le bon matériel.

3° *Duplicité d'action*. Nos romanciers et moralistes veulent sans cesse isoler le beau et le bon : les romanciers nous font aimer le beau ou luxe, aux dépens du bon qui est le travail productif ; les moralistes nous excitent à préférer le bon, la simplicité champêtre, fort éloignée des vues de la nature qui veut marier le grand luxe avec le travail agricole. Tel est le génie civilisé ; il ne sait que faire discorder les élémens du bonheur social.

Que d'erreurs chez ces savans qui veulent nous enseigner les routes du bien, et dont aucun n'a eu assez de génie pour reconnaître que, ni le bon, ni le beau, ne sont compatibles avec la civilisation, et que, loin de chercher à introduire le bien dans cette société, vrai cloaque de vices, il n'est d'opinion sage que celle de sortir de la civilisation pour entrer dans les voies du bien social !

Sortir de la civilisation ! ... sortir des perfectibilités perfectibles qu'on nomme, I, 92 :

1 Indigence, 2 Fourberie, 3 Oppression, 4 Carnage, 5 Excès climatériques, 6 Maladies provoquées, 7 Cercle vicieux.

Y Egoïsme général,
X Duplicité d'action.

L'idée de sortir de ces neuf perfectibilités soulève tous les partisans des 400,000 tomes philosophiques. Je les renvoie à la distinction de leurs sectes en *Expectans* et *Obscurans*, I, 91. Ils ont l'option entre ces deux rôles ; qu'ils y réfléchissent à deux fois, avant de risquer un mauvais choix.

Fin de la 1re Section.

TABLE DE LA 1re SECTION.

Prologue. — *Aux hommes pressés de jouir.* 1

« Dispositions matérielles. »

Chap. 1. Préparatifs du canton d'essai. . . pag. 8
2. Fonds capital et chances de l'éducation. . 14
3. Administration interne et usages domestiques. 21
4. Mobilité et produit net du capital en Harmonie. 25
5. Distribution du Phalanstère et des Séristères. 31
6. Galeries internes ou rues-galeries. . . . 36
7. Du camp cellulaire et des curieux. . . . 42
8. Distribution des Séries et mariage des groupes. 48
9. Alliage des trois ordres industriels. . . . 54
10. Corollaires sur l'aperçu matériel, accord du bon et du beau en Association. . . . 59

Fin de la Table.

5.

CITRA-PAUSE.

INTRIGUES ET PRÉJUGÉS DES MODERNES,
Contre l'Étude de l'Association.

Réminiscences obligées du premier tome.

Rappelons, dès la première pause, une thèse qu'on ne doit jamais perdre de vue, et qui sert de réplique à tous les détracteurs ; c'est le devoir d'Exploration générale que s'impose la philosophie, devoir qu'elle foule aux pieds comme les onze autres, I, 99. Doit-on s'en étonner ! Le monde policé n'a jamais établi aucune surveillance des sciences, aucune police pour vérifier si elles remplissent leurs devoirs et y ramener celles qui s'en écartent. Enhardies par cette pleine licence, elles ont dû négliger les recherches difficiles, et se jeter dans la facile carrière de la controverse, (*Avant-propos*).

Aujourd'hui qu'une heureuse découverte vient réparer tous les torts des sophistes, les détracteurs ne manqueront pas de l'attaquer. Il n'est qu'une réponse à leur faire : *qu'ils donnent un meilleur traité sur l'Association.* Voilà le premier qui ait paru ; il tire du néant une science négligée à dessein par des hommes qui reculaient devant le problème ; il donne un procédé d'Association, *la Série de groupes contrastés, assujettie à l'essor combiné des trois passions distributives.* Si le procédé est défectueux, ce dont on ne pourra juger qu'après l'épreuve, la science n'est pas pour cela dispensée de trouver mieux.

Ce traité prouve déjà qu'elle n'a point rempli son devoir d'exploration générale ; qu'avec ses jongleries d'impossibilité, elle a esquivé les deux études de l'Association et de l'Attraction ; ces deux études n'étaient pourtant pas plus épineuses que d'autres, puisqu'un homme des moins initiés aux sciences, traite les deux problèmes et en donne une solution. Jusqu'à ce que l'expérience ait prononcé sur sa méthode, il faut, ou en donner une meilleure, ou éprouver la seule qui ait été fournie.

Que l'art d'enrichir les nations, le lien sociétaire, ait été négligé des anciens, cela est d'autant moins étonnant, qu'ils s'occupaient fort peu de richesse nationale, et que la coutume de l'esclavage opposait un obstacle presqu'invincible aux essais d'Association ; mais qu'on les ait négligés dans l'âge moderne, qui ne rêve que moyens d'enrichissement, n'accueille que les sectes d'économisme qui le bercent d'illusions de richesse ; qu'un tel siècle ait hésité à reconnaître que la principale, la seule voie de richesse collective, serait l'Association domestique agricole, c'est un aveuglement qui tient du prodige.

Il est d'autant plus honteux pour la raison moderne, qu'elle n'a plus l'obstacle d'esclavage du cultivateur ; nos savans l'ont trouvé aboli :

c'était un préliminaire indispensable aux tentatives de régime sociétaire. Du moment où le cultivateur est libre et où l'on peut faire des essais d'Associations nombreuses par 500, 1000, 1500, il faut que les têtes économiques soient bien faussées, bien dépourvues de génie inventif ou de bonnes intentions, si elles cherchent des voies de richesse collective ailleurs que dans le lien sociétaire.

Elles se bornent, pour toute réplique, à l'objection suivante : « on » ne peut pas associer deux ou trois ménages ; comment pourrait-on, » sans démence, prétendre à en associer 200 et 300 ? »

Cette opinion qui paraît sensée au premier coup-d'œil, est le comble de la déraison ; et pour en juger par un seul indice, observons que les grandes économies ne pouvant s'opérer que dans les grandes réunions sociétaires et nullement dans les petites, le Créateur a dû distribuer son plan d'Association pour de nombreux rassemblemens, comme 200 ou 300 ménages, et non pas pour deux ou trois familles qui, par exiguité de nombre et insuffisance d'efforts, n'élèveraient pas le bénéfice d'Association au 30e de ce qu'il sera dans une grande réunion de 12 à 1500 personnes, (redite nécessaire).

Il faut donc, à moins de supposer Dieu privé de discernement, reconnaître en principe que son plan ne peut s'adapter qu'à de grandes réunions, et que si on ne sait aucun moyen d'associer deux ou trois familles, c'est une induction à penser que Dieu, selon le vœu de l'économie et de la raison, n'a composé sa théorie sociétaire que pour le grand nombre (17) et non pour le petit. Cette observation n'a pas été faite par nos timides spéculateurs ; ils se sont laissé rebuter par un obstacle apparent, qui mieux apprécié, devait soutenir leur espérance.

Autre indice : l'Association, quoiqu'impossible entre deux et trois familles, n'est pas pour cela impossible dans d'autres emplois ; on la voit exister dans certaines branches d'industrie commerciale, telles que les compagnies de banque, d'armement, d'assurance et autres entreprises qui réunissent jusqu'à 1000 et 2000 actionnaires. On la voit aussi s'établir dans les maisons de commerce, qui lient en acte sociétaire dix et vingt co-intéressés, et même davantage ; car certains commerçans ou manufacturiers ont des comptoirs dans une douzaine de villes ou ports de mer, et peuvent compter en chefs ou sous-chefs, au moins 50 sociétaires actifs, non compris les associés passifs et accidentels, comme ceux qui n'ont intérêt que sur tel vaisseau ou telle portion de la cargaison.

L'Association industrielle est donc faculté de l'homme : jusqu'à quel degré peut-elle être poussée en agriculture, manufacture et commerce, mais sur-tout en régime domestique, où l'incohérence des ménages cause des déperditions et frais si incalculables ?

Des observations précédentes, il est aisé de conclure que l'Association n'est profitable qu'à l'appui du grand nombre, sauf la condition de fidélité de gestion et véracité en relations ; d'où il suit que, si Dieu a fait une théorie de lien sociétaire, il n'a dû l'adapter qu'à de grandes masses, organisées de manière à trouver dans leur union des garanties de gestion fidèle et de vérité pratique.

Cette clause de *fidèle gestion* peut nous sembler un obstacle insurmontable ; et sans doute il le serait dans un ordre social comme le nôtre, où tout invite à la friponnerie, et où l'on est raillé pour avoir fidèlement géré ; mais il faut croire (et c'est un principe des philosophes mêmes, I, 101), *que la nature n'est pas bornée aux moyens à nous connus.* La sagesse divine peut donc avoir cent moyens de résoudre tel problème insoluble pour la raison civilisée : et l'on verra, liv. 2ᵉ, au traité des Séries pass., que cette fidélité absolue de gestion dont l'idée nous fait crier à l'impossible, devient la chose la plus facile et la mieux garantie, dès que les volontés divines sont connues et que les Séries pass. sont organisées.

Il règne sur cette recherche des voies divines, un concours de préventions injurieuses à la Providence : les uns, par superstition, croient qu'elle nous a condamnés aux privations en cette vie ; les autres, par philosophie, croient qu'elle nous a destinés à un bonheur médiocre ; de là vient que les deux partis se sont accordés à repousser l'idée d'un code sociétaire dont les résultats seraient vraiment dignes de Dieu, c'est-à-dire immenses en générosité et en magnificence, comme les aperçus que donne l'hypothèse d'Association.

L'orgueil philosophique s'oppose à pareille étude ; admettre que l'Association soit possible et qu'il faille en rechercher les méthodes, c'est admettre que la civilisation ne soit qu'une subversion sociale, et que ses 400,000 tomes de philosophie soient des théories d'ordre subversif. Elles seraient suspectées du moment où on apercevrait quelque moyen d'arriver à l'Association ; de là vient que les savans en repoussent l'étude, avec d'autant plus d'obstination, qu'ils y voient double inconvénient pour eux ; le danger de ne pas réussir et de consumer inutilement leurs veilles sur un problème épineux, puis le danger de décréditer leurs théories de morcellement industriel ou état civilisé et barbare.

D'autre part, la religion se trouve en collusion involontaire avec les philosophes ; elle prêche avec raison qu'il faut se contenter de peu dans l'état actuel, et dédaigner les biens de ce monde, puisque nécessairement les 9/10ᵉˢ des civilisés en doivent être privés. Le sacerdoce ignore que cette pauvreté est limitée aux quatre sociétés lymbiques (tom. I, 25) ; et les regardant comme destin irrévocable et malheur sans remède, il opine dans le sens de la philosophie, à se contenter de peu, négliger les perspectives d'immense fortune, de bonheur général, et par contre-coup négliger les calculs sur l'Association. Cependant le sacerdoce, loin de la proscrire spécialement, comme ont fait les philosophes, a au contraire excité les hommes à tout ce qui pouvait favoriser les réunions. Il n'est pas moins certain que l'un et l'autre, par des voies opposées, ont entravé cette étude ; avec cette différence, que le sacerdoce ne l'a point fait par système ni par intrigue littéraire, mais seulement dans l'intention de consoler les humains d'un mal-être auquel il ne voyait pas de remède.

Signalons sur cette matière les deux erreurs les plus plausibles et l'inconséquence de ceux qui les ont accréditées ; ce sont :

L'induction tirée du petit obstacle au grand ;

L'éblouissement par contraste du mal au bien.

1er Tort. *L'induction du petit nombre au grand* : il est sans doute bien impossible d'associer 2, 3, 4 ménages, et même 10 à 12 ; on a conclu de là, qu'il serait d'autant plus impossible d'en associer 2 ou 300.

Les modernes, dans cette opinion, sont comparables aux navigateurs timides, cités au 1er tome, et qui, avant Christophe Colomb, n'osaient s'avancer qu'à 200, 300, 400 lieues dans l'Atlantique : chacun d'eux revenait effrayé, déclarant que cette mer était un abyme sans fin, et que c'était folie de s'y aventurer. Qu'un plus hardi eût poussé à 600 et 800 lieues sans trouver l'Amérique, chacun aurait décidé de plus belle que l'hypothèse d'un nouveau continent était ridicule. Enfin, si un vaisseau plus téméraire eût poussé à 1000 et 1200 lieues, il serait de même revenu sans succès, et chacun aurait d'autant mieux classé la recherche au rang des folies ; cependant, pour réussir, il suffisait de persister et s'avancer jusqu'à 1800 lieues.

Telle était la méthode à suivre dans les études sur l'Association. Il ne fallait d'autre effort de génie que d'aller en avant, ne pas se décourager pour un échec sur de petites épreuves, ne pas conclure du petit au grand, mais poursuivre en graduant les essais. Si l'on échouait sur 4 familles, il fallait spéculer sur 8 ; échouant sur 8, spéculer sur 16 ; échouant sur 16, essayer sur 32, puis sur 64. Arrivé à ce point, on aurait réussi, sauf la découverte du procédé de Série passionnelle, qui est aisé à trouver, dès que les essais portent sur 350 à 400 personnes. Pour peu qu'on eût tenté ces essais pendant un demi-siècle, sur 60, 80, 100 familles, on serait nécessairement parvenu à la découverte du mécanisme sériaire, qui sera décrit dans cet ouvrage.

Dans le cas d'essais divers, commme celui du ménage centigyne bourgeois, I, 444, l'intérêt qui est le meilleur guide, aurait mis sur la voie les sociétaires ; chacun d'eux se serait aperçu :

Que dans toute association nombreuse, il faut classer les travailleurs par groupes homogènes en goûts, et affilier ces groupes en Série ascendante et descendante, afin de bien développer les penchans de chacun, et faire naître l'émulation d'une opposition méthodique des contrastes ;

Que l'émulation, le perfectionnement industriel et par suite les bénéfices, croissent en raison de l'exactitude qu'on met à échelonner les nuances de penchans, et former de chaque nuance autant de groupes dont se compose la Série.

Cette remarque serait devenue boussole de direction. L'on ne se serait appliqué dès-lors qu'à bien graduer et contre-balancer les Séries ; puis on serait arrivé peu à peu à déterminer les méthodes qui peuvent opérer l'engrenage et autres accords d'une Série.

Les politiques à courte vue qui ont cru faire de sages essais en spéculant sur de petites réunions d'une vingtaine de familles, tombaient dans la double erreur,

1° *De s'attacher au petit nombre qui ne produit pas les grandes économies ni les ressources de mécanique* ;

2° *De mettre en jeu l'esprit de famille qui, tendant à l'égoïsme, doit être absorbé dans les liens corporatifs.*

Un homme ligué passionnément avec 30 groupes exerçant diverses branches d'industrie, préférera les intérêts de ces 30 groupes à ceux de sa famille. Il les préférera d'autant mieux, que dans une Série bien contrastée et rivalisée, les groupes ne souffrent point de sectaire modéré en enthousiasme ; et d'ailleurs, il sera convaincu, dans l'état sociétaire, que sa famille assurée de jouir d'un minimum décent, ne peut, ni au présent, ni à l'avenir, éprouver aucun besoin. Rassuré par ces considérations, et entraîné par ses 30 passions industrielles, il optera pour le bien de ses 30 groupes, c'est-à-dire de la Phalange entière. Il sera vraiment CITOYEN, tout dévoué aux intérêts de la masse.

Un tel concours de chaque individu au bien de la masse, ne peut pas avoir lieu en civilisation, où l'intérêt individuel est toujours en lutte avec le collectif. On en peut juger par les forêts, les pêcheries, que chaque individu dévaste pour son bénéfice personnel, quoique la masse des habitans désire leur conservation ; elle est souhaitée par l'individu même qui les ravage ; mais il est provoqué par des convenances de profit individuel, qui poussent chacun à agir contre le bien de la masse ; effet honteux de la politique civilisée, qui dans la pratique se trouve toujours en contradiction avec la théorie, toujours en duplicité d'action, quoiqu'en principe elle prenne l'unité pour boussole !

Toute unité doit produire mécanisme et combinaison d'efforts. Notre politique, notre culture morcelée, ne produisent qu'une collusion d'efforts individuels pour le mal général, témoin le ravage des forêts et tant d'autres.

Convaincus de ce vice, nos économistes auraient dû chercher des moyens d'unité. Quelques-uns ont entrevu qu'on ne pourrait les trouver que dans l'Association agricole ; mais, je le répète, le premier tort de l'esprit humain, dans cette conjoncture, a été l'*induction du petit obstacle au grand*, la présomption très-erronée, que si on échouait sur des tentatives d'associer 2 ou 3 familles, et 20 ou 30 familles, ou échouerait d'autant mieux sur 200 et 300 ; tandis que dès le nombre 70 on pouvait réussir, sauf à sonder et déterminer peu à peu les dispositions convenables.

Deuxième Tort. *L'éblouissement par contraste du mal au bien.* C'est le vice des savans comme des ignorans. Je vais le dépeindre dans la classe populaire que nous tournons en ridicule, et je ferai l'application aux savans, qui, sur ce point, se montrent aussi bornés que le menu peuple.

Si l'on vient annoncer à un misérable, à un savetier dans son échoppe, qu'il est possesseur d'un million, qu'un parent mort aux colonies lui lègue cette brillante hoirie, vous verrez au premier instant le savetier s'irriter, croire qu'on veut le railler, crier *à l'impossible*, se lamenter sur ce qu'il n'est pas fait pour le bonheur; il deviendra fort difficile de le convaincre, et il résistera longtemps aux témoignages les plus dignes de foi.

Je suis persuadé que la grande majorité des lecteurs est tombée dans cette défiance en lisant la première section, et que même les plus sages ont répliqué dans le sens du savetier, en accusant mes perspectives de *belles chimères*, *contes de fées*, *illusions d'une Harmonie qui n'est pas faite pour les hommes*: c'est tout à point l'esprit du savetier en termes plus choisis; la conjoncture est la même: l'espèce humaine est d'autant plus résignée au malheur, que les essais philosophiques viennent de l'y engouffrer davantage; elle sera moins que jamais disposée à admettre un passage subit à un immense bonheur, et cette perspective semblera aussi insoutenable que celle du million annoncé au pauvre savetier qui, après avoir longtemps regimbé, finira par une joie de maniaque, brisera son échoppe, et courra dans son taudis, jeter par les fenêtres sa vaisselle de terre.

L'époque s'approche où le genre humain tout entier passera à cette folle ivresse du savetier; et tel qui m'accuse aujourd'hui de le bercer d'illusions, de rêver des fantômes de bonheur, me reprochera bientôt l'extrême sang froid avec lequel je disserte sur une découverte si immensément heureuse.

Il faudra se tenir en garde contre cet éblouissement que doit causer le contraste du mal au bien. D'ailleurs, ceux qu'offusquerait l'excès de bonheur attaché à la 8e période, pourront fixer leur attention sur la 7e, décrite à l'*Episection*, et même sur la 6e, *Garantisme*, dont je donnerai la théorie annoncée à l'Extroduction, I.

Quant au sujet qui nous occupe, il est certain *qu'on est tombé dans l'éblouissement par l'éclat des perspectives d'Association*. L'extrême richesse qu'elle promet, désoriente un observateur habitué au spectacle des misères civilisées: ce contraste est devenu un obstacle général aux recherches, et c'est la 2e des inadvertances excusables. Pour en apprécier le vice, comparons-la à quelqu'autre prévention de même genre aujourd'hui dissipée, celle de la boussole.

Pendant 4000 ans on désespéra de découvrir une boussole nautique; on ne songeait pas même à la chercher, et les navigateurs, quoique victimes des naufrages, s'étaient habitués à les considérer comme fléau sans remède. Combien d'entr'eux durent accuser la Providence, faute de ce guide matériel, dont la découverte était si facile! Maintenant que nous le possédons, nous sentons combien les marins de Tyr et Carthage qui en étaient privés, auraient été dupes s'ils eussent refusé de croire à l'annonce de cette découverte, qu'on pouvait faire dès-lors comme on l'a faite au 12ᵉ siècle. Si quelqu'inventeur eut apporté ce fanal aux Tyriens, en se flattant de diriger les vaisseaux dans l'obscurité comme en plein midi, qu'elle eût été leur folie de répondre, avant l'essai : *cela est impossible ; tant de bonheur n'est pas fait pour les marins !*

Notre siècle tombe dans ce vice au sujet de l'Association, dont il a dit avant la découverte et dont il dira encore aujourd'hui : *cela est impossible ; tant de bonheur n'est pas fait pour les hommes.* Telle fut en 1804 la conclusion du physicien de Paris qui avait énuméré dans des articles de journaux les avantages immenses que produirait l'Association d'un millier de villageois. Après s'être extasié sur cette énormité de bénéfices, il finissait, selon l'usage, par de stériles doléances, et le refrain d'*impossibilité*, si cher aux Français (*).

Les esprits modernes tombent sans cesse dans ce tort, dès qu'il s'agit de spéculation utile au genre humain ; on se dispense de toute recherche avec le savant mot IMPOSSIBLE ; et s'il s'agissait de quelque baliverne métaphysique, de quelque misérable subtilité sur *les aperceptions de sensation de la cognition de la volition*, l'on verrait tout le monde savant en émoi ; chacun répandrait à l'envi ses torrens de lumière sur des futilités dont l'ordre social ne peut tirer aucun avantage.

Si j'avais donné dans cet éblouissement ; si, au lieu d'employer vingt-deux ans au calcul de l'Association, j'avais dit, selon le refrain des Français, *cela serait trop beau, donc cela est impossible*, la théorie d'Association serait encore à découvrir. La secte des *impossibles* ou impossibilistes a fait bien du tort au genre humain ; je ne crois pas qu'il en existe de plus dangereuse ; elle est à coup sûr la plus vicieuse du monde savant.

Plus une opération dont on ignore les moyens nous est démontrée utile, plus on doit présumer que Dieu, convaincu de cette utilité, aura avisé aux moyens de la réaliser. Cette persuasion serait un puissant stimulant aux recherches ; mais pour penser de la sorte, il faudrait un siècle religieux, pourvu d'espérance en Dieu, et de foi en l'universalité de sa providence. Je sais combien ces idées de foi et d'espérance en Dieu sont décréditées dans notre siècle de perfectibilité philosophique ; mais qu'elle sera sa confusion, quand il verra que cette Association, qui

---

(*) *Bonaparte les en avait un peu corrigés ; mais ils l'ont repris de plus belle : ils ont conservé de son administration tout ce qu'elle avait de mauvais, entr'autres la fiscalité ; ils ont rejeté le peu qu'elle avait de bon : propriété bizarre de la civilisation ; elle croit se perfectionner par des changemens administratifs, et de chaque régime elle conserve ce qu'il y a de vicieux, entant des vices nouveaux sur les anciens, et chantant la perfectibilité de la raison.*

lui semblait impossible à cause de la magnificence des résultats , est précisément l'ordre pour lequel Dieu a distribué les règnes soumis à notre industrie , et sur-tout les passions si rebelles à toutes nos théories de morcellement industriel !

Éblouissement , découragement , apathie et abandon de toute recherche , tel est , en peu de mots , le caractère du génie moderne , sur tout problème qui sort du cercle de ses lumières. Ce vice a retardé une foule de découvertes , entr'autres celle de la boussole , que les Chinois possédaient mille ans avant nous.

Quelques-uns voient avec raison , dans cette insouciance des corps savans , dans leur refus de provoquer les découvertes , une jalousie anticipée , une crainte de se voir éclipsés. Mais à ne considérer leur indolence que comme découragement , il aura été d'autant plus fâcheux à l'égard de l'Association , qu'à défaut de la découverte entière , on pouvait saisir des parcelles de théorie , ainsi que je le prouverai à la suite du 4e livre , à l'Episection qui traite

Des approximations régulières ou *Sérigermie* , 6 1/2 période;

Et au traité des approximations ambiguës ou *garantisme* , 6e *période* , sur lequel j'ai préludé à l'Extroduction , tom. I.

Loin de tendre au moins par degrés à ces découvertes , la politique s'égarait de plus en plus sous la bannière des philosophes , tout engoués du morcellement industriel , d'où ils ne voient naître pourtant que les 7 fléaux lymbiques , 67 ; résultats inévitables du système social , tant qu'il opérera sur des familles incohérentes qui ont toutes les propriétés opposées à celles des Séries , et qui sont à la destinée sociétaire ce qu'est la chenille au papillon.

Eh ! pourquoi Dieu nous aurait-il donné ces désirs de règne de la justice et de la vérité , d'Harmonie sociale , d'un bonheur fondé sur la richesse et les plaisirs ? Pourquoi aurait-il assujetti l'esprit humain à spéculer sans relâche sur ces divers biens , s'il n'avait pas préparé les voies pour nous y conduire ? Dieu ne distribue à chaque espèce d'êtres que les attractions qu'elle peut et doit satisfaire , I , 231. S'il donnait , soit à l'homme , soit à l'animal , des attractions inutiles ou nuisibles , il serait tyran de la nature et non pas souverain équitable. Il doit donc nous avoir ménagé les moyens d'élever l'humanité entière aux biens qu'elle désire , aux trois buts d'attraction , I , 183 , où l'on ne peut atteindre que par le régime sociétaire.

Il serait depuis longtemps découvert , si la science eût rempli ses devoirs, abordé les branches d'études intactes. C'est le délit sur lequel il faut attaquer les détracteurs ; on est sûr de les battre en se retranchant dans leur principe d'EXPLORATION GÉNÉRALE ; en leur disant : *voilà la* 1re, *la seule théorie qui ait paru sur l'Association ; si vous la récusez , inventez un procédé plus sûr que la Série pass. ;* sinon , avant de le suspecter , *attendez-en l'épreuve.*

SECTION DEUXIÈME.

DISPOSITIONS PASSIONNELLES.

CHAPITRE PREMIER.

*ESPRIT et intérêts de la classe pauvre en Harmonie ;
effets de propriété composée.*

ANTIENNE. UNE étude routinière doit commencer par
des notions superficielles, par une reconnaissance du terrain.
Tel a été l'objet de la 1re section, bornée à des esquisses, à
un coup-d'œil sur le matériel de la Phalange, de ses édifices,
de ses cultures, de ses exercices, etc.

Nous avons à démontrer que le travail par Séries sera attrayant pour les riches mêmes : il a fallu d'abord leur peindre
l'ensemble d'une campagne sociétaire ; les tableaux qu'on vient
d'en lire ont de quoi séduire ; l'amorce ira croissant, si nous
jetons en 2e section un coup-d'œil sur le mécanisme passionnel,
sur la partie politique et morale des relations harmoniennes.
Ensuite nous passerons (3e et 4e sections) au détail des quantités et qualités du produit que fournit ce nouvel ordre social :
de là nous nous éleverons par degrés au traité de l'équilibre
sociétaire, ou des ressorts d'attraction qui font mouvoir et
maintiennent en plein accord cette vaste mécanique de toutes
les inégalités et de tous les contrastes.

Supposons-nous y transportés : c'est le moral que nous allons
examiner. Le premier spectacle qui frappera l'observateur,
sera celui de l'insouciance générale en affaires d'intérêt. Des
êtres tout au plaisir ; pas un seul qui songe au besoin d'argent,
aux moyens de fortune ! Les pères mêmes, si inquiets dans l'état
civilisé, afficheront plus d'incurie que n'en ont aujourd'hui
leurs enfans. Nul souci pour marier une fille ou placer un
fils ! Les mariages harmoniens ne coûtent pas une obole ; point
de frais d'établissement : c'est la Phalange qui tient le ménage,
et les jeunes époux, en se livrant *au plaisir*, *à l'attraction
industrielle*, gagnent toujours plus qu'ils ne consomment. Ils

ne sont astreints à aucun soin des enfans; c'est la Phalange qui en fournit le trousseau, et qui pourvoit à toute l'éducation jusqu'à trois ans, où l'enfant *déjà attiré au travail*, fait un bénéfice égal à sa dépense.

Là finissent les ennuis paternels sur le placement des enfans. Ils sont tout placés à l'agriculture et aux manufactures, jouissant du *minimum sociétaire* : il n'est plus besoin de sollicitude sur leur établissement.

Libre de tous soins domestiques, un chef de famille n'atteindrait encore qu'au bonheur négatif ou absence d'ennuis : il faut l'élever au bien-être positif ou jouissance active. Le voilà dégagé de cet esprit soucieux, de cette crainte des piéges sociaux dont il redoutait le danger pour des enfans moins exercés que lui. Cette sécurité ne suffit point au bonheur ; il faut lui procurer des leviers d'intrigue, des charmes de bonne fortune, qui le tiennent en joie permanente. I, 475.

La principale source de gaieté chez les Harmoniens, c'est la fréquente variété de séances. La vie est un supplice perpétuel pour nos ouvriers obligés d'employer douze heures consécutives et souvent quinze, à un travail fastidieux. Les ministres mêmes n'en sont pas exempts ; on en voit qui se plaignent d'avoir passé une journée entière à l'ahurissante besogne d'apposer sa signature sur des milliers de pièces comptables. Ces ennuis sont inconnus dans l'ordre sociétaire ; les Harmoniens qui ne donnent aux séances qu'une heure, une heure 1/2, deux heures au plus, et qui dans ces courtes stations sont soutenus d'impulsions cabalistiques et de corporation amicale avec des sectaires choisis, ne sauraient manquer de porter et trouver par-tout la gaieté.

Les liaisons sont faciles quand la fourberie est impossible : aussi l'observateur serait-il étonné de voir les sociétaires d'une Phalange en pleine intimité, sans acception des différences de rang. Le riche n'a plus à redouter les approches du pauvre, quand celui-ci, pourvu d'un *minimum* suffisant, n'a rien à solliciter. De là naîtra cette fraternité rêvée par nos prétendus philantropes : elle existe pleinement dans l'Association, et ce prodige moral doit être le premier objet de nos analyses dans les chap. 1 et 2, donnés aux aperçus moraux.

— Avant d'expliquer par quelles méthodes une Phalange concilie les intérêts de tant de sociétaires inégaux, et parvient à satisfaire pleinement chacun d'entr'eux dans la triple rétribution assignée au *travail*, au *capital* et aux *talens*, il faut préluder sur les liens moraux qui unissent tant d'associés disparates, qui établissent une amitié sincère, et même un dévouement aveugle entre les classes riche et pauvre, si inconciliables dans le système civilisé, où les riches sont ligués pour spolier les pauvres, où le pauvre est intéressé à duper le riche, et où la classe moyenne déteste les grands et les petits.

Un des ressorts les plus puissans pour concilier le pauvre et le riche, c'est *l'esprit de propriété sociétaire* ou composée. Le pauvre, en Harmonie, ne possédât-il qu'une parcelle d'action, qu'un vingtième, est propriétaire du canton entier, *en participation;* il peut dire, « nos terres, notre palais, nos châteaux, nos forêts, nos fabriques, nos usines. » Tout est sa propriété; il est intéressé à tout l'ensemble du mobilier et du territoire.

Si dans l'état actuel on détériore une forêt, cent paysans le verront avec insouciance. La forêt est propriété simple; elle n'appartient qu'au seigneur; ils se réjouissent de ce qui peut lui préjudicier et s'efforceront furtivement d'accroître le dégât. Si le torrent emporte des terres, les trois quarts des habitans n'en ont pas sur ses bords et se rient du dommage. Souvent ils se réjouissent de voir les eaux ravager le patrimoine d'un riche voisin, dont la propriété est simple, dépourvue de liens avec la masse des habitans à qui elle n'inspire aucun intérêt.

En Harmonie, où les intérêts sont combinés et où chacun est associé, ne fût-ce que pour la portion de bénéfice assignée au travail, chacun désire constamment la prospérité du canton entier; chacun souffre du dommage qu'essuye la moindre portion du territoire. Ainsi, par intérêt personnel, la bienveillance est déjà générale entre les sociétaires, par cela seul qu'ils ne sont pas salariés, mais co-intéressés; sachant que toute lésion sur le produit, ne fût-elle que de douze oboles, ôtera cinq oboles à ceux qui, privés de fortune et d'actions, n'ont part qu'au dividende industriel fixé, comme on l'a déjà vu, à trois classes de dividendes :

1er, 5/12 au travail; 2e, 4/12 au capital; 3e, 3/12 au talent.

Ce serait un sujet de jalousie pour la classe populaire, que ce 1er dividende affecté au capital, si elle avait peu de moyens d'y participer. D'autre part, les jeunes gens n'auront qu'un faible lot sur le 3e dividende affecté au talent; de sorte qu'un jeune homme pauvre ne porterait au bien général que peu d'intérêt, beaucoup moins que l'homme d'âge mûr, qui a d'ordinaire des capitaux et des moyens d'expérience ou de science pour obtenir part aux 1er et 3e dividendes.

La jeunesse d'Harmonie n'est point sujette à cette privation; elle a communément une part aux deux dividendes, *capital* et *talent*. Rien n'est plus aisé dans cet ordre que de posséder de bonne heure un petit capital. Tout enfant obtient des legs, à titre d'adoptif industriel de riches vieillards, qui voient en lui le soutien de leur industrie favorite. En outre, l'enfant dans sa jeunesse étant constamment attiré au travail, ne peut pas dépenser autant qu'il gagne, et se trouve à son entrée en minorité (à 9 ans), propriétaire d'un petit pécule, fruit de ses économies. Voyez la preuve, section de l'éducation.

Le peuple, c'est-à-dire la 3e classe, a bien d'autres moyens d'acquérir un capital. Comme on lui fait l'avance de tout son nécessaire annuel, en nourriture, vêtement et logement, il n'est pas dans le cas de s'arriérer ni s'endetter. Il ne va pas dépenser au cabaret ni aux loteries, le fruit de son travail : il ne manque de rien et ne donne plus dans ces rêves de fortune causés par le defaut du nécessaire : il n'a pas besoin de perdre deux journées de dimanche et lundi à se délasser des fatigues de la semaine et en oublier les ennuis, puisque son travail est métamorphosé en plaisir continu. La dépense du peuple est communément bornée à la dette du minimum à lui avancé, et inférieure au produit de son travail.

Le peuple a donc dès la 1re année un petit capital à placer, ne fût-ce qu'un 100e d'action. Dès-lors il est intéressé dans la 2e classe de dividendes, et on verra plus loin qu'il est, pour les enfans mêmes, des chances d'intérêt dans le 3e dividende affecté au talent. Le système d'Harmonie serait imparfait et mal lié, s'il ne s'attachait pas à intéresser chaque sociétaire par les trois ressorts, *capital*, *travail* et *talent*. La bienveillance ne serait pas générale et réciproque, si le mécanisme péchait sur l'un de ces trois liens.

On sait quel est, sur les industrieux, l'effet de l'association et de la propriété. Tel paraît fainéant quand il travaille à gages, pour le compte d'autrui ; mais du moment où une association de commerce lui a inoculé l'esprit de propriété et de participation, il devient un prodige de diligence, et on dit de lui : *ce n'est plus le même homme ; on ne le reconnaît plus.* Pourquoi ? C'est qu'il est devenu propriétaire COMPOSÉ. Son émulation est d'autant plus précieuse, qu'il opère pour une masse d'associés et non pour lui seul, comme le petit cultivateur tant vanté par la morale, et qui n'est autre chose qu'un égoïste : la pauvre morale qui a par-tout la main malheureuse, ne sait prôner que les sources de vice. Il fallait bien qu'elle finît par vanter le commerce libre, ou domaine du mensonge.

L'influence émulative de l'Association, déjà remarquable dans l'état actuel, sera bien autrement puissante dans l'Harmonie, où elle sera soutenue de toutes les affections les plus nobles, ainsi qu'on le verra plus loin. Mais pour me prêter à l'esprit dominant des civilisés, au simplisme ou manie des ressorts simples, je n'envisage, dans ce prélude, l'émulation du pauvre que sous le rapport de l'intérêt pécuniaire, sans parler des ressorts nobles, comme l'amitié, la gloire, le patriotisme, etc., qui interviennent en tout sens dans le mécanisme industriel des Séries pass.

Il faut aimer le travail, disent nos sages : eh ! comment faire ? qu'a-t-il d'aimable en civilisation, pour les $9/10^{es}$ des êtres à qui il ne procure que de l'ennui sans bénéfice ? Aussi est-il généralement répugné des riches, qui n'en exercent que la partie lucrative et commode, que la direction. Comment le faire aimer du pauvre, quand on ne sait pas le rendre aimable au riche, par l'élégance des ateliers, la division des fonctions, la politesse et la loyauté des coopérateurs ? Toutes ces conditions, impraticables en civilisation, ne peuvent exister que dans les Séries pass.

Outre les inconvéniens attachés aux travaux civilisés, comme la mal-propreté de certains ateliers, la grossièreté des paysans, la complication, le larcin, l'isolement, l'ennui, le risque de perte, etc., il en est un bien plus grand ; c'est la nécessité de surveiller toutes les branches, et souvent les toutes exercer.

Tel

Tel homme riche aimerait assez à cultiver fleurs et fruits ; mais il n'a pas le courage de faire venir les graines et plantes ; il craint d'être dupe des marchands, et il ne l'éviterait pas. Il est découragé par l'insouciance d'un fils et d'un gendre, qui laisseront après lui dépérir ses cultures ; il n'est entouré que d'ouvriers mal-adroits, insoucians, fripons, haineux ; de voisins railleurs et ignares qui ridiculisent son travail ; d'enfans qui viennent ravager méchamment le parterre ; de femmes qui le dévastent plus sottement encore ; car elles ne connaissent rien aux fleurs, et croient faire trop d'honneur au fleuriste en coupant et sabrant ses carreaux, sans savoir discerner les espèces, ni donner au cultivateur un éloge raisonné. Dans cet état de choses, comment rendrait-on l'industrie agréable au pauvre, quand tous les obstacles s'unissent pour en dégoûter même le riche ? Observons l'effet contraire en Association.

Mondor veut cultiver des pêches ; mais il ne veut pas se mêler de la destruction des insectes qui dévorent les pêchers. Il ne s'en occupera pas dans la Série des pêchistes : la poursuite des insectes est confiée à quelques enfans aspirans, et dirigés par un patriarche doyen de cette Série. Mondor a le double avantage de ne pas se mettre en peine de cet important travail, et de le voir parfaitement exécuté par des élèves de Série, la plupart pauvres, que ce travail rendra intéressans à ses yeux. Mondor n'aime pas à s'occuper des greffes ; il en laisse le soin au groupe des greffeurs, composé de quelques praticiens habiles, et il en admire les succès. Mondor n'aimerait pas se charger d'une correspondance pour l'extraction des espèces précieuses ; il se repose de ce travail sur le groupe du secrétariat de Série, qui recueille tous les renseignemens nécessaires.

Quel est donc l'emploi de Mondor ? Il aime à s'occuper de la taille des espaliers ; il a des prétentions dans l'art d'émonder l'arbre et le faire fructifier abondamment ; il se fait une fête, au printemps, d'arriver, la serpette à la main, avec le groupe des émondeurs ; il fournit avec empressement une séance de deux heures au milieu de sectaires bien vêtus, polis, loyaux, bienveillans, et tous attirés comme lui, par passion, à ce genre de travail.

Tous les sectaires félicitent Mondor sur son habileté : il paye même tribut de louanges aux divers groupes qui ont secondé son travail dans les diverses branches d'échenillage, greffe, correspondance, etc. Comme chef d'apparat ou colonel de la Série, Mondor est celui qui reçoit les complimens de la Phalange et des étrangers, sur les fruits de cette Série, dont les séances industrielles ont été pour lui autant de parties de plaisir. Comment ne serait-il pas attiré à ce travail, dont il n'a exercé que la branche qu'il lui a plu de choisir, que l'émondage ou taille des arbres?

S'il veut en civilisation cultiver des arbres à fruit, quel plaisir y trouvera-t-il? Des contrariétés sans nombre, des fraudes et dégoûts qui se termineront peut-être par le vol de ses fruits, comme il arriva à un maréchal de Biron qui aimait beaucoup cette culture. Tous ses fruits lui furent volés en une nuit, à la veille de la récolte : il était vieux et en mourut de chagrin. Le vol, un des nombreux obstacles qui disparaissent dans l'Harmonie, suffirait à lui seul pour dégoûter de la culture les riches civilisés.

Rallions ce parallèle au principe, sujet de ce chapitre. Mondor est heureux et secondé, parce qu'il est propriétaire *composé*, dont les intérêts sont liés à ceux de tout ce qui l'entoure. Biron n'est que propriétaire *simple*, sans intérêt sociétaire avec ses agens et voisins; il est trahi par eux; c'est la loi de nature. Si Dieu nous destine à l'Association, n'est-il pas dans l'ordre que l'homme soit malheureux hors du mécanisme voulu par Dieu?

Les ressorts qui, en Harmonie, attachent les riches à l'industrie, sont les mêmes qui attachent les pauvres à la classe riche. Phébon est sans fortune; mais il est précieux dans plusieurs Séries, par ses connaissances pratiques. Il est recherché dans les assemblées cabalistiques et les repas de corps que donnent tous les chefs d'apparat. D'ordinaire les groupes et Séries élisent, pour chefs de parade, les plus riches sectaires; et pour chefs de direction, les plus instruits. Or, il est d'usage que les chefs d'apparat traitent, chacun une fois par an, les inférieurs de leur Série ou de leur groupe, et flattent celui qui sert les rivalités par ses lumières.

D'autre part, les pauvres, en affaires de parti, s'attachent fortement à un chef opulent qui apprécie leur travail, leur influence, et qui s'unit cabalistiquement avec eux. De là vient que le vieillard, aujourd'hui le plus pauvre et le plus dédaigné, est en Harmonie très-recherché des riches, parce qu'il a nécessairement acquis une grande expérience dans toutes les Séries qu'il a fréquentées pendant sa jeunesse. Il devient précieux à tous les chefs opulens de ces Séries; ils voient en lui le soutien de leurs cabales émulatives.

D'ailleurs, Phébon n'est pas pauvre s'il est avancé en âge; car il peut se classer au chœur 15 des *Vénérables*, qui a droit à un service de 2ᵉ classe, et jouit d'autres avantages. Or, dès que le pauvre n'a rien à demander, la défiance du riche est dissipée; d'autant mieux que l'éducation d'Harmonie donne au pauvre des manières aussi polies que celles du riche. Dès-lors il ne reste plus, entre ces deux classes, aucun de ces nombreux motifs d'antipathie qui aujourd'hui obligent le riche à se tenir sans cesse en garde contre l'indigent.

Si la vieillesse pauvre a tant de moyens d'intimité avec la classe riche, il en est bien davantage pour la jeunesse pauvre : on en jugera aux chapitres spéciaux. Je n'ai envisagé ici que le problème le plus difficile, celui d'union entre les deux classes extrêmes, sous le rapport de l'intérêt qui, aujourd'hui, établit entre ces deux classes une guerre de fait, par les tentatives continuelles du pauvre pour spolier individuellement le riche, et du riche pour spolier collectivement les pauvres.

Dans les chapitres suivans, où je traiterai du faste des Séries, de l'élégance de leurs ateliers et autres appâts attrayans pour les riches, on comprendra mieux encore que l'homme riche prenne parti dans une quarantaine de sectes agricoles et manufacturières qui s'empresseront de l'amorcer, en lui offrant la partie la plus attrayante du travail.

D'ailleurs, l'attraction qui est bizarrement distribuée par la nature, entraînera peut-être Mondor aux fonctions les plus rebutantes. Ce n'est pas un travail bien séduisant que celui de serrurier; cependant le Roi Louis XVI en faisait sa récréation favorite.

Ainsi, parmi les enfans élevés dans l'Harmonie, on verra souvent les plus riches se passionner pour les travaux qui nous semblent grossiers, et qui ne le seront plus dans les brillans ateliers de ce nouvel ordre; car, dit un adage, « il n'est point de sot métier; il n'est que de sottes gens. »

6.

Admettons provisoirement cette convenance industrielle des diverses classes harmoniennes; elle sera étayée plus loin de cent démonstrations : raisonnons sur cette hypothèse.

Le peuple d'Harmonie qui verra sans cesse le riche se mêler à ses groupes, à ses sectes, et qui d'ailleurs sera bien pourvu du nécessaire, bien assuré de rétribution et avancement proportionnel à son travail; ce peuple, qui aura de nombreuses perspectives de fortune dont je parlerai plus loin, perdra entièrement sa malveillance contre les riches : il se façonnera subitement à leurs mœurs polies, et prendra en quelques mois les manières que prend un parvenu installé dans un château. Ces parvenus n'ont pas le stimulant d'une critique amicale et franche qui s'exercera dans les groupes industriels; ils sont au contraire flattés, abusés par tout ce qui les entoure; et cette flagornerie retarde beaucoup leur polissement. Mais dans l'ordre sociétaire, où chacun prend le goût du bon ton, le peuple pourra, à l'aide de l'ironie amicale, atteindre aux manières polies beaucoup plus promptement que nos parvenus, à qui personne n'ose adresser de remontrances.

Je n'ai envisagé ici les liens moraux que sous le rapport de l'intérêt; ce n'est pas la moindre des passions; et quand on pourra, en généralisant la propriété composée, créer une coïncidence d'intérêts entre les trois classes, *riche*, *moyenne et pauvre*, il sera facile de les concilier sur d'autres points.

J'ai dû débuter par l'objet principal en morale et en politique, par le problème d'établir, entre les trois classes, une identité, une marche unitaire en vues d'intérêt. Tant que cet obstacle n'est pas surmonté, comment ose-t-on parler de politique et de morale? Quel concert politique peut-il exister dans un régime industriel où les trois classes essentiellement divisées d'intérêt, ne cherchent qu'à se tromper et s'opprimer sous les masques de patriotisme ou de bon ordre? Et d'autre part, quelle moralité espérer dans un état social où les intérêts de l'individu sont en discorde avec ceux de la masse? Un tel ordre peut-il produire autre chose que les deux caractères pivotaux de civilisation, Y *égoïsme général* et X *duplicité d'action*, 67? Je reprendrai cet argument à la Postienne : continuons à jeter un coup-d'œil sur la politique et la morale du régime sociétaire.

CHAPITRE II.

Indépendance individuelle dans les Séries pass.

Dans cette section affectée aux esquisses du passionnel, nous avons à préluder sur les accords d'intérêt et de caractère. Il faut des aperçus en morale harmonienne, et des aperçus en politique harmonienne. Elevons-nous par degrés de l'une à l'autre, en donnant deux chapitres à la morale, deux chapitres au mixte, et deux chapitres à la politique.

Nous abordons ici le sujet le plus important en Harmonie domestique; l'accord passionné des serviteurs avec les maîtres, l'art d'exciter le dévouement respectif entre les deux classes. Est-il un art dont la civilisation soit plus éloignée? ou pour mieux dire, n'est-elle pas antipathique avec tout accord des inégaux, notamment celui des maîtres et des valets? On va voir comment cette branche d'unité domestique, si impraticable dans l'état actuel, s'établit en Association sans aucune sagesse politique, et par le seul essor des passions.

Rien n'est plus opposé à la concorde que l'état actuel des classes de domesticité et de salariés. En réduisant cette multitude pauvre à un état très-voisin de l'esclavage, la civilisation impose par contre-coup des chaînes à ceux qui semblent commander aux autres. Aussi les grands n'osent-ils pas se divertir ouvertement dans les années où le peuple souffre de la misère. Le riche est sujet aux servitudes individuelles comme aux collectives. Tel homme opulent est souvent parmi nous l'esclave de ses valets; tandis que le valet même jouit dans l'Harmonie d'une complète indépendance, quoique les riches y soient servis avec un empressement et un dévouement dont on ne peut pas trouver l'ombre en civilisation : expliquons cet accord.

Aucun sociétaire dans l'Harmonie composée (8e période, I, 25), n'exerce la domesticité individuelle; et pourtant le plus pauvre des hommes à constamment une cinquantaine de pages à ses ordres. Cet état de choses dont l'énoncé fait d'abord crier à l'impossible, comme tous ceux du mécanisme des Séries, va être facilement compris.

Dans une Phalange, le service domestique est géré, comme toute autre fonction, par des Séries qui affectent un groupe à chaque variété de travaux. Lesdites Séries, dans les momens de service, portent le titre de *pages* et *pagesses*. Nous le donnons à ceux qui servent les Rois ; on le doit à plus forte raison à ceux qui servent une Phalange ; car elle est un Dieu agissant ; elle est l'esprit de Dieu, puisqu'elle se compose des douze passions harmonisées

par Attraction passionnelle,
Vérité pratique,   } et Unité d'action.
Justesse mathématique,   }

C'est donc servir Dieu, que de servir la Phalange *collectivement* ; et c'est ainsi qu'en Harmonie le service domestique est envisagé. Si on ravalait comme aujourd'hui cette branche de fonctions, l'équilibre passionnel deviendrait impossible.

A cet ennoblissement idéal du service, on joint l'ennoblissement réel, par la suppression de dépendance individuelle qui avilirait un homme en le subordonnant aux caprices d'un autre. Analysons le mécanisme du service collectif libre, dans une fonction quelconque, celle de cameriste (femme qui fait les chambres, les lits).

La pagesse Délie sert dans le groupe des caméristes de l'aile droite ; elle est brouillée avec Léandre ; elle omet son appartement dans la visite du corps de logis dont elle est chargée ; d'autres la suppléeront : il n'en est pas moins bien servi ; car Eglé et Phillis, deux des pagesses de ce groupe, se chargent de l'appartement de Léandre qu'elles affectionnent.

Il en est de même aux écuries : si le cheval de Léandre est quitté aujourd'hui par un des pages, il est repris et pansé par un autre page, ami de Léandre, ou par les pages de ronde. Ainsi dans toute branche du service, chacun voit s'empresser pour lui ceux dont il possède l'attachement, et à défaut de qui il serait soigné par la masse du groupe.

Chacun peut, dès l'heure suivante, rencontrer dans d'autres fonctions ceux qui l'ont servi l'instant d'auparavant, et qui se trouveront peut-être ses supérieurs en changeant de travail. Eglé servait Léandre à 7 heures : mais à 9 heures il y a séance à l'Abeillerie ; Léandre est un des nouveaux sectaires ; il n'a pris parti aux Abeilles que depuis six mois ; il est encore neuf dans ce travail ; Eglé qui l'exerce depuis l'enfance, y est très-habile, et Léandre se trouve sous ses ordres à l'Abeillerie, dans la fonction où il s'entremet.

Sous un tel régime, personne ne s'inquiète de se faire donner des soins domestiques ; on n'a sur ce point qu'à fixer son choix sur les prétendans ; car sur vingt pages qui servent telle écurie, il y en aura au moins dix en liaison très-intime avec Léandre, par affinité cabalistique dans plusieurs Séries ; de sorte qu'il ne manquera jamais d'un ami pour le soin de son cheval qui, dans tous les cas, serait très-bien soigné par les pages de ronde. Mais c'est un des charmes de l'Harmonie que de voir, dans toutes les menues branches du service, un ami s'empresser pour vous, et un ami d'autant plus intelligent, que le service d'Harmonie est très-subdivisé et n'admet à chaque fonction que des sociétaires expérimentés.

Phillis et Eglé ont fait le lit de Léandre ; ce ne sont pas elles qui battront son habit. Elles le portent à la salle du battage, où il est pris par Clitie, autre amie de Léandre. Sur cet habit se trouve une tache ; Clitie, après l'avoir battu, le remet à la salle du dégraissage, où il est soigné par Cloris, qui est encore une des amies de Léandre. Ainsi chaque serviteur d'un ou d'autre sexe a toujours en Harmonie des véhicules d'amitié, d'amour ou autre affection, quelle que soit la branche de service à laquelle il s'adonne.

Les cabales industrielles des jardins, des vergers, de l'opéra, des ateliers, etc., créant à chacun une foule d'amis et amies, il est assuré d'en trouver, dans tous les groupes de pages et pagesses, quelques-uns qui soigneront d'affection son service. Les pauvres jouissent de cet avantage comme les riches ; et l'homme sans fortune voit une foule de serviteurs affectueux lui offrir leur ministère aussi bien qu'à un prince, parce que *ce n'est jamais l'individu servi qui paie ceux qui le servent.* Un page serait congédié ignominieusement de la Série, si on savait qu'il eût reçu en secret quelque gratification de ceux qu'il a servis. C'est la Phalange qui rétribue le corps des pages, par un dividende pris sur les deux lots de travail et talent ; dividende que cette Série répartit, selon l'usage, entre ses divers membres, en proportion de leur aptitude constatée.

L'indépendance individuelle est donc pleinement assurée, en ce que chaque page est affecté au service de la Phalange et non de l'individu, qui par cette raison est servi affectueusement ; plaisir que les riches mêmes ne peuvent pas se procurer à prix d'argent en civilisation ; car si on paie grassement un valet pour se l'attacher, l'ambition le rendra insouciant, ingrat et souvent perfide. On ne connaît point ce danger dans l'Harmonie, où chacun est assuré de l'amitié des divers pages qui de préférence adoptent son service, avec liberté de le quitter en cas de réfroidissement, et sans aucun engagement pécuniaire avec lui.

Il n'y a donc rien de mercenaire dans la domesticité d'Harmonie ; et un groupe de caméristes est, comme tous les autres groupes, une société libre et honorable, qui perçoit sur la masse du produit de la Phalange, en raison de l'importance de ses travaux.

Les serviteurs harmoniens sont ombrageux sur le point d'honneur, autant que ceux qu'ils servent ; et chaque page évite de se compromettre en soignant des groupes hétérogènes dont il ne soutient pas les cabales. Quant aux compagnies, elles trouvent dans leurs pages une préférence affectueuse et cabalistique à la fois. On voit par-tout intervenir ce double lien entre celui qui sert et celui qui est servi. Ce sont déjà deux mobiles d'amitié entr'eux, indépendamment des liaisons d'amour, quand le service est fait par un autre sexe. Mais il est convenu que dans nos calculs d'Harmonie nous ne porterons jamais l'amour en compte ; cette passion étant interdite en morale civilisée, il importe de prouver que, sans recourir à l'amour, il reste encore assez de ressources pour établir les liens *composés* dans la Phalange d'essai.

Quelques fonctions domestiques nous semblent ignobles, avilissantes, comme l'enlèvement des boues, immondices, etc. ; ce service devient, dans l'Harmonie, une œuvre pie, exercée par une Série d'enfans des deux sexes ; enfans voués par religion aux fonctions les plus répugnantes, et faisant trophée de cette charité, comme un médecin s'enorgueillit chez nous de visiter les malades indigens dont il ne peut attendre aucun salaire. On a vu des confréries de pénitens aller relever et ensevelir les corps des suppliciés ; c'était souvent un homme opulent qui allait détacher du gibet le corps d'un scélérat ; la religion ennoblit ces actes répugnans. Il en est ainsi, dans l'Harmonie, des fonctions qui peuvent nous sembler ignobles ; elles sont l'attribution de la plus noble et la plus fière des corporations; celle des petites hordes dont je traiterai au livre de l'éducation intégrale composée.

Quelque champion mercantile m'objectera, que si l'Harmonie est immensément riche, selon les tableaux donnés sur le trentuplement relatif, I, 367, elle pourrait affecter une forte somme à salarier les travaux répugnans. Cela aura lieu dans l'Association hongrée, qui ne peut pas développer les grands ressorts d'attraction, organiser des corps de pages et pagesses; mais dans la pleine Harmonie (8ᵉ période, Association composée), on n'affectera pas une obole à l'indemnité des travaux immondes : ce serait intervertir tout le mécanisme de haute attraction qui doit vaincre, *PAR ESPRIT DE CORPS*, les plus fortes répugnances : quand on pourra *le plus* en Attraction, l'on pourra *le moins* : il sera donc bien aisé d'attirer à la culture des fleurs et des fruits, quand on saura attirer à l'enlèvement des immondices et à la poursuite des reptiles. Je renvoie ce sujet à la notice des *petites hordes*, où l'on verra que le service le plus subalterne, comme le balayage de la chambre du pauvre, sera peut-être fait par une jeune princesse de 10 ans, que l'honneur et l'esprit religieux auront enrôlée dans cette corporation, qui est en Harmonie la 1ʳᵉ du globe.

L'extrême subdivision des fonctions dans le service domestique, est un garant d'attraction pour ce genre de travail. La Série des pages sera nombreuse, parce qu'on pourra n'y exercer qu'une branche minime, sans cumuler, comme chez nous, ni les diverses fonctions, ni même plusieurs détails d'un service : car tel qui aura du goût pour le dégraissage du drap, ne voudra pas exercer sur la soie ni la toile; il laissera ces deux étoffes à d'autres groupes. Le grand nombre des sectaires abrège, égaie les séances, et c'est par suite de ce grand nombre et des subdivisions de travail, que le pauvre peut avoir 50 domestiques en service actif; il a jusqu'à des vigies de nuit pour l'éveiller à l'heure qu'il a fixée le soir, par un chiffre placé à sa porte ou à sa croisée donnant sur la rue-galerie. Ainsi le pauvre, en Harmonie, jouit d'une foule de services que le riche ne peut pas se procurer en civilisation, ou qu'il n'obtient que mercenairement; tandis que le pauvre d'Harmonie les obtient par lien composé ou lien *affectueux* et *cabalistique*.

On a pu remarquer, dans ce chapitre, que le mécanisme

des Séries pass. substitue toujours un double charme aux doubles inconvéniens du mécanisme civilisé : je m'explique.

On trouve chez un serviteur Harmonien, double lien d'affection et de cabale, indépendamment des liens d'amour et autres qui peuvent s'y rencontrer. Bornons-nous aux charmes spéciaux de ce service, à ceux qu'il peut créer entre gens de même sexe. Il sera prouvé que dans tout service d'Harmonie, quelqu'inférieur qu'il soit, comme le soin des chaussures, chacun voit s'empresser pour lui un page ou une pagesse qu'il chérit sous double rapport, et par lien de cabale, et par convenance d'amitié. C'est donc une affinité *composée* : elle deviendra sur-composée, s'il s'y joint un 3e lien, comme l'amour, et bi-composée, s'il s'y en joint un 4e, comme la parenté : (voy. I, 477, sur le bonheur bi-composé).

Le service de civilisation présente des résultats contraires ; on voit chez tous, ou du moins chez les 7/8 des serviteurs, une disparate composée et bi-composée ; elle s'établit par inconvenance des caractères, par défiance et crainte du vol, par impatience que cause la maladresse ou l'impéritie du serviteur, par indignation contre l'exigeance du maître, par jalousie de fortune, par les rancunes qui naissent de mauvais traitemens ou d'injustice et de lésine, par ingratitude en cas de générosité ; enfin par tant d'autres sujets de discorde, qui font dire à tous les gens riches, que les domestiques sont pour eux une source de tribulation, (plainte répétée plus justement encore par les valets.)

Un riche civilisé trouve donc dans ses rapports avec la domesticité, 2, 3 et 4 disparates, et ses liaisons avec des valets ne sont pour lui qu'une discordance composée, sur-composée et bi-composée, au-lieu d'une affinité de pareils degrés que lui présenterait le service d'Harmonie dans tous ses détails.

On retrouvera ce contraste dans tous les parallèles de relations civilisées avec les harmoniennes : le mouvement dans les périodes lymbiques,

2e Sauvagerie, 3e Patriarcat, 4e Barbarie, 5e Civilisation, s'élève toujours à un degré de mal, correspondant au degré de bien où il serait parvenu dans l'Harmonie, dont toutes les relations assurent, même à la classe pauvre, des plaisirs composés, sur-composés et bi-composés.

Et comme les rapports avec la domesticité, avec les salariés et les classes inférieures, sont en civilisation une gêne permanente pour les chefs, et bien plus encore pour les subordonnés, comme on entend les grands en porter des plaintes amères (Maintenon I, 224), j'ai dû me hâter de leur faire entrevoir qu'en Association cet inconvénient se trouve transformé en une source de charmes continuels, de liens affectueux pour les chefs et les valets, et qu'il délivre complètement les riches du dispendieux et onéreux fardeau de la domesticité, tout en leur procurant un corps de serviteurs aussi aimables par le dévouement, la probité et la dextérité, que ceux de civilisation sont désolans par tous les vices opposés.

Qu'on réunisse en un tableau, tous les embarras de la vie publique et privée, toutes les disgrâces dont se plaint le monde civilisé ; je m'engage à démontrer qu'il n'en est pas une qui ne doive se changer en source d'agrémens, dans l'état sociétaire. Je prouverai, à deux chapitres d'ici, que les germes de maladies aiguës, de rhumatisme, goutte, etc., se transforment dans ce nouvel ordre en sources de charme : la thèse sera débattue au chapitre 4. Or, si le germe de cette *GOUTTE*, vrai tison d'enfer, peut devenir en Harmonie un gage de plaisir et de santé, quel est le vice moral ou physique de civilisation que l'Harmonie ne puisse transformer en gage de bonheur ?

Qu'on prenne acte de cet engagement : je le remplis peu à peu dans chaque chapitre : celui-ci vient de montrer le service domestique, l'un des principaux ennuis de l'état actuel, devenu un charme pour les maîtres et les serviteurs. Il en sera de même de tous les vices dont la cure a désorienté les Esculapes sociaux. Un seul ressort, *la Série pass.*, va métamorphoser tous les maux en biens, va nous convaincre de la sagesse immense du créateur des passions, et de l'impéritie des soi-disant siècles savans, qui insultent au plus bel œuvre de Dieu, aux passions dont ils ont refusé d'étudier le destin sociétaire.

CHAPITRE III.

Faste productif des Séries passionnelles.

J'ai donné dans les deux premiers chapitres les plus douces perspectives aux amis de la morale. Peuvent-ils désirer rien de plus satisfaisant qu'une paix sincère, un lien affectueux entre les deux classes riche et pauvre, si constamment ennemies depuis l'origine de la civilisation? Quelle moralité espérer, tant que la duplicité d'action ou discorde des classes extrêmes régnera dans le monde social, et que ces deux classes ne pourront trouver un simulacre de paix que dans la ligue des grands pour contenir le peuple irrité par la misère!

Je viens de traiter de leurs accords futurs sous les rapports de coopération agricole et domestique. On peut augurer que si l'union s'établit dans ces deux relations, elle régnera dans toutes les autres. Mais n'oublions pas que ces deux sections ne sont que des tableaux, des aperçus de l'union harmonienne: quand les esprits seront bien nourris d'aperçus du nouveau mécanisme, il sera temps de passer aux preuves.

Achevons sur le coup-d'œil de la Phalange, examinée en accords passionnels qui comprennent la politique et la morale: je viens de faire le lot aux moralistes; les deux derniers chapitres seront pour la politique; donnons les deux moyens à des détails mixtes, et d'abord à la direction du luxe, qui est une question mi-partie de morale et de politique.

Les formes et directions du luxe varient selon les périodes sociales. En barbarie, 4° période, la parure est corporelle : un Algérien est chamarré d'or; il semble un Crésus; mais si on visite l'intérieur de sa baraque, on y trouve un mobilier moindre que celui d'un artisan civilisé. Le civilisé, au contraire, ne déploie son luxe que dans les édifices, meubles, festins, équipages : malgré sa richesse, il est quelquefois vêtu moins bien que ses valets.

Il est donc évident que le luxe change de direction et de formes selon les périodes, et qu'en passant de la 5° période ou civilisation, aux périodes plus élevées 6°, 7°, 8°, le luxe pourra prendre une direction tout-à-fait différente de celles que lui donnent les coutumes civilisées.

Le luxe de l'Harmonie ou 8° période, est corporatif; chacun s'y attache à faire briller les groupes et Séries qu'il favorise. On voit un germe de ces penchans dans certaines corporations actuelles : souvent un colonel opulent fait de la dépense pour distinguer son régiment, par la musique, les ornemens; et ce chef sera peut-être fort négligé dans sa toilette, quoiqu'employant des sommes à parer un millier de ses inférieurs.

Toute corporation est orgueilleuse. Nos coutumes ont fait de l'orgueil un vice capital; les Séries pass. en feront une vertu capitale, une vertu civique, dont elles recueilleront, entr'autres avantages, l'émulation des industrieux et la perfection des produits.

Si nos corporations civilisées répugnent déjà l'apparence de pauvreté, on peut concevoir que celles d'Harmonie répugnent même l'apparence de médiocrité. La régence d'une Phalange fournit à chaque groupe tout ce qui est nécessaire pour la grande propreté : mais les riches sectaires y ajoutent selon leur amour-propre et leur générosité.

Lucullus est capitaine du groupe des bigarots rouges, et Scaurus du groupe des bigarots bruns. Ces deux rivaux font, pour soutenir la rivalité, les mêmes folies qu'un prince pour sa maison de plaisance. Ils font construire à leurs groupes des chariots et hangars plus brillans que notre attirail d'opéra. Chacun d'eux fait bâtir à ses frais, au centre des lignes de cerisiers, un pavillon magnifique, en place du hangar modeste que la régence avait fourni.

De là vient qu'une secte ou Série pass. est toujours somptueuse en ornemens et équipages, soit au travail, soit dans les parades. On accepte ces présens des sectaires opulens, non comme faveur, mais comme libéralité qui tend au relief de la corporation et de sa branche d'industrie, au soutien de ses rivalités avec d'autres Phalanges.

Dans un ordre sociétaire où tout devra s'exécuter par attraction, comment pourra-t-on construire par attraction les édifices particuliers, tels que le belvédère ou castel de chaque groupe? Un tel édifice n'est point payé par la Phalange; comment y entremettre collectivement les Séries de maçons et charpentiers, qui ne sont à la solde de personne? En outre, la plupart de leurs membres peuvent être jaloux du groupe qui fait élever un superbe château et veut éclipser les autres.

Dans ce cas il faut bien, par exception aux règles générales, que les maçons et charpentiers soient indemnisés par celui qui a voulu individuellement cette construction. Nous avons à examiner si l'attraction des maçons et charpentiers coïncidera avec cette fantaisie.

L'amour-propre les déterminera d'emblée. Chacun d'eux est

associé à 4o ou 5o Séries, et souhaite que les gens riches desdites Séries se mettent en frais pour le luxe des travaux. Il n'est pas de moyen plus sûr que de stimuler ces riches sectaires les uns par les autres : en conséquence, chacun servira ardemment *Lucullus* dans son projet de construire un pavillon au groupe des bigarots rouges, et *Scaurus* qui voudra en construire un plus beau au groupe des bigarots bruns.

On s'appuiera de cette libéralité pour exciter tous les riches sociétaires des autres groupes à l'imitation. Les Séries de maçons et charpentiers invitées à ce travail, seront stimulées par toutes les autres, intéressées à ce que les chefs de groupes se distinguent, et que l'exemple de Lucullus et Scaurus puisse gagner de proche en proche. Toutes les Séries souhaitent que les riches se piquent à l'envi de magnificence industrielle dans les divers cantons ; que les cultures et ateliers atteignent bientôt à une splendeur capable d'illustrer la Phalange, d'électriser puissamment les travailleurs, et de concourir au perfectionnement des produits.

On verra plus loin que tout homme élevé dans l'Harmonie, est ou maçon, ou charpentier, ou forgeron, et quelquefois l'un et l'autre. On aura donc affluence de ces sortes d'ouvriers; et en y ajoutant le concours des légions de passage et armées provinciales, dont je parlerai plus loin, il sera aisé aux Phalanges d'élever en peu de temps ces fastueux édifices.

Le luxe des Harmoniens est à peu-près nul dans diverses branches où nous employons inutilement des sommes immenses. Pour loger Lucullus, il faut à Rome construire un vaste palais : il se contentera, en Harmonie, de trois à quatre pièces, parce que dans ce nouvel ordre les relations par Séries sont trop actives pour qu'on ait le temps de résider à son appartement.

Chacun est sans cesse dans les Séristères ou salles publiques, dans les ateliers, les campagnes, les étables ; on ne se tient chez soi que dans le cas de maladie ou de rendez-vous : il suffit alors d'une chambre à coucher et d'un boudoir ; aussi le plus riche n'a-t-il guères que trois pièces d'appartement.

Celui qui donne un repas, choisit une des salles affectées aux sociétés particulières et rapprochées des cuisines. En rassemblant sa compagnie dans ses appartemens, il perdrait trois avantages : 1º la proximité des mets qu'il faudrait transporter peut-être loin des cuisines ; 2° la rencontre des nouvellistes, qui vont en ricochet siéger quelques minutes à chaque table, et y débiter les nouvelles du globe, qu'un comité dépouille un instant avant le dîné (*) ; 3° l'abord des négociateurs qui vont indiquer les changemens de séances résolus, et faire de nouvelles propositions.

De là vient qu'on ne mange presque jamais dans ses appartemens, même dans les cas de partie fine, qui est intéressée à rester à la proximité des salles publiques. Les couples qui vivent conjugalement et en logemens accolés, n'ont pas d'intérêt à s'éloigner des salles publiques, d'où ils retourneront facilement par la rue-galerie à leurs appartemens, sans s'exposer aux injures de l'air.

Ajoutons que les soupés de famille, avec enfans, sont inconnus en Harmonie, parce que les enfans, très-matineux dans leurs occupations, sont couchés à l'heure du soupé des pères, et doivent être couchés par convenance avec les relations de ce nouvel ordre, où les gens âgés, aussi bien que les jeunes, sont en relations joviales aux heures du soupé, et n'ont que faire de nos délassemens de ménage, comme la société des tendres enfans hurlant, brisant, souillant, etc.

En Harmonie, on aime que les enfans travaillent utilement pendant le jour, et qu'ils se couchent dès les huit heures du soir, afin de ne pas gêner les délassemens des pères, et pouvoir

____

(*) C'est encore un des mille plaisirs que les riches civilisés ne peuvent pas se procurer. Ils n'ont pas de ces collecteurs ambulans qui viennent donner en tous genres des nouvelles du globe entier, des abrégés succincts, comme était en 1790 le journal dit *Beaumont* : encore ce journal ne traitait-il que de la politique. Les Harmoniens, à dîné, veulent papillonner sur 7 à 8 sujets différens, de la politique aux théâtres, du commerce aux amours, etc., etc. ; il leur faut donc plusieurs de ces feuilles abbréviatives, intitulées *esprit des journaux* ; il leur faut de plus, des conteurs qui abrègent encore la feuille, dispensent une table de la lire, et lui en débitent en passant ce qui peut intéresser la compagnie. Le journaliste qui fait ces abrégés n'écrit que pour les masses ; le nouvelliste courant les tables, sait faire à chacune la répartition de ce qui lui est agréable. On rencontre des caractères qui ont ce goût de conter et parcourir ; ils ne sont utiles à rien en civilisation ; ils seront très-précieux en Harmonie, ainsi que tant d'autres caractères dont on n'a aujourd'hui aucun emploi.

se lever le lendemain de bon matin , ainsi que l'exigent leur santé , leur intérèt, leur éducation et les convenances générales.

Et comme la nature a distribué toutes les attractions en affinité avec l'état sociétaire, il arrive que les enfans harmoniens demandent à se coucher de bonne heure. Ils se sont levés très-matin, la plupart à trois heures (voyez les articles *petites hordes*); ils ont passé la journée en exercice continu, quoique sans excès, vu la variété de séances; ils tombent de fatigue à huit heures du soir, et on ne pourrait pas les avoir au soupé de neuf heures ; ils y seraient ou endormis, ou déplacés s'ils n'y dormaient pas. C'est pour les en éloigner que la nature leur a donné un penchant à se coucher avant les pères. Aussi l'enfant n'acquiert-il la force de veiller jusqu'à dix et onze heures du soir, que lorsqu'il approche de la puberté, âge où il sera nécessaire qu'il assiste aux soupés.

Les civilités d'Harmonie diffèrent absolument des nôtres : on ne fait point de visites inutiles , et qui emploieraient un temps précieux ; on se voit assez dans les repas, dans les groupes industriels, à la bourse, aux fêtes du soir. Un étranger va voir ses amis dans leurs réunions de travail. Voulez-vous faire à Lucullus une visite flatteuse pour lui? Allez le trouver au milieu des cerisistes, au groupe des bigarots rouges dont il est capitaine, dans le verger où il est en fonctions et en habit de travail; à la fin de la séance, vous déjeûnerez ou goûterez avec lui et son groupe, dans le superbe château bâti à ses frais, et au frontispice duquel le groupe a fait graver cette inscription:

» *Ex munificentiâ Luculli , Cerasorum clarissimi sectatoris.* »

C'est là qu'il déploie son faste et qu'il aime à faire admirer les cultures des collègues chéris qu'il préside.

Ainsi les coutumes et la politique d'Harmonie tendent à reporter sur l'industrie productive tout l'éclat, tout l'appui du luxe qui aujourd'hui ne s'attache qu'aux fonctions improductives, et laisse les cultures et ateliers dans la plus dégoûtante misère.

Ajoutons que les dépenses faites par un riche sectaire, pour ses Groupes et Séries, ne coûtent point ce qu'elles semblent devoir coûter. Par exemple, qu'un colonel traite 24 sectaires, état-major et capitaines de sa Série, en *chère de commande* qui est d'un prix supérieur à celle de 1re classe ; on peut estimer cette commande à 4 fr. par tête, pour le repas qui

coûterait

coûterait 12 fr. à Paris et 36 à Londres. Son repas de 24 personnes et lui 25ᵉ, devrait coûter 100 fr. ; il faudra en déduire le prix du dîné qu'ils ne prennent pas aux tables publiques, ce qui donnera par approximation :

1° L'écot de sept sectaires abonnés à la table de 1ʳᵉ classe, tarifée à 3 fr. . . . . . . 21 fr.
2° L'écot de huit sectaires en 2ᵉ, tarif, 2 fr. . 16
3° L'écot de dix sectaires abonnés en 3ᵉ, tarif, 1 fr. 10

47 fr.

La dépense ne s'élèvera donc qu'à 53 fr. au lieu de 100 fr. Les gens riches trouvent à chaque pas en Harmonie une foule de ces économies qui seraient impraticables en civilisation, où l'on ne peut pas dire à 24 invités : « je vous donne un dîné » plus beau que celui de votre ménage ou de votre auberge ; » payez-moi, en déduction de mes frais, le montant de ce » que vous auriez mangé chez vous. » Cette compensation qui, dans l'ordre actuel, serait plus que sordide, existe pleinement en Harmonie.

Comment chaque Série, chaque Groupe, réussissent-ils à se partager les gens riches, utiles dans ce nouvel ordre à la perfection des diverses branches d'industrie ? L'on va penser que tous les gens riches se porteront à quelques travaux, comme les orangeries et serres chaudes, les parterres et vergers. Il n'en sera rien ; les riches comme les pauvres s'adonneront à toute sorte de travaux, parce qu'on s'enrôle en Harmonie à une quarantaine de sectes. On va voir, aux deux sections de l'éducation, qu'il existera des appâts suffisans dans chaque industrie pour y attirer quelques riches ; donnons-en provisoirement les indices.

Si l'éducation civilisée développait, dans chaque enfant, ses penchans naturels, on verrait presque tous les enfans riches se passionner pour divers travaux très-populaires, tels que maçonnerie, charpente, forge, sellerie. J'ai cité Louis XVI qui aimait l'état de serrurier : un Infant d'Espagne préférait celui de cordonnier ; tel Roi de Danemarck se plaisait à fabriquer des seringues ; l'ancien Roi de Naples aimait à vendre lui-même, au marché, le poisson de sa pêche ; le Prince de Parme, élevé par Condillac aux subtilités métaphysiques, aux

7

perceptions d'intuition de cognition, n'avait de goût que pour l'état de Marguillier et Frère lai.

La grande majorité des enfans riches donnerait dans ces goûts vulgaires, si l'éducation civilisée n'en contrariait pas le développement, et si la saleté des ateliers et la grossièreté des ouvriers ne créait des répugnances plus fortes que les attractions. Quel est l'enfant de prince qui n'ait du goût pour l'une des quatre fonctions que je viens de citer, maçon, menuisier, forgeron, sellier, et qui n'y fît des progrès, s'il voyait dès son bas âge ce travail exercé dans de brillans ateliers, par des gens polis, qui ménageraient toujours aux enfans *un atelier miniature*, avec de menus outils et de menus travaux ?

Chaque Série industrielle doit disposer, dans le Séristère, un local pour les bambins et chérubins qui voudront mordre à l'hameçon. Ces enfans y rencontrent quelque doyen de l'art, tiré des trois tribus de *Révérends*, 14, *Vénérables*, 15, et *Patriarches*, 16, qui se plait à les former au travail. L'atelier est distingué en espèces et variétés : si c'est une secte de forge, son Séristère ou salle générale de Série contiendra des salles de genre, pour serruriers, maréchaux et forgerons ; puis dans chaque salle, des ateliers d'espèce pour les subdivisions ; et par–tout, l'atelier minime ou miniature, destiné aux petits enfans. Ces salles seront tenues, sinon avec magnificence, au moins avec propreté et méthode.

On sait qu'un groupe d'enfans ne cherche pas le luxe des édifices ; il préférera aux lambris dorés, de petites truelles et petites gaches, avec un petit tas de mortier à broyer ; une menue forge et de menues enclumes qu'on lui ménagera à côté des lignes de grands forgerons. Ces enfans seront triomphans de pouvoir fournir quelqu'une des pièces d'un ouvrage fabriqué à leurs côtés dans le grand atelier ; en outre, ils auront pour véhicule d'émulation, l'aspect d'enfans plus grands, âgés de 6, 8 et 10 ans, et exerçant déjà dans quelques travaux de la forge.

Un appât aux enfans comme aux pères, sera le luxe de chaque Série en parade. Celle des forgerons paraît aux jours de sa fête en costume de Cyclopes ; elle figure ainsi sur le théâtre de sa Phalange : ses salles représentent des antres effrayans, qui plairont aux enfans mieux que les meubles somptueux d'un salon.

En exerçant ainsi les enfans en bas âge, on leur ménage toujours un levier d'amour-propre, une portion facile du travail. Construit-on un édifice, on leur réserve un pan de mur peu important; on y conduit leur groupe en grand appareil, en le faisant défiler à la parade matinale, avec ses petits outils et ses costumes de travail. Ces enfans, après avoir exécuté avec enthousiasme, dans une courte séance, la tâche qu'ils ont sollicitée, sont aussi fiers que s'ils avaient construit l'édifice entier, dont ils disent déjà: « c'est nous qui avons bâti » ce monument. » On verra ces détails d'attraction à la section suivante; bornons-nous aux influences du faste des Séries, et supposons une action.

Louis XVI, âgé de 4 ans, habite la Phalange de Trianon; il est passionné pour la forge, et s'introduit dès le bas âge dans les ateliers des forgerons de Trianon; il épouse ardemment les rivalités de leur secte contre les cantons voisins; il excelle de bonne heure dans ce travail, auquel une forte attraction l'a conduit; mais il est fatigué d'entendre vanter la magnificence des cerisistes de Marly, à qui Dorante a fait don de châteaux et ornemens prônés par-tout. Louis XVI veut que les forgerons de Trianon deviennent la Série la plus brillante de France. Parvenu à l'âge de 19 à 20 ans, où il peut disposer d'une portion de sa fortune, il l'emploiera à faire briller sa secte favorite; et après avoir pris le consentement de la Régence qui doit sanctionner toute construction entreprise par un adolescent, il fait bâtir un Séristère ou atelier général, semblable aux autres que représente l'opéra dans les forges de Vulcain; il y ajoute un costume de parade pour la décoration de la Série. Ce faste devient un stimulant pour les sectes de forgerons des autres Phalanges, et de proche en proche on s'efforce de donner par-tout du lustre aux travaux de la forge.

Pareille émulation a lieu entre les Séries de toute espèce. Il suffit qu'un homme opulent en fasse briller quelqu'une, pour entraîner tous les cantons voisins à la rivaliser en quelque manière, sinon en luxe, au moins en propreté, en perfection. Cette manie gagnera en Harmonie tous les hommes à grande fortune ; elle portera le luxe sur le travail et les ateliers , aujourd'hui dégoûtans de pauvreté , de grossièreté et de saleté.

Ce faste des travaux sera une *semaille industrielle* , puisqu'il concourra à passionner les enfans comme les pères pour l'exercice de l'industrie productive. Alors chacun , au lieu d'employer son superflu à construire des châteaux individuels qui seraient inutiles en Harmonie , dépensera en bâtisse de beaux ateliers , beaux belvédères , beaux hangars pour ses sectes favorites.

Cet effet, général dans le mécanisme des Séries pass. , donne au luxe une direction productive. Le luxe d'Harmonie se porte sur le travail utile , sur les sciences, les arts, et notamment sur la cuisine. Le luxe concourt, avec une foule d'autres véhicules , à rendre ces fonctions attrayantes pour l'enfant comme pour l'adulte. L'enfant, dans le bas âge , se plaira à parcourir tous les ateliers de sa Phalange , s'initier à tous leurs travaux dans chaque atelier minime ; y acquérir la dextérité, la vigueur et les connaissances pratiques, et devenir, quelque riche qu'il soit, un producteur apte à exécuter les travaux comme à les diriger.

Là finira la distinction de producteurs et consommateurs qui existe chez les civilisés : il n'y a dans l'Harmonie que des producteurs ; et l'on verra plus loin que l'éducation naturelle, dont le système est *un* pour les cinq tribus de l'enfance, initie les princes comme les plébéïens à toute sorte de fonctions, et leur assure santé, dextérité et lumières ; triple avantage dont les prive communément l'éducation civilisée.

Du moment où l'aptitude corporelle s'unit, chez les princes, à l'attraction industrielle, ils sont producteurs en même temps que consommateurs, et le corps social ne fait plus différence de ces deux fonctions : elles se trouveront par-tout réunies dans chaque individu. Là finira la plus ridicule de nos duplicités sociales, celle qui crée une classe destinée à consommer sans rien produire. Comment une société qui opère de la sorte, ose-t-elle parler d'économie politique dont elle s'éloigne en double sens ;

En prodiguant les garanties de protection et de bien-être à la classe qui ne produit rien ;

En refusant les garanties de minimum et de travail à la classe qui produit tout ?

C'est double bizarrerie : mais, réplique-t-on, cela est inévitable en civilisation. Je le sais mieux que personne ; aussi observé-je aux philosophes, que s'ils veulent atteindre à l'économie et à la saine politique, ils ne le peuvent qu'en découvrant une issue de cette civilisation, qui est un galimatias de toutes les absurdités anti-économiques et anti-politiques.

CHAPITRE IV.

Du Charme composé permanent,
ou double prodige qui nait de l'Harmonie pass.

C'EST ici une application des principes établis au 24e chap. I, 475 : le monde civilisé est si neuf, si abusé sur la question du bonheur, qu'il faut, selon Condillac, refaire son entendement sur ce sujet, et ajouter aux théories beaucoup d'instructions pratiques. Appliquons donc le principe de bonheur composé, aux aperçus déjà donnés, I, 475.

Je pourrais dédier ce chapitre aux femmes ; il va justifier leur penchant pour la magie, tout en la réduisant à sa juste valeur (*). Donnons trois exemples de cette magie sociétaire, dite *charme composé permanent.*

(*) Eh ! quelle est cette juste valeur ? Nos sages se presseront de répondre, que la magie est une charlatânerie à interdire ; j'y souscris, pourvu qu'en réprimant tels charlatans, on n'en accrédite pas de plus dangereux, comme il est arrivé dans la civilisation moderne.

Qu'avons-nous gagné à confondre les vieilles chimères de magie et de sortilége ? Nous sommes tombés de Scylla en Charybde : et je puis prouver que, chimère pour chimère, l'ancien règne de la magie blanche ou noire était bien plus rapproché de la nature que le règne actuel des magies économique, civique, philantropique, idéologique, par lesquelles on mystifie les nations plus lestement qu'aucun magicien n'ait jamais mystifié les individus.

Les magiciens et leurs disciples sont coupables d'un tort indépendant de celui de charlatanerie ; c'est le tort de *simplisme.* (Je ne peux pas dire simplicité ni simplesse, mots qui offrent deux sens étrangers à celui que je vais exprimer.)

Nos magiciens passés (car il n'en existe plus), s'étudiaient à opérer des miracles simples ; c'était méconnaître la destinée de l'homme, qui est composée, et ne tend qu'aux effets composés. Nous devons, en fait

1° *Double prodige en richesse.* Les civilisés s'estiment fort heureux quand, pour fruit de leurs travaux, ils arrivent à l'aisance après quelques années de privations. Les 7/8 d'entr'eux sont réduits à supporter le dénuement pendant la jeunesse, pour n'atteindre, en fin de compte, qu'à la pauvreté dans la vieillesse. On peut donc nommer classe avantagée, celle qui, pour prix d'une jeunesse laborieuse, acquiert *l'aisance ou demi-fortune* dans l'âge moyen, à 40 ans, où l'on est encore à temps de jouir. Un tel succès est un demi-prodige, vu les difficultés à surmonter ; et il y a prodige complet, lorsqu'en débutant sans capitaux, on arrive par industrie à la grande fortune dès l'âge de 40 ans, ce qui est infiniment difficile en civilisation.

Mais si on arrivait à la grande fortune de bonne heure, à 20 ans, sans versement de capitaux et sans autre effort que de se livrer immodérément aux plaisirs de toute espèce, le charme serait double ; il y aurait prodige de faire grande récolte sans semailles apparentes, et prodige d'obtenir la fortune par l'exercice des plaisirs qui, en civilisation, la font perdre si souvent à qui la possède.

Chacun en Harmonie voit s'opérer en sa faveur ce double miracle. En effet, les travaux y étant transformés en plaisirs lucratifs et attrayans, chacun arrive à la fortune par l'exercice des plaisirs ; et on y arrive de bonne heure, à 20 ans, à 10 et à 5, puisqu'un Harmonien jouit de tous les biens enviés par nos gens opulens. La bonne chère, les chevaux, les voitures, les meutes, les spectacles et fêtes continuelles, sont en Harmonie l'apanage du plus pauvre des êtres ; et comme tout plaisir y est payé, parce qu'il est utilisé en système général, comme on paie en dividende proportionnel les groupes qui

de miracles, aspirer à obtenir double prodige ou rien ; toute merveille simple étant hors du cercle des destinées humaines, excepté les cas où le simple figure en relais du composé.

Une merveille simple ne remplit point les vœux de l'homme, qui, stimulé par la 12e passion, la Composite, ne peut s'accommoder ni d'un bonheur simple, ni d'un prestige simple. Il veut non seulement le composé ou double enchantement, mais il le veut en permanence. Tel est l'effet réservé aux Séries pass., mécanisme qui produit en tout sens les doubles miracles dont on va jouir à volonté par tout le globe.

s'adonnent à la chasse, à la musique, aussi bien que ceux qui exercent à la charrue devenue attrayante, il arrive :

1° Que l'Harmonien, dès son jeune âge, recueille sans semailles, puisqu'il n'a songé qu'à se divertir.

2° Qu'il s'enrichit par l'exercice de ces nombreux plaisirs qui, aujourd'hui, le ruineraient en peu de temps.

C'est donc en sa faveur un double prodige permanent sous le rapport de la richesse. Passons à d'autres miracles composés.

2° *Double prodige en santé.* Il est de règle parmi nous, qu'on doit user modérément des plaisirs, afin de ménager le corps ; et l'on regarde comme prodige, l'avantage bien rare de conserver la santé en se vautrant dans la débauche. L'antiquité s'étonna de ce que Néron conservait une pleine vigueur, après 18 ans d'excès habituels.

Si cet usage immodéré des plaisirs devenait voie de santé, si celui qui s'adonnerait le plus aux jouissances quelconques, devenait l'homme le plus robuste, un tel effet serait double prodige tout à fait inconcevable dans les mœurs civilisées, où chaque plaisir entraîne communément à des excès qui compromettent la santé ; tandis que dans les Séries pass., où il existe par-tout des contre-poids fondés sur la variété de jouissances, chacun gagne en vigueur à proportion de son activité à figurer dans les plaisirs de toute espèce.

Démontrons : l'homme qui aura parcouru dans le cours de la journée quarante sortes de jouissances, aura donné à chacune moins d'une demi-heure. Celui qui n'en aura parcouru que vingt, y aura donné le double de temps, environ une heure à chaque, en supposant qu'il ne dorme que 4 heures sur 24.

Il est évident que celui qui n'aura donné qu'environ une demi-heure à chaque plaisir, aura beaucoup moins abusé, moins commis d'excès, que celui qui donnant une heure à chaque séance, n'aura goûté dans sa journée que vingt plaisirs au lieu de quarante.

Si vingt hommes se plaignent d'indigestion, le lendemain d'un grand repas, on peut assurer que dix-neuf d'entr'eux auraient échappé à l'indigestion, si le repas eut duré moitié moins. Les généraux d'Alexandre firent une orgie d'ivrognerie à la suite de laquelle 42 d'entr'eux moururent le lendemain ; cette orgie avait duré toute la nuit. Chacun pensera que si l'orgie eut duré moitié moins, il n'en serait pas mort un seul ; car on aurait évité les grands excès qui, d'ordinaire, n'ont lieu qu'à la fin du repas, et dans les séances trop longtemps prolongées.

En partant de ce principe, on doit conclure que plus les plaisirs seront nombreux et fréquemment variés, moins on pourra en abuser ; car les plaisirs, comme les travaux, deviennent gage de santé quand on en use modérément. Un dîné d'une heure, varié par des conversations animées qui préviennent la précipitation et la gloutonnerie, sera nécessairement modéré, servant à réparer et augmenter les forces, qu'userait un long repas sujet aux excès, comme les grands dînés de civilisation.

L'Harmonie qui présentera, sur-tout aux gens riches, des options de plaisirs d'heure en heure, et même de quart d'heure en quart d'heure, préviendra donc tous les excès par le seul fait de la multiplicité des jouissances ; leur succession fréquente sera un gage de modération et de santé. Dès-lors chacun aura gagné en vigueur, à proportion du nombre de ses amusemens. Effet opposé à ceux du mécanisme civilisé, où la classe la plus voluptueuse est par-tout la plutôt dépourvue de vigueur. On ne doit pas en accuser les plaisirs, mais seulement *la rareté de plaisirs*, d'où nait l'excès qui autorise les moralistes à condamner la vie épicurienne.

L'ordre moral sanitaire, ou équilibre et modération dans l'usage de nos sens, naîtra donc de l'affluence même des plaisirs, aujourd'hui si pernicieux par les excès que provoque leur rareté. Un tel résultat sera double prodige, ou charme composé permanent, relativement à la santé.

1° Il transformera en gages de vigueur cette vie épicurienne qui, dans l'état actuel, est voie de perdition, tant de la santé que de la fortune.

2° En prodiguant aux riches ces alternats continuels de plaisirs, il transformera en voie de santé la richesse, qui aujourd'hui n'est communément que voie d'affaiblissement ; car la classe riche est toujours la plus sujette aux maladies ; témoins les gouttes, rhumatismes et autres maux qui s'acharnent sur le prélat et le ministre, et n'entrent pas dans la cabane du paysan, où d'autres maladies comme les fièvres, ne pénètrent que par excès de travail et non de plaisir.

Ici se trouve résolu le problème posé 91 *, sur* la goutte et les germes de maladies à transformer en germes de vigueur. *La Goutte ne provient que des abus de bonne chère et autres jouissances ; elle rentre dans la théorie d'équilibre sanitaire que je viens de décrire, et qui fondant les contrepoids sur l'affluence et la rapide succession des plaisirs, métamorphose en gage de santé toute jouissance dont l'abus est germe de maladie en civilisation.*

3º *Double prodige en économie.* Je l'ai déjà énoncé : c'est la propriété qu'ont les Séries pass. d'élever les économies en raison de la multiplicité des caprices et raffinemens sensuels.

On a vu, à l'article boulangerie (1ᵉʳ tome), qu'une Phalange peut fabriquer trente sortes de pain à moins de frais qu'un seul pain qui, par sa monalité d'espèce, aurait le vice de ne point exciter les rivalités cabalistiques, et qui par suite ne répandrait aucun charme sur les travaux, ne mettrait pas en jeu les leviers économiques de l'Attraction.

Nous regarderions déjà comme prodige économique, l'art de mener un train de vie fastueux, sans dépenser plus que si on vivait dans la médiocrité; que sera-ce de l'art de dépenser beaucoup moins dans le grand faste, que si on végétait dans la vie bourgeoise! Il y aura encore dans ce résultat un prodige redoublé ou charme composé, dont on verra l'extrême facilité dans les détails qui seront donnés postérieurement.

Il suffit d'avoir cité trois de ces effets miraculeux, pour désigner ce que j'entends par le charme composé, qui est propriété constante des Séries pass. : le monde une fois organisé selon cette méthode, verra, dans chacune des fonctions sociales, s'opérer ces doubles miracles qui seront un sujet d'enchantement continuel pour les Harmoniens, et d'activité incalculable dans leurs travaux.

De là naîtront deux passions bien inconnues parmi nous ; l'enthousiasme pour Dieu, auteur d'un si bel ordre social, et la philantropie ou amour de tout le genre humain, du commerce de qui on recueillera, à chaque pas, tant de bienfaits composés. Ces deux passions nouvelles (et faisant partie de la foyère ⊠ unitéisme), seront si puissantes sur les Harmoniens, que les louanges de Dieu s'entremêleront à tous leurs plaisirs, et que l'hospitalité y sera par-tout plaisir au lieu de vertu.

Les prodiges composés tels que je viens de les décrire, sont des effets si étrangers à l'ordre civilisé, que les lecteurs ne pourront pas admettre une perspective si brillante ; elle n'excitera que des objections d'impossibilité et de vision magique.

Je ne me dissimule pas ce vice apparent ; mais je pose rigoureusement la thèse du charme composé ou double miracle, comme propriété inhérente à tout mécanisme de Séries pass. bien équilibrées. Je mettrai toute l'exactitude possible à en fournir des preuves qui, non seulement leveront tous les doutes, mais démontreront que j'affaiblis encore le tableau, et que souvent le charme, au lieu de se borner au mode composé ou double prodige, s'élevera au sur-composé ou triple, au bi-composé ou quadruple miracle, I, 477.

Un indice propre à fonder, par analogie, notre confiance à tant de bonne fortune, c'est l'aspect des résultats contraires que donne en tout sens l'ordre civilisé. On n'y voit par-tout que malheur composé, au lieu de charme composé.

J'ai remarqué cet effet dans le sort des industrieux ; on peut y analyser facilement non pas deux ni trois, mais une kyrielle de disgrâces qui, I, 481, élèvent le malheur du peuple au degré bi-composé et omni-composé.

Le travail, dit l'Ecriture, est une punition de l'homme : Adam et ses enfans furent condamnés à gagner leur pain à la sueur de leur front. Avant ce châtiment, le bonheur primitif de l'homme était de n'avoir rien à faire, comme est le dimanche notre populace. Il est donc bien reconnu, même en religion, que le travail civilisé est pour l'homme un état de malheur, et qu'il est plus près de la nature en se livrant à des illusions de sort enchanteur, qu'en ajoutant foi aux prétendus charmes que la philosophie lui promet sous le chaume.

L'Ecriture, en nous disant la vérité sur le malheur attaché au travail actuel, n'a point dit que cette punition ne dût finir un jour et que l'homme ne pût revenir au bonheur dont il jouissait primitivement. Pour se fortifier dans cet espoir, il faut méditer sur la thèse de destin dualisé, I, 27 ; sur celle des Attractions proportionnelles aux destinées, I, 238 ; puis sur l'évidence de *CONTRE-DESTIN* que dénotent les malheurs amoncelés sur l'homme industrieux : j'en ai compté 16, tom. I, 481, en observant qu'un plus exercé pourra aisément porter au double cette série. En effet, j'en trouve aujourd'hui, sur un vieux manuscrit, une autre gamme non portée dans la précédente.

Autres disgrâces de l'Industrieux, I, 481.

X Il est accablé par le malheur idéal, par l'aspect de quelques-uns de sa caste, qui, favorisés d'un héritage imprévu, d'un gain de loterie, etc., ont échappé au mal-être : ces exceptions de fortune viennent périodiquement aigrir les privations de la masse dépourvue du nécessaire.

1. Il supporte seul les corvées dont le riche est exempt, et par contre, il est seul privé des droits naturels, chasse, pêche, etc., dont le riche est en possession.

2. Il est sujet aux mutations d'emploi, transporté à des fonctions dont il n'a aucune habitude et qui sont pour lui un redoublement d'ennui.

3. Il contracte en pleine santé des maladies par excès obligés, par vacation forcée à des travaux dangereux.

4. Dénué de tout dans le cas de maladie, il n'a pour asyle que le triste hôpital, que la compagnie des moribonds, où souvent encore on refuse de l'admettre.

5. Il voit son fils, l'appui de son industrie, enlevé pour les milices dont le riche est exempt de droit ou de fait.

6. Il voit sa femme et sa fille, si elles sont belles, engagées inévitablement dans la prostitution, par les pièges du riche voisin pourvu de la clef d'or.

7. Il est privé de la protection des tribunaux : point de justice pour le pauvre ; il n'a pas même de quoi consulter et réclamer ; et quand il le tenterait, il échouera contre un riche adversaire qui le traînera d'instance en instance.

X Enfin le plus souvent, le fruit de ses peines est pour un maître, et non pour lui, qui n'a aucune participation au produit de son labeur.

Voilà, au lieu de charme composé, un orage de disgrâces et de persécutions pour le peuple industrieux ; effet nécessaire du mouvement subversif ou civilisé, qui produit en tout sens l'opposé des biens sociétaires !

On doit donc, par analogie, attendre de l'Harmonie autant de charmes pour l'industrieux, que la civilisation fait pleuvoir sur lui de calamités. Je reviendrai encore sur ce problème du bonheur composé qu'il faut fréquemment remettre en scène, car il est pierre de touche dans toutes les dispositions sociétaires ; il y aurait vice de mécanique dans celle qui n'atteindrait pas ce but, et qui tendrait à nous limiter aux illusions de bonheur simple, d'où résulte toujours, I, 478 3/4, le malheur composé.

CHAPITRE V.

ARMÉES industrielles de l'Association.

IL n'est aucun sujet qui s'allie mieux à la politique. L'aperçu des armées harmoniennes et de leurs prodiges industriels doit y tenir le premier rang. Terminons donc nos esquisses, en donnant le chapitre 5 aux descriptions des travaux et prodiges des armées attrayantes, et le chapitre 6 aux théories du régime harmonien sur les subsistances, dont la sage distribution est le point essentiel en politique.

L'industrie sociétaire devant s'exercer constamment par attraction, il faudra que les armées productives de l'Harmonie soient rassemblées et mues par attraction, par appât du plaisir, et variant leurs travaux de deux en deux heures, comme ceux de la Phalange.

On verra, quand il en sera temps, quels ressorts l'Association sait mettre en jeu pour amener sur le terrain un million d'athlètes industriels, tirés de cinquante empires qui fournissent chacun vingt mille hommes : supposons provisoirement la réunion opérée, et spéculons sur les résultats de ses travaux.

Belle perspective pour les fournisseurs ! Je les vois jubiler, à cette annonce d'armées d'un million d'hommes : inutile espoir ! Il n'y a dans ces immenses réunions pas un écu de bénéfice pour les sangsues. Chaque détachement se défraie lui-même. Si l'armée d'un million d'hommes a été fournie par cent mille Phalanges, à dix hommes en moyen terme, chacune des cent mille est chargée de la dépense de sa cohorte. On n'a ni caisses militaires, ni magasins de vivres ou d'équipement. Tout se trouve approvisionné par quelques lettres. On verra cet effet au traité du commerce véridique, et des facultés que donnent ses entrepôts. Jusque-là, il faut supposer l'armée réunie et vivant très-bien sans fournisseurs ni magasins spéciaux. Notre objet n'est que de disserter sur ses travaux, et faire le parallèle de la gloire des armées actuelles avec celle des armées futures.

J'admets, si l'on veut, que les légions romaines détruisant 300,000 Cimbres à Saint-Remy, se couvrent de gloire et moissonnent des lauriers ; mais ne serait-il pas plus glorieux à ces deux armées Gauloise et Romaine, de se réunir pour créer au lieu de détruire? de se distribuer d'Arles à Lyon, et jeter, dans le cours d'une campagne, trente ponts de pierre sur le Rhône ; élever sur tous ses bords des digues pour sauver de précieuses terres qu'il emporte chaque année? Une telle gloire, ce me semble, vaudrait bien les moissons de lauriers de nos héros, dont la réunion ne laisse toujours qu'une moisson de cyprès aux contrées qui sont le théâtre de leurs exploits.

On objecte : si les armées harmoniennes peuvent en une campagne exécuter ces prodigieux travaux, que restera-t-il à faire pour la campagne suivante? Plaisante question ! Tout est à faire en industrie. Il faudra au moins 100 ans d'efforts de ces grandes armées, pour recouvrir de terre végétale et reboiser les montagnes des Alpes et des Pyrénées, que nos savans ont laissé déchausser, pour nous conduire à la perfectibilité des abstractions métaphysiques.

Les armées harmoniennes sont de 12 degrés, conformément au tableau, I, 286, nos 2 à ✕. Le plus bas degré, 2e, assemble trois à quatre cohortes ; leurs emplois sont un sujet que je ne peux ici qu'indiquer sans même l'effleurer ; mais il est force d'en faire mention dans ces deux sections données aux aperçus.

Conformément à la thèse de dualité et contre-essor du mouvement, I, 27, l'Association doit avoir la propriété de rassembler des armées productives, comme la civilisation en rassemble de destructives.

Et par opposition à l'ordre civilisé qui enrôle ses héros en leur mettant la chaîne au cou, l'ordre sociétaire doit enrôler les siens par amorce de fêtes et plaisirs inconnus dans l'état actuel, où une armée de cent mille hommes ne connaît d'autre plaisir collectif que celui de détruire, incendier, piller, violer.

Malgré les jérémiades sur la pénurie des finances, chaque état trouve des capitaux immenses, quand il s'agit de rassembler et approvisionner ces masses destructives. J'ai ouï dire à un ingénieur Russe, qu'au siége de Rutschuk, en 1811, chaque bombe lancée sur la ville coûtait à la Russie 400 fr., par suite des frais de transport. Que de dépenses pour la destruction des hommes et des édifices ! Quel fortuné changement serait-ce, qu'un ordre de choses qui rassemblerait pareilles masses d'hommes pour des travaux utiles ! C'est vraiment sur ce souhait que les sceptiques s'écrieront, 73 1/3, *belles chimères, contes de fées, illusions d'une Harmonie qui n'est pas faite pour les hommes !*

Cette branche d'illusions (*armées industrielles*), sera une des premières à se réaliser dès la fondation de l'Harmonie, parce que la jeunesse élevée en civilisation a beaucoup de penchant pour les réunions d'armée, et que, n'ayant pas été façonnée à l'agriculture harmonienne, elle y tiendra moins, dans le début, qu'une génération qui y aura été habituée dès l'enfance ; elle courra d'autant plus avidement aux grandes et brillantes réunions. Trois motifs entraîneront fortement à ces armées industrielles , dès le début de l'Association.

1° La campagne s'y passe en divertissemens autant qu'en travaux. On y a de grandes occupations, mais qui alternent avec des fêtes immenses , concourant au progrès de l'industrie. On en verra une description à l'article *Gastrosophie infinitésimale* , 4° tome. Si je voulais passionner pour l'état sociétaire tous les jeunes gens et tous les Sybarites, il me suffirait de donner dès à présent ces tableaux.

2° L'on n'y a rien à souffrir des injures de l'air. Chaque détachement étant abrité en travail par de bonnes tentes , logé dans les camps cellulaires (42) des Phalanges voisines de son travail , conduit en voiture le matin au lieu du travail et ramené de même le soir , en cas d'éloignement.

3° L'avancement y est assuré au mérite par des méthodes fixes : par exemple , une décoration de service effectif est aussi régulièrement distribuée que celle des chevrons dans les régimens , et classée par croix à 1 , 2 , 3 , 4 , 5 , 6 , 7 , 8 , 9 , 10 , 11 , 12 branches , selon le nombre des campagnes. Après la 12° , on est par le fait promu au rang de Paladin ou Paladine : c'est avancement de fait et de droit, mais non de faveur. Il en est ainsi de toutes les méthodes employées en Harmonie ; la faveur n'y est d'aucune influence : on en a vu la preuve à l'article (I , 268) *récompenses et lustre des savans et artistes.*

Cette garantie d'équité sera un des plus puissans ressorts pour attirer aux armées industrielles ; il sera nécessaire de forcer d'amorce en ce genre ; car l'état sociétaire aura besoin d'armées beaucoup plus nombreuses que les nôtres. J'estime que pour l'attaque du *SAHARA* ou grand désert, il faudra entretenir une masse de 4 millions d'hommes pendant 40 ans, à 6 ou 8 mois de travail chaque année. Cette armée s'occupera à boiser de proche en proche, afin de rétablir les sources, humecter et fixer peu à peu les sables, et améliorer graduellement les climatures.

En réfléchissant sur ces immenses travaux, on en vient aisément à soupçonner que l'état civilisé et barbare est un travestissement de la destinée, et que l'homme est fait pour l'unité sociale d'où naîtraient tant de merveilles. Comment nos faiseurs d'utopies n'ont-ils pas osé rêver celle-ci : *une réunion de 5oo,ooo hommes occupés à construire au lieu de détruire !* Après tout, les frais seraient beaucoup moindres pour une armée productive ; et, outre l'épargne des hommes égorgés, des villes brûlées, des campagnes ravagées, on aurait encore l'épargne des dépenses d'armement et le bénéfice des travaux.

Cette seule considération qui n'exige pas de profonds calculs, devait suffire pour éveiller les soupçons sur la civilisation et sur la dualité des destins sociaux, I, 27 et 25. C'eût été la meilleure réponse à faire à nos chantres de perfectibilité de la raison. Il fallait leur demander, *si la véritable raison ne serait pas d'assembler* 5oo,ooo *hommes pour édifier au lieu de détruire !* Quiconque opinera pour l'affirmative, conclura par le fait à chercher une issue de la civilisation, qui ne réunit des masses que pour le ravage et le carnage.

C'est par défaut d'armées industrielles que la civilisation ne sait rien produire de grand et échoue sur tous les travaux de quelqu'étendue ; elle a autrefois exécuté de grandes choses, en employant des masses d'esclaves qui travaillaient à force de coups et de supplices. Mais si des ouvrages comme les Pyramides et le Lac Mœris doivent être abreuvés des larmes de 5oo,ooo malheureux, ce sont des monumens d'opprobre, et non des trophées pour la civilisation.

La grandeur de l'Harmonie consiste autant dans l'énormité de ses travaux que dans la rapide exécution, qu'on n'obtiendrait

pas d'une masse d'esclaves et de salariés, tous d'accord à esquiver le travail. Les Harmoniens, pour qui il est transformé
en fête, en sujet d'amour-propre, y apportent d'autant plus
d'activité, que le nombre d'athlètes en facilite les progrès.
Admettons que tel travail, comme rechaussement et reboisement d'une montagne, puisse devenir une partie de plaisir
pour une armée de vingt mille hommes qui entoure la montagne; leur émulation sera doublée, par le charme de voir
avancer rapidement l'entreprise, et d'en être félicités chaque
soir en retournant dans les Phalanges de campement, pour qui
les avantages de ce reboisement deviendront un motif de bien
fêter les légions des trois sexes; car il y a d'ordinaire dans
chaque armée industrielle, 3/6 d'hommes, 2/6 de femmes, et
1/6 d'enfans (*).

Je passe brièvement sur ces réunions industrielles, quoique

(*) Les enfans ne sont admis à l'armée qu'en gradation de tribus,
c'est-à-dire que les cinq tribus classées, II, 19 et 20, sous les nu-
méros et noms,

2. Chérubins et Chérubines,	4 1/2 à 6 1/2 ans,
3. Séraphins et Séraphines,	6 1/2 à 9
4. Lycéens et Lycéennes,	9 à 12
5. Gymnasiens et Gymnasiennes,	12 à 15 1/2
6. Jouvenceaux et Jouvencelles,	15 1/2 à 19 ou 20

sont réparties dans des armées de n⁰ˢ correspondans à la table, I, 286.

Les Chérubins, aux petites réunions d'un Duarchat ou Vicomté; c'est
la moindre subdivision bornée à trois ou quatre Phalanges.

Les Séraphins, aux réunions de Triarchat ou Comté, comprenant
environ une douzaine de Phalanges.

Les Lycéens, aux réunions de Tétrarchat ou Marquisat, environ
quarante-huit Phalanges.

Et ainsi des autres, selon la table, I, 286.

La Campagne industrielle ayant lieu chaque année en Harmonie, on
détache pendant l'été une portion d'individus des trois sexes qu'on répartit dans les armées de divers degrés, jusqu'à celles ⋈ d'Omniarchat,
qui réunissent des masses tirées de tous les empires du globe.

Arrivé à l'âge d'adolescence, un individu a encore 7 degrés d'armées
à parcourir d'année en année; c'est-à-dire qu'il ne peut être admis à
une armée d'Omniarchat, qu'autant qu'il a fait une campagne dans des
armées de n⁰ˢ 7, 8, 9, 10, 11, 12. Il y a exception pour le corps
vestalique; il est admis d'emblée aux armées de tous degrés. Glissons
sur ce détail, puisqu'on ne traitera des Vestales qu'à la 4ᵉ section.

ce

ce soit l'un des sujets les plus dignes de piquer la curiosité ; mais j'ai fait observer que les tableaux de ce genre inspireraient de la défiance au lecteur, tant qu'il ne connaît pas encore les ressorts d'équilibre passionnel et d'Attraction industrielle, et qu'il est porté à juger des moyens de l'Harmonie, par comparaison aux pauvretés et faussetés du régime civilisé.

Jamais génération ne fut plus rassasiée que la nôtre de ces fumées qu'on nomme lauriers de la victoire. Notre siècle doit donc être disposé à spéculer sur des lauriers plus utiles que ceux du carnage, sur des trophées industriels. Or, que serait l'industrie sociétaire sans les armées, sans les réunions à millions d'hommes qui, stimulés par des ressorts d'Attraction inconnus aux civilisés, exécuteront, comme par enchantement, des prodiges que la civilisation n'ose pas même rêver !

Les magnifiques résultats de ces travaux collectifs étant le sujet le plus digne de fixer et soutenir l'attention, je l'avais choisi pour première Médiante, I, 114. Le recueil que j'en avais fait, se trouva égaré au moment de livrer à l'impression. L'on peut le rétablir à la suite de ce 1ᵉʳ livre, où il prend naturellement place, à titre de tableau de la grandeur industrielle des Harmoniens.

CHAPITRE VI.

Système bi-composé des approvisionnemens sociétaires.

Une section d'aperçus en morale et en politique serait bien incomplète si elle ne touchait pas à la question primordiale en politique, celle des subsistances, dont la rareté, très-fréquente en civilisation (années 1808 et 1812), y devient un germe de commotions populaires. On a perfectionné tant de sciences inutiles ; on ignore encore celle d'assurer la subsistance générale ! Dans l'ordre sociétaire, elle doit être garantie en mode bi-composé, *en quadruple source*. Pour expliquer ce mécanisme, dissertons d'abord sur le choix des denrées de base alimentaire, et sur les proportions de culture que devra adopter la masse du globe, après son organisation.

L'état civilisé et barbare, obligé de nourrir une multitude

affamée, qui souvent manque de provisions suffisantes pour attendre les récoltes, n'a pas d'option ni d'alternative sur les denrées primordiales. Tout le système alimentaire des civilisés roule communément sur un seul comestible : du froment en Europe, du riz en Asie, du maïs au Mexique, du manioc aux Antilles.

Voilà le *nec plus ultrà* de notre politique, toujours *simpliste* dans ses plans. Aussi est-on assuré de voir la famine, si le blé vient à manquer en France ou en Italie, et si le riz manque dans l'Indostan ou la Chine.

On a depuis peu ménagé une légère alternative, par la culture de la pomme-de-terre, qui supplée en partie les graminées ; mais cette ressource est fort mal organisée : on ne sait pas garder les pommes-de-terre au-delà du mois d'avril, époque où elles germent par-tout et deviennent immangeables.

Les sociétés ayant commencé dans la zone tempérée, ont dû se fixer aux denrées qu'elle produit. Mais quand toutes les zones seront cultivées, quand ou pourra spéculer sur divers comestibles également abondans et faciles à extraire des trois zones, quand l'extraction n'éprouvera ni entraves matérielles par les guerres, douanes et prohibitions, ni entraves politiques par les fourberies commerciales, conviendra-t-il de fonder sur les graminées la substance de la multitude ? Non : l'Harmonie qui n'opère jamais qu'en système composé, se créera un régime alimentaire, combinant les productions de diverses zones.

Elle fera peu d'usage du pain, par triple raison.

1° Le pain, substance pénible à fabriquer, I, 357, est peu attrayant pour le peuple, qui en tous pays préfère la viande et autres comestibles ; et d'autre part, le grain plait beaucoup aux animaux et volailles, dont on élevera une énorme quantité.

2° Le pain est faible d'attraction industrielle ; tous les travaux qui tiennent à la production et manutention du pain, comme labourage, moisson, battage, pétrissage, etc., sont si peu attrayans, qu'il faudra les renforcer d'attraction par le moyen de cohortes vicinales, ou armées de 1er degré.

3° Le pain, aliment peu flatteur pour le goût, est astreint à une fabrication journalière. Elle sera dispendieuse en Harmonie, où il faut allouer à chaque Série une rétribution d'autant plus forte, que son attribution industrielle est plus faible et ses travaux plus fréquens.

D'après ces données, il est certain que le prix du pain en Harmonie sera à-peu-près double de ce qu'il est, année commune, en civilisation, où l'on ne tient aucun compte de la dose d'Attraction qu'excite un travail. Cette cherté du pain sera fort indifférente au peuple, pourvu qu'il soit bien approvisionné de subsistances mieux assorties au goût général.

Quels comestibles devront l'emporter sur le pain et former la ressource principale des peuples ? C'est l'Attraction qui va nous l'indiquer ; consultons celle des divers âges, et d'abord des enfans.

Si on leur présente les trois comestibles suivans, une livre de pain, une livre de fruit, une livre de sucre, leur choix ne sera pas douteux : ils se disputeront le sucre et les fruits, et dédaigneront le pain. Quels sont les mets que recherche l'enfant ? Il aime en régime simple des fruits et du laitage ; puis en régime composé, il aime ces objets unis au sucre, les confitures, les crèmes sucrées, et même les alimens à 1/4 de sucre, nommés compotes et marmelades.

Telle est la nourriture qu'indique l'Attraction pour les enfans. Et pourquoi la nature leur inspire-t-elle ce goût ? C'est qu'il convient que l'homme s'alimente en mode bi-composé, amalgamant les produits de sa zone et de diverses zones, choisis parmi ceux dont la fabrication est peu coûteuse. Or, on verra dans les chapitres spéciaux, que les mets cités plus haut, les compotes et marmelades, les croquets et crêmes sucrées, et enfin les alimens à quart de sucre, coûteront beaucoup moins en Harmonie que le pain. Ils auront de plus l'avantage d'unir les zones, et les faire intervenir combinément dans le régime de subsistance générale. Cette méthode, qui serait dispendieuse en civilisation, devient économique en Harmonie, et nécessaire aux liens généraux.

D'ailleurs, quand le globe entier sera en exploitation régulière, comment consommerait-on l'immense quantité de sucre que produira la zone torride, si on ne faisait pas intervenir le sucre dans les comestibles populaires des zones tempérée et *fraîche !* (je ne dis pas zone *glaciale*, car elle ne sera que fraîche après la restauration climatérique, note A). Il conviendra donc de provoquer la consommation du sucre, vu la facilité de conserver ce comestible, et l'économie attachée aux fabrications sucrées, dont quelques-unes, comme la confiture fine, peuvent être préparées pour un an, I, 357; tandis que le travail du pain se renouvelle de 1 en 1, 2 en 2, 3 en 3 jours, selon les qualités. Il n'est aucune espèce de bon pain dont la durée s'étende à quatre jours. Celui de nos paysans dure quelquefois une quinzaine; mais les Harmoniens ne mangeront pas de pareilles ordures, bonnes pour des civilisés.

L'objection sur les propriétés vermineuses des alimens sucrés a été réfutée, I, 358, par l'emploi des vins blancs, sucs de citron et autres boissons acidulées, qui corrigeront le vice vermineux. Il sera encore mieux prévenu par la vie laborieuse et l'exercice très-varié auquel se livreront passionnément les enfans d'Harmonie, dont les fonctions varieront à peu près d'heure en heure.

Les goûts des femmes, en comestibles, se rapprochent assez de ceux des enfans. L'éducation harmonienne leur donnera, pour la gastronomie, un penchant dont elles sont tout-à-fait dépourvues en civilisation, où les amourettes et les bals rendent le sexe féminin fort indifférent pour la table. Ce serait un très-grand vice en Harmonie, où chaque classe et chaque sexe doivent être élevés au développement complet des 12 passions.

Bref, les trois sexes font peu de cas du pain; et comme il sera plus coûteux que les légumes et comestibles cités, il deviendra un objet de faible importance dans le système alimentaire de l'Harmonie, conformément au vœu de l'Attraction qui n'est point pour le pain. Déjà les Allemands et Anglais n'en consomment que très-peu, à peine le tiers de ce qu'en mangent les Français. Le bon choix et la délicatesse des pommes-de-terre, joints au bas prix des vins, feront préférer assez généralement ce légume, qui exige si peu de préparatifs.

En conséquence, l'Harmonie tendra à multiplier considérablement les troupeaux, volailles, pâturages, vergers, jardins, et réduira beaucoup ces immenses et tristes champs de blé que présentent les campagnes civilisées.

L'affluence de bestiaux devant donner une masse énorme d'engrais, l'Harmonie, en cultivant seulement deux tiers des terres emblavées aujourd'hui, en recueillera plus de grain que n'en récolte la civilisation sur double terrain, parce qu'on négligera tous les terrains médiocres, sur lesquels les civilisés cultivent des céréales d'un aspect pitoyable, comme celles de la Champagne et des environs de Paris. Ces mauvais terrains seront affectés à d'autres emplois, ou remblayés de bonne terre, ou réunis aux forêts, dont on distraira diverses parcelles convenables à la culture.

Chaque Phalange aura toujours des approvisionnemens qui la mettront à l'abri de la famine pour deux ans. Elle fera usage de Silos ou greniers souterrains privés d'air, évitant la double dépense de *l'éventement périodique* des blés, et de l'énorme surface de bâtimens qu'occupent ces grains dans nos magasins.

On conservera de même en greniers souterrains les pommes de terre et autres légumes que la civilisation ne sait pas conduire jusqu'à la récolte suivante, sans germination, détérioration, aigreur, amertume, etc.

D'autre part, l'Harmonie n'amoncèle pas sur un terrain de peu d'étendue ces fourmillères de populace qu'on voit en Chine, en Bengale, en Naples et en Vurtemberg. Obligée de réserver par-tout des pâturages et sur-tout des forêts pour entretenir les sources et équilibrer la température, elle ne peut comporter sur le meilleur terrain, qu'un nombre limité d'habitans, qui n'excédera jamais 2000 par lieue carrée de 25 au degré, et communément 1500 sur ladite surface.

Durant le 1er siècle, elle emploiera en versemens coloniaux ses excédans de population locale. On n'aura plus d'excédant au bout de deux siècles, parce que l'espèce humaine multiplie fort peu du moment où le mécanisme d'Harmonie est arrivé à sa plénitude et la race à sa pleine vigueur.

Dans le début, la France, faute de terrain, sera obligée de verser au dehors 4 millions d'habitans superflus ; l'Italie et le Vurtemberg, en proportion. Ces contrées, quoique faisant des versemens au début, remonteront ensuite au degré de population actuel ; mais ce ne sera que lentement et à mesure qu'on aura reconquis les montagnes déboisées, les landes, etc. Ces versemens à titre de colonisation en souveraineté perpétuelle, seront un grand avantage pour tout souverain qui aura du superflu de population.

Le but de l'Harmonie sera de mettre bien vite en culture la zone torride, I, 35, afin d'établir dans les consommations un *équilibre d'attraction* ; c'est-à-dire produire les denrées quelconques en proportion du vœu de la multitude ; élever promptement la masse du sucre commerciable au niveau de celle de la farine commerciable , qui aura plus de valeur que le sucre , quand l'ordre naturel ou équilibre bi-composé sera établi sur chaque zone.

Objectera-t-on que la population d'Europe n'est pas acclimatée aux régions équatoriales , et que le superflu qu'on y verserait , comme 4 millions de Français et autant d'Italiens, ne pourrait pas y cultiver le sucre et autres denrées de climat chaud ? Cela est vrai ; mais ces versemens opéreront indirectement l'effet indiqué. On les colonisera dans les pays montueux et tempérés de l'équateur ; là ils produiront les troupeaux, farines et objets nécessaires à entretenir les cultures des basses régions dont ils seront voisins. Si on transporte 4 millions de Français sur l'Atlas et sur la grande chaîne qui coupe l'Afrique depuis l'Abyssinie jusqu'au Sénégal , ils ne seront pas fatigués de la climature tempérée de ces hautes montagnes , et ils aideront puissamment le travail des Phalanges Nègres qui cultiveront le sucre dans les basses régions. D'ailleurs , l'Afrique renferme 100 millions d'habitans , qui produiront d'emblée une énorme quantité de sucre , dès qu'on y aura fondé l'Harmonie et organisé l'industrie , I , 35.

La zone torride étant peu convenable à la culture du blé hors de pays montueux , comment la nourrirait-on dans l'Harmonie , si les Phalanges voulaient , selon la coutume française, manger du pain à profusion ? Il faudrait donc que la zone tempérée continuât , selon la méthode civilisée , à ensemencer de froment la grande majorité des terres cultivables. Alors tomberait tout le système d'Harmonie , fondé sur l'abondance des jardins , vergers , pâturages , troupeaux , basse-cours et engrais. On aura assez à faire de semer les grains nécessaires aux animaux et volailles , notamment l'avoine , dont les nombreux chevaux d'Harmonie feront une ample consommation. Il conviendra de diminuer fortement celle du blé , par concurrence des mets sucrés , etc.

Admettons que les Harmoniens dociles à ce vœu , renoncent à se gorger de pain , et s'adonnent aux alimens qui seront moins coûteux , comme viandes , légumes , laitages , confitures , compotes , fruits , etc. ; ils y trouveront triple avantage.

1° Satisfaire le goût général, sur-tout celui des femmes et enfans, pour les laitages, compotes et fruits.

2° Alimenter en juste proportion les cultures convenables aux diverses zones.

3° Favoriser le développement de l'Attraction, qui entraîne fortement au soin des vergers, troupeaux, jardins.

Le pain est un aliment d'ordre simple, fait pour les périodes lymbiques industrielles, 3, 4, 5. L'aliment fondamental des périodes voisines de l'Harmonie, doit être un composé, comme le fruit mêlé de sucre et réunissant des produits de deux zones. On verra au chapitre des caravanes, que le transport du sucre sera très-peu coûteux, et que les extorsions commerciales et bénéfices intermédiaires étant impossibles dans l'Harmonie, rien ne s'opposera à ce qu'une région très-engagée dans les terres, comme celle des monts Altaï et du lac Baikal, ne fabrique encore la compote à plus bas prix que le pain.

Le pain à cette époque sera presqu'un aliment de luxe ; on n'en verra point de médiocre, parce que tout blé de qualité chétive sera découragé par la coutume de l'*éclipse*, (note I, 433). Cependant, malgré la faible consommation du pain, celle du froment sera encore considérable, vu la grande quantité de pâtisseries grasses ou sucrées qui se fabriqueront journellement dans chaque Phalange.

Le riz, qui dans les pays chauds alimente la classe inférieure, tombera en discrédit, si on ne trouve pas un moyen de le cultiver sans nuire à la salubrité ; peut-être suffirait-il de renouveler fréquemment les eaux dont il s'abreuve. Les Harmoniens parviendront aisément à découvrir le correctif nécessaire au méphitisme des rizières.

J'ai traité, au 1er tome, 355-356, de l'immensité des cultures de fruits en Harmonie, et du raffinement de soins qu'on y apporte. Cette industrie est à peu près nulle en civilisation, où les vergers sont abandonnés à eux-mêmes, sans qu'on daigne seulement enlever le gui ni le bois mort. Cette précieuse branche d'alimens va devenir, par combinaison avec le sucre, l'une des subsistances pivotales.

C'est principalement par les boissons assorties aux goûts des trois sexes, que l'Harmonie l'emportera sur les pauvretés civilisées. Doux des sexes, les femmes et les enfans, n'ont aucune boisson favorite dans l'ordre actuel, où les hommes seuls sont comptés pour quelque chose ; encore ne sait-on pas leur procurer la boisson utile au cultivateur, le vin, dont il est dépourvu en tous pays.

L'état des choses favorisera, au début de l'Harmonie, les plantations de vigne en latitudes semi-torrides, où on recueillera facilement et abondamment les vins spiritueux, tels que Chypre, Madère, Xérès, Porto, Calabre, Shiras. Ils serviront à couper et soutenir les vins plats de France, Allemagne, Lombardie et autres, des latitudes 40 à 50, qui seront considérablement améliorés par la restauration climatérique (note A, tom. I), et par les dispositions indiquées, I, 351 et 352 3/4. Moyennant ce double secours de la nature et de l'art, les qualités seront tout-à-fait métamorphosées ; le vin de Surène (Paris) redeviendra ce qu'il était du temps de l'Empereur *SÉVÈRE*, qui en vantait l'excellence ; les coteaux d'Écosse donneront des vins plus délicats que ceux qu'on recueille aujourd'hui dans la Touraine, jardin de la France.

La civilisation qui ne spécule qu'en mode simple, compte pour rien les boissons en système d'approvisionnement. Elle veut que le peuple s'abreuve d'eau claire ; et cependant il est connu, sur-tout depuis 1817, que le vin est à la fois nourriture et préservatif pour le cultivateur. Aussi, en 1817 où il ne buvait que de l'eau, se plaignait-il d'avoir moins de santé et plus de faim. Je ne dis pas *plus d'appétit*, car c'était une faim désordonnée et causée par appauvrissement de l'estomac. S'il existe dans l'ordre actuel si peu de précautions pour l'approvisionnement du principal sexe en boissons, quel doit être le dénuement des deux autres, des femmes et des enfans, à qui la politique ne daigne pas même songer ?

Une des boissons les plus générales en Harmonie, sera la limonade, convenable en été à beaucoup de tempéramens et sur-tout aux enfans. Aussi la zone tempérée chargera-t-elle, en pommes reinettes, beaucoup de flottes qui reviendront chargées de citrons, I, 358 : au reste, ce fruit pourra aisément croître sur les bords de la Seine et du Danube, par suite de la culture intégrale composée, note A.

Les boissons actuelles de pays froid, comme bière, cidre, etc., ne seront plus boissons de table, à moins de préférence individuelle; car les climats plus ingrats trouveront dans le produit de leur travail, de quoi s'approvisionner à peu de frais, de vins excellens et assortis aux divers goûts des trois sexes, dont aujourd'hui deux sont comptés pour rien dans ce genre d'approvisionnement. D'ailleurs, en civilisation le paysan qui cultive le froment et le vin, mange du pain d'orge et boit de la piquette, pendant que les philosophes lui chantent la perfectibilité des abstractions métaphysiques.

Si des comestibles et boissons nous passons aux vêtemens, on trouvera encore chez les Harmoniens une politique tout opposée à nos idées mercantiles, qui provoquent la déperdition et les changemens de mode, sous prétexte de faire vivre l'ouvrier. Mais en Harmonie, l'ouvrier, le cultivateur et le consommateur ne sont qu'un seul et même personnage; il n'a nul intérêt à se rançonner lui-même, comme en civili-sation, où chacun s'évertue à provoquer les bouleversemens industriels causés par le changement de mode, et à fabriquer de méchantes étoffes ou de mauvais meubles, afin de doubler la consommation, enrichir les marchands aux dépens de la masse et de la richesse réelle.

On calculera, en Harmonie, que les changemens de mode, les qualités défectueuses et la confection imparfaite, causeraient une perte annuelle de 5oo fr. par individu, parce que le plus pauvre des Harmoniens a une garde-robe en vêtemens de toute saison, et fait usage habituel de meubles, harnais et four-nimens de travail ou de plaisir, qui sont de fine qualité. Or, si l'esprit mercantile régnait en Harmonie, et produisait comme aujourd'hui les fabrications imparfaites, la consommation accrue en moyen terme de 5oo fr. par individu, entraînerait une perte annuelle de *trois mille milliards de francs*, à tabler sur six milliards d'habitans pour le globe au complet. Ladite perte, au bout d'un siècle, enleverait donc aux Harmoniens *trois cent mille milliards*.

On ne calcule pas de la sorte en civilisation, parce que cette société, en industrie comme en tout, est sujette à la duplicité ou guerre interne. Son industrie est une véritable guerre civile du producteur contre l'oisif, qui s'efforce de le pousser à la déperdition, et du commerçant contre le corps social, qu'il excite aux duperies. La science qui applaudit à ce conflit, ressemble à un maître insensé qui exciterait ses domestiques à briser beaucoup de vaisselle et de meubles, pour le bien des fabricans. Tout n'est que démence politique, tant que l'intérêt de l'individu ne se trouve pas combiné avec celui de la masse, selon le mode indiqué 72 1/2, et à la Postienne de cette 2me section.

Pour résumer sur la politique alimentaire de l'Harmonie, disons qu'elle est *BI-COMPOSÉE*, fondant l'approvisionnement sur *quadruple source*. Car elle puise en double source dans sa propre zone, et en simple dans les deux autres.

Appliquons le principe à la France : pour avoir double source alimentaire en zone tempérée, il faudrait, puisque son misérable peuple ne vit pas de viande et n'en mange qu'une fois l'an, le jour du mardi gras, qu'elle eût au moins une branche de subsistance en concurrence avec les graminées. On a senti le besoin de ce régime composé, et on s'est flatté d'y atteindre par la pomme de terre ; mais les Français ne savent ni cultiver, ni recueillir, ni préparer, ni conserver ce légume, qui serait vraiment une seconde base de subsistance, et éleverait le système politique alimentaire au mode composé en zone tempérée. Quant à présent, il est simple, ne roulant que sur le pain en France, que sur le riz en Chine. L'Allemagne opère plus sensément, nourrissant son peuple de viande et de légumes autant que de pain. Au reste, il n'y a dans le régime actuel aucun équilibre calculé ; tout y est effet de hasard.

Le régime en Harmonie sera bi-composé interne dans la zone même ; c'est-à-dire qu'il y aura double source en règne animal par les graminées et légumes, et double source en règne végétal par les quadrupèdes et volatiles, avec distribution telle, que la rareté accidentelle d'un des quatre alimens soit compensée à propos par l'affluence des trois autres.

Pour élever le régime au bi-composé externe, il faudra puiser dans la zone torride au moins deux alimens de base, dont l'un sera le sucre, et autant dans la zone fraîche. Quelles substances extraira-t-on de celle-ci ? Je l'ignore. Peut-être sera-t-elle, après la restauration climatérique, le grand magasin de ce pain tant révéré des Français (1), qui dévoreraient

____

(1) Ils ne rêvent qu'aux moyens de manger du pain, dont ils se gorgent comme des ogres. Un Auvergnat mangera lestement six livres de

en pain blanc tout le produit de l'Europe, si on voulait les
rassasier de ce comestible.

J'ai prouvé que le système des subsistances en Harmonie
est bi-composé interne et bi—composé externe, fonde sur quatre
denrées de base en produit de la zone, et quatre denrées de
base en produit des deux autres zones. Avec garantie de chacune des huit bases, la rareté accidentelle d'une des huit
serait insensible dans l'approvisionnement, vu l'affluence des
sept autres.

Le contraire a lieu en civilisation, où les subsistances ne
reposent guères que sur une seule branche, blé ou riz : aucune
autre denrée ne fournit une ressource assez copieuse pour
mériter le rang de comestible de base. La pomme de terre
même, vu l'impéritie en culture et en conservation, n'est pas
encore parvenue à ce rang.

D'autre part, les approvisionnemens de la denrée de base
sont incertains et confiés aux intrigues du commerce, qui
souvent la détourne et la raréfie, comme en 1812, tout en
feignant une grande sollicitude pour en fournir les marchés.

Ainsi, les civilisés réduits au mode simple en approvisionnemens, n'ont pas même de procédé efficace pour assurer ce

pain blanc à son déjeûné. Le mot de *pain* est si sacré en France, parmi
le peuple, que celui qui s'aviserait de dire que tel pain est mauvais, qu'il
est mal cuit, mal levé, peu salé, mou, cartonneux, serait considéré
comme blasphémateur.

Les gens même de la classe polie ne savent faire aucune différence
du mauvais pain au bon, tant on est vorace de pain dans la belle France.
Le respect pour le pain y est au degré de superstition : aussi, en 1817,
le peuple aimait-il mieux mettre dix sous à une livre de mauvais pain,
que sept sous à une livre de viande, bien plus nourrissante. Mais le
peuple de France, fier du beau nom d'homme libre, ne sé croit pas
digne de manger de la viande, qu'il trouverait pourtant bien préférable.

Esaü vendit son droit d'aînesse pour un plat de lentilles : chaque
plébéïen français vendrait tous les droits de l'homme pour autant de
livres de pain. Quelle jonglerie de vouloir élever ces légions de famé-
liques à *l'orgueil du beau nom d'homme libre !* Donnez-leur du pain,
charlatans philosophiques ; c'est tout ce qu'ils vous demandent : bien
plus accommodans et plus humbles que la belle antiquité, qui voulait
du pain et des plaisirs, *panem et Circenses.* Le peuple, dans l'âge
moderne, a rabattu moitié de sa demande ; et la philosophie qui ne
sait pas le satisfaire, prétend avoir tout perfectibilisé !

vicieux service. Leur politique est donc nulle dans la 1ʳᵉ branche des relations sociales ; et pourtant ils ont des écrivains qui publient incessamment des théories de balance , contre-poids , garantie , équilibre.

*** Il est aisé de les opposer à eux–mêmes : j'ai cité pour exemple un contemporain , J.-B. SAY (*Avant-propos*), qui s'élève contre les petits esprits aheurtés à nier qu'on puisse découvrir un ordre social meilleur que la civilisation. Il se range par le fait dans la classe des Expectans, I, 91, des Montesquieu, des Rousseau , des Voltaire , des Condillac , etc.

Cet ordre , opposé à la civilisation et à ses neuf caractères, ne peut naître que d'un état de choses qui aura pour résultat :

1° *D'identifier l'intérêt individuel avec le collectif, de telle manière que l'individu ne puisse trouver son bénéfice que dans les opérations profitables à la masse entière.*

2° *De classer l'intérêt collectif en boussole de l'individuel, de manière que l'ambitieux ne tende qu'à l'intérêt collectif, devenu gouvernail de l'intérêt individuel.*

Dans une telle situation , les hommes seront spéculativement et passionnément philantropes.

Ils le seront *spéculativement*, par conviction que la moindre tentative de bénéfice opposé au bien de la masse , les mettrait en conflit avec cette masse qui les honnirait.

Ils le seront *passionnément*, parce que l'état des choses, l'affection cabalistique pour 30 à 40 groupes, 72 1/4 , les en-traînera à travailler pour l'intérêt de cette masse, où le leur se trouvera compris.

Telle doit être la boussole du civisme. Je vais en faire une thèse séparée dans le final de cette section.

———

POSTIENNE. Accord de la morale avec la politique.

Je serai plus bref sur ce sujet que le spartiate abbé de Mably. J'ai déjà exposé, 72 1/4 , les qualités qui constituent l'homme politique et moral , nommé *CITOYEN*, titre dont aucun être n'est digne dans l'état actuel. Il ne reste qu'à commen-ter ledit paragraphe.

Un village se compose de cent familles : leurs chefs, pour agir en *citoyens* , doivent s'abstenir de tout ce qui peut préjudicier à la masse, doivent confondre leur intérêt dans celui de la masse. Le contraire a lieu : chacun d'eux dépouille la forêt, la livre à ses troupeaux, dévaste les chasses et pê-cheries ; son intérêt l'y oblige ; il sait que les 99 autres en feront autant ; il est forcé à prendre part au ravage.

L'état actuel ou, morcelé crée donc cent égoïstes dans les cent chefs de famille ; aucun d'eux n'est citoyen. Tous tombent dans la duplicité d'action, isolant l'intérêt individuel de l'in-térêt collectif.

Ils ne peuvent devenir citoyens que dans un ordre qui leur fasse trouver leur intérêt personnel dans la conservation des propriétés de la masse, qui leur garantisse une juste ré-tribution sur les divers produits du fonds sociétaire, et qui en même temps les mette dans l'impossibilité d'en rien dis-traire. Qu'un Harmonien s'avise de tuer perdrix et cailles au temps de la ponte, il ne saura pas où les faire cuire dans sa Phalange ; il serait admonesté sur cette infraction aux usages ; il s'en gardera, sachant que plus on ménage le gibier, plus on est assuré qu'en temps convenu il y en aura surabondance, et par suite bonnes lipées, même aux tables de 3ᵉ classe. Il trouve donc *intérêt positif* et *négatif* à opérer pour le bien de la masse : intérêt *positif* dans la garantie de répartition proportionnelle ; intérêt *négatif* dans l'impossibilité d'éviter le reproche de conduite incivique, s'il contrevient aux résolu-tions générales.

Au lieu de cette garantie composée en conduite civique, la civilisation fournit à tout homme, *appât composé* pour *l'incivisme* ou spoliation de la masse.

Appât positif dans le besoin. Sur cent paysans, il en est au moins 90 qui sont nécessiteux et spéculent sur la vente d'un gibier qu'il eut fallu épargner ; ils trouveront des ache-teurs, chacun en civilisation se plaisant à encourager le mal ; ils ont plein espoir de tenir caché ce délit, qui serait aussitôt connu dans l'état sociétaire.

Appât négatif. S'ils laissent échapper une hase pleine, ils n'auront probablement ni la hase, ni les levreaux de sa portée : ce sera faire un bien dont ils risquent de ne retirer aucun fruit, mais plutôt des railleries.

Ainsi, l'état actuel ou morcellement présente à l'homme

une *amorce positive et négative pour le mal*. De là vient que personne n'agit en citoyen pour le bien de la masse ; personne n'est digne du nom de *CITOYEN*. L'homme qui s'en arroge le titre, n'est qu'un égoïste renforcé, qui se croit autorisé à toutes les friponneries, à tous les crimes, parce qu'il travaille pour sa femme et ses enfans.

Je le répète ; c'est l'état des choses qu'il faut accuser, l'ordre vicieux qui présente à chacun l'appât positif et négatif à trahir les intérêts de la masse : on ne peut incriminer ici que la civilisation, et non pas les individus.

Posons abstractivement la thèse du vrai civisme, ensuite nous la traiterons concrétivement. On est si fort ami des abstractions, dans notre siècle ; donnons donc une page au goût du siècle, aux calculs abstraits.

Supposons une île du contenu de 100,000 familles, où chacun des 100,000 chefs se décide, soit par raison, soit par inspiration divine, à opérer pour la masse, lui sacrifier ses intérêts personnels, et user des plus grands ménagemens pour les forêts, pâturages, pêches et chasses.

Chacun, en épargnant un brochet ou une caille qu'il aurait pu prendre, a travaillé pour le bien de 99999 autres familles ; mais en revanche les 99999 autres ont travaillé à l'unanimité pour la sienne. Jusques-là, nulle perte pour aucune, et compensation réciproque. Chacun a épargné pour la masse, en raison de ce que la masse a épargné pour lui.

Mais bientôt le bénéfice deviendra immense par l'abondance de poisson et de gibier, par le bon état des forêts et des pâturages ; l'île s'élevera rapidement à la richesse, d'où elle aurait déchu avec la même rapidité, si chacun eût agi selon la méthode égoïste ou civilisée, en ne spéculant que pour sa seule famille, ruinant les chasses, rivières, forêts et pacages.

Objectera-t-on qu'une fois cette richesse créée, tout sera envahi par quelques privilégiés qui ne réduiront pas moins le peuple à la misère ? Sans doute cela aurait lieu en civilisation ; c'est pourquoi le civilisé est dupe lorsqu'il fait le bien de la masse, et l'égoïste seul est sensé dans l'état actuel, où toute philantropie est illusoire, absurde en pratique.

Mais nous spéculons sur l'état sociétaire, où le riche gagnant en proportion du bien-être des classes moyenne et pauvre, sera intéressé à les soutenir, les favoriser, et *vice versâ*.

Posons ici le problème abstractivement. Dissertons sur les conditions ; elles ont été indiquées, *en italique*, au dernier paragraphe du 6ᵉ chapitre, 124.

Il est évident que cette *philantropie générale et réciproque* exige trois dispositions inconnues parmi nous.

1° *Le minimum gradué*, l'absence de besoin et l'incurie pour l'avenir : si un père voit sa famille nécessiteuse, ou s'il craint pour le lendemain, il ne consultera plus les intérêts de la masse. » Ventre affamé n'a point d'oreilles. »

2° *La répartition proportionnelle aux trois facultés, capital, travail et talent.* Comment un villageois ménagera-t-il les intérêts d'une masse qui ne lui répartirait pas équitablement un lot du bénéfice général qu'aura produit le concours de tous au bien commun ?

3° *L'exploitation combinée ou sociétaire* : sans cette combinaison il ne peut exister nul concours des individus pour le bien général : on ne voit naître qu'un concert de malfaisance et d'égoïsme ; les passions n'entraînent l'individu qu'à opérer contre la masse, aux bénéfices de qui il n'est point associé et qui n'a pour lui nulle sollicitude.

Telles sont les trois qualités requises pour former des CITOYENS, des êtres *conciliant la morale avec la politique*, par la coopération de chacun au bien de tous, et par l'unité d'efforts pour accroître les économies et les produits.

De ces trois conditions, les deux premières sont le résultat nécessaire de la troisième, de l'association sériaire, qui a pour pivots le minimum gradué et la répartition proportionnelle.

C'est ainsi qu'en rêvant le bien, en s'exerçant aux utopies d'industrie vraiment civique, on serait arrivé à déterminer les conditions du bien social. C'eût été déjà une solution abstraite du problème. Pour la donner concrète, on aurait eu à déterminer les procédés d'Association.

Ces principes une fois établis, l'opinion serait intervenue pour rappeler à l'ordre le monde sophistique, lui représenter qu'on est suffisamment repu des vaines subtilités de la métaphysique, des controverses mercantiles et démocratiques. On l'aurait sommé de faire trève sur ces fariboles rebattues, et s'occuper enfin de l'objet urgent, de la recherche des méthodes sociétaires.

Ce travail est fait, et avant d'initier les lecteurs aux détails du mécanisme, il a convenu de les promener idéalement dans ce nouvel ordre; ils en ont vu le matériel dans la 1re section; ils ont, dans la seconde, examiné les accords de morale et de politique dans les diverses branches du régime sociétaire. On y a vu cet accord découlant de l'essor même des passions de la nature du mécanisme sériaire.

Après ce coup-d'œil sur les propriétés de l'Harmonie, si c'est de bonne foi que les philosophes désirent l'accord de la morale et de la politique, ils n'ont pas à hésiter sur l'abandon de leur vieil édifice; ils ne peuvent plus douter que le travail morcelé ou civilisé n'engendre constamment tous les vices opposés à la morale civique et à la saine politique, toujours l'égoïsme, la duplicité d'action, et les sept fléaux lymbiques, indigence, fourberie, etc.

Les descriptions qu'on vient de lire sur le matériel et le passionnel de l'Harmonie, ont dû exciter la curiosité; elle va croître à la lecture de l'intermède suivant, qui est un complément des aperçus sociétaires. C'est une dernière promenade en Harmonie, un coup-d'œil plus rapide, où je restreins à des paragraphes, l'examen de ces prodiges dont chacun a occupé un chapitre dans le cours de la 2me section.

FIN DE LA 2e SECTION.

TABLE DE LA IIe SECTION.
Dispositions passionnelles.

		pag.
Antienne.		76
Chap.	1. Esprit et intérêts de la classe pauvre en Harm.	78
	2. Indépendance individuelle dans les Séries pass.	85
	3. Faste productif des Séries pass.	90
	4. Du charme composé permanent.	101
	5. Armées industrielles de l'Association.	108
	6. Système bi-composé des subsistances d'Harm.	113
Postienne.		124

FIN DU PREMIER LIVRE.

CITERLOGUE.

CITERLOGUE.

PAUVRETÉS CIVILISÉES ET PRODIGES HARMONIENS.

Reprise et complément de la Cis-Médiante, I, 114.

Qu'est-ce que c'est qu'un Citerlogue ! Est-ce quelque nouvel animal arrivant du Congo ou du Monomotapa !

Sans doute, répond un bel-esprit : le Citerlogue *doit étre un quadrupéde de la famille des Dogues et Bouledogues : cela se devine à la rime en ogue.*

Eh nòn ! reprend un troisième : ne voyez-vous pas que c'est quelque songe creux d'un savant en ogue, d'un Idéologue , Géologue , Archéologue !

Ainsi raisonnent les incroyables *de France. Pour juger d'une méthode ou d'une nomenclature nouvelle, ils n'ont d'autre pierre de touche que les jeux de mots , et quand ils en ont décoché quelques bordées, ils s'admirent entr'eux, se disant :* toujours charmans , toujours français !

Négligeons leurs plaisanteries banales : j'y répliquerai à l'Ulterlogue, où je disserterai sur l'aversion des Français pour toute méthode, et sur leur goût pour la confusion; travers bien digne d'une nation qui se passionne pour les chanteurs faux et démesurés, et pour l'amour du mépris de soi-même *; (Avant-propos , Post.). Suspendons ce débat, et occupons-nous d'instructions plus utiles.*

Le premier livre, sections 1 et 2, a été donné à un coup-d'œil sur le matériel et le passionnel d'un canton d'Harmonie.

Ce livre a pour but de familiariser le lecteur avec les prodiges sociétaires, lui en faire désirer la prompte épreuve, lui inspirer une confiance présomptive et conditionnelle, enfin le dépayser, par quelques tableaux du vrai bien social, avant de lui exposer le mécanisme d'où naîtra ce colosse de richesse et de bonheur.

Plus que jamais le monde social est engoué des *enfileurs* de mots, infatué de verbeux écrivains qui se flattent d'avoir perfectibilisé la raison par des subtilités scolastiques.

La meilleure réponse à leurs jongleries, est d'y opposer le tableau d'un ordre de choses où régnerait la véritable raison, *l'unité sociétaire.*

J'ai préludé sur les prodiges industriels de cet ordre (Cis-Médiante, I, 114), et sur le parallèle de ses grandeurs avec nos mesquineries.

La notice fut égarée au moment de la livrer à l'impression; je ne me souvins que de trois sujets, qui furent traités beaucoup trop succinctement. En voici quelques autres, qui seront matière d'entr'acte, faisant suite à ladite Médiante.

Nous n'examinerons que six merveilles industrielles; je donnerai, à la fin de l'article, un aperçu des merveilles politiques : fixons d'abord notre attention sur le matériel, dont les tableaux sont mieux appropriés au caractère civilisé.

Sujets déjà traités, I, 114.

1. LA QUARANTAINE. 2. LES ROUTES. 3. LE CADASTRE.

4. LA TYPOGRAPHIE UNITAIRE, conséquence du Langage unitaire.

Les modernes qui ne chantent que l'unité de l'univers, ne peuvent pas même s'entendre sur l'unité de langage et de signes typographiques. Ils n'ont pourtant pas lieu de se plaindre du siècle, ni de l'accuser de rebellion à la lumière ; car ils ne sont pas encore convenus d'un mode unitaire en communications verbales et écrites. Ils ont essayé très-maladroitement l'unité en système métrique; ils y ont échoué et l'ont mérité, pour avoir opéré à contre-sens du vœu de la nature (*).

Les musiciens, qui n'ont pas de si hautes prétentions en unité, arrivent de fait au but. Ils sont en accord d'unité pour les signes comme pour le mécanisme de leur art. La musique est sur notre globe ce qu'elle est sur tous les globes.

Les musiciens sont à l'unité *douzainale bi-composée*. Ils sont unitaires

(*) *Eux-mêmes reconnaissent que la nature et l'économie conseillent le nombre 12 et ses puissances, nombres qui réunissent la plus grande somme de diviseurs dans la moindre somme d'unités. On trouve aussi cette faculté dans les mixtes de 10 et 12, comme 120 et 360, qui interviendront en emplois mixtes dans la numération harmonienne.*

Méconnaissant ce principe, les modernes, dans la réforme du système métrique, ont conservé la numération décimale, si facile à métamorphoser en douzainale, par l'addition de 2 signes qui signifieraient 10 et 11.

La ville de Paris, qui a fait cette vicieuse opération du nouveau système métrique, a d'autant plus de tort, que le hasard avait placé dans Paris même, une boussole d'initiative. Le hasard a établi dans cette ville une mesure naturelle, son PIED DE ROI *qui est égal à la 32ᵉ partie de la hauteur de l'eau dans les pompes aspirantes. En outre, il se trouve* par hasard *subdivisé en douze pouces et douze lignes, selon le vœu de la nature; d'où il résulte, que le pied de roi de Paris sera mesure unitaire du globe harmonisé. N'est-il pas plaisant que la ville qui se flatte de répandre par-tout les torrens de lumières, ne veuille pas même admettre celles que le hasard lui a livrées, et qui sont déjà pratiquement admises chez son peuple?*

sur la théorie, le mécanisme, les signes et le langage. Ils ont adopté en tous pays les mêmes caractères d'annotation, et de plus, le même langage d'indication, l'italien. Les voilà de fait arrivés au but que doit se proposer la science, à l'unité bi-composée. Ils y atteignent sans aucune de ces prétentions d'unité qu'affichent nos métaphysiciens et équilibristes d'univers, gens qui ne savent élever ni leur science, ni le monde social à aucune des unités désirables.

Il n'en est pas de plus urgente que celle du langage, tout au moins celle d'écriture et de caractères. On voit sur ce point les nations les plus sensées, comme les Allemands, se passionner pour la duplicité et la confusion, en s'obstinant pour le caractère Teuton et anguleux, tandis que le romain est commun à l'immense majorité des états policés. Il sera, par cette raison, caractère provisoire d'Harmonie, en attendant la fixation et détermination du langage naturel dont je parlerai à la section des séries mesurées.

Sitôt après l'adoption du langage et du caractère provisoire, on fera imprimer à 800,000 exemplaires, plus ou moins, tous les ouvrages d'utilité générale, pour en distribuer 600,000 aux diverses Phalanges, puis aux divisions provinciales et régionnaires des divers degrés, selon le tableau, 1, 286.

5°. La Gravure Sociétaire. Elle opérera dans toutes les branches de sciences et d'arts, selon la méthode indiquée à l'article précédent, 4e, et à celui du cadastre, 3e. On fera graver à 800,000 exemplaires tout ouvrage utile à chaque Phalange et aux dépôts de province, comme un grand atlas d'histoire naturelle, à *planches enluminées*.

Non-seulement un tel ouvrage n'existe pas dans les capitales, dans Paris ou Londres ; mais on n'y trouve pas même les gravures d'utilité urgente, comme celles d'anatomie. J'ai vu à Paris un recueil de belles planches du cerveau, par Vicq-d'Azyr ; elles sont *enluminées*, précaution indispensable pour faciliter l'étudiant ; mais la collection se borne au cerveau, sans plus. Il faudrait en 20 tomes semblables, donner le corps humain tout entier. Ainsi fera l'Association, qui tirera ledit ouvrage à 800,000 exemplaires, dont 600,000 pour distribution à chacune des Phalanges, et le surplus pour les établissemens et les amateurs, afin qu'on ne soit pas, comme aujourd'hui, réduit à dire, *gniak Paris*, *gniak Paris* ; éloge d'autant moins mérité, qu'on ne trouve à Paris même, rien du nécessaire en études : je viens de le prouver par la branche de la gravure.

Les Parisiens, par le fait, s'accusent eux-mêmes sur ce point : car on voit, à leur cabinet d'histoire naturelle (salon de peinture), des gravures enluminées, représentant une panthère, un canard, un singe, etc. On peut leur demander pourquoi ils n'ont pas représenté ainsi, *avec enluminures*, tout l'ensemble des règnes, notamment les 30 à 40,000 végétaux qu'il est impossible d'étudier sur la gravure à l'encre. Il faudrait voir les nuances des feuilles et fleurs, des fruits et semences, etc.

Sur ce point, tous les naturalistes vont tomber d'accord avec moi, convenir que ce colossal ouvrage serait indispensable , et que tous les hommes de l'art coopéreraient ardemment à cette ENCYCLOPÉDIE NATURALOGIQUE ENLUMINÉE.

Mais, ajouteront-ils , il faudrait des fonds immenses. Eh bien, sortez de ce bourbier de pauvreté qu'on nomme *civilisation perfectibilisée* ; organisez l'unité sociétaire, et le lendemain vous aurez pour le service des sciences et des arts , pour les entreprises les plus magnifiques, plus de fonds qu'on n'en pourra désirer. Faudra-t-il cent millions pour cette encyclopédie des règnes ? Cent millions seront assignés et versés à l'instant par le congrès d'unité universelle.

En décrétant cette fructueuse avance et une foule d'autres également utiles, il ne fera que suivre la loi de contre-mouvement, indiquée 1, 27 : *faire pour la sagesse et les travaux productifs, autant que font les civilisés pour la folie et la dévastation.* Ils sont toujours prêts à dépenser un milliard s'il s'agit de piller, brûler 50 villes et 500 villages, faire périr de blessures ou de misère 500,000 hommes , en l'honneur des perfectibilités de civilisation perfectible.

Je le répète : pour opérer ces ravages, le monde civilisé a toujours un milliard tout prêt : on en prend moitié sur pays ami , moitié sur pays ennemi. Le milliard se perçoit *per fas et nefas*. Mais si on proposait de verser seulement cent millions d'avances pour une entreprise utile, comme le dictionnaire que je viens de citer , toute la finance en hausserait les épaules ; puis les naturalistes seraient bernés comme visionnaires, bons apôtres demandant cent millions pour la science , et voulant en mettre au moins 50 millions du côté de l'épée.

Bref, la science ne peut prospérer , les grandes entreprises ne peuvent s'exécuter que dans un ordre social qui aura surabondance de richesses et de capitaux à verser ; et de plus, garantie contre les fraudes mercantiles , dont le monde savant peut être suspecté.

Poursuivons sur la kyrielle des pauvretés civilisées : il a fallu prouver d'abord aux Parisiens, que leur ville qu'ils croient si splendidement pourvue en établissemens scientifiques , n'a pas en ce genre le dixième des ressources qu'aura en Harmonie la moindre Phalange du globe. L'assertion paraît exagérée ; je la prouverai ; à la rigueur.

6e. L'IRRIGATION. Elle exige des travaux impossibles aux civilisés. Il faudrait ménager de grands bassins à tous les sommets de vallée , puis des empêlemens et rigoles distribuant des deux côtés de la vallée, avec des étangs secondaires dans les hautes sinuosités. On tirerait de ces bassins un courant pour entretenir la grande rigole redoublée , qui coulerait en sommet de colline et à mi-colline ; rigole au-dessous de laquelle on ménagerait des espaces propres à l'emplacement des pompes qui s'empliraient par un robinet. Ces pompes remplies sans travail , distribueraient sur toutes les pentes , et la plus vaste campagne serait arrosée comme le parterre d'un Sybarite.

Ce seul avantage, que je n'ai pas porté en compte dans les évaluations du produit Harmonien, 1, 367, suffirait déjà à élever de moitié en sus la masse des récoltes; car, du moment où on pourra à volonté arroser les pentes et hauteurs, on pourra d'autant mieux humecter les plaines.

Ce sera le premier travail de l'Association. La culture sans irrigation générale, n'est qu'un avorton. Mais comment oserait-on songer à ces vastes travaux, dans l'état morcelé où chaque propriétaire, loin de vouloir se prêter aux convenances générales, ne jouit que de ce qui peut nuire à son voisin ?

7e. LA LOUVETERIE, ou anéantissement des loups et autres bêtes féroces, comme les ours, les sangliers : leur destruction ne peut naître que de l'unité d'action. Quand les poursuites et battues seront exécutées généralement et à époque fixe en tous lieux, comme on l'a fait en Angleterre où les loups n'existent plus, on aura bien promptement détruit les espèces dangereuses, même celles des reptiles, serpens et crocodiles, sauf à prendre des précautions d'isolement et blocus permanent des lieux où on n'aura pas pu atteindre les races malfaisantes.

Si une nation barbare a pu construire une muraille de 500 lieues de long, garnie de tours, ne peut-on pas élever contre les bêtes féroces une palissade de 500 et 1000 lieues, qui, à longueur égale, ne coûterait que le vingtième de cet énorme et inutile rempart des Chinois ? La palissade n'exigera qu'un léger soubassement, sur lequel reposeront les grillages en bois vernissés, avec des herses placées aux points d'écoulement des eaux.

On établira d'abord la palissade sur les points les plus faciles à couper, comme de Narbonne à Bayonne, des Bouches du Niémen aux Bouches du Danube, de la mer d'Azoff à la mer Caspienne, de la Caspienne au Golfe Persique, du lac Baikal au Golfe de Pekin. Moyennant ces coupures, les animaux poursuivis ne pourront pas se répandre au-delà d'un point connu, et on pourra commencer à purger les régions les plus populeuses, comme l'occident d'Europe, en différant la battue sur d'autres points, comme la Russie, jusqu'à ce que la population y ait fait plus de progrès, et que ses climatures améliorées selon le tableau, note A, I, 65, aient facilité la destruction des bêtes fauves jusqu'à la mer glaciale réduite, I, 71 1/2.

Une fois l'opération effectuée, on enlevera les palissades, qui auront de nombreux emplois, notamment ceux de l'article suivant.

8e. L'APPRIVOISEMENT de plusieurs espèces précieuses, *Castors*, *Vigognes*, *Zèbres*, *Quaggas*. C'est encore un avantage qu'on obtiendra en partie des palissades mobiles, dont nous ne pourrions pas faire emploi lors même que nous serions délivrés des loups, parce que le morcellement des propriétés empêcherait le placement et l'entretien de la palissade.

Une entrave non moins forte, est le caractère des civilisés et barbares, gens dont la malfaisance et la brutalité sont un obstacle à toute entreprise pour l'apprivoisement des races indociles. On verra, aux sections 3 et 4, quelles doivent être les mœurs des cultivateurs avec qui peuvent sympathiser les quadrupèdes que je viens de citer.

Toutefois il est plaisant que cette Europe qui se vante sans cesse d'avoir tout *perfectibilisé*, n'ait pas encore acclimaté dans les Alpes et autres montagnes, l'animal qui donne la plus riche toison du monde, le Vigogne, bien plus facile à y transporter que la chèvre du Thibet, qu pourtant y a été amenée par les soins de MM. *Ternaux* et *Jaubert*.

On objecte que l'Espagne n'en voulait point livrer. Mais pourquoi l'Europe était-elle assez sotte pour maintenir l'Espagne en possession de l'Amérique, dont cette paresseuse métropole vient enfin d'être dépouillée comme elle le méritait, et comme elle aurait dû l'être depuis cent ans, s'il eût existé une législation sensée sur le monopole colonial, sur les conditions et époques d'émancipation légitime?

9ᵉ. Le Four a éclosion, et en général tous les travaux d'unité domestique. C'est à bon droit que Voltaire se moque des modernes qui, avec leurs jactances, ne savent pas s'élever, en industrie agricole, au niveau des barbares de l'antique Egypte.

Mais comment oserait-on faire usage de fours contenant 40 et 50 mille œufs, quand on ne serait pas sûr de la qualité des œufs fournis par mille familles de fripons qui feraient avorter l'opération, en trompant sur la date et la valeur des œufs?

Je cite le four à éclosion entre mille autres opérations que la fausseté civilisée rend à peu près impraticables, et qui deviendraient des sources de richesse et de charme, dans le cas d'unité sociétaire et véracité des relations. Telles seraient les serres chaudes et fraîches à chambres graduées.

L'usage des fours appliqué au globe entier, donnera chaque année, dès le début, 100,000 poulets de plus par Phalange; total, 60 milliards en sus de ce que fournirait la couvée ordinaire. Ce surcroît de produit s'élevera à 300 milliards de poulets, quand la population sera au complet. Il n'est point de petit bénéfice en gestion sociétaire, I; 492.

Quant à la civilisation, elle n'est évidemment qu'un Pygmée en industrie : elle ne peut pas même conserver le peu que la nature lui a donné. Elle voit sa mauvaise gestion détériorer chaque année les montagnes, les sources et les climatures; comment pourrait-elle entreprendre le reboisement, tant qu'existe l'obstacle des propriétés morcelées; tant qu'une montagne à couvrir de semis, n'est pas possédée et entourée par deux ou trois propriétaires co-intéressés, comme des Phalanges vicinales, qui toutes s'accorderont pour cette opération; tandis que 2 ou 300 ménages ne travailleraient qu'à ravager le semis, par la coignée et la dent des bestiaux?

D'autre part, l'état morcelé n'a rien de l'activité nécessaire aux entreprises : il faudrait, pour recouvrir un vaste terrain comme les landes qui règnent de Bayonne à Bordeaux, creuser au moins vingt petits canaux destinés au transport des terres.

S'agit-il du desséchement d'un marais ? on sera, comme pour les reboisemens, gêné par les mésintelligences de cent propriétaires qui en possèdent quelques portions. Comment les faire concourir au travail des saignées et creusemens d'étangs ? L'unité sociétaire peut seule exécuter ces prodiges, et la civilisation échoue par-tout où elle trouve quelque peu d'obstacles. Aussi les *Marais Pontins*, si souvent attaqués depuis les Romains jusqu'à Pie VI et Bonaparte, ont-ils résisté à toutes les tentatives de dessiccation. Que serait-ce de marais bien plus étendus, comme ceux de Polésie, de Guyane, d'Amazone, de Mississipi, que les Harmoniens feront disparaître en un demi-siècle ?

L'Harmonie qui opère en mode composé sur l'ensemble du mécanisme social, ne doit pas s'en tenir aux économies matérielles, aux prodiges d'industrie comme ceux relatés dans le présent article :

$$\left\{ \begin{array}{l} \text{A la Cis-Médiante, I, 114 ;} \\ \text{Au Post-Ambule, I, 492.} \end{array} \right\}$$

Elle doit opérer semblables économies dans le mécanisme politique, où tout sera au niveau du matériel, en économie de dépense, en économie de temps, en épargne mixte, temps et dépense.

1° *Épargne de frais*. Exemple tiré de la perception d'impôts.

Si le produit fiscal de France, y compris les charges des communes et autres, coûte une somme de 150 millions en frais de perception, *connus ou non connus*, ces frais pour le globe entier s'élèveraient donc à 30 milliards, en supposant une division en 200 empires, I, 287 : ladite rentrée n'exigeant aucuns frais en Association, présente sur un seul objet 30 milliards d'épargne annuelle, et dans le début 6 milliards seulement, puisque le globe n'est qu'au 5ᵉ de la population possible.

2° *Épargne de temps*. Exemple tiré des élections.

C'est ici le vrai phénomène d'accélération. Je doute qu'on puisse imaginer un mécanisme plus traînant, plus compliqué, plus désorganisateur, que celui des élections civilisées. Et pourtant, cette coutume d'élections ruineuses qui distraient pendant un mois entier des masses de citoyens, est l'ouvrage de savans qui ont des prétentions en économisme.

L'ordre sociétaire composé (Période 8ᵉ, I, 25), a pour le moins, cent fois plus d'élections qu'il n'en peut exister dans un état républicain comme Sparte ou Athènes. Il a des élections de 13 degrés, selon le tableau I, 286, et dans chaque degré des séances nombreuses, dont la multiplicité est disposée de manière à ne causer aucune perte de temps, PAS LE MILLIÈME de ce qu'exige le mode actuel.

Par exemple, s'agit-il d'une élection du degré ✕ pivotal, I, 286, exigeant le suffrage d'un des sexes du globe entier, comme seront les

choix   d'un hyper-sibyl, par 300 millions d'hommes ;
         d'une hyper-fée, par 300 millions de femmes ;
         d'un hyper-roitelet, par 300 millions d'enfans ?

Avant d'y procéder, on en a conféré en séances de travail ou de repas, mais non pas en assemblée spéciale, qui serait perte de temps.

Chacun a d'avance fixé son choix ; et le soir, en allant à la bourse, (heure de rentrée au Phalanstère), on passe par la galerie du scrutin; on y écrit et dépose dans l'urne un bulletin; c'est l'ouvrage d'un quart de minute au plus, pour chacun des 300 millions de votans.

Le dépouillement ne coûte que 1/4 de minute , en estimation relative. En effet, si une Phalange emploie en scrutateurs un 40e de ses votans, 12 pour 480 , ils effectueront 12 dépouillemens de 40 votes en dix minutes, par douze feuilles tablées qu'ils placeront dans les douze cases d'un tableau de vérification où chacun peut, pendant trois jours , examiner si les scrutateurs ont exactement transcrit son vote.

Philinte sait qu'il a élu Aristote pour hyper-sibyl du globe (chef omniarque de l'instruction). L'on doit donc trouver à la lettre P, *Philinte élit Aristote*. Philinte rectifierait , s'il voyait une erreur.

L'ouvrage du dépouillement , à 10 minutes par scrutateur , ayant employé 120 minutes pour les douze agens , c'est un quart de minute en répartition générale sur 480 votans.

Jusque—là l'élection a déjà coûté deux quarts de minute par chaque votant d'une Phalange , et par conséquent du globe entier. Si on veut faire le calcul des dépouillemens successifs de province , royaume , empire , etc., on verra que le travail de vote du globe n'aura coûté , en dernière analyse , qu'une minute par chaque individu.

3° *Épargne mixte de temps et de dépense*. Exemple tiré des procès.

Je ne connais pas assez la statistique de l'ordre judiciaire, pour donner ici l'estimation des frais et du temps que peuvent absorber les contestations. Le procès Fualdès a dû couter des sommes énormes. On faisait voyager de Rodez à Alby des légions de témoins.

J'ai remarqué , dans le tableau des procès criminels , qu'ils s'élèvent annuellement à 3 pour 2000 habitans; de sorte que le royaume de France doit fournir chaque année 45700 crimes connus et causant procès, non compris ceux de police , et les crimes inconnus ou tolérés. Qu'on ajoute à cette masse les procès civils , on jugera de l'épargne que peut valoir un ordre de choses où il n'existera point de procès, effet bien inconcevable pour des civilisés ! qu'ils attendent la description complète du mécanisme d'Harmonie , et ils se convaincront,

Que les sujets de procès n'y existent plus ;

Que les menues contestations qui pourront s'y élever , seront arbitrées en très—peu d'instans , sans frais ni perte de temps.

A ces aperçus , joignons les économies de toutes les unités , entr'autres celle de l'unité de langage , de signes écrits , de mesures , etc. Lorsqu'on a la garantie d'avènement facile et prochain à tant de biens , ne serait-ce pas être Vandale que de se montrer indifférent sur l'épreuve de cette Association , dont nous allons enfin exposer le mécanisme !

LIVRE DEUXIÈME.

DE L'ÉDUCATION UNITAIRE

OU INTÉGRALE COMPOSÉE.

SECTION TROISIÈME.

ÉDUCATION EN PHASES ANTÉRIEURE ET CITÉRIEURE.

PRÉLUDE. — *Sur l'Unité d'Éducation harmonienne.*

Il n'est pas de problème sur lequel on ait plus divagué que sur l'instruction publique et ses méthodes. La nature, dans cette branche de politique sociale, s'est fait de tout temps un malin plaisir de confondre nos théories et leurs coryphées, depuis l'affront essuyé par Sénèque, instituteur de Néron, jusqu'aux échecs de Condillac et Rousseau, dont le premier ne forma qu'un cretin politique, et le second n'osa pas essayer l'éducation de ses propres enfans. Bien sage fut-il, car il aurait sans doute réussi comme Cicéron, qui entremit toute la docte séquelle d'Athènes et de Rome pour faire de son fils le plus nul des êtres, un idiot, dont l'unique relief se borna à porter le nom de Cicéron, hériter de son immense fortune, et avaler une cruche de vin en une seule gorgée. Cette crapule était le seul talent du fils de l'orateur romain ; il tenait parmi les biberons le même rang que son père parmi les beaux esprits.

Telles sont les prouesses que l'histoire nous transmet sur le compte de cet avorton, pour l'instruction de qui les sages d'Athènes et de Rome avaient été mis à contribution. Il faut l'avouer, l'espoir des pères est bien déçu par les méthodes civilisées, et par l'impéritie des sophistes en éducation.

Pour nous sortir du chaos de leurs systèmes, posons d'abord des fanaux de direction ; déterminons le but, puis nous nous occuperons de la marche à suivre.

En toute opération d'Harmonie, le but n'est autre que l'unité. Pour s'y élever, l'éducation doit être *INTÉGRALE COMPOSÉE*.

Composée, formant à la fois le corps et l'ame ; elle ne remplit aujourd'hui aucune de ces deux conditions. Il sera prouvé, dans le cours de ces sections 3ᵉ et 4ᵉ, que les méthodes civilisées négligent le corps et pervertissent l'ame.

Intégrale, c'est-à-dire embrassant tous les détails du corps et de l'ame, introduisant la perfection sur tous les points. Il sera prouvé que nos systèmes civilisés ne tendent qu'à fausser pièce à pièce les développemens du corps, et vicier ceux de l'ame par l'égoïsme et la duplicité.

Dans un prélude, évitons de parler du matériel qui nous conduirait trop loin, et bornons-nous à envisager l'éducation harmonienne en sens moral et politique, c'est-à-dire en sens unitaire ; car il ne peut exister ni saine politique, ni saine morale, hors des voies d'unité ou voies de Dieu.

L'éducation harmonienne, dans ses procédés, tend d'abord à faire éclore dès le plus bas âge les *VOCATIONS D'INSTINCT*, appliquer chaque individu aux diverses fonctions auxquelles la nature le destine, et dont il est détourné par la méthode civilisée, qui d'ordinaire, et sauf rares exceptions, emploie chacun à contre-sens de sa vocation.

« Si votre astre en naissant vous a formé poëte, » les leçons de la morale et du devoir filial tendront à faire de vous comme de Métastase, un portier au lieu d'un poëte, et tout l'attirail de la sagesse philosophique sera mis en jeu pour vous entraîner aux fonctions dont la nature voulait vous écarter. Les 9/10ᵉˢ des civilisés pourraient élever cette plainte.

Il n'est donc pas de question plus obscurcie parmi nous, que celle de la vocation ou instinct de fonctions sociales. Ce problème va être pleinement éclairci par le mécanisme de l'éducation harmonienne. Elle ne développe jamais chez l'enfant une seule vocation, mais une trentaine de vocations graduées et dominantes en divers degrés.

Le but étant de conduire d'abord au *luxe* (1ᵉʳ foyer d'Attraction, I, 185), il faut que l'éducation entraîne au travail productif ; elle ne peut y réussir qu'en faisant disparaître une tache bien honteuse pour la civilisation, et qu'on ne trouve pas chez les Sauvages; c'est la grossièreté et la rudesse des classes in-férieures, la duplicité de langage et de manières. Ce vice peut être nécessaire parmi nous, où le peuple accablé de privations sentirait trop vivement sa misère s'il était poli et cultivé; mais dans l'état sociétaire où le peuple jouira d'un minimum su-périeur au sort de nos bons bourgeois, il ne sera pas néces-saire de l'abrutir pour le façonner à des souffrances qui n'exis-teront plus, et pour l'enchaîner à des travaux qui n'auront rien de pénible, puisque le mécanisme sériaire les rendra at-trayans.

De cette chance d'Attraction industrielle dérive la nécessité de polir la classe plébéienne; car si l'industrie sociétaire doit amorcer les souverains comme les plébéiens, il suffirait de la seule grossièreté du peuple pour contre-balancer les amorces que le nouveau système industriel pourrait présenter aux grands. La classe riche ne se plairait jamais à exercer le travail avec des rustres, à se mêler à toutes leurs fonctions. Ainsi, par le double motif du bien-être du peuple et de l'accession des riches au travail, il devient inutile que le peuple d'Harmonie reste grossier; il faut au contraire qu'il rivalise de politesse avec la classe riche, pour réunir attrait des personnes et attrait des fonctions dans les cultures et manufactures.

La politesse générale et l'unité de langage et de manières ne peuvent s'établir que par une éducation collective, qui donne à l'enfant pauvre le ton de l'enfant riche. Si l'Harmonie avait, comme nous, des instituteurs de divers degrés, pour les trois classes, riche, moyenne et pauvre, des académiciens pour les grands, des pédagogues pour les moyens, des magisters pour les pauvres, elle arriverait au même but que nous, à l'incompatibilité des classes et à la duplicité de ton, qui serait grossier chez les pauvres, mesquin chez les bourgeois, et raffiné chez les riches. Un tel effet serait gage de discorde générale: c'est donc le premier vice que doit éviter la politique harmo-nienne: elle s'en garantit par un système d'éducation qui est *un* pour toute la Phalange et pour tout le globe, et qui établit par-tout l'unité de bon ton.

Evitons ici de confondre *l'unité avec l'égalité*. La classe opulente, loin d'être lésée par la politesse des inférieurs, y trouve une foule d'avantages incontestables. Aussi tout homme riche préfère-t-il des domestiques polis et intelligens comme ceux de Paris, aux rustres de province, par qui on est fort mal servi et grossièrement traité.

D'ailleurs, le service n'étant pas engagement individuel en Harmonie, où il est au contraire lien d'affection individuelle, c'est pour l'homme riche un double charme que de trouver dans ses nombreux pages des amis intimes et des gens polis comme lui. On croit déjà favoriser les monarques en leur procurant un seul de ces agrémens, celui d'avoir pour pages des jeunes gens d'une éducation très-soignée. Si un Harmonien peut ajouter à cet avantage celui de trouver des amis dans tous ses serviteurs, s'ensuivra-t-il que ce régime ait quelque rapport avec l'égalité ?

Usons d'une comparaison : prétendra-t-on que pour éviter l'égalité, il faille que le peuple soit de plus petite stature et de plus faible corpulence que les gens riches ? Non, sans doute. L'unité *matérielle* veut que les corps soient de même taille dans toutes les classes. Il n'y a jusque-là qu'*unité simple*, bornée au matériel ou physique de l'homme.

L'unité composée qui doit être *matérielle* et *passionnelle* et qui ne peut s'établir qu'en Harmonie, exige que les humains soient identiques en ce qui touche aux essors de l'ame comme en développemens du corps, qu'ils soient homogènes par le langage et les manières, quoique très-inégaux en fortune.

Du moment où le travail sera devenu attrayant, il n'y aura nul inconvénient à ce que le pauvre soit poli et instruit. Il y aurait au contraire lésion pour le riche et pour l'industrie générale, si le pauvre conservait les mœurs grossières de la civilisation ; il doit se rencontrer sans cesse avec les riches dans les *travaux attrayans* des Séries pass. Il faut, pour charmer et intriguer ces réunions, que les manières soient unitaires, généralement polies. Les Harmoniens s'aiment entr'eux autant que les civilisés se détestent ; la Phalange se considère comme une seule famille bien unie ; or, il ne peut convenir à une famille opulente, qu'un de ses membres soit dépourvu de l'éducation qu'ont reçue les autres.

Pour élever à l'unité de manières toute la masse des enfans, le plus puissant ressort sera l'OPÉRA, dont la fréquentation est pour tous les enfans d'Harmonie un exercice demi-religieux, emblème de l'esprit de Dieu, de l'unité que Dieu fait régner dans le mécanisme de l'Univers. L'opéra est l'assemblage de toutes les unités matérielles : aussi tous les enfans Harmoniens figurent-ils, dès le plus bas âge, aux exercices d'opéra, pour s'y façonner aux unités matér., acheminant aux pass.

J'ai déjà observé qu'une salle d'opéra est aussi nécessaire à une Phalange que ses charrues et ses troupeaux. Ce n'est pas seulement pour l'avantage de se donner dans le moindre canton un spectacle aussi brillant que ceux de Paris, Londres et Naples; c'est pour éduquer l'enfance, la former au matériel d'Harmonie.

Ce spectacle sera à la fois vœu d'Attraction et de raison. Il sera vœu d'Attraction, en ce qu'on verra les enfans entraînés passionnément à y figurer dès l'âge de 4 ans ; vœu de raison, en ce que les pères y verront le rudiment industriel de l'enfance, l'initiation figurative aux principes de l'Harmonie sociale.

L'éducation unitaire doit élever les hommes aux perfections du corps et de l'ame. Nos instituteurs armés de fouets, de palettes et d'abstractions métaphysiques, savent former des Nérons et des Tibères : laissons-leur ce honteux talent, fruit de l'éducation *partielle simple*, et étudions le système de l'éducation *intégrale composée*, qui saura d'un Tibère et d'un Néron pris au berceau, pris à trois ans, former un monarque plus vertueux que les Antonins et les Titus.

ARGUMENT GÉNÉRAL.

PHASES et Épreuves de l'Education harmonienne.

ON la divise en deux vibrations et quatre phases, qui comprennent les jeunes tribus dans l'ordre suivant :

VIBRATION INFÉRIEURE.   DEUX PHASES.

Antér. 1re PHASE.—Chœurs des *Bambins* et *Bambines*.

Citér. 2e PHASE. { Chœurs des *Chérubins* et *Chérubines*. { Chœurs des *Séraphins* et *Séraphines*.

VIBRATION SUPÉRIEURE.   DEUX PHASES.

Ultér. 3e PHASE. { Chœurs des *Lycéens* et *Lycéennes*. { Chœurs des *Gymnasiens* et *Gymnasiennes*.

Postér. 4e PHASE.—Chœurs des *Jouvenceaux* et *Jouvencelles*.

Chacune de ces quatre phases est soumise à un régime spécial, tant pour l'enseignement que pour les doses de liberté. Quoique les enfans jouissent en Harmonie d'une pleine indépendance en tout ce qui ne leur est pas nuisible, il est pourtant des limites obligées; on ne pourrait pas, sans démence, permettre à un bambin de manier les petites haches et autres instrumens tranchans disséminés dans les ateliers. Le bambin n'est admis à ces prérogatives que par degrés; c'est-à-dire qu'en passant à la tribu des chérubins, il acquiert le droit de manier tels instrumens, comme de fortes scies; mais il ne sera admis à manier les haches, que lorsqu'il passera des chérubins aux séraphins.

Dans les deux phases de basse enfance, *antér.* et *citér.*, on a pour règle de faire dominer l'éducation du matériel sur celle du spirituel.

Dans les deux phases, *ultér.* et *postér.*, c'est l'éducation du spirituel qui domine sur celle du matériel.

Ce contraste correspond aux facultés des divers âges : dans les deux tribus de chérubins et séraphins, âgées de 4 1/2 à 9 ans, il est plus pressant de former le corps que l'esprit; et dans les deux tribus de lycéens et gymnasiens, âgées de 9 à 15 1/2, on doit plus de soins à la culture de l'esprit.

Ce n'est pas que les Harmoniens négligent de former à tout âge le cœur et l'esprit des enfans; ceux-ci auront à 4 ans plus de délicatesse et d'honneur que n'en ont chez nous les enfans de 10 ans. La culture du matériel n'exclut point celle de l'esprit; mais comme il est dangereux d'exercer trop tôt l'esprit, on devra dans le bas âge faire dominer l'instruction corporelle, selon l'échelle suivante des épreuves imposées aux jeunes tribus, n° 1 à 6.

Chaque fois qu'un enfant postule pour monter d'un chœur dans un plus élevé, il est soumis à l'examen sur un certain nombre d'épreuves et de thèses.

1° En gradation *des bambins aux chérubins :* 7 épreuves matérielles à son choix; 7 exercices de dextérité appliquée proportionnément aux diverses parties du corps.

1° Un de main et bras gauche. 2° Un de main et bras droit. 3° Un de pied et jambe gauche. 4° Un de pied et jambe droite. 5° Un des deux mains et bras. 6° Un des deux pieds et jambes.

7° Un des quatre membres.

Plus, en thèse pivotale, un exercice intellectuel sur la 1re des trois propriétés de Dieu, sur l'économie de ressorts, celle des trois qui est la plus intelligible aux enfans.

(*Nota.* Dans cette table, le côté gauche ou côté du cœur et de l'orient, tient le 1er rang, qu'on lui donne toujours en Harmonie, où l'orient et la gauche sont côtés d'honneur. Le globe présente la gauche au soleil.)

2° En gradation *des chérubins aux séraphins :* on est plus exigeant sur les épreuves et thèses qui sont fixées à 12 ; savoir :

Sept en matériel, même Série que les précédentes, mais sur des exercices plus difficiles ; et cinq en spirituel, sur quelques petites études à portée d'un enfant de 6 ans.

Plus, une thèse pivotale sur la 2e propriété de Dieu, la justice distributive.

3° En gradation *des séraphins aux lycéens :* on exige 16 épreuves et thèses, dont moitié en matériel et moitié en spirituel ; plus, une thèse pivotale sur la 3e propriété de Dieu, l'universalité de providence.

4° En gradation *des lycéens aux gymnasiens :* on exige 20 épreuves, dont 8 en matériel et 12 en spirituel, avec thèse pivotale sur l'unité de système de Dieu en régie d'univers.

5° En gradation *des gymnasiens aux jouvenceaux :* 24 épreuves et thèses à choix, dont 9 en matériel et 15 en spirituel, avec thèse générale sur l'ensemble des 3 propriétés de Dieu et de la pivotale.

Les juges sont toujours choisis dans le chœur où on postule admission ; ils s'adjoignent quelques sibyls ou sibylles, à titre de consultans.

Si on exige de la basse jeunesse majorité ou totalité d'épreuves en matériel, c'est pour se conformer à l'impulsion de l'âge, qui n'attire guères le jeune enfant qu'aux fonctions matérielles. On ne s'applique en Harmonie qu'à seconder l'Attraction, favoriser l'essor de la nature, avec autant de soin que la civilisation en met à l'étouffer.

Nota. L'éducation se terminant aux chœurs de jouvencellat, il n'y a plus d'épreuves à subir pour passer aux chœurs d'adolescence, tribu n° 7.

Les menus détails comme ceux qu'on vient de lire, ne sont pas règle invariable quant aux nombres : je ne prétends pas que dans les thèses et épreuves auxquelles est assujetti l'enfant, on doive suivre exactement les nombres indiqués 7, 12, 16, 20, 24 thèses. Je me borne à établir en principe la méthode progressive et alternée, en donner des exemples par amalgames du matériel et du spirituel.

A mesure que nous traiterons de chacun des chœurs, nous reconnaîtrons la nécessité de se conformer approximativement à ces dispositions : l'on verra bientôt qu'elles ne sont jamais fixées arbitrairement dans mes aperçus, et qu'il existe des règles certaines pour déterminer les procédés et dispositions de l'Harmonie sociétaire. (Voyez au pivot inverse, I, les articles Géranium, Pensée, Réséda).

J'ai de même évité tout arbitraire sur ce qui touche aux esprits de corps, et notamment aux opinions à faire germer chez l'enfance. Un moraliste opinera pour élever l'enfant au mépris des richesses perfides et à l'amour de la vérité; un économiste voudra qu'on l'élève à l'amour du trafic et du mensonge, deux choses inséparables : nous ne risquerons pas de tomber dans toutes ces contradictions; nous aurons pour déterminer les vraies dispositions de l'Harmonie, un guide sûr, qui est l'Attraction calculée par analyse et synthèse.

Où veut-elle nous conduire ? (I, 183).

1° *Au luxe.* 2° *Aux groupes.* 3° *Aux Séries* ✕ , A L'UNITÉ. C'est sur ces impulsions générales que doit se guider la politique de l'éducation.

Parmi nous la politique voudrait d'abord élever l'enfant à la vertu, tandis qu'il faut, selon le 1ᵉʳ foyer d'attraction, l'élever avant tout à la richesse composée, c'est-à-dire :

A la dextérité et santé, ou voie de luxe interne. ⎫ I, 463.
A l'industrie productive, ou voie de luxe externe. ⎭

Eh ! quel rapport existe-t-il entre la santé et nos écoles, où l'on emprisonne l'enfant transi de froid pour l'hébéter sur un rudiment ou une grammaire? C'est lui troubler l'esprit en même temps qu'on lui comprime le corps. Nos systèmes d'éducation sont donc l'opposé de la nature, puisqu'ils contrarient le vœu primordial de l'Attraction, qui tend à la richesse composée, c'est-à-dire à la santé ou luxe interne, et à l'industrie ou source de luxe externe, I, 463.

Tels sont les deux buts de l'institution harmonienne. On va

va voir qu'elle entraîne déjà le bambin de 4 ans à exercer plusieurs branches d'industrie, développer méthodiquement diverses parties du corps, se rendre habile à toutes fonctions, et s'assurer, par cette variété d'exercices, les deux gages d'avènement au luxe, *la santé intégrale et la dextérité industrielle* de toutes les parties du corps : il faut que l'enfant à 4 1/2 ans ait pleinement atteint ce but; examinons les moyens.

CHAPITRE PREMIER.

Des trois Ordres de Basse Enfance.

J'ai désigné vaguement, 20, sous le nom de bambins et poupons, toute la classe au-dessous de l'Harmonie active, tout ce qui n'a pas atteint 4 ans 1/2. Maintenant qu'il s'agit de décrire le système de leur éducation, nous aurons besoin de désignations plus détaillées.

Je ne comprends dans la basse enfance, que ce qui est au-dessous de 4 ans 1/2. Si un enfant atteignait 5 ans sans remplir les conditions exigées pour être admis à la tribu des chérubins, il serait considéré comme idiot, ou du moins être subalterne. On le rangerait dans les complémentaires ou tribus accessoires, C, 20, composées des caractères et personnages les moins actifs de corps ou d'esprit : il s'en trouve nécessairement quelques-uns, que l'Evangile à consolés d'avance, dans le verset *Beati pauperes spiritu.*

La basse enfance est divisée en trois catégories;
Savoir ; ◁ 1. Les Nourrissons, âgés de 0 à 18 mois, S. T.
⧓ 2. Les Poupons, âgés de 18 à 36 mois, S. T.
K 3. Les Bambins, âgés de 36 à 54 mois, T.
Ces derniers sont les seuls qui commencent à fréquenter comme sectaires les ateliers et réunions industrielles. On y voit bien quelques poupons de 30 à 33 mois, mais qui n'ont pas rang de néophytes admis. De là vient que j'ai donné aux ordres 1 et 2, le nom de sous-tribu, S. T. Les bambins sont une tribu, T.

Nous trouverons même subdivision dans l'autre classe extrême, qui est celle des vieillards, des infirmes et des malades;
Malades ▷, Infirmes ⧓, Patriarches K.

Les patriarches forment une tribu nº 16, opposée en degré à celle des bambins nº 1. Les malades et infirmes équivalent à des sous-tribus inactives, comme les poupons et nourrissons. Il y a dans toutes les distributions harmoniennes correspondance exacte, mais sans égalité.

Chacun des trois ordres de bambins, poupons et nourrissons, doit se subdiviser en trois genres, qui sont très-distincts dans les Séristères, fonctions et salles : par exemple, quant aux âges, on peut classer comme il suit et inégalement, par 5, 6 et 7 mois.

Les Sous-Bambins, âgés de 36 à 41 mois, 5 m.
Les Mi-Bambins, âgés de 41 à 47 mois, 6 m.
Les Sur-Bambins, âgés de 47 à 54 mois, 7 m.

Si l'architecte et les fondateurs d'un canton d'épreuve négligeaient de spéculer sur toutes ces graduations, et d'échelonner de même les dimensions de leurs salles, il arriverait que les Séristères seraient faussés, inconvenans ; que l'Attraction ne pourrait pas se développer, et qu'il faudrait employer la science des Algériens et des Philosophes, *la contrainte.* On ne fera une bonne épreuve d'Harmonie qu'autant qu'on aura bien calculé toutes les graduations matérielles et passionnelles qu'établit la nature. Etudions-les donc sur l'enfance, où elles sont plus faciles à analyser que sur l'âge mûr.

Outre ces classemens d'âges, nous aurons à indiquer des classemens de facultés dont on parlera au chapitre suivant. Commençons à bien subdiviser les trois ordres ou catégories de bambins, poupons et nourrissons, afin de prévoir et prévenir les erreurs qu'on pourrait commettre dans la construction de leurs Séristères. Tout serait manqué en Harmonie, si on manquait l'éducation, soit en matériel, soit en passionnel.

Au contraire, le mécanisme marchera sans peine et les difficultés seront aisément surmontées, si on distribue avec intelligence tout ce qui touche aux relations des six tribus de l'enfance. Elles ont la plus forte influence en Attraction industrielle ; et sur ce point, la hiérarchie sexuelle s'établira en sens inverse de la force physique, c'est-à-dire,

Que le sexe masculin qui est le plus fort, est au dernier rang d'influence en Attraction industrielle. Les enfans tiennent le premier rang sous ce rapport. Les femmes viennent en 2ᵉ ligne, et ensuite les hommes.

Je place les hommes au 3° rang, parce que l'Attraction par contraste avec la violence, doit opérer du faible au fort. L'état de choses qui produira Attraction industrielle, entraînera les enfans plus activement que les pères et mères, et les femmes plus vivement que les hommes ; de sorte que ce seront les enfans qui, dans l'ordre sociétaire, donneront la principale impulsion au travail. Après eux, ce seront les femmes qui entraîneront les hommes à l'industrie.

On voit par ces aperçus, combien il importera, dans la Phalange d'essai, d'apporter le plus grand soin à l'organisation des enfans, à la distribution opportune de leurs Séristères, à l'assortiment proportionnel des nombres et des âges.

Si les règles d'Attraction et l'échelle progressive sont bien observées, on verra dans la 1re Phalange, au bout de trois mois, l'enfant de 4 ans se montrer en état de pleine liberté, plus prudent et plus expert que n'est chez nous l'homme de 30 et 40 ans. En Harmonie, un bambin de 4 ans, fût-il fils d'un monarque, sait gagner sa vie à plusieurs métiers, exercer proportionnément tous ses membres, s'assurer en tout point le rapide progrès de vigueur et le plein développement de facultés corporelles et spirituelles ; enfin, subordonner toutes ses actions aux convenances d'intérêt général.

Combien nos méthodes, en fait d'éducation, sont loin d'un pareil résultat ! Quel est parmi leurs élèves de 15 ans et même de 30, celui qui pourrait faire preuve de cette perfection, qu'on trouve en Harmonie chez tout bambin de 4 ans.

J'insiste sur ces aperçus, pour intéresser le lecteur à la méthode qui va être décrite, et qui réalisera en éducation tout l'ensemble des biens dont on ose à peine aujourd'hui rêver quelques détails sans pouvoir en réaliser aucun, sans savoir former autre chose que des légions de *petits Vandales*, qui dans leur enfance épient toutes les occasions de détruire au lieu de produire, et qui, parvenus à l'adolescence, iront sous l'égide de la morale s'organiser en légions de *grands Vandales*, pillant, violant, brûlant, massacrant, pour l'équilibre des saines doctrines du commerce, et la perfectibilité des abstractions métaphysiques.

Tels sont les fruits d'un ordre social où l'éducation ne tend qu'à étouffer l'Attraction, travestir la nature et les caractères.

10.

Nous allons enseigner à opérer en sens contraire, à développer l'Attraction. Si elle est sagement distribuée par Dieu, elle doit entraîner l'enfant à l'industrie productive, puisque Dieu nous donne la richesse pour premier foyer d'Attraction. Or, dans la solution de cet étrange problème, de cet art d'attirer l'enfant libre à l'industrie, on doit s'attendre à des moyens bien différens de ceux inventés par nos sciences morales et politiques, habiles à former des Tibères et des Nérons, ou tout au plus des oisifs.

Parmi ces moyens que je détaillerai au chapitre suivant, envisageons dès à présent le principal ; l'émulation naturelle ou progressive, dont on n'a aucune idée en civilisation ; elle tient aux dispositions matérielles du nouvel ordre ; elle ne peut donc pas naître dans l'état actuel.

Je n'en cite que le principal ressort, l'aspect des tribus chérubiques n° 2, et séraphiques n° 3 : elles sont le point de mire de la basse enfance. Un enfant n'admire que ce qui est à sa portée ; il voit ces chœurs de chérubins et chérubines, hauts et puissans seigneurs de 4 1/2 à 6 ans 1/2, portant déjà de grands panaches d'autruche, et figurant dans les manœuvres de la grande parade. Cet aspect est pour le bambin, ce qu'étaient les trophées de Miltiade pour Thémistocle, à qui ils faisaient perdre le sommeil.

Dans l'espoir de parvenir bientôt au rang de chérubin, il fera cent prouesses industrielles ; mais il ne voudra pas même planter un chou si c'est pas ordre du père ou du précepteur. Les conseils les plus sages n'auront sur lui aucune influence : en vain le précepteur lui représentera-t-il *que nos idées naissent des perceptions de sensation pour le bien du commerce ;* tout ce jargon scolastique ne servira qu'à désorienter l'enfant et le rebuter de l'industrie ; il a besoin d'un enthousiasme qu'on ne sait pas lui créer, et qui ne pourrait naître que de l'aspect des *trophées de Miltiade,* ou trophées des chœurs des chérubins et chérubines.

A défaut de ce véhicule, on cherche à lui en créer d'autres dans des affections imaginaires, dans la piété filiale, dans l'amour de la simple nature et de la morale douce et pure ; fadaises dogmatiques ! L'enfant civilisé manque du seul ressort qui puisse l'entraîner au bien, c'est l'aspect des tribus chérubiques et séraphiques déjà très−habiles en industrie. Elles sont les seuls modèles qui plaisent à l'enfant. L'intervention des pères et des pédans ne fera de lui qu'un petit rebelle, un hypocrite feignant de la soumission, et brûlant d'impatience d'aller, avec ses pareils, tout briser, tout saccager, dès que le pédant se sera éloigné.

Sur ce, nos habiles analystes s'écrient, les enfans sont de *petits diables :* eh non ! ce sont les pères qui sont de *grands sots*, de n'avoir pas su inventer le régime d'éducation attrayante ou sociétaire, qui est déjà terminée avant que celle des civilisés ne puisse commencer.

En effet, on ne peut guères entreprendre avant l'âge de 5 ans l'éducation d'un enfant civilisé ; et dans l'état sociétaire, il a dès l'âge de 4 ans 1/2 reçu en plein la première éducation dite antérieure, au moyen de laquelle il peut déjà voler de ses propres ailes, s'entremettre dans vingt travaux utiles, y gagner plus qu'il ne dépense, y former son corps à la vigueur, son esprit à l'unité sociale, à la pratique de la vérité : combien ces résultats sont préférables à ceux de nos vaines théories !

CHAPITRE II.

A_{ppâts} *matériels d'industrie pour la basse Enfance.*

I_l semblerait plus méthodique de traiter d'abord des nourrissons et des poupons : diverses considérations me décident à commencer par le plus âgé des trois ordres de basse enfance, par les bambins.

Nous avons à examiner comment on fait naître chez eux L_e F_{eu} _{sacré}, le point d'honneur industriel ; sentiment si inconnu des enfans civilisés, qui l'éprouvent à contre−sens, en mode subversif. Ils n'ont d'émulation que pour mal faire ; le plus triomphant, le plus considéré des autres, est celui qui a commis le plus de dégât.

Le régime sociétaire inspire à l'enfant, dès le plus bas âge, des inclinations tout opposées, le désir de se signaler dans vingt ou trente sortes d'industrie.

C'est vers l'âge de 2 1/2 à 3 ans que l'on commence à débrouiller l'énigme des vocations, qui, je le répète, sont au nombre de 20 ou 3o dans chaque enfant de 3 ans, quoiqu'en civilisation l'on ait peine à lui en découvrir une seule, à l'âge de 20 ans.

L'état sociétaire a de nombreux moyens de faire éclorre chez l'enfant ces vocations industrielles. J'en vais citer douze ; et comme la plupart ont été déjà mentionnés séparément, c'est une sorte de récapitulation à placer en note (*).

Aucune de ces amorces n'étant mise en jeu dans l'éducation civilisée, on ne doit pas s'étonner si les enfans sont rétifs au travail. Examinons brièvement l'influence de quelques-uns de ces douze moyens d'Attraction ; étudions-les en matériel dans ce chapitre, et en spirituel dans le suivant ; distinction assez difficile, car les deux sujets se confondent presque toujours.

(1) RESSORTS MATÉRIELS EN ÉCLOSION DES VOCATIONS.

* 1° L'élégance des ateliers – miniatures, affectés à chacun des Séristères.

* 2° L'appât des ornemens gradués.

* 3° Les priviléges de parade et maniement d'outils.

* 4° L'avantage de choisir dans chaque branche d'industrie, le détail auquel on veut se livrer.

⋈ 5° La manie imitative qui domine dans le bas âge.

RESSORTS SPIRITUELS EN ÉCLOSION DES VOCATIONS.

** 6° L'absence de flatterie paternelle, inadmissible dans l'ordre sociétaire, où l'enfant est jugé et remontré par ses pairs.

** 7° Le ton ascendant, I, 387, ou inclination des enfans à suivre l'impulsion de leurs camarades un peu plus âgés.

** 8° L'agrément de séances courtes, joyeuses, intriguées et fréquemment variées.

** 9° L'enthousiasme pour les prodiges exécutés par les chœurs supérieurs, seuls êtres que l'enfant choisisse passionnément pour modèles.

** 10° Les émulations et rivalités entre chœurs et sous-chœurs contigus, émulations excitées par l'ironie de ceux qui ont déjà obtenu l'admission en échelon supérieur.

** 11° La pleine liberté d'option en travail et durée du travail.

** 12° L'intervention officieuse des patriarches, très-aimés de la basse enfance, et très-patiens à lui donner des leçons.

⋈ L'influence de la distribution progressive ou ordre naturel, qui peut seul exciter chez l'enfant le charme et la docilité nécessaires en études industrielles.

Devisons d'abord sur l'influence des ornemens et priviléges. Un beau panache suffit déjà, chez nous, pour séduire un villageois, l'enrôler au régiment, lui faire signer l'abandon de sa liberté. Quel sera donc l'effet de ces parures pour enrôler un enfant au plaisir, à des réunions amusantes avec ses semblables ?

Entretemps : expliquons—nous sur le mot privilége, qui ferait insurger les farouches républicains. L'idée de privilége semble contradictoire avec la pleine liberté dont les enfans harmoniens doivent jouir ; précisons le sens de ce mot.

Dire que les enfans seront pleinement libres, ce n'est pas prétendre qu'on doive leur accorder des licences dangereuses. Il y aurait folie de permettre à un séraphin de 7 ans, le maniement des armes à feu ; ou aux chérubins de 5 ans, le maniement des haches. La liberté qu'on donne aux enfans, consiste dans l'option sur toute fonction et tout plaisir qui est sans danger pour eux, et qui ne lèse point les convenances d'une autre corporation d'enfans. S'il plaisait à un chérubin d'arracher les fleurs cultivées par un groupe de séraphins, il y aurait lésion et motif de répression.

Les tribus de l'enfance doivent donc avoir des prérogatives graduées selon leur âge. La tribu 6, jouvenceaux et jouven—celles, qui entre en puberté, peut être admise à certaines lectures et études qu'on ne peut pas accorder aux enfans impubères. La tribu 5, gymnasiens et gymnasiennes, âge de 12 à 15 1/2 ans, jouit du droit de chasser à l'arme à feu, droit qu'il ne serait pas prudent d'accorder aux lycéens et lycéennes, âge de 9 à 12 ans. Ceux-ci ont le droit de monter sur les chevaux nains, et de paraître en escadron dans les parades et manœuvres. On ne pourrait pas, sans imprudence, accorder cette monture aux séraphins âgés de 6 1/2 à 9 ans. Ils sont trop faibles pour manier un cheval ; mais ils ont déjà le droit d'employer les petites haches et autres outils qui sont interdits aux chérubins de 4 à 6 1/2 ans. Ceux-ci peuvent manier des couteaux, ciseaux, rabots, fortes scies ; conduire des chars à chien, et vaquer à une foule de fonctions très-enviées des bambins, à qui pourtant il est force de les interdire : on leur accorde seulement quelques accessoires et diminutifs. Par exemple, les hauts bambins ont l'emploi des petites scies d'un pied, propres à couper des buchettes et allumettes, à exercer l'enfant, l'habituer de bonne heure au maniement des outils.

L'impatience d'admission à ces priviléges est un grand stimulant pour les enfans qui brûlent de s'élever de tribu en tribu, d'échelon en échelon, toujours empressés de devancer l'âge, s'ils n'étaient contenus par la sévérité des examens et des thèses : on en laisse le choix au récipiendaire, car il est indifférent que l'enfant prenne parti pour tel ou tel groupe industriel ; il doit seulement faire preuve de capacité dans certain nombre de groupes, qui en se l'agrégeant, attestent par le fait son intervention utile.

Ces attestations sont expérimentales, et nulle protection ne pourrait les obtenir, puisqu'il faut opérer et figurer adroitement dans les fonctions d'épreuve. Les groupes et séries travaillent par émulation bien plus que par intérêt, n'admettent chaque postulant qu'autant qu'il est pourvu de l'aptitude nécessaire pour coopérer efficacement, et soutenir avec honneur les rivalités du groupe luttant contre ceux des cantons voisins.

Les chœurs de l'enfance, même les plus petits qui sont ceux des bambins et bambines, sont en rivalité ouverte avec pareils chœurs des Phalanges voisines. On rassemble les tribus homogènes de plusieurs Phalanges, comme 5 à 6 tribus de chérubins ou tribus de bambins, pour les faire concourir, lutter de manœuvre à la parade, à l'opéra, aux petits ateliers.

D'après cela, les chœurs même les plus jeunes sont pétris d'amour-propre et de prétentions, et n'admettraient pas un candidat mal-adroit ; il serait renvoyé mois par mois, d'examen en examen, tant qu'on le croirait assez novice pour compromettre la renommée d'une tribu, d'un chœur, d'un groupe, etc. Les enfans sont des juges très-rigoureux sur ce point ; l'affront du refus devient piquant pour ceux qui ont passé l'âge d'admission dans une tribu. Après six mois de répit et d'épreuves réitérées, ils sont, en cas d'insuffisance, mis hors de ligne et relégués dans les chœurs de supplément. Les parens ne peuvent pas se faire illusion sur leur infériorité, ni prôner comme à présent la gentillesse d'un petit sot.

Notre objet spécial dans ce chapitre, est l'éducation de la tribu des bambins seulement ; mais pour en prendre connaissance, il faut, tout étant lié dans l'éducation harmonienne, observer le mécanisme des 5 tribus supérieures, dont celle des bambins doit imiter les dispositions.

Chacun des chœurs d'enfans trouve des travaux adaptés à ses moyens : la Divinité en a ménagé pour tous les âges. Par exemple, sur les voitures ; les groupes de chérubins et chérubines qui cultivent de petits légumes et qui en font la cueillette, les conduisent aux cuisines dans des chars attelés de chiens, travaillent à l'épluchage, au lavage. Les groupes de séraphins et séraphines conduisent des chars moins petits, attelés d'ânons, et affectés au transport d'objets plus pesans. Les groupes de lycéens conduisent des chars attelés de chevaux nains ; les groupes de gymnasiens mènent déjà ceux attelés de chevaux moyens ; enfin, les jouvenceaux conduisent de grands chars et grands chevaux. On a soin d'établir cet ordre échelonné dans tous les ateliers et travaux, afin d'exercer chaque enfant selon ses facultés. Même graduation industrielle pour les chœurs féminins.

Les enfans étant très-fidèles à l'impulsion de la nature, point distraits par les spéculations d'intérêt, seront les plus ardens à organiser dans la Phalange d'essai leurs 5 tribus, numérotées 2, 3, 4, 5, 6. Celle des bambins, n° 1, dont nous allons parler, sera plus difficile à former, car elle ne peut agir qu'en écho des 5 autres. Elles donneront le bizarre exemple d'enfans offrant aux pères des modèles d'Harmonie sociale ; car ces enfans formeront, dès le 1er mois, toutes leurs intrigues de série, que les pères n'auront guère formées qu'au bout de trois mois.

L'industrie de la tribu des bambins et bambines est initiative d'éducation harmonienne, puisque c'est sur l'âge de 3 ans à 4 1/2 qu'il faut opérer le développement des nombreuses vocations industrielles.

Pour les faire éclorre chez l'enfant, on lui donne pleine liberté de parcourir les ateliers dès qu'il est en état de marcher et d'agir, dès l'âge de 2 ans 1/2, et même plus tôt, pourvu qu'il soit conduit par l'un des surveillans désignés pour guides enfantins ; nous les nommerons *BONNES* et *BONNAINS*, qui chaque jour ont des postes et sentinelles dans tous les ateliers où abordent les poupons qu'il faut conduire.

D'ailleurs, à défaut du guide, l'enfant peut, au moment où

on lève la séance, être accompagné par l'un des membres qui, au sortir de là, se rend à la réunion vicinale où le bambin veut prendre part. Chacun supplée au besoin les guides enfantins.

On peut donc, dès l'âge de 2 ans 1/2, dès que l'enfant est en état de bien marcher, l'abandonner à l'attraction ; car elle ne le poussera que vers les points du Phalanstère, ateliers et jardins, où se trouveront des réunions d'enfans annexées à des groupes d'âge supérieur, et pourvues de petits instrumens pour s'exercer au travail, sur lequel un patriarche ou révérend présent à la séance, prendra plaisir à instruire les bambins et poupons.

Terminons en assignant la différence du classement d'âge au classement d'industrie. S'il s'agit de l'échelle d'âge, on distinguera

Les hauts bambins,   mi-bambins,   bas bambins.
Les hauts poupons,   mi-poupons,   bas poupons.

Mais le talent ne suit pas toujours l'échelle des âges, et les bambins, considérés sous le rapport du talent, se classent comme toutes les autres corporations industrielles, en 3 degrés de sectaires dans chaque branche de travail :

Les Néophytes et Néophytes ;
Les Bacheliers et Bachelières ;
Les Licenciés et Licenciées.

De sorte qu'un haut bambin peut être

Licencié au groupe des allumettes,
Bachelier au groupe d'égoussage,
Néophyte au groupe du réséda,

avec ornemens indicatifs de toutes ces dignités.

On procède avec beaucoup de pompe dans les distributions de grades, qui ont lieu périodiquement, chaque mois, chaque semaine. A l'issue de la grande parade, le carillon de la tour d'ordre sonne la promotion. Alors toute la basse fanfare s'avance vers les dais sous lesquels siègent les deux chœurs des patriarches tenant les ornemens à distribuer. Les petits tambours battent le ban ; le héraut et la hérauté des chœurs de bambins proclament:

De par la Phalange souveraine de Gnide et la très-honorable tribu des bambins de Gnide,

Hylas, haut poupon, âgé de 35 mois, est promu au chœur des bambins, admis à porter les ornemens *de bas bambin*, et partager les prérogatives de cette noble corporation.

Alors le capitaine du chœur des bambins conduit Hylas vers un des patriarches, qui lui remet les ornemens de sa nouvelle dignité. D'autres enfans sont amenés vers les patriarches, dès que le héraut les a préconisés, et la basse fanfare honore d'une courte salve chaque dignitaire.

Après la promotion de rang, vient celle de talent.

La héraute du chœur des bambines proclame :

De par, etc. Zélie, sous-bambine de Gnide, etc.

Ici on fait le récit de son grand titre, contenant la kyrielle de ses dignités ; puis on ajoute : est promue au rang de *bachelière du groupe d'égoussage des légumes.* Une officière bambine la conduit vers une patriarche, de qui elle reçoit les *insignes* ou décorations de sa nouvelle fonction ; et ainsi des autres pouponnes ou bambines qu'on élève en grade, d'après expertises devant le jury de leurs pairs.

Ce 2e classement s'applique aux compagnies de 30 ans comme à celles de 3 ans ; il influe puissamment sur les enfans en bas âge, stimulés d'ailleurs par les ornemens et les prérogatives industrielles. Moyennant ces deux priviléges, la distinction des 3 grades excite chez l'enfant bien plus d'émulation qu'elle n'en peut exciter chez l'homme fait, et par cette raison il importe de la mentionner dès les premiers détails de l'éducation du bas âge.

Donnons sur cette émulation enfantine deux chapitres spéciaux, et rappelons que si on parvient à exciter l'émulation chez la plus jeune des tribus, celle des bambins, elle naîtra par suite chez la masse entière de l'enfance. Ici comme en culture, il faut donner le plus grand soin aux premiers développemens du germe ; on peut ensuite abandonner l'arbre à lui-même, quand il a pris des forces.

Etudions donc l'art d'entraîner à l'industrie les bambins et poupons, art auquel se coordonne tout le mécanisme de l'éducation antérieure dans les 3 ordres de nourrissons, poupons et bambins. Tout serait vicieux en institution primaire, si on manquait l'art d'amorcer au travail la basse enfance ; elle contracterait des goûts d'oisiveté comme les enfans civilisés. Analysons avec soin la méthode qui préserve de ce vice les enfans harmoniens, et les organise dès le plus bas âge en athlètes industriels.

CHAPITRE III.

Ressorts spirituels d'industrie pour la Basse Enfance.

J'ai donné en note, au début du précédent chapitre, une table de sept ressorts spirituels. Entrons dans quelques détails sur deux seulement, et d'abord sur le mixte n° 5, la singerie, qui se combine toujours avec les effets matériels.

Une propriété générale chez les enfans, est la *singerie ou manie imitative.* Ils veulent tenter ce qu'ils voient faire à de plus avancés en âge. C'est sur cette fantaisie nommée *ton ascendant*, I, 389, que reposera presque tout le système d'éducation attrayante des bambins et poupons.

Ladite manie se développe avec véhémence, quand on leur fait voir des manœuvres d'Harmonie, telles que les évolutions

    des militaires à l'exercice ;
    des thuriféraires à la procession ;
    des danseurs à l'opéra.

Qu'on rassemble cent bambins ou grands poupons pris au hasard. Si on leur fait voir ces diverses manœuvres, ils s'empresseront tous de les imiter. A défaut de fusil, chacun d'eux prendra un bâton ; à défaut d'encensoir, une pierre suspendue à une corde ; à défaut de houlette, une branche de saule.

Que si on leur fournit de petits fusils, petits encensoirs, petites houlettes, vous les verrez transportés de joie, écoutant avec une docilité respectueuse les leçons qu'on voudra bien leur donner sur les évolutions. Leur enthousiasme croîtra encore si on ajoute costume et attirail, si on leur donne de petits bonnets de grenadier pour la manœuvre, petits surplis pour la procession, petits chalumeaux pour les figures chorégraphiques.

Les poupons et bambins trouvent toutes ces gimblettes aux Séristères d'institution harmonienne, et en divers degrés. Ils n'obtiennent que l'encensoir et le fusil de bois dans leurs essais. Devenus plus habiles, ils auront encensoir d'étain et fusil de fer ; puis, en 3° degré, l'encensoir argenté, etc. Ce mode progressif est un des grands ressorts d'émulation entr'eux.

On les rassemble par fois dans une école manœuvrière d'aspirans. Ils ont, dans les jardins comme dans le Phalanstère, quelques locaux affectés à leurs essais : là, on emploie en exercices utiles, toutes les gimblettes et bimbeloteries que la civilisation fabrique, sans aucun fruit, pour l'éducation. Le bambin y trouvera, comme aujourd'hui, de petits chariots et chevaux de bois ; mais il faudra qu'il sache atteler en plein le cheval de bois, avant qu'on lui confie le chariot attelé d'un petit chien et fonctionnant au potager. La progression sera observée là comme par-tout ailleurs, et l'enfant n'y touchera aucune gimblette qui ne serve à son éducation industrielle.

Ces fournitures de costumes et gimblettes nécessaires à la basse éducation, doivent être de trois degrés au moins, et plutôt cinq, afin d'exercer toujours les enfans par divers pelotons et classes, les façonner de bonne heure à l'Harmonie, à la dextérité. Chez nous, un enfant mène isolément et gauchement un petit char qu'il aura cassé dès le soir même, et les tendres pères seront dans l'extase de voir le char en morceaux. Dans les Séristères de pouponnerie, on ne confie ces gimblettes que sous condition de bien figurer dans telle classe, ou de déchoir d'un degré, recevoir un moindre char et passer à un rang inférieur.

Ces fournitures, qui causeraient à une famille des frais énormes et inutiles, deviennent pour les Harmoniens une semaille précieuse ; on y trouve le bénéfice inestimable d'amorcer l'enfant à l'industrie, le passionner dès l'âge de 30 mois pour une foule de travaux sur lesquels il deviendra en peu de temps assez expert pour soutenir au moins trois épreuves, et se faire admettre aux bas bambins, âgés de 3 ans, qui sont déjà d'habiles travailleurs, gagnant au moins leur dépense. On ne peut tirer parti de ces fournitures enfantines, qu'autant qu'on réunit des masses de bambins en trois corps d'âge et de talent ; et ainsi des masses de poupons, dont la 5ᵉ seulement, âgée de 30 à 36, la 2ᵉ, 24 à 30 mois, sont admises aux exercices industriels.

Comment essayer cette éducation collective en civilisation, où l'on n'aurait ni le nombre et la gradation d'enfans, ni les salles, costumes et gimblettes en échelle régulière ?

Ce n'est que sur les masses divisées en petites escouades, chœurs et sous-chœurs, qu'on peut mettre en jeu le point d'honneur, l'amorce des priviléges gradués, soit en ornemens de parade, soit en exercices et instrumens d'industrie.

Leur influence est telle, que du moment où l'enfant a passé 3 mois dans le Séristère des hauts poupons, son éducation s'achève d'elle-même par la seule impatience de s'élever d'échelon en échelon. Les esprits de corps, les rivalités, l'entraînent à prendre connaissance d'une foule de travaux; les instituteurs n'ont plus à faire que d'attendre les demandes en instruction. La seule envie de passer des aspirans aux néophytes, des néophytes aux bacheliers, suffit pour électriser un poupon ou bambin dans les ateliers et manœuvres. L'on est moins en peine d'exciter son émulation que de modérer son impatience, et le consoler d'une impéritie dont il s'indigne et s'efforce de se corriger.

Une immense avantage en éducation harmonienne, c'est de neutraliser l'influence des pères, qui ne peut que retarder et pervertir l'enfant.

Là-dessus, grande insurrection des pères et des philosophes.

» Vous voulez donc, diront-ils, enlever l'enfant à son ins- » tituteur naturel, qui est le père? » Je ne veux rien. Je ne suis pas la coutume des sophistes, qui donnent pour lois leurs sots caprices en éducation, comme la manie de plonger en hiver l'enfant dans le bain froid, pour imiter quelques républicains de l'antiquité. Je me borne à analyser les vues de l'Attraction. Or, il est de fait qu'elle donne aux 19/20es des enfans, un caractère et des penchans opposés à ceux du père qui s'efforcerait de communiquer ses penchans à son fils : elle veut, au contraire, guider l'enfant par le *ton ascendant*, 1, 287, *déférence des inférieurs aux supérieurs*, ton qui est l'opposé de celui qu'elle assigne au groupe de famille.

Désire-t-on, en éducation comme en toute autre affaire, connaître exactement le vœu de la nature? Il en est un moyen sûr; c'est d'opiner à contre-sens de la philosophie, toujours antipathique avec la nature ou Attraction.

Or, quels sont les préceptes de la philosophie?
Elle veut,   » *Que le père soit instituteur de son enfant,*
        » *Et que le père ne gâte pas son enfant.*
Adoptez les deux opinions contraires :
        » *Que le père ne soit pas instituteur de l'enfant,*
        » *Et que le père se livre au plaisir de gâter l'enfant.*

C'est double contravention aux lois de la philosophie, et par conséquent double ralliement au vœu de la nature, puisque les doctrines philosophiques ne sont autre chose qu'un *contre-sens composé*, ou double contrariété avec le vœu de la nature.

On verra, dans le cours de cette section, que les pères harmoniens n'ont d'autre fonction paternelle que de céder à l'impulsion naturelle, GATER L'ENFANT, flatter toutes ses fantaisies, selon la règle du *ton descendant*, I, 387, déférence du supérieur à l'inférieur.

L'enfant sera suffisamment réprimandé et raillé par ses pairs. Les rebuffades qu'essuyent les hauts poupons de la part d'un groupe de bas bambins, et ceux-ci à leur tour de la part des bas chérubins, deviennent le germe d'une émulation qui ne pourrait jamais éclorre dans la compagnie des pères et mères, admirant toujours les gaucheries de leur progéniture.

Le contraire a lieu entre enfans; ils ne se font ni complimens, ni quartier : le marmot un peu exercé est inexorable pour les mal-adroits; et d'autre part, le poupon raillé n'osera ni crier, ni se fâcher avec des enfans plus âgés que lui, qui riraient de sa colère et le renverraient des salles.

Cet art d'assouplir et fasciner l'enfant par autorité attrayante, est si neuf, que j'y consacre une *note F*, pour mieux fixer

NOTE F, *sur la Subordination passionnée des Enfans.*

Ici je rassemble et resserre les documens théoriques sur cet épineux problème, et les indices qui conduisaient à la solution.

L'art de rendre les marmots de 3 ans dociles par plaisir, et qui plus est, empressés à ne s'occuper que d'industrie utile ! Ce serait vraiment le double prodige, la magie sociétaire, citée 101—102.

Quadruplons le miracle, en donnant à ces mêmes enfans, l'enthousiasme affectueux pour leurs supérieurs, et la faculté de ramener un père flatteur à la raison, en se montrant plus sensés que lui.

» Bah ! ces enfans seront donc tout-à-fait des créatures célestes sous » forme humaine ! » Oui : il le faudra, par opposition aux marmots civilisés, engeance démoniaque, élevant la perversité au degré bi-composé, au quadrille de vices :   *Aversion pour toute industrie utile;*
                        Haine et raillerie à l'égard des supérieurs;
                        Ligue de malfaisance pour la destruction;
                        Instinct pour asservir et aveugler les pères.

Voilà l'enfant civilisé, voilà l'ouvrage de la philosophie : n'est-ce pas le cas de dire, avec Beaumarchais, » que les gens d'esprit sont bêtes? »

l'attention sur le ressort employé, *le charme corporatif as-cendant et gradué.*

Bref, le véritable instituteur de l'enfant, le ressort qui peut seul faire naître chez un poupon *le feu sacré*, l'émulation industrielle, c'est une compagnie d'autres enfans plus

En éducation comme en toute branche du système social, partons d'un principe : c'est que *si on se trompe au point de départ, on s'engagera de plus en plus dans la fausse route.* Or, quel est le point de départ en éducation? C'est la phase antérieure, celle qui comprend les nourrissons, poupons et bambins. Si nous découvrons l'art d'appliquer à cette 1ʳᵉ phase la subordination passionnée, nous saurons, par suite, l'appliquer aux 3 autres phases. Le ressort sera le même pour toutes.

Redoublons donc d'attention dans cette recherche d'un charme d'attraction industrielle, applicable à l'enfant dès l'instant où il peut marcher. Ce qu'on peut donner pour certain à cet égard, c'est que le charme dont il s'agit ne peut se trouver que dans des méthodes *extra-civilisées, anti-civilisées,* puisque l'état actuel arrive au but opposé, et n'inspire à l'enfant que des penchans de malfaisance et de destruction.

L'homme est le seul être qui, par instinct natif, détruise l'ouvrage de son semblable. Un enfant n'est point encore dépravé par des vues cupides ou haineuses, et pourtant il n'use de sa liberté que pour exercer le ravage. Il suffirait de ce seul indice, pour prouver qu'il y a inter-vertissement dans le mécanisme passionnel, et qu'en s'élevant de l'état sauvage ou brut, à l'état civilisé, l'espèce humaine a cheminé comme l'écrevisse, à contre-sens du but direct (indice à joindre au tableau des 9 fléaux, 67).

Remontons à la source du mal ; déterminons le vice radical de nos méthodes. Elles ont le tort de ne savoir pas créer et mettre en jeu l'autorité naturelle ou talisman d'attraction qui impose à l'enfant, le pénètre de charme et de docilité passionnée, l'entraîne *par plaisir* à l'industrie.

Cette autorité naturelle n'est assurément pas celle des père et mère : le marmot s'en forme deux esclaves à qui il commande en tyran par ses criailleries. Quant à la bonne, elle n'est aimée de lui qu'autant qu'elle est servilement obéissante. Il en est de même des aïeux, autre couple d'esclaves faisant près de l'enfant fonction de flatteurs, et non d'autorité imposante, guidant à l'industrie.

L'indomptabilité de l'enfant présente le même problème que celle du zèbre, animal qui paraît le plus rebelle et qui est *conditionnellement* le plus docile des solipèdes. Il sera, dans l'état sociétaire, beaucoup plus privé que les ânons, si *bonnes créatures*, selon La Fontaine. Il sera docile au point de devenir monture de cavalerie minime pour les escadrons de lycéens, âgés de 9 à 12 ans. Mais pour l'amener à cette

âgés

âgés de six mois ou d'un an, et plus éminens en dignités et décorations. Lorsqu'un poupon ou bambin a parcouru dans la journée une demi-douzaine de pareils groupes, et essuyé leurs quolibets, il est bien pénétré de son insuffisance, bien disposé à consulter les patriarches et vénérables qui ont la bonté de lui donner des leçons.

Après cela, peu importera que les parens, au moment du coucher, s'amusent à le gâter, lui dire qu'on est trop sévère, qu'il est bien charmant, bien adroit ; ces verbiages ne feront qu'effleurer, sans persuader. L'impression est faite. Il est humilié des railleries de 7 à 8 groupes de bambins qu'il a fré-

bénignité, il faudra la fasciner par un talisman d'attraction que nos coutumes ne peuvent créer ni pour l'animal, ni pour l'enfant. Sachez leur présenter ce charme composé, 102, qui fait naître à la fois enthousiasme et affection ; vous verrez le lion se coucher aux pieds d'*Androclès*, et l'enfant aussi docile aux leçons d'industrie, qu'Hercule à tenir le fuseau d'Omphale.

Quoi de plus fougueux que certains bretailleurs qui ne sauraient converser sans pourfendre une douzaine de victimes, plus ou moins ? Ces chenapans sont les hommes les plus doux, les plus circonspects, dans une compagnie de quelques maîtres d'armes. Alors cessent toutes leurs jactances ; leur style est mesuré ; ils ne songent plus à terrifier le genre humain ; ils reconnaissent pour égaux et pairs, tous les assistans.

On voit par-là que les caractères les plus indomptables en apparence, deviennent les plus souples quand ils ont trouvé leur contre-poids naturel, une autorité qui les charme et leur impose passionnellement, *l'autorité d'attraction*. Je l'ai dit, 148 1/2 ; ce pouvoir magique et très-inconnu qui doit charmer l'enfant rebelle, n'est autre que sa prévention, son engouement pour les chœurs et sous-chœurs un peu supérieurs en âge, ses aînés de 6 mois, d'un an, à peine 2 ans. Ils sont l'objet de son admiration, la classe à qui il ambitionne de s'allier et dont il suit passionnément, humblement, toutes les impulsions. Voilà quel est son maître adoptif ; voilà cet instituteur naturel ou attrayant, à la recherche duquel se sont vainement épuisés les cerveaux philosophiques.

La civilisation, au lieu de lui présenter ce véhicule d'émulation, lui présente un foyer de dépravation ; c'est la tourbe des polissons du voisinage, vers qui l'enfant est entraîné irrésistiblement. Ils ne l'exciteront qu'à faire du dégât, jouer des jeux à s'estropier ; ils le formeront à la mutinerie, à la grossièreté de langage et de manières, à l'art de tromper parens et instituteurs. N'est-il pas dans l'ordre que la civilisation, source de tous maux, travestisse et transforme en fléau social (1, 27 3/4), le ressort qui, en Association, doit guider au bien les enfans dès le plus bas âge ?

quentés dans la journée. En vain le père et la mère lui diront-
ils que ces bambins qui l'ont repoussé, sont des barbares, des
ennemis du commerce et de la tendre nature ; toutes ces fadaises
paternelles seront de nul effet, et le poupon retournant le lendemain aux Séristères bambiniques, ne se souviendra que des
affronts de la veille ; ce sera lui qui, par le fait, corrigera le
père, du *GATEMENT*, en redoublant d'efforts et prouvant
qu'il connaît son infériorité.

Du reste, le *gâtement* ne peut pas avoir lieu aux ateliers,
parce que les pères et mères ne se rencontrent pas à l'ouvrage
avec les poupons, et fort peu avec les bambins, mais seulement

Nous voyons dans les colléges cette influence malfaisante s'exercer en
gradation. L'écolier de 6e considère ceux de 5e, et révère ceux de 4e.
Il admet leurs décisions comme des oracles, et s'honore de figurer dans
leurs complots de malice ; tandis qu'il se moque des conseils et ordres
donnés par les régents ; il met son plaisir à les enfreindre.

Le monde enfantin sera en pleine contre — marche dans l'état sociétaire, où les chœurs et sous-chœurs des deux sexes, au nombre d'une quarantaine, et les échelons de dignitaires enfantins, présentent des amorces
de genre et d'espèce pour toute industrie et pour tout âge.

Quant à présent, si l'enfance ne tourne qu'au vice, la faute en est
à la civilisation, qui est distribuée tout à contre-sens de l'institution
naturelle. Dieu a disposé les caractères selon les convenances du régime
sociétaire ; il en résulte que l'enfant qui est l'être le plus rapproché de la
nature, le moins imbu de préventions sophistiques, est le premier à se
révolter contre un ordre anti-naturel : aussi ne fait-il usage de sa liberté
que pour se porter au mal.

Le but de l'éducation était donc de créer pour les enfans une amorce
industrielle capable de les dompter et les fasciner. L'emploi du charme
est tellement essentiel dans le système de la nature, qu'on la voit distribuer méthodiquement les charmes subversifs, comme celui que le serpent
exerce sur l'oiseau pour l'étourdir et le dévorer. La perfide civilisation
est parsemée de ces charmes subversifs qui entraînent les divers âges
dans tous les piéges : le vieillard est assiégé par les captateurs d'hoirie,
comme le jeune homme, par les séductions d'autres intrigans. L'ordre
civilisé présente à tous les âges des amorces pour le mal ; d'où il suit
que l'ordre sociétaire, (loi du contre-mouvement, I, 27), doit prodiguer
à tous les âges des amorces pour le bien, prodiguer sur-tout à l'enfance
le charme industriel, unique voie de sagesse pour le jeune âge. La découverte de ce ressort était le seul problème à résoudre en éducation ;
il est enfin résolu, par la théorie *du charme corporatif ascendant et
gradué*, ou théorie des Séries pass., contrastées, rivalisées, engrenées.

avec les chérubins qui sont déjà admis dans de grands ateliers. Les hauts bambins y ont seuls quelqu'accès ; les pères et mères, gens de 30, 40, 50 ans, sont trop intrigués dans leurs grands ateliers et cultures, pour avoir le temps de s'en éloigner, s'inquiéter des fonctions de l'enfance, assez bien soignée par quelques patriarches, vénérables et révérends des deux sexes, à qui on commet la direction des Séristères et cultures bambiniques.

Le *gâtement* est donc impossible en industrie sociétaire, puisque la plus jeune compagnie que rencontrent les pères aux champs et aux ateliers, se compose de chérubins et chérubines qui sont déjà plus sensés que tous les pères civilisés : chaque chérubin exerçant la remontrance près des bambins, la reçoit à son tour des séraphins ; il sait que les flatteries de sa mère n'en imposeraient pas au jury séraphique devant qui il faudra faire ses preuves pour la gradation, 143.

Ainsi sera neutralisée et absorbée cette funeste influence des pères en qui la philosophie toujours malencontreuse a cru voir les instituteurs naturels de l'enfant. Ignore-t-elle que le père, tout préoccupé du besoin de richesse, ne fera germer chez son fils que des vues de cupidité, le formera de bonne heure à capituler avec le vice pour arriver à la fortune, « *à faire avec* » *le Ciel des accommodemens !* » Ainsi, le père GATERA le moral, tandis que la mère GATERA le physique par des vices de régime, par une indulgence dangereuse : l'intervention des pères et mères n'est donc le plus souvent pour l'enfant qu'une source de GATEMENT COMPOSÉ. Qu'il y a loin d'un tel rôle à celui D'INSTITUTEUR INTÉGRAL COMPOSÉ !

CHAPITRE IV.

COROLLAIRES sur l'Éducation de la Basse-Enfance.

Nous n'avons pas encore touché au procédé primordial, au régime combiné des nourrissons (âge de 0 à 15 mois); et déjà les gloseurs se hâteront de critiquer les dispositions indiquées sur l'éducation des poupons et bambins.

Avisons donc les lecteurs impartiaux, que le système d'é—

ducation sociétaire ne peut pas être jugé sur des parcelles de théorie ; c'est un vaste mécanisme, où chaque effet dérive des mouvemens de l'ensemble, et des secours que se prêtent réciproquement les parties. On ne peut donc porter aucun jugement régulier avant d'avoir lu l'exposé des quatre phases, compris dans les sections 3 et 4.

Il s'agit d'un régime d'éducation adapté aux convenances du genre humain tout entier, sauvages, patriarcaux, barbares et civilisés. Je le resserre en moins d'espace que n'en emploie chaque sophiste pour ses méthodes bornées à une faible portion des civilisés.

L'Emile de Rousseau n'est applicable qu'aux familles rentées à 50,000 fr., c'est-à-dire à la cent millième partie du genre humain. Encore ces familles ne peuvent-elles, en pratique, faire aucun usage des rêveries de l'Emile, désavouées par l'auteur même.

Cependant on ne trouve pas outrée la dimension de 3 à 4 volumes donnée à cet *Emile impraticable :* d'après cela, oserat-on dire que j'excède les bornes, en donnant moins de deux cents pages à l'exposé de l'éducation naturelle ? On ne saurait être plus succinct. Le lecteur, par égard pour cette concision, ne doit-il pas en conscience m'accorder la médiocre faveur de suspendre son jugement jusqu'à l'entier exposé d'un tout dont nulle partie ne peut être jugée isolément, puisque tout est lié dans ce vaste mécanisme, et que les propriétés attribuées à la tribu des bambins, dépendent de l'influence des 5 tribus supérieures dont nous n'avons pas encore parlé : il faut en attendre le détail, sujet des trois phases *citérieure*, *ultérieure* et *postérieure*.

Il aurait peut-être convenu de ROQUER cette phase antérieure, d'en renvoyer le traité à la suite des trois autres, ou du moins après la 2.ᵉ Le *roquement* est une méthode souvent nécessaire en théorie comme en pratique : les poëtes épiques et dramatiques l'emploient avec succès.

Mais dans un tableau si abrégé, et qui donne moins de 200 pages à un sujet de la plus haute importance, il m'a semblé inutile de s'étayer des ruses de l'art, et j'ai opiné à suivre la marche progressive.

Sauf avis au lecteur de ne point précipiter ses jugemens :

si, après avoir lu les quatre phases d'éducation harmonienne, il veut prendre la peine de relire la première, il jugera faciles et naturels tous les effets qui, pour le moment, peuvent lui sembler exagérés.

Voilà ma réponse aux objections prématurées des gloseurs. Tel va me reprocher d'accorder aux marmots de 3 ans une sagesse, une dextérité, enfin des facultés de corps et d'esprit qu'on oserait à peine exiger de l'enfant de 6 ans.

A quelques pages d'ici, je réfuterai ces objections, au chapitre de la *précocité composée* des enfans harmoniens.

Combien élevera-t-on d'autres objections aussi peu fondées ! Par exemple, celle du peu de valeur de ces menus travaux de bambins : voilà, dira-t-on, de grands frais en ateliers minimes, en outils, costumes, gimblettes graduées : quel fruit en recueillera-t-on ? Ces enfans auront scié, trempé et lié quelques paquets d'allumettes ou de buchettes ; prouesse illusoire ! Deux hommes en une heure feraient plus d'ouvrage en ce genre que vingt enfans.

Le raisonnement est des plus faux : toutes ces minuties donnent un bénéfice énorme, qui découle de quadruple source :

1° *Positif matériel*, en ce que ces enfans faisant la plupart du temps l'ouvrage de civilisés de 30 et 40 ans, le font beaucoup mieux et plus lestement. Six bambins et poupons, au moyen de la table octogone inclinée (décrite plus loin), égousseront un quintal de pois en moins de temps que n'en mettraient six de nos servantes, et le triage sera bien plus exact dans les trois qualités. Les cuisines, la confiserie, les ateliers, le parterre, le potager, les étables, fourmillent de ces menus ouvrages qu'exécuteront avec célérité les bambins et poupons, et par cela seul ils gagneront, à 4 ans, la journée d'un de nos ouvriers diligens.

2° *Positif spirituel* : ils feront le charme de la Phalange, par leur dextérité, leur concours d'émulation, leur intervention précoce au travail, à l'opéra, au cérémonial, et leur tendance générale aux bonnes mœurs, inséparables du travail : ce concert industriel des enfans sera un ressort très-puissant pour établir l'accord entre les pères : dans ce cas, les enfans auront fait en politique sociale, ce qu'ont vainement tenté cent mille philosophes.

3° *Négatif interne :* en se formant aux exercices industriels dès l'âge de 3 à 4 ans, ils épargneront le temps précieux que donne un civilisé de 15 ou 20 ans à son apprentissage, et presque sans succès ; car nos ouvriers sont, pour la plupart, dès massacres ; tandis que l'enfant harmonien, formé de très-bonne heure à la dextérité, sera, dès l'âge de 9 ans, aussi adroit au travail que les prestidigitateurs le sont en escamotage, ou que les banquiers de Pharaon le sont au maniement des cartes et des écus. Même souplesse règnera dans tous les travaux des Harmoniens âgés de 9 ans, et encore mieux parmi les hommes faits.

4° *Négatif externe*, par l'épargne du dégât que font les enfans actuels. Je n'en cite qu'un exemple.

A l'âge de 3 ans, je fus un jour laissé seul dans le jardin d'un chanoine qui était à vêpres : c'était le moment où les fruits sont à peine noués : les pommes, poires et pêches n'étaient qu'à la grosseur de noisettes ; le jardin était rempli de beaux espaliers. Je m'occupai une demi-heure à cueillir tous ces jeunes fruits. Je détruisis au moins 200 douzaines de précieux fruits ; la terre en était jonchée ; j'en rapportai quelques centaines dans mon tablier, à deux domestiques, le mien et celui du chanoine. En voyant cette moisson, ils jurèrent plantureusement, me traitèrent de *petit massacre*, *enragé d'enfant*, etc.

C'était la faute des deux valets ; ils s'étaient amusés à boire une bouteille du caveau du chanoine, et m'avaient laissé seul dans le jardin. Ils allèrent piteusement ramasser et jeter au dehors toutes les traces du ravage.

Voilà les enfans civilisés, race démoniaque, dont l'instinct n'est tourné qu'au mal, lors même qu'ils agissent innocemment, car j'avais commis ce dégât sans malice, par pure amusette. (Quelle dut être la surprise du chanoine, à son retour de vêpres ? il dut jurer plus que les deux domestiques).

Cet instinct de malfaisance est l'apanage de tous les enfans insociétaires. Hier encore j'en ai vu un qui dans un jardin s'occupait à casser les jeunes greffes d'une centaine de petits arbres entés nouvellement ; après quoi il essayait d'arracher l'arbuste. Je suis arrivé à temps pour l'arrêter et appeler quelqu'un. Il faudra avoir vu en action les enfans harmoniens, pour pouvoir juger combien les enfans civilisés sont détestables.

Rebelles à tout travail utile, ils deviennent infatigables quand il s'agit de faire le mal; ils n'épargnent ni le temps, ni la peine; et ce ne sera pas une petite économie que celle des dégâts enfantins et des barrières ou gardes employés contre le mauvais génie de l'enfance.

J'ai analysé dans ces menus travaux des poupons et bambins, un bénéfice quaternaire ou bi-composé en positif et négatif. Il faut y ajouter le bénéfice pivotal ⋈ de la santé et du rapide accroissement, qui est le fruit de leur industrie variée sans excès. Le développement régulier du corps tient à cette variété d'exercices appliqués à toutes les parties, et c'est par ce moyen que les enfans harmoniens pris à 4 ans, seront égaux en vigueur aux civilisés de 6 ans, et égaux en industrie à nos ouvriers de 20 ans.

Au sujet de ces travaux de l'enfance et du mobilier enfantin, rappelons la règle de l'ordre progressif. Par exemple, en commandant les charrues pour une Phalange, ses fondateurs oublieraient, je gage, qu'il faut, quant aux charrues d'hommes faits, les acheter de trois grandeurs pour les trois classes de force humaine, et opérer de même pour l'enfance qui est partout en écho de la grande industrie. Les enfans auront donc de petites charrues de trois degrés, pour les gymnasiens, les lycéens et les séraphins.

Pareille échelle doit régner dans tout le mobilier industriel; il doit être en tout sens *progressif composé*. Faisons l'application à quelque problème bambinique, l'égoussage des pois verts, des haricots, etc.

Il faut y établir deux progressions concurrentes : l'Harmonie fera usage d'une table octogone, légèrement inclinée, à bords ceintrés concaves.

Aux trois côtés hauts sont assis trois bambines pourvues de pois en silique : à mesure qu'elles les égrènent, l'inclinaison de la table fait rouler le grain vers les trois côtés bas, où se trouvent assises trois pouponnes chargées du triage. La table est casée, et disposée de manière à faciliter les choix.

Il s'agit de séparer les plus petits pour le ragoût au sucre, les moyens pour le ragoût au lard, les gros pour la soupe. La plus jeune pouponne, âgée de 30 mois, choisit les gros, qui sont très-visibles et faciles à saisir; la pouponne moyenne, âgée de 31 mois, prend les grains moyens, et la pouponne aînée, âgée de 32 mois, rassemble les petits, plus difficiles à manier. Si l'une de ces pouponnes opère mal, on la renverra ignominieusement ; on lui refusera le travail, et elle ira pleurnicher vers un patriarche qui lui donnera des leçons. Celles qui auront bien opéré, seront admises à s'essayer sur d'autres légumes, et pourront, le mois suivant, être reçues comme néophytes au groupe du triage des légumes. Après trois admissions pareilles, elles seront en mesure de se présenter aux sous-bambines.

Dans cette distribution des six travailleurs, il règne deux progressions *trinaires concurrentes :* l'ordre est composé, la méthode est régulière, quoique les deux Séries soient limitées aux plus petits nombres possibles, 3 et 3. C'est une boussole qu'il faudra consulter sans cesse en préparant le mobilier du canton d'essai ; je répéterai cet avis après l'avoir étayé d'autres exemples.

Ici plus que par-tout ailleurs, j'ai dû employer les redites, et définir en divers sens le ressort qui crée l'émulation industrielle parmi les enfans.

Il règne tant de préjugés sur les impulsions naturelles de l'enfance, et la science est tellement inhabile à les discerner, qu'il faut essayer plus d'une définition.

J'ai employé successivement les noms de

Charme corporatif ascendant ;
Progression corporative en écho ;
Subordination passionnée imitative.

Ces formules variées laissent une option au lecteur. Telle expression plait aux uns et déplait aux autres ; il convient de répéter en différens termes, un principe de l'observance duquel dépendra le succès d'une épreuve sociétaire. L'organisation des enfans doit entraîner celle des pères, et s'achever deux ou trois mois avant celle des pères : les enfans seront donc la cheville ouvrière du canton d'épreuve.

L'Harmonie enfantine s'établira très-promptement, si les fondateurs et directeurs s'appliquent à ne pas confondre les tons passionnels, I, 387 ; à éviter toute erreur sur l'emploi des tons, entraînemens et critiques enfantines, classées I, 386-387, et confusément employées aujourd'hui.

Nos méthodes sur ce point sont toutes en défaut, parce qu'elles ne savent ni discerner les *tons* à employer , ni créer les corporations d'où ces tons peuvent naître. Elles emploieront le ton d'amitié où doit dominer celui d'ambition , et si elles emploient à propos un ton , elles ne l'établissent jamais en degré requis.

Par exemple , dire que l'enfant doit être entraîné à l'industrie par ton *corporatif ascendant* , ce n'est pas admettre que le ton puisse être donné directement au poupon de 2 1/2 à 3 ans, par les séraphins de 8 à 9 ans. L'échelle progressive serait faussée ; le ton ne serait plus *vicinal*. C'est seulement des bambins de 3 1/2 à 4 ans, que le poupon admet l'*influence émulative* , et reçoit l'impression de *charme corporatif.*

L'enfant ne porte pas loin ses vues ambitieuses : plus il est faible , moins son vol est élevé. A l'âge de 3 ans il n'enviera pas le rôle des enfans de 8 à 10 ans : leurs fonctions , leur lustre , ne sauraient stimuler un poupon ; il n'est ému que des prouesses de bambins âgés de 4 à 5 ans ; ce sont là ses dieux , ses maîtres adoptifs.

Le charme est donc VICINAL chez l'enfant ; le ressort qui créera charme et entraînement industriel , doit partir de corporations *vicinales en âge.* Tel est le secret que n'ont pas su pénétrer nos subtils analystes de l'homme.

En stricte logique , il faudrait dire que le ressort émulatif de l'enfance doit être

un charme *corporatif ascendant*
de mode *vicinal , progressif , bi-composé* (*).

L'usage réprouve ces définitions trop méthodiques ; il exige la brièveté aux dépens de l'intégralité.

Sur tout ce qui touche à cette influence du charme industriel en éducation , il faut attendre d'avoir lu l'ensemble du mécanisme sociétaire , où les ressorts n'agissent que par impression graduée des divers échelons. L'on verra , à l'article *vestales*

***

(*) Le charme doit être bi-composé ; savoir :

Composé interne , par intervention concurrente des deux sexes enfantins luttant sur les branches de travail ;

Composé externe , par intervention des deux âges vicinaux , du supérieur qui exerce la remontrance et l'ironie , et de l'inférieur sur qui l'autre l'exerce.

(6ᵉ tribu), que le corps vestalique exerce sur les bambins
une influence émulative très-puissante. Cet effet n'est plus
charme *VICINAL*, mais charme de *TRANSITION*, fondé sur la
loi du *contact des extrêmes* : c'est un autre levier dont on
n'a pas encore parlé. Le calcul du mouvement social est immense, et l'on ne peut en exposer que successivement les nombreux détails. Il faut donc, avant de prononcer sur leur efficacité spéciale, attendre l'exposé du tout et des influences
combinées.

Achevons sur les trois ordres de basse enfance, en appliquant
au plus jeune, à celui des nourrissons, les règles de charme
progressif et vicinal.

CHAPITRE V.

RÉGIME progressif des Nourrissons.

» Dédié aux Pères de famille. »

————————

Il n'est pas de sujet plus intéressant pour les pères de famille.
Je vais leur prouver que, hors de l'état sociétaire, ni les gens
riches, ni même les monarques, ne peuvent assurer à l'enfant
les soins d'où dépend son accroissement.

Lorsque J. J. Rousseau voulut critiquer les systèmes en vogue
sur l'éducation, il mit en jeu des illusions de simple nature
et devoirs sacrés de la maternité. Ces verbiages pompeux substi-
tuèrent de nouveaux abus à d'anciens abus. On n'est jamais
dans les voies de la nature, tant qu'on est dans les voies de
la civilisation.

Rousseau commença par blâmer l'usage de nourrices mercenaires ; il voulut, dit-on, rappeler les mères aux tendres sentimens de la nature ; plaisante vision philosophique ! rêverie
de sophiste, qui ne sait pas que l'exception doit intervenir en
calculs généraux, et y figurer pour 1/8ᵉ. Or, ce 1/8ᵉ de mères
qu'il faut exclure du nourrissage, est précisément la classe
opulente, à qui Rousseau inocula cette fantaisie d'allaitement,
aussi ridicule que ses rêveries sur le contrat social, et son
apologie des vertueux citoyens de Rome, vendant la patrie
pour 4o sous, monnaie de France. Il n'en coûtait pas davantage pour acheter le vote d'un fier républicain de Rome. Les

vertus patriotiques étaient tarifées au-dessous d'un petit écu : c'était *vertu traitable.*

Il semble, au premier coup-d'œil, que la mère manque aux devoirs de la nature, si elle n'allaite pas son enfant. Admettons que cela soit vrai ; nous en conclurons déjà que J. J. Rousseau n'a converti qu'un 8e des mères, car il est certain que toutes les paysannes et femmes du menu peuple sont très-fidèles sur ce point aux prétendus devoirs de la nature. Elles allaitent leurs enfans, et pour bonne raison ; c'est que loin d'avoir de quoi payer une nourrice, la plupart cherchent des nourrissons payans, et payant fort peu.

Quelques femmes de la ville qui n'ont pas lu Rousseau, continuent à tenir leurs enfans en nourrice. Tout compensé, elles font aussi bien que si elles nourrissaient elles-mêmes, sauf la surveillance qu'elles n'exercent pas ; sauf la sotte économie de lésiner sur le prix, avec une nourrice qu'on devrait tenir chez soi et payer grassement.

Quel fruit retire l'enfant, de la conversion de ce petit nombre de femmes riches, de ce 8e que Rousseau a, dit-on, ramenées aux tendres devoirs de la tendre nature ?

S'il existait des tribunaux et codes criminels sur les fautes commises dans le nourrissage, sur les imprudences dont l'enfant est victime, j'estime qu'il faudrait condamner à des peines afflictives les 9/10es des femmes riches qui allaitent leurs enfans. On peut dire qu'elles ne sont pas nourrices, mais assassins du marmot, qui aurait besoin d'être sagement gouverné. Ces mères ne s'étudient qu'à lui créer mille fantaisies pernicieuses, qui sont pour lui un poison lent et tuent la plupart des enfans riches. Le tendre père, occupé à mentir dans sa boutique, est bien aise que sa femme reste dans l'arrière-boutique avec son enfant, plutôt que de courir le quartier, s'immiscer dans les caquets et affaires galantes. Dans ce cas, le mari est philosophe par jalousie : c'est la crainte de certaine coiffure qui le rallie au système de Rousseau sur l'allaitement. L'épouse est facile à prendre au piége ; dépourvue de récréations, elle se jette à corps perdu dans la tendresse maternelle dont l'excès n'est pas moins vicieux que celui de toute autre passion. Aussi les femmes riches sont-elles assassins de leurs nourrissons, à qui elles créent une foule de défauts ; tandis qu'une paysanne obligée de soigner vingt travaux, et n'ayant qu'une demi-heure à donner, matin et soir, à l'allaitement, n'élève pas l'enfant à satisfaire ses caprices ni à s'en forger plus que la nature ne lui en donne.

On s'étonne sans cesse que la mort enlève le fils unique d'une riche maison, tandis qu'elle épargne de misérables enfans du voisinage, entassés sur des châlits. Ces enfans ont une garantie de santé dans la pauvreté d'une mère qui n'a pas le temps de s'occuper de leurs fantaisies nuisibles, encore moins de leur en créer plus que la nature n'en suggère. Tel est le défaut des femmes riches et dépourvues d'occupation. Aussi cette classe est-elle la seule qu'il convienne d'exclure de l'allaitement, sauf exception. C'est pourtant la seule que Rousseau ait pu y rappeler, puisque les autres y sont forcées par la pauvreté.

Passons aux autres bévues du philosophe de Genève. Il blâma le berceau à courroies, les liens qui assujettissent l'enfant : il eut raison, sans doute ; mais il ne suffit pas de critiquer un abus ; il faut en indiquer le remède. Chaque enfant n'a pas, comme l'Emile de Rousseau, 5o mille francs de rente et une douzaine de valets à son service. Comment la paysanne allant aux champs, trouvera-t-elle des gardes pour surveiller son enfant libre dans le berceau ou vers le feu ? Quand donc persuadera-t-on aux philosophes que tout le monde n'a pas 5o,ooo fr. de rente, et qu'il faudrait adapter leurs systèmes de morale aux classes qui n'ont ni rentes, ni valets à leur service ?

Ainsi spécule une Phalange d'Harmonie, qui veut un régime d'éducation unitaire et applicable *progressivement* à la masse entière. En conséquence, elle divise les nourrissons en 3 ordres de caractère comme d'âge ; savoir :

Les PACIFIQUES, les MUTINS et les DIABLOTINS.

Ils sont réunis dans 3 salles contiguës et assez distinctes pour que les *diablotins*, sans cesse hurlant, ne puissent étourdir ni les *pacifiques*, ni même les *mutins*, déjà plus traitables.

Les mères ont trop d'intrigues industrielles dans l'Harmonie, pour oublier tout-à-coup 4o et 5o groupes où elles s'occupent de culture et de fabrique. Elles sont déjà fort ennuyées que la corvée des couches les en ait distraites pendant une quinzaine ; et dès le moment des relevailles, elles sont aussi empressées de revoir tous leurs groupes, que de visiter l'enfant qui ne manque d'aucun soin, dans les 3 salles où veillent jour et nuit, à tour de rôle, des expertes, composant la Série des *Bonnes*, et disposées par la nature et l'attraction pour cette corvée.

Les bonnes, distinguées en divers groupes, ont un service de faction alternative, aussi sévère que celui d'une ville assiégée, et jamais, à aucune minute de jour ni de nuit, les 3 salles de nourrissons ne manquent de surveillantes exercées à deviner et satisfaire tous leurs besoins. La mère n'a d'autre fonction que de paraître à heures fixes pour l'allaitement. Ce devoir une fois rempli, elle peut vaquer à toutes ses intrigues de série. Elle peut même s'absenter sans inconvénient pendant une journée, car il existe des nourrices de supplément, classées par tempéramens, et pouvant toujours offrir à l'enfant un lait de même tempérament que celui de la nourrice absente. Ces précautions ne sont pas connues ni praticables en civilisation : elles sont un des nombreux avantages réservés aux grandes associations, distribuées par Séries passionnelles.

La civilisation toujours simpliste dans ses méthodes, ne connaît que le berceau pour asyle du nourrisson. L'Harmonie qui opère par-tout en mode composé, alterne du berceau à la natte élastique. Les nattes sont placées à hauteur d'appui ; leurs supports forment des cavités où chaque enfant peut se caser sans gêner ses voisins. Des filets de corde ou de soie, placés de distance en distance, arrêtent l'enfant sans le priver de se mouvoir, de voir autour de lui, et d'approcher l'enfant voisin, séparé par un filet.

La salle est chauffée au degré convenable pour tenir l'enfant en chemise ou en vêtement léger, et éviter autant que possible, tout embarras de langes et de fourrures.

Les berceaux sont mus par mécanique : on peut agiter en vibration 20 berceaux à la fois. Un seul enfant fera ce service, qui occuperait chez nous 20 femmes de 3o ans.

La salle des nourrissons est visitée matin et soir, par les médecins de la Phalange, qui sont intéressés à ce qu'aucun enfant ne tombe malade ; car, en Harmonie, un groupe de médecins n'est rétribué, je l'ai déjà dit, qu'en rapport de la santé collective, et non pas selon le traitement des individus. Ainsi, plus il y a de malades, moins les médecins gagnent.

Leur tâche étant de maintenir toute la Phalange en bonne santé, et de prévenir plutôt que de traiter le mal, leur dividende ou portion sociétaire du produit général sera d'autant plus fort que l'année aura fourni moins de malades. Ces médecins, bien différens des nôtres, ne trouvent leur intérêt qu'à maintenir tout le monde en bonne santé. Ils ne pourraient accepter aucune rétribution individuelle, sans être déshonorés et éprouver une grande perte pécuniaire, l'Harmonie considérant comme opprobre social tout service individuel salarié.

Continuons sur le Séristère des nourrissons, divisé en trois salles. Même classement règne parmi les *bonnes*. On en distingue trois groupes, qui fournissent chaque jour un poste de station perpétuelle, formé de trois escouades :

    Les *Bonnes* des *Pacifiques ;*   ce sont les moins patientes.
    Les *Bonnes* des *Mutins*,   sont celles de caractère moyen.
    Les *Bonnes* des *Diablotins*,   sont les victimes ou endurantes.

Cette Série peut être mieux subdivisée et poussée à 5 ou 7 groupes. Quoi qu'il en soit, elle jouit d'une haute considération, et fait partie du sacerdoce, parce que son service est fonction de charité et de religion, comme tout ce qui tient au service des malades et infirmes, dont les nourrissons et les patriarches décrépits font essentiellement partie.

Une mère, fût-elle princesse, ne peut jamais songer à élever son enfant isolément chez elle. Il n'y recevrait pas le quart des soins qu'il trouve au Séristère des nourrissons ; et malgré toutes les dépenses imaginables, on ne pourrait pas y réunir une corporation de *bonnes passionnées*, intelligentes, et se relayant sans cesse en trois caractères assortis à ceux des enfans, comme on vient de le voir. Une princesse, malgré tous ses frais, n'aurait pas des salles si bien entretenues au degré de chaleur ; des nattes élastiques, avec voisinage d'enfans qui se servent réciproquement de distraction, et sont répartis dans les trois salles, selon les convenances de caractère. C'est principalement dans ces établissemens harmoniens qu'on reconnaîtra combien le plus riche potentat civilisé est au-dessous des moyens de bien-être que l'Harmonie prodigue au plus pauvre des hommes et des enfans.

Loin de là ; tout est disposé, en civilisation, de manière que le nourrisson fait le tourment d'une maison disposée pour le torturer lni-même. L'enfant, sans le savoir, désire ces dispositions, ce bien-être qu'il goûterait dans un Séristère d'Harmonie, et à défaut de quoi il désole par ses cris, parens, valets et voisins, tout en nuisant à sa propre santé. Souvent il suffit d'un nourrisson pour importuner et désorienter une maison entière. Je vois, au moment où j'écris, un enfant qui depuis deux mois harcèle et tient sur les dents 5 à 6 personnes. Trois domestiques ne suffisent pas à servir les caprices que de sots parens lui ont créés : il pousse des cris perpétuels, sans maladie. Les gouvernantes engagées pour le service de cet antechrist, renoncent, perdent patience au bout d'une quinzaine, et toute une maison est harassée pour un marmot qui, dans l'état sociétaire, ne causerait pas le moindre embarras dans la salle des diablotins, enfans de sa trempe, éloignés des autres pour ne pas les étourdir de hurlemens. Leurs criailleries sont supportées sans peine par les bonnes de genre *victime*, quand il s'agit d'une station de deux heures seulement, avec attirail convenable à régir ces diaboliques rejetons. Elles s'attendent au vacarme de ces gueulards, dont la réunion peut intéresser un groupe de bonnes qui a des prétentions cabalistiques et émulatives à faire valoir contre les deux autres groupes de la Série des bonnes.

Ainsi, en éducation sociétaire, tout ce qui embarrasse et rebute les mercenaires civilisés, devient un jeu pour les Harmoniens, parce que les dispositions combinées, voulues par la nature et adaptées à tous les goûts, ne peuvent se rencontrer que dans les Séries pass. S'il en était autrement, les passions de l'enfant seraient donc exceptées de ce mécanisme sériaire qui règne dans tous les détails de la nature sociale.

En éducation comme en toute autre branche d'Harmonie, rallions-nous sans cesse à la boussole que j'ai vingt fois indiquée, à la distribution par *Séries composées* (*).

<hr>

(*) Par fois les simples sont applicables ; mais il faut, en système général, spéculer sur les composées, et en étendre l'emploi autant que possible, puisque le mouvement simple n'est utile qu'en relais du composé. On doit donc, dans le soin des enfans comme dans toute branche de relations sociétaires, procéder par Séries composées, sauf les cas très-rares où l'on pourra employer le mode simple, qui n'intervient qu'en exception, et jamais en pivot.

Si cette méthode ne s'étendait pas aux nourrissons comme à toutes les autres classes, si elle n'embrassait pas tous les âges depuis le berceau jusqu'à la décrépitude, il n'y aurait point d'unité dans ma théorie sociétaire; je violerais moi-même les règles que j'ai établies.

Je viens de commettre cette faute, et peut-être sans qu'aucun lecteur s'en soit aperçu. J'ai distribué, 145 3/4, les trois âges d'enfance en mode simple, tous trois par 18 mois; savoir:

  18 mois pour les nourrissons, o à 18.
  18 mois pour les poupons, 19 à 36.
  18 mois pour les bambins, 37 à 54.

C'est oublier que l'égalité est poison en Harmonie : ce principe que j'ai maintes fois énoncé, est violé dans cette occasion. Rectifions l'erreur, et distribuons progressivement comme il suit : *NOURRISSONS*, de o à 15 mois, 15.
   POUPONS, de 16 à 33 mois, 18.
   BAMBINS, de 34 à 54 mois, 21.

Moyennant cette division inégalement graduée par 15, 18, 21 mois, la progression devient composée, échelonnée en termes d'âges et en degrés d'âges, 154 1/2.

Il est bon de mentionner cette erreur, afin de prémunir les lecteurs contre le vice du simplisme, où ils seront fréquemment entraînés par leurs habitudes.

On trouvera souvent en ce genre, des fautes spéculativement commises : par exemple, dans l'indication de l'âge des jeunes tribus, Lycéens et Lycéennes, âge de 9 à 12 ans;
  Gymnasiens et Gymnasiennes, âge de 12 à 15 1/2 ans.

J'aurais dû y établir une différence d'âges, vu que le sexe féminin atteint plus tôt à la puberté que le masculin : ses chœurs doivent donc être un peu plus jeunes, comme serait

Lycéennes, 8 3/4 à 11 1/2 ; Gymnasiennes, 11 1/2 à 14 1/2.

Je me suis borné à indiquer un seul âge; c'est une faute de *simplisme*, commise par simplification ou abréviation. Nous nous engagerions dans un dédale de minutieux calculs, si je suivais trop strictement ces règles ; il suffit de les mentionner en principe, comme celles d'inégalité numérique des sexes, et inégalité d'âges entre les sexes de chaque tribu.

Ce chapitre étant dédié aux pères de famille, il faut, en finissant, fixer une seconde fois leur attention sur le plus
             grand

grand fléau des familles riches, sur le vice de régime qui enlève tant de jeunes enfans ; vice qui frappe spécialement sur la classe opulente. On voit par-tout les marmots qui n'ont ni pain, ni chemise, échapper à la faulx qui enlève le rejeton d'une puissante maison.

Sur ce, les Crésus accusent la nature, sans s'apercevoir que la mort de leurs enfans est l'effet d'un système d'éducation plus vicieux encore chez les riches que chez les indigens.

Il sera démontré que la classe opulente souffre plus que la pauvre, du défaut de régime combiné en éducation, et que sur ce point comme sur beaucoup d'autres, les riches, tout en croyant asservir le peuple, deviennent eux-mêmes victimes d'une oppression mal-entendue et gauchement organisée.

Ainsi, dit un auteur, c'est des demeures mal-saines où habite le misérable, que sortira la fièvre qui enlevera le seigneur. Dans le même sens, on peut dire : le dénuement des enfans pauvres généralise les vices d'éducation qui moissonnent les enfans des riches. Organisez en nourrissage le régime combiné, le Séristère à compartimens triples pour les âges et triples pour les caractères, vous garantirez à la fois les enfans du riche et ceux du pauvre. Un tel bienfait ne serait-il pas préférable à ce morcellement philosophique, source d'insalubrité et de mortalité pour les enfans riches ou pauvres, et pour les pères autant que pour les enfans ?

CHAPITRE VI.

CONTRE-POIDS de caractère pour les Poupons et Nourrissons.

JE n'ai traité, au précédent chapitre, que des soins matériels à donner au plus jeune âge ; il reste à parler des soins spirituels, et sous ce rapport, l'éducation des nourrissons se combine avec celle des poupons. Ceux-ci forment une classe MIXTE, dont les aînés, *hauts poupons*, âge de 27 à 33 mois, figurent déjà dans les ateliers avec les bambins, tandis que les cadets, *bas poupons*, âge de 16 à 20 mois, sont encore, à peu de chose près, soumis au régime des nourrissons.

Dans l'état actuel, les hauts poupons, âge 2 ans 1/2, ne sont guères moins fatigans que les nourrissons, leurs confrères en vacarme.

En vain la morale nous vantera-t-elle le doux plaisir d'entendre un marmot hurler jour et nuit; tout le monde n'a pas des oreilles de père, et ne s'élève pas à la hauteur de ces jouissances morales. Je vois les pères mêmes s'enfuir, pour ne pas entendre ce bruit infernal, et je les imite.

L'inconvénient existe chez les poupons comme chez les nourrissons. J'ai vu de ces aimables rejetons que les parens même étaient obligés de tenir à la porte de leur maison, pour avoir quelques momens de repos.

D'où viennent ces fureurs chez un enfant déjà fort, passant 15 mois et pouvant marcher? il souffre et s'irrite de ne jouir en civilisation d'aucun des délassemens que son instinct demande, que la nature lui a préparés dans l'ordre sociétaire, et qu'il trouverait à chaque instant parmi les poupons d'une Phalange d'Harmonie.

Un père philosophe qui a 50,000 fr. de rente, payera cher des mercenaires pour écouter ces hurlemens moraux et soigner le tendre enfant. Il vaudrait beaucoup mieux prévenir les cris en procurant à l'enfant les récréations que la nature lui destine, et qui lui vaudraient joie et santé. D'ailleurs, j'ai déjà observé que tout père n'a pas 50,000 francs de rente ni des appartemens isolés du sien, pour y reléguer ces criards sous la tutelle de quelques salariés; tandis que toute Phalange a un Séristère de pouponnerie, divisé en trois salles, où elle distingue les enfans de 15 à 33 mois,   en Pouponnains ou Doucereux,

                    Pouponnards ou Mutins,

                    Pouponnâtres ou Démoniaques,

et ainsi des nourrissons : voyez page 174. Cette distinction trinaire des caractères doit se combiner avec celle des âges, 15 à 1/2, afin que la Série soit composée et non pas simple.

J'estime que ceux de 3ᵉ classe, les démoniaques, seront dans l'état sociétaire moins méchans, moins hurleurs, que ne sont aujourd'hui les doucereux ou pouponnains. D'où naîtra ce radoucissement? aura-t-on, selon le vœu de la morale, changé les passions des petits enfans? Non, certes : on les aura développées; on leur aura procuré les délassemens de réunion pouponnique, distinguée en Série trinaire composée, en caractères *doucereux*, *moyens* et *acariâtres*, et en âges *haut*, *moyen* et *bas*. Les plus tapageurs cesseront de crier, quand ils seront réunis à une douzaine de petits démons aussi méchans qu'eux. Ils seront comme les férailleurs, qui deviennent fort doux et renoncent à l'humeur massacrante, en compagnie de leurs égaux.

Quelle distraction donnera-t-on à ces pygmées, aujourd'hui indisciplinables ? Je n'en sais rien : je les hais si fort, que je ne veux m'occuper d'aucun détail sur le soin de ces ante-christs. Les femmes en moins d'un mois auront deviné ce qui peut les satisfaire et mettre fin à leur infernal charivari. Je me borne ici à établir le principe, la nécessité de rassembler en corps les poupons démoniaques. Ils deviendront traitables par le seul appât d'assortiment, et les uns les autres ils se rameneront au silence, non par menaces ni châtimens, mais par effet de cette impression corporative qui radoucit l'être le plus querelleur, lorsqu'il est en présence de ses pareils ; effet que ne saurait opérer l'intervention des père et mère que l'enfant excède en se harassant lui-même.

Et lors qu'on le conduirait aujourd'hui avec quelques autres hurleurs du voisinage, on n'aboutirait point à le morigéner ; car on ne pourrait lui offrir aucun des agrémens qui seront réunis aux salles de pouponnâtres. De retour à la maison, il renouvellerait ses cris et deviendrait d'autant plus furibond, qu'il aurait eu quelques momens de distraction propre à lui causer des regrets. Il faut à l'enfant des habitudes constamment assorties à son caractère, et non pas des lueurs de bien-être qui ne servent qu'à l'aigrir, et augmenter l'ennui de son isolement dans la vie de ménage, où il n'est dans aucun cas apparié avec ses semblables, ni contenu en essor régulier par des contre-poids naturels et gradués en triple assortiment de caractères.

Pour distraire ces bruyans poupons et se débarrasser de leur ennuyeuse compagnie, la civilisation tombe dans d'autres écueils. Il faut les confier à une bonne qui les mène à la promenade ; et pendant qu'elle est occupée à écouter un godelureau qui la courtise, l'enfant sera victime de quelqu'imprudence. Chaque jour les gazettes retentissent de ces accidens funestes :

je n'en cite que deux (*), extraits des journaux de Paris.

Les poupons, en Harmonie, sont promenés en masse, accompagnés de quelques révérendes, et avec des précautions surabondantes. On peut, en temps de gelée ou pluie, les faire sortir dans les galeries basses du rez-de-chaussée. Cette promenade est déjà semi-harmonique ; on joint à eux une fanfare de quelques bambins qui savent battre en mesure du tambour basque et du triangle, puis deux chérubins jouant du flageolet. Un poupon n'est admis aux bambins, que lorsqu'il est déjà exercé à marcher en ligne et au pas, à jouer en mesure de tambourin, triangle, basquet, clochette ou castagnette, etc. On ne peut pas encore exiger d'un poupon de 33 mois, la mesure de chant, mais on peut exiger celle du pas ou des petits instrumens.

L'on voit dans leurs salles arriver successivement les mères qui, après avoir allaité leur enfant, n'ont aucun soin à lui

---

(*) Une bonne, à Paris, mène son poupon au jardin des Plantes, et selon l'usage de ces villageoises qui effraient toujours les enfans, leur font peur de l'ogre ou du loup, les tiennent sur le bord d'une fenêtre en les menaçant de les précipiter, cette bonne menaçait le sien de le faire manger par l'*ours Martin*. Elle le tenait sur le bord du fossé : quelqu'incident la trouble ; elle laisse tomber l'enfant dans la fosse. Il est aussitôt enlevé et dévoré par l'ours, après quoi la bonne désespérée va se noyer dans la Seine ; beau dédommagement pour un père !

Tel est le savoir-faire des bonnes : pour s'en garantir, la philosophie dira que l'enfant ne doit être confié qu'à la sollicitude paternelle : mais n'est-il pas connu que le tendre père, dans la classe populaire, est encore plus dangereux que les bonnes dans la classe opulente ? En voici un exemple récent, un fait arrivé en 1819.

Un tendre père de village, ne sachant comment faire taire son criard de poupon, lui disait : « si tu cries encore, je te ferai coucher avec « les cochons ; » et de menace en menace, il le ferme tout de bon dans l'étable à cochons, pour y coucher. Le lendemain il va chercher son enfant, et ne trouve que des ossemens : les cochons l'avaient mangé. On peut juger du désespoir du goujat. Ne voyons-nous pas chaque jour de ces sottises paternelles ? d'où il est aisé de conclure que les pères et mères sont les êtres les moins capables d'élever leur enfant, et que le train de vie de nos ménages ne peut nullement convenir aux inclinations du bas âge, lors même que tous les ménages consentiraient à devenir philosophes moyennant 50,000 fr. de rente, comme le moral papa d'Émile, qui, avec un tel revenu, serait déjà réputé sage, quand il ne suivrait pas un mot des préceptes de J. J. Rousseau.

donner, et ne peuvent que complimenter les bonnes sur la belle tenue des nattes, sur leur habileté à deviner les besoins et fantaisies de l'enfant, à le satisfaire avec cette dextérité qu'on a toujours dans une fonction habituelle et exercée par attraction.

Pourquoi la nature a-t-elle créé des femmes qui s'amusent de l'embarras que donnent les enfans, et qui en soigneraient une douzaine par plaisir, tandis que d'autres s'ennuient d'en soigner un seul et le confient à des mercenaires? La philosophie les appelle *mauvaises mères*, *mauvaises républicaines*; mais quand le soin des enfans s'exercera combinément, il n'y aura nul besoin que toutes les mères soient républicaines, amies des criailleries et des fonctions immondes.

J'estime que sur une Phalange de 1600 personnes, il suffira d'environ 50 pour assortir amplement la Série des bonnes, qui s'adjoindra quelques jeunes filles au-dessous de l'âge pubère. On en trouve, à cet âge, qui ont déjà de l'inclination pour ce genre de soins : elles fourniront chaque jour un poste de 24 heures, selon l'usage militaire ; et au moyen de ce service, la mère la plus pauvre pourra se dire : « Mon enfant est in-
» finiment mieux soigné que ne pourrait l'être le fils d'un
» monarque civilisé ; il ne m'en coûte pas une obole, et je
» n'ai à songer qu'à mes plaisirs et mes intrigues industrielles. »

L'entretien des deux âges extrêmes, tribu des bambins et tribu des patriarches, étant considéré, 174 1/2, comme charité générale, on n'exige rien pour les soins donnés à l'enfant. C'est le canton en masse qui supporte les frais des Séristères de poupons, nourrissons et bambins. La Série des bonnes est rétribuée comme toutes les autres, par un dividende sur le produit général.

« Je suis bien payée, dit une *bonne* civilisée ; mais je gagne
» bien mon argent : ah ! je n'y tiens plus, 175 1/4 ; il y a
» de quoi perdre patience. » Voilà ce qu'on entend même chez des gens riches qui ont de quoi faire des frais. Qu'est-ce donc chez les pauvres, qui n'ont pas de quoi acheter du linge à l'enfant ! Aussi, dans les villages, combien meurent de misère, sur-tout dans la classe des enfans pris à salaire et amenés de la ville ? J'ai entendu citer une mère qui en a envoyé 14 au village ; 9 y sont morts, et des 5 autres la mère en a tué 2, à force de mauvais traitemens. Combien d'autres les tuent par

l'excès de précautions ! Il n'est pas de classe plus sacrifiée que les marmots civilisés.

La nature veut leur éducation collective pour le bien des enfans comme pour le repos des pères. En dépit des devoirs sacrés de la nature, il n'est pas un couple d'époux qui ne soit ennuyé plus ou moins de l'attirail d'éducation des nourrissons, de leur mal-propreté, et des services répugnans qu'exige leur faiblesse. Il suffirait, pour liguer tous les pères et mères contre la civilisation, de pouvoir leur montrer, s'il existait une Phalange déjà organisée, les trois Séristères où on élève les nourrissons, poupons et bambins subdivisés en vingt-quatre groupes, 9 d'âges consécutifs, 9 de caractères contrastés, et 6 de sexe pour les bambins qui déjà font rivaliser les sexes.

Dans ces groupes, les plus âgés influencent les plus jeunes, et s'entraînent respectivement aux fonctions utiles, par suite de l'impulsion qu'ont donnée les tribus supérieures, celles de chérubins et séraphins, qui font déjà partie de l'harmonie active. En voyant cette propension générale des enfans aux procédés d'accord matériel et d'unité, chaque père s'écrierait :
» voilà la vraie perfection d'enseignement; le secret de la na-
» ture sur l'éducation ; le bien où l'on ne peut pas atteindre
» dans nos ménages incohérens; l'ordre qui assure aux pères
» l'insouciance et l'économie, aux enfans des soins continus et
» judicieux, une garantie sanitaire, et un contentement qu'ils
» ne peuvent pas trouver hors du régime voulu par la na-
» ture, 174. »

Et lorsque le père viendrait à faire le parallèle de ce bel ordre avec celui de son ménage philosophique, peuplé d'enfans rebelles au travail, hurlant, brisant, querellant, pourrait-il manquer de s'écrier : « L'homme a méconnu sa destination ;
» nous étions faits pour le travail combiné, pour l'association
» domestique; la philosophie nous a entretenus dans l'incohé-
» rence ; elle nous a trahis pour cacher son impéritie à dé-
» couvrir la théorie du lien sociétaire. »

Hors de cette association à laquelle nous sommes destinés, tout, dans les instincts de l'enfant comme dans ceux de l'homme fait, devient énigmatique pour nous. Notre état domestique ne peut, même chez les rois, satisfaire aucun des désirs de l'enfant, qui dès-lors est rebelle, acariâtre, et se trouve retardé en essor physique et moral. J'ai déjà remarqué que l'enfant ne tient nullement à vivre sous des lambris dorés, à voir une procession de courtisans ou de municipaux qui le traitent de majesté, et l'ennuient de harangues académiques sur la balance du commerce et de la charte : il préférerait un tas de foin sur lequel il se roulerait avec ses pareils.

Il existe chez l'enfant, soit bambin, soit poupon, soit nourrisson, une foule d'instincts que nous ne connaissons pas ; instincts qui, faute d'essor, poussent l'enfant à la malice, aux fureurs, et nuisent à son accroissement.

Ces tapageurs une fois réunis dans les salles de diablotins et pouponnâtres, s'imposeraient réciproquement et vicinalement : leur santé gagnerait beaucoup à cet état de calme, qu'on n'obtient pas aujourd'hui en entremettant plusieurs domestiques dont les soins ne satisfont point aux désirs inconnus de l'enfant ; il veut la compagnie de ses pareils.

Je connais si peu les instincts des petits enfans, et j'ai tant d'aversion pour cette classe d'êtres désolans, que je ne me hasarderai pas à prononcer sur leurs convenances décrites en détail : mais je puis juger la question abstractivement, pour les enfans comme pour les pères, en disant :

L'homme est un être fait pour l'Harmonie et pour toutes les sortes d'association : Dieu lui a distribué à tout âge des penchans adaptés aux ressources et moyens qu'offre l'état sociétaire. Ces ressources manquent chez nous à l'enfant ainsi qu'à l'homme fait ; et comme l'enfant privé de la parole ne peut pas s'expliquer, il est de tous les âges celui qui souffre le plus de l'absence du régime sociétaire. L'enfance étant plus dépourvue de raison que les âges supérieurs, est d'autant plus exigeante sur les instincts, dont l'état actuel ne permet aucun essor. Elle se venge par ses cris, de son asservissement à une éducation contre nature, cris fatigans pour le père, et nuisibles à l'enfant. Voilà deux mécontens, au lieu de deux heureux que produirait l'éducation sociétaire. Ainsi, jusques chez l'enfance on retrouve cette fâcheuse propriété de la civilisation, I, 27 : engendrer le double mal, au lieu du double bien que nous destinait la nature. Voyez le chapitre du bonheur composé, I, 475.

Fin de la 1re Notice.

CIS-LUDE. — *La MÉDECINE positive harmonique.*

S'IL est vrai que les pères et mères aient pour leurs petits enfans l'affection qu'ils témoignent, quel doit être leur empressement à établir le régime sociétaire qui sauverait au moins les deux tiers des enfans que la mort enlève avant l'âge de 4 ans 1/2! On est effrayé, en lisant dans les statistiques, les tableaux de mortalité des petits enfans. Cependant, quoi de plus coûteux à élever, et que de chagrins leur mort cause aux parens!

Si j'avais quelques notions en médecine, je pourrais démontrer par un examen détaillé des maladies d'enfans, que les 3/4 seront prévenues par le régime harmonien. J'en vais donner un indice tiré d'une branche d'économie sanitaire applicable à l'enfance entière.

Je choisirai le régime préservatif des dents, et l'intervention du dentiste. On ne donne en civilisation aucun soin aux dents des enfans : l'éducation néglige cette branche importante du physique; elle ne s'attache qu'à moraliser l'enfant, lui enseigner à coups de fouet quelques maximes sur le bien du commerce: quant à la santé, on la regarde comme un accessoire peu digne d'attention, sur-tout en ce qui concerne les dents. Celles des enfans sont négligées chez tous les villageois, chez les artisans et petits bourgeois; c'est-à-dire, chez les 99/100es des civilisés. On ne s'occupe de ce soin que chez quelques citadins qui, ayant joui des plaisirs, savent combien un beau ratelier est précieux en gastronomie et autres fonctions.

Quant aux familles bourgeoises qui ne s'occupent qu'à gagner de l'argent, elles ne donnent aucun soin aux dents des enfans; et ce qui le prouve, c'est que plusieurs villes situées en pays très-salubre, comme Genève et Bâle, fourmillent de gens qui ont des rateliers gâtés à l'âge de 30 ans.

Si on veut écouter les Bâlois et Genevois, ils accuseront les brouillards du Rhin, les brouillards du lac : pitoyable excuse! un fleuve rapide et encaissé comme le Rhin l'est à Bâle, n'engendre pas de vapeurs nuisibles : il en est de même des rapides ruisseaux qui arrosent la campagne de Bâle.

C'est encore à tort que les Genevois accusent leur beau lac. Un bassin vaste et d'une profondeur extrême est très-salubre, sur-tout au dégorgeoir, où ses eaux sont vives. Il peut élever quelques vapeurs, mais nullement dangereuses pour les natifs et habitués du climat : elles n'attaqueront point les dents, si on ne s'expose pas inconsidérément aux brouillards ; personne ne songe à ces précautions.

L'on spéculera bien différemment dans l'Harmonie. Le monde social jugera que dans une carrière de 144 ans, rien ne sera plus précieux qu'un beau et bon ratelier, apte à bien fonctionner aux 5 repas. La parfaite digestion dépend de l'exacte mastication : les Harmoniens feront d'autant plus de cas des dents, qu'ils placeront la sagesse dans l'hygiène gastrosophique ou art de manger beaucoup, digérer facilement, et arriver aux 5 repas avec un brillant appétit. Ils donneront donc les plus grands soins à la denture des enfans, qui seront tous visités chaque semaine par les dentistes.

Il faut observer qu'en Harmonie le groupe des dentistes est comme les autres fonctionnaires de médecine, affecté au service collectif, rétribué en proportion de la santé générale, et non des maladies individuelles, 173-174. Il importera donc au groupe de dentistes que la Phalange n'ait, s'il se peut, aucun ratelier endommagé. Leur beauté et sanité générale sera pour les dentistes le gage du bénéfice et de la renommée, comme pour les autres genres de médecins, qui tous perdraient à l'affluence de malades, et verraient diminuer leur dividende en rapport de l'accroissement de fatigues.

L'Harmonie ne jugeant pas le talent sur de belles phrases, mais sur de bons résultats, chaque Phalange estimera ses médecins d'après la statistique sanitaire du canton, résumée en moyen terme de 9 années. La Phalange de Tibur a eu pour moyen terme de malades, selon les tableaux comparés de 9 ans, 2 sur 100 par an. La Phalange de Lucrétile a eu pendant ces mêmes années, en malades et durée du mal, un moyen terme de 3 sur 100. La contrée en conclura que les médecins de Lucrétile sont dépourvus d'habileté, et leur Phalange peu satisfaite ne leur allouera qu'un médiocre dividende en répartition générale.

Chaque médecin est donc intéressé à veiller sur la santé de la masse. Aussi verra-t-on le groupe des dentistes, comme ceux des autres médecins, visiter chaque semaine les Séristères des poupons, des bambins et autres enfans, et faire à la régence un rapport sur les moindres incidens qui pourront compromettre les dents, collectivement ou individuellement : si quelque brouillard pouvait nuire aux rateliers, on verrait les dentistes ordonner et surveiller jour par jour, les précautions générales adaptées aux divers tempéramens, et sur-tout aux enfans de 9 ans, époque de 2° dentition.

La civilisation, où tout est subordonné à l'intérêt individuel, ne fournit que des dentistes intéressés à ce que *l'ouvrage donne*, et qu'il y ait beaucoup de ces rateliers qu'on appelle *chevaux à l'écurie*, gens qui ont besoin des soins continuels de leur esculape. C'est une conséquence inévitable du système de duplicité qui intéresse chaque classe de citoyens au mal-être des autres classes. J'en ai fait mention à l'Avant-Propos, CITER., en terminant par ces mots bons à répéter : *la civilisation ne présente qu'un bizarre mécanisme de portions du tout, agissant et votant chacune contre le tout ; et pourtant elle raisonne d'unité d'action ; elle fait trophée de sciences nommées économiques et unitaires !*

Là finissent les détails sur la direction combinée de ces marmots, dont j'aurais traité plus briévement si elle n'était le fondement du mécanisme sociétaire. Il faut, je le répète, que l'éducation de l'Harmonie soit achevée au moment où la nôtre commence, terminée avant 5 ans.

Ce n'est pas qu'après cet âge il ne reste à l'enfant une foule de connaissances à acquérir ; mais une fois admis aux chérubins, il se forme de lui-même, et n'a plus besoin d'autre stimulant que des rivalités établies entre les tribus et les chœurs, 2, 3, 4, 5, 6. C'était donc sur l'éducation antérieure ou de 1re phase, que reposait tout le problème ; et j'ai dû, au risque de rédites, y donner plus de détails qu'aux trois autres phases, dont l'exposé sera bien plus succinct.

L'éducation des 5 tribus supérieures 2, 3, 4, 5, 6, ne présentera pas de difficultés. Nous avons dès ce moment franchi toutes les épines ; c'est pour les diminuer, que j'ai divisé en petits chapitres toute la notice d'éducation antérieure.

En la terminant, remarquons sur la médecine comme sur les relations quelconques, une métamorphose qui justifie un peu les diatribes de Molière ; chez nous elle est négative subversive, en ce qu'elle a intérêt à propager le mal et en rendre les traitemens très-coûteux. L'effet contraire à lieu dans l'Association, où le médecin et le pharmacien sont eux-mêmes co-associés de la Phalange, et intéressés à ce qu'elle dépense le moins possible en traitement de maladies et en renouvellement de sujets. La médecine y devient donc positive harmonique. Sur ce point comme sur tout autre, c'est toujours le double miracle ou charme composé, 101, aussi inséparable du mécanisme sociétaire, que la fraude composée l'est du régime civilisé et de ses prétendues perfectibilités.

IIme NOTICE.

ÉDUCATION CITÉRIEURE.

(On a omis de placer le nom de Ire Notice en tête du 1ᵉʳ Chapitre de phase antérieure, 145. Les quatre phases étant réunies dans deux Sections, doivent être distinguées par le titre spécial de Notice 1ʳᵉ, 2ᵉ, 3ᵉ, 4ᵉ : je les sépare à dessein par de petits Inter-Ludes.)

ARGUMENT SPÉCIAL *de la* 2ᵐᵉ *Notice.*

Nous abordons la classe intéressante du peuple enfantin, celle qui prend déjà un vol sublime, et figure en pleine Harmonie avec les tribus de 30 ans; celle où tout chérubin de 5 ans est déjà aussi suprenant que le sont aujourd'hui certains enfans élevés par les danseurs d'opéra et les funambules ; celle enfin où l'enfant, dès l'âge de 5 ans, sait GAGNER BEAUCOUP D'ARGENT. Il faut bien faire valoir ce mérite, puisque c'est le seul apprécié en civilisation, chez l'enfant comme chez le père.

Pour atteindre à cette perfection, les tribus chérubiques et séraphiques ne suivront d'autre voie que celle indiquée en phase antérieure; toujours la distribution par rivalités composées, la graduation trinaire des âges et des caractères industriels, 154. Cette échelle devient bi-composée par la rivalité des sexes, peu sensible entre les bambins et bambines, mais déjà très-active entre les chérubins et chérubines, par suite de leur admission aux grandes manœuvres et aux petites cultures, où la rivalité des sexes est pleinement établie.

Conformément aux détails de thèses et épreuves, (143, argument général), les 2 tribus chérubique et séraphique doivent être exercées en matériel plus qu'en spirituel. On ne cherchera point, comme dans l'éducation actuelle, à en faire des savantins précoces, des primeurs intellectuelles, initiées dès l'âge de 6 ans aux subtilités scientifiques; on recherchera de préférence la précocité mécanique; l'habileté en industrie corporelle, qui loin de retarder la culture de l'esprit, l'accélère, ainsi qu'on le verra au chapitre 8.

Si l'on veut observer les penchans généraux chez les enfans de 4 1/2 à 9 ans, on les verra très-portés à tous les exercices matériels, et fort peu aux études; il faut donc, selon le vœu de la nature ou Attraction, que la culture du matériel prédomine à cet âge. Aussi, en admettant un enfant de 6 ans 1/2 à monter des chérubins aux séraphins, n'exigera-t-on de lui d'autre prouesse d'école, que de savoir écrire; exercice qui sera considéré comme purement matériel, et classé dans les 7 épreuves matérielles, indiquées 143 1/2.

Le chérubin (âge 4 1/2 à 6 1/2 ans), très-peu enclin à l'étude, l'est excessivement à tout exercice d'Harmonie corporelle. C'est donc en matériel qu'il faut lui présenter des amorces pour développer ses moyens selon l'ordre voulu par la nature, qui opine à former le corps avant l'esprit : aussi le principal ressort d'éducation chérubique est-il l'appât de figurer en grande manœuvre avec les tribus supérieures, avec la masse de la Phalange et des cohortes vicinales souvent rassemblées.

Donnons-en un exemple tiré de quelque manœuvre généralement connue, celle de l'encensoir.

Une Phalange, aux processions de la Fête-Dieu et en d'autres occasions, fait figurer la majorité des enfans à cette manœuvre. On prélève d'abord sur les chœurs au-dessous de la puberté, 144 figurans ; savoir :

Thuriféraires.	*Fleuristes.*	
12 Chérubins,	12 Chérubines,	
16 Séraphins,	16 Séraphines,	
20 Lycéens,	20 Lycéennes,	} 144,
24 Gymnasiens,	24 Gymnasiennes,	
72	72	

auxquels on joint divers employés accessoires tirés, soit des chœurs de supplément, soit des quatre tribus précitées.

Ce nombre de douze douzaines convenant merveilleusement aux subdivisions et à la variété des figures , on peut dire que la procession du saint-sacrement est plus pompeuse dans un canton d'Harmonie que dans nos grandes capitales.

On voit dans nos processions l'extrême empressement des enfans pour ce genre d'évolutions , où ils ne sont guères admis qu'à 12 ans à l'emploi de thuriféraire ; encore leur manœuvre est-elle faible de nombre et de figures. Ceux d'une Phalange doivent, à 5 ans , savoir manœuvrer dans une masse nombreuse de 144, exécutant des évolutions beaucoup plus compliquées que les nôtres , et avec un ensemble inconnu en civilisation , où les thuriféraires ne savent pas même aller au pas.

Il est certain que les enfans de 5 ans seront tout de feu pour cet exercice , et qu'ils seront très-peu empressés d'apprendre à lire. Le premier travail sera un délice pour eux ; le second , une fadeur. D'où il est évident que la nature les porte à cultiver les facultés matérielles avant les intellectuelles , et qu'on ne pourra guères qu'à 6 ans les amorcer à la lecture et l'écriture , par l'impatience d'être admis aux séraphins.

D'où vient cette impulsion de l'enfance aux exercices matériels ? De ce que la nature veut , avant tout , faire de l'homme un cultivateur et manufacturier , le conduire à la richesse , avant de le conduire à la science. Mais pour entremettre l'enfant avec succès dans les cultures harmoniennes qui exigent perfection et célérité , il faut que , de très-bonne heure , il soit exercé aux développemens corporels harmoniques. C'est par cette raison que l'Attraction le pousse violemment à ces manœuvres chorégraphiques et gymnastiques : il y acquerra la dextérité nécessaire dans les cultures , étables , volailleries , cuisines et autres fabriques d'une Phalange , où toutes ses opérations doivent s'exécuter avec la souplesse , l'aplomb et la mesure qu'on voit régner parmi nos athlètes d'opéra et de gymnastique.

C'est principalement à l'opéra que l'enfant se formera à cette dextérité qu'exigent les travaux harmoniens. De là vient que l'opéra va tenir le premier rang parmi les ressorts d'éducation antérieure.

La distribution des tribus chérubiques et séraphiques étant semblable à celle des chœurs bambiniques déjà décrite , nous n'aurons ici qu'à traiter des fonctions où intervient activement cette jeunesse de phase citérieure. Je l'examinerai dans cinq Séries industrielles ; savoir :

    X. L'opéra ou école des unités matérielles ;
    1. Le travail sériaire de règne animal ;
    2. Le travail sériaire de règne végétal ;
    3. Les cuisines ou emploi mixte des règnes ;
    K. Le lien d'Attraction entre les écoles et l'industrie.

CHAPITRE VII.

Opéra Harmonien,
ou Série pivotale en unité matérielle.

LE monde civilisé a tant de penchant pour l'opéra, qu'il accueillera volontiers un chapitre sur l'utilité future et les emplois économiques de ce plaisir, si éloigné aujourd'hui du rôle d'utile industrie. Loin de là ; l'opéra ne tend qu'à efféminer les mœurs et engager les souverains dans de folles dépenses ; témoins les ballets de *Novère*, qui endettèrent plusieurs princes d'Allemagne.

L'opéra, dans l'état sociétaire, va devenir une source de richesse et de moralité pour les individus de toutes les classes et de tous les âges, principalement pour l'enfant, en le formant à l'*unité mesurée*, qui est pour lui une source de bénéfice en tous genres d'industrie.

L'éducation sociétaire envisage, dans l'enfant, le corps comme accessoire et coadjuteur de l'ame. Elle considère l'ame comme un grand seigneur, qui n'arrive au château qu'après que son intendant a préparé les voies. Elle débute par façonner le corps, dans son jeune âge, à tous les services qui conviendront à l'ame harmonienne, c'est-à-dire à la *justesse*, à la *vérité*, aux *combinaisons* et à l'*UNITÉ*.

Et pour habituer le corps à toutes ces vertus, avant d'y façonner l'ame, on met en jeu deux ressorts bien étrangers à nos méthodes actuelles ; ce sont, entr'autres, l'*OPÉRA* et la *CUISINE*. Démontrons que le choix n'a rien d'arbitraire, qu'il est méthodiquement obligé.

L'enfant se laisse guider par les sens bien plus que par les

passions affectives, dont deux lui sont inconnues (les groupes
mineurs, amour et famillisme, I, 382). Il se passionne pour
les deux groupes majeurs, d'amitié et d'ambition corporative,
mais en tant que ces groupes favorisent l'essor des sens qui
sont les boussoles de l'enfant.

Sur les cinq sens, il en est un, *le tact*, qui est à peu près
nul en influence au-dessous de l'âge pubère. L'enfant ne connaît
pas l'amour, branche principale du tact : en outre, il est assez
indifférent sur ce qui touche aux autres plaisirs du tact, s'accommodant d'un siége de bois, d'un lit de sangle, d'une étoffe
rude : il dédaigne un fauteuil rembourré, un lit d'édredon,
une fourrure précieuse. Les raffinemens du tact ne sont d'aucun
prix à ses yeux ; mais il est fortement enclin aux jouissances
des quatre autres sens, dont il doit exercer

les deux actifs, *goût et odorat*, par la CUISINE :

les deux passifs, *vue et ouïe*, par l'OPÉRA.

Ce sont les deux points où le conduit l'Attraction : les enfans
et les chats seraient fourrés sans cesse à la cuisine, si on ne
les en chassait pas. Quant à la magie de l'opéra et des féeries
visuelles, c'est ce qu'il y a de plus entraînant pour un enfant.

Aux cuisines de sa Phalange distribuées en mode progressif,
il acquiert la dextérité, l'intelligence en menus travaux sur
les produits des deux règnes qu'on y met en œuvre. A l'opéra,
il acquiert l'esprit d'unité matérielle, qui doit être type et
voie de la passionnelle.

L'opéra est l'assemblage de tous les accords matériels mesurés. Il est aisé d'y en compter une gamme complète.

K. *Intervention mesurée, de tous âges et sexes.*

1. *Chant* ou voix humaine mesurée.

2. *Instrumens* ou son artificiel mesuré.

3. *Poésie* ou parole mesurée.

4. *Geste* ou expression mesurée.

5. *Danse* ou marche mesurée.

6. *Gymnastique* ou mouvemens mesurés (*).

7. *Peinture* ou ornemens mesurés.

X. *Mécanisme* ou *distribution géométrique mesurée.*

L'opéra est donc l'assemblage de tous les accords matériels,

(*) On n'admet que peu ou point la gymnastique à l'opéra civilisé :
elle est réputée genre populaire, et reléguée sur les petits théâtres.

et l'emblème actif de l'esprit de Dieu ou esprit d'unité mesurée. Or, si l'éducation de l'enfant doit commencer par la culture du matériel, c'est en l'enrôlant de bonne heure à l'opéra (*), qu'on pourra le familiariser avec toutes les branches d'unité matérielle, d'où il s'élevera facilement aux unités spirituelles.

Dans l'ordre civilisé, l'opéra, à supposer qu'il n'exigeât aucuns frais, serait un levier très-dangereux en éducation; il ne convient point aujourd'hui de polir le peuple, mais d'entretenir la dissidence, la duplicité matérielle entre les classes riche et pauvre. L'opéra serait dangereux même pour l'enfant riche, parce que cette réunion des beaux arts excite à l'enthousiasme, aux idées nobles et généreuses qui naissent de la culture des arts : de telles impressions sont nuisibles à un enfant qui, au sortir de là, va rentrer dans le commerce d'un monde vil et perfide.

L'enfant harmonien est exempt de ce danger; il ne sort du temple de justesse matérielle ou opéra, que pour rentrer dans un océan de justesse passionnelle, dans les Séries de groupes où il voit chaque passion coopérer aux accords sociaux, à la justice, à la vérité, à l'unité, dont l'opéra est le tableau. L'opéra formera donc les Harmoniens aux mœurs qu'ils devront pratiquer, et sous ce rapport il sera une boussole de sagesse dans l'éducation, où il ne serait aujourd'hui qu'un fanal trompeur, qu'une voie d'égarement.

Objectera-t-on que ce serait élever tout le genre humain à

C'est dépravation de goût, et non pas raffinement. Toutes les harmonies matérielles sont nobles : mais comme les grotesques, funambules, sauteurs, etc., plaisent au peuple, ils ont dû être disgraciés par la haute compagnie civilisée, qui répugne le peuple et ses goûts. La gymnastique rentrera en faveur dans un état de choses où les grands et le peuple seront UNS par le ton et les manières.

(*) J'ai observé que la Phalange d'essai n'aura pas besoin d'un opéra dès le début. On ne pourrait pas l'organiser avec des paysans qui, excepté ceux de Bohème et d'Italie, ne savent que brailler et non chanter : mais ces êtres grossiers sont l'embryon de l'espèce humaine; elle ne commencera à naître que dans la génération élevée en pleine Harmonie. C'est sur celle-là que nous devons spéculer. Traitons donc l'opéra comme objet de première nécessité pour les Harmoniens; car, dès l'organisation sociétaire, on ne tardera pas deux ans à sentir le besoin indispensable de ce spectacle pour l'éducation unitaire.

l'état

l'état de comédien ? Il n'y aura plus de comédiens, quand tout le monde le sera : et d'ailleurs, notre éducation civilisée forme-t-elle autre chose que des arlequins sociaux, depuis les jongleries de probité chez les hommes jusqu'aux jongleries de pudeur chez les femmes ? notre système d'éducation n'engendre que des histrions politiques et moraux, indignes même du nom de co-médien, qui, dans la rigoureuse acception, indique le peintre fidèle de la nature et de la vérité. Or, des champions de fausseté comme les civilisés, dont on aperçoit à chaque instant la du-plicité, ne sont pas dignes du nom de comédiens, et ne mé-ritent que celui d'histrions sociaux.

Aucun bambin n'est admis aux chœurs de chérubins, s'il n'a de l'aptitude à figurer dans quelque fonction d'opéra ; et pour donner plus de relief à cet exercice, on en fait un acces-soire du culte religieux, dont il relève le cérémonial par les hymnes et les manœuvres. On amène à l'opéra, mais en loge lointaine, les poupons paisibles, pour leur former l'oreille à la justesse : elle germe aisément chez le jeune âge.

L'opéra devient donc branche d'institution essentielle pour l'enfant du prince comme pour celui du berger. Le bambin s'y prête d'autant mieux, que l'opéra est souverainement attrayant pour lui. Rien ne plaît tant au jeune âge, que l'unité des évo-lutions et des chœurs, que les enchantemens et les féeries : aussi est-on assuré que tous les enfans se porteront avec une ardeur fougueuse à ce genre d'exercices, et qu'on sera obligé, non pas de les attirer à l'opéra, mais de contenir leur impatience par des statuts d'admission très-rigoureux.

L'opéra n'étant parmi nous qu'une arène de galanterie et un appât à la dépense, il n'est pas étonnant qu'il soit réprouvé par la classe morale et religieuse ; mais il est, en Harmonie, une réunion amicale, non payante ; il ne peut donner lieu à au-cune intrigue vicieuse entre gens qui se rencontrent à chaque instant dans les divers travaux.

Rassurons sur ce point certains lecteurs qui s'insurgeraient à l'idée de voir leur femme ou leur fille figurer dans une légion théâtrale d'un millier de personnes. Je sais comme eux ce qui résulte des réunions de comédie, même de celles d'amateurs ; mais qu'ils attendent de connaître le régime de l'Harmonie, où, ni à l'opéra, ni ailleurs, les amours ne peuvent donner aucune inquiétude à père ni à mari. Ils auraient grand besoin de pareille sécurité en civilisation, où leurs précautions échouent si constamment contre les intrigues d'amour.

On ne saurait trop leur répéter, à ce sujet, que le mécanisme sociétaire les dégagera simultanément de deux épines bien embarrassantes pour les pères et les époux, de la difficile fonction de surveiller et contenir femmes et filles, et de la corvée bien plus fâcheuse encore de leur procurer des établissemens et leur donner des dots qui ne sont pas nécessaires en Harmonie. Peut-on faire deux promesses plus agréables aux pères et aux maris? point de dots à fournir, point de fraudes à redouter!

Venons à l'article de la dépense. Un opéra, dira-t-on, coûte au gouvernement des millions en construction, des millions d'entretien; et les Phalanges prétendraient en avoir un, même dans le plus pauvre canton! Sans doute, puisque c'est une semaille d'Harmonie et d'industrie, dont le produit doit être infiniment supérieur aux frais.

La construction est peu coûteuse pour les Harmoniens, qui sont tous maçons, forgerons, charpentiers par attraction, dès le bas âge. Il suffira qu'un canton riche ait construit sa salle, pour que les autres, par amour-propre, en veuillent faire autant. Quant à l'achat des matériaux, les Harmoniens faisant d'énormes bénéfices et jouissant d'un plein crédit, vu l'impossibilité des banqueroutes, aucun canton ne sera gêné dans l'entreprise votée à l'unanimité, autant par spéculation d'intérêt que par plaisir et amour-propre. Toute Phalange aura des groupes de peintres et décorateurs, de mécaniciens, etc.: l'affaire ne coûtera donc en frais de façon, que le dividende réparti à la grande Série des constructeurs.

Ainsi, ce plaisir aujourd'hui réservé aux capitales et résidences royales, deviendra celui des moindres cantons agricoles: chacun d'eux aura un opéra bien supérieur à ceux de Paris, Londres et Naples; car chaque Phalange, même avant de recourir aux cohortes vicinales et aux légions de passage, aura environ 1200 acteurs à fournir, soit en scène, soit à l'orchestre et aux mécaniques; chaque Harmonien étant élevé dès le bas âge sur ce théâtre, peut y tenir quelqu'emploi musical ou chorégraphique; et sur ce point comme sur tout autre, on verra se vérifier le principe déjà énoncé, « que le plus riche

» potentat ne peut atteindre , en aucun genre , au degré de jouis-
» sances où atteint le plus pauvre des hommes en Harmonie. »

Les fonctions théâtrales aujourd'hui si épineuses , ne sont sujettes , en Harmonie , à aucun des inconvéniens actuels : on ne
court aucun risque ni de sifflets , ni de critiques offensantes : la
faculté de ne pas applaudir suffit à informer l'amateur du rang
qu'il tient dans l'opinion. Il n'y a que peu ou point de mauvais
acteurs , parce que leur quantité immense oblige chacun à se
restreindre à un petit nombre de pièces où il excelle.

Les champions médiocres sont bornés à s'essayer devant leur
Phalange, dans la petite salle, et aux jours où il n'y a ni rassemblement extérieur , ni passage de légions ou caravanes. Si un
individu n'excelle que dans 2 ou 3 pièces , il ne paraît que 2
ou 3 fois par an sur le théâtre ; et en d'autres momens il s'entremet dans les chœurs , l'orchestre , les danses , la peinture , les
machines , etc.

Cette affluence de coopérateurs permet de varier à l'infini les
répertoires , et en même temps l'unité de langage procure une
multitude infinie d'acteurs ; car un passage d'armée donne à
une contrée cent mille acteurs ou actrices ; les Harmoniens étant
tous nés sur les planches (*), acteurs par enthousiasme , par
habitude , et non par intérêt.

(*) Dans l'ordre sociétaire, on considérera comme estropié de naissance
l'enfant qui , à l'âge de 4 ans 1/2 , n'aurait pas la justesse de voix, d'oreille
et de mesure. Ce défaut ne pourra guères avoir lieu , parce que les enfans
seront élevés dès le berceau dans les chœurs musicaux. Chaque groupe
ayant ses cantates et hymnes de travail , les entonne en début et clôture
de séance, comme le *Benedicite* et les *Grâces* dans nos monastères. L'enfant habitué à ces concerts dès l'âge le plus tendre , ne peut manquer
d'acquérir la justesse de voix et de mesure, et l'aptitude à figurer à l'o-
péra. Quant à la comédie , comme l'Harmonie donne un plein développement à tous les 810 caractères, chacun d'eux excelle nécessairement en
quelque genre de comédie ou tragédie qui se rattache à son caractère.

Du reste, il n'y a point de comédiens salariés dans l'Harmonie. Les
Séries de l'opéra et des beaux arts y sont, comme toutes les autres, payées
par un dividende sur le produit général. Les pères ainsi que les enfans
figurant sur le théâtre et s'en faisant une intrigue agréable , ne voudraient
pas que cette fonction fût moins honorée que d'autres. Elle jouit , au contraire, d'un lustre immense, et devient une voie d'avancement à d'éminens emplois.

13.

Envisagé quant à l'influence morale sur l'enfant, l'opéra est une école de morale en image : c'est-là qu'on élève la jeunesse à l'horreur de tout ce qui blesse la vérité, la justesse et l'unité. Aucune faveur ne peut excuser, à l'opéra, celui qui est faux de la voix ou de la mesure, du geste ou du pas. L'enfant d'un prince, dans les figures et les chœurs, est obligé de souffrir la vérité, et les critiques motivées de la masse. C'est à l'opéra qu'il apprend à se subordonner en tout mouvement aux convenances unitaires, aux accords généraux. L'opéra est donc l'école *MATÉRIELLE* d'unité, justice et vérité : il est, sous ces rapports, l'image de l'esprit divin, le vrai sentier de la morale.

C'est non seulement en tableaux, mais aussi en relations sociales que l'opéra est sentier d'unité. Par exemple, en fait de langage, quelle honte pour les civilisés, qu'avec leurs jactances de perfectibilité ils ne puissent pas se comprendre de voisins à voisins, ni régulariser le langage, pas même de province à province d'un même empire, vivant depuis mille ans sous les mêmes lois !

C'est à l'habitude générale de la scène que les Harmoniens devront en grande partie l'unité de langage et même de prononciation réglée en congrès universel. Tout est lié dans le système des unités ; le langage est le premier anneau de cette vaste chaîne : sa duplicité actuelle est le sceau de réprobation pour la sagesse philosophique. Où donc prétend-elle établir l'unité, si elle ne peut pas même l'introduire dans la première des relations sociales, celle du langage, qui entraînerait toutes les autres unités matérielles, et par suite les spirituelles ?

Nous reviendrons sur l'excellence de l'opéra comme levier d'éducation et voie de lien amical entre tous les inégaux d'un canton. Avant d'insister sur ce sujet, il faut faire connaître plus amplement les Séries industrielles dont on retrouve l'emblème dans les Séries musicales et chorégraphiques. Aussi l'opéra sera-t-il chéri des Harmoniens, à titre d'image du régime social qui fera leur bonheur. Chez nous, il n'est qu'un tableau sans intérêt, sans analogie : notre système social n'établissant que le règne de toutes les duplicités politiques et morales, quel charme peut nous offrir une image matérielle de toutes les unités, dont aucune, pas même celle de langage, ne nous est connue ?

CHAPITRE VIII.

De l'Education Harmonique des animaux.

Les travaux de règne animal confiés aux Séries d'enfans, étant très-nombreux, je ne m'arrête pas à les décrire en détail ; il est clair que l'enfant de 6 ans s'occupera plutôt des pigeons et des volières que des chevaux et des bœufs. Bornons-nous à examiner quelqu'un des emplois où l'enfance harmonienne opérera des prodiges qu'on n'oserait pas même exiger des pères civilisés. Je choisis l'éducation mesurée des animaux.

C'est un travail que l'Association fait gérer en grande partie par les enfans de 5 à 9 ans qui, aujourd'hui, ne savent qu'effaroucher et vicier les animaux. Il règne dans cette branche d'industrie une telle impéritie, que la civilisation ne sait pas même élever le chien, qui doit être le conducteur des quadrupèdes et volatiles. Comment saurait-elle faire leur éducation, quand elle a manqué celle de leur chef ?

Une vérité bien inconnue jusqu'à présent, c'est que les animaux domestiques sont des êtres passibles d'harmonie mesurée, et que leur éducation ne peut devenir profitable à l'homme qu'autant qu'ils seront élevés selon cette méthode. C'est ici un problème d'enrichissement colossal ; il est bien digne de fixer l'attention d'un siècle qui, plus que jamais, juge tout au poids de l'or.

Il s'agit de prouver que les animaux élevés en harmonie mesurée, nous rendront le double de ce qu'ils nous rendent aujourd'hui, à égalité de nombre, et que cette éducation ne peut être faite que par des peuples élevés eux-mêmes à cette unité mesurée dont il faudra inoculer le goût aux animaux. Préalablement il faut former à ce talent l'homme qui doit les diriger. Or, ce n'est qu'à l'opéra qu'on peut former à la mesure ce peuple, ces enfans qui doivent en communiquer le goût aux quadrupèdes et volatiles.

Toute Phalange où le peuple ne serait pas élevé à la justesse mesurée qu'on n'acquiert qu'à l'opéra, éprouverait, indépendamment des autres dommages, une perte d'environ moitié sur le bénéfice que doivent donner les animaux domestiques dans cet état sociétaire où leur nombre s'élevera souvent au décuple de ce qu'il est parmi nous.

S'il fallait les conduire selon la méthode confuse des civilisés, on ne parviendrait jamais à les diriger ; ils se détruiraient eux-mêmes par le nombre ; et l'homme obligé d'y donner quatre fois plus de temps, de soins et de gardes, que n'en exige l'ordre mesuré, se ruinerait par l'éducation même de ces nombreux serviteurs qui doivent être sa principale richesse.

Je dis *PRINCIPALE*, et c'est une vérité bien reconnue de tous les agronomes, qui s'accordent à dire : « si le fermier n'avait » que ses cultures de grains, s'il ne faisait pas des *élèves* ou » animaux destinés à la vente, il n'aurait jamais de bénéfice, » et pourrait à peine payer le prix de sa ferme. Il ne se sauve » que sur les *élèves*, soit en quadrupèdes, soit en volatiles. » Une entreprise d'abeilles ou de vers à soie enrichira plus un » métayer que tous ses guerets vantés par les poëtes. »

S'il est une erreur pardonnable, c'est d'avoir ignoré pendant 3000 ans que nos animaux domestiques sont faits pour l'harmonie mesurée, et ne peuvent prospérer sans son intervention. Quand on n'a pas su découvrir cette destination chez les hommes où l'on en voit tant d'indices, faut-il s'étonner qu'on ait commis pareille bévue à l'égard des bêtes qui offrent bien peu d'indices d'aptitude à l'harmonie ; car on ne voit guères que le cheval qui soit susceptible d'accord mesuré : cet accord le charme dans la manœuvre en escadron ; le plus mauvais cheval devient un Bucéphale pour suivre la masse escadronnée ; il marchera jusqu'à la mort, et se crevera plutôt que de quitter l'escadron.

D'où vient qu'on voit si peu de quadrupèdes favorisés de cette propriété d'harmonie matérielle ? C'est que la nature (V. la note E, sur la *cosmogonie appliquée.* -Pivot inv., T. II), ayant été excessivement gênée et restreinte dans le système des créations post-diluvielles, n'a pu admettre les quadrupèdes qu'en très-petite exception aux propriétés d'harmonie mesurée. Aussi l'exception ne porte-t-elle notoirement que sur quatre, qui sont, le cheval, l'éléphant, le singe et le castor.

L'exception, comme on le voit, est bornée à un centième ; car les quadrupèdes connus sont au nombre d'environ 370, dont quatre seulement sont initiés à quelques facultés d'harmonie mesurée.

D'autres, comme le bœuf et le zèbre en sont très-susceptibles, mais dans un état de choses impraticable parmi nous, et qui n'auront lieu qu'en régime sociétaire. Le chien, notre premier serviteur, est très-apte à diverses manœuvres harmoniques dont nous n'avons jamais eu l'idée. Nous savons l'élever à des tours de force, des danses de tréteaux, etc. ; nous ne savons lui enseigner aucun procédé d'harmonie profitable à l'industrie. Si le cheval est fait pour l'harmonie des alignemens et des évolutions, le chien est destiné à d'autres, dont la principale est celle des gammes de direction, que l'ordre civilisé ne peut pas mettre en usage, parce qu'il n'a ni grands troupeaux, ni moyens de les élever.

En Association, le troupeau le plus subalterne, comme celui des oies, forme des masses immenses qu'on ne parviendrait pas à diriger, si l'on procédait selon la méthode confuse des civilisés, et sur-tout à la manière barbare des Français, qui ne savent diriger les bêtes qu'en les déchirant à coups de fouet, et disant : *pourquoi sont-ils chevaux, pourquoi sont-ils moutons !*

Tout animal domestique, en Harmonie, est élevé musicalement comme les bœufs du Poitou, qui marchent ou s'arrêtent selon le chant du conducteur. Mais ceci est excès, abus de l'influence musicale ; on ne doit pas l'employer à fatiguer les hommes ; il suffira d'en user pour indiquer à l'animal ce qu'on exige de lui, selon la coutume des bergers qui appellent au son du cornet.

Dans ce genre de service, les chiens peuvent intervenir très-utilement. Ceux de l'Harmonie sont dressés à conduire des masses de bétail, ralliées sur un son de clochette ou grelot. Les animaux sont habitués, dès l'enfance, à suivre tel grelot dont le son leur est connu par le signal des repas. Certaines espèces, bœuf, mouton, cheval, portent dès l'enfance et à l'époque de leur éducation, la sonnette ou le grelot qu'ils devront suivre toute leur vie et qui suffira seul à les distribuer en pelotons et colonnes.

Par exemple : pour classer et faire cheminer en bon ordre un troupeau de 24,000 moutons, trois ou quatre bergers à cheval sont rangés aux extrémités et au centre, avec quelques chiens de police et huit chiens de gamme qui, au signal donné, agitent alternativement leurs colliers de sonnettes, et rallient autour d'eux les moutons élevés sur leur note. On range les sonnettes par tierce, afin que chacune s'accorde avec la suivante et la précédente.

Ainsi le chien à collier de grelots UT, passe le premier avec sa troupe de moutons, dont quelques-uns portent comme lui une sonnette en *UT*. Viennent ensuite la bande MI, la bande SOL et autres, dans l'ordre *UT*, *MI*, *SOL*, *SI*, *RE*, *FA*, *LA*, *UT*; chaque peloton comprenant environ 3000 moutons.

Le diapason d'orchestre étant le même par tout le globe, un chien élevé dans un canton quelconque, peut servir pour tous les troupeaux du globe, et un animal connaît par-tout le grelot qu'il doit suivre. Cette méthode épargne une peine infinie dans la conduite des grands troupeaux, qu'on ne peut aujourd'hui mouvoir qu'en masses confuses, avec des fatigues énormes, à force de coups, de morsures et de brutalités, bien dignes de la civilisation perfectibilisée.

En Harmonie, on conduit plus aisément 50,000 moutons qu'aujourd'hui 500. Occupent-ils la route, des chiens sans collier courent sur les bords et empêchent qu'aucun ne s'écarte : ils sont d'ailleurs retenus par le son des grelots. Faut-il entrer dans un champ ou un pré, pour faire place à une caravane? on peut y faire entrer en deux minutes les 50,000 moutons. A cet effet, les bergers placés en tête, queue et centre, font signe aux chiens à collier de sortir des rangs : ils vont se ranger en ligne dans le pré, à cinquante pas de la route, et agitent successivement leurs grelots. Les moutons en huit pelotons (*)

(*) Un troupeau, ne fût-il que d'oies, marche dans cet ordre, par colonnes *UT*, *MI*, *SOL*, *SI*, que guident les chiens à sonnettes. Si les oies et autres animaux en prennent l'habitude, c'est que dès l'enfance on les y façonne. Plusieurs variétés d'oies, objets de rivalités entre plusieurs groupes, sont élevées selon diverses méthodes et dans des chambrées distinctes. Ces oiseaux contractent facilement l'habitude de ne pas se mélanger, et suivre la sonnette de leur chambrée. Pour les exercer à la bien connaître, on a soin de leur tendre des pièges sur de fausses notes ; et c'est un travail qui fait partie de l'éducation des enfans.

Par exemple, trois groupes vont, à la même heure, porter à manger à leurs trois chambrées d'oies. Le groupe des oies *UT* ira faire une feinte aux oies des chambrées *MI*, *SOL* ; il agitera la sonnette du diné en *UT*, et ne leur donnera rien. Après quelques instans d'impatience, elles entendront l'appel en *MI* ou en *SOL*, qui leur apportera réellement le repas.

vont se grouper autour des chiens , et la route est évacuée en un instant. Les civilisés pour cette opération emploieraient une demi-heure, mille coups de fouet et dix mille morsures de chien.

Je me borne à cette particularité , entre mille autres à citer sur l'éducation des troupeaux d'Harmonie. Les chevaux seront exercés au point de marcher sur quatre de front , sans autres guides qu'un petit nombre de cavaliers sonnant un appel dif-férent pour chaque peloton.

Moyennant cette méthode musicale , combinée avec l'amorce des repas, les convenances de terrain et la douceur générale des maîtres , on verra les zèbres et même les castors aussi privés que les chevaux , sauf la différence de traitement.

Hors de l'état sociétaire et des Séries pass. , il n'est pas même possible de tenter ces prodiges de régie animale ; on s'enga-gerait dans une dépense quadruple du bénéfice , en essayant la méthode harmonienne ; on trouverait par-tout des civilisés gros-siers et malfaisans , qui la contrarieraient ; puis des animaux voisins qui n'étant pas formés à cette méthode, gâteraient par leur fréquentation ceux harmoniquement éduqués. De là vient que les agronomes civilisés n'ont pas même pu imaginer cette éducation naturelle attrayante , et se sont bornés généralement à la méthode violentée, infiniment plus longue et plus dispen-

Dès qu'elles y auront été trompées une dizaine de fois , elles sauront fort bien distinguer leur note : les animaux ont un discernement exquis pour tout ce qui tient à la gueule ; on ne les voit jamais se tromper sur l'heure des repas ; on croirait qu'ils connaissent l'horloge. Un cheval a-t-il stationné une seule fois dans une écurie de telle route , s'il repasse deux ou trois ans après , il reconnaît l'écurie et s'arrête à la porte.

Les Harmoniens mettront à profit cet instinct des animaux , toujours intelligens quand leur appétit s'y trouve intéressé. On est fort habile en civilisation à leur donner une éducation *improductive* ; on enseigne à des *chiens savans* mille grimaces et gambades, qui ne sont d'aucune utilité et qui consument en vain le temps de l'instituteur. On enseigne à des puces à traîner un petit charriot. On voit jusqu'à des ânes savans et des cochons savans. J'ai vu même un phoque obéissant , et bien stilé à faire des singeries. Ces tours de force inutiles , dénotent quel parti l'homme pourra tirer des animaux , quand il saura faire de leur éducation un système unitaire et productif; travail auquel seront principalement employés les enfans , qui ont beaucoup de penchant à ce genre de fonc-tion, et qui aujourd'hui ne savent qu'hébéter et maltraiter les animaux.

dieuse. Aussi l'Harmonie emploiera-t-elle à éduquer, régir et perfectionner sés immenses troupeaux, à peine le quart des individus qu'emploierait proportionnément la civilisation, pour les hébêter, les abrutir et abâtardir les races.

Les chefs de la Série d'éducation des chiens et des troupeaux auront le rang de *Sibyls* et *Sibylles*, (titre des directeurs de l'institution). Un instituteur de chiens ou d'oies est en Harmonie un personnage de haute importance, car il doit former à ce talent des groupes de séraphins et séraphines opérant sous sa direction.

L'on ne pourra discipliner ces immenses troupeaux, qu'autant que chacun connaîtra leur langage de convention, qui une fois arrêté en congrès d'unité sphérique, sera le même par toute la terre. Si chacun étourdissait comme aujourd'hui les animaux, de cris divers et arbitrairement choisis, leur faible intelligence n'arriverait jamais à une discipline collective et unitaire.

On exigera d'un enfant d'Harmonie, qu'il sache avant tout, vivre unitairement avec les animaux ; qu'il connaisse leur vocabulaire d'appels et de commandemens principaux, afin de ne pas contrarier le système adopté pour les régir. L'enfant qui à 4 ans 1/2 manquerait de ces notions pratiques, serait refusé au chœur des chérubins : le jury chérubique lui répondrait, qu'on ne peut admettre au rang des Harmoniens un être qui n'est pas encore l'égal des animaux, puisqu'il ne sait ni leur langage, ni leurs convenances.

N'est-ce pas être au-dessous des animaux que de méconnaître la déférence qu'on doit à leurs instincts ? ils ne sont profitables pour nous, qu'autant que nous assurons leur bien-être. De là vient qu'en France où chacun se hâte de crever les chevaux à force de coups, de fatigues et de voleries sur la nourriture, on ne peut pas remonter localement la cavalerie, et on tire de ce quadrupède beaucoup moins de service qu'en Allemagne où il est ménagé. Le cheval de bataille du grand Fréderic était encore vivant à l'âge de 36 ans ; ce même animal, entre les mains des Français, n'aurait pas passé 15 ans ; les palefreniers lui auraient volé moitié de son avoine, et les maîtres l'auraient tué de coups, en disant, *pourquoi est-il cheval !*

Les animaux sont heureux dans l'Harmonie, par la douceur

et l'unité des méthodes employées à les diriger , par le choix et la variété des subsistances , par les soins de sectaires passionnés, observant toutes les précautions propres à embellir l'espèce : aucun de ces soins ne peut avoir lieu dans la brutale civilisation , qui ne sait pas même disposer commodément les étables. On peut assurer sans exagération , que les ânes , dans l'Harmonie , seront bien mieux logés et mieux tenus que les paysans de la belle France.

Le fruit de leur discipline et de leur bien-être équivaudra à la différence d'une troupe réglée à une masse de barbares sans tactique. Vingt mille européens battent aisément cent mille barbares et même plus , car les Russes n'étaient que sept mille contre la grande armée chinoise de plus de 1oo,ooo hommes.

C'est donc bénéfice du sextuple sur la discipline : il sera de même sans bornes sur la gestion des animaux d'Harmonie, améliorés par le mode composé, qui exige :

Discipline mesurée attrayante ;

Procédé sériaire en perfectionnement ;

Soins passionnés en amélioration de race ;

▱ *Régime unitaire.*

Mais quel sera le nouvel Orphée qui rendra les enfans et les animaux si dociles à toutes les impulsions de discipline unitaire? quel talisman mettre en jeu? Pas d'autre que cet opéra traité de frivolité par nos moralistes et agronomes , tous d'accord à dire , « *qui bien chante et bien danse , peu avance.* »

L'adage peut être vrai en civilisation ; mais il sera des plus faux en Harmonie , où cette discipline passionnée des enfans et des animaux , cette source d'énorme richesse , découlera principalement des habitudes contractées dès le bas âge à l'opéra, école de toutes les unités matérielles mesurées. Nos prétendus sages , en méprisant l'école des harmonies mesurées , ne sont-ils pas le pendant de ces botanistes arabes qui , pendant 3ooo ans , dédaignèrent le café ; ou de ces enfans qui , ne jugeant que les apparences , préfèrent une lourde pièce de cuivre au louis d'or dont ils ignorent la valeur.

Tel est le vice où tombent nos moralistes , en dédaignant le spectacle qui doit former l'enfance à la pratique des unités matérielles, et par suite, aux unités sociales.

Remarquons, au sujet de l'opéra, comme des autres divertissemens, que dans l'état sociétaire ils sont en liaison intime avec le travail productif et coopèrent à ses progrès ; effet qui n'a point lieu en civilisation, où l'industrie ne tire aucun secours, ni des jeux de cartes du citadin, ni des jeux de quilles du paysan. Loin de là, les jeux et divertissemens civilisés provoquent en tout sens l'oisiveté, l'abandon du travail, et même le crime, le vol, le suicide, fruits ordinaires des jeux de hasard, sur-tout de la loterie. Il sera curieux de voir comment les divertissemens, entr'autres les amours qui aujourd'hui n'ont aucun rapport avec l'industrie productive, en deviennent les appuis dans l'état sociétaire.

Une remarque plus importante encore, et qui naît de ce chapitre, c'est que l'animal qui donne double bénéfice par le perfectionnement attaché à l'éducation harmonique, donne un bénéfice décuple et douzuple par la faculté de quintupler et sextupler la masse qu'en éleveraient, sur pareil terrain, les civilisés qui ne connaissent ni l'art de discipliner au dehors des masses d'animaux, ni l'art de les harmoniser et distribuer dans d'immenses étables, comme celles de 10,000 poules pondantes par Phalange, I, 493.

Ce travail sera en grande partie confié aux soins des enfans aidés de quelques vénérables. Quelle mine de bénéfices, quelle source de réflexions pour un siècle qui ne rêve qu'aux moyens de *GAGNER DE L'ARGENT*, et qui va trouver une mine d'or dans chaque branche de travail, pourvu qu'elle soit exercée et distribuée par Séries passionnelles !

CHAPITRE IX.

CULTURES Enfantines de l'Harmonie.

EN opposant aux désordres civilisés la perspective du bonheur sociétaire, n'omettons jamais de donner des démonstrations en mode composé, ou positif et négatif, par preuve et contre-preuve. Ainsi, au tableau des prodiges industriels qu'opéreront les enfans harmoniens, il faut opposer celui du vandalisme et de l'oisiveté des enfans civilisés.

J'ai dépeint les enfans, 166 1/2, comme vandales positifs,

destructeurs par instinct et par esprit de corps. Envisageons-les maintenant comme vandales négatifs, refusant tous les travaux que la nature leur assigne dans le règne végétal.

Il faut qu'en cette branche d'industrie, la nature ait compté beaucoup sur le service des enfans, car elle a créé en grande affluence les petits végétaux et arbustes qui doivent occuper le bras de l'enfant et non celui du père. Les deux tiers du parterre, du potager et du bosquet, se composent de ces menues plantes adaptées à l'enfance.

Les fleurs, à part un très-petit nombre, sont presque toutes le lot du travail enfantin et féminin ; aussi la nature donne-t-elle aux femmes et aux enfans beaucoup de penchant pour les arbustes et fleurs, dont pourtant ces deux sexes n'exercent point la culture dans l'état actuel.

Un bambin qui veut grader et monter aux chérubins, doit, dans ses trois épreuves, choisir au moins un végétal, comme pensée ou cerfeuil, et justifier qu'il a été admis au groupe qui cultive cette plante ; admission qu'il ne peut obtenir que par un service utile et une dextérité éprouvée. Un chérubin postulant pour l'entrée aux séraphins, doit justifier, sur trois végétaux au moins, d'un service distingué et constaté par le suffrage des groupes compétens. Ces cultures lui donnent peu à peu des notions sur les diverses branches des sciences, car l'agriculture se lie à toutes.

L'enfant harmonien prend parti très-activement dans les rivalités de canton à canton. Un groupe d'enfans cultivant les oreilles d'ours à la Phalange de Meudon, est piqué de voir que celles de la Phalange de Marly ont eu la palme pour le velouté ou autre qualité. Les vaincus veulent connaître la cause de cet insuccès qui tient peut-être aux différences de terres. Là-dessus, le vénérable qui dirige ce groupe, leur fait une leçon sur les variétés de terre ; et cette étude répétée dans d'autres groupes, leur donne peu à peu des notions élémentaires sur le règne minéral. C'est déjà pour eux un appât à s'introduire dans les écoles, y demander quelque livre élementaire sur telle branche de la minéralogie, comme le classement des terres.

Ainsi, l'Harmonie ne donne jamais à l'enfant aucun *EN-SEIGNEMENT SIMPLE.* Elle ne l'initie à une science que par combinaison avec des notions pratiques déjà acquises sur telle autre science, et notamment sur l'agriculture, la maçonnerie, la charpente, la cuisine.

Les intrigues de rivalités agricoles habituent de bonne heure les enfans à l'esprit spéculatif. Il est très-nécessaire dans la culture des fleurs : quoi de plus difficile à élever à la perfection que la jonquille, le narcisse, la renoncule, la tulipe, les variétés de roses et d'œillets ? Si la nature exige tant de connaissance dans le soin de ces fleurs, c'est qu'elle veut former de bonne heure à l'esprit de calcul les enfans qui se passionneront pour les cultiver.

Elle leur a ménagé aussi quelques lots dans la grande culture; le blé noir, la pesette, la lentille, etc. : une troupe d'enfans qui s'adonne passionnément au soin de ces végétaux, est obligée d'étudier les qualités de terre et d'engrais, raisonner sur l'influence des températures pour connaître les causes qui ont valu du succès à tel ou tel canton. L'enfant adonné *par rivalité passionnée* à ces occupations, deviendra insensiblement chimiste et physicien, tout en croyant ne s'occuper que des luttes émulatives de ses groupes, de son canton.

D'où vient que l'éducation actuelle n'a sur l'enfant aucune de ces sortes d'influence, et qu'en aucun sens elle ne l'entraîne aux études ? C'est que les travaux auxquels on astreint l'enfant, manquent des trois ressorts qui le conduiraient à l'étude, ce sont :

1° *La passion.* L'on ne sait pas le stimuler par des rivalités de canton à canton et de groupe à groupe, telles qu'elles existent dans une Série passionnelle.

2° *L'emploi mixte.* Cet enfant ne travaille pas aux cuisines où il jugerait pratiquement des perfections ou défauts de l'objet qu'il a cultivé.

3° *Le raffinement gastronomique.* Il serait dangereux aujourd'hui d'y habituer l'enfant, et cela devient indispensable dans l'Harmonie, où il doit savoir distinguer vingt nuances de saveur sur le moindre végétal, cerfeuil ou persil, qu'il aura cultivé sans ce raffinement ; il ne saurait pas juger pourquoi son groupe a échoué ou triomphé dans ladite culture ; pourquoi tel canton a le 1er rang, tel autre le 2e, 3e dans l'opinion, relativement à ce végétal.

Cette combinaison de leviers n'existant pas dans l'état civi-

lisé, faut-il s'étonner que l'enfant ne veuille s'adonner ni à
la culture, ni aux sciences exactes, dont les rivalités de Série
lui feraient de bonne heure sentir le besoin et demander l'enseignement, sans qu'on lui en suggérât l'idée!

Résumons sur cet aperçu : d'une part, vandalisme et oisiveté ; d'autre part, occupation productive et études passionnées ;
voilà le parallèle des deux éducations harmonienne et civilisée :
celle-ci, je l'ai déjà dit, 147, ne produit que de petits vandales qui bientôt deviendront de grands vandales.

Tout est faussé dans le système agricole, par cette défection
des enfans et des femmes, à qui la nature assigne tant de végétaux à soigner. Tous les arbustes en fleurs ou en fruits, et
presque tout le potager et le parterre, doivent être envahis
par les femmes et les enfans. Loin de là ; un enfant civilisé
n'entre au jardin que pour y manger les fraises et groseilles
qu'il n'a point cultivées, y friper les fleurs et légumes : aussi,
ce qu'il y a de plus à désirer dans un jardin, c'est que les
enfans n'y mettent pas les pieds.

Les botanistes nous peignent leur science comme la plus intéressante, la plus rapprochée de la nature : d'où vient donc
qu'elle ne peut passionner l'enfant qui est l'être le plus voisin
de la nature, et que loin de se prendre de belle passion pour
la botanique, il ne fait que ravager les jardins et vergers,
refuser tout travail agricole ?

On nous dit que les paysans tirent parti de leurs enfans
dès l'âge de 7 ans : sans doute, à force de coups de bâton ;
mais quel service en obtiennent-ils ? Ils emploieront trente
enfans à transporter en fardeau ce que conduiraient trois enfans harmoniens sur trois chars attelés de trois ânons.

Une preuve incontestable que les civilisés ne savent tirer
en agriculture aucun parti ni des femmes, ni des enfans, c'est
que l'homme est obligé d'abandonner les travaux qui lui sont
spécialement attribués par la nature, et qui sont principalement les forêts et l'irrigation ; deux choses dont le cultivateur
civilisé ne peut pas s'occuper, parce qu'il est absorbé par les
travaux *FÉMININS* et *ENFANTINS*, tels que les petites étables
et volailleries, le potager et autres fonctions, dont les femmes
et enfans devraient le dégager.

Singulier résultat de la tyrannie masculine ! L'homme croit

avoir asservi les femmes ; qu'en résulte-t-il ? que c'est lui-même qui est esclave ; qu'au lieu d'avoir subordonné les femmes, il a dégoûté de l'industrie femmes et enfans. Il se trouve réduit à exercer les travaux dont ces deux sexes devraient se charger ; il est de plus , obligé de prélever sur le produit de son travail, les frais d'entretien et dotation des femmes et enfans : c'est l'effet de toute tyrannie ; elle se prend dans ses propres filets.

Analysons mieux le trébuchet où est tombé le sexe masculin : sa véritable destination est de vaquer aux grands travaux qui exigent la force des bras : tels sont les trois emplois de

Culture des forêts,

Ouvrages d'irrigation,

Soin des graminées.

La troisième fonction absorbe tout ; l'agriculteur ne peut vaquer , ni à la culture des forêts, ni à l'irrigation et aux ouvrages qu'elle exige : au contraire, le cultivateur ne s'attache qu'à détruire les forêts ; il détruit par contre-coup les sources et moyens d'irrigation.

Voilà donc deux des trois branches de grande culture gérées à contre-sens de la raison. Quant à la troisième, celle des graminées , comment est-elle traitée ? j'y distingue trois vices des plus choquans.

1° *Le défaut d'engrais et de qualité.* On en a si peu , qu'il faut ensemencer des champs en quantité énorme, et à peu près double de ce qu'emploiera l'Harmonie pour obtenir égale quantité de grain. Quant aux qualités d'engrais , c'est une distinction que ne fait ni ne peut faire le paysan civilisé.

2° *Les jachères.* Des terres qui se reposent une année ! le soleil se repose-t-il ? manque-t-il à venir tous les ans mûrir les moissons ? aurait-on besoin de jachères si on n'employait aux céréales que les terres convenables et soutenues des masses et qualités d'engrais nécessaires ?

3° *Les vices de détail :* on voit dans divers champs autant de pavots que d'épis. On y voit cent autres négligences qui ne seraient pas même connues dans l'état sociétaire , où des groupes d'enfans parcourent les champs pour les émonder.

D'où viennent tous ces désordres ? De ce que le sexe masculin est surchargé de la tâche des deux autres, qui ne font qu'un simulacre de travail.

Mais

Mais quelle carrière va s'ouvrir pour l'industrie masculine, du moment où les deux autres sexes rentreront en disponibilité par le régime sociétaire! on verra tout-à-coup les 5/6es des femmes en vacance industrielle, par la suppression des travaux compliqués et parasites qui naissent du morcellement des ménages, du soin pénible des enfans, de la mauvaise qualité des étoffes et des confections; enfin, des sots caprices de la mode, qui absorbent tant de femmes en ouvrages de couture interminables et en minuties superflues.

Après la cessation de ces désordres, on s'apercevra que les 5/6es des femmes sont disponibles: à quoi les occuper? A l'agriculture; elles envahiront donc majeure partie des menus travaux qui occupent aujourd'hui les hommes.

D'autres seront envahis par les enfans, qui seront amorcés à la culture par le régime des Séries *contrastées*, *rivalisées*, *engrenées*.

Dès-lors il ne restera aux hommes dans la force de l'âge, que les fonctions de vigueur, comme les trois citées plus haut; puis celles de manufacture pénible, charpente, maçonnerie, forge, etc. Ils interviendront accessoirement dans toutes les menues cultures, parterre et potager, mais sans en supporter le soin permanent: ce sera le lot des femmes et enfans.

Cette répartition naturelle est anéantie par la défection des enfans et la complication qui absorbe les femmes. Toute la masse du travail retombe sur l'homme seul, qui, surchargé de la sorte, doit négliger les branches les plus importantes, comme le soin des forêts et l'irrigation. Il effleure la tâche de son sexe, pour vaquer à celle de tous trois.

Jugeons-en par un seul végétal, par les *RAVES*, sentier des vertus républicaines. Si la république ne doit vivre que de raves, au moins faut-il, pour le bon ordre, qu'on répartisse aux trois sexes le travail de culture; savoir:

Aux enfans les petites raves;

Aux femmes les raves moyennes ou navets;

Aux pères les gros ravoguons de Curius Dentatus, et grosses ravasses de la citoyenne Phocion.

Telle serait la série naturelle de distribution; elle est impraticable dans l'ordre civilisé: vous y verrez le fier républicain obligé de cultiver lui-même les raves de toutes les dimensions, et de faire en plein l'ouvrage des deux autres sexes. Désordre inévitable hors des Séries, qui appliqueraient chaque sexe aux fonctions que la nature lui destine. C'est une des conditions nécessaires à faire naître l'attraction industrielle, qui, même en Séries, ne pourrait pas se développer si on maintenait dans les travaux la confusion d'emplois qui y règne aujourd'hui; si on voulait, comme dans la civilisation perfectibilisée, atteler une femme et un âne à la même charrue; (coutume des provinces-nord de l'Espagne. Les femmes ne sont guères moins maltraitées dans la belle France).

On a vu dans ces deux chapitres, combien les enfans sont éloignés de leur destination en travaux de règne animal et végétal, et combien il est évident que le régime civilisé ne les pousse qu'à l'oisiveté et à tous les vices anti-industriels. Les moralistes ont bonne grâce, après cela, de nous vanter les tendres enfans, si dignes de leurs vertueux pères, *petits vandales, bien dignes de grands vandales!* Voilà la vraie devise des enfans et des pères civilisés.

CHAPITRE X.

Des Cuisines sériaires, et de leur influence en éducation.

Étrange paradoxe! Il s'agit de démontrer l'utilité de la gourmandise chez les enfans; c'est peut-être le sujet le plus propre à confondre les antagonistes de l'Attraction, et mettre en évidence la sagesse du Créateur des passions.

Si la nature est sage dans ses impulsions générales, elle doit être sage dans la plus puissante passion qu'elle ait donnée à l'enfant; c'est la gourmandise.

Pour constater la justesse distributive de Dieu dans cette impulsion dominante des enfans, il faut prouver que la gourmandise tendra, *dans l'état sociétaire*, à les conduire aux trois foyers d'Attraction; *à la richesse, aux groupes, aux Séries industrielles.* Il n'y a de juste et louable en mécanique sociale, que les ressorts qui nous dirigent à ces trois buts, et par suite à l'*UNITÉ SOCIALE.*

Signalons ici l'erreur de mots, et par suite l'erreur de jugement ; vice condamné si souvent par nos sages, qui pourtant y tombent sans cesse.

» Les enfans, disent-ils, sont de petits gourmands ; il faut » les corriger, modérer leurs passions. » Rien n'est plus faux : les enfans ne sont point gourmands, mais seulement *gloutons, goinfres, goulus*. Le mot gourmand est à peu près synonime de *gastronome* ; il se prend en bonne part, puisqu'on dit un FIN GOURMAND ; on ne dira pas, *fin glouton*, *fin goinfre*, *fin goulu* ; tous trois sont de genre trivial.

Les Apicius sont gens de bonne compagnie, raisonnant savamment de leur art, dont ils sont trop préoccupés. Or, quel rapport entre un Apicius et des enfans qui mangent avec avidité des pommes vertes, des prunes à cochon ! S'ils étaient gourmands, connaisseurs délicats, ils renverraient ces alimens aux pourceaux. Ils sont donc goinfres, gloutons, goulus ; et pour les en corriger, il faut les ramener à la gourmandise ou gastronomie. Analysons les effets industriels à obtenir de cette métamorphose.

On observe par-tout que la classe la plus réservée à table, est celle des cuisiniers ; ils sont en général gastronomes, juges sévères, dissertant bien sur les mets, sans en faire aucun excès. Ils sont proportionnément la plus sobre des classes qui ont la bonne chère à discrétion.

Le meilleur préservatif de la gloutonnerie serait donc, pour les enfans, un ordre de choses où ils deviendraient tous *cuisiniers* et *gourmands raffinés*, autrement dit *gastronomes*.

La thèse étant des plus neuves, j'ai dû l'étayer de distinctions exactes sur le sens des mots, et sur les indices que fournit l'état des choses en civilisation.

Sur ce, on va reproduire l'objection déjà faite, au sujet de l'opéra. « Vous voulez donc, dira-t-on, élever tous les enfans » à l'état de cuisinier ! » Même réponse qu'à la page 193. Ce n'est pas moi qui veux ; c'est l'Attraction qui en ordonne ainsi ; et l'on va se convaincre qu'elle veut passionner pour la CUISINE tous les enfans.

TOUS, *en style de mouvement, signifie les 7/8es, puisqu'il est connu que l'exception de 1/8e confirme la règle.*

Or, quand les 7/8es des enfans seront passionnés pour jouer

14.

l'opéra et faire la cuisine, en vaudront-ils moins pour cela? c'est ce que nous allons examiner.

Observons d'abord que c'est le but indirect de la morale civilisée : elle exprime sans cesse et implicitement le vœu de voir les enfans se faire cuisiniers, car elle veut qu'ils s'adonnent au soin des animaux et des végétaux.

Comment pourront-ils juger des méthodes préférables dans le soin des animaux et végétaux, s'ils ne connaissent pas les rapports de manutention agricole avec les ressources de manutention culinaire ? l'agriculteur qui ignore cet art, travaille sans principes et sans but, quant aux emplois.

Ainsi font nos villageois, qui élèvent un animal ou cultivent un légume pour tâcher de tromper celui qui l'achetera ; mais si, selon le vœu de la morale, on spécule sur un état d'unité et d'accord intentionnel ; si le cultivateur veut favoriser le consommateur, il doit connaître l'emploi mixte ou art de la cuisine, et se guider dans ses cultures selon les convenances de cet art.

De là résulte déjà que la cuisine est portion intégrante des études agricoles, et que, pour faire de l'enfant un parfait agronome en gestion animale et végétale, il faut de très-bonne heure l'initier aux raffinemens de cette cuisine, de cette gastronomie proscrites par les farouches amis des raves et des droits de l'homme.

Autre motif qui milite pour élever l'enfant harmonien au travail de cuisine : c'est celui où il se formera le plus promptement aux cabales nuancées et graduées qui sont l'essence des Séries pass. On n'est apte à figurer et rivaliser dans les Séries, qu'autant qu'on sait se passionner pour telle nuance, telle fantaisie, qui forme un échelon dans une grande Série de 3o nuances, 1o variétés et 3 espèces. Or, pour habituer l'enfant à distinguer les échelons de qualités et se passionner spécialement pour quelqu'une, il faut mettre en jeu le sens le plus puissant sur le bas âge ; c'est sans contredit le goût, la gourmandise, divinité de tous les enfans.

Le sens du goût, le plus impérieux de tous, est un char à 4 roues, qui sont :

1. La culture,   3. La cuisine,
2. La conserve,   4. La gastronomie,
✕ La gastrosophie hygiénique.

Ses emplois embrassent tout le mécanisme social ; *production,
consommation, distribution*. L'on est donc au chemin de la
sagesse universelle , quand on spécule sur l'équilibre politique
des 4 fonctions du goût que je viens de définir.

Pour atteindre à cet équilibre , il faut que les 4 roues du char
puissent cheminer en plein concert , en pleine activité ; il faut
que l'éducation façonne , dès le bas âge , tout le monde social
aux 4 fonctions de culture, conserve, cuisine et gastronomie.
De leur concours naîtra la fonction pivotale ✕ , dite gastrosophie , dont il n'est pas encore temps de parler.

Tout père civilisé approuverait fort que son fils et sa fille
excellassent dans les deux premières branches , *culture et conserve*. J'entends par conserve, les précautions physiques et
chimiques employées à garder et améliorer les produits alimentaires , fruits , légumes , viandes , etc. Tel produit qui ne dure
que douze jours dans nos jardins , vergers , boucheries , peut
durer douze mois si la science intervient habilement pour l'entretenir. Dans ce cas , le chimiste aura trentuplé la richesse relative , car il nous aura fait jouir 12 mois d'un objet dont nous
n'aurions joui que 12 jours ; et cette habileté en conserve aura
provoqué une culture vingtuple et trentuple.

Ce serait peu de savoir *cultiver* et *conserver* , si l'on ne savait encore *cuisiner* , ou préparer pour le service de table. C'est
une 3ᵉ fonction que les moralistes veulent avilir , en prônant la
femme de Phocion qui accommodait les légumes à l'eau claire·
Ne mériteraient-ils pas qu'on les condamnât à vivre pendant 40
jours de cette cuisine républicaine ? ils ne la vanteraient guères ,
après ce carême philosophique.

Les Harmoniens penseront que ceux qui ont géré avec succès
la culture et la conserve , doivent intervenir aussi dans la préparation culinaire , au moins en quelques détails , et qu'ils
doivent savoir par expérience en critiquer les vices , en louer les
perfections.

Quiconque sera versé dans ces 3 branches d'industrie *gastrophile* , excellera nécessairement dans la 4ᵉ , dans la gastronomie ;
car il sera impossible qu'un homme déjà intrigué sur ce qui
touche à la *culture* d'un légume , aux travaux de *conserve* et
aux préparations officinales dites *cuisine* , soit insouciant sur
les saveurs de cet objet cuisiné et servi à table. Bien loin de

rester indifférent sur un tel mets, il en goûtera quelque peu, même sans appétit ; car il ne pourra rester muet sur une denrée à laquelle il s'intéressera à tant de titres : il voudra la juger en *gastrocole*, faire valoir ou critiquer ce qui tient aux deux branches de culture et conserve (1er et 2e rouages du sens du goût) ; puis juger en *gastronome* sur ce qui touche à la cuisine, 3e rouage du sens du goût ; prononcer entre les diverses cabales de tant de groupes et Séries qui interviennent à fournir ce comestible.

Ainsi, l'homme initié aux 3 fonctions de *culture*, *conserve et cuisine*, devient par le fait, expert sur la 4e ou *gastronomie*.

Cette quadruple instruction achemine par degrés à la science par excellence, à la *GASTROSOPHIE HYGIÉNIQUE* ou application de la gourmandise aux convenances des nombreux tempéramens que la médecine actuelle réduit à 4. (On pourrait, sur cette limite, lui adresser des objections assez embarrassantes (*).

L'émulation est faible, si elle ne porte que sur une intrigue

---

(*) Si les tempéramens sont bornés à 4 ; savoir :

***	Sanguin,	Bilieux,	Mélancolique,	Phlegmatique ;
Feu,	*Terre*,	*Air*,	*Arôme*,	*Eau* ;
Unité,	*Amitié*,	*Ambition*,	*Amour*,	*Famillisme*,

d'où vient que tel remède appliqué à vingt bilieux dans une même maladie, donnera au moins dix résultats différens ? Ces bilieux se subdivisent donc en d'autres ordres dont le mot *bilieux* désigne la classe entière ; puis ces divers ordres de bilieux se subdiviseront en genres, lesquels genres en espèces, puis en variétés, ténuités, minimités, etc.

J'en ai quelquefois conféré avec des physiologistes ; ils confessent l'enfance de la science dans cette branche d'analyse, comme dans beaucoup d'autres, et ils disent : « on s'est borné à désigner 4 points cardinaux ; » l'on risquerait, en poussant plus loin les distinctions, de s'enfoncer dans » les sophismes. »

De telles craintes sont-elles des excuses valables, et le soldat est-il autorisé à lâcher pied par-tout où il y a du danger ?

En se restreignant, comme on l'a fait, à indiquer des points de reconnaissance parmi cette foule de tempéramens, devait-on se borner au modique nombre de 4 ? Analysons les lacunes de cette division quaternaire.

Elle est juste quant aux analogies primordiales que je viens de classer en correspondance avec les élémens et passions cardinales.

Elle pèche en ce qu'elle n'a ni foyer, ni mixtes. Il fallait indiquer un tempérament pivotal ⋈, correspondant au feu. L'on trouve ce tempérament chez certains sujets omnimodes, qui se façonnent indifféremment au

simple. Un homme qui sera *cuisinier* et *gastronome* à la fois, aura déjà double véhicule d'intrigue et d'émulation : si on y ajoute celui d'intervention active dans la *culture*, il y aura triple source d'intrigue ; elle deviendra quadruple ou bi-composée, si on y ajoute la *conserve*. Dans ce cas, l'enthousiasme et l'émulation s'élèveront au plus haut degré ; car des sectaires du chou fonctionnant à leur carreau, y éleveront des débats sur les nuances de *goût*, de *préparation*, de *conserve* et de *culture*, et sur les fautes commises en ces divers genres. Le travail sera d'autant mieux soigné, qu'on y aura apporté quatre esprits de parti au lieu d'un. L'émulation n'aurait que moitié de cette intensité, si l'intrigue était réduite à deux ressorts ; que le quart, si réduite à un seul.

On s'efforcera donc, en Harmonie, d'enrôler de bonne heure chaque individu aux quatre branches de la science gastrophile, afin qu'il devienne expert sur trois au moins, et qu'il ne se borne pas au rôle ignoble de *gastrolâtre*, déshonneur de nos Apicius dont tout le savoir se réduit à jouer des machoires, sans aptitude à opiner ni agir dans les trois autres branches du goût, dans la culture, la conserve et l'art culinaire.

Ces principes établis, il reste à examiner si l'attraction s'y prêtera, si elle enrôlera l'enfance au travail des cuisines. On va voir que ce sera, de tous les ateliers, le plus séduisant pour le bas âge ; l'on y observe exactement la boussole d'Harmonie, la distribution par Séries contrastées, rivalisées, engrenées, dont on va examiner l'influence dans les cuisines sociétaires.

climat chaud comme au froid, aux alimens échauffans comme aux rafraîchissans : ces tempéramens sont rares, mais il en existe.

Il fallait ensuite, aux 4 cardinaux accoler 4 mixtes. Par exemple, une substance froide, la fraise, est un aliment pesant pour tel sujet, qui la digérera plus aisément si on l'allie avec de la crème : deux réfrigérans combinés font pour lui fonction d'échauffans : c'est un tempérament bâtard ou mixte, qui est hors de la ligne des 4 tempéramens cardinaux.

Il fallait donc, en distinction primordiale, reconnaître 4 tempéramens cardinaux, 4 mixtes, puis le pivotal direct et inverse. Telle est la division en 1re puissance.

En 2e puissance on en aurait distingué un plus grand nombre ; puis en 3e et 4e, des nombres croissans selon certaines proportions, qui, en 5e puissance, donnent le nombre 810 pour les tempéramens comme pour les caractères. La gamme en est énoncée, I, 257, sans indication des nombres.

CHAPITRE XI.

AMORCES *et progrès de l'Enfant* *aux Cuisines sériaires.*

CERTAINES caricatures nous peignent en détail le monde renversé ; elles n'exagèrent pas : il est vraiment à rebours du bon sens et de l'économie, sur-tout aux cuisines.

Si une Phalange, selon l'usage civilisé, occupe des Hercules de 30 ans à plumer des alouettes et trier du cacao, scandale qu'on voit chez tous les traiteurs et cafetiers, il faudra donc envoyer les bambins de 4 ans au travail pénible des pompes et de l'arrosage.

Telle serait la conséquence de ces préceptes soi-disant moraux qui veulent étouffer chez l'enfant les penchans à la gourmandise, à la fréquentation des cuisines, où la nature lui a ménagé tant de fonctions. L'enfant se plaît au tracas des cuisines : il serait charmé d'y intervenir, si on lui fournissait tout l'assortiment de petits ustensiles ; marmites, pots et casseroles en miniature : ce serait pour lui le suprême bonheur.

On refuse à l'enfant civilisé l'accès aux cuisines, pour diverses raisons.

1. Il est mal-adroit et brise les vaisselles.

2. Il renverse les mets, souille tous ses vètemens.

3. Il se brûle ; il ne sait pas manier le feu ; on est forcé à lui en interdire même les approches.

4. On n'a, dans une cuisine civilisée, ni gardiens, ni instructeurs, ni moyens pour le façonner au travail.

5. L'enfance serait dans nos cuisines en trop petit nombre pour y opérer par Séries de groupes, distribution hors de laquelle tout enfant est transformé en vandale.

6. Les menus travaux, comme plumage, épluchage, pelage, etc., ne fournissent pas chez nous des masses d'ouvrage auxquelles on puisse affecter des groupes régulièrement équilibrés.

7. Nos cuisines manquent de la branche de confection enfantine ; elles ne préparent pas les trois sortes de chère ;

Majeure pour hommes, *mineure* pour femmes, *neutre* pour enfans, et *pivotale* ou commande.

⨯ Enfin, la cuisine serait pour l'enfant une école de dépravation, par les sottes complaisances des domestiques, et les accidens fâcheux qui souvent en seraient la suite.

Ainsi la première école de l'enfant, la cuisine, lui est interdite en civilisation. Je la place au premier rang, parce que le stimulant y est plus fort que par-tout ailleurs. La cuisine exerce en lui l'esprit et les sens ; car, au charme du mobilier miniature qu'il trouve là comme dans d'autres ateliers, se joint l'influence de la gourmandise, passion très-généralement dominante chez les enfans des deux premières phases, o à 9 ans.

Sans doute ils ne sont pas friands de viandes ni de ragoûts ; mais sous le nom de *CUISINES SERIAIRES*, je comprends tous les ateliers de comestibles, entr'autres ceux de confiserie, fruiterie, laiterie, qui sont les lieux les plus attrayans pour l'enfant ; la boutique du confiseur est pour lui le paradis terrestre ; et c'est au Séristère de confiserie, annexe des cuisines, qu'est la première école des poupons et bambins. Le jardin, éminemment utile à l'éducation de l'enfant, est en chômage une partie de l'année ; la cuisine est constamment en activité.

Parvenu à l'âge de raisonnement, aux chœurs des séraphins, 6 1/2 à 9 ans, il apprendra aux cuisines mieux que par-tout ailleurs, la progression nuancée ou échelle des fantaisies dont se composent les trois corps d'une Série ; il y prendra parti après option raisonnée, et il en épousera quelques rivalités.

Vingt groupes sont en débat sur la supériorité de leurs choux : comment un enfant prendra-t-il parti pour l'un des vingt groupes, s'il ne sait pas faire la différence des saveurs de ces divers choux, et des modifications qu'y apporte l'art culinaire combiné avec les variétés de méthodes agricoles ? Il faudra de bonne heure initier l'enfant à tous ces raffinemens de culture et de cuisine, lui en faire distinguer les graduations ; système tout opposé à la sagesse actuelle, qui persuaderait à un enfant, « que tous les choux naissent égaux en » droits, et qu'un vrai républicain doit manger sans blâme ni' » louange, toutes les sortes de choux, pour le triomphe des » saines doctrines. »

Les variétés de mets étant très-nombreuses dans les cuisines d'une Phalange, tout enfant peut, sans recourir aux choux et denrées patriotiques, trouver mille sources d'intrigues industrielles dans les mets de cuisine enfantine, dans les crêmes sucrées, compotes, pâtisseries, confiseries, herbages et fruits. C'en est bien assez pour l'engager dans les rivalités agricoles, et l'habituer à connaître les échelles de goûts régnants sur un même objet, les classer par centre et deux ailes, s'enrôler dans un des groupes de centre ou d'ailes, et en soutenir les procédés et les cabales. Dès qu'il est parvenu à ce point, il a mordu à l'hameçon industriel; son éducation s'achève d'elle-même, par la seule impulsion des intrigues de Série.

Et comme les intrigues de bonne chère sont les plus puissantes sur l'enfant tout dévoué au sens du goût, on s'efforcera de rendre la cuisine attrayante pour le jeune âge, l'enrichir d'un mobilier bien adapté aux travaux de l'enfance, et toujours distribué en triple échelle, grande, moyenne et petite, avec nuances dans les trois divisions pour satisfaire tous les goûts.

Ce n'est pas un appât pour un enfant actuel, que de voir un rôti à la broche; mais c'est une amorce pour les enfans d'Harmonie, que de voir les broches nombreuses, disposées autour de trois feux saillans qui alimentent sept ou neuf genres de broches.

Au grand feu, les grandes broches et fortes pièces;

Au moyen feu, les pièces moyennes;

Au petit feu, le menu rôt, les brochettes.

Cet assortiment fournit des fonctions pour tous les âges. Les chérubins soignent les broches sous-minimes, d'alouettes, bec-figues et oisillons, placées en étage sur l'un des côtés du petit feu où les séraphins soignent les broches sur-minimes, contenant cailles, grives et pigeons.

Les lycéens et gymnasiens surveillent, au moyen feu, les deux ou trois espèces de broches à volailles et pièces de moyenne force.

Enfin, les fonctionnaires adolescens surveillent, au grand feu, les broches de grandes pièces.

Cette distribution échelonnée (*) amorce l'enfant; elle ne

____

(*) Par exemple, un grand four de pâtissier, bien noir, bien mal-propre, et garni de grillons sifflans, ne saurait plaire ni aux enfans, ni aux hommes. Si nous supposons, au lieu de ce sale atelier, trois fours inégaux, ornés alentour de marbre noir, pour éviter le noircis-

lui plaît qu'autant qu'elle est graduée par nuances, et qu'il peut y jouer en petit le rôle de singe ou imitateur de ses aînés.

Je n'étends pas la comparaison aux ateliers de confiserie et fruiterie : leur affinité avec les goûts de l'enfance est si connue, qu'il convient de s'attacher, dans la théorie, aux branches les moins attrayantes, comme le four et la broche, que j'ai dû préférer par cette raison.

Rallions à un principe général tous ces aperçus.

Dans l'Harmonie, où il conviendra d'attirer l'enfant aux cuisines, on devra lui ménager sur ce point une attraction bi-composée et non pas simple. Il y aurait appât *simple*, s'il ne se fondait que sur le luxe des ateliers. L'appât sera *composé*, si on y ajoute les rivalités d'émulation enfantine. Il sera *sur-composé* par les intrigues indirectes qui se lient à la culture ou à la fabrication. Enfin, il sera *bi-composé* ou quadruple, par le lustre des chefs et des fonctions.

Un cuisinier civilisé est un fonctionnaire de peu de relief hors de la coterie des gastrolâtres : il n'en est pas ainsi d'un cuisinier d'Harmonie, qui souvent peut être un monarque,

sement causé par la fumée ; si chacun des trois fours est adapté aux pâtisseries de diverses grandeurs, les groupes d'enfans seront charmés de faire cuire au troisième four les petits pâtés, petits gâteaux, mirlitons et menus objets qu'ils auront préparés. Leur intervention offrira triple avantage.

Exempter les hommes faits d'un ouvrage auquel suffisent les plus faibles enfans ;

Former ces enfans au travail, à l'école d'hommes exercés ;

Ménager à ces mêmes hommes une rivalité piquante, en ce qu'elle sera exercée par les enfans, leurs inférieurs.

Ainsi le régime sériaire ou industrie progressive crée pour les enfans une foule d'appâts dont le travail morcelé n'offre aucun germe. Nos travaux ne sont jamais assez étendus ni assez gradués pour comporter l'échelle d'ateliers en degré septenaire ou novennaire. Tout Séristère offre cette variété nuancée, au moyen de trois laboratoires de genre, subdivisés en deux ou trois laboratoires d'espèce.

Une telle échelle ne peut se former régulièrement que dans une association très-nombreuse, comme une Phalange de grande Harmonie à 15 ou 1600 sociétaires. On ne pourrait pas établir cette graduation dans une Phalange d'ordre simple, de 4 à 500 personnes ; encore moins dans une petite réunion de 20 ou 30 ménages, qui ne sauraient fournir les assortimens de passions nécessaires.

toute industrie étant compatible, en Association, avec le rang suprême. D'ailleurs, cette fonction se trouve liée avec les sectes de culture, de conserve, de chimie, de médecine hygiénique, d'économie sanitaire; et le cuisinier harmonien devient, par suite, un savant de premier ordre.

Aucune des quatre amorces précitées ne peut se rencontrer dans les cuisines civilisées, pas même dans la confiserie ni la fruiterie, qui pourtant exercent encore de l'attraction sur l'enfant. Quelle sera donc leur influence dans l'ordre naturel ou sériaire, hors duquel aucun atelier ne saurait fixer l'enfant à l'industrie!

CHAPITRE XII.

Précocité composée des Enfans.

Il est peu de fantaisie plus générale chez les parens, que celle d'avoir des enfans précoces en toutes facultés; de là vient que nos théories modernes exercent l'enfant à des subtilités scientifiques, et font de lui une *primeur intellectuelle*, s'immisçant dès l'âge de 6 ans dans les études que souvent il devrait n'aborder qu'à 12.

L'ordre sociétaire se ralliera à la marche naturelle, qui est d'éduquer le corps avant l'esprit. On voit la nature donner la feuille avant le fruit; l'Harmonie suit cette méthode en éducation.

Non qu'elle approuve le système de *Diafoirus père*, qui favorise dans son fils *Thomas* le tardif essor des facultés intellectuelles; on ne recherchera ni les *PRIMEURS* ni les *POSTMEURS*; *in medio stat virtus :* on emploiera les caractères tels que les donne la nature, sans provoquer la précocité.

On l'obtiendra pourtant, mais en mode composé. Ceci nous conduit à l'analyse des deux précocités.

La simple *spirituelle*, qui hâte les progrès de l'esprit aux dépens de ceux du corps. C'est par fois un vice de nature et d'équilibre, ainsi qu'on a pu l'observer dans *Pascal*, *Pic de la Mirandole*, et autres génies précoces qui n'ont pas vécu.

La simple *matérielle*, qui fait prospérer le corps aux dépens de l'esprit. On voit foule de ces jeunes civilisés dont l'accroissement, satisfaisant quant au matériel, semble absorber les facultés mentales; gens qui, dans leur imbécillité prolongée, sont dignes d'avoir pour capitaine *Thomas Diafoirus fils.*

La précocité n'est vicieuse qu'autant qu'elle tombe dans l'un de ces deux *simplismes ;* elle est très-utile quand elle échappe à l'un et l'autre vice. Tel est l'effet de l'éducation harmonienne, qui développe de front le corps et l'ame, les facultés sensuelles et spirituelles. De là résulte la *précocité composée.*

Elle ne peut s'établir qu'autant qu'on suit la marche indiquée par la nature; la dominance

d'emplois matériels en basse enfance; *phases ant. et cit.*

d'emplois intellectuels en haute enfance; *ph. ult. et post.*

Il faut donc, pour élever les enfans à la précocité composée, les attirer dès le bas âge aux travaux matériels qui n'ont rien d'attrayant dans l'état actuel.

Les études ne doivent figurer qu'en second ordre ; elles doivent naître d'une curiosité éveillée par les fonctions matérielles. Il faut que le travail de l'école soit lié à celui des ateliers et cultures, et provoqué par les impressions reçues à ces ateliers.

Par exemple, Nisus à 6 ans est passionné pour le soin des faisans et des œillets ; il figure activement dans les intrigues des groupes qui soignent la faisanderie et l'œilleterie.

Pour introduire Nisus aux écoles, on se gardera bien de mettre en jeu l'autorité paternelle et la crainte des férules, pas même l'espoir de récompense. On veut, au contraire, amener Nisus et ses pareils à demander l'instruction : comment s'y prendre? Il faut amorcer les sens, qui sont les guides naturels de l'enfant.

Le vénérable Théophraste qui, à la faisanderie, préside les chérubins et les aide de ses conseils, apportera à la séance un gros livre contenant les gravures des différentes espèces de faisans, de celles que possède le canton, et de celles qu'il ne possède pas. (C'est un volume de l'Encyclopédie naturalogique enluminée, 133).

Ces gravures font le charme des enfans de cinq ans; ils en parcourent avidement la collection. Au-dessous de ces *belles images* est une courte définition. L'on en explique 2 ou 3 aux enfans. Ils voudraient entendre lire toutes les autres ; mais le vénérable de station ou le séraphin de ronde *n'ont pas le temps* de s'arrêter à ces explications.

C'est une ruse convenue dans les Séristères de basse enfance : chacun est d'accord à dire au chérubin, qu'on n'a pas le temps de lui expliquer ce qu'il veut savoir ; on lui refuse adroitement les instructions qu'il demande ; on lui observe que s'il veut connaître tant de choses, il n'a qu'à apprendre à lire, comme tel et tel qui ne sont pas plus âgés que lui, et qui sachant lire, sont déjà admis à la bibliothèque mineure.

Là dessus, le séraphin emporte le livre des *belles images* dont on a besoin aux salles d'étude. Pareil tour est joué aux enfáns qui cultivent les œillets ; on a excité leur curiosité sans la satisfaire en plein.

Nisus piqué de cette double privation qu'il a essuyée aux groupes de faisanderie et d'œilleterie, veut apprendre à lire pour s'introduire à la bibliothèque, et y voir les gros livres qui contiennent tant de *belles images*. Nisus fait part de ce projet à son ami Euryale, et tous deux forment le noble complot d'apprendre à lire. Une fois l'intention éveillée et mánifestée, ils trouveront assez les secours de l'enseignement : mais l'état sociétaire veut les amener à *demander l'instruction ;* leurs progrès seront trois fois plus rapides, quand l'étude sera *travail d'attraction, enseignement sollicité.*

Ici j'ai mis en jeu l'un des goûts favoris de l'enfance, le goût des gravures enluminées, représentant les objets auxquels l'enfant s'intéresse activement par connexion avec ses travaux.

Ce ressort paraît suffisant pour éveiller l'idée d'apprendre à lire : analysons mieux l'amorce, et distinguons-y un mobile bi-composé, double en matériel et double en spirituel.

M. 1° L'impatience de connaître l'explication de tant de belles images.

M. 2° Le rapport de ces gravures avec les animaux ou végétaux qu'il soigne de préférence.

S. 3° L'envie de s'élever du sous-chœur des mi-chérubins au sous-chœur des hauts chérubins, qui ne le recevront pas s'il ne sait pas lire.

S. 4° Les ironies de plusieurs des hauts chérubins qui, sachant déjà lire, se moqueront du retardataire.

Mettez en jeu ces véhicules d'attraction bi-composée, et le succès sera aussi prompt qu'il serait lent et douteux si on recourait aux mobiles civilisés, à l'ordre du père et du pédant,

aux pénitences et châtimens, ou aux faibles appâts de quelques
méthodes actuelles, dont la plus vantée, le *mutualisme*, n'atteint pas même au véhicule composé, encore moins au bi-
composé.

Pareille méthode régnera dans les diverses branches d'étude;
écriture, grammaire, etc. On y entremettra toujours l'amorce
bi-composée, les refus concertés et ruses innocentes pour éveiller
l'émulation. Elle ne peut naître que sur les branches d'études
analogues aux travaux que l'enfant exerce passionnément. C'est
donc en tout sens par le matériel d'industrie que doit commencer son éducation; et rien n'est plus mal-entendu que la
méthode *simpliste* des civilisés, qui veulent faire de l'enfant
un géomètre, un chimiste, avant de l'avoir amorcé aux fonctions propres à éveiller en lui le désir de connaître les mathématiques et la chimie, et de combiner ces théories avec la pratique par où il a débuté.

C'est donc aux jardins et basse-cours, aux cuisines et à l'o-
péra, que doit commencer l'éducation de l'enfant; il ne doit
passer à l'école que pour y étendre les notions dont il a déjà
pris une teinture confuse en exercice industriel.

Bref, l'éducation des 2 premières phases d'enfance, *antér.*
et citér., âge de o à 9 ans, devra donner l'initiative et le gouvernail au *matériel*; et par contraste, l'éducation des deux
dernières phases, ultér. et postér., 141, comprenant les âges
de 9 à 19, devra donner l'initiative au spirituel, qu'on verra
dominant dans le système exposé aux 3e et 4e notices. L'éducation harmonienne tomberait en marche simple, si les ressorts
n'étaient pas en influence contrastée dans les deux vibrations
inférieure et supérieure, 141.

En suivant cette méthode, en la combinant avec l'exercice
par Séries, on verra les enfans devenir PRIMEURS à tout âge,
comparativement aux nôtres, et *primeurs omnimodes*, c'est-
à-dire en vingt fonctions différentes.

Loin de là, l'enfant civilisé qui devient primeur en quelque
genre, n'est toujours que massacre en cent autres fonctions.
Rassemblez aujourd'hui tous les enfans primeurs de 10 ans, on
n'en trouvera pas un qui sache *allumer le feu*, disposer convenablement les bûches, les cendres, les chenets; ménager les
jours, couvrir artistement les charbons et tisons, pour les con-

server. Parmi les femmes de 30 ans, on n'en trouvera pas une sur 100, qui sache faire le feu, le disposer en divers sens, selon les cheminées et les emplois. Cette science inconnue aux civilisés de 30 ans, est familière à tout enfant harmonien de 4 ans et demi : c'est une moitié de sa thèse d'examen sur la première des propriétés de Dieu, l'économie de ressorts (*).

En précocité comme en toute autre qualité, il faut, pour se mettre au ton de la nature, désirer tous les avantages possibles : Dieu ne veut pas être généreux à demi ; sa munificence pour nous est sans bornes ; il faut donc, pour nous rallier à ses vues, demander tous les biens imaginables sur chaque branche de bonheur. Demander en plein la précocité matérielle et intellectuelle des enfans, le développement *intégral minime* de ces deux sortes de facultés.

Encore ce double essor serait-il imparfait s'il ne conduisait pas des emplois matériels aux études, et des études ou théories aux fonctions pratiques, alliance qu'on ne trouve jamais chez nos enfans précoces.

On en voit quelques-uns exceller à 5 ans dans une fonction matérielle. J'ai vu à l'opéra de Paris une petite danseuse qu'on disait avoir moins de 5 ans, et qui était virtuose en danse et en pantomime. Ce n'est là qu'une branche de précocité, et cela ne suffirait pas, en Harmonie, pour la faire admettre des bam-

---

(*) La thèse sur les propriétés de Dieu, 143, est toujours COMPOSÉE, et doit être soutenue en *matériel* sur les emplois du feu ou corps de Dieu, et en *spirituel* sur les emplois des passions ou ame de Dieu.

Le bambin postulant aux chérubins, ne sera examiné que sur les plus bas emplois du feu ; l'art d'allumer, entretenir économiquement, couvrir et conserver le feu, avec de petites bûches et pincettes minimes. Ce petit talent lui vaudra, outre l'avantage de dextérité, l'art d'éviter les brûlures et les risques d'incendie.

Le chérubin postulant aux séraphins, sera examiné sur un emploi plus relevé, comme le chauffage opportun des petits fours.

Le séraphin postulant aux lycéens, sera examiné sur un emploi de *feu composé*, comme l'usage de la poudre.

Le lycéen postulant aux gymnasiens, sur quelques emplois difficiles de feu composé ; et ainsi pour l'admission aux jouvenceaux ; le feu devant toujours figurer comme branche matérielle de la thèse à soutenir sur les propriétés de Dieu, 143.

bines

bines aux chérubines. Ce ne serait pour elle qu'un des marche-
pieds à franchir, selon le tableau suivant.

Epreuves d'une Bambine postulante.

K Intervention musicale ou chorégraphique à l'opéra.

1 Lavage de cent vingt assiettes en une heure, sans en fêler
  aucune.

2 Pelage d'un demi-quintal de pommes en une heure, sans
  en retrancher au-delà d'un poids indiqué.

3 Admission en sectaire au groupe de la violette.

✕ Art d'allumer et couvrir le feu.

Une bambine qui choisira et soutiendra ces épreuves sera
admise aux chérubines.

On sera assuré que l'habileté dans ces diverses fonctions doit
entraîner bientôt la bambine à demander les leçons théoriques,
perfectionner l'esprit en proportion du corps, élever l'enfant à
l'éducation *intégrale composée*, c'est-à-dire complète en fonctions du corps et de l'ame, ainsi que je l'ai indiquée pour le
corps, page 142, au bas.

Je n'ai fait aucune mention du progrès des séraphins voisins
de l'âge de 9 ans et prêts à passer aux lycéens. Il est clair que
l'enfant qui, à 4 ans, fréquente déjà plusieurs ateliers, plusieurs
cultures, sera, à 9 ans, habile dans vingt branches de travail
agricole et manufacturier, et que la rapidité de ses progrès sera
incalculable tant qu'il suivra la boussole de direction harmonique, l'exercice par *Séries contrastées, rivalisées, engrenées.*

Nous parlerons de ces résultats à la 4ᵉ Notice. L'effet difficile
est d'amorcer au travail l'enfant en bas âge : c'est le seul détail
sur lequel j'aie dû insister. Ce pas une fois franchi, l'éducation
marche d'elle-même, sauf les leviers moraux dont j'ai différé de
parler, parce que les grands ressorts en ce genre ne sont applicables qu'aux tribus de 9 à 20 ans, dont nous allons traiter à la
4ᵉ Section.

Et comme l'influence morale doit s'établir, 169 1/2, des
aînés aux cadets, comme les enfans des 3 tribus inférieures, 141,

　1. Bambins, 2. Chérubins, 3. Séraphins,
suivront le ton et l'impulsion donnée par les 3 tribus supérieures,

　4. Lycéens, 5. Gymnasiens, 6. Jouvenceaux : il a été inu-

tile jusqu'ici de traiter des amorces morales employées pour stimuler l'enfance : j'en vais donner connaissance, aux 3ᵉ et 4ᵉ Notices, où l'on traitera du ressort indiqué, 169 1/2, du *charme corporatif ascendant*, ou véritable *enseignement mutuel*, dont nos modernes ont saisi un lambeau déjà dégradé par l'esprit de parti et l'esprit de simplisme qui le souillent dès son berceau.

FIN DE LA DEUXIÈME NOTICE.

TABLE DE LA IIIᵉ SECTION.

Éducation en Phases antérieure et citérieure.

PRÉLUDE. Sur l'Unité d'Éducation harmonienne, pag. 137

Iʳᵉ Notice. — *Éducation antérieure.*

Argument général de la 3ᵉ section. Phases et épreuves. 141
Chap. 1ᵉʳ. Des trois ordres de basse enfance. 145
    2. Appâts matériels d'industrie. 149
        Table des Ressorts d'éclosion des vocations. . 150
    3. Ressorts spirituels d'industrie. 156
        Note F , sur la Subordination passionnée. . . . 159
    4. Corollaires sur l'Éducation de la basse enfance. 163
    5. Régime progressif des nourrissons. 170
    6. Contre-poids de caractères enfantins. . . . 177

CIS-LUDE. La Médecine positive harmonique. 184

IIᵐᵉ Notice. — *Éducation citérieure.*

Argument spécial de la 2ᵉ Notice. 187
Chap. 7. Opéra harmonien, ou Série pivotale en unité. 190
        Table des Accords matériels mesurés. . . . 191
    8. De l'Éducation harmonique des animaux. . . 197
    9. Cultures enfantines de l'Harmonie. 204
    10. Des Cuisines sériaires et de leur influence. . 210
    11. Progrès de l'enfant aux Cuisines. . . . 216
    12. De la Précocité composée des enfans. . . 220

Fin de la Table.

FIN DE LA 3ᵉ SECTION.

CITER-PAUSE.

—✹◦✹—

SUR L'OPTION DE DIEU

Entre le Travail Sociétaire et le Travail morcelé.

BEAU sujet de glose, que cet aperçu des effets merveilleux de l'éducation sociétaire! Quoi, des enfans qui dès l'âge de 3 ans se porteront d'eux-mêmes à tous les travaux utiles, et qui à 9 ans seront habiles praticiens en vingt métiers différens, le tout *par la vertu des Séries passionnelles !!!* Jamais magicien avec sa baguette n'aurait osé tenter pareil prodige, et celui-ci ne peut se comparer qu'aux enchantemens d'Orphée qui entraînait à sa suite les arbres et les rochers, ou bien aux sons de la lyre d'Amphion, qui déterminait les pierres à se placer d'elles-mêmes, pour élever les murailles de Thèbes.

Un plaisant se croit victorieux quand il a dégoisé quelques verbiages de cette force; il entraîne tous les badauds à railler sur l'annonce d'un bien que chacun d'eux désire en secret. Le quinzième siècle avait bonne envie de découvrir d'immenses mines d'or et un nouveau monde; cependant ce siècle et tous ses beaux esprits se moquèrent de Colomb qui leur annonçait et qui leur donna les biens généralement désirés.

L'âge moderne, tout engoué des abstractions, ne veut pas les mettre en usage dans ce débat; faire abstraction des habitudes civilisées pour apprécier de sang froid les effets d'un régime industriel qui, organisé à contre-sens de nos mœurs villageoises, et substituant les Séries de groupes à l'industrie morcelée, donnerait nécessairement des résultats opposés à ceux de l'agriculture civilisée et barbare.

Appliquons à cette recherche quelques-uns des douze préceptes philosophiques cités, I, 99; je n'en rappellerai que trois:

5. Ne pas croire la nature bornée aux moyens connus;

9. Garder que les erreurs devenues des préjugés, ne soient prises pour des principes;

12. Oublier ce que nous avons appris en politique sociale, et reprendre les idées à leur origine.

Devisons sur la destinée sociale et passionnelle, d'après ces trois principes que proclame la philosophie même.

1° *Ne pas croire la nature bornée aux moyens connus:* on peut donc présumer qu'elle tient en réserve quelqu'autre moyen que le morcellement qui, loin d'être un procédé d'art social, n'est qu'absence de génie, sceau d'ignorance et d'apathie imprimé sur la politique ancienne et moderne, et sur les sciences exactes qui devaient la suppléer.

La nature brute assemble les humains par couples dans les huttes sauvages ; ceci est assemblage de réproduction , et non de travail. Il restait donc à inventer le procédé d'*assemblage industriel.*

Pour se dispenser de cette recherche , la seule urgente, les philosophes ont déclaré que le mode sauvage, l'état de couple ou ménage conjugal, était destinée industrielle de l'homme. Cette réunion pourtant n'est que l'absence de toute combinaison , puisqu'elle est le moindre des assemblages domestiques.

Mais la philosophie ne daigna jamais spéculer sur les combinaisons domestiques. Les anciens sophistes, entravés dans ce calcul par la coutume de l'esclavage, et de plus tout pétris d'ambition , tout préoccupés de s'immiscer dans les fonctions administratives , n'envisagèrent en politique sociale que le gouvernement, sans songer à porter sur d'autres points les vues de réforme et d'exploration. Ils laissèrent le travail domestique dans l'état brut ou état de couple, tel qu'ils l'avaient trouvé.

Voilà leur négligence bien constatée : aucune recherche en mécanisme domestique sur les moyens de la nature, qu'ils nous peignent pourtant comme *n'étant pas bornée aux moyens connus.* Pourquoi donc la supposer bornée à un seul procédé industriel , *au ménage en couple sans association vicinale ?* N'est-ce pas là le vice qu'ils dénoncent eux-mêmes, en disant : *garder que les erreurs devenues des préjugés, ne soient prises pour des principes.*

Au mépris de ce précepte, ils ont érigé en principe leur antique préjugé sur le travail morcelé et le ménage en couple „ qu'ils nous donnent pour destinée exclusive, irrévocable, dernier terme des perfectibilités perfectibles.

Enfin , les voilà confondus par la théorie des Séries pass. ou ménages sociétaires. Pour se familiariser à cette découverte et à ses brillans effets, il faut, selon le précepte des sophistes, oublier ce qu'on a appris en théorie de morcellement ; faire abstraction de cette science erronée, et *reprendre les idées à leur origine.*

Or , quelle est l'origine des idées sociales ? Est-ce dans les rêveries de Socrate et Platon qu'il faut en chercher la source ? Non , sans doute : il faut remonter aux conceptions divines, bien antérieures à celles de la raison humaine. Dieu , avant de créer les globes, n'a pu manquer de statuer sur leur destinée sociale, sur le mode le plus convenable à leurs relations industrielles et domestiques. C'est une vérité que j'ai établie dans tout le cours de la 1re partie des Prolégomènes : il faut la reproduire quand il s'agit de *reprendre les idées à leur origine.* Remontons donc à l'idée sociale primitive, à l'intention de Dieu sur l'ordre *domestique industriel* de nos sociétés.

Dieu ne put opter pour l'exercice des travaux humains, qu'entre des GROUPES ou des INDIVIDUS, qu'entre l'action *sociétaire et combinée* ou l'action *incohérente et morcelée.* C'est un principe à rappeler sans cesse.

Comme sage distributeur, il n'a pas pu spéculer sur l'emploi des couples isolés, opérant sans unité selon la méthode civilisée ; car, l'action individuelle porte en elle-même 7 germes de désorganisation, cités, I, 489, dont chacun suffirait à lui seul pour engendrer une foule de désordres. Nous allons, par le tableau de ces vices, juger si Dieu a pu hésiter un instant à proscrire le travail morcelé qui les engendre tous.

VICES DE L'ACTION INDIVIDUELLE EN INDUSTRIE.

⋈ *Travail salarié, servage indirect.*

1° Mort du fonctionnaire.
2° Inconstance personnelle.
3° Contraste de caractère du père au fils.
4° Absence d'économie mécanique.
5° Fraude, larcin et défiance générale.
6° Intermittence d'industrie par défaut de moyens.
7° Conflit d'entreprises contradictoires.

⊷ *Contrariété de l'intérét individuel avec le collectif.*
⊶ *Absence d'unité dans les plans et l'exécution.*

Dieu aurait adopté tous ces vices pour base de système social, s'il se fût fixé à la méthode philosophique ou travail morcelé : peut-on soupçonner le Créateur de pareille déraison ? Donnons quelques lignes à l'examen de chacun de ces caractères, avec parallèle des effets sociétaires * *.

1° *La mort* : elle vient arrêter les entreprises d'un homme dans des circonstances où personne alentour de lui n'a ni l'intention de les continuer, ni les talens ou capitaux nécessaires.

* * Les Séries pass. ne meurent jamais : elles remplacent chaque année, par de nouveaux néophytes, les sectaires que la mort leur enlève périodiquement.

2° *L'inconstance* : elle s'empare de l'individu, lui fait négliger ou changer les dispositions ; elle s'oppose à ce que l'ouvrage atteigne à la perfection, à la stabilité.

* * Les Séries ne sont pas sujettes à l'inconstance ; elle ne saurait causer ni fériation, ni versatilité dans leurs travaux. Si elle enlève annuellement quelques sectaires, d'autres aspirans s'aggrégent, et rétablissent l'équilibre, qu'on maintient encore par un appel des anciens, qui sont corps auxiliaire dans les cas d'urgence.

3° *Le contraste de caractère* du père au fils et du légataire à l'héritier ; contraste qui fait abandonner ou dénaturer par l'un les travaux commencés par l'autre.

* * Les Séries sont exemptes de ce vice, parce qu'elles s'assemblent par affinité de penchans, et non par lien de consanguinité, qui est gage de disparate dans les penchans.

4° *L'absence d'économie mécanique* ; avantage pleinement refusé à l'action individuelle : il faut des masses nombreuses pour mécaniser tous les travaux, soit de ménage, soit de culture.

* * Les Séries, par le double moyen de masse nombreuse et concours

sociétaire, élèvent nécessairement la mécanique au plus haut degré. J'ai donné sur ce sujet, aux Prolégomènes, les détails les plus satisfaisans.

5° *La fraude et le larcin*, vices inhérens à toute entreprise où les agens ne sont pas co-intéressés avec répartition proportionnelle aux trois facultés de chacun; au capital, au travail, aux lumières.

** Le mécanisme sériaire pleinement à l'abri de fraude et larcin, est dispensé des précautions ruineuses qu'exigent ces deux risques.

6° *L'intermittence d'industrie* : manque de travail, de terres, de machines, d'instrumens, d'ateliers et autres lacunes qui, à chaque instant, paralysent l'industrie civilisée.

** On ignore ces entraves dans le régime sociétaire, constamment et copieusement pourvu de tout ce qui est nécessaire à la perfection et l'intégralité des travaux.

7° *Le conflit des entreprises* : les rivalités civilisées sont malveillantes et non émulatives; un manufacturier cherche à écraser son concurrent: les industrieux sont des légions d'ennemis respectifs.

** Rien de cet esprit insocial dans les Séries, dont chacune est intéressée au succès des autres, et dont la masse n'entreprend que les cultures et manufactures dont le débouché est garanti.

◄ *La contrariété des deux intéréts individuel et collectif*, comme dans le ravage des forêts, des chasses, des pêcheries, et la dégradation des climatures.

** X Effet contraire dans les Séries; concert général pour le maintien des sources de richesses, et la restauration climatérique en mode intégral composé : (note A, T. I, 62).

➤ *L'absence d'unité en plans et en exécution;* l'ordre civilisé étant un monstrueux ramas de toutes les duplicités.

** Y Voyez dans tout le cours des Prolégomènes, ainsi qu'au Pivot inverse ULTER, la combinaison de toutes les unités dans le mécanisme sériaire : *item*, liv. 4, sect. 7 et 8.

Z Enfin, *le travail salarié ou servage indirect*, gage d'infortune, de persécution, de désespoir pour l'industrieux civilisé et barbare.

**K Contraste frappant avec le sort de l'industrieux sociétaire, qui jouit pleinement des neufs droits naturels, définis, I, 126 !

Après la lecture de ce tableau, chacun peut donner la conclusion, et reconnaître que Dieu ayant eu l'option entre ces deux mécanismes, entre un océan d'absurdités et un océan de perfections, il n'a pas même pu délibérer sur le choix.

Toute hésitation serait devenue contradictoire avec ses propriétés, I, 203, notamment avec celle d'*économie de ressorts* : il y contreviendrait en optant pour l'état morcelé et proscrivant l'Association, qui opère les économies de toute espèce; épargne de contrainte, de stagnation, de santé, de temps, d'ennui, de main-d'œuvre, de machines, de démarches, d'incertitudes, de fourberies, de préservatifs, de déperdition, et de duplicité d'action.

Telles sont, en abrégé, les lumières que nous aurions acquises en mécanique sociale, si nous avions, selon le précepte de Condillac, essayé d'oublier un instant nos préjugés scientifiques, d'en faire abstraction spéculative, *et de reprendre les idées à leur origine.*

Or, cette origine des idées sociales ne peut se trouver qu'en Dieu, qui, longtemps avant la création des hommes, a dû peser la valeur des deux mécanismes sociaux, le morcelé et le sociétaire, et qui ayant nécessairement opté pour le sociétaire, a dû nous donner des passions faites pour ce régime : aussi voyons-nous qu'elles sont incompatibles avec l'état civilisé.

On ne doit donc pas s'étonner si nos passions, cupidité, gourmandise, inconstance, etc., nuisibles dans l'état actuel, trouvent un emploi utile dans le régime sociétaire, et si l'éducation harmonienne spécule, chez l'enfant comme chez le père, sur le plein essor de ces passions, nuisibles dans l'état morcelé, parce qu'elles sont créées pour le service du sociétaire.

De l'aveu de tous les sophistes, *l'homme est fait pour la société* : à partir de ce principe, l'homme doit-il tendre à la plus petite ou à la plus grande société possible ? Il est hors de doute que c'est dans la plus grande qu'on trouvera tous les avantages de mécanique et d'économie : et puisque nous ne sommes arrivés qu'à l'infiniment petite, qu'au lien conjugal, faut-il d'autre indice pour constater que la civilisation est l'antipode de la destinée comme de la vérité ?

C'est sur quoi j'ai dû remontrer les critiques dans cet intermède. Que signifie leur objection perpétuelle : « vous voulez donc élever les » enfans à la gourmandise, les pères à la cupidité ! Vous voulez donc, etc. » Je veux prouver que toutes les passions sont BONNES, telles que Dieu les a créées ; bonnes et utiles, sauf emploi dans un ordre de choses qui sera l'opposé du travail morcelé ou civilisé, et des neuf fléaux, 67 1f4, qu'il engendre constamment dans ses quatre phases, I, 159.

Pressés par ces argumens, les sceptiques se retranchent dans les *impossibilités* et les *impénétrabilités* ; ils déclarent impossible de fonder cette Phalange d'épreuve qui doit décider de la métamorphose sociale. Gardons-nous de dissiper leurs doutes ; on ne compte pas sur eux pour la fondation. Plus ils auront crié à l'impossibilité, plus ils seront confondus par un facile essai. Ces savans jugent toujours possible de trouver et dépenser un millard de francs pour faire tuer un million d'hommes et brûler quelques milliers de villes et villages ; mais s'il faut avancer seulement quelques écus pour une fondation utile, *c'est impossible.*

Ensuite des impossibilités, viennent les *impénétrabilités.* Qui êtes vous, disent-ils, pour vouloir sonder les *profondes profondeurs* de la nature, percer l'*épaisse épaisseur* des voiles d'airain ?

Déjà je les ai badinés sur ce refrain d'obscurantisme philosophique, vraiment indigne de réfutation ; aussi n'y opposé-je que les opinions des philosophes mêmes, qui se sont d'avance condamnés dans leurs trois préceptes cités plus haut. S'ils croient *que la nature n'est pas bornée aux moyens connus*, doivent-ils s'étonner qu'elle ait, pour opérer l'Association industrielle, un moyen encore inconnu d'une classe de savans qui n'a pas voulu en sonder les *profondes profondeurs?*

Mais ce moyen, disent-ils, est incroyable à force de merveilleux; il est subversif de toutes les doctrines reçues! Non, certes, car il pose pour base de relations sociétaires, la pratique générale de la vérité, de la justice et de l'unité, qui sont assurément trois idées reçues, trois principes très-admis, quoique foulés aux pieds par ceux qui les prônent. C'est donc la civilisation qui est subversive des doctrines reçues.

D'ailleurs, quel est le sens de ces mots : *idées reçues, principes admis?* veut-on accréditer des mots ou obtenir des effets? veut-on le bien en perspective et le mal en réalité? désire-t-on organiser l'extrême désunion, l'excès de fausseté et de pauvreté? On ne pouvait mieux choisir que le travail morcelé ou état de famille, qui réduit le mécanisme domestique au plus bas degré de combinaison, et qui l'élève au plus haut degré de fausseté collective et individuelle.

Notre système de subdivision par couples réduit donc au minimum les moyens de mécanique, d'économie, de richesse et de vertu. Les familles formant peu à peu autant de ménages qu'il y a d'enfans, sont tout à point l'élément de l'extrême discorde, et l'antipode de l'Association et de la richesse : dès-lors, choisir l'état de famille pour pivot de système social, c'est travailler positivement à organiser la désunion et la pauvreté.

Je viens de prouver qu'on ne peut pas supposer Dieu complice de cette impéritie philosophique. Si, comme on n'en peut douter, il a opté pour le mode opposé, pour l'Association, il en résulte :

1° Que les passions dont il est créateur, doivent toutes être adaptées aux convenances de l'Association, et toutes incompatibles avec l'état morcelé ou civilisé.

2° Que les mêmes passions doivent produire dans l'état morcelé ou civilisé, tous les effets opposés aux vues de Dieu, à la justice, la vérité, l'économie et l'unité.

3° Qu'on doit attendre des passions développées en mode sociétaire, autant de bienfaits qu'elles engendrent de fléaux dans l'état morcelé.

Telles sont les conclusions où on serait arrivé depuis longtemps, si on eût voulu, selon l'avis des philosophes, *reprendre les idées sociales à leur origine*, remonter à leur vraie source, à l'option de Dieu sur les deux mécanismes sociaux, I, 27.

J'ai dû les y rappeler, au risque de quelques réminiscences; mais je me suis convaincu en divers entretiens que les redites périodiques sont indispensables avec des esprits si gangrenés de Philosophie, qu'ils ne vont pas à un quart d'heure sans se rallier aux controverses de sophisme dont ils avaient, l'instant d'auparavant, confessé la déraison, et à leur éternel préjugé, *de croire la nature bornée en mécanique sociale, aux moyens connus.*

SECTION QUATRIÈME.

ÉDUCATION EN PHASES ULTÉRIEURE ET POSTÉRIEURE.

Argument général de la Haute Education.

Jusqu'ici le cadre d'institution a été restreint, à peu de chose près, aux développemens du corps. Les détails vont devenir plus intéressans, dans le tableau d'un âge où le soin du moral doit prévaloir sur celui du physique. On va mettre en jeu de nobles ressorts, les actes héroïques d'amitié, d'honneur, de patriotisme; vertus qui doivent régner pleinement chez les enfans harmoniens, 113 1/2, et qui aujourd'hui ne sont pas même connues des pères civilisés.

L'impulsion aux grandes choses doit être donnée par la haute enfance, par les trois tribus supérieures : *4 lycéens, 5 gymnasiens, 6 jouvenceaux.* Ces trois tribus doivent entraîner les trois de basse enfance (charme corporatif ascendant, 169). J'ai donc dû différer à parler des ressorts de vertu, dont l'impulsion ne repose que sur la haute enfance. J'ai dû me borner à traiter en 1re et 2e phases, du matériel de l'éducation, du luxe qui comprend santé et richesse, et qui est le premier but vers lequel on doive diriger le jeune âge, puisque c'est le premier foyer d'Attraction, I, 183.

L'enfant harmonien sera parvenu à ce point dès l'âge de 9 ans; il aura acquis la vigueur et la dextérité de toutes les parties du corps, 162; il possédera de plus, le gage de richesse dans les nombreux travaux auxquels il se sera formé en fréquentant les ateliers des Séries pass.

Il restera à élever *SON AME* et *SON ESPRIT* à la même perfection; le rendre capable d'exceller dans les vertus sociales et les études utiles.

Là se borne le programme de la haute éducation, qui comprend les trois tribus, *4 lycéens, 5 gymnasiens, 6 jouvenceaux.*

Un incident s'opposera à ce que la culture de l'esprit soit poussée loin avant 15 ans : on ne peut pas donner aux enfans connaissance du système de la nature , leur expliquer les jolis emblèmes de l'analogie passionnelle : (*Voyez Pivot Inverse*, *CITER* et *ULTER*). La seule tribu des jouvenceaux et jouvencelles peut être initiée à pareilles études ; les deux tribus de lycéens et gymnasiens en sont nécessairement exclues ; il faudrait leur apprendre sur l'amour et le lien familial des détails qui ne sont pas de la compétence de leur âge ; il est indispensable de différer ces communications.

Aussi sera-t-on obligé d'avoir , en Harmonie, pour l'instruction de l'enfance , des ouvrages qui ne toucheront point à la théorie générale d'analogie.

Cette théorie a le défaut d'embrasser les quatre passions affectives , dont deux , l'amour et le famillisme, ne sont pas du ressort de l'enfant. On ne pourra guère lui enseigner que des analogies partielles sur les deux affectives majeures , amitié et ambition : encore l'enseignement devra-t-il être circonspect et restreint dans ce genre de leçons.

Il sera donc impossible d'initier les enfans de 12 ans au système de la nature , quelle que soit la précocité de leur génie. Ils ne jouiront pas moins de tout l'enseignement actuel , combiné avec la pratique dont ils sont privés en civilisation, où nos instituteurs sont bornés au quart des moyens d'enseignement ; car ils manquent de théories d'analogie universelle , comptées pour moitié ; et dans l'autre moitié qui leur reste , ils ne peuvent pas entremettre la pratique industrielle avec la théorie.

Dès-lors , l'enfant harmonien quoiqu'exclu d'initiation au système de la nature , aura encore dans ses études une chance de progrès double de celle des enfans civilisés , qui ne peuvent pas combiner la pratique avec la théorie.

L'institution civilisée est donc réduite au quart des moyens naturels ; soit dit en réplique à nos perfectibiliseurs , qui prétendent faire de l'enfant de 12 ans un génie universel, outrer en tout sens la précocité , et forcer les moyens au lieu de les développer par degrés.

Les Harmoniens évitant cette faute , s'attacheront aux développemens progressifs ; ils cultiveront

  les facultés corporelles, en 1re phase ; *Bamb.* :

les facultés industrielles, en 2e phase ; *Chér.* , *Sér.* :

les facultés de l'ame , en 3e phase; *Lyc.*, *Gym.*:
les facultés de l'esprit, en 4e phase; *Jouv.*

Conformément à cette échelle, ils ne chercheront point à engager prématurément l'enfance dans la culture des sciences ; car l'excès de progrès en ce genre obligerait à lui dévoiler avant le temps ce système d'analogie universelle qu'on doit lui cacher jusqu'à la puberté , et qui pourtant est la voie de rapide progrès dans les études.

Expliquons le but du Créateur , dans cette limite imposée au génie enfantin.

Dieu a dû ménager des contre-poids à l'excès de chaque passion , à l'influence qu'exerce l'amour dans l'âge d'adolescence, où souvent il préoccupe exclusivement l'imagination, sur-tout chez les femmes.

Il n'existe pas , dans l'état actuel, de contre-poids aux amours dans le jeune âge. Dieu en a ménagé plusieurs pour les Harmoniens , entr'autres la culture de l'esprit par *étude composée.* Cette étude ne commencera qu'avec l'amour , et ne sera guères moins séduisante , même pour les jeunes gens de 16 ans d'un et d'autre sexe.

L'amour , à 16 ans , devient pour eux un nouveau monde passionnel; en même temps, le calcul de l'analogie leur dévoilera un nouveau monde scientifique adapté à leur situation, à leurs jouissances dont il offrira le tableau.

Ce serait peu , si l'Harmonie ne mettait en jeu des contre-poids plus puissans encore , tel que celui des dignités amoureuses de tous degrés , selon la table , I, 286. Belle carrière d'ambition honorable , ouverte au monde galant !

Ces nouvelles chances et autres non indiquées , balanceront la fougue amoureuse; elles la modifieront sans la modérer ; elles lui donneront une direction judicieuse , adaptée aux convenances de la gloire, de la science et de l'unité sociale.

On ne pourra juger de cet effet que lorsqu'on connaîtra en plein deux théories encore inédites ; celle de l'amour en tous degrés, table, I, 395 , et celle de l'analogie universelle, annoncée au Pivot Inverse.

Je ne saurais donner connaissance de ces deux sciences, par égard pour nos mœurs et usages qui , proscrivant les détails sur l'échelle des essors d'amour selon le tableau, I, 395, interdisent par suite l'exposé des tableaux analogiques en tous règnes.

L'Harmonie ayant besoin de former, dans chaque Phalange, un corps de vestalité qui diffère jusqu'à 18 ou 19 ans d'entrer en exercice amoureux, il faudra se ménager des moyens de ralentir en amour cette portion de la jeunesse appelée au rôle vestalique ; il faudra créer à ces jeunes gens d'un et d'autre sexe, des distractions efficaces, des amorces de continence ; je dis *amorces*, car on ne pourra pas exiger impérativement la continence dans un ordre social régi par attraction.

Parmi les moyens de diversion à l'amour, figurera celui des *études composées*, qui ne commencent qu'à l'âge pubère, (6ᵉ tribu) : elles consistent dans l'application, 234, des théories d'analogie universelle aux études simples, telles que les nôtres, toutes bornées à l'ordre simple, isolées d'application au système des harmonies de l'Univers et de ses trois unités : (Pivot Inverse, *ULTÉR.*)

Les études *simples* auxquelles est borné le monde civilisé, ne règnent en Harmonie que jusqu'aux environs de 15 ans. Elles sont divisées en hautes et basses ; *LES BASSES* pour les chérubins et séraphins, *LES HAUTES* pour les lycéens et gymnasiens.

Quoique l'enseignement marche avec triple rapidité du moment où on met en jeu l'étude *composée ou appliquée*, l'Harmonie se gardera bien d'user de ce moyen pour accélérer les progrès spirituels de l'enfant de 9 à 15 ans. Elle trouverait à cette précocité outrée, double inconvénient.

1° Se priver du contre-poids que cette science différée jusqu'à l'âge pubère, opposera aux influences de l'amour, 235 1/2.

2° Exciter une curiosité prématurée et pernicieuse ; car, dès qu'on enseignerait à un enfant l'analogie des végétaux et animaux qui peignent les effets d'amitié et d'ambition, (Pivot Inverse, *Citer.* et *Inter.*), il ne manquerait pas de s'informer des autres analogies emblématiques des effets d'amour et de famillisme ; connaissances qu'on doit interdire au bas âge.

L'Harmonie ne voudra pas, 234 1/2, d'une précocité obtenue à ce prix : elle se bornera à former la mémoire et le jugement de l'enfant.

Sa mémoire sera exercée suffisamment par la quantité de

fonctions où il aura figuré en rivalité cabalistique, examinant les menus détails, comparant les variétés et les nuances, et joignant à cette pratique la lecture des théories spéciales.

Son jugement sera formé à la justesse et rallié en tout point à l'expérience, par connexion de ses travaux avec l'emploi des produits. Voyez à cet égard les chapitres 10, 11, 12, de la 2ᵉ Notice, traitant, 212, de la combinaison des jugemens gastronomiques avec les arts de culture, conserve et cuisine; *item* les détails 221, 223.

L'enfant pourvu de ces deux facultés spirituelles, *mémoire exercée* et *jugement méthodique*, puis des deux facultés matérielles, vigueur précoce et dextérité intégrale, 142 314; l'enfant, dis-je, aura satisfait au précepte d'Horace, *mens sana in corpore sano* : perfection composée de l'esprit, perfection composée du corps. Ce sont les quatre pivots de la précocité *intégrale minime*, 224.

Il restera à remplir une condition pivotale, plus importante encore, et bien inconnue en éducation civilisée; celle de former *l'ame de l'enfant;* la façonner à la pratique des vertus sociales, à l'héroïsme d'honneur et d'amitié, au sacrifice des intérêts individuels, à l'intérêt collectif, au dévouement à la cause de Dieu et de la patrie, ou cause de l'unité sociale.

Tel sera le but des quatre corporations dont je vais décrire les statuts et emplois. Deux domineront dans la phase ultérieure : ce sont les Petites Hordes et Petites Bandes (3ᵉ Notice). Les deux autres, celles de Vestalat et Damoiselat, dominent en phase postérieure (4ᵉ Notice).

Sur ce quadrille de corporations repose l'importante affaire de l'éducation de l'ame, travail tout à fait étranger au système civilisé, qui ne s'attache qu'à styler et vicier l'esprit, souvent aux dépens de la santé corporelle, et toujours aux dépens de l'ame qu'on ne sait former aujourd'hui qu'à l'hypocrisie, qu'à la pratique du vice affublé de quelques momeries de vertu.

Aussi hésité-je toujours à proférer les noms de Dieu et de patrie, en parlant à un siècle qui les a tant profanés, et qui en a fait le masque des intrigans d'un et d'autre bord; cercle vicieux inévitable dans la civilisation, qui ne peut qu'empirer de phase en phase, I, 159, tant qu'elle ne saura pas échapper à elle-même.

IIIme - NOTICE.

DES PÉTITES HORDES.

ANTIENNE. IL n'est pas de vertu plus rare que le patriotisme : c'est le masque de tous les partis ; ce n'est l'attribut
d'aucun. Ils sont tout à l'égoïsme.

Les ames neuves , sur-tout celles du jeune âge, ont dans
l'exercice des vertus patriotiques, une force qu'on ne trouverait
pas chez les gens du monde, prêts à chanceler et virer de bord
pour une sinécure.

Sous ce rapport , il est déjà évident que les pères sont inférieurs aux enfans dans l'exercice des vertus dites patriotiques.

L'Harmonie sait mettre à profit ce penchant de l'enfance aux
actes de dévouement social ; elle sait employer le jeune âge aux
postes où faibliraient les pères, entr'autres au poste des répugnances industrielles.

Ces répugnances, aujourd'hui, sont surmontées à prix d'argent ; mais elles devront être surmontées par attraction, dans
un ordre de choses où le plaisir sera ressort essentiel du mécanisme social.

Le régime d'attraction industrielle tomberait à plat, si on
ne trouvait pas un moyen d'attacher de puissantes amorces aux
travaux dégoûtans qu'on ne peut, en civilisation , faire exécuter
qu'à force de salaire.

Mais si on parvient à étayer d'amorce passionnée les fonctions immondes et avilies, le succès sera d'autant mieux garanti
sur les fonctions supportables.

Il s'agit donc de créer une corporation de Décius enfantins,
qui sache donner du relief aux travaux immondes et rebutés :
elle répandra par contre-coup du lustre sur tous les services
de moyenne attraction , comme la charrue.

Quel sera le ton de cette confrérie d'enfans voués par enthousiasme civique, par esprit religieux et unitaire, aux emplois
les plus répugnans , à l'enlèvement des boues et matières ster-
coraires ? Faudra-t-il leur donner les manières des Sybarites,
des *inc-oyables à pa-ole do-ée !* Non, sans doute. Il faut ici
un ton assorti à l'ouvrage, *LE TON POISSARD* , dans le langage

et même dans les noms distinctifs. Aussi cette confrérie enfantine aura-t-elle son *ARGOT* ou langage poissard. On sait,
en Harmonie, tirer parti de tous les vices de la civilisation,
même de ses ridicules.

Il est dans l'éducation harmonienne une tâche bien plus
importante à remplir que celle de faire des enfans une troupe
de savantins ; l'ordre sociétaire veut en faire des héros de vertus
sociales, des êtres dévoués au soutien de l'unité universelle.
Que servirait d'éduquer l'esprit avant l'ame ? d'initier les enfans
à la science, avant de les avoir façonnés aux mœurs convenables à ce bel ordre de choses qui assurera le bonheur de
l'humanité entière ?

L'appui principal de l'unité, son *palladium* en mécanique
passionnelle, reposera sur une corporation de Décius industriels, tirés de l'âge de 9 à 15 ans, c'est-à-dire des deux
tribus de lycéens et gymnasiens.

Il convient de traiter de cette corporation et de toutes les
autres dont se compose l'enfance, avant de parler du corps
sibyllin chargé de l'enseignement. Le détail de ses méthodes
sera mieux placé à la fin de cette section, où l'on aura vu
les résultats du travail des instituteurs harmoniens : ils seront
appréciés d'avance, quand on aura pu comparer leurs précieux
services aux vaines formalités de l'éducation civilisée.

CHAPITRE PREMIER.

ORGANISATION des Petites Hordes.

V*ENEZ*, philosophes rigoristes, vertueux citoyens, ennemis
des richesses perfides ; vous allez être servis à souhait, par une
confrérie qui méprisera *EN ACTION* ces richesses que vous ne
méprisez qu'*EN PAROLES*. C'est chez les Petites Hordes que
vous trouverez, de fait, le dédain des richesses, la vertu qui
entraîne un homme à sacrifier sa fortune individuelle pour le
bien de la patrie, pour la masse des concitoyens.

De bonne foi, auriez-vous cru qu'une telle vertu fût praticable ? Vous la prêchez, bons apôtres, mais vous n'y croyez
guères, et ne vous presserez pas d'en donner l'exemple. Avouez
que l'Harmonie fera prudemment de chercher parmi les enfans,

des champions d'une vertu dont la seule idée ferait reculer bien loin tous les pères civilisés.

Parmi les corporations de haute enfance, il en est deux qui tiennent le rang suprême en Harmonie ; ce sont

Les *Petites Hordes* ; moitié des 4ᵉ et 5ᵉ tribus.

Le *Corps Vestalique* ; moitié de la 6ᵉ tribu.

Deux autres figurent en sous-ordre ; ce sont

Les *Petites Bandes* ; moitié des 4ᵉ et 5ᵉ tribus.

Le *Corps Damoisel* ; moitié de la 6ᵉ tribu.

Ces quatre corporations n'ont aucun sectaire de la 7ᵉ tribu (les adolescens), qui est déjà hors du cadre de l'enfance.

Nous allons décrire en troisième Notice, les Petites Hordes et Petites Bandes, âge de 9 à 15 ou 16 ans au plus. Les deux autres corps, Vestalat et Damoiselat, qui sont de l'âge d'environ 16 à 20, ne seront décrits que dans la 4ᵉ Notice.

Lesdites corporations ne sont pas, comme les nôtres, assujetties à des statuts capricieusement établis selon la manie du fondateur : celles-ci ont un emploi fixe en équilibre passionnel. Or, comme nous ne commencerons à traiter de l'équilibre passionnel qu'aux 7ᵉ et 8ᵉ Sections, encore très-incomplètement, il faudra différer jusque-là toute critique sur les emplois que j'assigne à ces divers corps ; laisser décrire pièce à pièce les rouages d'Harmonie, avant de raisonner sur le mécanisme.

Traitons d'abord du matériel nécessaire à organiser les Petites Hordes et Petites Bandes, qui comprennent les deux tribus de lycéens et gymnasiens. Ces tribus doivent être pourvues d'un attirail fort inconnu parmi nous, d'une collection de chevaux nains comme ceux d'Islande et de Corse.

On ne pourra guères s'en procurer au début de l'Harmonie : on n'en trouve que peu ou point en civilisation, où ils sont négligés et sans emploi spécial. Mais en Harmonie ils sont de haute utilité pour monter la cavalerie minime, les Petites Hordes et Petites Bandes, ressorts de haute influence en éducation.

« Qu'elles aillent à pied ; cela est plus économique, » dira quelque philosophe ami des raves et du brouet noir. On peut lui répondre dans le même sens : « que vos ministres et sénateurs civilisés quittent leurs carrosses et aillent à pied ; cela sera plus économique. »

II

Il faut, répondront-ils, que les chefs de l'état imposent à la multitude par l'éclat extérieur. Il en est de même en Harmonie, où la haute enfance doit imposer à la basse enfance en *mode composé* : en matériel par l'éclat des costumes, et en spirituel par l'éclat des actions nobles et utiles. Sans l'intervention de ce double charme, comment les tribus 6, 5, 4, pourraient-elles entraîner la basse enfance, tribus 3, 2, 1, qu'il faut frapper du charme *bi-composé*, 169, du prestige *corporatif ascendant* !

Le premier moyen d'imposer aux yeux (car il faut avec l'en-fant parler aux yeux), c'est la différence de cavalier à piéton.

Les tribus de lycéens et gymnasiens sont à cheval ;
Les tribus de chérubins et séraphins sont à pied.

Si à ce ressort d'imposance matérielle se joint l'éclat des vertus sociales, du dévouement à la patrie, à la cause de Dieu et de l'unité, les plus jeunes chœurs de 3 à 9 ans suivront fré-nétiquement l'impulsion donnée par les chœurs de 10 à 20 ans. C'est sur le Corps Vestalique et les Petites Hordes que repose tout ce mécanisme d'entraînement *corporatif ascendant*, 169.

Si la Phalange d'essai veut opérer avec un brillant succès, elle devra se procurer environ 200 chevaux nains, de taille graduée pour les âges 9 à 15, afin de pouvoir donner l'éclat nécessaire aux Corporations de 9 à 15, qui sont le plus puissant levier d'émulation industrielle pour toute la basse enfance, bambins, chérubins et séraphins.

Je répète qu'on n'aura pas besoin de ce levier dans un essai d'Harmonie hongrée, bornée à une modeste réunion de culti-vateurs. Mais il est entendu que nous spéculons sur la pleine Harmonie, pour déterminer ensuite les retranchemens dont elle sera susceptible dans l'essai de méthode hongrée.

Nous supposons donc ici les chœurs de lycéens et lycéennes, gymnasiens et gymnasiennes, montés sur chevaux nains, et formant deux corps sous les noms de Hordes et Bandes.

Les Petites Hordes adoptent la manœuvre tartare perfec-tionnée ; elles marchent en blocs ou cercles, dont le centre vide ne contient que le porte-lion ou porte-aigle. Douze blocs appelés nuées forment un tourbillon. Toute Phalange a sa horde formée de trois nuées, deux masculines et une féminine.

Les Petites Bandes marchent en escadrons et pelotons alignés ; leur manœuvre est la même que celle de la cavalerie civilisée.

On trouve parmi les enfans au-dessous de la puberté, environ 2/3 de garçons qui inclinent à la saleté et à l'impudence. Ils aiment à se vautrer dans la fange, et se font un jeu du maniement des choses mal-propres. Ils sont hargneux, mutins, orduriers, adoptant les locutions grossières, le ton rogue.

Ces enfans, dans les tribus de lycéens et gymnasiens, s'enrôlent aux Petites Hordes, dont l'emploi est d'exercer par point d'honneur et avec intrépidité tout travail répugnant. Cette corporation est une espèce de légion sauvage, qui contraste avec la politesse raffinée de l'Harmonie, seulement pour le ton et non pas pour les sentimens, car elle est la plus ardente en patriotisme.

Les Petites Hordes contiennent 2/3 de garçons et 1/3 de filles.

Les Petites Bandes, 2/3 de filles et 1/3 de garçons.

Chacune de ces deux corporations se subdivise en trois genres qu'il faut dénommer. On doit adopter pour les Petites Hordes, trois noms de genre poissard, et pour les Petites Bandes, trois noms de genre romantique.

Ainsi les Petites Hordes seront divisées en *Sacripans* et *Chenapans*, *Sacripanes* et *Chenapanes*, qui forment la horde d'une Phalange. Elle a une réserve ou corps auxiliaire, tiré des tribus de supplément, 20. Cette horde auxiliaire portera le nom de *Garnemens* et *Garnementes*.

Les Sacripans sont affectés aux fonctions immondes; les Chenapans, aux fonctions dangereuses, comme la poursuite des reptiles et autres emplois qui exigent de la dextérité. Les Garnemens participent de l'un et l'autre genre.

Les hordes féminines servent la triperie dans les boucheries; elles remplissent les fonctions répugnantes dans les cuisines, appartemens et buanderies.

Leurs parures doivent être de genre grotesque et barbare. Par exemple, pour décoration de parade, les Petites Hordes adopteront probablement le costume barbaresque ou hussard, dolman et pantalon large. Les Sacripans ornés du chaînon de fer concave en écharpe et ceinture avec flocons bruyans; les Chenapans ornés du même chaînon en cuivre. Les anneaux seront concaves, pour éviter la pesanteur.

Même goût doit régner dans leurs autres décorations, chars et harnais, salle d'assemblée festonnée en chaînes de fer. Cet attirail barbare n'est qu'une rudesse apparente , car les Petites Hordes sont très-serviables ; mais elles affectent un laconisme et un ton de supériorité, fort opposés au genre guindé que l'éducation civilisée donne aux enfans. On trouvera , par contraste , l'extrême politesse chez les Petites Bandes.

Ces hordes enfantines ont leur langage corporatif ou *Argot* ; leur petite artillerie, leurs généraux nommés Petits Kans et Petites Kantes ; noms tartares , parce qu'elles adoptent la manœuvre tartare en évolutions.

Elles ont aussi leurs Bonzes ou Derviches ; ce sont des acolytes choisis parmi les personnes âgées qui ont conservé du goût pour le genre immonde , si commun chez les enfans. Ces acolytes, sous le titre de *Coëres* et *Coëresses de l'Argot* (titre que les mendians civilisés donnent à leur président ou chef des gueux), se joignent aux Petites Hordes , les secondent et dirigent dans leurs travaux , et font trophée de braver comme elles tout travail répugnant.

Il faut avoir fait douze campagnes dans les armées industrielles pour être admis au rang de Coëre et Coëresse des Petites Hordes. Il y a aussi des postulans pour ce rang, afin que les adolescens qui inclinent à persévérer dans les travaux répugnans, puissent coopérer aux travaux des Petites Hordes.

L'ensemble de ces corporations affectées par point d'honneur au travail répugnant, se nomme l'ARGOT , nom qui désigne les Petites Hordes et leurs dignitaires ; puis leurs alliés, les Grandes Hordes d'aventuriers , dont nous traiterons en haute harmonie, tome 4.

La plus belle parure des Petites Hordes consiste à avoir double couleur sur chaque individu , sans aucune ressemblance. Par exemple :

      A   dolman *azur* , pantalon cramoisi.
      B   dolman *rosat* , pantalon émeraude.
      C   dolman *violet* , pantalon serin.
      D   dolman *moutarde* , pantalon garance.

Si donc la horde présente un actif de 5o cavaliers et cavalières , nombre ordinaire, il faut qu'elle étale en vêtemens cent couleurs très-artistement contrastées , et que le costume soit différencié d'avec celui de la Phalange voisine , soit en couleurs unies , soit en couleurs mélangées.

16.

Ainsi, dans une séance vicinale de 2me degré, I, 286,
où se réuniront, l'argot de Méudon,
l'argot de St.—Cloud,
l'argot de Neuilly,
l'argot de Marly, } 12 nuées formant 4 hordes et un tourbillon,
il faudra qu'on voie, en costumes, 400 couleurs savamment
variées et non pas confusément. Problème bien embarrassant
pour la belle France, qui, avec ses perfectibilités perfectibles,
n'a jamais pu trouver plus d'une douzaine de couleurs pour
différencier les revers de ses régimens, quoiqu'il fût si aisé
d'en adopter une centaine de bien distinctes et bien solides.

Ce luxe n'est point superflu ; il est nécessaire que les Petites
Hordes exercent une grande attraction sur l'enfance avec qui
il faut toujours *parler aux yeux*.

Terminons en observant que cette corporation est celle qui
doit maîtriser *le grand maître du monde*, LE VIL MÉTAL
qu'on nomme argent. Les Petites Hordes sont l'antidote universel à la cupidité : ce sont elles qui doivent absorber toutes
les discordes en affaires d'intérêt, faire prédominer la vertu
et l'unité dans les débats de répartition pécuniaire ; débats les
plus dangereux ; car il n'existerait d'harmonie sur aucune passion, si on ne savait pas, avant tout, maîtriser et harmoniser
la passion du *vil métal* qui, en dépit des diatribes philosophiques, règne de plus en plus sur la civilisation perfectibilisée.

Philosophes dont les belles théories patriotiques sont déjouées
depuis 3000 ans par l'influence de ce *vil métal*, vous avez
cru pouvoir le combattre avec des légions électorales qui ne
servent qu'à propager la vénalité. Nous allons dompter le
monstre avec une légion d'enfans. Les Petites Hordes lutteront
seules contre le vil métal, et le réduiront à fléchir devant une
vertu civique et religieuse, *LA CHARITÉ*.

A ces mots, je vous vois sourire avec ironie. Vous jugez
le monde harmonien par vous-mêmes ; vous mesurez ses moyens
à ceux de vos génies étroits. Sans doute l'argent resterait maître
du champ de bataille, si l'Association n'avait à lui opposer
que des conceptions philosophiques. Mais elle saura lui opposer
des vertus. Eh ! pourquoi Dieu nous aurait-il inspiré de l'admiration pour la vertu, s'il ne nous eût ménagé les moyens
de la faire germer dans nos sociétés, et d'y assurer son triomphe?

CHAPITRE II.

Fonctions civiques des Petites Hordes.

Leur poste est toujours au point le plus périlleux : elles sont troupe d'élite en industrie ; elles doivent se porter sur tous les points où faiblirait l'*Attraction industrielle.*

Si la répugnance parvenait à déconsidérer quelque branche de travail, la Série qui l'exerce tomberait dans l'avilissement ; elle deviendrait classe de *Parias*. On verra, aux sections 7 et 8 qui traitent de l'équilibre, qu'un tel effet troublerait le mécanisme : il faut que l'amitié soit générale entre tous les sociétaires, afin que la classe riche ne répugne point à prendre part aux travaux des diverses Séries. On doit donc étendre l'Attraction à tous les travaux, et garder qu'aucun soit frappé de mépris, ni même déconsidéré.

Cependant il en est quelques-uns qui paraissent peu susceptibles d'attraction ; tel est le curage des fosses d'aisances. Il faut aviser aux moyens de surmonter l'obstacle, et à défaut d'amorces *directes* en fournir d'*indirectes* pour toutes fonctions, même pour les plus abjectes.

Répondra-t-on que, selon la règle d'exception qui estime les 7/8ᵉˢ pour le tout, il suffit que les 7/8ᵉˢ soient attrayans, et qu'on pourvoie au 8ᵉ répugnant par un renfort de salaire ? C'est un principe applicable à l'Harmonie hongrée, période 7ᵉ, I, 25. Mais dans la pleine Harmonie, période 8ᵉ, cette lacune suffirait à déconsidérer les services de basse espèce, et par suite le service domestique ; détruire cette amitié, ce lien d'affection et de préférence qui doit régner entre le serviteur et le servi. (Voyez au chapitre de la domesticité attrayante, Série des Pages, 85.)

Il faut donc parvenir à ériger en philantropie religieuse l'exercice des fonctions les plus triviales, de celles qui excitent une répugnance *directe et simple.* Il faut la contre-balancer par amorce *composée indirecte.* Cette opération est le but et l'emploi des Petites Hordes.

Le premier gage d'amorce est dans la brièveté de leurs séances : elles sont, comme celles de toute autre Série, toujours de courte durée, à peine d'une heure et demie : aussi est-on dans l'usage de les rassembler en cohortes vicinales de 4 ou 5 Phalanges contiguës : ces cohortes viennent assister au délité ou repas matinal de 4 heures 3/4 ; puis, après l'hymne religieux et la parade des groupes qui à 5 heures vont au travail, on sonne la charge des Petites Hordes par un tintamarre de tocsin, carillons, tambours, trompettes, hurlemens de dogues et mugissemens de bœufs. Alors les Hordes conduites par leurs Kans et leurs Coëres, s'élancent à grands cris, passant au devant des patriarches qui les aspergent : elles courent frénétiquement au travail, qui est exécuté comme œuvre pie, acte de charité envers la Phalange, service de Dieu et de l'unité.

L'ouvrage terminé, elles passent aux ablutions et à la toilette ; puis se dispersant jusqu'à 8 heures dans les jardins et ateliers, avec leurs amis, elles reviennent assister triomphalement au déjeûné. Là, chacune des Hordes reçoit une couronne de chêne ou d'épines, qu'on attache au drapeau ; et après le déjeûné elles remontent à cheval et se rendent dans leurs Phalanges respectives.

Les Petites Hordes ont, parmi leurs attributs, la réparation accidentelle des grandes routes, c'est-à-dire l'entretien journalier de la superficie. Les grands chemins, en Harmonie, sont considérés comme salon de l'unité ; et par suite, les Petites Hordes, à titre de charité unitaire, veillent à la propreté et à l'ornement des routes.

C'est à l'amour-propre des Petites Hordes que l'Harmonie sera redevable d'avoir par toute la terre des grands chemins plus somptueux que les allées de nos parterres. Ils seront entretenus d'arbres et arbustes, même de fleurs, et arrosés au trottoir.

Si une route de poste essuie le moindre dommage, l'alarme est à l'instant sonnée, et un tocsin de la tour d'ordre avertit l'Argot, qui va, s'il le faut, à la lueur des torches, faire une réparation provisoire, et arborer sur les lieux le pavillon d'accident, de peur que le dommage n'étant aperçu par quelques voyageurs, ne donne lieu d'accuser le canton d'avoir de mauvais sacripans. On l'accuserait de même d'avoir de mauvais chenapans, si on trouvait un reptile malfaisant, serpent ou vipère, et si on entendait un croassement de crapauds à la proximité des grands chemins.

Quoique leur travail soit le plus difficile par défaut d'attraction *directe*, les P. H. sont la moins rétribuée de toutes les Séries. Elles n'accepteraient rien s'il était permis en Association de n'accepter aucun lot : elles ne prennent que le moindre ; ce qui n'empêche pas que chacun de leurs membres ne puisse gagner les premiers lots dans d'autres emplois : mais à titre de congrégation de philantropie unitaire, elles ont pour statut le mépris *indirect* des richesses, et le dévouement aux fonctions répugnantes qu'elles exercent par point d'honneur.

Ce dévouement qui nous paraîtra indifférent, est un palladium d'unité, ainsi qu'on le verra à l'équilibre d'amitié, sect. 7, qui ne pourrait pas s'établir sans le secours de cette corporation.

La plus belle prérogative des Petites Hordes consiste dans la faculté de sacrifier un 8e de leur fortune au service *DE DIEU ET DE L'UNITÉ* ; mots synonimes, puisque la cause de l'unité est celle de Dieu.

Certes, il n'est rien de plus inconvenant que d'accorder à un enfant pupille et âgé de 9 ans, le droit de disposer d'une portion quelconque de sa fortune. Cette licence, dans l'ordre actuel, serait la source des abus les plus révoltans.

Il n'en est pas de même en Harmonie ; l'enfant qui entre aux Petites Hordes ne peut pas être dupe en leur cédant un 8e de sa fortune : on en verra la preuve. Bornons-nous ici à consacrer le principe, le versement du 8e.

S'il est autorisé par les coutumes harmoniennes, c'est que les Petites Hordes étant conservatrices de *L'HONNEUR INDUS-TRIEL*, on doit leur fournir les moyens de soutenir ce rôle.

En conséquence, l'Aréopage fait en leur faveur une exception d'un huitième sur l'emploi de la fortune patrimoniale. De sorte que l'enfant qui possède 800,000 fr. dont il ne peut disposer qu'à l'âge de majorité, a le droit d'en distraire cent mille francs dès l'âge de 9 ans, s'il est admis aux Petites Hordes, qui consacreront cette somme au soutien de l'unité.

Encore ne sera-t-il pas aisé aux enfans riches d'obtenir cette faveur ; on en verra plus d'un y échouer, malgré l'offre de *cent mille francs*, qui en civilisation serait un gage de cent mille accueils.

Le plus précieux emploi des trésors de l'Argot a lieu dans

la séance de répartition ; elle se tient chaque année à la suite
de l'inventaire. Lorsqu'il est clos, on procède à répartir les
bénéfices aux Séries.

Nous n'en sommes pas encore à cette opération ; observons,
par avance, qu'il peut arriver que diverses Séries se trouvent
lésées. Telles prétendront qu'on leur doit en dividende proportionnel un degré de plus, le 4ᵉ au lieu du 5ᵉ, différence
200, 300 louis. C'est un démêlé assez délicat, qui est aisément
terminé par les Petites Hordes.

A la séance de répartition elles prennent, à titre de Série
de charité unitaire, le dernier degré et le moindre lot pécuniaire : malgré l'évidence de leurs fatigues et de leur dévouement, elles réclament comme prix honorifique la plus faible
part. Elles préviennent, par cet acte de désintéressement, les
réclamations que pourrait élever la Série qu'on classerait à ce
dernier degré.

Leur trésor est apporté en séance. Leurs chefs sont placés
au-dessous de l'Aréopage, avec un grand bassin rempli de
rouleaux d'or. Si quelque Série se plaint d'une lésion proportionnelle de 300, 400 louis, et que les votes soient indécis,
à peu près partagés, le Petit Kan se lève et porte une corbeille
de 400 louis devant les chefs de cette Série, qui sont tenus
de l'accepter. C'est pour eux un affront, un avis à mieux s'entendre une autre année avec les Séries rivales, afin qu'il ne
s'élève, à la séance de répartition, aucun débat capable de
compromettre l'unité.

Une Phalange qui passerait pour être sujette aux mésintelligences dans l'instant décisif, au jour de la répartition, serait
décréditée dans l'opinion ; ses actions tomberaient ; on s'en dé-
ferait promptement, parce qu'on sait, en Harmonie, que le
matériel ou industrie périclite si le passionnel est en discorde ;
l'Attraction, dans ce cas, diminue d'intensité ; le travail et le
produit ne peuvent manquer de s'en ressentir.

Dès que ce désordre interne serait connu, la Phalange serait
accusée d'ignorance en mécanique passionnelle, en assortiment
régulier du clavier général des caractères et de l'échelle des
Séries. Toute Phalange qui exécute bien ces deux opérations,
atteint nécessairement à la pleine Harmonie.

Pour éviter à leur canton ce reproche d'ignorance et les

dommages qui naîtraient d'une discorde en répartition, les Petites Hordes sont à la brèche : c'est à elles à se porter partout où faiblirait l'unité. Leurs trésors, leurs fatigues, sont prodigués pour cette cause sacrée.

Conservatrices de l'honneur social, elles doivent écraser la tête du serpent physique et moral ; et tout en purgeant les campagnes de reptiles, elles purgent la société d'un venin pire que celui de la vipère ; elles étouffent par leurs trésors tout germe de cupidité qui pourrait troubler la concorde, et par leurs travaux immondes, l'orgueil qui, en déconsidérant une classe d'industrieux, tendrait à ramener l'esprit de caste et détruire l'amitié générale. Elles savent employer au bonheur de la société, et l'abnégation de soi-même recommandée par le christianisme, et le mépris des richesses recommandé par la philosophie. Elles sont, enfin, le foyer de toutes les vertus sociales, en sens religieux et civique.

Elles en sont payées par des honneurs sans bornes ; l'Argot est première cavalerie du globe ; il prend le pas sur toutes les troupes harmoniennes, et les autorités suprêmes lui doivent le premier salut. L'Argot reçoit par-tout les honneurs de haute souveraineté : à l'approche de ses hordes, la tour des signaux doit un carillon de suprématie, et les dômes un brandissement de pavillon. En adressant la parole à un sacripan ou chenapan en costume, on lui doit le titre de Magnanime : et on doit aux hordes de l'Argot, le titre de Glorieuses Nuées. Au temple elles prennent place au sanctuaire.

Le Petit Kan ou chef de la horde d'une Phalange, peut souvent commander dix mille hommes d'une armée de passage ; car, dans tout canton où elle séjourne, elle ne part qu'après avoir assisté à la parade matinale, qui suit le délité ou premier repas et l'hymne de salve à Dieu. Cette parade est commandée par le Petit Kan, qui est un enfant de 13 à 14 ans.

L'Argot a l'initiative sur tous les travaux d'armée. Lorsqu'une armée industrielle est rassemblée, elle ne peut pas mettre la première main à l'ouvrage ; c'est une prérogative réservée aux Petites Hordes. Elles doivent comme les grenadiers, monter les premières à la brèche : elles se rendent à l'armée, au jour fixé pour l'ouverture de la campagne : les ingénieurs ont fait le tracé du travail initial affecté aux nuées de l'Argot ; elles défilent *en orage* (*) sur le front de bandière, et fournissent la première charge, aux acclamations de l'armée.

Elles sont toujours sur pied à 3 heures du matin, nettoyant les étables, pansant les animaux, travaillant aux boucheries, où elles veillent à ce qu'on ne fasse jamais souffrir aucune bête et qu'on lui donne la mort la plus douce.

Elles ont la haute police du règne animal : celui qui maltraiterait quadrupède, oiseau, poisson, insecte, soit en le rudoyant, soit en le faisant souffrir aux boucheries, serait justiciable du divan des Petites Hordes ; et quel que fût son âge, il se verrait traduit devant un tribunal d'enfans, comme inférieur en raison aux enfans mêmes ; car on a pour règle, en Harmonie, que les animaux n'étant productifs qu'autant qu'ils sont bien traités, celui qui maltraite ces êtres hors d'état de se venger, est lui-même plus animal que les bêtes qu'il persécute.

(La police du règne végétal appartient au sénat des Petites Bandes, et celui qui gâterait fleur ou fruit, arbre ou légume, serait justiciable de ce sénat enfantin.)

Aucune classe ne saurait être jalouse du relief des Petites Hordes ; il est mérité par des fonctions austères dont s'affranchissent les Petites Bandes, formant moitié de la haute enfance. L'Argot ne réunit que les caractères de forte trempe, capables de subir de rudes épreuves. Au jour de la réception, il faut que le récipiendaire présente avec fermeté son bras à la

(*) *Défiler en orage*, en nuées qui s'entrechoquent ! c'est chose inconnue en civilisation, où l'on n'a jamais perfectionné les évolutions en ligne courbe. Elles ne sont pas même connues des Tartares : ils n'en ont que le germe, et ne connaissent pas les manœuvres courbes, comme l'ORAGE, la FOURMILLÈRE, le SERPENTAGE, les VAGUES BRISÉES, etc.

Les enfans harmoniens excelleront dans toutes ces manœuvres, inconnues même des fameux cavaliers tartares, mamelucks, arabes et mahrattes. L'Argot tout entier sera composé de cavaliers en voltige, comme les écuyers *Franconi* : les chevaux nains, par la douceur et les raffinemens de l'éducation, deviendront aptes à toutes ces manœuvres aussi brillantes que les nôtres sont monotones. Rien de plus insipide que les parades civilisées à pied et à cheval : qui en a vu une, en a vu mille : toujours la même chose ! Quant à celles d'Harmonie, elles ont en mode rectiligne et curviligne, soit en ordre serré, soit en espacé ou lâche, des manœuvres variées à l'infini, comme celles des ballets d'opéra.

brûlure, pour être marqué d'un lion , s'il entre aux sacripans ;
d'un aigle, s'il entre aux chenapans. On exige de lui, comme
du gladiateur blessé , qu'il souffre avec grâce. Moitié des enfans ne peuvent pas se prêter à ces épreuves ; aussi prennent-
ils parti dans les Petites Bandes , qui ont bien leur utilité.

Mais les respects et les honneurs sont dus à l'Argot, parce
qu'il est en Harmonie, *palladium composé* , garant contre
les attaques de l'orgueil et de la cupidité. Double victoire que
la nature a réservée aux enfans et non aux pères ! Combien
nos équilibristes sociaux étaient éloignés de soupçonner que
l'enfance recélât ce foyer de patriotisme, et que les enfans
dussent être un jour les colonnes de vertu sociale !

CHAPITRE III.

Application aux équilibres passionnels.

Vous changerez donc les passions, s'écrient nos sceptiques, nos *impossibles !* Ils ont tout dit, quand ils ont dit :
vous voulez donc changer les passions !

C'est vous , politiques imbécilles , qui essayez de les changer
dans vos traités de *perfectibilité perfectible.* Voyons qui de
vous ou de moi prétend changer les passions.

Il n'en est pas de mieux constatée que celle de la saleté chez
les écoliers et enfans de 10 à 12 ans. Tout moraliste déclare qu'il
faut les corriger, les punir, lorsqu'ils ont souillé tous leurs vêtemens et ceux d'autrui , fait des ordures dans la chaire du
professeur : voilà ce que la bonne nature inspire aux enfans,
une frénésie de saleté.

« Bah ! vous parlez d'enfans mal-élevés , dira quelque moraliste : il s'en trouve d'autres qui ont des penchans honnêtes. »

Sans doute, il en est : je vais les utiliser au chapitre des
Petites Bandes : mais il demeure constant que jusqu'à 12 ans,
les 2/3 des garçons et un tiers des filles inclinent à la saleté.
Or, si l'on veut *ne pas changer les passions*, il faut trouver
un moyen d'utiliser ces goûts immondes que la nature donne
évidemment à une moitié de l'enfance ; prétendu vice , dont
l'Harmonie fera, dans les Petites Hordes , l'emploi le plus
précieux en équilibre social.

Ma théorie se borne donc à *utiliser les passions telles que la nature les donne, et sans y rien changer*. C'est là tout le grimoire, tout le secret du calcul de l'Attraction passionnée. On n'y discute pas si Dieu a eu raison ou tort de donner aux humains telles et telles passions ; l'ordre sociétaire les emploie sans y rien changer et comme Dieu les a données.

Il faut de bonne heure établir ce principe sur une question indifférente en morale, comme la manie de saleté enfantine qui ne touche pas aux mœurs. Le principe une fois posé, nous en étendrons l'emploi en 4ᵉ Notice ; nous l'appliquerons aux relations d'amour, sur lesquelles nous établirons, comme en 3ᵉ Notice, qu'il faut employer les passions telles qu'elles sont, et que, selon la fable du gland et de la citrouille, *Dieu fit bien tout ce qu'il fit*.

Etendons la démonstration aux âges inférieurs dont j'ai traité en 1ʳᵉ et 2ᵉ Notice, et reproduisons, à ce sujet, une thèse déjà débattue, mais dont il est force de disséminer les preuves.

Il s'agit de l'opportunité de l'Attraction passionnée, de sa convenance avec tous nos besoins, et de la sagesse du Créateur qui l'a distribuée, dans tous les âges, en doses proportionnelles aux emplois d'Harmonie sociétaire.

En 1ʳᵉ et 2ᵉ Notice, j'ai justifié Dieu sur plusieurs attractions du bas âge qui nous semblent vicieuses ; *la curiosité et l'inconstance* : elles ont pour but d'attirer l'enfant dans une foule de Séristères où il doit se former à l'industrie ; *le penchant à fréquenter les polissons plus âgés* : c'est d'eux qu'il doit recevoir, en Harmonie, l'impulsion du charme corporatif ascendant, 169 : *la désobéissance au père, au précepteur* ; ce ne sont pas eux qui doivent l'élever ; son éducation doit se faire dans les Séristères par les rivalités cabalistiques.

Ainsi, tous ces prétendus vices de l'enfance deviennent qualités utiles dans l'état sociétaire, et judicieusement adaptées par le Créateur aux convenances des Séries.

En 3ᵉ Notice, je viens de le justifier d'une attraction très-généralement critiquée ; c'est le penchant de l'enfance à la malpropreté. Ce goût, chez les petits enfans, est innocent et sans prétention : il prend un vol plus élevé chez ceux de 9 à 12, vrais maniaques de saleté ; ils la poussent du simple au composé, et conçoivent de vastes plans de cochonnerie. Par exemple, ils vont le soir frotter d'ordures les marteaux de portes et cordons de sonnettes, les enduire de leur denrée favorite; ils ne rêvent qu'aux moyens d'en barbouiller tout le genre humain. Leurs complots sont bien tramés et sagement exécutés; sauf quelques horions et coups de fouet que les laquais leur administrent, mais qui ne ralentissent pas leur noble ardeur.

D'où vient cette frénésie ordurière chez les écoliers de 10 à 12 ans? Est-ce vice d'éducation, défaut de préceptes? Non, car plus on les sermonnera contre la saleté, plus ils s'y acharneront. Est-ce dépravation? La nature serait donc dépravée, car c'est elle qui excite en eux de tels penchans! Si le système distributif de l'Attraction est juste en tous ses détails, il faut que celle-ci ait un emploi très-utile, puisqu'elle est si puissante sur la majorité des enfans de 10 à 12 ans.

Nous ne saurions, en civilisation, débrouiller cette énigme; là voila expliquée: la manie de saleté est une impulsion nécessaire pour enrôler les enfans aux Petites Hordes, les aider à supporter gaiement le dégoût attaché aux travaux immondes, et s'ouvrir, dans la *carrière de la cochonnerie*, un vaste champ de gloire industrielle et de philantropie unitaire.

Sur ce point comme sur tout autre, le créateur et distributeur de l'Attraction a donc bien fait tout ce qu'il a fait, et la science en aurait jugé ainsi, même avant la solution du problème, si elle avait su, 232, franchir les limites du génie civilisé, *ne pas croire la nature sociale bornée aux moyens connus*, aux mécanismes civilisé et barbare. Mais notre siècle, tout engoué des abstractions, n'a jamais su s'élever à celles qui auraient provoqué les recherches en politique sociétaire.

La manie de saleté qui règne chez les enfans n'est qu'un germe informe comme le fruit sauvage; il faut le raffiner, en y appliquant les deux ressorts d'*esprit religieux unitaire* et *honneur corporatif*. Etayés de ces deux impulsions, les emplois répugnans deviendront jeux d'attraction INDIRECTE COMPOSÉE. Cette condition établie au précédent chapitre, se trouve remplie par les deux amorces que je viens d'indiquer.

En s'adonnant aux fonctions méphitiques, où souvent la santé du peuple est compromise, les enfans harmoniens n'exposent jamais la leur, étant toujours bien parfumés et purifiés avant et après une courte séance. Leurs austérités n'ont aucun rapport avec nos exercices, qui exténuent l'enfant sous prétexte de l'endurcir aux fatigues. Les Petites Hordes sont sur pied à trois heures du matin, même au fort de l'hiver; mais on parcourt le Phalanstère à couvert, dans la rue-galerie, dans des corridors chauffés, suspendus sur colonnes, et traversant les cours allongées. On va du Phalanstère aux étables, en souterrains sablés : l'enfance n'a donc point à souffrir des intempéries dans ses fonctions matinales; se couchant à huit heures du soir, elle donne au sommeil un temps suffisant : il n'y a dans ses travaux aucune lésion d'équilibre sanitaire.

Passons de ce préambule à l'équilibre passionnel.

Pourquoi l'enfance est-elle appelée au rôle principal en mécanisme d'amitié générale? C'est que les enfans, en passions affectives, sont tout à l'honneur et à l'amitié. Ni l'amour, ni l'esprit de famille ne peuvent les en distraire : c'est donc chez eux qu'on doit trouver l'amitié dans toute sa pureté, et lui donner le plus noble essor, celui de charité sociale unitaire, prévenant l'avilissement des classes inférieures par l'envahissement des fonctions abjectes, et maintenant l'amitié entre le riche et le pauvre.

Dans les divers chapitres qui ont traité des Séries (Cislégomènes, 2ᶜ Notice et autres), j'ai démontré que s'il existait dans l'Harmonie une seule fonction méprisée, réputée ignoble et dégradante pour la classe qui l'exerce, les services inférieurs seraient bientôt déconsidérés en chaque branche d'industrie; aux étables, aux cuisines, aux appartemens, aux ateliers, etc.; l'avilissement s'étendrait d'une fonction à l'autre; le mépris du travail renaîtrait par degrés, et l'on finirait, comme en civilisation, par titrer de *gens comme il faut*, ceux qui ne font rien, ne sont bons à rien. Il arriverait que cette classe riche ne prendrait plus parti aux Séries industrielles, et répugnerait toute relation sociétaire avec la classe pauvre.

C'est à l'enfance à préserver de ce vice le corps social, en s'emparant corporativement de tout service dédaigné, en l'exerçant pour la masse et non pour l'individu (sauf le service des malades qui ne peut être confié qu'à une corporation d'âge mûr, celle des infirmiers; encore les Petites Hordes y interviendront-elles quant aux fonctions immondes).

Ce n'est que sur cet âge qu'on pouvait jeter les yeux pour

faire exercer par attraction indirecte la branche des travaux répugnans. Pour prix de ce dévouement généreux, on les autorise à un autre sacrifice, à celui d'une partie de leur fortune. Ainsi l'Harmonie sait produire double dévouement, là ou la civilisation ne ferait germer que double égoïsme.

Eh ! qu'en coûte-t-il pour amener les Petites Hordes à ces prodiges de philantropie ? Quelques fumées de gloriole ; un premier rang dans les parades, un carillon de suprématie, le privilége de mettre la première main au travail, d'être les premières au poste difficile ! C'est payer une fatigue par une autre fatigue. Ainsi l'exige l'ordre composé, seul assorti aux penchans du cœur humain. Les corporations civilisées les plus austères sont souvent celles qui obtiennent de leurs cénobites le plus d'affection et de persévérance ; que sera-ce dans les Petites Hordes, où le dévouement n'aura presque rien de pénible matériellement, grâces aux penchans de leur âge à braver la fétidité et se faire un jeu de la mal-propreté.

Longtemps je commis la faute de blâmer ce ridicule des enfans, et chercher à le faire disparaître dans le mécanisme des Séries pass. : c'était agir en Titan qui veut changer l'œuvre de Dieu. Je n'obtins de succès que lorsque j'eus pris le parti de spéculer d'accord avec l'Attraction ; chercher à utiliser les penchans de l'enfance, tels que la nature les crée. Ce calcul me donna la corporation que je viens de décrire, et qui est l'une des 4 roues du char, l'un des leviers cardinaux en équilibre passionnel.

On a vu, I, 383, que chacun des 4 groupes domine dans l'une des 4 phases de la vie, et que c'est le groupe d'amitié qui régit l'enfance ou première phase. Aussi l'amitié n'est-elle, à aucun âge, plus dominante et plus franche que chez les enfans.

Puisqu'il faut extraire de chacune des 4 phases de la vie, un des rouages d'équilibre passionnel, on ne peut extraire de la phase antérieure, dite Enfance, que le rouage d'amitié.

Eh ! comment obtenir des enfans un effet d'amitié *unitaire*, applicable à tout le genre humain, et formant l'un des pivots cardinaux de l'unité ? Ce problème est résolu par la corporation des Petites Hordes ; elle exerce en mode unitaire la seule branche de charité qui reste en Harmonie ; il n'y a plus de pauvres à secourir, plus de captifs à racheter et délivrer des bagnes ; il ne reste donc aux enfans que l'envahissement des travaux immondes ; charité de haute politique, en ce qu'elle préserve de mépris les dernières classes d'industrieux, et par suite les moyennes. Elle établit ainsi la *fraternité* rêvée par les philosophes, le rapprochement spontané entre toutes les classes.

Si, dans un tel ordre, le peuple est poli, loyal, exempt de besoin, il ne peut plus exister chez les grands ni défiance, ni mépris pour le peuple. De là naît l'enthousiasme amical dans tous les groupes industriels, où le peuple est nécessairement mêlé avec les grands. Ainsi se réalise le rêve qui veut faire de tous les humains une famille de frères.

Cette précieuse unité cesserait du moment où il existerait une fonction dédaignée, avilie : par exemple, s'il existait en Harmonie des décroteurs salariés, ces enfans, et par suite leurs parens, seraient réputés classe inférieure, non admissible en comité de Série où figurent des gens riches.

Si ce genre de service est réputé ignoble, les Petites Hordes s'en emparent et l'ennoblissent. On se crotte rarement en Harmonie, grâce aux communications couvertes ; et d'ailleurs, chacun a des chaussures de rechange, aux salles de vestiaire, à son armoire. Le cirage est fonction d'un groupe de la Série des pagesses ; mais dans le cas où il faudrait subitement des décroteurs locaux, opérant sur la personne chaussée, on voit s'empresser une vingtaine de jeunes filles âgées de 7 à 10 ans, les unes déjà admises, les autres aspirantes aux Petites Hordes, qui ont un corps d'aspirans adjoints parmi les séraphins. Ces jeunes personnes exécutent le travail avec dextérité et prestesse, et on ne leur en doit d'autre salaire en les quittant, que de serrer amicalement le chaînon de fer dont toute sacripane est parée, en signe d'enchaînement à la cause sacrée de la charité unitaire.

Ainsi l'amitié collective, qu'on nomme en style philosophique la douce fraternité, s'établira par l'entremise des fonctions mêmes qui aujourd'hui créent les divisions de castes et les haines entre les diverses classes.

Concluons de cet aperçu, que si l'on sait employer à propos les passions telles que les crée la nature, on en obtient un *bénéfice composé* ; tandis que le système répressif ne produit qu'un *dommage composé*. Appliquons la thèse au sujet qui nous occupe, au penchant des enfans à la mal-propreté.

Dans les Petites Hordes, où ce penchant se développe en toute liberté et avec rang de passion honorable, il donne les deux bénéfices d'*ESSOR* et *CONTRE-ESSOR*.

Bénéfice d'*ESSOR DIRECT*, par les fonctions immondes et gratuites auxquelles il entraîne l'enfance ; curage des égoûts et des fosses, destruction des reptiles, et travaux de ce genre, tous très-profitables et très-coûteux.

Bénéfice de *CONTRE-ESSOR* ou contraste, dans l'extrême propreté dont se piquent les enfans après avoir usé leur fougue aux emplois répugnans. Dès que les nuées de l'Argot ont quitté le sarrau gris ou habit de combat, et repris l'uniforme, elles sont la plus brillante cavalerie ; non par le faste, mais par la bonne tenue des chevaux et harnais, par l'éblouissante variété des couleurs, en costumes, panaches, etc.

C'est, en passionnel, un assemblage des deux extrêmes. Elles sont, en *essor*, au vœu de la nature ou Attraction qui les passionne pour le genre immonde. Elles sont, en *contre-essor*, à l'effet opposé, à l'extrême propreté, par l'orgueil qui naît du titre de première cavalerie du globe.

Ce contraste, semblable à celui de réfraction et réflection de la lumière, a toujours lieu quand on sait donner à une passion son cours naturel.

La même passion réprimée comme elle l'est dans nos mœurs, devient doublement préjudiciable en *NON ESSOR* et *FAUX ESSOR*. Examinons.

En *NON ESSOR*, elle excite l'enfant comprimé à la rébellion secrète ou intentionnelle, et souvent à la mutinerie. Elle compromet l'autorité du père, qui lutte contre la nature sans pouvoir la dompter. L'enfant privé de satisfaire ses goûts, ne les conserve pas moins, et s'y livre dès qu'il échappe aux Argus.

En *FAUX ESSOR*, elle excite l'enfant à d'autres méfaits. Entravé sur l'un de ses goûts, il deviendra rancuneux, malfaisant ; il brisera, querellera, refusera l'étude qu'il aurait acceptée, si on lui eût ménagé un *essor honorable* de sa manie ordurière.

D'après ce parallèle, on voit ici le système répressif ou engorgement passionnel produire *double vice*, au lieu du *double bien* qu'aurait donné le développement passionnel. C'est le mal composé, au lieu du bien composé.

Cette propriété est inséparable des passions. Chez l'homme elles donnent toujours en mode composé, le bien et le mal qu'elles donnent en mode simple chez les animaux.

Etudions donc les moyens de *développer* et non pas *réprimer* les passions. 3000 ans ont été sottement perdus à des essais de théories répressives : il est temps de faire volte-face en politique sociale, et de reconnaître que le créateur des passions en savait sur cette matière plus que Platon et Voltaire ; que *Dieu fit bien tout ce qu'il fit* ; que s'il avait cru nos passions nuisibles et non susceptibles d'équilibre général, il ne les aurait pas créées, et que la raison humaine, au lieu de critiquer ces puissances invincibles qu'on nomme passions, aurait fait plus sagement d'en étudier les lois dans la synthèse de l'Attraction.

J'ai répliqué sur le reproche de vouloir changer les passions; j'ai prouvé que cette prétention n'existe que chez nos perfectibiliseurs.

Peu à peu je paie la dette contractée avec les moralistes. Je me suis engagé à réaliser, dans le cadre d'Harmonie pass., toutes les chimères de vertu dont ils se repaissent, comme celles *de la douce fraternité* et *du mépris des richesses perfides.* Voilà les deux préceptes mis en pratique par une secte qui sait les appliquer à l'accroissement de la richesse générale, et qui ne méprise pas la richesse, mais l'égoïsme en usage des richesses.

Je reprendrai ces aperçus d'équilibre passionnel, à l'argument spécial de 4e Notice, où il faudra préluder sur les trois autres équilibres, non moins importans que celui d'amitié, dont les Petites Hordes sont le palladium.

DES PETITES BANDES.

CHAPITRE IV.

ORGANISATION des Petites Bandes.

J'EN demande grâce aux partisans de la sainte égalité : j'aurai ici un nouveau démenti à leur donner ; le reproche de vouloir introduire l'égalité où elle n'est pas admissible, et de la repousser là où elle doit être admise, dans les études et la carrière de gloire scientifique et littéraire, d'où nos aristarques

veulent exclure le sexe féminin ; despotisme fort contradictoire
avec leurs doctrines d'égalité ! Est-ce donc la force corporelle
qui est mesure du génie et du talent ? Renvoyons ce débat, et
venons au sujet de ce chapitre.

Chez les enfans comme chez les pères, la nature organise les
contrastes de caractère. Sans le contraste, il n'existerait aucune
voie d'essor ni pour la 10e passion, la *CABALISTE*, I, 432,
ni pour les Séries pass. qui ne s'organisent que par les cabales
et rivalités, dont le germe est dans les contrastes de goûts.

Spéculons donc sur les goûts opposés à ceux des Petites
Hordes que j'ai décrites dans les trois précédens chapitres. Il
n'y aurait ni régularité, ni raffinement dans l'essor d'une passion, si on ne donnait pas l'essor à son *contraste ou contre-
poids*.

Ainsi, quelqu'utile que soit le service des Petites Hordes,
leur émulation doublera d'intensité si on leur oppose le contraste que la nature a dû leur ménager. Il nous sera facile de
le découvrir ; procédons à la recherche.

Si la majorité des enfans mâles incline pour le vacarme et
la saleté, on voit la majorité des petites filles incliner pour la
parure et les bonnes manières. Voilà un germe de rivalité bien
prononcée ; il reste à le développer.

Selon la loi du contraste, il doit arriver que si les garçons
se trouvent en majorité de 2/3 dans les Petites Hordes, les
filles seront en majorité de 2/3 dans les Petites Bandes : le 3^e
tiers, formé de jeunes garçons impubères, se composera,

Ou de ces jeunes savans, esprits précoces comme Pascal,
qui ont dès le plus bas âge une vocation déclarée pour l'étude ;

Ou de ces petits efféminés qui, dès l'âge de 9 ans, inclinent à la mollesse, à la vie de Sybarite.

Ces deux classes refuseront de s'enrôler aux Petites Hordes,
et prendront parti dans la corporation rivale où le sexe féminin
est en majorité ; corporation très-utile sans doute, mais qui
n'a pas le rang de ressort cardinal en équilibre passionnel.

Les Petites Bandes, quoiqu'entièrement composées de lycéens
et gymnasiens, enfans de 9 à 15 ans, sont si polies, que les
garçons y cèdent le pas aux filles, soit parce que les femmes
y sont en majorité, en rapport de deux pour un, soit parce
que la corporation a pour statut et goût dominant, *l'atticisme*,

le ton opposé à celui des Petites Hordes, qu'elle éclipse dans les sciences, les arts, et dans diverses branches d'industrie.

Cette rivalité suffit à créer chez les Petites Bandes un ton et des mœurs diamétralement opposées à celles de l'Argot. La différence de manières entre les deux corps, est comparable à celle qu'on voit aujourd'hui entre les militaires et les gens de robe. Le contraste est encore plus saillant.

Bref, les Petites Bandes sont des réunions d'enfans aussi raffinés sur le bon ton, que peut l'être chez nous la meilleure compagnie de Paris ou de Londres; mais à cet atticisme elles joignent une qualité plus précieuse, qui est la prétention d'exceller dans les sciences et les arts, à commencer par l'agriculture, première des sciences.

Le créateur a ménagé, en répartition de caractères, une division fondamentale en nuances *fortes* ou *majeures*, et nuances *douces* ou *mineures;* distinction qui règne dans toute la nature: en couleurs, du foncé au clair; en musique, du grave à l'aigu; et ainsi dans tout le système de l'univers.

Ce contraste qui règne parmi l'enfance comme chez les autres âges, suffit seul à enrôler une moitié des lycéens et gymnasiens aux Petites Bandes, qui font un service beaucoup moins pénible que celui des Petites Hordes.

J'ai observé que cette moitié est contrastée en nombre et en sexe comme en caractère; savoir:

Aux Petites Hordes, 2/3 de garçons et 1/3 de filles;

Aux Petites Bandes, 2/3 de filles et 1/3 de garçons.

Si l'une des corporations brille à vaincre les obstacles en matériel, il faut que l'autre excelle à les vaincre en spirituel. Aussi les Petites Bandes se distinguent-elles davantage aux études, aux cultures et fabriques. Elles sont généralement plus industrieuses, excepté en certaines fonctions, comme l'équitation, le soin des chevaux et chiens, la grande chasse, la grande pêche, qui sont plus spécialement le lot des Petites Hordes; mais les animaux dont le soin exige talent et patience, comme les zèbres et castors, les abeilles et vers à soie, sont affectés aux Petites Bandes qui se piquent de raffinement industriel. Ceci tient au chapitre suivant, qui traite des fonctions. Continuons sur le dispositif.

En costume, elles adopteront les vêtemens chevaleresques

et romantiques , soit de l'antiquité , soit de l'âge moderne , en variant de Phalange à Phalange pour les formes de l'habillement. Si la bande de Saint-Cloud a costume Troubadour, celle de Marly aura costume Athénien , et ainsi des autres.

Cette variété est opposée à celle des Petites Hordes, qui sont *UNES* en costume pour une province entière , mais qui varient les couleurs *individuellement ;* de sorte que chaque horde en manœuvre espacée , a l'éclat d'un carreau de tulipes toutes différenciées de leurs voisines.

En attendant qu'on puisse monter les Petites Bandes sur zébres , et monter sur quaggas leurs corybants et corybantes (acolytes âgés correspondans aux coëres et coëresses des Hordes), on sera obligé de s'en tenir aux chevaux nains.

Les Petites Bandes adoptent en manœuvre le mode rectiligne composé , par opposition au curviligne composé qui est celui des Petites Hordes.

Le mot *composé* s'entend de l'ordre serré et de l'ordre lâche ou espacé. La cavalerie harmonienne emploie ces deux modes , en manœuvre curviligne et rectiligne.

La cavalerie civilisée et barbare ne connaît guères que l'ordre serré ; cependant les Cosaques font usage de l'ordre espacé , lorsqu'ils jouent de la lance ; mais c'est un ordre *espacé confus ,* sans distances régulières favorisant les engrenages collectifs. Il faut , dans l'ordre lâche , que les escadrons engrènent l'un dans l'autre , cheval par cheval , comme chez nous les compagnies dans l'évolution appelée rupture des lignes.

Ces détails sont de peu d'intérêt ; je ne m'y arrête que pour bien établir le contraste qui doit régner entre les deux troupes , et qui est un véhicule d'émulation très-propre à aiguiser l'esprit cabalistique , nécessaire dans les Séries pass.

Dans cet article sur le matériel , n'oublions pas ce qui touche aux tempéramens.

Quoique les deux corporations, P. H. et P. B. , se couchent à peu près à la même heure , avant les séances du soir d'où on doit les éloigner, les Petites Bandes ne se lèvent que plus tard , et n'arrivent guères avant 4 heures aux ateliers. Elles n'y seraient pas nécessaires plus tôt : elles ne sont que peu ou point chargées du soin des grands animaux , sauf leurs chevaux nains. Elles s'adonnent davantage au soin des animaux difficiles à élever, des pigeons de correspondance, des castors, etc., qui n'exigent pas de séances matinales comme les boucheries et autres emplois de l'Argot.

Cette différence d'une heure que j'assigne sur le sommeil n'est point arbitraire : elle tient aux convenances de tempérament. Les enfans dont le matériel est moins actif, comme les phlegmatiques et mélancoliques, 214, ont plus besoin de sommeil et s'enrôleront volontiers aux Petites Bandes ; les sanguins et bilieux conviendront mieux aux Petites Hordes..

Cette distribution est sujette à exceptions ; mais le classement sera assez conforme à la division des quatre tempéramens cardinaux :

$$\left. \begin{array}{l} \text{2. maj.} \quad \begin{array}{l} \text{Bilieux.} \quad \text{— Ambition.} \\ \text{Sanguin.} \quad \text{— Amitié.} \end{array} \right\} \text{P. H.} \\ \text{2. min.} \quad \begin{array}{l} \text{Mélancol.} \text{—Amour.} \\ \text{Phlegmat.—Famillisme.} \end{array} \right\} \text{P. B.} \end{array}$$

Sauf la distinction des tempéramens mixtes et de l'unitaire, négligée par nos physiologistes. Note, 214.

Les Petites Hordes dominent dans l'élection des Roitelets des 13 degrés, I, 286, et les Petites Bandes dans l'élection des Roitelettes ; c'est-à-dire que le Roitelet est tiré des Petites Hordes, deux années sur trois, et la Roitelette est choisie deux années sur trois, parmi les Petites Bandes.

Le sexe féminin formant les 2/3 dans les Petites Bandes, elles ont en dominance les goûts du sexe féminin, entr'autres celui des parures ; et c'est encore un vice que les Séries vont utiliser, comme précédemment celui de la mal-propreté.

On reproche à nos dames d'aimer les colifichets, falbalas, fanfreluches et pretintailles ; puis aux petites filles, d'aimer les poupées plus que le travail. Ce défaut, si c'en est un, est bien pire dans les Petites Bandes, qui sont maniaques de parure.

L'Aréopage ne leur accorde pas, comme aux P. H., la faculté de disposer d'un 8e de leur patrimoine, mais seulement de moitié du pécule qu'elles ont acquis en intérêts d'actions patrimoniales pendant l'enfance, pendant les années passées aux tribus de bambins, chérubins et séraphins. Elles peuvent employer cette moitié du pécule d'agios, à des frais de luxe *collectif* et non individuel. On le permet parce que c'est semer pour recueillir. Il sera reconnu que ce goût des parures, si nuisible en civilisation, devient germe d'émulation industrielle dans les Séries, quand il est exercé *collectivement*, pour parer l'escadron entier, féminin et masculin. En conséquence, les plus riches sectaires des Petites Bandes, ceux qui ont des capitaux actionnaires, pourront faire verser au trésor de *LA CHEVALERIE*, moitié des agios accumulés pendant l'enfance, où on gagne toujours plus qu'on ne dépense.

Les noms corporatifs ayant été, pour les Petites Hordes, empruntés du genre poissard, seront pour les Petites Bandes empruntés du romantique, où nous puiserons, en contrastes génériques,

P. H. *L'ARGOT*, les *magnanimes Argotiers* et *Argotières*.

P. B. *LA CHEVALERIE*, les *nobles chevalières* et *chevaliers*.

En contrastes spéciaux, nous avons de même opposé les Corybantes et Corybants, comme Flamines de la Chevalerie, aux Coëres et Coëresses qui sont Druides ou Bonzes de l'Argot.

En alliés voyageurs, on opposera aux Grandes Hordes d'Aventuriers les Grandes Bandes de Chevalerie Errante ou autre nom, comme serait troubadoures et troubadours que je réserve pour un emploi exposé en 4° Notice.

Il reste à indiquer trois noms romantiques en opposition aux noms de *sacripans*, *chenapans* et *garnemens*. J'en laisse le choix aux amateurs du romantique. Ils pourront adapter exactement ces noms quand ils connaîtront les fonctions. Il a fallu donner ce premier chapitre au matériel, qui sans doute n'aura pas l'avantage de plaire à nos doctes instituteurs. Ils ne manqueront pas de s'écrier :

« Que de parades et de parures ! qu'est-il besoin de ces » cohortes si pimpantes, si pomponnées ? ce n'est pas cela qui » fait croître le blé. Ne vaudrait-il pas mieux donner aux en-» fans une éducation philosophique, les former selon les saines » doctrines et les torrens de lumière perfectibilisante ? »

Ainsi raisonnera un ami *des raves et des saines doctrines*, qui, avec leur étalage de *balance*, *contre-poids*, *garantie*, *équilibre*, n'aboutissent qu'à former l'enfance des deux sexes à toutes les sortes de fausseté ; qu'à rendre l'homme civilisé, faux en affaires d'intérêt ; la femme, fausse en fidélité conjugale ; et l'enfant, faux en toutes relations avec ses supérieurs.

Bref, les saines doctrines et leurs auteurs n'arrivent qu'à l'opposé de leur but : les savans ne nous donnent, au lieu des biens qu'ils ont rêvés, que les neuf fléaux lymbiques, 67. C'est donc à eux d'aller à l'école en affaires d'*équilibre social*, et d'attendre (jusqu'à la 8ᵉ section), le résultat des moyens exposés. Tout à l'heure ils ne voulaient pas admettre les penchans immondes comme ressort d'équilibre social parmi l'enfance; maintenant, ils ne voudront pas du goût de la parure : quels ressorts veulent-ils donc employer ? Leurs constitutions, leurs billevesées de droits de l'homme et de mépris des richesses !

L'enfance harmonienne va arriver, par le goût de la parure, aux vertus philosophiques de fraternité et d'égalité. Si les Petites Bandes sont bien chamarrées, c'est à leurs frais, et non aux frais d'autrui. Chez nous, la fille d'un homme opulent se pomponne aux dépens de mille cultivateurs que son père a dépouillés ou pressurés ; mais en Harmonie, elle se pare du produit de ses bénéfices industriels ; et quant à ses économies, ses agios accumulés par bonne gestion, si elle en distrait une moitié, c'est pour parer toutes ses compagnes, leur faire partager son bien-être. N'est-ce pas se montrer ennemi des vertus sociales, que de critiquer des coutumes si honorables, avant de savoir à quel but elles pourront conduire ?

CHAPITRE V.

Fonctions sociales des Petites Bandes.

Erreur bi--composée sur le génie féminin.

RALLIONS-NOUS ici à la loi des contre--poids, tant prônée par la philosophie moderne.

En équilibre passionnel, il faut mettre en jeu les contrastes : c'est de leur opposition et de leur rivalité que naît l'action unitaire. Il faut donc à la *Chevalerie* des fonctions qui, opposées à celles de l'*Argot*, tendent pourtant au même but.

Les Petites Hordes marchent au beau par la route du bon :

Les Petites Bandes marchent au bon par la route du beau.

Ce sera une thèse à reproduire à la fin de ce chapitre qui en contient la démonstration.

Plus les Petites Hordes sont distinguées par les vertus et le dévouement civique, plus la corporation rivale doit réunir de titres pour entrer en balance dans l'opinion. C'est un beau problème d'équilibre moral : quels moyens les Petites Bandes pourront-elles mettre en usage pour égaler à peu de chose près le relief de leurs concurrens, illustrés par un zèle religieux pour toutes les fonctions répugnantes ?

En principe, il faut spéculer ici sur les passions du sexe féminin, puisqu'il reste chargé de la lutte : les Petites Hordes ont enrôlé majorité des lycéens et gymnasiens ; il reste aux Petites Bandes une majorité de 2/3 en filles, et seulement 1/3 en garçons : c'est donc sur le goût dominant des filles qu'il faut spéculer, et ce goût est évidemment celui de *LA PARURE*.

Eh ! comment puiser dans cette source de vice les moyens de contre-balancer des vertus colossales comme le dévouement des Hordes ? un moraliste va prononcer que ce goût de la parure ne peut être qu'une voie de corruption : répondons-lui par l'adage vulgaire : *jamais mauvais ouvrier n'a su trouver bon outil.* Ce goût de futilité, de colifichets, qui s'exerce aujourd'hui si sottement sur des poupées, va devenir un second *palladium* de bonheur social.

Méthodiquement parlant, il faudrait établir que le goût de la parure devient germe d'enrichissement universel, pourvu qu'on sache l'élever du mode simple au composé, de l'exercice individuel au collectif. Ces discussions théoriques nous entraîneraient trop loin ; elles déplairaient, de plus, au sexe qui est l'objet de cet article : abrégeons, et décrivons les fonctions des Petites Bandes.

Elles sont conservatrices du *charme social ;* poste moins brillant, si l'on veut, que celui de soutiens de l'honneur social, affecté aux Petites Hordes : on va voir cependant, que le rôle de *LA CHEVALERIE* n'est guères moins précieux que celui de *L'ARGOT ;* et en mettant à profit chez les jeunes filles leur manie de parure, nous allons en obtenir un quadrille de merveilles qui seront :

1. *Le raffinement industriel.*   3. *L'instruction composée.*
2. *Le règne du bon goût.*   4. *L'amitié composée.*

✕ *LE TON UNITAIRE.*

De la réunion de ces divers biens, se composera le *CHARME SOCIAL,* ou enthousiasme de la Phalange pour elle-même et pour ses travaux, et affection de tout étranger qui l'aura fréquentée. On jugera de ces effets après l'exposé des fonctions.

J'ai dit, 15o, que les Petites Bandes ont la haute police du règne végétal. Celui qui casse une branche d'arbre, qui cueille fleur ou fruit sans besoin, qui foule une plante par négligence, est traduit au sénat de la Chevalerie, qui juge en vertu d'un code pénal appliqué à ce genre de délits, comme le divan de l'Argot en police de règne animal.

Comme héroïnes du bon goût et du raffinement industriel, tutrices du règne végétal, elles protègent spécialement les fleurs, qui sont objet de charme et de raffinement. Elles ont pour le parterre la même sollicitude que l'Argot pour les grands chemins. Elles sont florimanes, chargées des expositions de fleurs, soit aux autels, soit aux salles publiques.

Ce penchant va exciter la critique de nos rigoristes, qui déclareront que les fleurs sont inutiles. Erreur des plus grossières ! C'est par la passion des fleurs que la nature veut attirer le sexe féminin à la culture, car on passe bien vite du parterre au verger, au potager, à la serre. Mais en début, la culture des fleurs est une excellente voie d'instruction et de raffinement agricole chez l'enfance féminine.

C'est pour en venir à ce but, qu'on excitera les Petites Bandes à considérer la perfection des fleurs comme point d'honneur pour la corporation, affecter des prix à cette culture, et établir dans chaque Phalange une académie de *jeux floraux* COMPOSÉS. Ils ne sont que *SIMPLES* à Toulouse, où on récompense la culture des *fleurs de l'esprit*.

L'Harmonie, dans son système d'éducation, encouragera la fleur des parterres comme celle des écoles ; persuadée que tout est lié dans le plan de la nature ; que si on ne sait pas utiliser le goût des fleurs visuelles, transformer cette passion en amorce agricole, on ne saura pas utiliser les fleurs du bel esprit, faire naître le goût des bonnes choses du goût des belles choses.

Nous obtiendrons ce résultat d'une compagnie enfantine affectée à la *parure collective* et non pas *individuelle*. Son penchant au luxe collectif, encouragé d'abord sur les choses qui nous semblent frivoles, comme les vêtemens et les fleurs, s'étend bientôt aux beaux arts, et par suite, aux sciences et aux fabriques ; (*instruction composée*, *le bon et le beau*).

L'effet du régime sériaire étant de lier tous les travaux ; engrener leurs relations de telle manière que l'un conduise à l'autre , peu importe qu'une portion de l'enfance affectionne ceux qu'on appelle frivoles ; ils achemineront aux utiles.

Pour développer en plein le génie social , il est nécessaire qu'une portion de l'enfance opère sur la branche des arts , du luxe de décor et d'apparat. C'est exciter le charme et accroître les véhicules industriels.

Les Petites Bandes se passionnent donc pour l'ornement du canton entier , en matériel et spirituel ; et comme conservatrices du charme social , du bon goût , du ton unitaire , elles exercent les fonctions des academies *Française* et *della Crusca :* elles ont la censure du mauvais langage et de la prononciation vicieuse.

On considère en Harmonie comme luxe unitaire , la pureté de langage ; et sur ce point, chaque chevalière des Petites Bandes a le droit d'agir comme la revenderesse d'Athènes qui badina Théophraste sur une locution défectueuse. Le sénat de la chevalerie a non seulement la police du langage parmi les enfans , mais le droit de censure épistolaire sur les pères mêmes : il dresse la liste des fautes de grammaire et de prononciation commises habituellement par un sociétaire, et lui en envoie copie signée de la sénatrice présidente et de la chancelière , avec invitation à s'en corriger.

Auront—elles fait des études suffisan   xercer une critique si difficile ? Sans doute ; on ne leur accordera ce droit que pour exciter à l'étude. Il faut un stimulant dans tout travail ; or , le *droit de critique* et les *prétentions corporatives* sont déjà double stimulant.

Le relief de ces diverses fonctions sera nécessaire pour attirer à la chevalerie les petits garçons de caractère studieux , et contre—balancer l'influence du corps de l'Argot. Ce lustre littéraire et cette police du bon ton accordés à la chevalerie , offrent encore l'avantage de faire naître l'*amour-propre corporatif*, et par suite l'*AMITIÉ COMPOSÉE* , celle qui s'étend à la masse. Elle est très-inconnue en civilisation , où les femmes dédaignent communément leur sexe , ne connaissent que l'amitié simple ou individuelle, sont pétries d'égoïsme dans leur ostentation , ne faisant cas d'un colifichet qu'autant que des voisines pauvres en sont privées.

Les Petites Bandes sont ennemies de cette vanité anti-sociale :

stimulées par les grands exemples de vertu et de charité que donnent les Petites Hordes, elles ont à cœur de les égaler en ce qui est de compétence de la chevalerie. Elles ne s'occupent de parure qu'en sens collectif, et sous le rapport du lustre général de la Phalange. Une aspirante fortunée fera, lors de son admission, présent d[illegible] ornement quelconque à son escouade, et à l'escadron en[illegible] si ses moyens le lui permettent. Elle serait méprisée et ref[illegible]sée, si on pouvait la suspecter d'égoïsme et d'esprit civilisé[illegible]

La chevalerie, à l'insta[illegible] l'Argot, a aussi des séances d'initiative honorifique, 249 [illegible]. Chaque fois qu'on prépare des travaux d'agrément, d'é[illegible]ance, un ornement de Chœur ou de Série, pour le temple ou le sacerdoce, pour les Séristères ou l'opéra, ce sont les P[illegible]es Bandes qui viennent y mettre la première main, fourni[illegible] séance initiale, soit en couture, soit en intervention quelconque.

Elles paraissent peu à l'armée ; elles ne s'y montrent qu'en acolytes des Petites Hordes, qui ont le privilége d'ouverture et clôture des travaux [illegible] posant la clef d'une voûte comme elles ont posé la pre[illegible] [illegible]re des fondemens.

Toutefois l'[illegible] attrayante pour les enfans, on y admet de[illegible] Petites Bandes en partisans à la suite de [illegible] occasion leur concède le titre de *louables alliés a[illegible]lles.*

Si l'Harmonie, par certaines concessions honorifiques, sait encourager les Petites Hordes aux travaux répugnans, il faut que par d'autres prérogatives elle attire les Petites Bandes aux travaux ingénieux, sur-tout dans les branches de la littérature, des arts et des fabrications minutieuses : ladite corporation étant féminine en majorité, doit, selon l'ordre de la nature, se passionner pour toutes les fonctions d'esprit ou de corps qui n'exigent pas de force physique.

D'ailleurs, les études seront beaucoup plus faciles en Harmonie que dans l'état actuel : on en verra les preuves au chapitre du corps sibyllin et de ses méthodes unitaires, auxquelles il faut ajouter deux autres avantages, ceux des rivalités de Série et de l'analogie universelle.

Quoique cette dernière théorie ne puisse pas être enseignée aux enfans, on peut leur en communiquer certains fragmens qui s'adapteront aux ouvrages élémentaires destinés à l'enfance.

Par exemple , en donnant à un enfant leçon de grammaire générale , on lui fait remarquer l'analogie

des 32 lettres d'Alphabet unitaire et des pivots ;

avec les 32 chœurs de la Phalange et leurs pivots ;

avec les 32 dents. . . . . et l'os hyoïde leur pivot ;

avec les 32 planètes de gamme , et le soleil leur pivot.

Ces rapports , sans engager dans les analogies d'amour et de famillisme , élèvent déjà l'enfant aux idées d'unité de l'univers , facilitent sa mémoire et accélèrent puissamment l'instruction. Ils ont le précieux avantage de lier et engrener les études, entraîner l'enfant de l'une à l'autre ; ce qui n'a pas lieu dans le mode actuel d'enseignement , où règne une incohérence fâcheuse entre les diverses branches.

On peut déjà entrevoir l'erreur annoncée sur le génie fé-minin , très-faussement jugé par nos analystes , qui n'ont su apprécier ni la femme , ni l'enfant.

Ils ont commis quadruple erreur quant à la convenance des femmes avec l'étude. Ils ont d'abord négligé le principe de parure composée , interne et externe.

1° Pour le composé interne ou parure du corps étrangère à celle des vêtemens , je renvoie au chapitre 6e qui traite de la gymnastique intégrale.

2° La parure composée externe suppose l'ornement du corps et de l'esprit , leur culture simultanée ; c'est-à-dire qu'on doit non seulement encourager chez les femmes ce goût à la parure ; mais il faut trouver moyen de le faire coopérer à l'ornement de l'esprit , en l'alliant à la culture des sciences et des arts ; et sous le titre de *luxe unitaire composé* , mener de front les deux parures du corps et de l'esprit.

A ces deux omissions ajoutons-en deux autres :

3° Ils ont ignoré que ce luxe unitaire doit être collectif et non individuel ; qu'il ne peut produire d'heureux effets que par application à des masses formées de diverses classes de fortune corporativement liguées.

4° Enfin, cet essor féminin, avec les trois conditions précitées, serait encore dépourvu d'activité , s'il n'était aiguisé par la ri-valité masculine.

Ces quatre clauses une fois observées , les femmes brilleront dans tous les arts, dans toutes les études que la philosophie veut leur interdire. Le véritable germe de ce perfectionnement féminin se trouve dans le goût de la parure; qui est le stimulant à toutes les opérations de luxe collectif, où elles excelleront dans les Séries.

L'erreur commise à l'égard du génie féminin est donc *bi-composée*, ou formée de quadruple ignorance en analyse et synthèse de la nature des femmes et de leur destination sociale.

Ainsi sera confondue cette outrageante et vandalique philosophie qui, avec ses verbiages sur la propagation des lumières, veut condamner à l'ignorance une moitié du genre humain, en réduisant les femmes à s'hébêter dans les travaux du ménage où leurs facultés naturelles ne peuvent prendre que peu ou point d'essor.

On peut remarquer ici double bizarrerie : l'une, que ce sont les soi-disant propagateurs des lumières, les philosophes, qui se montrent le plus actifs à étouffer le génie d'une moitié du monde social ; et l'autre, que la nation qui se dit la plus courtoise, la plus galante, est celle qui manifeste le plus de jalousie du mérite des femmes, celle qui est le plus unanime à les éloigner des fonctions publiques, notamment du trône, et à les dégrader jusques sur les théâtres, où l'on voue au ridicule tout penchant des femmes à s'illustrer (voyez la note G).

NOTE G *sur la Connivence des Philosophes et des Français pour avilir le Sexe féminin.*

Ce ne sera pas trop d'une note sur cette ligue malicieuse qui pourrait fourn r le sujet d'un ample chapitre.

Je ne sais sur quoi se fonde la prétention des Français au renom de peuple galant ; elle me parait aussi dénuée de sens que les titres de *Belle France et Grande Nation.* Mais brisons sur les beautés et grandeurs de la France : il en sera parlé à l'Ulterlogue.

D'où vient que les Français, empressés de changer de lois et de const tutions comme de parures, n'ont jamais été fidèles qu'à une seule loi, celle qui enlève le sceptre aux femmes? La *Loi Salique* s'est maintenue sous toutes les dynasties. Rien de plus constant, de plus unanime que les Français, quand il s'agit de ravaler, par le fait, ce sexe qu'ils feignent d'indemniser en fumées d'encens.

Aussi n'est-il pas de nation où les femmes soient mieux dupées par

Spéculant en sens contraire, l'Harmonie veut faire du sexe féminin le *CONTRE-POIDS* et non pas le *VALET* du masculin : cette balance est établie chez l'enfance même, par entremise des Petites Bandes.

Pour juger du prix de leur rivalité, il faut se rappeler que le mécanisme d'une Série industrielle ne se raffine et se sou—

---

les amans, mieux mystifiées en promesses de mariage et délais prétextés, mieux délaissées lorsqu'elles sont enceintes, enfin, mieux oubliées quand l'amour est passé. Avec un tel caractère, les Français se disent galans ! Ils ne sont que roués et égoïstes en amour, bien courtois en fait de séduction, bien trompeurs après le succès.

Aucune nation n'a plus diffamé, sur la scène, les femmes qui ont le goût de l'étude. Est-ce connaître la nature ? Les femmes ne seraient-elles pas destinées à être, dans la littérature et les arts, ce qu'elles ont été sur les trônes, où on a toujours vu, depuis Sémiramis jusqu'à Catherine, *sept grandes reines pour une médiocre*, tandis qu'on voit constamment *sept rois médiocres pour un grand roi* ?

Il en sera de même dans la littérature et les arts : le sexe féminin y envahira les palmes, quand l'éducation harmonienne l'aura rendu à sa nature, étouffée par un système social qui absorbe les femmes dans les fonctions compliquées de nos ménages morcelés.

Je ne conteste pas que, dans l'état actuel, il ne soit nécessaire d'amortir chez les femmes le penchant à la gloire, l'inclination aux grandes choses, la convoitise des dignités. Une femme civilisée n'étant destinée qu'à soigner le pot au feu et ressarcir les culottes d'un époux, il est bien forcé que l'éducation lui rapetisse l'esprit, et la dispose au subalterne emploi d'écumer le pot et ressarcir les vieilles culottes. Ainsi, pour disposer l'esclave à l'abrutissement, on lui interdit les études qui lui feraient apprécier son abjecte condition : en outre, on lui défend les vertus, selon Aristote, qui ne voit pas qu'aucune vertu puisse convenir à un esclave. Il est une foule de vertus que la philosophie ne juge pas convenables au sexe.

Un mari opposera les besoins de son ménage, la nécessité de fixer l'épouse aux soins domestiques, tandis que l'époux vaque aux affaires extérieures.

De tels argumens ne sont pas applicables à l'état sociétaire, où le ménage simplifié par la combinaison générale des travaux, n'emploie guères qu'un 8e des femmes qu'il absorbe aujourd'hui. On pourra donc cesser d'avilir ce sexe par une éducation servile ; on pourra inspirer aux jeunes filles le désir d'une gloire qui sera voie de fortune et d'illustration à la fois, car elles participeront aux magnifiques récompenses que l'Harmonie décerne aux sciences et aux arts (Interm., I, 280) ; et les pères mêmes, qui connaissent le prix de l'argent, exciteront leur fille

tient que par la distinction minutieuse des goûts en *espèces*, *variétés*, *ténuités*, *minimités*. I 423.

Pour habituer de bonne heure le jeune âge à ces distinctions et classemens de nuances passionnelles, il faut entremettre ceux des enfans qui ont du goût pour les travaux minutieux, comme celui des colifichets, et appliquer à chaque branche d'industrie

---

à courir cette carrière de bénéfices à millions, qu'on ne trouverait pas dans l'art *d'écumer le pot et ressarcir les vieilles culottes.*

D'ailleurs, si la rivalité des sexes (4ᵉ condition) est bien établie, les Séries féminines voudront, dans chacune de leurs fonctions, posséder les connaissances nécessaires ; joindre la théorie à la pratique, même dans les ouvrages *de pot et de cuve.* S'agit–il de buanderie ? elles voudront que leur présidente ou autre officière connaisse chimiquement la qualité des savons et lessives, leurs effets dans le blanchîment : la Série se croirait dégradée si elle était exposée à mal opérer faute de ces notions, et obligée d'appeler des hommes chaque fois qu'il faudrait en disserter.

Le sexe masculin envahit parmi nous tous les travaux des femmes, et leur enlève jusqu'à la couture. Cette monstruosité cessera quand le libre essor d'Attraction aura ramené chaque sexe à ses emplois naturels. On verra tomber à plat tous ces préjugés sur l'incapacité des femmes, et dans les écoles minimes d'Harmonie, on verra les filles en plus grande affluence que les garçons.

S'il était vrai, d'après l'autorité de Mahomet et J. J. Rousseau, que la femme ne fût destinée qu'aux plaisirs de l'homme ou au service du pot au feu, la loi de contraste émulatif, base du système d'équilibre passionnel, serait donc méconnue en relations domestiques et en éducation ! Sur quoi s'établirait la rivalité, si les garçons ne se voyaient pas, à égalité d'âge, surpassés par les filles dans diverses carrières, beaux arts et autres ? On n'obtiendrait pas du sexe masculin la politesse, la déférence pour les femmes. Il sera nécessaire qu'elle règne déjà chez une moitié de l'enfance, afin de lui donner le change sur les motifs de cette courtoisie qu'elle verra générale chez les adolescens.

Les femmes devront mériter cette considération dès le bas âge, par un mérite constaté. Eh ! dans quel genre de supériorité ? Dans l'art *d'écumer le pot !* Ce sera en Harmonie la tâche de gens âgés, plutôt que d'enfans. Il faudra beaucoup de force et d'expérience pour soigner les grandes bassines d'Harmonie, contenant chacune au moins un quintal de bœuf. Les jeunes filles pourront tout au plus s'occuper des pots de terre, où seront les bouillis fins, qui exigeront des cuisinières fort exercées ; mais il faudra des hommes pour les bassines de terre encadrées en fer et mues par poulies.

L'enfance féminine de 9 à 15 ans ne bornera donc pas son ambition au philosophique talent de faire *bouillir le pot* : les jeunes chevalières,

cette

cette échelle graduée de nuances qui est un gage de perfec‑
tionnement industriel.

On trouve peu chez les enfans mâles cette manie minutieuse.
En général, les petits garçons inclinent au genre turbulent, fou‑
gueux ; ils sont mieux à leur place dans les Petites Hordes, et
les filles en bas âge sont plus convenables aux rivalités de Série,

---

loin de négliger ce travail, sauront faire de meilleurs potages que ceux
des perfectibiliseurs de Paris ; mais elles tireront leur lustre spécial de
la culture des arts et des sciences, qu'elles sauront allier de bonne heure
avec les travaux minutieux de la culture, des fabriques, et du *pot au
feu*, puisque pot il y a.

Sans ce contraste de mérite entre les filles et garçons en bas âge, il
n'existerait pas de contre‑poids à la rudesse naturelle du sexe mâle, au
penchant des petits garçons à mépriser l'autre sexe. Les filles seraient
pleinement découragées, et les garçons sans émulation, si l'on ne mé‑
nageait pas à chaque sexe en bas âge, des carrières d'illustration spéciale
et des titres au respect de l'autre.

Cette concurrence est la véritable destination du sexe féminin. Le
tableau des Petites Bandes est l'horoscope de son lustre futur, et du
rôle important qu'il jouera dès l'enfance, quand il sera rendu à la nature.
Je ne parle pas encore de son rôle dans l'âge adulte, mais seulement de
ses relations d'enfance.

Loin de soupçonner que les femmes fussent réservées à briller dès le
jeune âge dans l'industrie, les arts, les sciences et les vertus sociales,
on ne sait que les disposer à subir le joug marital d'un inconnu qui
les marchandera. J'admets que l'ordre civilisé ait besoin de cette abjecte
politique ; il n'est pas moins certain que les philosophes et les Français
s'y prêtent d'intention, et y coopèrent plus malicieusement que d'autres,
par les sophismes qu'ils prodiguent pour détourner les femmes du chemin
de la gloire, les en exclure de vive force.

Dans l'enfance on en fait des esclaves moraux ; dans l'adolescence on
les pousse à l'intrigue, au sot orgueil, en ne cessant de leur vanter le
pouvoir passager de leurs charmes : on les excite à l'astuce, au talent
d'asservir l'homme ; on vante leur frivolité, en disant avec Diderot,
que pour leur écrire, il faut « *tremper sa plume dans l'arc‑en‑ciel, et
saupoudrer avec la poussière des ailes du papillon.* »

Quel est le fruit de ces fadeurs d'arc‑en‑ciel et de papillon ? Les
deux sexes en sont dupes ; car si on ne découvre pas la destinée sociale
des femmes, on manque par contre‑coup celle des hommes. Si l'issue
de civilisation est fermée à l'un des sexes, elle l'est également à l'autre.
Or, il était trois issues à découvrir par calculs de politique sociale fé‑
minine : voyez I, 108, les nᵒˢ 5, 7, 9, du tableau.

En rendant ici justice au sexe faible, je ne songe nullement à quêter

où il faut être épilogueur sur les nuances et les bagatelles, comme le sont les femmes adonnées à la parure. Elles voient des imperfections, des effets choquans là où un homme n'apercevra aucun défaut; et puisque la nature a placé ce goût chez les jeunes filles en bas âge, il faut l'y développer, l'y utiliser.

Tel est l'emploi des Petites Bandes : elles sont la cheville ouvrière de chaque Série pass., par leur aptitude aux scissions sur les nuances de goût; qualité où ne peuvent briller que les enfans qui ont la manie de la parure, et par suite le discernement des finesses de l'art en diverses branches d'industrie.

C'est aux Petites Bandes à répandre chez l'enfance entière ce goût des raffinemens gradués et contrastés, sans lequel on en resterait aux degrés inférieurs dans les travaux comme dans

---

son suffrage. On ne gagne rien à prôner un esclave : il ne considère que ceux qui le maîtrisent; et tel est le caractère des femmes civilisées, indifférentes sur leur asservissement, n'estimant que l'art de tromper le sexe qui les opprime, et les confine aux travaux du ménage.

Les Turcs enseignent aux femmes qu'elles n'ont *point d'ame*, et ne sont pas dignes d'entrer en paradis. Les Français leur persuadent qu'elles n'ont *point de génie*, et ne sont pas faites pour prétendre aux fonctions éminentes, aux palmes scientifiques.

C'est la même doctrine, sauf la différence des formes, grossières en Orient, polies en Occident, et s'affublant chez nous de galanterie pour masquer l'égoïsme du sexe fort, son monopole de génie et de pouvoir, pour le bien duquel il faut rapetisser les femmes, leur persuader que la nature veut les reléguer aux fonctions subalternes du ménage, fonctions auxquelles suffira l'enfance dans l'état sociétaire.

Les Sévigné et les Staël n'étaient pas des *écumeuses de pot*, non plus que les Elisabeth et les Catherine. Voilà les femmes en qui on peut entrevoir la destination du sexe faible, et la concurrence de génie qu'il exercera avec plein succès, dès qu'il sera rendu à sa nature, qui est, non pas de SERVIR, mais de RIVALISER l'homme; non pas de ressarcir les vieilles culottes des philosophes, mais de confondre en Harmonie sociétaire leur fatras de 400,000 bouquins, prêchant le morcellement industriel et l'avilissement des femmes.

Pour prix de ce ramas de fadaises politiques, le sexe qu'ils ne jugent bon qu'à *écumer le pot*, jugera, dans l'Harmonie, qu'on doit *leur verser*, *comme à* DOM JAPHET, *le pot sur la tête*, pour avoir manqué 3000 ans l'étude de l'homme, dégradé et perverti la femme, entravé et faussé l'enfant, et finalement, bouleversé le monde social par des visions de liberté qui n'aboutissent qu'à opprimer le sexe féminin tout entier, et l'immense majorité du masculin.

les arts et le charme industriel. Or, s'il faut que la Phalange soit enthousiaste d'elle-même, de ses propres travaux, elle doit ménager comme ressort puissant, les objets de charme, tels que fleurs et parures ; considérer leur soin comme acheminement des belles choses aux bonnes, des arts aux sciences : j'ai établi ce principe au chapitre de l'opéra, 190.

Pour conclure sur les deux corporations de l'Argot et de la Chevalerie, sur la balance de leurs services et l'équilibre qu'ils établiront en industrie générale, disons que les Petites Hordes opèrent en négatif autant que les Petites Bandes en positif. Car les premières font disparaître l'obstacle qui s'opposerait à l'Harmonie ; elles détruisent les germes d'une discorde qui naîtrait des travaux répugnans. Les secondes créent le charme par leur aptitude à organiser les scissions nuancées et l'émulation industrielle. Toutes deux sont éminemment utiles : point d'équilibre sans forces opposées.

Aussi l'éducation harmonienne, *en phase ultérieure*, puise-t-elle ses moyens d'équilibre dans les deux goûts opposés, celui de la saleté et celui de l'élégance, tous deux condamnés par nos sophistes en éducation. Les bonnes gens ! ont-ils une ombre de connaissances en équilibre passionnel ? S'ils en avaient quelque teinture, auraient-ils tardé à reconnaître que chacune des passions dans l'ordre civilisé est en fausse position, opérant sciemment contre ses propres intérêts, comme l'oiseau qui se précipite dans la gueule du serpent, ou comme la diplomatie européenne qui se jette aux genoux des Turcs (avril 1822), et la marine chrétienne qui construit pour les Barbaresques!!! *O tempora ! O perfectibilité civilisée !*

Dieu n'a créé aucune passion sans lui ménager des contre-poids et moyens d'équilibre. J'ai défini succinctement leur effet sur l'éducation ultérieure, en disant, 265, que

les Petites Hordes marchent *au beau par la route du bon ;*

les Petites Bandes marchent *au bon par la route du beau.*

Cette action contrastée est loi universelle de la nature. On ne trouve dans tout son système que balance de forces par mouvement direct et inverse, par vibration ascendante et descendante, mode réfracté et réflecté, majeur et mineur, force centripète et centrifuge, etc. etc. C'est par-tout le jeu direct et inverse, principe absolument inconnu dans l'institution civilisée qui, toujours aheurtée au *simplisme*, veut diriger les élèves en marche simple, et pourtant les assujettir à différentes morales selon les castes, à différens systèmes selon les changemens de ministère, les élever aujourd'hui selon Brutus, et demain selon César.

Loin de ces versatilités périodiques et de ce régime *SOLIMODE*, l'Harmonie emploie la direction contrastée ou dualisée, et de plus la méthode septénaire en enseignement; (chap. du corps sibyllin). Qu'importe la voie préférée par l'enfant, pourvu qu'à l'âge de 19 à 20 ans, où l'éducation harmonienne est terminée, toute la jeunesse d'un et d'autre sexe ait réussi du plus au moins à exercer sur le beau et le bon, sur l'utile et l'agréable! succès impossible à l'institution actuelle. En subordonnant la masse entière à un système solimode, elle échoue nécessairement sur une moitié qui refuse l'instruction, et par suite sur l'autre moitié qui, dépourvue de concurrence, ne doit avancer qu'à pas de tortue, comparativement au progrès qu'elle eût fait à l'aide de la méthode naturelle.

Entre-temps, le lecteur aura tiré grand fruit du parallèle de ces deux corporations enfantines, Argot et Chevalerie, s'il a réussi à comprendre et graver dans sa mémoire le théorème suivant :

Qu'en éducation harmonienne ou équilibrée, le système, pour être unitaire, doit être composé et bi-composé dans sa marche; qu'il doit tendre à la fois AU BON ET AU BEAU, mais par des méthodes contrastées, concurremment employées, et laissées au libre choix de l'enfant, au vœu de l'Attraction.

Que toute dérogation à ce principe cause chez l'enfance ENGORGEMENT PASSIONNEL; d'où il résulte qu'au lieu d'arriver au bien composé par essor et contre-essor, 257, elle n'arrive qu'au mal composé par non-essor et faux essor ; ibid.

Doctrine bien neuve et bien incompatible avec l'esprit philosophique, tout encroûté de simplisme et toujours antipathique avec la nature, en éducation comme en toute branche de l'art social.

Et pour établir ce principe en mode composé ou unitaire, étendons-le du passionnel au matériel, par une digression qui sera le complément du cadre d'éducation ultérieure.

CHAPITRE VI.

Application à l'équilibre matériel par la gymnastique intégrale.

On pourra me reprocher d'avoir donné peu de détails, au matériel de l'éducation, à certaines branches qui touchent de près à la santé de l'élève, entr'autres à la gymnastique ; oubli qui serait d'autant plus bizarre, que je donne à l'une des tribus (12 à 15 1/2 ans), le nom de gymnasiens.

Ce n'est point omission. J'ai même posé à cet égard la base de l'édifice, 142 3/4, en assignant à un bambin sept conditions de gymnastique intégrale pour obtenir l'admission aux chérubins, et en stipulant, 143, que ces épreuves seront plus sévères et plus nombreuses à mesure que l'enfant voudra s'élever de tribu en tribu.

Les explications sur ce sujet nous auraient entraîné trop loin : notre objet principal, dans cet ouvrage, est l'équilibre passionnel dont les règles sont tout à fait inconnues ; tandis que, sur le matériel, on a des vues assez saines ; beaucoup de préjugés, à la vérité, mais sans prétention, sans morgue scientifique. Dès qu'il s'agit de perfectionnement matériel des corps et de la santé, chacun prête l'oreille et reconnaît sans peine les lacunes de la science hygiénique et de la gymnastique, le défaut de contre-poids aux passions, et aux excès qu'elles provoquent dans l'usage des sens.

Dès-lors je n'ai pas dû m'inquiéter de convertir les lecteurs sur un point où ils sentent leur insuffisance. J'ai dirigé l'attaque sur le côté où domine l'orgueil, sur le passionnel, chapitre si embrouillé par nos prétendus équilibristes, qui au vice de contrariété avec l'expérience ajoutent le tort d'un obscurantisme intraitable, se refusant à admettre en mécanisme social l'intervention de Dieu, c'est-à-dire la synthèse de l'Attraction, interprète des volontés de Dieu près de l'univers.

J'ai dû, avant tout, exposer les vues de l'Attraction sur les développemens de l'ame chez le jeune âge, et en déduire un théorème d'équilibre général en éducation, 276 1/2.

Les règles une fois déterminées pour le passionnel, devront

être les mêmes en matériel ; à défaut de quoi il n'y aurait pas unité de système dans l'Harmonie sociétaire.

Il ne nous restait que ce dogme à établir avant de traiter de l'éducation postérieure , qui sort du cadre des trois précédentes phases ; car elle touche à l'âge de l'amour , passion étrangère à l'équilibre des cinq tribus impubères ,

  1. *Bambins*, 2. *Chérubins*, 3. *Séraphins*,
  4. *Lycéens*, 5. *Gymnasiens.*

En complément du mécanisme social de ces tribus , il faut appliquer à leurs exercices matériels les lois d'équilibre établies pour le passionnel.

Envisageant la gymnastique selon les principes établis 276 , nous conclurons qu'elle doit être bi-composée ; embrasser , 138 , 1/4, tous les détails d'exercice corporel ; éviter les lacunes risibles de l'éducation civilisée qui n'exerce l'homme que d'un bras et nullement des pieds , fort peu des jambes , excepté dans la classe des danseurs de profession.

La gymnastique harmonienne devra donner à l'exercice de tous les membres une proportion constante , afin d'éviter les disparates d'accroissement. D'ordinaire , la force et les sucs nourriciers se portent sur la partie exercée ; de là vient qu'on voit les danseuses musclées et bien moulées d'en bas , mais souvent grêles dans le haut du corps ; effet nécessaire d'une fonction *exclusive* qui n'exerce ni le buste , ni les bras. Le contraire a lieu chez les boulangers , qui ont le train d'en haut renforcé.

D'autres emplois exclusifs exténuent bientôt la partie fatiguée : par exemple , les vignerons cultivant des pentes ardues sont fatigués de l'arrière par la déclivité du terrain , et leur jambe reste grêle malgré la vigueur du corps. Même inconvénient affecte la cuisse des cavaliers. Toutes les fonctions civilisées lèsent quelque partie du corps , parce que toutes sont poussées à l'excès, qui sera inconnu dans les Séries pass. , exerçant par séances courtes et variées , développant successivement toutes les parties du corps sans en excéder aucune.

Cette graduation balancée ne pouvant avoir lieu que dans l'ordre sériaire , il est le seul dont on puisse espérer les fruits d'une gymnastique intégrale , adaptée sans lacune et sans excès à toutes les parties du corps. Ces fruits , nous le verrons à quelques lignes d'ici , ne se bornent pas à la vigueur et la dextérité ;

on en recueille bien d'autres avantages ; mais achevons sur leur intégralité dont il est à propos de préciser les conditions.

C'est un phénomène, parmi nous, qu'un ambidextre ; tandis qu'un monodextre, comme nous le sommes tous, passerait en Harmonie pour un estropié ; et l'on jugerait bi-estropié celui qui, comme nous, ne ferait aucun usage des doigts de pied.

Loin de réduire ses pieds à l'état de moignons sans industrie, un harmonien d'un ou d'autre sexe fait parade des doigts de pied comme de ceux de main, et leur procure par l'industrie un plein accroissement : un organiste en costume d'étiquette, étale des diamans aux pieds autant qu'aux mains, en faisant mouvoir des claviers de touches pédestres. Au reste, c'est un effet bien assorti à notre simplisme social, que d'avoir su réduire nos doigts à une seule gamme, quand nous pouvons en avoir deux, et d'avoir réduit un de nos bras à demi-force par défaut d'exercice. N'est-ce pas opérer comme un instituteur qui ferait crever un œil et boucher deux oreilles à chaque enfant, pour l'élever à la perfectibilité perfectible ?

En service de pied et de talon, nous sommes vraiment réduits à cet état ; nous employons le pied pour simple touche, notamment dans les pédales d'orgue et les métiers à fabrique d'étoffes. Un harmonien exécutera du talon tout service que nous faisons de la pointe du pied. Un tisseur ou organiste aura, dans ses deux jeux pédestres, des claviers garnis de pédales à l'arrière pour le jeu des talons, et de touches à l'avant pour le jeu des doigts. Une latte polie servira à promener et appuyer le pied ; et pour mettre en action tout ce mécanisme, l'ouvrier ou organiste fera usage d'une chaise tournante en forme de selle ; c'est l'assiette la plus commode pour les développemens combinés des bras et des jambes.

Mais ce travail très-compliqué n'occupe guères en Harmonie qu'une séance d'une heure ; s'il fallait y vaquer comme nos ouvriers, pendant des journées entières, les corps au lieu d'y trouver un salutaire exercice, en seraient bientôt exténués, comme certaines classes d'ouvriers de Lyon dont l'existence ne peut guères s'étendre que jusqu'à l'âge de 30 ans.

L'orgue touché à quadruple jeu, tel que je viens de le décrire, est fort éloigné du rang d'exercice intégral ; quoiqu'il exige des mouvemens de bras et de jambes, il n'exerce pas le tronc, et l'usage trop fréquent de cet instrument ou d'autres fonctions semblables, ne porterait les sucs nourriciers que dans les membres. La gymnastique, pour être intégrale, devra être quaternaire et pivotale, mouvoir pleinement le tronc et les quatre leviers. Un bûcheron n'exerce que le haut du corps et les bras ; il faudrait qu'après une séance de deux heures, il passât à une fonction qui mît en jeu les parties inférieures du corps, et que de variante en variante, le corps entier fût pleinement exercé au bout de la journée : tel est constamment l'effet des travaux harmoniens distribués par courtes séances de Série.

Cette intégralité habituelle de gymnastique, en la supposant soutenue et continue, depuis la basse enfance et dans tout le cours de la période d'accroissement, procurera aux harmoniens un avantage bien inconnu et très-inespéré, qui est le retard de puberté. Un jeune habitant du 40ᵉ degré, élevé selon cette méthode, ne sera pas pubère avant l'âge de 18 et même 19 à 20 ans ; les filles en proportion. Retard bien précieux, et sans lequel les corps harmoniens ne pourraient pas, dans le bas âge, acquérir les forces nécessaires à fournir une carrière de 144 ans, terme futur d'un homme sur douze.

Je désigne ici le 40ᵉ degré en moyen terme, parce que d'autres incidens dont il n'est pas encore temps de donner connaissance, procureront aux harmoniens habitans l'équateur, plus de longévité qu'aux habitans du 60ᵉ degré. Bientôt, sous les climats brûlans de Sénégal et de Nigritie, les corps humains surpasseront en blancheur ceux d'Ecosse et de Suède. Ces phénomènes de régénération matérielle seront dûs à la gymnastique intégrale combinée avec d'autres moyens.

Bornons-nous à traiter de celui qui est l'objet de ce chapitre.

La précocité d'avènement en puberté n'est chez nous que l'effet d'une vicieuse distribution des fluides. Un membre non exercé ne prend ni accroissement, ni vigueur ; et comme les corps civilisés ont toujours beaucoup de parties appauvries par ce vicieux régime, les sucs nourriciers ne sont pas absorbés et distribués méthodiquement. Les fluides surabondans font de bonne heure une éruption sur un point où ils auraient dû se porter beaucoup plus tard, s'ils eussent été activement et continument absorbés par une gymnastique intégrale, entretenue dès l'enfance.

On pense généralement que la délicatesse de nourriture est la vraie cause de cette puberté précoce qu'on remarque chez la classe riche. On cite comme preuve le paysan qui souvent est à peine nubile à 16 ans, tandis qu'on marie les Rois à 14. Leur accroissement est terminé à 18 ans, celui du villageois ne l'est pas à 21.

On commet sur ce point une erreur, qui est de prendre les effets de *FAUX ESSOR*, 257, pour effets d'*ESSOR DIRECT*, *ibid*. Il n'est pas pressant d'éclaircir ce problème qui se complique avec des questions non encore traitées. Bornons-nous à des indices de faux jugement, entr'autres l'induction tirée de la nourriture délicate.

Aucun monarque n'élève son fils au rôle d'Apicius; tant s'en faut : l'héritier du trône est souvent nourri plus sobrement que le fils d'un bourgeois de campagne, dont les alimens sont d'aussi bonne qualité que ceux d'un fils de prince moralement élevé. Cependant on ne voit pas que ces jeunes campagnards soient nubiles et en pleine puberté à 14 ans. Cette précocité se manifestera plus tôt chez un jeune bourgeois de la ville, parce qu'il prend moins d'exercice, ne vaque à aucun travail de force, et fait souvent des excès obligés, en occupations séden-taires d'école et d'étude.

C'est donc l'exercice, bien plus que la qualité des alimens, qui influe sur cette accélération de nubilité : elle s'opère sous l'équateur malgré la plus chétive nourriture, et par une autre cause, la dilatation des pores.

Voilà déjà des erreurs sur ce qui touche aux causes de nubilité précoce : j'en pourrais indiquer d'autres ; mais, je le répète, l'examen de ce sujet serait hors du cadre de cette section, et pourrait tout au plus trouver place dans la grande note E, (Pivot inverse), qui ne sera pas assez étendue pour entrer dans ces détails. Il suffit de dire provisoirement, que le précieux effet de tardive puberté ne pourra être dû qu'à l'accroissement unitaire et proportionnel de toutes les parties du corps ; effet impossible à obtenir en régime civilisé, où on arrive cons-tamment aux excès contraires.

Un autre levier *composé* qui manque tout-à-fait dans l'édu-cation actuelle, c'est la *gymnastique intégrale de l'ame*, je veux dire, l'exercice proportionnel de toutes ses facultés, combiné avec l'essor permanent de l'Attraction, ou état de bonheur continu et de joie permanente.

Loin d'un tel contentement, l'enfant civilisé est accablé d'ennui et de disgrâces. J'admets que le plus ou moins d'ennui n'influe pas sur son accroissement actuel, et même que l'ennui engraisse les sots, selon certain dicton ; il n'est pas moins évident que l'ordre civilisé est tout à fait dépourvu de ce levier composé, de ce *double bien-être de l'ame* dont il faut porter en compte les influences, dans le cas où elles se combineraient avec la gymnastique intégrale ; elles lui prêteraient un secours dont nous ne saurions estimer l'efficacité, tant que la théorie des équilibres passionnels ne sera pas complètement publiée.

Les idées neuves ne font aucune impression sur l'esprit du lecteur, si on n'insiste pas pour lui en faire sentir l'importance ; il est à propos de s'appesantir sur celle-ci.

Il s'agit d'estimer l'influence que peut exercer sur le physique des enfans et sur les développemens du corps humain, *un essor intégral des facultés et attractions de l'ame, combiné avec l'exercice intégral des facultés du corps par la gymnastique proportionnelle.*

Un siècle qui met en problème l'existence de l'ame, peut bien révoquer en doute les influences de l'ame sur les développemens du corps : à son scepticisme, opposons des faits.

Il est déjà plus qu'avéré que le chagrin peut causer la mort : chaque jour on en voit les preuves. Un revers de fortune, un décès de personne aimée, une disgrâce politique, sont des coups de foudre qui par fois emportent celui qui en est frappé.

Une vérité non moins certaine, quoique les preuves en soient plus rares, c'est qu'on meurt de joie comme de chagrin. Les journaux de 1819 en ont rapporté trois à quatre exemples ; entr'autres celui d'un porte-faix, joueur de loterie, qui à Paris gagna une forte somme, et qui voyant ses numeros sortis et affichés vers la halle aux blés, s'évanouit de joie. Transporté chez lui plus mort que vif, il ne survécut pas une journée à cette bonne fortune. J'ai conservé dans des manuscrits égarés, les notes et époques de trois décès par violente sensation de joie, relatés en 1819 ou 1820.

Il est donc certain, *quoique cet effet soit très-rare*, que la joie influe sur le physique au même degré que le chagrin ; qu'elle

peut de même donner la mort. Il est vrai que la civilisation perfectibilisée causera cent mille morts de chagrin pour une mort
de joie; qu'importe à la question? voilà le principe établi par
des faits incontestables.

Si les deux impressions, joie et chagrin, peuvent causer la
mort, elles peuvent, à plus forte raison, produire sur le physique de l'homme toute l'échelle d'effets intermédiaires; dé-
périssement gradué selon les doses de chagrin, et perfectionnement gradué selon les doses de joie; effets qui influeront sur-
tout dans le bas âge, époque du rapide accroissement.

En supposant donc une société (celle de 8e période), qui
assurerait aux enfans la jouissance continue de ces deux sources
de bien-être spirituel, désigné plus haut sous le nom d'*exercice intégral des facultés et attractions de l'ame*, il est certain que les moyens d'accroissement de l'enfant seraient non pas
doubles, mais quadruples, puisque ceux du physique inter-
viendraient en même proportion par la gymnastique intégrale.

Quelles modifications ce régime de bien-être physique et moral
exercerait-il sur le corps humain? Je le sais en grand détail,
mais c'est un nouveau monde en physiologie; je me borne à le
faire entrevoir, et baisser au même instant le rideau.

Docteurs en perfectibilité, que pensez-vous de ce que la nature à noirci la face de l'homme dans les régions les plus fécondes? l'astre qui donne les couleurs et le blanc à toute la
nature, n'imprime que la couleur du deuil sur le front du roi
de la nature. Ce sceau de proscription est-il bien le sort ultérieur
du genre humain? et le peuple ne serait-il pas plus sensé que
les académies, lorsqu'il se repaît de grossières caricatures qui
peignent le monde à rebours (les lymbes sociales, I, 25). Combien la populace amie de ces tableaux est plus judicieuse que
les jongleurs qui chantent la perfectibilité, quand il est évident
que le monde physique et moral est au plus profond de l'abyme;
que sa marche est rétrograde en double sens; déclin matériel
des climatures, voyez la grande note A; déclin de mécanique
sociale, voyez les tableaux, I, 159, 168, sans qu'on puisse espérer ni cure ni palliatif dans cette civilisation gangrenée, qui,
par sa tendance en quatrième phase, ne peut qu'empirer l'un
et l'autre mal.

FIN DE LA TROISIÈME NOTICE.

TRANS-LUDE. — *Quadrille de Conflit en éducation civilisée.*

PAR diversion, plaçons ici le tableau d'un équilibre à la mode civilisée : c'est tout à point un sujet d'entr'acte, propre à confirmer que nos régénérateurs sont par-tout au superlatif de perfection idéale, et au superlatif de dépravation réelle.

On sait quelle est leur fécondité en illusions de balance et contre-poids ; leur intelligence à nous donner,

En finance, des équilibres de colonnes de chiffres, à défaut de comptes exacts.

En constitution, des équilibres de droits et de pouvoirs, à défaut de libertés réelles.

En économisme, des équilibres de balance commerciale, à défaut de richesse effective.

En morale, des équilibres d'abstractions et de perfectibilités, à défaut de bonnes mœurs.

Leur talent est de même force en éducation, où nous pouvons analyser une quadruple collusion d'enseignemens divergens, donnés au même élève. Le tableau serait plaisant, si les résultats n'en étaient déplorables. Il va confondre le régime civilisé, en l'opposant à lui-même.

Nos politiques, si exigeans sur l'unité d'action, n'ont pas observé que l'éducation civilisée, quel que soit le système adopté à l'égard d'un élève, entremet pour l'endoctriner, quatre agences hétérogènes en principes et en intérêts ; qu'elles sont toutes quatre en conflit pour lui donner, durant son enfance, autant d'impulsions contradictoires, lesquelles, à l'âge de puberté, sont absorbées par une impulsion pivotale qui est l'*esprit du monde*, l'*immoralité fardée* et souvent affichée. Analysons ce bizarre mécanisme.

D'ordinaire, un enfant de la classe aisée reçoit, dans son bas âge, quatre sortes d'éducation :

1. *La Dogmatique ;*   3. *L'Insurgente ;*
2. *La Cupide ;*   4. *L'Évasive ;*
     ✕ *LA MONDAINE ou ABSORBANTE.*

1° La DOGMATIQUE, donnée ostensiblement par les précepteurs et professeurs, qui recommandent le mépris des richesses perfides, et autres sornettes comme les vertus des deux Brutus, l'un immolant ses fils, l'autre immolant son père ;

ou bien les vertus des jeunes républicains de Sparte, qui, en tuant des Ilotes à la chasse, volant leur subsistance, exerçant la pédérastie collective, préludaient aux vertus patriotiques de l'âge mûr.

L'institution, à la vérité, mêle à ces balivernes libérales, quelques préceptes excellens, mais qui ne font qu'effleurer et glisser. Il arrive de cette bigarrure, que l'enfant goûte et admet ce qu'il y a de plus dangereux, et repousse le peu qu'il y a de bon. La cause en est dans le conflit des trois impulsions suivantes.

2° La *CUPIDE* ou insociale, donnée secrètement par les pères, qui enseignent à l'enfant que l'argent est le nerf de la guerre, et qu'il faut avant tout songer à gagner du quibus, *per fas et nefas*. Les pères n'osent pas donner en toutes lettres cet odieux précepte ; mais ils le prennent pour canevas de leur doctrine, et disposent l'enfant à être fort accommodant sur toute chance de bénéfice, à savoir façonner la morale aux convenances de l'intérêt.

N'est-ce pas là le thème des leçons paternelles, sauf l'exception qui confirme la règle ? D'ailleurs, sur ce vice radical de l'éducation familiale, si quelques hommes probes font exception, leur nombre s'élève-t-il au 8ᵉ ? Pas même au 16ᵉ. *Rari nantes in gurgite vasto.*

3° L'*INSURGENTE*, donnée cabalistiquement par les camarades qui, dans leur ligue turbulente contre les pédans et les pères, ont pour règle de faire tout le contraire de ce qu'on leur ordonne ; railler la morale et les moralistes ; briser, quereller, piller dès qu'ils ont un instant de liberté ; se venger de la soumission forcée par la rebellion secrète et la dissimulation concertée ; ériger l'esprit de révolte en point d'honneur, par dédain et sévices envers ceux qui favorisent l'autorité régentale.

4° L'*ÉVASIVE*, donnée furtivement par les valets qui aident l'enfant à échapper au joug, le flagornent, le régalent en secret de friandises volées, pour se faire prôner auprès des pères. Ils le soutiennent et le conseillent dans toutes les menées tendant à l'affranchir des entraves morales : aussi l'enfant riche regarde-t-il les valets comme autant d'affidés secrets, et ceux-ci n'ont pas tort dans ce rôle ; car les pères et mères sont déraisonnables au point de renvoyer sans autre motif, un valet qui déplairait à leurs enfans ou seulement au favori.

Tels sont les champions qui se disputent l'arène , jusqu'à l'âge de 15 ans , où un cinquième athlète plus vigoureux vient prendre la part du lion , tout envahir. *Inter quatuor litigantes , quintus gaudet.* Ce vainqueur est,

✗ L'éducation MONDAINE ou *absorbante :* il faut la placer en pivot, puisqu'elle broche sur les quatre autres, et en élimine ou modifie tout ce qui n'est pas à sa guise.

L'enfant, à 16 ans, lors de son entrée dans le monde, reçoit une éducation toute nouvelle ; on lui enseigne à se moquer des dogmes qui intimident et contiennent les écoliers , à se conformer aux mœurs de la classe galante, se rire comme elle des doctrines morales ennemies du plaisir , et se moquer bientôt après des visions de probité, lorsqu'il passera des amourettes aux affaires d'ambition ; enfin s'engager dans les folles dépenses, les emprunts usuraires , et communiquer sa dépravation à toutes les fillettes qu'il peut fréquenter.

Voilà un quadrille d'éducations bien distinctes , dont quatre sont en concurrence jusqu'à l'âge nubile, où la pivotale vient éclipser et absorber toutes les autres. Avant cet âge, la 1ᵉʳᵉ, celle des savans, n'a qu'une influence apparente : c'est entre les trois autres que la pomme est disputée ; elles envahissent le cœur , l'esprit et les sens de l'élève ; et lorsqu'il atteint 15 ans, à peine lui reste-t-il de l'éducation dogmatique un léger fonds de préceptes vertueux , la plupart dangereux s'ils sont suivis à la lettre, mais qui n'ont d'empire qu'autant qu'ils se concilient avec les impulsions mondaines.

Cette complication d'instituteurs rivaux est assurément l'antipode de l'unité. Les moralistes feignent d'ignorer ce quadruple conflit ; il leur convient de le cacher , pour faire valoir leurs services. Dans quelle défaveur tomberaient-ils, si l'on venait à reconnaître que tout cet échaffaudage d'institution civilisée n'est qu'un choc d'élémens inconciliables , un assemblage monstrueux de toutes les duplicités d'action ?

Sur ce, les sophistes ne manqueront pas de répliquer, car ils n'ont jamais tort en paroles, non plus que les avocats : mais jugeons-les à l'épreuve, et sur quelqu'une de leurs tentatives récentes.

Je n'examinerai pas leurs prétentions à maîtriser l'ambition, l'amour, etc. : ils sont si nuls en ce genre de lutte , que leur reprocher leur impéritie, ce serait battre des gens à terre. Attaquons-les sur le point où ils croient avoir réussi, sur l'esprit libéral qu'ils se flattent d'avoir fait germer, et dont ils n'ont su créer que le fantôme.

Jamais la philosophie n'a su former une ame philantropique et libérale (Extroduction); l'on n'a pas vu parmi ses élèves les plus marquans, tels que les princes, un millième de libéraux; et quant à ceux qui ont eu, comme Henri IV et Jules-César, quelque teinte de libéralisme, les uns, comme Henri, ont dû cet esprit à la bonne nature, et non pas aux pédagogues dont Henri ne fut point circonvenu : les autres, comme César, paraissent avoir dû beaucoup plus à la nature qu'aux leçons de la science. Du reste, les uns et les autres n'ont été que des avortons en libéralisme.

En effet, César n'eut pas la moindre idée neuve en philantropie, et ne tenta rien, dans sa haute puissance, pour le bien-être du peuple, c'est-à-dire des esclaves, ni pour la garantie de minimum aux citoyens pauvres. Même reproche aux Antonins, aux Titus, aux Marc-Aurèle : aucun d'eux ne tenta d'introduire cet affranchissement général qui depuis s'opéra dans Rome.

Henri IV eut quelques lueurs d'esprit libéral, sans aucunes vues quant aux voies d'exécution. L'on peut admirer son vœu généreux de *la poule au pot* qu'il souhaitait à tous ses laboureurs ; mais cette poule au pot, à supposer qu'elle devînt leur lot, ne serait encore qu'une chimère libérale ; car il existe, sous un laboureur de grande ferme, vingt valets qui ne tâteraient pas de la poule. Ajoutons-y la femme et les enfans, qui, chez le villageois, sont considérés comme une valetaille, et nourris bien différemment du père.

En général, parmi les princes qui ont fait de grandes choses, les uns, comme Pierre I et Fréderic II, n'avaient reçu de leurs vandales parens qu'une mince éducation ; les autres, comme Louis XIV et Alexandre, n'ont étonné le monde qu'en secouant le joug des doctrines scolastiques, en prodiguant les hommes et l'argent ; ces monarques peuvent se dire :

« Je ne dois qu'à moi seul toute ma renommée, »
» et rien à la science qui s'en arroge l'honneur. »

La nullité des instituteurs éclate dans la plus soignée des éducations ; elle a formé Néron. C'était pourtant de très-habiles personnages et fameux libéraux que Sénèque et Burrhus : leurs talens réunis produisirent Néron. Qu'est-ce que nos philosophes modernes ont ajouté aux systèmes d'éducation ? Quelques subtilités idéologiques et mercantiles! si on eût renforcé les leçons de Sénèque et Burrhus par le pathos métaphysique et économique des théories actuelles, Néron aurait perdu patience un an plus tôt, et aurait donné dans le crime un an plus tôt.

Au résumé, les instituteurs qui professent le libéralisme, loin de savoir rallier les élèves royaux à leur doctrine, les engagent involontairement dans les travers et les crimes. Ils ne savent former que des masques moraux, donnant dans tous les excès dès que le frein est enlevé. Aussi la science confuse de ses défaites, cherche-t-elle chaque jour de nouveaux systèmes. N'est-ce pas s'avouer égaré, que de changer de route à chaque instant ?

Toutefois, ils ne sont en éducation que ce qu'ils sont en toute branche de leurs théories ; car, quel est le côté le plus ridicule de notre société civilisée ? est-ce l'éducation qui forme les Tibère et les Néron ? est-ce la jurisprudence avec son dédale de lois contradictoires ? est-ce la finance avec ses raffinemens qui n'enseignent que l'art de doubler les impôts ? est-ce le commerce avec son grimoire d'agiotage et ses 36 crimes sociaux, 1., 168 ?

On ne saurait décider entre tant de perfectibilités.

« *Non nostrum inter vos tantas componere lites.* »
Chaque branche du mécanisme civilisé semble être la plus vicieuse, et réclamer la palme du ridicule. On pourrait les comparer aux villes de Rouen, Troyes, Angers et Poitiers, disputant en France la palme de laideur, que le voyageur adjuge à toutes quatre, *accompagnées de plusieurs autres;* car il n'est rien d'abominable comme les villes de la belle France, hormis celles de Flandre bâties par les Belges, ou Nancy bâti par Stanislas. Mais la bâtisse purement française, petites rues d'Orléans, petites rues de Lyon, est ce qu'il y a de plus sale et de plus affreux en civilisation. Tout pétris de petitesse, les Français ont la manie de resserrer leurs maisons, comme si l'espace leur manquait; ils semblent craindre que le monde ne soit pas assez-grand : ne serait-ce pas leurs esprits qui sont trop petits pour le monde, bien que chacun de leurs savans prétende en

concevoir

concevoir les harmonies et nous expliquer *l'unité* de l'univers?

On a vu, au Pivot Inverse, *ULTER*, combien ils sont intrus en pareil débat, ignorant même l'alphabet de la théorie, la condition d'unité

    Trinaire en application aux trois principes,
    Quaternaire en liens de chacun des trois.

Nos savans sont de fort habiles gens, sans contredit : mais quelle est leur inconséquence de s'immiscer dans les questions d'unité, tout à fait étrangères à leur domaine ! On pourrait dans cette prétention les comparer à Bonaparte, qui ayant assez d'états, et même trop pour un civilisé, pour un politique simpliste, voulut encore y ajouter la Russie, et finit par y échouer misérablement.

Telle est la démence des savans modernes, quand ils s'aventurent à deviser sur l'unité, grimoire impénétrable à quiconque envisage la civilisation comme destinée du monde social. Ils ne connaissent pas même les lois de la première unité, celle de l'homme avec lui-même, avec ses passions ; sujet dont Voltaire dit : *mais quelle épaisse nuit !* A plus forte raison peut-on le dire de leurs ténébreuses doctrines sur les deux autres unités, celles de l'homme avec Dieu et avec l'univers. En s'obstinant sur ce sujet, ils commettent double faute ; montrer leur côté faible, et compromettre leur mérite réel.

Toutefois, s'ils ont quelque prétention à l'unité de système, ce ne sera pas en éducation, dont je viens de disséquer l'édifice et mettre en évidence le savoir-faire. Il n'est aucun pays où les quatre impulsions données à l'enfant soient plus distinctes, plus hétérogènes, plus collusoires, qu'en France, et où la pivotale dite esprit de société, soit plus pervertissante, plus opposée aux préceptes moraux.

Convaincus, je pense, de leur duplicité et quadruplicité d'action dans cette branche importante du mécanisme social, les philosophes s'habitueront peu à peu à goûter la recommandation de leur divin Condillac, le conseil de refaire leur entendement, et oublier tout ce qu'ils ont appris dans cent mille systèmes.

Ils apprécieront mieux encore la sagesse de cet avis, dans le tableau harmonien de la quatrième phase d'enfance, âge de transition en puberté, partie la plus critique de l'éducation, et où la philosophie va se montrer ce qu'elle est par-tout, un colosse de duplicité, d'obscurantisme et d'antipathie avec la nature.

II.   19

IVme NOTICE.

ÉDUCATION POSTÉRIEURE.

Nota. *En tête de la 3e Notice, 238, on a omis le titre*
ÉDUCATION ULTÉRIEURE.

Chacune des quatre Notices doit porter le nom de sa phase. Pareille
omission a déjà été faite à la 1re Notice, 145, ÉDUC. ANTER.

La 3e est subdivisée en deux parties égales et titrées, auxquelles
il eût fallu ajouter la désignation de Sous-Notice 1re, des Petites
Hordes; Sous-Notice 2e, des Petites Bandes.

ARGUMENT SPÉCIAL *de la 4me Notice.*

LA passion la plus rebelle aux systèmes des moralistes,
l'amour, va figurer parmi nos jeunes tribus parvenues à 15
ou 16 ans et passant aux chœurs de jouvencellat. Comment
les ployer en affaire d'amour, aux convenances d'Harmonie
sociale ; comment les y façonner *PAR ATTRACTION ;* faire que
le monde galant, que la fougueuse jeunesse dégagée du frein
des lois, se rallie de son plein gré aux mesures d'unité sociétaire et de concorde générale ?

Dans le cours des trois Notices qui précèdent, j'ai réfuté les
systèmes d'éducation qui ne savent utiliser aucune des impulsions naturelles de l'enfance. Ici, leurs auteurs pourront espérer de prendre leur revanche. « Voyons, diront-ils, comment
» vos théories, en émancipant de bonne heure les jeunes filles,
» pourront les garantir de donner dans le travers. Vous pré-
» tendez utiliser toute impulsion naturelle (en essor et contre-
» essor, 257). Nous vous prenons au mot. Dites-nous comment
» les jouvencelles de la Phalange, libres d'obéir aveuglément
» à l'Attraction, pourront tenir une conduite satisfaisante pour
» les pères, et conforme au maintien de la morale publique;
» Débrouillez cette énigme, *et eris nobis magnus Apollo.*
» Sur-tout, point de faux-fuyans, point d'escobarderie.
» Tenez en plein votre parole d'harmoniser toutes les passions
» par la seule Attraction. En voici une des plus rétives : l'amour,
» sur-tout dans le jeune âge, ne se concilie guères avec les

» vues de la société (de la société civilisée et barbare). Mettez
» en jeu vos savans contre-poids de Séries composées et bi-
» composées, et sans user d'aucune contrainte, sachez amener
» l'amour libre à une pleine coïncidence avec les deux auto-
» rités administrative et paternelle, en tout ce qui touche à
» l'intérêt et aux mœurs.

» Si vous échouez sur ce problème, trouvez bon qu'on ne
» croie pas à la possibilité de vos équilibres précédens, 1re,
» 2e, 3e Notices, et que d'avance on révoque en doute ceux
» que vous nous annoncez pour les 7e et 8e Sections. »

C'est convenu : j'accepte le défi sans aucune réserve, quelque
rigoureuses que paraissent les conditions. Préalablement, jetons
un coup-d'œil sur les prouesses de notre législation en pareille
matière.

Elle veut, si on l'en croit, rallier tous les humains *à l'auguste vérité;* et pour y réussir, elle organise les relations
d'amour de manière à provoquer la fausseté universelle, stimuler l'un et l'autre sexe à l'hypocrisie, à une rebellion secrète
aux lois. L'amour n'ayant pas d'autre voie pour se satisfaire,
devient un conspirateur permanent, qui travaille sans relâche
à désorganiser la société, fouler aux pieds toutes les limites
posées par la législation.

Elle ne lui permet qu'un seul essor, celui du lien conjugal,
astreint à la fidélité réciproque et perpétuelle des contractans.
Autrefois l'amour avait plus de latitude ; les saints patriarches
Abraham et Jacob pouvaient, sans péché, prendre successivement une demi-douzaine de femmes, répudier l'une du vivant
de l'autre, y adjoindre des concubines : Salomon, le plus sage
des hommes, en avait *sept cents.* Mais aujourd'hui, les voies
morales sont plus restreintes, et sous aucun prétexte, ni hommes,
ni femmes ne peuvent s'écarter de la loi de monogamie exclusive dite mariage ; toute autre copulation est criminelle.

Partant, si l'on faisait dans chaque ménage l'inventaire des
fredaines secrètes, combien trouverait-on de jeunes couples
qui, au bout de dix ans, n'eussent fait aucune brèche au
contrat ? Peut être pas *un sur cent.* Il n'y aurait de fidèles
que ceux de nécessité, comme les mariés sexagénaires : encore
à cet âge la fidélité du mari serait-elle assez douteuse.

Voilà dans le lien conjugal, seul essor permis à l'amour,

19.

99/100es de fausseté sur un moyen terme de dix ans. Pour compléter le compte des infractions, passons aux amours illicites.

Ils sont en nombre immense, vu l'habitude générale chez les jeunes gens de ne se marier qu'à 3o ans. Il est connu que sur l'ensemble des amours, ceux de lieu conjugal ne figurent que pour *un huitième*.

En effet, si on pouvait énumérer toutes les liaisons amoureuses et accointances licites ou illicites, on reconnaîtrait qu'il s'en trouve les 7/8es hors de mariage et en copulations coupables, dites fornication, adultère, etc.

Etrange résultat de recensement érotique ! On trouve

En relations amoureuses, les 7/8es en révolte patente ou secrète contre les lois sociales.

Dans le 8e restant, qui se compose d'amours légitimes, on voit les 99/100es des individus adonnés à la perfidie, violant en secret les engagemens de fidélité conjugale.

Enfin, dans l'une et l'autre classe de liens légitimes ou illégitimes, on voit l'impunité assurée par-tout à l'hypocrisie, l'amour excitant tout le monde social à la fausseté, au mépris des lois et des préceptes, et les coupables protégés dans l'opinion, en raison du nombre de leurs fornications et adultères connus, et même affichés.

Je m'abstiens de réflexions critiques sur cet état de choses ; je me borne à présenter sommairement un tableau des faits, et demander aux champions de l'auguste vérité, si l'on pourrait imaginer un ordre plus opposé aux intérêts de la vérité, et s'il n'est pas évident qu'en amour, comme en toute autre branche du système social, le régime civilisé n'a su s'élever, 284, qu'au superlatif de l'impéritie. A quoi servent des lois qui ne sont ni exécutées, ni exécutables ? Elles n'aboutissent qu'à déconsidérer la législation et provoquer l'hypocrisie collective des infracteurs.

Les Barbares, tout haïssable qu'est leur gouvernement, sont plus réguliers, plus conséquens avec les principes. Ils font des lois étayées de violences très-odieuses, mais *EXÉCUTÉES*. Ils posent en principe l'assujettissement des femmes à la fidélité et la monogamie, puis la licence de polygamie et d'infidélité accordée aux hommes ; injustice criante, assurément, mais qui ne met pas le système social en contradiction avec lui-même.

Leurs lois sont vexatoires ; mais elles s'exécutent. Celles des civilisés, iniques et absurdes, ont encore le tort d'être inexécutables et inexécutées. Ainsi le vice est toujours simple en barbarie, et composé en civilisation où les lois tendent à gêner l'essor de l'amour chez les deux sexes ; tous deux foulent aux pieds les lois ; c'est une oppression composée qu'ils éludent par un vice composé. Les lois barbares ne gênent cet essor que chez un sexe qui n'élude point, ne le pouvant pas : il ne reste que vice d'oppression simple. On trouve constamment cette différence entre la barbarie et la civilisation.

Les questions relatives à une législation plus judicieuse, à un emploi plus régulier de l'amour, ont été éludées dans tous les temps, sous prétexte que l'amour est une folie ; mais folie ou non, c'est un ressort dont les effets ont dû être prévus par Dieu, et coordonnés à un plan d'harmonie et d'unité d'action.

Procédons à déterminer ce plan avec pleine régularité. Plus on a traité légèrement cette question depuis 3000 ans, plus je dois y apporter de méthode et m'étayer de l'échelle complète des accords, afin de ne laisser ni vague, ni lacune dans la théorie d'une passion de si haute influence.

L'amour, tout indomptable qu'il nous semble, n'est pas plus difficile à harmoniser que l'ambition ou autre des douze ressorts. Il ne s'agit que de connaître en plein le calcul des équilibres.

Je n'en donne ici aucun exposé ; ce serait un épouvantail pour le lecteur. Avant de s'initier à tous ces grimoires théoriques, il faut s'exercer sur les tableaux du nouveau mécanisme ; remarquer qu'il est disposé de manière à obtenir des essors et contre-essors justes, comme les deux indiqués, 257, puis en faire le parallèle avec notre mécanisme social, qui ne donne en tout sens que de faux essors et faux contre-essors, et vicie les caractères et les passions en raison du bien qu'on en devait obtenir par essors justes.

Croirait-on que l'un des plus beaux caractères qu'ait produit la civilisation, était *Néron !* Il sera prouvé que ce tyran, le plus détestable des hommes, était un caractère de même titre ou même degré que le plus aimable des princes, *Henri IV.* Tous deux sont *tétratones,* ames à quatre dominantes passionnelles ; et toute Phalange qui veut organiser intégralement son clavier général de 810 caractères, a autant besoin d'*un Néron* *et d'une Néronne*, que d'*un Henri et d'une Henriette*. Il sera curieux d'examiner comment la civilisation a donné un essor juste à Henri, et un essor faussé à Néron.

Sans attendre les méthodes qui enseigneront tous ces détails, il est aisé de voir que l'ordre civilisé fausse le jeu de toutes les passions : donnons-en un exemple tiré du famillisme.

Un père sacrifie ses filles à la vanité de faire un héritier; il force les filles à se cloîtrer pour la vie; voilà le famillisme, (cardinale hypermineure), étouffé par l'orgueil ou ambition, (cardinale hypomajeure); c'est une passion éclipsée, travestie par une autre qui la dénature et la met en fausse position. Le même père médite un riche mariage pour son fils qui s'amou-rache d'une fille sans fortune, et l'épouse au grand regret du père. Voilà encore le famillisme éclipsé et faussé chez le père; la première fois en actif, la seconde fois en passif.

Le problème d'Harmonie passionnelle est donc d'organiser un régime domestique et social qui, prévenant tous ces conflits, y substitue autant de concerts; comme si le fils qu'on a cité devenait amoureux de la demoiselle que le père lui destine, et que la sœur de son plein gré se passionnant pour l'état de chanoinesse, ménageât ainsi toute la fortune à l'héritier préféré par le père : celui-ci, dans ce cas, se trouverait en équilibre passionnel bi-composé, par deux essors où les enfans serviraient ses vues ambitieuses, et deux essors qu'il pourrait donner à l'affection paternelle.

C'est dans la théorie sociétaire que nous allons trouver l'art de faire naître à chaque pas ces concerts de passions, et faire de ce charme social une voie d'immenses richesses et d'un té de tous les peuples : c'est dans ces passions tant insultées par l'obs-curante philosophie, qu'éclatera la sublimité du génie de Dieu. Elles sont un magnifique orchestre à 810 instrumens ou carac-tères en ordre domestique, et à cinq milliards en mécanique générale. Comment un siècle qui se dit penseur et profond, a-t-il pu penser que Dieu avait créé ces ressorts de l'ame sans leur assigner une organisation? comment a-t-il tardé à soup-çonner qu'il y avait sur les passions quelque mystère à péné-trer, quelque science manquée par nos étroits génies, et dont les plus vastes, comme Voltaire, avouent cette désolante infirmité de l'esprit humain, en s'écriant : *mais quelle épaisse nuit*, *etc.*

En débutant dans cette étude, il faut éviter de s'engager dans les profondeurs théoriques : on doit s'attacher d'abord à la pratique ; observer l'Harmonie en action, ses diverses corporations, leurs emplois en industrie et en plaisir Après s'être familiarisé aux tableaux de ce nouvel ordre, on apprendra facilement à en décomposer les ressorts, impulsions, contre-poids, et lois d'équilibre général. Achevons donc sur les tableaux du régime de l'enfance, par un exposé des coutumes de transition amoureuse ou quatrième phase d'éducation unitaire.

CHAPITRE VII.

Des Vestales Harmoniennes.

Dans le cours de cette Notice, je peindrai des coutumes si étrangères aux nôtres, que le lecteur demandera d'abord si je décris les usages de quelque planète inconnue.

Soit : je souscris à cette facétie ; et puisque les civilisés se plaisent à entendre sur leurs théâtres, Nicodème arrivant de la lune, ils peuvent supposer que j'arrive de Jupiter ou d'Herschel, dont je raconte les usages en amours de l'âge de quinze à vingt ans.

A cette occasion redisons, pour la centième fois, que ces usages de haute Harmonie ne sont pas nécessaires dans une Phalange d'essai ; mais qu'il faut les décrire pour donner un plan exact des ressorts à employer en équilibre de passions : l'on sera bien maître d'en admettre ou rejeter ce qu'on voudra, de modifier ou retrancher, selon les convenances de la génération actuelle, selon que les civilisés voudront approcher plus ou moins de la vérité et de l'unité. Ils sont, dans l'état actuel, aux deux points opposés, à l'extrême fausseté et à l'extrême duplicité ; rien ne les empêchera de maintenir le règne de la fausseté en amour et conserver dans la Phalange d'essai tout le régime amoureux de civilisation.

Que si l'on désire le contraire de la fausseté, la cessation des conflits et déchiremens sociaux causés par le mécanisme actuel des passions, on doit présumer que leur Harmonie reposera sur des coutumes diamétralement opposées.

Lorsque j'en donne le tableau, j'admets que le lecteur le considère comme visions, chimères, voyage idéal dans les planètes Herschel et Jupiter. Il y trouvera au moins l'avantage de voir en idée l'équilibre des passions, les coutumes sur lesquelles il se fonde, et les énormes richesses qu'il produit. Quand la planète Herschel ne recueillerait de ces coutumes que la concorde générale et l'immensité de richesses, on pourrait déjà en conclure qu'elle est en mécanique sociale plus habile que nos rêveurs de perfectibilité. Décrivons donc les coutumes d'Herschel.

Au nom de Vestales, on pourrait croire que je vais peindre des victimes cloîtrées, comme celles de l'ancienne Rome : il n'en est rien. Les Vestales d'Harmonie sont des femmes du grand monde, admettant à leur compagnie des poursuivans titrés. On les appelle Vestales, parce qu'elles conservent la virginité jusqu'à l'âge de 19 à 20 ans, et qu'on en a des garanties autres que celles de civilisation sur pareille matière.

Tout n'est qu'hypocrisie dans l'éducation actuelle, depuis le caractère du bambin qui pleure et feint la souffrance pour forcer sa mère à l'obéissance, jusqu'au caractère de la jeune fille qui se dit sans amour, sans amant.

L'âge de transition amoureuse ou âge nubile, est l'époque d'un redoublement de fausseté que le mariage ne fait qu'accroître. Le monde galant, chez nous, est un bal masqué universel, où les hommes ne le cèdent pas aux femmes en travestissemens ni en astuces. Ils ont le talent de diffamer le sexe faible, tout en feignant de l'encenser.

L'opinion pourtant accuse plus fréquemment le sexe féminin de dissimulation. Les écrivains emploient toutes les finesses de l'art pour en venir à critiquer les femmes sans faire mention des torts des hommes. Ils débutent, selon l'avis de Diderot, par *tremper la plume dans l'arc-en-ciel ;* mais en substance, que leur disent-ils ? Qu'elles sont fausses, volages, comédiennes en vertu.

Le pinceau le plus délicat, comme celui de La Bruyère, en vient toujours à leur donner ce fâcheux coloris. « Il y a, dit-il, » peu d'honnête femme qui ne soit lasse de son métier : celle » qui ne se rend pas, c'est qu'elle n'a pas été bien attaquée. »

Régnard et Molière ont parlé plus franchement, dans ces vers :

M. « La meilleure est toujours en malices féconde ;

    » C'est un sexe engendré pour damner tout le monde.

R. » Les femmes en un mot ne valent pas le diable. »

Ainsi les uns reprochent crûment au sexe, et les autres poliment, cette fausseté qui, après tout, n'est que l'écho de celle des hommes, bien plus coupables, puisqu'ils sont libres.

Que les écrivains polis craignent de reprocher aux femmes leur duplicité, cela est dans l'ordre ; ils ne connaissent pas le remède à cette astuce générale qui règne en amour ; il serait indiscret de dénoncer un vice dominant, quand on ne sait pas en indiquer le correctif.

Il est évident que les femmes comprimées en tout sens, n'ont de ressource que la fausseté. Le tort en retombe sur le sexe persécuteur et sur la civilisation qui, en amour comme en politique, asservit le fort au faible.

Mais voici une chance tout à fait neuve : une société autre que la civilisation, des mœurs nouvelles où la liberté des femmes et par suite leur loyauté, seront le gage du bonheur des hommes et de l'enrichissement général. En livrant ce précieux secret, je suis dispensé d'excuser chez les femmes et les hommes une duplicité dont l'un et l'autre sexe ne sera plus entaché dans l'état sociétaire.

L'éducation harmonienne serait un avorton, si après avoir élevé l'enfant jusqu'à quinze ans à des principes d'honneur, à la pratique de la vérité, elle l'introduisait dès son entrée en adolescence, dans un monde où les hommes et les femmes lutteraient de perversité, et où toutes les chances avantageuses tant de bénéfice que de plaisir seraient le partage du plus hypocrite.

Ainsi va le monde civilisé, notamment en affaires galantes, où le mécanisme est faussé en entier, par défaut d'une liberté suffisante et pondérée de manière à utiliser les amours, qui en civilisation ne tendent qu'à détourner de l'industrie, ou du moins n'ont aucun rapport direct avec elle.

L'Harmonie, qui spécule avant tout sur l'accroissement des richesses, ne néglige pas de faire concourir à ce but un levier d'aussi puissante influence que l'amour. A cet effet, elle met en usage deux corporations qui, par des voies différentes, marchent, comme les Petites Hordes et Petites Bandes, au même but, à l'union du bon et du beau. Ce sont les corps de Vestalat et Damoisellat ; corporations qui se partagent les caractères opposés en 6ᵉ tribu.

Ainsi que je l'ai observé diverses fois, la nature établit dans la distribution des caractères, deux nuances principales, qui sont la teinte forte et la radoucie. Déjà en éducation ultérieure on a tiré parti de ce contraste, pour organiser deux sectes précieuses en industrie, et stimuler leur concurrence émulative.

Il faut ici spéculer de même sur l'âge qui entre en puberté : mais l'opération se complique, en ce qu'elle fait intervenir l'amour avec l'industrie, qu'on ne doit jamais perdre de vue un seul instant dans les dispositions harmoniennes. Celles qui ne tendraient pas au progrès de l'industrie, au luxe, premier foyer d'attraction, seraient de toute fausseté.

Les caractères de nuance douce ayant moins d'aptitude à résister à l'amour, il faut les isoler de ceux qui ont la force nécessaire pour lutter contre la tentation et conserver quelque temps la virginité. On formera donc deux corporations; celle du vestalat qui doit tenir le poste jusqu'à 19 ou 20 ans, et celle du damoisellat qui cédera beaucoup plus tôt, dès l'âge de 16, 17, 18 ans, il n'importe ; ces faibles soldats auront leur utilité en mécanique générale, pourvu qu'on sache affecter chacun à l'emploi où la nature l'appelle.

Tout individu entrant en puberté, passant de la tribu du gymnasiat à celle du jouvencellat, aura l'option entre les deux rôles, comme on l'a vu précédemment au sujet des Petites Hordes et des Petites Bandes, sauf une différence qu'exige la décence. On commencera toujours par entrer au vestalat, y passer au moins quelques mois, sauf à quitter quand le fardeau semblera pesant.

L'Harmonie laisse pleine liberté sur ce choix ; mais les mesures sont prises de manière à empêcher toute contrebande en virginité. Dès-lors, celui ou celle qui a forfait au pacte vestalique, est obligé de passer dès le lendemain au damoisellat. Ce congé n'a rien de déshonorant et ne gêne pas la liberté, mais seulement l'hypocrisie ; toute corporation étant libre de se donner des statuts et congédier les délinquans. Du reste, on ne pourra pas, comme aujourd'hui, jouer le rôle de vierge quand on ne le sera plus.

Dès l'âge de 16 à 17 ans, beaucoup de jeunes gens d'un et

d'autre sexe doivent céder à l'amour. En général, les caractères de faible trempe opteront pour la précocité d'exercice amoureux ; de là naîtra la division de la 6ᵉ tribu en deux parties ou sectes :

Vestales 2/6, Vestels 1/6 ;

Damoiselles 1/6, Damoiseaux 2/6.

Il est dans l'ordre que les femmes soutiennent plus longtemps le rôle de virginité ; d'ailleurs elles ont plus d'amorces pour y persister ; on en verra la preuve.

La 2ᵉ classe, les Damoiseaux et Damoiselles qui de bonne heure cèdent à la tentation, sont obligés de déserter les assemblées matinales de l'enfance. Ils y renoncent, parce que fréquentant l'une des salles de la cour galante, qui tient séance à neuf heures du soir, ils ne pourraient pas se lever de bonne heure comme l'enfance et le corps du vestalat qui se couchent avant neuf heures.

Par suite de cette désertion et d'autres incidens, le corps damoisel est déconsidéré parmi l'enfance, qui ne révère que le corps vestalique. Toutes les jeunes tribus ont pour les vestales l'affection qu'on a pour un parti resté fidèle après une scission. Les Petites Hordes sur-tout considèrent les damoiseaux comme les anges rebelles de Satan ; elles escortent en grande pompe le char des hautes vestales qui ont le poste d'honneur dans toute cérémonie.

Les tribus supérieures, âge de 20, 30, 40 ans, etc., ont pour la vestalité et virginité réelle une considération fondée sur des motifs très-différens ; en sorte que le corps du vestalat réunit au plus haut degré l'estime et la faveur de l'enfance et de l'âge viril.

Cette double faveur est un ressort précieux dans la politique d'Harmonie ; elle assure au corps vestalique la faculté d'exercer attraction sur l'un et l'autre âge ; d'être l'idole des enfans, comme des chœurs adultes qui convoitent la jeunesse vestalique dont la virginité finira à 19 ou 20 ans. Jusque-là, le suffrage universel réuni sur les vestales et vestels, donne lieu à des dispositions très-précieuses au succès de la grande industrie ou travaux d'armée. Avant d'en traiter, décrivons d'abord la corporation et ses habitudes.

La chasteté des vestales et vestels est d'autant mieux garantie, qu'ils sont pleinement libres de quitter le corps en renonçant aux avantages qu'il procure à ses sectaires. Cette chasteté n'est pas de longue durée, puisqu'elle doit finir aux environs de 19 ans : elle est à l'abri de tout soupçon ; les relations d'Harmonie s'opérant par masses nombreuses, et les séances de tête à tête bissexuel étant interdites par le corps vestalique, il ne serait pas possible aux vestales ou vestels d'avoir des intimités amoureuses sans qu'on s'en aperçût à l'instant.

Les logemens sont disposés de manière à donner pleine garantie. Le corps vestalique ne peut occuper que deux quartiers affectés à lui seul. On ne se fierait ni aux pères, ni aux mères sur cette surveillance : ils sont trop aveugles sur les manœuvres de qui sait les flatter.

Les vestales étant communément en nombre double des vestels, ont le pas sur ces derniers ; elles l'auraient même à égalité de nombre : nous nous bornerons donc, en parlant de ce corps, à nommer le féminin. D'ailleurs, je donnerai sur les vestels un chapitre spécial : occupons-nous d'abord du sexe le plus intéressant en chasteté.

La fréquentation journalière des hommes est très-permise aux vestales ; non-seulement elles les voient dans toutes les séances industrielles, mais elles tiennent cour à 3 heures du matin (1), pendant un quart d'heure, et les poursuivans titrés y sont admis en séance.

Ce titre est demandé et obtenu sur délibération du corps vestalique, réuni en synode auquel assistent les dignitaires féminins de la cour d'amour. La conduite d'un homme est scrutée lorsqu'il postule comme poursuivant ; on ne lui fait pas un crime de l'inconstance, car elle a son utilité en Harmonie ; mais on examine si, dans ses différentes liaisons amoureuses, il a constamment fait preuve de déférence pour les femmes et de loyauté avec elles. Ceux qu'on appelle en France d'aimables roués, gens qui font trophée de duper les femmes, seraient non seulement

____

(*) Il faut être matineux pour ce genre de courtoisie ; mais l'Harmonie tire parti de tout, pour stimuler l'industrie. Le poursuivant, au sortir de cette cour, est libre à trois heures 1/4 ; il fournira une bonne séance industrielle de 1 heure 1/2 jusqu'au délité ou premier repas à 4 heures 3/4.

Ainsi le régime sociétaire cumule vingt appâts divers pour garantir chacun de la lutte contre le chevet. Aussi à 4 heures du matin ne trouvera-t-on au lit ni homme, ni femme, ni enfant ; à peine quelques patriarches que la faiblesse de l'âge y retiendra forcément.

exclus, mais on refuserait quiconque aurait manifesté le moindre penchant à ce caractère.

Ce qu'on appelle en Harmonie déférence pour les femmes, galanterie loyale, n'a aucun rapport avec la conduite de nos aigrefins moraux, dont la feinte discrétion n'est qu'une ruse pour mieux duper femmes et filles, maris et pères. Ces cafards sentimentaux sont souvent pires que les roués dont ils blâment les manières : les uns ne cherchent que le plaisir, les autres en veulent à la bourse, et leurs vertus ne sont qu'une comédie pour happer une héritière ou gruger une douairière ; la civilisation n'étant, en amour comme en intérêt, qu'une mascarade universelle dont on peut dire avec Regnard :

« Les meilleurs en un mot, ne valent pas le diable. »

Différons donc toute explication sur l'espèce de vertu que les femmes harmoniennes exigeront des poursuivans de vestales et des hommes en général.

J'entends répondre : on laissera vos vestales, si elles sont si bégueules, si précieuses. Quel homme voudra se faufiler avec un comité de femelles qui se donneraient les airs de le censurer dans leur synagogue, sur ses actions, ses habitudes, son caractère ?

Voilà des objections de civilisé : le mieux est de n'y rien répondre. Quand on connaîtra le mécanisme d'Harmonie, on verra ce qu'un homme gagnerait à être mal dans l'opinion des vestales. Il serait, dès le lendemain, rayé du testament d'une cinquantaine de vieillards de qui il attend des legs et portions d'hoirie. Un tel incident ne serait pas plaisant pour nos civilisés, grands amis des richesses perfides.

La vieillesse et le corps vestalique sont en étroite alliance dans l'Harmonie, et les patriarches ont voix consultante au synode vestalique. La vieillesse d'Harmonie ne commet pas la sottise de se laisser sans alliés parmi la jeunesse ; elle s'y ménage des protecteurs de plus d'une espèce : on le verra à l'article du Faquirat ou corps des faquiresses et faquirs (âge de 20 à 30 ans), qui sont des alliés du corps vestalique, siégeant et votant en synode avec lui.

Nos vieillards ont su organiser les amours de manière à se faire haïr, persiffler et pousser dans la tombe par la jeunesse. Il est plaisant que ceux qui ont fait la loi, (car les lois civilisées sont toutes l'ouvrage de la vieillesse), n'aient pas su la faire à leur avantage , n'y aient ménagé ni leurs intérêts , ni leurs plaisirs ; je l'ai dit à l'Argument : les Orientaux sont plus sensés dans leurs barbares coutumes ; au moins chez eux le législateur n'opère pas sciemment contre lui-même , et la législation barbare , ouvrage du sexe masculin , a bien ménagé aux hommes vieux ou jeunes tous les avantages en amour comme en autres passions.

Chez les civilisés , au contraire , la vieillesse n'a réservé *ni aux hommes , ni aux femmes* âgées, aucune chance en amour. Je l'entends répondre qu'elle ne veut plus y figurer , que cela n'est plus de son âge : momerie que cet isolement prétendu ! Il n'a rien de naturel ni de réel.

Il n'est point réel , puisque tous les vieillards opulens se ménagent en secret les faveurs de quelques poulettes , en feignant de renoncer à l'amour.

Il n'est point naturel , car parmi les Barbares , gens plus rapprochés que nous de la nature , on n'a jamais vu un seul souverain abandonner son sérail : il le conserve jusqu'à la fin.

Il n'y a donc ni réalité , ni naturel , dans ces simagrées des vieillards civilisés qui disent avoir oublié l'amour. Les uns l'oublient par nécessité , parce que , faute d'argent , ils ne peuvent plus apprivoiser aucun tendron : les autres l'oublient par amour-propre , ne voulant pas s'exposer aux dédains d'une jeunesse railleuse. Dans l'un ou l'autre cas , c'est oubli forcé et non volontaire ; mais ce qu'il est honteux à eux d'oublier , c'est le point d'honneur.

En admettant qu'ils renoncent franchement à l'amour, ils devraient au moins se maintenir la considération de la jeunesse. Ils ne l'obtiennent qu'à prix d'argent ; c'est ne pas l'obtenir.

Et pour preuve , il conviendrait que ces aïeux , pères et oncles qui se croient aimés et considérés de leurs jeunes descendans , pussent faire sur eux l'essai que fait sur le théâtre *l'habitant de la Guadeloupe* , revenir d'Amérique sans fortune. Quel accueil recevraient-ils parmi leurs enfans et neveux ? dix-neuf dédains sur vingt visites. C'est donc leur argent que l'on considère , et non pas eux.

Pour s'en convaincre subitement , il faudrait qu'ils parvinssent à s'introduire dans les réunions secrètes où les amans et maîtresses en viennent à gloser sur les parens ; ils s'y verraient traités comme des Harpagons ridicules ou des Argus incommodes ; ils entendraient le comité accélérer par ses vœux l'époque où on sera délivré d'eux, où on pourra jouir d'une fortune qu'ils ont mauvaise grâce à retenir, et dont ils ne savent pas jouir, si l'on en croit la jeunesse.

Non-seulement cette opinion domine chez les jeunes gens, mais elle règne chez les hommes d'âge rassis, à qui elle échappe en vingt occasions ; par exemple, au décès d'un homme riche, vous entendez chacun s'écrier : *voilà le fils qui va jouir.* L'existence de son père le privait donc de jouissances bien précieuses au dire du public ! Dès-lors elle lui suggérait *indirectement* le désir de la mort du père.

Là finissent les illusions de père adoré, de tendres enfans, amis des saines doctrines. Rien de vrai dans ces apparences, et les rares exceptions confirment la règle. Il peut arriver, *PAR EXCEPTION*, que des enfans, des héritiers en expectative, désirent sincèrement la longévité du détenteur ; mais ces cas sont si rares, qu'on ne saurait où en chercher des exemples. Un homme âgé n'est aimé des siens, ils ne souhaitent sa conservation, que lorsqu'un viager ou revenu quelconque, assis sur sa tête, serait anéanti avec lui.

D'ailleurs, c'est chez la multitude qu'il faut observer sur ce point le caractère civilisé. Croit-on que les pères âgés soient aimés chez le peuple ? On les y maltraite, s'ils sont sans fortune ; on leur souhaite ouvertement la mort, s'ils sont dans l'aisance, et détenteurs selon l'usage des villageois.

Ce préambule était nécessaire à éclairer les pères et aïeux sur une erreur des plus grossières où ils tombent du plus au moins, dans l'état actuel.

Après l'âge d'amour, ils conçoivent le plaisant projet de se concentrer dans les affections familiales, au sein de leurs tendres enfans, élevés selon les saines doctrines, à l'amour du commerce et de la charte.

Pense-t-on que la nature ait manqué à prévoir ce vœu de la vieillesse, et aviser aux moyens de le satisfaire ? elle y a pourvu ; mais le destin de l'homme étant composé et non pas simple, elle veut satisfaire à la fois les deux affectives mineures, qui sont intimément liées en mécanique sociale. Elle veut ménager à la vieillesse des charmes en *amour* et en *familisme* à la fois. Les mesures prises à cet égard impliquent ces deux passions cumulativement ; et toutes les dispositions qu'on lira en équilibre de passions, tendront à réserver aux vieillards d'un et d'autre sexe, un essor combiné des deux affectives mineures, dites amour et famillisme.

Vous vous moquez, répond un modeste septuagénaire. Je n'aï plus ni la beauté, ni les facultés qu'il faut apporter en pareille liaison, et par délicatesse je la refuserais ; je croirais faire le supplice de celle qu'on voudrait m'associer.

C'est bien pensé : mais l'ordre de choses qui vous ménagera diverses chances d'amour en âge avancé, vous ménagera de même la santé, comme au scélérat Ali, qui s'est marié à 80 ans ; la beauté comme à Ninon, qui fut courtisée à 80 ans.

Il est vrai que ce perfectionnement matériel n'est pas applicable à la génération présente : aussi l'ai-je avertie qu'on n'a pas besoin d'organiser, au début de l'Harmonie, les coutumes qui s'établiront au bout d'un demi-siècle. Mais dans un plan d'équilibre général des passions, il est force de traiter de l'ensemble, pour faire apprécier la justesse des opérations partielles qu'on devra en adopter, et sur-tout pour convaincre les vieillards, qu'il n'est pas en leur pouvoir de se restreindre collectivement à telle ou telle jouissance, quoique la raison paraisse l'ordonner, et qu'en se bornant au famillisme (affections de famille), ils y seront en fausse position, en mystification permanente, quelque illusion qu'ils se fassent à cet égard.

Toutefois, c'est une science bien neuve et bien profonde : en la publiant, on peut dire avec Horace : « *odi profanum* » *vulgus, et arceo.* » Ce ne sera pas dans ces premiers volumes que je la donnerai en entier ; il suffira de la faire entrevoir.

CHAPITRE VIII.

Fonctions du Corps Vestalique.

Les Romains, à part leur cruauté envers les vestales séduites, eurent une idée heureuse en faisant de ces prêtresses un objet d'idolâtrie publique, une classe de personnages intermédiaires

entre

entre l'homme et la Divinité, un palladium religieux dont les fonctions étaient garantes de la sûreté de l'empire.

Les harmoniens leur confient de même la garde du FEU SACRÉ; non pas du feu matériel, mais d'un feu vraiment sacré, celui des vertus cardinales, c'est-à-dire vertus en amitié, en ambition honorable, en amour et en famillisme. La conservation de ce quadrille de vertus est le vrai garant de la sûreté de l'Harmonie.

Déjà les Petites Hordes sont commises à pareille fonction ; elles sont vraiment conservatrices de l'unité en affaires d'amitié et d'ambition, puisque leurs fonctions de charité lèvent l'obstacle principal à l'union des classes inégales et à l'équilibre de répartition.

Les Petites Hordes sont donc le soutien des deux vertus cardinales majeures, amitié et ambition; mais elles ne peuvent pas intervenir quant aux deux cardinales mineures, amour et famillisme. C'est une tâche réservée à des corporations pubères : cet emploi appartient principalement aux Vestales et aux Faquiresses, leurs alliées (âge de 20 à 30 ans), mais avant tout au Corps Vestalique.

Il doit opérer de manière à être l'appui des quatre vertus à la fois ; donner à l'amour et à l'esprit de famille une direction favorable aux triomphes de l'amitié et de l'honneur ou ambition noble.

Toutes ces vertus retomberaient au rang de rêveries morales, si leur essor n'entraînait à l'industrie, et n'engendrait le luxe, premier foyer d'attraction. Point de vertus sociales collectives sans la richesse. On n'en a pas même vu à Sparte, qui, avec ses simagrées de désintéressement et de monnaie de cuivre, n'était qu'une ligue de moines ambitieux et tyranniques, vivant dans l'oisiveté aux dépens des Ilotes qu'ils massacraient pour prix de leurs services.

Toute corporation garante des vertus sociales, doit donc être en même temps garante de la richesse sociale : tel est le rôle des Vestales. Elles régissent la branche importante des travaux publics, le rassemblement et le charme des armées. Mais avant de les examiner dans leurs fonctions extérieures, traitons d'abord de leurs emplois domestiques, bornés au canton, au service intérieur et extérieur de la Phalange.

Parmi ces emplois figure indirectement la garantie de vérité, d'honneur en relations amoureuses, et sur-tout en paternité, si douteuse chez les civilisés, quoi qu'en dise la loi, *is pater est quem justæ nuptiæ demonstrant.*

Dans la ville de Paris, centre des saines doctrines et foyer de toute perfectibilité perfectible, on voit le tableau des naissances donner un tiers d'enfans bâtards, abandonnés, méconnus de la loi, qui punit le fils des torts du père. Si tout le genre humain était à la hauteur de Paris, en perfectibilité, il en résulterait qu'un tiers du genre humain serait privé dans son enfance de l'appui des parens, et dans son adolescence de la protection des lois en prétentions d'hérédité.

D'autre part, quel fruit recueillent les pères d'un ordre si vexatoire pour les enfans? Deux tiers de ceux-ci jouissent de la protection paternelle et des droits légaux : mais combien de pères sont pris pour dupes dans cet ordre de choses? Estimons arithmétiquement sur le nombre annuel de 27000 naissances et 27000 pères parisiens.

Si le tiers des pères, si *neuf mille* sont assez dépravés pour renier et abandonner leurs enfans, on peut estimer la dépravation des mères en même rapport, et compter que neuf mille seront assez perverses pour adjuger à un mari ou amant, l'enfant qui n'est pas de lui. C'est réciprocité de lésion pour les pères, les enfans et les mères ; car Paris, capitale des saines doctrines perfectibilisantes, fournit annuellement

      9000 enfans frustrés des avantages de parenté ;

      9000 mères frustrées de l'appui du père ;

      9000 pères frustrés de la réalité de progéniture, et chargés de l'entretien des enfans d'autrui, après en avoir abandonné pareil nombre des leurs.

On peut répliquer que ceux qui sont victimes de la mauvaise foi des épouses, ne sont pas toujours les mêmes qui ont trompé une maîtresse enceinte et abandonné leur enfant : je le sais ; mais nous n'en sommes ici qu'aux analyses générales, aux calculs d'ensemble.

Tel est le sage équilibre que nos coutumes établissent dans les relations de *famillisme* : et cependant c'est sur les jouissances et harmonies de cette passion qu'on veut fonder le bon ordre de la société et le règne de l'auguste vérité.

Voilà l'équilibre familial dans une seule de ses branches ; il en est de même de toutes les autres. Or, si les civilisés tiennent à équilibrer cette passion, lui donner un essor conforme à la justice et la vérité, qu'ils se rappellent de la condition stipulée à la fin du chap. 7, où il est dit que les relations *d'amour* et *famillisme* étant intimément liées, la vérité et la fausseté seront, dans tous les cas, en dose proportionnelle dans l'une et dans l'autre. On ne saurait donc garantir justice, vérité et charme dans les relations générales de famille, si on ne garantit en même temps justice, vérité et charme dans les relations générales d'amour. Ces deux passions (mineures cardinales) étant inséparables en mécanique sociale, ce serait en vain qu'on voudrait extirper les vices de l'une sans purger ceux de l'autre.

Certains avortons moraux ne manqueront pas de dire qu'il faudrait laisser de côté ces relations d'amour, ne traiter que des dispositions qui pourront concourir à la satisfaction des pères, à la garantie de fidélité de leurs épouses et moralité de leurs enfans. Les bonnes gens! ils ne voient pas que vouloir exclure l'amour d'un cadre d'Harmonie passionnelle, c'est opiner comme celui qui voudrait apprendre l'arithmétique sans apprendre l'une des quatre règles cardinales, nommée la division; elle correspond à l'amour selon ce tableau, faisant suite aux analogies, I, 126.

« *Analogie des 7 pass. animiq. avec l'arithmétique.* »

Affect. majeures.		Affect. mineures.	
Amitié,	*addition.*	Famillisme,	*soustraction.*
Ambition,	*multiplication.*	Amour,	*division.*

Distri-   { Cabaliste,   *progressions.*
butives. { Papillonne,   *proportions.*
        { Composite,   *logarithmes.*
        { ⋈ *Unitéisme.* Λ *Racines.* Y *Puissances.*

Il m'est donc aussi impossible d'exclure l'amour d'un tableau d'équilibre passionnel, qu'il serait impossible d'enseigner l'arithmétique à l'élève qui ne voudrait pas étudier la division.

Telle est ma réponse aux gloseurs qui, voulant façonner une théorie à leurs petitesses, vous disent d'un ton d'Aristarque: il faudrait laisser là ces billevésées de Vestales, Damoiselles, Troubadoures, et vous borner à parler des relations d'agriculture et de commerce.

Je parlerai du commerce peut-être plus tôt qu'ils ne voudront:

20.

peu s'en est fallu qu'ils n'en eussent dès ce volume une ample
section , bien meublée de vérités , sur-tout quant à la hiérarchie de la banqueroute classée en 36 variétés. Mais si quelque
branche de théorie leur déplaît, n'ont-ils pas l'option ,

1° De n'en admettre que partie, la modifier à leur gré ;

2° De la retrancher en totalité d'un projet d'épreuve;

3° De la considérer comme fable romanesque, récit d'un
de leurs Nicodèmes qu'ils font si sottement voyager dans la
lune, astre mort, crevassé et sans atmosphère ni mers , ne
pouvant nourrir ni animaux , ni végétaux ? Ceux qui promènent
leurs personnages critiques dans la seule planète morte et inha-
bitée , ne sont-ils pas dignes d'y être envoyés eux-mêmes ? Si
l'on veut critiquer notre monde , il faudrait au moins lui opposer les usages d'un autre monde peuplé , et non pas du seul
astre dépourvu d'habitans , du seul où il n'y ait rien à observer
et opposer en parallèle à nos sottises de perfectibilité.

En supposant qu'on opte pour le premier parti, pour n'admettre que portion de la théorie sur l'amour et le famillisme,
il faut que l'auteur en donne exactement les équilibres et dispositions , sur-tout celles du premier âge ou transition ascendante, qui comprend les corps de Vestalat et Damoisellat.

Leur tableau n'aura aucun rapport avec cette froide raison
vantée par nos équilibristes. On ne trouvera ici que des sujets
d'admiration en deux genres, tendant , selon la règle, 265, au
bon et au beau par des routes différentes.

Si les vestales tiennent le premier rang , c'est que chez les
jeunes filles de 16 à 18 ans , rien ne commande mieux l'estime
qu'une virginité non douteuse ; une décence réelle et sans fard,
un dévouement ardent aux travaux utiles et charitables, une
émulation active aux bonnes études et aux beaux arts. Toutes
ces qualités réunies dans une assemblée d'une vingtaine de
jeunes filles , doivent capter sans réserve la faveur publique.
Aussi les vestales , dans l'Harmonie, sont-elles un objet d'idolâtrie générale , même pour les enfans , car elles sont alliées
des Petites Hordes et coopératrices de leurs travaux charitables,
sauf ceux de genre immonde : mais dans leur séance corporative du matin , heure 3 1/4 à 4 3/4, elles n'ont que des emplois
d'utilité publique, aux cuisines, à la lingerie, etc., et lorsqu'elles arrivent au repas matinal, au délité, heure 4 3/4, elles

ont déjà fourni une séance de 1 heure 1/2 pour le service public.

Elles assistent en corps et avec les Petites Hordes à tous les travaux d'urgence pour lesquels la Régence, dans un cas périlleux comme l'imminence d'orage, fait sonner le ban d'appel à ceux qui peuvent quitter leurs occupations. Par-tout où l'intérêt public est en péril, le corps Vestalique et l'Argot sont les premiers au poste.

Elles ne perçoivent, en rétribution sociétaire, qu'une somme inférieure de moitié au médiocre dividende qui est alloué à l'Argot, dont les travaux sont plus nombreux et plus pénibles, et dont elles sont associées en charité dans le service matinal ; tandis que les faux frères, de même âge, les Damoiseaux et Damoiselles, sont au petit lever de la cour galante (séance de 4 heures 1/4 à 4 3/4).

Recommandées par tant de titres à la faveur de l'enfance et de l'âge mûr, il n'est pas étonnant qu'elles soient l'objet d'un culte semi-religieux, d'une idolâtrie sociale.

Ce genre d'hommage est un besoin pour l'esprit humain ; il veut des idoles en tous genres : idoles religieuses dans la personne des saints, idoles scientifiques et sociales dans les hommes célèbres dont il honore la mémoire et les hauts faits. L'idolâtrie est un besoin collectif et individuel. Une mère se fait une idole de son enfant, après s'être fait une idole de son mari ou de quelqu'autre.

Le corps vestalique, par suite de ce besoin général, devient en masse l'idole de la Phalange : il a rang de corporation divine, ombre de Dieu. L'Argot même qui n'accorde le premier salut à aucune puissance, incline ses drapeaux devant le corps vestalique révéré comme ombre de Dieu, et lui sert de garde d'honneur.

Chaque Phalange s'efforce de produire les plus célèbres vestales ; on les distingue en vierges d'apparat, de talent et de charité. Chaque mois on élit une trinité de présidence qui occupe le char dans les cérémonies.

Elles ont sur tous les autres fonctionnaires une supériorité déférée par l'opinion. Les souverains mêmes, à la cour des vestales, oublient leur rang et figurent en simples particuliers.

Elles tiennent le haut bout dans le cérémonial, et font aux jours de gala les honneurs de la Phalange dans les repas et assemblées d'étiquette. Lorsqu'un monarque y arrive, on se garde bien de l'obséder comme chez nous, par un envoi de municipaux débitant de tristes harangues sur le bien du commerce : il est reçu par deux vestales d'apparat, les plus belles du canton, et ornées des pierreries du trésor. Elles vont à sa rencontre aux colonnes du territoire, et il fait son entrée dans leur char à 12 chevaux blancs, harnachés en violet (*), trijugués sur quatre lignes, et montés par quatre sacripans et quatre chenapans. Le char est escorté par les Petites Hordes et les paladins ; il a en cortège les faquiresses et faquirs à l'avant, les vestels et les Petites Bandes à l'arrière.

Lors du rassemblement d'une armée, les vestales se rendent avec les Petites Hordes à l'armée pour la séance initiale, et c'est de la main des vestales que l'armée reçoit l'oriflamme ; après quoi l'Argot défilant en orage devant le trône des vestales, ouvre la campagne par une première charge.

L'accord unanime des divers âges à diviniser cette corporation, ne pourrait s'appliquer à aucune autre classe : il n'en est point d'autre qui jouisse de la faculté de produire l'illusion chez les âges pubères et impubères à la fois, en la fondant sur des motifs très-opposés, l'amitié chez les enfans, l'amour chez les adolescens. Ces deux illusions concourent également au progrès de l'industrie, dont le corps vestalique est une des colonnes.

A l'extérieur, elles ont pour fonction principale en industrie l'entraînement aux armées. Comme ces réunions en Harmonie sont immensément brillantes et avantageuses, et nullement fatigantes, puisque le travail s'y exécute sous tente mobile ; comme on y donne chaque jour des fêtes magnifiques et aussi délicieuses que nos fêtes publiques sont affadissantes, on n'a pas besoin d'y amener les jeunes gens la chaîne au cou, à la manière de nos conscrits, fiers du beau nom d'homme libre ; on trouverait plus qu'on ne voudrait de jeunes légions en hommes et en femmes (car il faut aux armées d'Harmonie un tiers en

(*) Les couleurs vestaliques sont : *Blanc*, symbole de l'unité ;
Rose, symbole de la pudeur ; } *Brun* et *Azur* mêlés de *Rouge*.
Violet, symbole de l'amitié.   } *Décence* et *Amour* mêlés d'*Ambition*.
Elles sont données par le pois musqué, l'un des hiéroglyphes de vestalité (Pivot inverse, *Inter.*) : il n'y a rien d'arbitraire dans les couleurs distinctives des corporations harmoniennes.

bacchantes, bayadères, faquiresses, paladines, héroïnes et autres emplois, non compris ceux de cour galante); mais l'admission à l'armée est une récompense, et les vestales sont le premier corps qui doit y participer.

On y admet toutes celles qui sont à leur 3ᵉ année, ou même à la 2ᵉ, en cas que la Phalange y voie matière à spéculation.

Elles y trouvent une chance de haute fortune dans la perspective d'être préférées par les monarques divers qui doivent donner un successeur à leur sceptre, quel qu'en soit le degré (voyez la table, I, 286). Ils doivent choisir, c'est-à-dire *courtiser*, obtenir de son plein gré, une vestale ou autre femme, soit du césarat, soit de l'empire, soit du califat, ou royaume, ou duché, ou marquisat, etc., sur lequel ils règnent, et prendre cette femme dans la division qui est en tour de fournir. Ceci ne gêne pas leur liberté, puisqu'ils ont un second sceptre, héréditaire à leur choix sur femme ou enfant, et même adoptivement, faculté qu'ils n'ont pas en civilisation, où un monarque est asservi sur l'hérédité.

Quant au sceptre de lignée, ils choisissent à tour de rôle sur les trois ou quatre divisions de leur domaine, I, 286 ; si tel omniarque du globe est né de la division *OCCIDENTALE*, *Europe-Afrique*, il faut qu'il donne un rejeton de femme choisie dans la division *ORIENTALE*, *Asie*, et celui-ci un rejeton de femme choisie dans la division *MONALE*, *Amérique ;* et ainsi des sceptres inférieurs, afin que chaque région soit tour à tour participante.

C'est d'ordinaire à l'armée que les princes de tous degrés vont faire le choix et consommer l'union. Ce choix peut être fait auparavant, pourvu qu'il porte sur la division en tour de fournir.

Les monarques, le plus souvent, donnent la préférence à une vestale, et les princesses, par fois, à un vestel. Ceux-ci ont beaucoup moins de chances ; la virginité d'un jeune homme n'étant pas un titre de préférence aux yeux de toutes les femmes, les vestels ont d'autres avantages. Nous aurions à parler ici de la manière dont se termine le vestalat, qui, d'ordinaire, finit à l'armée ; je renvoye cet article au chapitre des vestels.

La propriété la plus remarquable du corps vestalique est celle de former des liens entre les diverses classes aujourd'hui incompatibles : bornons en l'aperçu à l'enfance, objet du 2ᵉ livre.

On ne voit dans l'ordre actuel aucun motif de ménager à l'âge adulte des alliés parmi l'enfance : au contraire, la classe qui entre en puberté, s'isole des enfans et conçoit pour eux un profond mépris ; coutume très-opposée au vœu de l'Harmonie, qui a besoin d'établir entre tous les âges des liens et des rivalités en mode contrasté et non pas simple.

Le corps vestalique étant le point de nœud entre l'enfance et l'âge adulte, on s'efforce de l'entourer des respects de l'enfance ; piquée de la défection des damoiseaux, elle exalte les vestales, elle en fait ses demi-dieux. L'enfance a besoin de voir pour objet de culte un être vivant, et entouré d'un appareil éclatant ; on lui présente une ombre de Dieu dans la trinité vestalique élue tous les mois, en titres d'apparat, de talent et de charité, et parée des joyaux et pierreries du trésor de la Phalange. Les chœurs de chérubins et séraphins lui servent de lévites, exécutant au-devant de sa marche et aux pieds de son trône les évolutions de l'encensoir. Cette prévention de l'enfance pour les vestales donne du relief aux corporations leurs alliées, telles que les patriarches, et le corps du faquirat (*), auquel il convient d'attirer l'enfant dès le bas âge.

Un côté plus vicieux encore de l'éducation civilisée, est de n'établir dans les études aucun contre-poids à l'influence de l'amour, qui vient à 15 ou 16 ans distraire et préoccuper les jeunes têtes, surtout les femmes, au point de leur faire négliger le peu qu'elles ont appris des arts ou des sciences, même dans le nécessaire comme la grammaire, dans l'agréable comme la musique. Ce vice domine en France plus que par-tout ailleurs. Au reste, est-il un point de l'éducation civilisée où on puisse découvrir autre chose que des contre-sens et des ridicules indiqués sommairement au Trans-Lude ? Il en est un qui me semble digne d'un article spécial en complément de ce chapitre.

(*) Il n'existe parmi nous aucun de ces liens fédéraux entre l'enfance et les âges supérieurs. Lorsque nous en serons à traiter de cette corporation, les vieillards civilisés commenceront à reconnaître leur impéritie (7ᵉ chapitre), d'avoir ligué contr'eux toute la jeunesse, au lieu de s'y être ménagé d'utiles amis, et d'avoir, *quoique les plus forts*, fait la loi tout à leur désavantage, et distribué les relations amoureuses de manière à priver la vieillesse de toutes les chances qu'elle pouvait s'y réserver.

CIS-APPENDICE. — *Le sort de la Virginité civilisée.*

Au tableau des honneurs assurés en Harmonie à la vir-ginité, il convient de joindre un parallèle des mépris qu'elle recueille en civilisation, où la faveur n'est que pour le si-mulacre de virginité, pour les jongleries de libertines qui, dans le cours de plusieurs liaisons galantes, ont appris l'art de feindre la pudeur, imposer aux dupes, et se faire des prôneurs parmi les aigrefins qui dirigent l'opinion.

En Harmonie, une virginité qui ne dure guères que quatre ans et jamais plus de cinq, est assurée d'une ample récompense et d'un brillant dénouement. Une vestale, au bout de ce terme et souvent dès la troisième année, peut choisir à l'armée, soit parmi les poursuivans, soit parmi des monarques prétendans, un favori qui ne sera point un maître perpétuel, mais seule-ment un préféré amovible (coutumes herchéliennes). Cette alliance la fera débuter avec éclat dans le monde, et pourra lui valoir d'énormes avantages, si elle donne au monarque un re-jeton, même si elle est stérile.

Ces perspectives de gloire et de fortune affermiront mieux une vestale contre les séducteurs, que ne feraient les duègnes, les moralistes et les eunuques. D'ailleurs, elle est fortement dis-traite de l'amour, par une vie très-active, par la compagnie des groupes industriels dont elle partage les fonctions, et où elle est trop observée pour qu'on puisse y tenter de la séduire, si elle n'incline pas à une faiblesse.

Chacun va remarquer qu'au prix de tant d'honneurs et d'a-vantages, toute fille civilisée consentirait d'autant plus volon-tiers à rester vierge pendant quatre ans, que souvent elle est obligée d'étendre la privation au-delà des quatre ans, sans be-néfice ni encouragement; car il n'est rien de moins séduisant en civilisation, que le sort des vierges pudiques et des chastes épouses.

Quel encouragement trouve une fille décente à conserver sa virginité au-delà de 20 ans? *Si elle est pauvre*, chacun la badine sur ce qu'elle consume sa belle jeunesse à attendre un acheteur, et qu'avec sa candeur elle n'engeolera point les épou-seurs, tous bons arithméticiens, sachant que les vertus ne sont pas des provisions pour le ménage. Elle ne pourra donc séduire qu'un sexagénaire, qui, en compensation de son grand âge, excusera le défaut de dot. Brillant espoir pour une fille jeune et sage ! elle ne trouvera pas même un homme de moyen âge : sa beauté deviendra un sujet d'alarme pour tout prétendant exigeant sur la fidélité. Ainsi, aux yeux des partis de 40 à 50 ans, la beauté et la vertu ne compenseront point le crime d'être *sans dot.*

Jouit-elle d'une honnête fortune ? elle sera pendant long-temps l'objet d'un sordide négoce entre les courtiers et entre-metteurs de mariages, puis enfin, livrée à quelque homme pétri de vices, qui aura le poids de l'or en sa faveur.

Si elle chôme dix ans sans époux, elle est en butte au per-sifflage public. Dès qu'elle atteint 25 ans, on commence à gloser sur sa virginité comme denrée suspecte, et pour prix d'une jeu-nesse passée dans les privations, elle recueille, à mesure qu'elle avance en âge, une moisson de quolibets dont toute vieille fille est criblée ; injustice bien digne de la civilisation ! elle avilit le sacrifice qu'elle a exigé : ingrate comme les républicains, elle paye le dévouement des jeunes filles par des outrages et des vexations. Faut-il s'étonner, après cela, qu'on ne trouve chez toute demoiselle tant soit peu libre, que le masque de chasteté, que le simulacre d'une obéissance dont toute vierge serait punie dans sa vieillesse, par l'opinion même qui exige le sacrifice de sa belle jeunesse au préjugé !

La chasteté perpétuelle des filles peut-elle entrer dans les vues d'une législation judicieuse ?... non, sans doute ; et si elle doit n'être que temporaire, jusqu'à quel âge convient-il qu'elle se prolonge ?... Est-il rien de plus inutile qu'une virginité perpé-tuelle ! c'est un fruit qu'on laisse corrompre au lieu de s'en nourrir ; monstruosité plaisante dans un ordre social qui pré-tend à la sagesse et à l'économie !

On considère, en Harmonie, la virginité comme un fruit qu'il faut cueillir et employer à sa maturité, à l'âge de 18 à 19 ans. La virginité, dans ce nouvel ordre, ne sera pas une vertu douteuse ; on en aura des garanties bien suffisantes, et les honneurs n'en seront pas décernés à des hypocrites comme nos rosières champêtres, toujours en avance de générosité, et donnant par anticipation à leur seigneur et à Colin, certaine fleur en échange de la rose qu'elles convoitent. Peut-on les blâmer de leur intrigues secrètes, quand on réfléchit à la duperie d'une fille assez débonnaire pour croire que le mariage sera le prix de sa chasteté ! Loin de là ; c'est d'ordinaire une libertine ou une intrigante qui enlève les meilleurs partis, tandis que la fille chaste, décente et belle, vieillit dans le célibat, si elle n'a pas le talent d'amorcer et décider les sots qu'une fille exercée à l'art d'ensorceler.

Eh ! quand on garantirait à la fille décente un mariage pour prix de sa chasteté, sera-ce une récompense réelle ? Il y a plus de mauvais maris que de bons, et l'on risque fort de rencontrer un mari brutal, quinteux, joueur, débauché ; c'est volontiers le sort d'une honnête fille, qui a rarement assez de finesse pour discerner les hypocrisies de ses prétendans, leur délicatesse fardée, dont une femme un peu manégée ne sera point la dupe.

Il n'est donc pour une fille chaste et sans fortune, d'autre perspective que de gagner avec peine et à force de travail une chétive nourriture, s'ensevelir dans ses belles années, se priver des délassemens qui lui sont offerts, se consumer en austérités de toute espèce, pour l'honneur du préjugé. Si l'on considère cette fâcheuse condition des véritables vierges, il faut avouer que la jeune fille pauvre et vivant avec peine de son travail, ne pouvant pas suffire à nourrir une mère infirme, est bien excusable quand elle écoute celui qui fait briller l'or à ses yeux. D'ailleurs, quelle duperie pour le corps social, de prolonger la chasteté au-delà d'un terme convenu ! et quel fruit retire-t-il des privations qu'à endurées une vierge de 40 ans ?

Elles ne sont pas nombreuses ni à 40, ni à 30, va-t-on me dire ; j'en suis persuadé : mais si les femmes obéissaient à la loi, il y aurait par millions des vierges de 30 et 40 ans. Quel avantage y trouveraient les hommes ? une vierge de 40 ans n'est plus qu'un objet de risée ; c'est un fruit qu'on a laissé gâter. Or, l'Harmonie qui sait utiliser toutes choses, ne sera pas si dupe que de faire chômer la virginité après l'âge de 19 ans, qui est celui où on peut en tirer parti pour une foule de prodiges industriels qu'opèrent les armées. Cet emploi serait complètement manqué par les délais : en outre, on fermerait l'accès à d'autres vestales qui croissent à deux ou trois ans de distance. Il est donc clair que la civilisation, dans ses réglemens sur la chasteté, a été dupe des coutumes et préjugés barbares, et de la stérilité de ses philosophes et législateurs qui, sur ce point comme sur tant d'autres, n'ont jamais su faire la moindre invention pour tirer l'ordre civilisé des fausses manœuvres où il est engagé.

Après ce tableau du triste sort de la virginité actuelle, on peut juger de l'impéritie d'un système d'éducation qui emploie chez les femmes, douze années d'enfance à préparer un sacrifice dont on ne leur ménage en récompense que des duperies et des outrages.

Une politique aussi stupide, aussi vexatoire, mérite bien que la nature persiffle son ouvrage, et qu'elle reprenne en secret ses droits par la ligue générale des femmes pour tromper les oppresseurs, et que faute de savoir honorer et rémunérer la chasteté réelle chez les filles et les épousés, on ne voie par-tout que le simulacre de chasteté, la duperie des amans et époux qui ont compté sur pareille vertu, et la duperie du corps social, dans toute sa politique relative à l'amour : ce sera le sujet du Trans-Appendice.

CHAPITRE IX.

Des Vestels Harmoniens.

On a pu remarquer dans les deux précédens chapitres, des aperçus de mœurs incompatibles avec les lois actuelles.

J'ai maintes fois redit qu'il ne conviendrait pas d'introduire ces usages dans la Phalange d'essai, ni dans la première génération d'Harmónie ; que si je les décris, c'est pour acheminer à la théorie des équilibres, d'où il est impossible d'exclure les accords généraux d'ordre mineur, *d'amour et de famillisme.*

Quant à l'objection sur l'incompatibilité avec les coutumes existantes, je leverai tous les scrupules à l'Interlogue, et je puis d'avance promettre sur ce sujet, une solution très-satisfaisante pour ceux même qui en douteraient le plus.

Il est à propos de rappeler que ces coutumes, qui à la lecture peuvent sembler insignifiantes, ont pour but de décupler la richesse effective. L'accroissement de richesse n'est que triple ou quadruple, si l'ordre social s'élève en Harmonie simple, période 7e, I, 25 : le produit général de l'industrie devient septuple et même décuple, si l'on passe en période 8e, en Harmonie composée.

C'est donc une théorie de la plus haute importance que celle des deux accords mineurs d'amour et de famillisme, à défaut desquels on resterait en 7e période. On ne pourra les bien établir qu'autant qu'on en aura posé les bases par un essor contrasté des amours du premier âge, dans l'organisation des quatre sectes de

Vestales et Vestels, Damoiselles et Damoiseaux, toutes quatre nécessaires en système général des relations amoureuses, où l'on doit ménager, sur-tout dans l'âge d'initiative, pleine garantie à l'industrie et aux vertus sociales, honneur, justice, vérité, etc. Les objections sur cette méthode seront examinées au 5e chapitre. Terminons d'abord sur la description des usages de la 6e tribu, notamment sur le corps vestalique dont il reste à passer en revue le sexe masculin.

Une corporation de vestels n'aurait pas dans nos mœurs la faveur de l'opinion. La virginité à peu de grâce chez le sexe masculin ; elle n'a de prix ni aux yeux des hommes, ni aux yeux des femmes. On badine le jouvenceau de 20 ans qui passe pour novice : la chasteté de Joseph, de Tobie, d'Alexis, a de tout temps apprêté à rire.

Dans l'Harmonie, un jeune homme sera d'autant moins persifflé en conservant sa virginité jusqu'à 19 ans, qu'elle trouvera des emplois précieux, inconnus en civilisation, où elle est comme la probité, risible faute d'utilité. On se moque aujourd'hui d'un financier qui ne grivèle pas, d'un marchand qui ne trompe pas : ces railleries n'auront pas lieu dans un ordre où les astuces mercantiles et fiscales seraient des fléaux éversifs de l'ordre social. Il en sera de même des plaisanteries sur la virginité d'un jeune homme de 18 ans ; elle n'aura plus rien de ridicule quand elle sera utile à tout le monde, *même aux femmes.*

Il faut donc attendre l'exposé de ce nouvel ordre social, pour juger de la dose d'appâts que présentera la virginité aux jeunes gens au-dessous de 19 à 20 ans. Je dis *au-dessous,* car elle ne s'étendra pas au-delà de ce terme ; et le corps des vestels ne comprendra qu'un tiers des jouvenceaux, qui, soit par attente d'une vestale avec qui le lien matériel sera différé, soit par caractère, distraction industrielle et spéculation sur les avantages du vestalat, pourront aisément en observer les statuts jusqu'à 19 ou 20 ans.

On ne commettra pas, en Harmonie, l'inconséquence de créer des vestales sans créer des vestels : ce serait imiter la contradiction de nos coutumes qui veulent que les femmes soient chastes, et qui tolèrent la fornication chez les hommes. C'est provoquer d'un côté ce qu'on défend de l'autre ; duplicité digne de la civilisation.

J'ai signalé précédemment l'indécence de railler les filles qui ont passé leur jeunesse dans la virginité, par respect pour les lois et les mœurs. Le régime civilisé, en affaires d'amour comme en d'autres, est toujours en contradiction avec lui-même.

Il veut, il ne veut pas, il accorde, il refuse ;

Il promet, il rétracte, il condamne, il excuse.

Nos opinions, sur-tout à l'égard de l'amour, sont le pendant de la cacophonie du Mardi Gras, où l'on voit le gouvernement autoriser, salarier des mascarades et bacchanales, tandis que la religion fait des prières de 40 heures pour demander à Dieu pardon de ces orgies qu'on va commettre avec l'aveu du gouvernement. Un étranger qui ne connaîtrait pas nos bizarreries politiques, serait fondé à croire que le sacerdoce et le gouvernement sont en scission, ou ne professent pas la même religion, puisque l'un autorise les délits pour lesquels l'autre demande grâce à Dieu. Telle est la civilisation, toujours *duplique* en mécanisme, vantant à tout propos sa perfectibilité de raison, et n'offrant dans toutes ses coutumes que la déraison systématique ; témoin son engouement récent pour le commerce. Nos écrivains prétendent aimer et chercher l'auguste vérité ; en même temps ils aiment et protègent le commerce arbitraire, qui est un exercice continuel du mensonge et des ruses les plus viles.

Même déraison dans nos préceptes sur la virginité : si on veut sincèrement qu'elle soit conservée par les jeunes filles non mariées, on devrait veiller à ce qu'elle fût conservée de même par les jeunes garçons. Il n'existe pas de 3ᵉ sexe en amour : si donc les jeunes gens renoncent de bonne heure à la virginité, ils ne peuvent s'adresser qu'à des femmes mariées ou non mariées. Dans le premier cas, il y a crime d'adultère ; dans le deuxième cas, crime de fornication, selon les lois civiles et religieuses.

Cependant l'opinion établit pour règle, qu'un homme ne doit se marier qu'à 30 ans (Lycurgue fixait ce lien à 37 ans) ;

qu'il n'a pas, avant cet âge, l'aplomb convenable à l'état conjugal et paternel. Or, si l'opinion le ridiculise lorsqu'il conserve sa virginité jusqu'à 37 ans, c'est exiger qu'il séduise des femmes mariées ou non mariées, et qu'il tombe dans les crimes d'adultère, fornication, stupre, etc.

Que veulent donc la législation et l'opinion avec leurs impulsions contradictoires? Pourraient-elles s'entendre en un seul point, sur ce qui est commandé par l'une et défendu par l'autre? On remplirait un volume du tableau des absurdités qu'entraînerait l'observance de leurs préceptes respectifs, notamment sur la chasteté prescrite à quiconque n'est pas marié. Il ferait beau voir que tous les hommes s'abstinssent de femmes tant qu'ils ne sont pas mariés, c'est-à-dire jusqu'à l'âge d'environ 30 ou 40 ans. Je ne sais trop comment les femmes s'accommoderaient de pareil régime, en cas qu'il pût convenir aux jeunes gens.

Au résumé, le commerce amoureux n'étant nullement compatible avec les préceptes de la législation toujours opposée à l'opinion, il a dû dégénérer en astuce générale et accord secret pour la violation des lois. Aussi le jeune homme qui garde sa virginité, est-il publiquement traité de benêt. La chose est envisagée fort différemment en Harmonie, d'autant mieux que cette virginité bornée au tiers des jeunes gens, ne doit s'étendre qu'à l'âge d'environ 19 ans, et procure à ces conditions une foule d'avantages à toutes les classes d'hommes et de femmes. Nous allons, de l'exposé de quelques-uns de ces avantages, déduire les considérations qui maintiendront dans le rôle vestalique 1/3 des jeunes gens de 16 à 20 ans.

Je commence par un motif de politique. Le corps des vestels est protégé, investi de prérogatives, parce qu'il est nécessaire pour donner le change à l'enfance au sujet des relations d'amour. Si tous les jouvenceaux de la 6e tribu prenaient une maîtresse à 16 ans, passaient subitement du gymnasiat au damoisellat, et abandonnaient brusquement les travaux du matin, cette défection générale des hommes provoquerait de fâcheuses conjectures dans la tribu du gymnasiat : elle en conclurait que la cour galante et les amours sont donc bien remplis de charme : bientôt les enfans de 15 ans et et par suite ceux de 14 et de 13, voudraient anticiper sur les époques fixées pour cette transition.

Mais la demi-désertion des deux chœurs n° 6, et la conservation d'une moitié dont 1/3 de garçons et 2/3 de filles qui restent avec l'enfance, y produisent un esprit de parti, une préférence cabalistique très-propre à inspirer à l'enfance du dédain pour l'amour, et pour cette moitié de scissionnaires qui ont déserté les travaux du matin et se sont introduits aux séances du soir de la cour galante.

La défection des chœurs entiers de jouvenceaux et jouvencelles deviendrait donc l'objet d'une curiosité inquiète et dangereuse chez les chœurs moins âgés : il faut un procédé mixte; or, la transition amoureuse est masquée très-artistement au moyen du vestalat, qui prête à toutes les equivoques et préventions dont il convient que les enfans soient imbus sur pareille matière. Ils voient les démonstrations d'amour aux alentours des vestales ; mais tout dans la cour vestalique est d'une décence qui, loin d'éveiller aucun soupçon chez l'enfant, lui fait dédaigner les mœurs galantes des chœurs supérieurs, et soutient son enthousiasme pour l'industrie matinale et pour le corps vestalique resté fidèle à ces travaux.

Par nécessité de donner le change aux enfans sur les affaires d'amour, l'Harmonie doit soutenir et encourager le corps des VESTELS, indispensable dans cette politique.

De quelle classe de jouvenceaux sera-t-il tiré? De ceux qui, comme le fils de Thésée, entraînés par la chasse et les fonctions actives, n'inclinent que fort tard à l'amour, et sont absorbés par une foule d'autres intérêts, si nombreux en Harmonie, où chaque branche d'industrie est le germe d'intrigues les plus piquantes. Si la chasse à elle seule suffisait pour distraire Hypolite de l'amour, que sera-ce d'un ordre social où chaque jouvenceau sera préoccupé de vingt et trente sortes d'intrigues plus intéressantes que n'est aujourd'hui la chasse!

Autre chance : quelques jeunes gens de 15 à 19 ans se seront passionnés pour des vestales qui ne veulent point encore admettre d'amant possesseur. Ces jeunes gens seront peu tentés de fréquenter la cour galante, où ils ne trouveraient pas leur bien-aimée. Ils resteront comme elle au drapeau vestalique, en attendant le moment où ils pourront la suivre à l'armée et y briguer sa préférence; tout poursuivant étant de plein droit admis à l'armée, à la suite de la vestale qui lui a concédé ce titre.   Un

Un appât non moins fort pour le rôle de vestel, sera celui des alliances monarchales dont ces jeunes gens obtiennent par fois la préférence. De là vient que leurs parens et amis les exciteront à rester dans le corps vestalique jusqu'à 19 ans, époque où ils iront à l'armée, et où le plus pauvre vestel, s'il est remarquable par ses moyens personnels, pourra espérer d'être choisi par quelque haute souveraine, comme géniteur d'héritier titulaire, et parvenir au titre d'époux, qui, en Harmonie, ne se donne aux hommes et aux femmes qu'autant qu'il y a progéniture vivante et reconnue de l'un et de l'autre.

Les vestels auront sur ce point plus d'espoir de succès que les vestales dont on verra la franche moitié échouer dans le rôle de génitrice : les jeunes femmes en Harmonie étant trop robustes pour concevoir de bonne heure, on en verra bon nombre de stériles à perpétuité ; la plupart ne seront fécondes que vers l'âge de 25 ans. Dès-lors, sur vingt vestales choisies pour génitrices monarchales, on peut prévoir que dix échoueront faute de fécondité : elles n'obtiendront dans ce cas que le titre de vice-épouse, qui donne un droit dans les hoiries et un rang de dignitaire.

Les vestels n'auront pas ce risque à courir ; une princesse ne viendra guères à l'armée pour y faire choix d'un géniteur, avant de s'être assurée par expérience qu'elle est en âge ou en état de fécondité.

Au sujet de ces choix, remarquons que l'Harmonie ne se hâte pas de reproduire dès l'âge de 14 ans, les lignées titulaires des douze degrés de souveraineté, I, 286. Elle n'a jamais à craindre qu'un trône manque d'héritiers légitimes, ni que le défaut d'héritiers directs puisse causer aucun trouble. Répétons à cet égard qu'il faut différer toute objection jusqu'à l'exposé des équilibres de famillisme.

Si les princes et princesses venaient de bonne heure à l'armée pour y faire choix d'une génitrice ou d'un géniteur en titre, les vestales et vestels auraient peu de chances de préférence ; car la première jeunesse, en amour, se passionne rarement pour ses égaux en âge ; elle préfère volontiers ceux de 25 à 30. Les princesses qui devront faire un choix, attendront d'autant mieux cet âge, qu'il serait contraire à la décence de voir arriver à l'armée une femme de 18 ans pour y donner la pomme à un jouvenceau. Une telle démarche n'aura rien de choquant chez une dame exercée, âgée de 25 à 30 ans. Ce délai tournera à l'avantage des vestels, parce qu'une femme un peu experte commence à prendre du goût pour les amans du premier âge.

On ne manquera donc pas d'amorces pour attirer au corps vestalique un tiers des jeunes gens de 15 à 19 ans. Ce rôle, bien loin de prêter à la raillerie, comme celui des Alexis et des Joseph, sera l'enseigne d'un caractère mâle, généreux, fidèle aux amitiés de l'enfance ou aux espérances données par une vestale. D'ailleurs on en verra bon nombre, d'un et d'autre sexe, chanceler et passer successivement au damoisellat, tous débutant par le vestalat au sortir de la 5ᵉ tribu.

Ajoutons que les dames harmoniennes spéculent en amour bien différemment de nos dames civilisées, qui, incertaines sur les jouissances futures, se pressent de tout user sans songer au lendemain. Nos belles opèrent comme le soldat en pays ennemi, où il saigne toute la basse-cour, et verse les tonneaux plutôt que de rien laisser à ceux qui le suivront. Telles sont généralement les dames civilisées qui n'ont aucune chance de spéculation sur les réserves de jeunes gens. Celles de l'Harmonie calculent bien différemment : elles considèrent tous les jouvenceaux de la Phalange comme un corps de réserve qu'elles mettront à profit après les premiers amours. Elles savent que les femmes âgées auront tôt ou tard un contingent à recueillir sur les vestels plus que sur les damoiseaux : on en verra la preuve aux sections qui traiteront du faquirat et des hautes harmonies d'amour. Dès-lors le sexe féminin spéculera sur le retard amoureux des vestels et protégera cette compagnie.

Il y aura entre les dames de ce nouvel ordre et celles du monde civilisé, la même différence qu'entre un propriétaire impatient qui dévaste et abat tous les jeunes bois, ou un agronome sensé qui entretient ses forêts bien aménagées et garnies de hautes futaies auxquelles il craint de toucher avant la pleine maturité.

Assurément le second gagnera le double du premier, en ne se pressant pas de jouir ; et tel sera le calcul des dames harmoniennes, toujours assez pourvues d'hommes, ainsi qu'on le verra au traité de la haute Harmonie.

J'ai prouvé que les vestels harmoniens n'auront rien du ridicule où tomberait un tel rôle en civilisation , et seront au contraire distingués à titre de caractères de forte trempe , en qui les germes de vertu l'emporteront sur l'amour. Ils en seront récompensés , soit par l'avantage d'obtenir à l'armée la vestale qu'ils auront attendue , soit par la préférence de magnates ou princesses qui auront un héritier à fournir pour les sceptres de divers degrés , soit par diverses voies d'avancement attachées à cette fonction. Ainsi le petit retard de 3 à 4 ans en exercice d'amour , leur vaudra toujours des chances d'accroissement en fortune , en vigueur , en considération.

Quoique l'Harmonie prodigue à l'une et l'autre compagnie vestalique tous les délassemens , elle s'attend à voir une moitié de la jeunesse opter , au bout de six mois ou un an , pour le damoisellat ; défection qui n'est point vice , ledit emploi étant nécessaire.

Une vestale est d'autant plus considérée , qu'elle n'a parmi ses poursuivans aucun préféré d'inclination : mais elle n'est pas congédiée pour en avoir un ; elle risque seulement d'être moins recherchée à l'armée par les princes qui viendront faire choix d'une génitrice. Au reste, leur vie active et joyeuse leur donne assez de moyens de faire diversion à l'amour , contre qui le meilleur antidote est l'abondance même (*) des poursuivans titrés et admis à leur cour.

Lorsque les unions vestaliques sont consommées à l'armée , il est d'usage et la courtoisie exige que le plus âgé suive le plus jeune en qualité de troubadour. La campagne leur est comptée double , comme chez nous les campagnes de guerre , soit pour la vestale et son troubadour , soit pour la troubadoure et son veste : (12 campagnes donnent rang de paladin ou paladine).

(*) En théorie d'équilibre passionnel , il faut absorber la tentation vicieuse , par la multiplicité des chances d'essor et par l'étendue des chances de compensation.

L'on voit quelques-uns de ces effets en civilisation , entr'autres dans la classe des commis-marchands. Il n'en est pas de plus généralement probe en gestion , parce que c'est la classe qui a le plus d'occasions de larcin. Peut-etre y céderaient-ils souvent s'ils n'avaient pour l'avenir des perspectives d'avancement qui les soutiennent dans les voies de la probité. Dès-lors cette renonciation au larcin n'est plus privation pour eux , mais option soutenue d'espérances , comme celle du corps vestalique dans ses délais d'abandon à l'amour.

21.

Les troubadours vont se fixer quelque temps dans la Phalange du plus jeune ; ils y jouissent du rang de magnat ; leur vestale passe au rang de pro-vestale. Cet usage s'étendra communément aux femmes, et on verra d'ordinaire la troubadoure suivre le pro-vestel. Nos coutumes veulent que la femme parte avec un homme qui l'a marchandée et obtenue : cette suite du mariage est aussi galante que les négociations préalables du courtier.

Les farouches admirateurs de l'antiquité ne manqueront pas de s'informer par quel supplice on punit les pro-vestales et pro-vestels qui manquent à la fidélité. Sont-ils, comme aux beaux jours de la liberté romaine, enterrés tout vifs pour le bien de la morale ? Non : ils en sont quittes pour la renonciation à leur rang ; encore ne sont-ils déchus qu'à la deuxième infidélité connue, à moins que dès la première il n'y ait rupture formelle de la part de leur conjoint.

Le troubadour et la troubadoure qui viennent s'établir quelque temps avec une vestale ou un vestel, ne manquent pas de rejoindre ensuite leur Phalange. L'amour de la patrie est un lien trop fort en Harmonie, pour qu'aucun autre puisse le rompre. Au reste, chacun est libre à cet égard.

La stérilité d'une vestale n'ôtera souvent rien aux avantages que sa Phalange pouvait se promettre de la fécondité. Le monarque troubadour une fois habitué et choyé dans cette Phalange, y fera choix de quelqu'autre femme d'une fécondité connue, et rarement il ira chercher ailleurs une génitrice.

En Harmonie, on distingue des degrés dans l'union des sexes : le mariage n'arrive en degré ultérieur et n'a lieu que lorsqu'il y a enfantement. La grossesse même n'est pas encore un motif suffisant pour concéder les titres d'époux et épouse ; car la femme peut accoucher d'un enfant mort, et le but de l'hymen ne sera point rempli ; il n'y aura pas *LIEN DE FAMILLISME*.

Ces considérations obligent l'Harmonie à établir une échelle de droits et de titres en amour, et ne pas concéder le titre d'époux avant de savoir si la principale condition en sera remplie. Nous blâmons à bon droit l'autorité, lorsqu'elle nomme aux fonctions, des gens qui n'ont aucune aptitude à les exercer. Il en est de même en mariage, dans l'Harmonie : si une femme est stérile, elle ne peut pas être épouse, créer le lien familial : elle reste aux échelons inférieurs (indiqués chap. XII) ; et il en est de même d'un homme qui, dans son union avec une femme déjà mère antérieurement, n'obtiendrait d'elle aucun enfant; il ne serait pas promu au rang d'époux.

Ces détails s'écartent de notre sujet, qui ne s'étend qu'aux premiers amours, à l'art de les concilier avec le progrès de l'industrie et des études, et avec l'harmónie générale. Il suffit qu'on ait vu dans ces trois chapitres, que les chances de vestalité ou virginité sont aussi honorables, aussi attrayantes en Harmonie, qu'elles sont ingrates dans l'état actuel, où la dépravation ne laisse en amour aucune carrière aux mœurs loyales; pas même dans l'adolescence, et moins encore dans les périodes plus avancées, où l'amour n'est si souvent qu'un masque de vénalité et de méprisables intrigues.

CHAPITRE X.

Des Damoiselles et Damoiseaux.

Je renouvelle ici l'invitation de différer jusqu'aux Interliminaires, toute objection sur la disparate des coutumes d'Harmonie avec les nôtres. Achevons de remplir la tâche, de distribuer la tribu de transition amoureuse en deux corporations contrastées, marchant

L'une au beau par la route du bon, — *Vestalat*;

L'autre au bon par la route du beau, — *Damoisellat*.

Le système d'éducation attrayante ne serait pas *intégral composé*, si cette méthode n'était pas soutenue jusqu'à l'âge de majorité, 19 à 20 ans, (tribu 7e, les adolescens), où se termine l'éducation. Il faut que, jusqu'à cette époque, elle opère de manière à entraîner au travail productif les deux classes de vestalat et damoisellat, tout en favorisant leurs inclinations.

Les fonctions vestaliques ne doivent leur relief qu'à la scission d'une moitié des jouvenceaux et jouvencelles qui prennent parti pour des mœurs différentes. Les caractères ne sont pas tous de trempe convenable à se soutenir longtemps dans les voies virginales : il faut donc des méthodes propres à discerner et employer utilement ceux qui penchent pour la précocité en exercice amoureux.

Il arrive toujours qu'une moitié des jouvenceaux et jouvencelles, moins pourvue des talens, de la beauté, de la force de caractère nécessaires pour s'avancer dans le vestalat, ou bien stimulée par le tempérament, par les dispositions galantes, s'enrôle de bonne heure sous la bannière amoureuse, et prend parti dans le corps du damoisellat, plus nombreux en hommes qu'en femmes.

Le corps des damoiseaux et damoiselles forme une moitié de la secte d'amour fidèle qui est première fonction ou première touche en gamme d'amour.

Ce n'est pas à 15 ans, à l'instant même du passage en 6ᵉ tribu, que les jouvenceaux et jouvencelles optent entre le vestalat ou le damoisellat; tous débutent par la vestalité : il serait même honteux de n'y pas passer au moins quelques mois. Ce n'est que peu à peu que les caractères faibles se laissent prendre à l'amour : dès l'âge de 16 ans, quelques-uns désertent le vestalat, d'autres plus tard. Ce sont communément les moins beaux qui perdent patience ; la chance des unions princières d'armée étant à peu près nulle pour ceux et celles qui n'ont pas la beauté.

Dans l'état civilisé, c'est d'ordinaire une classe de femmes peu honorables que celles qui se livrent de bonne heure à l'amour : elle est pourtant bien nombreuse ; elle comprend les 9/10ᵉˢ des paysannes, et les grisettes de la ville, qui à 16 ans ont déjà eu plus d'amans qu'elles n'ont d'années. On rencontre aussi parmi les demoiselles de la bourgeoisie ou de haut parage, quelques aigrefines qui, avec leurs masques d'Agnès et de bigotes, ne le cèdent en rien aux grisettes. Il existe donc en civilisation une très-grande majorité de femmes précoces en amour et en libertinage secret.

La transition amoureuse est au contraire fort décente en Harmonie, parce que le corps du damoisellat a des rivalités qui l'obligent à se respecter, et ne pas former un contraste choquant avec le vestalat où règnent au suprême degré l'honneur et la pudicité. Il faut, pour établir la concurrence, que les damoiseaux et damoiselles compensent leur faiblesse précoce par un grand raffinement de délicatesse en amour, de manière que les deux carrières de vestalat et damoisellat conduisent par des voies différentes aux buts généraux de l'éducation, aux progrès de l'industrie et au lustre des vertus sociales.

L'époque la plus critique de l'éducation, celle d'avènement en puberté, deviendrait l'écueil du système harmonien, si elle faisait dévier la jeunesse de ces nobles sentimens dont l'éducation l'a nourrie. L'amour ne doit donc intervenir que pour donner une force nouvelle à ces impulsions honorables ; il doit opérer à l'encontre du mécanisme civilisé, où il ne s'empare des jeunes têtes que pour leur inspirer le mépris de tous les préceptes de l'éducation, l'esprit d'astuce et de ligue secrète contre les mœurs et les autorités, le goût des excès, et souvent des vices et de la crapule. Voilà ce qu'obtient l'éducation civilisée, en refusant d'ouvrir à l'amour les deux carrières de rivalité honorable qui doivent l'équilibrer et le régulariser dans ses débuts.

Les relations d'Harmonie sont disposées de manière que nulle intrigue d'amour ne peut rester inconnue, sur-tout dans la tribu de jouvencellat ; en outre, la fidélité et toutes les affections honnêtes y jouissent d'un lustre dont on ne voit pas même l'ombre parmi nous, qui ne pouvons pas garantir la fidélité. Ce serait donc pour un damoiseau comme pour une damoiselle, un grand déshonneur que de n'avoir pas débuté par quelques détails honorables, et d'entrer dans la carrière comme la jeunesse civilisée, par la route du dévergondage ou de l'hypocrisie.

Le corps du damoisellat refuserait de s'aggréger de tels personnages : s'il n'a pas pu marcher de front avec les vestales dans le sentier de la virginité, il se pique de les égaler au moins en délicatesse. Ainsi le jouvenceau ou la jouvencelle qui débuteraient sans moralité dans leurs amours, essuyeraient l'affront d'être refusés au corps du damoisellat, qui tient rang, à la cour galante, dans la Série de fidélité. Ils seraient obligés de prendre place à la première tribu complémentaire, p. 20, et y seraient mal vus, parce que cette tribu est hors de ligne par insuffisance de titres caractériels, et non par défaut de mœurs ni de procédés.

Comment les penchans honnêtes pourraient-ils germer chez les jeunes femmes, si on en dispensait les jeunes gens leurs compagnons de tribu, et si le jeune homme allait, comme en civilisation, se livrer à une foule de femmes dès que le premier pas est franchi ; s'il trouvait comme aujourd'hui dans la classe dite *honnête et comme il faut*, des femmes qui voudraient toutes

prendre leur part d'un joli débutant? Dans ce cas, le libertinage des jeunes gens entraînerait celui de jeunes filles, et le
corps du damoisellat ne serait bientôt qu'une réunion d'orgie:
l'ordre sociétaire prévient cette dépravation en astreignant les
damoiseaux aux mêmes statuts de fidélité que les damoiselles.

On vante les premiers amours, leur vive impression dont
il reste toujours des souvenirs : il faut donc, en politique sociale, utiliser cette belle passion en lui donnant un brillant
essor. Les choix étant libres, on ne verra pas beaucoup de
jouvenceaux se passionner pour les jouvencelles de même âge:
la nature aime les croisemens et rapproche volontiers les âges
éloignés. D'ailleurs, elle établit en Harmonie tant de relations
amicales entre les âges divers, qu'on verra encore plus qu'à présent, le jouvenceau débuter avec une femme âgée, et la jouvencelle
avec un homme fait. Il n'y aura toutefois rien de fixe là-dessus,
puisque l'entière liberté régnera dans les choix.

Le premier amour est très-révéré en Harmonie ; on le considère comme une sorte d'alliance perpétuelle, et on ne manque
jamais de le cimenter par un legs testamentaire. C'est encore
l'opposé des usages civilisés, où le premier amour entravé par
les parens, méconnu par la loi, déguisé par les amans, ne laisse
bientôt après, que les plus faibles souvenirs, et se trouve d'autant mieux déconsidéré, que la loi affecte de ne reconnaître pour
premier amour que celui du lien conjugal, qui chez les hommes
est plus souvent vingtième amour que premier, et qui est si
rarement premier chez les femmes.

Quelle sera la durée probable de la fidélité d'un damoiseau
où d'une damoiselle? pense-t-on que ceux qui auront débuté
à 16 ou 17 ans, puissent être fidèles jusqu'à 19 ou 20, époque
d'entrée en adolescence? le terme serait long et un peu au-
dessus de la puissance humaine : cependant, pour y arriver
autant que possible, on s'attache à prévenir les occasions d'inconstance ; la secte des damoiseaux et damoiselles n'a qu'un
demi-accès en cour galante ; elle ne fréquente pas les séristères
de hauts degrés en amour ; elle n'est qu'un anneau de transition, jouissant d'une demi-liberté amoureuse. Quoique l'Harmonie distingue des amours de tous degrés, indiqués à la gamme
I, 395, elle ne se hâte pas d'y admettre la jeunesse dont l'é-
ducation n'est pas achevée ; aussi le damoisellat ne fréquente-t-il

que les Séries du degré de fidélité, et la secte du faquirat qui est celle des Décius amoureux d'un et d'autre sexe ; puis la secte de rigorisme ou pruderie, huitième et dernier anneau en gamme de fonctions d'amour.

Il reste à parler des fautes ou peccadilles érotiques ; l'Harmonie sait qu'elle n'obtiendrait rien si elle voulait trop prétendre : il faut donc se borner à maintenir le corps du damoi- -sellat dans de sages limites, sans exiger l'impossible, comme en civilisation où l'on obtient la fidélité en paroles, mais en réalité le libertinage secret. Qu'arrive-t-il des devoirs outrés qu'on impose ? Les femmes bien informées du dévergondage des hommes, se font une conscience accommodante et des principes de représailles, comme celui-ci que j'ai entendu soutenir par certaine fille vertueuse : « Une infidélité, ce n'est rien du tout, ce n'est » qu'un petit oubli : bah ! ce n'est rien du tout. » Elle soutenait ce principe contre quatre hommes. Telles sont les maximes de femmes qui ont rang de très-honnêtes ; qu'on juge par-là de ce que peuvent être les moins honnêtes !

N'est-il pas plus sage de céder quelque chose au torrent, que de vouloir comprimer la passion, qui rompra les digues et renversera tout l'échafaudage de répression ? C'est par cette sotte méthode que les femmes civilisées deviennent autant de libertines, par la seule persuasion qu'elles ont le droit de rebellion secrète et de represailles contre les hommes. L'Harmonie plus sage, transige avec la nature ; et pour obtenir ce qui est possible, elle ne demande jamais au-delà.

C'est une corporation très-distinguée, que celle des heureux mortels qui obtiennent en premier amour les damoiselles et damoiseaux. Quel nom leur octroyer ? Je ne sais, et je m'en rapporte aux romantiques sur les nomenclatures.

Par analogie au titre de Troubadour choisi pour les possesseurs de vestale, nous pouvons affecter le titre de Ménestrel et Ménestrelle aux possesseurs de damoiselle et damoiseau. Ce sont deux noms d'anciens poëtes galans ; ils peuvent convenir à ces deux emplois. Les ménestrels comme les troubadours, jouissent de certains priviléges dont on ne peut pas faire mention ; ces détails tenant aux relations de la cour galante dont je ne traiterai pas dans ces deux volumes, ni peut-être dans les suivans.

Si la déchéance du pro-vestalat est prononcée à la seconde

infidélité connue, celle du damoisellat où les mœurs sont moins rigoureuses, n'a lieu qu'à la seconde inconstance ou à la première persistante. Tout damoiseau ou damoiselle qui peut rester fidèle jusqu'à l'expiration du terme (âge d'environ 19 ans 1/2), acquiert par-là de beaux priviléges : on en obtient de moindres pour une fidélité moins prolongée.

Par exemple, un damoiseau fidèle jusqu'au terme, jusqu'au passage en adolescence, obtient de plein droit l'admission à l'armée, dès l'année suivante. Cette admission sera différée d'un an ou deux, s'il a manqué de fidélité un an ou deux ans avant le terme. On proportionne ainsi toutes les prérogatives, l'Harmonie n'admettant l'arbitraire en aucun cas.

Il nous reste à examiner comment ces corporations de premier amour, au nombre de quatre, les

Pro-vestales et Pro-vestels;   Damoiselles et Damoiseaux;
Troubadours et Troubadoures;   Ménestrels et Ménestrelles,

concourent au soutien des bonnes mœurs et de l'industrie : ce sera le sujet d'un court parallèle avec l'indécence et les vices qui dominent dans les premiers amours de civilisation.

TRANS-APPENDICE. *Accord du beau et du bon dans les premiers amours de l'Harmonie.*

A l'idée de liberté amoureuse, chacun, avant de s'informer comment elle sera pondérée, n'en augure que crapule et scandale. Démontrons que ces désordres sont l'ouvrage du régime civilisé, qui a l'impudeur de les encenser et les couvrir de l'égide des lois.

Les diverses classes de jeunes amans cités plus haut, ne vivent pas dans une Phalange à la manière de nos jeunes mariés, en couples scandaleux, occupés à becqueter publiquement leur impudique moitié, comme font en civilisation tant de jeunes époux qui ne sont bons qu'à donner de sottes leçons aux sœurs moins âgées, à tous les enfans de la famille et de la coterie, sous prétexte que leurs becquetages sont autorisés pour la gloire de Dieu et de la morale. Dieu ne perdrait rien de sa gloire si les jeunes mariés étaient moins indécens, moins obscènes devant les enfans. *Maxima debetur puero reverentia.*

Ces coutumes immondes n'auront pas lieu dans l'Harmonie ; elle parlera moins de bonnes mœurs et en exigera davantage : elle s'attachera à garantir le premier amour des excès sensuels qui règnent communément en civilisation. Pour prévenir la satiété qui en est la suite, elle mettra en jeu de nombreuses distractions, parmi lesquelles figurera avantageusement l'étude de l'analogie (Pivot inverse), mais en premier lieu l'industrie.

Le vice de nos mœurs est de mettre l'amour, dans ses débuts, en opposition avec l'industrie et l'étude : on verrait l'une et l'autre abandonnées pour les amourettes, si l'autorité paternelle ou le besoin de subsistance n'intervenaient pour retenir la jeunesse au travail. Examinons comment le régime harmonien sait employer l'amour à redoubler l'émulation de la jeunesse en industrie comme en études.

On évitera d'abord le ridicule d'encourager et prôner la fainéantise chez les jeunes amans : l'opinion ne les tiendra pas quittes pour des roucoulemens et romances. Parmi nous, de jeunes mariés croient avoir fait des prouesses de vertus domestiques, lorsqu'ils ont, jusqu'à neuf heures du matin, travaillé au chevet à célébrer le sacrement. Ces sortes de vertus ne sont pas de recette en Harmonie, où l'on ne préconise en fait de mœurs, que ce qui peut concourir au bien de la Phalange entière, à l'accroissement des richesses, au luxe, premier foyer d'Attraction. Les intrigues industrielles sont si actives en Harmonie, qu'aucune corporation n'y protège la nonchalance.

Le vice de notre système social est de ne savoir pas mener de front les plaisirs et l'industrie : aussi, toute la classe riche est-elle rebelle au travail, du moment où elle atteint l'âge d'amour. Il faut, pour obvier à ce vice, que l'industrie, outre l'appât des intrigues de Série, soit encore soutenue de divers appuis inconnus parmi nous. La seule initiation à l'analogie universelle suffira à créer un émulation studieuse dont l'enthousiasme se prolongera dix ans au moins, et contre-balancera la fougue amoureuse de 15 à 25 ans dans tout le cours de sa durée. Sans l'intervention de ces nouveaux ressorts, il ne serait pas possible d'allier le goût du bon et du beau chez la jeunesse harmonienne : elle tomberait, comme la nôtre, dans le dégoût de l'industrie.

Mais le luxe des cultures, le charme des intrigues de Série, la gaieté de ces réunions industrielles, sont des stimulans trop actifs pour que l'amour puisse les paralyser et faire négliger le travail. D'ailleurs, les rivalités corporatives s'y opposent ; les damoiselles et damoiseaux craindraient d'encourir la raillerie des vestales et de toutes les corporations qui les observent. Un troubadour, un ménestrel, quoiqu'étrangers dans la Phalange, tiennent à s'y distinguer, et prennent parti avec les groupes adonnés à leurs cultures favorites.

Clodomir sur les bords de la Seine était sectaire actif des roses mousseuses, des prunes drap-dor, des fraises-ananas, et de beaucoup d'autres végétaux. A l'armée du mont Hémus, il a obtenu la vestale Antigone ; il la suit en troubadour à sa Phalange de l'Hippocrêne : là il se liera d'emblée avec tous les groupes qui cultivent ses végétaux favoris ; il leur communiquera les procédés de France et s'instruira des leurs. Il voudra, à titre de prince français, se distinguer et se montrer en digne émule des habitans de l'Hippocrêne. L'amour ne peut plus exciter à la fainéantise dans un ordre où l'on ne rencontre plus d'oisifs, où les travaux sont métamorphosés en plaisirs soutenus de vives intrigues, et où le monde social, plus ami des richesses que nous ne le sommes, vouerait au mépris nos héros d'oisiveté conjugale.

Si un jeune couple se relâchait sur l'industrie ; si, passant au lit la grasse matinée, il prétendait tenir une louable conduite parce que les deux conjoints auraient, selon *Sanchez, Azor et Suarez*, rendu LE DEBVOIR, *semen effundentes intrà vas débitum*, on leur signifierait que tels et tels groupes industriels n'ont que faire de sectaires insoucians qui ne paraissent pas aux séances de travail, et qu'on donne congé aux indolens disciples de Sanchez. Ces tourtereaux seraient couverts de ridicule avec leurs vertus ménagères dont se pavanent aujourd'hui les couples de jeunes époux.

J'en ai vu se lever à dix heures du matin : ils avaient duement satisfait au précepte de Sanchez, au *debvoir conjugal ;* puis après la restauration du déjeûné, on voyait le tendre époux se promener au soleil de juin, en redingote de molleton, de peur de s'enrhumer ; et les dames du quartier de s'extasier en disant : *c'est un jeune mari.*

Quel sujet d'enthousiasme ! un jeune paresseux *semen ef-*

fundens intrà vas debitum ! on ne verra pas de ces extases en Harmonie, et il faudra que les *ensemenceurs moraux* soient sur pied à quatre heures du matin , sous peine d'être d'abord colaphisés par toute la cour galante qui ne les aura pas vus à la séance du petit lever , et ensuite congédiés par les groupes dont ils déserteraient les travaux pour ensemencer *intrà vas debitum* , tandis qu'on ensemencerait les jardins et les champs.

La reine *Blanche* de Castille ne voulait pas que son fils Saint Louis se délectât trop souvent avec sa jeune épouse Marguerite , qui s'en désolait , disant à la reine mère : *ne me laisserez-vous jamais voir mon seigneur !* Blanche les gourmandait quand elle les trouvait , dans le cours de la journée , occupés à *se rendre le debvoir conjugal.* Blanche aurait été dispensée de ces remontrances , en Harmonie , où les jeunes époux sont entraînés sans cesse à des fonctions utiles qui laissent peu de temps à leurs caresses morales ; d'autant mieux que leur séance galante du soir se passe comme celles de la journée , en nombreuse compagnie , occupée en partie à la culture des arts , et alliant une occupation à la galanterie.

Bref, les couples de jeunes amans ainsi que toutes les corporations d'Harmonie , devront tendre au premier foyer d'attraction , au luxe interne et externe. Ils s'éloigneraient de l'un et l'autre , s'ils passaient leurs journées dans une mollesse qui , en les énervant , compromettrait la vigueur ou luxe interne , et détournerait de l'industrie , voie de luxe externe ou richesse.

On nous parle sans cesse de contre-poids en politique civilisée ; mais quel contre-poids établit-elle dans les premiers amours ? Licence absolue chez le sexe masculin , et contrainte légale absolue chez le sexe féminin. On ne saurait voir ni balance , ni équilibre dans un tel ordre. Telle fille que le tempérament obsède et expose à de graves maladies, ne sera pas mariée à vingt-cinq ans ; telle autre qui pouvait différer , est mariée à quinze ans. Et les philosophes , auteurs d'un tel ordre , nous rappellent à la simple nature ! doivent-ils s'étonner que la nature ligue en secret toute la jeunesse contre leurs systèmes coërcitifs , opposés en tout sens à la règle d'équilibre , 276 1/2, *tendre à la fois au bon et au beau par développemens libres et contrastés !* peut-on trouver chez nous , dans les premiers amours des femmes , ni liberté légale , ni contrasté corporatif, ni tendance contrastée, des unes au bon par le beau, et des autres au beau par le bon!

Ils ont donc établi en premier amour, comme dans toute leur politique sociale, un régime opposé à celui qu'ils promettaient; opposé à l'équilibre, à la vérité, à la justice. Quelle est leur petitesse, de n'avoir pas osé, en 3000 ans, spéculer sur un ordre différent, sur un essor méthodique de cette liberté dont ils se disent les apôtres, et dont par le fait ils ne sont que les ennemis secrets !

On se hâtera d'accumuler des objections contre ces premiers amours d'Harmonie, entr'autres celle-ci : « la fille d'un grand » seigneur, d'un millionnaire, pourra donc, à l'abri du titre » de vestale ou damoiselle, se prendre de belle passion pour » *un intrigant sans le sou*, et l'afficher pour amant. »

Toutes ces critiques sont prévues ; j'ai plus de réfutations prêtes qu'on ne pourra alléguer d'obstacles. Sur dix tribus qui exercent en amour, je n'ai décrit encore que la pre- mière ; il faut attendre le tableau des neuf autres et de leurs influences. Je me borne à rappeler la condition que je me suis imposée dès l'argument, 291 : « pleine coïncidence de » l'amour libre avec les deux autorités administrative et » paternelle, en tout ce qui touche à L'INTÉRÊT et aux » MŒURS. » La clause, je pense, est assez précise et assez sévère ; elle sera strictement remplie à la fin du traité : mais s'il est convenu que je parcourrai tel espace en un jour, peut- on exiger que je le parcoure dès la première heure ? je ré- pondrai, Interlog., à ces impatiens qui veulent que l'on cons- truise le faîte de l'édifice avant d'en poser les fondemens.

CHAPITRE XI.

Du Corps Sibyllin.

DÉJA vingt-deux chapitres ont été employés au tableau de l'éducation harmonienne ; il est terminé *quant aux enfans* ; mais je n'ai rien dit des maîtres, non plus que de leurs mé- thodes et procédés en matière d'enseignement.

Plus d'un lecteur pensera que j'aurais dû, avant tout, parler des corps enseignans, et qu'en les reléguant à la fin du traité d'éducation sociétaire, j'ai disposé les matières à contre-sens. Non : je donne à ces corporations le rang qu'elles se sont donné elles-mêmes , le dernier. Ne sont-elles pas ce qu'il y a de plus pauvre , de plus assujetti et de plus dépourvu d'influence dans la classe instruite de la civilisation ? par-tout astreintes comme Corneille , à façonner leur génie , leurs écrits et leurs opinions , à la politique d'un Mazarin , et payées de tant d'humiliation par le plus chétif salaire. Il est plaisant que les savans aient distribué le monde social de manière à y occuper le dernier rang.

Je les en ai déjà badinés amplement à l'intermède , I , 265 , en leur montrant le lustre dont ils doivent jouir dans l'Harmonie ; quant à présent, on peut dire qu'ils sont logés à l'enseigne où ils ont logé le monde social et scientifique , *au rebours du sens commun.*

Je dis monde social et scientifique ; le tort étant commun à l'un et à l'autre ; l'un s'est organisé à contre-sens de la vérité et de la justice , en préférant l'industrie morcelée et mensongère à l'industrie sociétaire et véridique : même ridicule chez le monde scientifique , en ce qui touche à la marche des sciences ; il a entrepris à contre-sens l'étude du mouvement : après 2500 ans d'efforts , Newton *prenant le roman par la queue* , a déterminé les lois du mouvement matériel avant celles des quatre autres mouvemens tablés , I , 189 , tous antérieurs en rang au matériel, qui est devenu abyme et cul-de-sac pour le génie ; car il n'a conduit aucunement à la connaissance des quatre autres , quoique l'acheminement eût été facile à des esprits méthodiques.

Voilà triple subversion dans le monde savant , vrai monde à rebours , en ce que

Il dirige les études à contre-sens du mode naturel ;

Il organise l'état social à contre-sens des destins ;

Il se place en lot de fortune à contre-sens de l'ordre naturel.

J'ai dû par cette observation les disposer à tolérer une critique de leurs systèmes d'enseignement , arbitraires comme toutes les conceptions philosophiques , excluant ou prônant tour à tour les méthodes , selon qu'il plait à Quintilien , Rollin ou autre sophiste en crédit.

Par opposition à ce vague des systèmes , l'Harmonie emploie le mode intégral ou septénaire , la méthode échelonnée et appliquée à tous les titres d'esprits et de caractères.

En traitant des instituteurs harmoniens , trois choses devront fixer notre attention :

Le rang qu'ils occupent en hiérarchie sociétaire ;

Le mode adopté pour leur élection et leur indépendance ;

La méthode unitaire qu'ils suivent en institution.

1° *Leur rang en hiérarchie sociétaire ;* il doit être en proportion de leur utilité ; qu'elle est elle ? Chacun sur cette question va tomber d'accord si je pose en principe : « que l'éducation » est pour l'homme une seconde mère ; sans elle, il se trouve » ravalé fort au-dessous des brutes ; car un loup, un corbeau, » reçoivent de la simple nature toutes les connaissances dont » ils ont besoin pour s'élever au rôle de loup parfait, corbeau » parfait. Il n'en est pas ainsi de l'homme, qui ne reçoit » de la nature que des germes ; c'est à l'éducation à les déve- » lopper ; elle doit donc tenir un rang éminent parmi les » ressorts sociaux. »

Sans doute, s'écrie-t-on, l'homme n'est rien sans l'éducation. En ce cas, ceux qui la lui donnent sont donc une classe bien précieuse ! Comment donc se fait-il que les instituteurs tiennent le dernier rang dans la civilisation perfectibilisée ; qu'un agioteur, un être malfaisant ait des revenus de prince, et que le rôle d'instituteur soit par-tout un métier de forçat, de mercenaire subalterne ? Dans nos grandes villes comme Lyon, Bordeaux, les professeurs ont à peine de quoi frayer avec les vendeurs d'allumettes. Qu'il est plaisant de les entendre vanter leur civilisation perfectible, nier qu'on puisse découvrir d'autre société que celle qui réduit les savans à la besace, et assure aux classes ignorantes les faveurs de la fortune ! (Interm., I, 265).

Les enfans civilisés sont si malfaisans, si haïssables, que la pauvreté seule peut déterminer un homme à exercer les fonctions d'instituteur. Il n'en est pas ainsi en Harmonie, où ce rôle est la voie de dignités suprêmes ; et conduit à l'une des branches de souveraineté numérotée * 3 au tableau suivant :

SCEPTRES PIVOTAUX ET CARDINAUX EN ORDRE COMPOSÉ.

	Directs.	Inverses.
maj.	1 * d'amitié, *ROITELETS.*	* 1 d'amitié, *COËRES, CORYB.*
	2 * d'ambit., *SACERDOCE.*	* 2 d'ambit., *SCIENCES, ARTS.*
min.	3 * de famill., *MONARCHAT.*	* 3 de famill., *INSTITUTION.*
	4 * d'amour, *FÉAT.*	* 4 d'amour, *FAQUIRAT.*
	Y–TITRE CARACTÉRIEL.	X–FAVORITISME.

Ces

Ces dix sortes de sceptres portés à vingt par emploi en masculin et féminin, sont aussi nécessaires en Harmonie, que les vingt doigts des mains et des pieds le sont au corps humain. Chacun des sceptres est gradué à douze degrés et pivot, selon la table, I, 286.

On peut remarquer dans ce tableau, des postes brillans alloués à deux classes bien mal rétribuées aujourd'hui ; d'abord aux instituteurs spéciaux *3 ; puis au sacerdoce 2*, qui est à moitié corps d'institution. Tout curé de campagne travaille plus ou moins à former des élèves, les catéchiser en religion, les initier aux élémens des sciences. Le sacerdoce est donc aussi une classe d'instituteurs qui n'est pas mieux récompensée que la titulaire, car les curés de campagne sont en France d'une extrême pauvreté. Leur sort sera l'opposé, en Harmonie, où tout curé jouira dans sa Phalange des honneurs et avantages de magnat : les vicaires en proportion. L'amour de Dieu étant passion ardente chez les harmoniens, ils ne souffriraient pas que les ministres des autels restassent comme aujourd'hui, dans un état voisin de la pauvreté ; et le sort d'un vicaire de Phalange sera, quant au bien-être, au moins égal à celui dont jouit en France un évêque.

Le corps sibyllin ou corps des instituteurs est d'autant plus considéré en Harmonie, que chacun a des prétentions à y figurer dans un âge avancé. Nous allons en juger par le mode employé dans l'élection des sibyls et siby'les.

2° *Mode électif.* Chacun exerçant dans une quarantaine de Séries, en agriculture, fabrique, sciences, arts, etc., parvient avec le temps à la perfection théorique ou pratique dans quelqu'une : dès-lors il est fonctionnaire enseignant, sans avoir besoin de commission ministérielle, ni de protection en cour. Il suffit qu'un individu, homme ou femme, soit jugé par ses inférieurs apte à donner l'instruction, pour qu'elle lui soit demandée. Le professorat théorique ou pratique n'est jamais concédé que par l'opinion ; les dividendes affectés à l'instruction, sont rétribués par degrés et par vote des sibyls, à ceux qui ont notoirement donné le plus de soin et de lustre aux leçons et a l'instruction des élèves.

L'instruction étant demandée passionnément, chaque aspirant sait bien s'informer et discerner quel est le personnage le plus capable de la lui donner, quel est le canton où il doit aller entendre un grand maître. Elle est organisée comme chez les Grecs, où tout sophiste était libre d'ouvrir une école, et n'avait d'élèves que ceux que la confiance lui amenait.

Les femmes comme les hommes peuvent être, en Harmonie, chefs d'instruction. Baucis est la plus exercée de sa Phalange à conserver les fruits et soigner le fruitier ; ce sera d'elle que chacun recherchera des leçons théoriques ou pratiques sur cet art ; et comme les femmes, en Harmonie, sont aussi industrieuses que les hommes, il y aura autant des sibylles que de sibyls, en dépit de la philosophie, qui veut exclure les femmes du rôle d'institutrices, et les condamner en masse à faire bouillir le pot et ressarcir les vieilles culottes.

On peut-être sibyl en toutes fonctions. Gros-Pierre n'excelle que dans la culture patriotique des raves ; il peut devenir, avec le temps, un habile raviste praticien ou théoricien. Ce sera dans ses oracles que les jeunes sectaires des raves iront puiser la lumière : il verra se réunir dans son école tous les vrais amis des ravognons : Gros-Pierre sera, par le fait, sibyl de raves ou en raves, et participant aux dividendes sibyllins, puisqu'il sera chef d'instruction pour les raves, qui occuperont en culture une Série industrielle, comme en occupera tout autre légume.

Chacun pouvant ainsi parvenir au corps sibyllin, se trouve intéressé à lui donner le plus grand lustre. Dès-lors c'est par vote unanime que ce corps est élevé en Harmonie aux honneurs suprêmes, et occupe un des huit sceptres cardinaux dont on a vu le tableau, 336. A ce compte, les savans et artistes *d'un et d'autre sexe* occupent deux sceptres sur dix ; les degrés *2 sciences et arts, *3 institution. En outre, ils participent aux huit autres : quelle différence d'avec leur abjecte condition dans l'état civilisé ?

Quoique l'Harmonie n'admette aucune préférence pour les siéges d'enseignement, cependant il est force de privilégier quelques points centraux pour les collections à l'usage des sciences et arts, comme pour le dépôt du cadastre du globe contenant 120,000 tomes de 3o pouces de hauteur, I, 115, et pour d'autres objets qui ne pourront pas se trouver en chaque Phalange, tels que les cabinets complets d'histoire naturelle. On en donnera la présidence aux sibyls de hauts degrés ; mais leur élection ne pourra être objet de faveur, puisqu'ils seront élus par la masse générale (*), sur notoriété de renommée et à la majorité des votes.

Ainsi l'instituteur aujourd'hui destitué de ses ingrates fonctions, soit par défaut de protections, soit par contre-coup des querelles de parti, obligé d'être en civilisation le plus rampant et le plus misérable des hommes, prendra place parmi les dignitaires les plus honorés et les plus indépendans.

3° *La méthode unitaire à suivre en institution.*

C'est un ample sujet de controverse en civilisation, où tout ministre et tout écrivain veut faire prédominer sa méthode, et où l'on change les systèmes d'éducation aussi inconsidérément que les modes.

L'exposé d'enseignement unitaire va être, comme d'usage, un procès aux simplistes, qui croient la nature bornée à un seul moyen, et qui veulent tout façonner à leur manie. Ce serait un sujet très-propre à les désabuser, s'ils étaient assez modestes pour se confesser de quelqu'erreur.

En affaire d'enseignement comme en toute autre, nous tendrons constamment au même but, à obtenir *par attraction* ce que la méthode civilisée arrache *par contrainte*, ce qu'elle recherche sans l'obtenir.

Et puisque les caractères, selon la table, I, 257, sont distribués en sept ordres, il faut, pour amorcer à l'étude la masse entière des individus, enfans ou hommes faits, leur présenter

(*) On va s'écrier : le Roi ne sera-t-il pas jaloux de ce droit d'élection ? y consentira-t-il ? Patience : on verra au traité des équilibres, qu'un Roi en Harmonie trouve son intérêt à s'isoler de ces cabales électorales, et ne voudrait pas accepter le privilége de nomination. Cela sera bien démontré : mais suivons l'ordre des matières, et n'exigeons pas que le dénouement tienne la place de l'exposition.

Cette jalousie de pouvoir que ressentent aujourd'hui les monarques, n'est qu'une enseigne de faiblesse et d'inquiétude. Lorsqu'ils verront leurs sceptres bien affermis et garantis à perpétuité à leur lignée, avec binage d'hérédité sur un élu, ils se passionneront pour un ordre si favorable à leurs intérêts, et pour toute mesure tendant à le consolider. Ils applaudiront donc à l'absolue liberté des élections, où ils trouveront d'ailleurs le double avantage de satisfaire la masse qu'ils aimeront, et de jouir des chances d'intrigue. Ce sont des thèses à démontrer aux sections des équilibres.

22.

sept méthodes sur l'ensemble desquelles chacun puisse rencontrer sa convenance. Je vais les indiquer.

CHAPITRE XII.

Gamme simple en Méthodes d'Enseignement.

NOUVEAU procès avec les ennemis des gammes, qui considèrent cette distribution comme arbitraire ou systématique ! On leur répliquera au traité des Séries mesurées. Au reste, qu'ils essayent de corriger la suivante que je donne comme ébauche, tableau approximatif. D'autres pourront le compléter et le régulariser en le portant à seize méthodes ; savoir :

$$12 \text{ en gamme.} \left\{ \begin{array}{l} 2 \text{ en transition ;} \\ 2 \text{ en pivot ;} \\ 7 \text{ primaires ;} \\ 5 \text{ secondaires ;} \end{array} \right\} 16.$$

Je n'en donne ici que neuf ; j'en ai d'autres égarées dans les manuscrits. C'est une gamme difficile à mettre au net ; un seul homme n'y réussirait guères ; c'est pourquoi je la réduis au mode simple de sept touches ; c'en est assez pour mettre sur la voie ceux qui voudront l'amplifier et l'achever.

Gamme simple en méthodes d'enseignement.

✠ AMORCES LOCALES ET SPÉCIALES.

$$\text{Cardinales.} \left\{ \begin{array}{ll} 1 & \textit{Analyse directe ;} \\ 2 & \textit{Analyse inverse ;} \\ 3 & \textit{Synthèse directe ;} \\ 4 & \textit{Synthèse inverse.} \end{array} \right.$$

Distributives.
5 CAB. *Les progressions composées ;* le classement des hommes et des choses en degrés et ordres.
6 PAP. *La méthode ambiante ou hachée ;* les parcours et retours ; les études multiples et alternées.
7 COMP. *Les alliages et applications ;* le parallélisme composé ; les éphémérides, mnémoniques, jeux adaptes.

✠ L'ANALOGIE UNIVERSELLE.

Explications. 1. L'*Analyse directe* ou méthode visuelle. Cette méthode comprend les arbres généalogiques, et les tableaux en regard, en ordre composé, présentant par colonnes d'années ou de règnes, les évènemens et les individus historiques.

2. L'*Analyse inverse* ou méthode alphabétique. Elle comprend les dictionnaires, plus multipliés que jamais ; quelques-uns en ordre composé ou classement de matières : l'Encyclopédie méthodique est une *analyse inverse composée.*

Ces deux méthodes sont généralement approuvées et employées ; personne n'a songé à accuser de ridicule aucune des deux ; elles se prêtent un appui mutuel. Il est surprenant qu'on n'ait pas opiné de même à l'égard des deux méthodes synthétiques, et qu'on ait raillé d'Alembert parce qu'il a eu le bon sens de remontrer son siècle sur l'étourderie qui, depuis 3000 ans, fait négliger la synthèse inverse et prévaloir exclusivement la directe.

3. *La Synthèse directe* est, en enseignement comme en histoire, la série des lumières acquises à partir de notions élémentaires, ou la série chronologique partant des âges les plus reculés, pour arriver successivement au temps présent ou au terme d'une période, comme l'histoire du Bas-Empire jusqu'à sa conquête par les Ottomans. C'est la méthode qu'on a toujours suivie en enseignement synthétique.

4. *La Synthèse inverse* procède à contre-sens. Elle remonte du présent au passé, ou des connaissances acquises aux élémens de la science ; méthode aussi nécessaire que la précédente, mais inusitée. D'Alembert fut ridiculisé lorsqu'il osa la proposer en histoire. Je dénoncerai plus loin cette prévention des modernes, qui en enseignement admettent les deux analyses et ne veulent pas admettre les deux synthèses. Cependant on les voit tous assister à des expériences de physique, où ils prennent le goût de la synthèse inverse, qui du spectacle des connaissances acquises remonte aux principes de la science.

5. *Les Progressions composées*, qui classent les hommes et les faits par degré d'importance. Par exemple, sur la série des Rois de France ou d'Angleterre, on peut former divers tableaux gradués :

Tableaux d'effets politiques, tels que la célébrité, par échelle d'individus et échelle de classes ;

Tableaux d'effets matériels, comme celui de la durée des règnes, de la proportion des dépenses et autres branches d'administration.

Cette méthode est cabalistique, en ce qu'elle oppose par premiers et derniers rangs les personnages, et les met en lutte graduée, assignant des premiers et derniers rangs, premiers et derniers ordres. J'ai dû la rapporter à la passion dite cabaliste, qui procède ainsi par Séries contrastées et graduées.

6. *Le genre ambiant ou haché*, débutant par un parcours superficiel, puis des retours partiels sur quelques portions de théorie, puis des examens plus approfondis, et des comparaisons de divers traités, gloses, controverses, variantes, etc.

Cette méthode alternante et papillonnante se rapporte à la 2ᵉ passion distributive, nommée papillonne. Celui qui procède ainsi, a besoin de cumuler plusieurs études sans jamais se borner à une seule. Les écoles civilisées ne sont point en mesure de donner ce genre d'enseignement, et pourtant il est, comme tout autre, nécessaire à certains caractères qui ont la papillonne parmi leurs dominantes. C'est à peu près le seul dont je puisse faire usage.

7. *Les Alliages et applications* ; il en est de plusieurs espèces : les éphémérides présentent des relations qui aident beaucoup la mémoire ; les mnémoniques la soulagent quand elles sont ingénieuses, comme celle du vers héxamètre suivant, qui contient en autant de syllabes initiales, tous les noms des conciles œcuméniques.

Nɪ,co,ᴇ : Cᴀ,co,co : Nɪ,co,ʟᴀ : Lᴀ,ʟᴀ,ʟᴀ : Lú,ʟᴜ,ᴠɪ : Fʟo,ᴛʀɪ.

Le premier est Nicée ou Nicomédie, le dernier est Trente, *Tridentinum.*

On emploie pour l'instruction des enfans beaucoup de jeux figurés, jeux de cartes, jeu de l'oye, en adaptant à chacune des cases ou des pièces, un évènement, un sujet quelconque.

A cette méthode se rapportent les parallèles, genre que Plutarque a traité en simple. Je ne sache pas que personne l'ait traité en composé, par application d'un seul personnage à une masse d'autres comparativement examinés, et formant la monnaie d'un caractère *cumulatif.* Ce serait un sujet fort neuf pour un écrivain versé dans l'histoire ; il deviendrait, par ce traité, un *PLUTARQUE COMPOSÉ.*

Par exemple, on peut faire en ce genre un parallèle très-frappant, de Bonaparte avec un quadrille de Rois de France :

Pivotal.   Quadrille.   Cumulatif.

Charlemagne.   *Clovis :*   *Louis IX.* }
               Hugues Capet ; Louis XIV. } BONAPARTE.

Les rapports du personnage cumulatif avec Louis XIV et Charlemagne sont si nombreux et si saillans , que depuis la restauration l'on n'a pas fait entendre le moindre éloge de Louis XIV , qui auparavant occupait seul la déesse aux cent voix, et qui , en politique sociale , opérait selon le principe de Bonaparte, *l'etat, c'est moi.* Ce n'est guères que depuis un ou deux ans que ce roi est un peu amnistié.

J'ai ébauché le parallèle ci – dessus ; il devait former le sujet de la note H : mais je le supprime, comme touchant aux affaires de parti, auxquelles je suis étranger, et dont j'aurais parlé en juge neutre, en analyste fidèle ; c'est un moyen sûr de déplaire à tous les partis.

La 7° méthode, comprenant ces parallèles composés , etc., correspond à la passion dite *composite* ou *engrenante* , 3me des distributives. Cette méthode abrège le travail de mémoire, autant que les logarithmes abrègent le calcul : aussi correspondent–ils , table 307, à la composite.

⚔ L'*analogie universelle ;* méthode indiquée à l'article Pivot inverse, I , 497. Celle–ci doit s'allier avec les 7 autres, s'appliquer à chacune , sauf à discerner laquelle ou lesquelles des 7 conviennent à un caractère : en y ajoutant le secours de l'analogie , on peut conjecturer que le progrès de l'élève sera triple en rapidité.

⚔ En *transition* , j'ai placé une méthode vague , dite *amorce locale* et *spéciale.* Elle consiste à faire usage des bizarreries et écarts de règles qui peuvent exciter l'attention : tel est le *roquement* ou *roquage* , fort usité dans l'épopée et le drame ; on fixe d'abord l'imagination sur un fait remarquable, autour duquel on en groupe d'autres. Cette méthode irrégulière devient bonne, pourvu qu'elle réussisse à intéressser et stimuler. C'est à l'instituteur à savoir discerner les irrégularités convenables à chaque élève , les transitions opportunes qui réussiront à éveiller la curiosité, ou en style de commerce, *à engrener l'affaire.*

Par exemple, Nisus âgé de 14 ans n'a pas de goût pour l'étude de la géographie, mais il s'intéresse vivement à une guerre où se trouve son père, et dont chaque jour les gazettes apportent les détails. Il faut lui en faire suivre les opérations sur la carte, jour par jour, en pointant avec des épingles les positions d'armées. Ce sera un procédé de transition ou amorce locale et spéciale. Quand il connaîtra ce pays, quand il s'y sera intéressé, il faudra savoir l'exciter à l'étude de la sphère entière, étendre sa curiosité aux régions vicinales, et de proche en proche à toute la mappemonde.

Laquelle des 7 méthodes faudra-t-il appliquer? Ce ne sera pas celle des civilisés, l'analyse directe, qui décompose progressivement de l'ensemble aux parties; rien n'est moins engageant pour les élèves; on en rebute les 9/10 si on leur présente la sphère armillaire et ses cercles : on les rebute plus facilement encore par la synthèse inverse, qui enseigne les distributions capricieuses et ridicules faites par la politique.

Peut-être on les amadouerait par un mélange des deux synthèses, de l'inverse ou division politique, avec la directe ou distribution des bassins; genre d'enseignement inconnu aujourd'hui : et peut-être faudrait-il combiner avec cette étude par bassins, un aperçu de géologie ou autres *amorces locales et spéciales.*

Le but étant de créer un germe d'intérêt chez l'étudiant, et développer ce germe par des moyens quelconques, toujours bons s'ils réussissent à passionner pour l'étude, on ne voit pas de quel motif peuvent s'appuyer les civilisés en proscrivant telle ou telle des 7 méthodes. Au dernier siècle on blâma d'Alembert sur ce qu'il conseillait l'emploi de la synthèse inverse en étude de l'histoire. On lui reprochait *de vouloir détruire le charme de l'histoire, et porter la sécheresse mathématique dans les méthodes d'enseignement* (*).

(*) Toute découverte ou idée neuve risque d'être enfouie pour un siècle, si l'auteur ne lutte pas avec fermeté contre la plaisanterie, qui en France entre toujours en scène avant le raisonnement. Si les systèmes de Newton et Linné furent abandonnés après avoir été entrevus par Pythagore et Hippocrate, ce fut peut-être l'effet de quelques railleries contre lesquelles mollirent ces deux grands hommes. On peut, avec une vaste érudition, manquer par fois de caractère : d'Alembert, quoique doué du jugement le plus sain, tomba dans cette faiblesse : il n'osa pas soutenir sa proposition avec la fermeté nécessaire à accréditer une idée neuve.

Pour peu qu'on cède a la détraction, elle circonvient rapidement les

Etrange prévention ! aucune des sept méthodes ne porte la sécheresse. Elles sont toutes utiles, sauf application aux caractères faits pour les goûter ; et le système d'enseignement ne sera pas intégral, si on ne les emploie pas toutes : il restera beaucoup de caractères qui ne voudront pas mordre à l'hameçon, et qu'on accusera de nonchalance, d'impéritie, quand le tort sera tout entier du côté des méthodes inconvenantes.

Appliquons cette règle à l'histoire de France, la plus insipide peut-être qu'il y ait au monde ; car jusqu'au règne de François 1er, on y rencontre à peine un dixième des personnages ou des évènemens qui puisse exciter quelqu'intérêt ; et par cette raison, il convient de la faire étudier selon l'avis de d'Alembert, en synthèse inverse remontant du présent au passé. Jamais on ne réussira d'emblée à fixer l'attention sur Pharamond, Clodion, Mérovée et Childeric ; non plus que sur une galerie de monarques insignifians, comme

Louis-le-Bègue,	Charles-le-Simple,
Louis-le-Gros,	Charles-le-Gros,
Louis-le-Hutin,	Charles-le-Chauve,
Louis-le-Fainéant,	Philippe-le-Long,

et tant d'autres de même force, parmi lesquels deux ou trois exceptions, comme *CHARLEMAGNE*, attestent la fadeur générale du sujet.

Pour intéresser un élève, il sera plus prudent de commencer par les derniers rois, et remonter jusqu'à François 1er. Ici,

esprits. Quel charme pour la tourbe des gens médiocres, de pouvoir dire à un d'Alembert : « vous rêvez ; vous avez quelquefois des idées saugre-» nues : ces savans ont par momens besoin d'ellébore ! » et là-dessus, tout pygmée se rengorge, se croit un cerveau mieux organisé que celui de d'Alembert : une coterie entière s'admire elle-même, aux dépens du géomètre qu'elle croit ramener dans la droite voie. Ainsi fleurit le vandalisme, quand le génie faiblit en lutte.

Je regarde ce petit succès comme très-pernicieux ; car l'opinion de d'Alembert conduisait à des principes généraux sur l'ordre composé, et l'emploi simultané des modes inverse et direct. Une fois appliqué à l'histoire, on l'aurait étendu plus loin, et peut-être au système entier de la politique sociale, pour en déduire la règle de dualité du mouvement, I, 27 ; et cette fois comme tant d'autres, une petite cause aurait produit un grand effet.

d'Alembert et sa méthode inverse auront gain de cause ; puis, pour amorcer à l'étude des règnes antérieurs, il faudra recourir à d'autres voies, comme parallèles, éphémérides, contrastes. L'échelle inverse ou marche rétrograde n'aurait plus d'attrait au-delà de François Ier.

Au sujet de ces méthodes applicables à l'Histoire de France, remarquons le tort des Français qui ont raillé d'Alembert pour avoir proposé la plus convenable à l'histoire de leur pays. Tel qui ne s'intéresserait ni à Philippe-*le-Long* ni à Pépin-*le-Bref*, s'intéresse au roi existant, et par suite à son père, à son aïeul ; de proche en proche on l'amenera facilement à étudier le règne de Louis-le-Grand, qui après avoir tant guerroyé et fatigué le monde, n'a su pousser sa frontière qu'à 24 heures de sa capitale, sans pouvoir atteindre seulement à ses limites naturelles ; *BIES-BOS ; MEUSE ;* Versans de *ROÊR, KILL ET SARRE ; VOSGES ; JURA ; LÉMAN ; ALPES* et *PYRÉNÉES* (dont l'Espagne a gardé trois grandes vallées en versant français).

L'intérêt que ce règne doit exciter sous d'autres rapports, se reportera sur les règnes également fameux par les guerres et conquêtes inutiles, comme ceux de Charlemagne et Louis IX. La synthèse inverse est donc, quoi qu'on en dise, un méthode fort utile, et très-opportune en sujets arides, si elle est soutenue de parallèles composés.

Il est vrai que d'Alembert en la proposant eut un tort ; il aurait dû se signer *D'ALEMBERTINGHAM* ou *D'ALEMBER-TENDORFF* ; moyennant cette précaution, son avis aurait été déclaré un trait de lumière. Si l'on veut faire tomber dans l'oubli une idée heureuse, il suffit de *la faire présenter en France par un Français.* (Voyez Avant-Propos, l'art. GRIMM), post.

On verra au traité des caractères, que moitié d'entr'eux étant d'ordre inverse, en majeur comme en mineur, cette moitié incline à préférer les méthodes inverses, comme celle que proposait d'Alembert. Ceux qui opinent exclusivement pour l'une ou l'autre, sont également dans l'erreur ; toute voie étant la meilleure quand elle réussit à créer l'émulation, rendre l'étude attrayante et profitable.

Si nous avions à prononcer sur les procédés contraires de deux pêcheurs, dont l'un attraperait les poissons par la tête et l'autre par la queue, chacun de nous dirait : je donne la préférence à celui qui apportera le plus de poisson ; pris de tête ou de queue, peu importe, pourvu qu'on le tienne ; et si tous deux en prennent une ample quantité, laissez-les pêcher chacun à sa guise : on paralyserait l'un des deux, en l'astreignant à imiter le procédé de l'autre.

La règle est la même en fait d'enseignement. Qu'on prenne la science en tête ou en queue, peu importe, pourvu que l'étudiant la saisisse. Or, il est certain qu'en histoire moderne, la science prise en queue, en synthèse inverse, intéressera mieux que si l'on débutait par l'origine des empires actuels, dont les premiers âges sont si insipides à la lecture, qu'il est impossible qu'un enfant y prenne le moindre intérêt.

Pourquoi donc proscrire ni la synthèse inverse, ni aucune autre méthode ? L'institution doit les varier selon les caractères des étudians, selon les doses d'intérêt que peut exciter chaque sujet traité.

Ce serait mal-adresse d'employer une méthode unique pour enseigner les histoires ancienne et moderne : l'intérêt est vif d'un côté et nul de l'autre. L'enfant retient aisément les histoires anciennes, parsemées de merveilleux et de monstruosités. Au moyen de cet alliage, le crime est composé et noble chez les anciens ; il est trivial et simple chez les modernes, où le merveilleux ne figure jamais.

De-là vient qu'un lecteur, à moins d'intérêt spécial, ne parvient que difficilement à retenir quelques parcelles de l'Histoire de France primitive, et que loin d'être fondé à proscrire dans cette étude la synthèse inverse, il faut l'y introduire, étayée des trois méthodes 5, 6, 7 et autres que l'Harmonie emploiera concurremment ; évitant le mode exclusif et simple qui se fixe au procédé d'un sophiste en crédit, le généralise dans les écoles, et le proscrit peu après, pour substituer au gré de quelqu'autre sophiste un mode également vicieux, par cela seul qu'il est exclusif.

Cette manie exclusive du monde savant s'est malheureusement étendue des parties au tout. Sur l'ensemble des études sociales, ils ont exclu la moitié la plus intéressante, celle de l'avenir ou des destinées. Les regards de la science ne se portent que sur le passé ; elle s'extasie devant quelque vieille pierre qui date du déluge, devant quelques antiquailles inutiles, comme le zodiaque de Denderah , d'où on ne tirera pas la moindre connaissance utile au bonheur des sociétés.

Absorbée dans ses explorations rétrogrades , elle néglige toute recherche ultrograde : on a même frappé de ridicule cette étude qui , si on l'eût traitée régulièrement , aurait conduit bien vîte à la découverte de quelque branche de destinée , au moins du garantisme , 6ᵉ période. On aurait conclu à cette recherche , du moment où la science aurait su constater l'abyme (*) où court le monde civilisé.

On a vu que loin de pencher pour l'exclusivité de méthode , en enseignement , ni en cultures , les Harmoniens ménageront , dans chaque Phalange , l'emploi des sept méthodes unies à celles de pivot et transition , sauf à en appliquer à chaque sujet ce qui sera adapté à ses moyens naturels.

De cet assortiment de méthodes naîtra *l'intégralité spirituelle* d'enseignement. On y joindra *l'intégralité matérielle;* 1° par les ouvrages indiqués 131 , dont on meublera la biblio-

(*) Quels aperçus aurait donnés une recherche sur l'avenir de la civilisation bornée à son quadrille de moyens actuels ?

    1 *Esprit mercantile.*   3 *Fiscalité croissante.*
    2 *Monopole maritime.*   4 *Pullulation alarmante.*
          ✕ *Discordes enracinées.*

Tels sont les germes d'où la philosophie tire l'augure d'une perfectibilité colossale sans entrer dans aucun détail ; car toutes ses opinions sur l'avenir ne sont qu'escobarderie, refus d'augures méthodiques dont elle esquive le problème en nous promettant des torrens de perfectibilité : elle nous gasconne comme les diseurs de bonne fortune qui promettent : à la jeune fille , qu'elle va être heureuse en amour et mariée à celui qu'elle aime ; puis à sa mère , qu'elle va recevoir comme Gulistan deux dromadaires chargés d'or. Tels sont en substance les raisonnemens de la philosophie sur l'avenir politique du corps civilisé.

Pour peu qu'on eût spéculé régulièrement sur le fâcheux quatuor d'élémens sociaux indiqués plus haut, on aurait reconnu dans la civilisation actuelle un corps qui tombe en caducité, un empiétement de tous les vices politiques , et une imminence de crise funeste qui serait la chute en 4ᵉ PHASE ou *féodalité mercantile* , I , 159 ; la coalition des Crésus de la haute banque avec les grands propriétaires, pour museler cette populace croissante depuis la vaccine , bâillonner les insidieux apôtres de liberté , partager le gâteau de féodalité entre le haut agiotage et la noblesse , établir la féodalité composée au lieu de la simple. Telle est , au plus juste , la perfectibilité où court à grands pas la civilisation moderne.

thèque minime (destinée à l'enfance); 2° par le concours de lumières et de centenaires instruits en tous genres, et qui abonderont dans les divers cantons.

Cette réunion complète de moyens matériels et spirituels élèvera dans chaque Phalange l'enseignement au degré *INTÉGRAL COMPOSÉ*; perfection très-supérieure à celle que peuvent offrir aujourd'hui les capitales de Paris et Londres, où l'enseignement est à une distance infinie du degré intégral composé. Au reste, il n'est qu'au berceau tant qu'on ignore la voie des progrès rapides, l'analogie des substances avec les passions. *PIVOT INVERSE.*

Il reste à parler du procédé employé pour la distribution de l'enseignement harmonien ; c'est le *mutualisme composé convergent*, bien différent du mutualisme *simple*, récemment introduit dans les écoles civilisées. Je vais en traiter dans un petit article pivotal.

✄ *CHAPITRE PIVOTAL.*

Procédés d'Enseignement harmonien.

QUELQUES hommes respectables, tels que Montaigne, Rollin, Rousseau, ont pensé avec raison qu'il faudrait introduire dans l'enseignement *une attraction respective* ou intimité entre les maîtres et les disciples. Rien n'est plus vrai : mais cette sage intention est, comme tant d'autres, incompatible avec le régime civilisé : elle est contrariée,

D'un côté par la répugnance des enfans pour l'étude qui manque de véhicules attrayans ;

D'autre côté par la triste condition et le médiocre salaire auquel sont réduits les instituteurs.

L'état sociétaire fait disparaître ces deux vices ; la civilisation ne peut pas même en extirper un seul. Ainsi, les Montaigne, les Rollin, les Rousseau, ont fait un rêve extra-civilisé, quand ils ont souhaité que le goût au travail et l'intimité entre élèves et maîtres, pussent régner dans les écoles actuelles.

Ce qui manque à nos grands hommes dans les occasions où ils ont des vues louables, c'est de ne savoir pas s'élever à reconnaître, *que tout ce qui est beau, honnête, sage, gran-*

diose, est incompatible avec la civilisation, et qu'au lieu de perdre du temps à rêver l'introduction du bien dans ce cloaque de vices qui ne saurait le comporter, il faudrait s'évertuer à découvrir une société différente, et compatible avec le bien.

Le rêve de ces doctes personnages se réalise en éducation harmonienne; il y forme l'un des procédés d'enseignement, le *PIVOT SPIRITUEL* Y; c'est une double affinité des esprits, *Attraction composée réciproque;* c'est-à-dire, intimité et bienveillance entre les maîtres et élèves; puis empressement respectif aux fonctions exercées, attraction du maître pour distribuer l'enseignement, et du disciple pour s'initier à la science.

Dans un tel état de choses, les progrès des élèves seront rapides, gigantesques; mais il faut briser sur ce sujet, le laisser en suspens jusqu'à l'exposé des équilibres passionnels, sans la connaissance desquels on ne saurait apprécier les moyens d'où naîtra cette intimité entre des âges et des classes qui aujourd'hui ne sont rien moins qu'en sympathie.

Dissertons donc sur le *PIVOT MATÉRIEL* X, second procédé distributif déjà désigné sous le nom *d'enseignement mutuel*, *en mode composé convergent.*

* Depuis quelque temps, les Européens semblent avoir entrevu quelque parcelle du procédé harmonien en distribution matérielle de l'enseignement. Ils ont, s'il faut les en croire, inventé un système d'instruction mutuelle, que d'autres disent renouvelé des Grecs; (de qui on a reproduit tant d'idées qu'on donne aujourd'hui pour neuves. Voyez à ce sujet l'ouvrage de Dutens, sur les découvertes attribuées aux modernes.)

Je me garderai bien de prononcer sur le procédé, car je ne le connais pas. Tout ce que j'en puis affirmer, c'est qu'il est d'ordre simple, et par conséquent très-insuffisant. Il ne se combine point avec le procédé pivotal spirituel Y, indiqué plus haut. Voilà pour premier vice, une lacune des plus énormes, l'absence de l'un des deux élémens dont se forme le mode *composé convergent.*

** Autre monstruosité! Ces écoles d'enseignement mutuel sont, comme les colléges, des réunions d'êtres disparates, hétérogènes, sans esprit de corps, sans intérêts communs, sans unité de mœurs et de principes, sans rivalités graduées, sans concert dans les travaux autres que ceux de l'école. Ces masses divergentes ne peuvent guères éviter les duplicités d'action ; aussi s'est-elle déjà manifestée par des jalousies entre les savantins et les ignorantins. Une voie d'instruction nouvelle est devenue un brandon de discorde, un aliment des esprits de parti. De quel côté sont le bon droit et l'utilité? Je ne le sais ni ne m'en informe ; je me borne à remarquer la fâcheuse propriété qu'a l'ordre civilisé de faire naître le mal des élémens du bien ; je conclus de là que c'est folie de vouloir améliorer la civilisation par des nouveautés quelconques. Il n'y aura innovation précieuse que celle qui nous ouvrira l'issue de cet abyme social.

Pour opiner sur le fond de la question, il me paraît que les mutualistes ont entrevu partie du procédé de la nature, la distribution progressive de l'enseignement.

Parmi nous, les enfans envoyés à une école, sont confondus pêle-mêle sans classement. Lorsque cent étudians fréquentent un cours, il faut que le professeur abonde à servir et endoctriner toute cette pétaudière, dont les 3/4 au moins sont incapables de raisonner avec lui, et qui pis est, n'en ont aucun désir. Il peut s'en rencontrer une dizaine de bien disposés : c'en serait assez, car un professeur ne doit jamais avoir plus de 8 à 10 élèves ; il est matériellement impossible qu'il donne des soins efficaces à une réunion qui excéderait la douzaine.

Les sibyls et sibylles d'Harmonie n'admettront que ce petit nombre de disciples titrés pour la conférence individuelle. Ensuite l'instruction se distribuera par degrés, par des pro-sibyls et sous-sibyls qui aspirant aux grades supérieurs, et reconnus aptes à donner l'enseignement de 2e, 3e, 4e degrés, jouiront déjà d'une répartition sur le dividende alloué au corps sibyllin.

Nos écoles n'admettent pas cette échelle progressive et sociétaire d'instituteurs. Callisthène est chargé d'enseigner la rhétorique ; il en doit enseigner seul toutes les branches ; il n'a pas dans son école de vice-professeurs et sous-professeurs co-intéressés comme le sont les entrepreneurs d'un pensionnat. L'Harmonie établit cette graduation en toute espèce d'enseignement, sur les cultures et manufactures comme sur les sciences et arts.

Baucis est archi-sibylle des fruitiers de la contrée du Latium. Elle réside à la Phalange de Lucrétile, où sa célébrité a créé par le fait une université en fruitisme. Beaucoup de jeunes gens

d'un et d'autre sexe viennent passer une campagne au caravenserai de Lucrétile , pour s'y former à l'art de fruitiste praticien. S'il fallait qu'elle donnât l'instruction à cette multitude ,
elle serait excédée et hors d'équilibre passionnel (section 8°) :
mais elle a sous sa direction ,

       3 ou 4 pro–sibylles ou pro–sibyls ;
       10 à 12 vice–sibylles ou » » »
       plus , des sous–sibylles ou » »

tous vivement intéressés à soigner l'enseignement , par espoir
de s'élever aux fonctions supérieures du corps sibyllin , qui sont
électives et sont le prix d'une renommée constatée.

Chacun de ces suppléans exerce en diverses branches et se
partage les élèves , selon l'espèce et le degré. On n'a recours à
l'archi–sibylle que dans les cas embarrassans ; elle ne confère
qu'avec une dizaine de disciples titrés et transcendans ; les
autres élèves ne sont pas moins formés à son école, à ses méthodes. Est-ce là le procédé Lancastrien ? s'il opère ainsi, en
co–intéressant tous les agens , il est conforme au vœu de la nature sur une branche du matériel seulement ⋆ , et non pas sur
la seconde ⋆⋆ : en outre il est pleinement en défaut sur la branche
du spirituel , car je sais que dans ces écoles on inflige des pu-
nitions et pensums. En Harmonie où l'enseignement est faveur
sollicitée , on se garde bien de punir ; on refuse l'enseignement
à celui qui montre de la tiédeur Un tel élève serait hors de procédé spirituel , hors d'attraction composée réciproque : voyez
plus haut.

Quant au procédé matériel ou *mutualisme d'enseignement*,
il doit, pour être intégral, s'étendre aux plus petits enfans; c'est-
à-dire que , parmi les bambins mêmes , il doit exister déjà de
petits sibyls titrés , aptes à donner l'enseignement à de moindres
bambins , et passionnés pour ce genre de travail , qui sera plus
fructueux de la part des enfans que de la part des hommes faits ,
conformément aux lois du charme corporatif ascendant , 169, et
note E , 159.

Dans notre civilisation perfectibilisée , un professeur mes-
quinement soldé et recevant tout-à-point autant de traitement
qu'il en faut pour ne pas mourir de faim , est obligé de suffire
à une cinquantaine, à une centaine d'étudians. Qu'arrive-t-il ?
Qu'il leur donne des leçons superficielles, expéditives. Chacun
                              de

de part et d'autre ne s'occupe qu'à éluder la tâche, et n'attend que l'épuisement du clepsidre. La plupart n'écoutent pas le professeur, qui de son côté s'inquiète fort peu si on l'écoute : il en donne au public pour son argent. Désordre inévitable dans tout système où l'instruction n'est pas sollicitée comme faveur, et progressivement distribuée.

Par contre, les leçons, en Harmonie, sont d'autant plus fructueuses *en tous degrés*, que les maîtres étant nombreux, se bornent à quelques élus qu'ils affectionnent, et que les élèves sont en affinité avec les maîtres et avec la science.

Il résulte de ces détails que l'enseignement mutuel qui n'est qu'en mode simple et divergent parmi nous, devient composé convergent dans l'état sociétaire ; s'il ne s'élève pas à cette hauteur, son utilité ne peut être que très-médiocre ; on n'est jamais dans les voies de la perfection sociale, tant qu'on opère en mode simple.

J'ai observé, I, 73, que les Français qui revendiquent après coup toute découverte, prétendent que l'école de Lancastre n'a rien inventé en ce genre, et qu'un des leurs en a tout l'honneur. D'autre part, les détracteurs assurent que le mutualisme n'est qu'un emprunt fait aux sophistes grecs. Pourquoi donc tant d'érudits fouillant depuis si long-temps dans les archives de l'antiquité, n'ont-ils pas su reproduire et accréditer cette méthode ? le génie moderne est donc bien tardif en essor social, bien noueux quand il s'agit de retrouver les procédés utiles que le temps ou les préjugés nous ont fait perdre.

A supposer que cet enseignement mutuel, dépeint par ses antagonistes comme une réminiscence des écoles de Pythagore, soit vraiment conception du génie moderne, il nous faut donc 3000 ans pour pénétrer le moindre mystère de la nature ! un procédé dont elle suggère l'invention à tout maître un peu surchargé d'écoliers ! et à peine ce procédé est-il mis en scène, qu'on donne le quadruple scandale

de le dénigrer comme inutile et dangereux ;

de le ravaler comme un réchauffé de l'antiquité ;

d'en faire un levier d'esprit de parti ;

d'en faire l'objet d'un plagiat sur les Lancastriens.

Que de malfaisance dans les esprits civilisés, que de lenteur dans leurs inventions, quel chaos de vice et d'impéritie dans cette société qui vante à chaque pas ses perfectibilités, quand il est évident qu'elle décline en 4ᵉ phase ; et combien doivent être confus ceux qui voulaient perfectionner cette lymbe de misères, lorsqu'ils apprennent enfin qu'on avait (I , 108) *seize voies* pour en sortir, et que l'option sur toutes ces issues est dès ce moment offerte au genre humain !

Quelle chance pour les Français ! Si je la faisais trop valoir, ils me prendraient pour un intrigant littéraire, cherchant à les subtiliser. Qu'ils ne s'y trompent pas : je connais le terrain, et je ne spécule pas sur eux, bien convaincu que la France est encore ce qu'elle a toujours été :

Le paradis des jeunes femmes, des sophistes ou beaux esprits, et des animaux inutiles ;

L'enfer des femmes âgées, des inventeurs on bons esprits, et des animaux utiles.

Un tel pays n'est-il pas nécessairement l'antipode de la raison sociale, bien qu'il soit le foyer des illusions qu'engendrent le sophisme et l'abus du raisonnement ! apostrophe peu flatteuse pour eux, mais indispensable de ma part. C'est une réplique anticipée au reproche qu'ils m'adresseront bientôt, de ne les avoir pas très-sérieusement avertis des dangers d'un jugement superficiel sur la découverte du calcul de l'Association, des risques de manquer l'acquittement de leur dette consciencieuse et fiscale de douze milliards. Ce sera le sujet de l'Ulterlogue.

POSTIENNE. — Dès le Pré-Lude, 137, j'ai indiqué le but de l'éducation harmonienne, l'*UNITÉ*, par voie de l'*intégralité composée* qui achemine à l'unité.

Si quelque branche du régime que je viens de décrire s'écarte de cette règle ; s'il n'est pas *INTÉGRAL COMPOSÉ*, embrassant, 138, toutes les fonctions du corps et de l'ame, et élevant à la perfection tous les ressorts corporels et spirituels, qu'un plus habile me supplée et rectifie mon plan, mais en se ralliant au principe de l'unité par voie intégrale composée.

Nos systèmes procédant en sens contraire, ne s'étudiant qu'à comprimer le corps et l'ame, ont dû arriver à l'opposé de l'unité. Aussi l'éducation chez nous forme-t-elle trois sortes d'êtres bien distincts et bien antipathiques : les grands, les moyens et les petits ; classes à qui l'éducation inculque des principes tout-à-fait contradictoires : il le faut dans un état de choses qui n'est qu'une guerre sociale méthodique.

J'ai démontré que nos théories sont erronées, en ce qu'elles procèdent toujours par méthode simple, appliquée uniformément à des masses d'enfans qu'il faudrait au contraire stimuler aux essors contrastés, et conduire,

Les uns au beau par la route du bon ;
Les autres au bon par la route du beau.

En outre, nos systèmes ne voient que vice dans toutes les impulsions que la nature donne à l'enfant : les petites filles ont tort d'aimer la parure et la danse ; les petits garçons, tort d'aimer la mal-propreté et la gourmandise. Dès-lors, à en croire nos sophistes, la nature a tort en tout et par-tout ; elle n'a pas su organiser régulièrement les humains.

J'ai répondu à cette prétention de Titans qui veulent régenter Dieu, lui apprendre à créer les mondes et les passions. J'ai prouvé que tous ces prétendus vices de l'enfant deviennent des germes d'unité sociale, si on les emploie en Séries contrastées, et que, selon l'opinion d'un de nos fameux sophistes, J. J. Rousseau, « tout est bien sortant des mains de l'auteur des » choses ; tout dégénère entre les mains de l'homme. » C'est-à-dire *de l'homme civilisé* ; car on a vu que *l'homme harmonien* ne s'attache qu'à utiliser, et non pas corriger ni réprimer les penchans que l'auteur des choses a donnés à l'enfance.

Quel fruit recueille-t-on de ces systèmes répressifs ? La fausseté générale des enfans et le malheur des pères qui trouvent dans le lien paternel souvent plus de tribulations que de plaisirs.

Sont-ils pauvres ? l'enfant est pour eux une surcharge dès le bas âge. Etourdis par ses cris, affadis par sa mal-propreté, ils maudissent dès la deuxième année ce lien conjugal, ce ménage dont ils reconnaissent trop tard le piége.

Quelques riches pourvus d'amples appartemens et de nombreux serviteurs sont délivrés de cet important tracas, et relèguent les marmots loin du salon. Mais pour un riche, n'est-il pas cent pauvres obligés de supporter nuit et jour les incommodités de cet enfant, qui peut-être n'est pas le leur ? cette incertitude de paternité est le côté odieux du régime conjugal, le vice qu'il faudra rappeler sans cesse, et démontrer par calcul bien ré-

23.

gulier; car tout est d'accord en civilisation pour en imposer sur ce chapitre.

On a vu que l'éducation harmonienne est une source de charme perpétuel pour les pères : délivrés des soins fatigans qu'exige le poupon, exempts de toute surveillance pendant le cours de l'enfance, exempts des corvées d'établissement et dotation dans l'âge pubère, ils peuvent se livrer pleinement à leur impulsion naturelle, au plaisir du *GATEMENT*, 159; plaisir sans lequel les pères sont malheureux, par intervertissement des tons (*) passionnels, I, 387.

Une vérité dont le lecteur a pu se convaincre dans le cours de ce deuxième livre, c'est que dans l'ordre actuel il n'est pas possible, même à un souverain, de donner à ses enfans l'éducation voulue par la nature, l'essor intégral des facultés du corps et de l'ame, et que cet effet ne saurait avoir lieu hors des Séries passionnelles.

Ainsi notre état social qui veut fonder le bonheur domestique et public sur les plaisirs de famille, n'a pas la moindre affinité avec la nature, dans la principale des relations de famille, dans l'éducation ! qu'on juge par-là du prix de ces systèmes qui voulant nous ramener à la simple nature, ne connaissent en éducation ni la simple, ni la composée intégrale, et pourtant sont révérés comme torrens de lumière : je donnerai, à l'Ultra-Pause, sur un fragment du Télémaque, la mesure de leurs lumières.

(*) Comme le lecteur peut s'ennuyer de recourir à ce tableau des tons, montrons-lui le principe en action. Quel est le père vraiment heureux, ou d'Henri IV qui, obéissant au vœu de son enfant, lui sert de cheval et marche à quatre autour de la chambre devant l'ambassadeur d'Espagne ; ou de ce père moraliste mis en scène par Diderot (et que je crois avoir déjà cité) ? il résiste pendant cinq actes aux volontés de son fils, et finit par céder, en disant : « qu'il est cruel, qu'il est doux d'être père ! » il n'est heureux qu'au moment où il cède à la nature, *au ton descendant*, *déférence des supérieurs aux inférieurs*. Henri n'attend pas cinq actes ; il cède à l'instant même, et pour son bonheur, car les pères comme les amans sont plus heureux par le gâtement ou idolâtrie, que par la raison impérieuse ; les deux affectives mineures plaçant le bonheur dans l'idolâtrie et la déraison.

FIN DE LA QUATRIÈME NOTICE.

POST-LUDE. — *Omissions préméditées ou obligées.*

Dans cet abrégé de l'éducation harmonienne, j'ai cons-taté le vice radical de la nôtre, LA DUPLICITÉ D'ACTION, l'inconséquence de vouloir « que les enfans acquièrent la » santé, la dextérité, le goût à l'étude, au travail et à la » vertu, et de recourir, pour atteindre ce but, à deux » moyens illusoires, qui sont : »

D'une part, l'entremise des pères et mères enclins à gâter l'enfant, lui créer des caprices, l'élever à la cupidité, à l'é-goïsme, ou bien, violenter ses inclinations.

D'autre part, la vie de ménage où l'on manque des écoles et ateliers nécessaires à l'éducation intégrale du corps et de l'ame, et où le jeune âge en butte au conflit de quatre impulsions contradictoires, (Trans-Lude, 284), est dé-pourvu du charme corporatif ascendant, Note F, qui doit l'entraîner à tous les prodiges industriels.

Les quatre Notices ont acquis sous la plume l'étendue de quatre sections, et pourtant j'ai abrégé considérablement ; j'ai même omis divers sujets ; le lecteur aura pu s'en plaindre : jus-tifions brièvement de ces lacunes, toutes forcées ; je vais le prouver par quatre citations.

1. *Les Séries enfantines de primeurs et postmeurs.*

Le sujet semblait mériter un chapitre. Ces deux classes d'en-fance ne peuvent être l'objet d'aucune théorie parmi nous, où l'éducation est individuelle : on estime trop les primeurs, et l'on ne sait *tirer aucun parti des postmeurs.*

C'est double mal-adresse ! il faut, en Harmonie, savoir uti-liser tous les caractères et notamment les produits de transition, les extrêmes de Série, comme sont les *primeurs et postmeurs.* L'art d'employer ces genres ambigus est peut-être la branche la plus transcendante en calcul de mouvement social.

On forme de ces extra, une Série bi-composée dans chaque Phalange ; elle comprend :

Transition ascendante, Garçons et filles primeurs.

Transition descendante, Garçons et filles postmeurs.

Malgré l'incompatibilité apparente de ces deux extrêmes, leurs fonctions sont très-intimément liées. Effet inconcevable dans l'ordre actuel, où l'on ne sait pas lier les transitions opposées.

Aussi n'estime-t-on parmi nous que les primeurs, sans considérer qu'un postmeur, quoique retardé et faussé dans ses débuts, est peut-être celui qui deviendra le plus précieux quand les circonstances ou le temps lui auront donné un essor intégral.

Tel enfant, comme *Thomas Diafoirus fils*, ne veut pas apprendre à lire à neuf ans ; il sera peut-être à dix-huit ans l'un des meilleurs élèves. En Harmonie, certains titres de caractère sont rétifs au système d'enseignement limité qui domine jusqu'à quinze ans. Ils pourront devenir les plus intelligens lorsque le système sera plein, par étude de l'analogie mineure, c'est-à-dire des hiéroglyphes d'amour et de famille, que les sibyls harmoniens ne pourront pas mettre en jeu avec les impubères, et dont l'emploi ne commencera qu'après 15 ans.

Les éclaircissemens sur ce sujet sont forcément renvoyés au traité des transitions, qui n'est pas de ce volume.

2. *La jeune tribu des complémentaires doublans* (page 20), semblait aussi devoir occuper un article. C'est encore une corporation inexplicable, tant qu'on ne connaît pas la théorie des transitions harmoniennes. Tout civilisé pensera qu'une masse d'enfans non admis dans les 5 chœurs de ligne,

2. *Chérubins*, 3. *Séraphins*, 4. *Lycéens*, 5. *Gymnasiens*,
6. *Jouvenceaux*,

ne peut se composer que du rebut de l'enfance, que des jeunes avortons et crétins de la Phalange.

C'est une erreur ; car il pourra se trouver dans cette tribu beaucoup de caractères d'un titre douteux, équivoque ; souvent même des titres supérieurs et transcendans, qui, par incident quelconque, ne seraient pas susceptibles de développement précoce, ou qui prendraient un essor désordonné et hors de gamme.

Si les trois tribus de complément, 20, étaient à mépriser, personne ne voudrait y figurer. Les pères s'indigneraient d'y voir classer leurs enfans ; elles deviendraient une pomme de discorde, et on serait forcé de les supprimer. L'Harmonie ne doit créer aucune corporation sans l'étayer d'un lustre fondé en titres.

Ajoutons que ces trois tribus pourront réunir des caractères de très-haut titre, mais hors d'emploi par suite de blessure. Celui à qui un accident aura causé la perte d'un membre ou d'un sens, vue, ouïe, etc., sera par le fait inhabile à l'harmonie active. Il n'en sera pas moins considéré, quant aux moyens intellectuels, que son corps estropié ou infirme ne pourra plus seconder; mais il devra prendre place dans les tribus hors de ligne; l'emploi dans les douze chœurs d'harmonie active;

2. 3. — 4. 5. 6. —— 7. 8. 9. 10. — 11. 12. 13. supposant l'exercice intégral des 12 passions, sauf exception pour les quatre chœurs 2, 3, 4, 5, antérieurs à la puberté, et bornés à 10 passions, par absence de 2 affectives mineures.

3° *Les preuves de la répartition opportune des fonctions.*

» Vous attribuez, dira-t-on, tel emploi à telle corporation :
» pourquoi en priver telle autre qui peut avoir même apti-
» tude et mêmes droits? »

Ces distributions n'ont rien d'arbitraire; elles sont calculées par affinité composée et bi-composée, selon diverses règles dont il serait trop long de rendre compte. Donnous-en une seule preuve, sur quelqu'attribution assez indifférente en elle-même.

J'ai dit que les Petites Hordes sont chargées de la petite artillerie, canons d'une livre de balle, menue école : là-dessus, nombreuses objections des ergoteurs : « A quoi bon de l'ar-
» tillerie dans un état social où il n'y aura point de guerre?
» On ne va pas à la chasse avec des canons. Et quand ils
» seraient utiles, pourquoi ne pas les donner de préférence
» au chœur des adolescens de 20 à 25 ans, plus forts et
» plus adroits à pareille fonction, qui exige une prudence
» étrangère aux enfans de 12 ans? D'ailleurs, si l'artillerie
» de petit calibre est confiée aux enfans, ne doit-on pas la
» remettre aux Petites Bandes, classe la plus studieuse de
» l'enfance? »

Objections mal fondées! Je ne règle les répartitions qu'avec preuve d'opportunité et sur calculs très-réguliers. Citons-en un seul, celui de l'affinité bi-composée, que je vais appliquer à la bagatelle dont il s'agit, à la préférence donnée à l'Argot pour le service de la petite artillerie.

On découvre ici un quatuor d'affinités; deux en matériel M*, M**; deux en spirituel S*, S**.

M*. *Affinité matérielle pour le vacarme.* Les Petites Hordes étant la moitié turbulente de l'enfance, elles ont nécessairement du goût pour le fracas éclatant, comme celui des petits canons d'une livre de ba.le.

M**. *Affinité industrielle pour la marine.* Elle puisera dans le corps des Petites Hordes bien plus que dans celui des Petites Bandes. Elle trouvera donc dans l'Argot dès canonniers tout formés ; elle en aura besoin : il faudra, malgré la paix universelle, des canons sur les côtes et en pleine mer, pour héler et signaler les navires.

S*. *Charme corporatif ascendant*, 169. L'Harmonie devant donner du relief à la plus utile des corporations enfantines, elle ne saurait mieux faire que de confier aux Petites Hordes la fonction la plus bruyante et par conséquent la plus révérée de l'enfance, qui, amie du vacarme, ne voit rien de plus respectable que de petits canons de 1 ou 2 lb., manœuvrés par des enfans à cheval, et traités comme vases sacrés dont l'attouchement est interdit aux profanes. (L'Argot et ses alliés, vestels, coëres, paladins, ont seuls le droit de toucher la petite artillerie).

S**. *Utilisation composée de l'Attraction.* Cette prérogative accordée à l'Argot, présente l'avantage d'attirer à l'industrie répugnante, aux fonctions immondes, par une fonction pénible et savante, qui est la manœuvre du canon. C'est étendre le charme à deux fatigues, en tirer l'utilité composée, exciter l'Argot même à l'étude des sciences fixes, nécessaires en gestion d'artillerie.

Lorsqu'on s'astreint soi-même à consulter cette pierre de touche, *LA PREUVE BI-COMPOSÉE*, on est, je pense, à l'abri du soupçon d'arbitraire en répartition d'emplois. Cette vérification, quoique suffisante par son excellence, n'est encore qu'une de celles dont se compose mon grimoire ; il en est beaucoup d'autres que je mets en usage, et dont je ne peux pas donner connaissance.

4. *Les complémens différés et inconséquences apparentes.* On trouvera beaucoup de détails insuffisans ou de calculs non terminés : par exemple, j'ai omis d'assigner un emploi au trésor des Petites Hordes, qui augmentant sans cesse par les versemens des admis, 247, ne serait pas en balance de placemens, s'il était borné aux dons indiqués, 248.

A quel service affecter le surplus ? le remettre en proportion de versement aux membres sortans? Ce serait une balance ignoble : ils n'ont pas donné ce capital pour le reprendre en partie, pour en retirer peut-être la moitié, au moment où ils quitteront la corporation. Il faut que ces sommes soient pleinement appliquées à leur destination, à la charité unitaire, et que la portion superflue soit encore distribuée selon des règles de *charité unitaire bi-composée*, telles que les donataires primitifs puissent participer au remboursement dans de nouvelles fonctions de charité.

Ces fonctions ne sont pas déterminées en entier ; une telle recherche n'est pas urgente, et j'ai pu la laisser en suspens, comme bien d'autres qui seront des problèmes à proposer aux critiques. S'ils pensent qu'il soit si aisé de statuer sur les dispositions d'Harmonie, et qu'elles soient de pure imaginative, qu'ils essaient d'y ajouter, en se soumettant, comme moi, à la condition d'utilité bi-composée, qui encore n'est pas la seule clause à imposer en pareil travail. On en trouvera de plus embarrassantes au chapitre d'une journée de plein équilibre passionnel, 8ᵉ Section.

J'ai cru cet article utile à rassurer ceux qui pourraient attribuer les omissions à quelque vice de théorie. Ce serait mal jugé ; la théorie est bien complète : cependant diverses branches de doctrine devront rester en suspens, et leur suppression causera ces lacunes qui peuvent fournir des arguties aux malveillans, mais qui, d'après cet éclaircissement, ne doivent pas ébranler la confiance des lecteurs bénévoles. Malgré leur petit nombre, ils sont les seuls dont je recherche le suffrage ; pauci, sed boni. Il ne nous faut qu'un fondateur, qu'une ISABELLE DE CASTILLE, qui sache, en dépit des détracteurs, apprécier et employer CHRISTOPHE COLOMB.

Nota. Ce traité d'éducation naturelle s'élève, pause et tables déduites, à 220 pages. C'est à peine moitié des plus courts qui soient connus, et à peine un dixième de ceux qu'on ne juge pas trop longs, quoique tout sophistiques. Les lois de la nature sur l'éducation, exposées en 220 pages !!! telle est ma réponse aux détracteurs hâtifs, qui voient des longueurs dans une telle brièveté. Que penseront-ils d'un Emile en 2200 pages, qui ne leur enseigne que l'éducation contre nature? Le sophisme n'est jamais trop long pour des esprits faussés ; la vérité est toujours trop longue pour qui ne veut que de l'encens et des illusions philosophiques.

FIN DE LA 4ᵐᵉ SECTION.

TABLE DE LA IVe SECTION.

Education en Phases ultérieure et postérieure.

ARGUMENT GÉNÉRAL de la Haute Éducation ,   pag.   233

IIIme NOTICE. — *Education ultérieure.*

              Antienne. 238
Chap. 1er. Organisation des Petites Hordes. . . . 239
  2. Fonctions civiques des Petites Hordes. . . 245
  3. Application aux équilibres passionnels. . . 251
  4. Organisation des Petites Bandes. . . . 258
  5. Fonctions sociales des Petites Bandes.
      Erreur bi-composée sur le génie féminin. . . 264
      NOTE G. Sur la connivence des Philosophes et
        des Français, pour avilir le sexe féminin. . 270
  6. Application à l'équilibre matériel,
      Par la gymnastique intégrale. 277

TRANS-LUDE. *Quadrille de conflits en éducation civil.* 284

IVme NOTICE. — *Education postérieure.*

Argument spécial de la 4e Notice. 290
  7. Des Vestales harmoniennes. 295
  8. Fonctions du corps vestalique. 304
    Analogie des 7 pass. animiques avec l'arithmétique. 307
    Cis-Appendice : le sort de la Virginité civilis. 313
  9. Des Vestels harmoniens. 316
  10. Des Damoiselles et Damoiseaux. 325
    Trans-Appendice : accord du bon et du beau. 330
  11. Du corps sibyllin. 334
    Sceptres pivotaux et cardinaux. 336
  12. Gamme simple des méthodes d'éducation. . 340
  X Du procédé d'enseignement harmonien , ou
    mutualisme composé. 349
          Postienne. 354
POST-LUDE. *Omissions préméditées ou obligées.* . . 357

FIN DU 2e LIVRE.

Inter-Luminaires.

*FAUSSETÉ des amours civilisés;
faussement du système social par celui des amours.*

Répliques négatives à la critique.

PRÆ. — **Y** pensez-vous, de choisir pareil sujet? écrire sur l'amour? il vous faudrait la plume des Tibulle et des Parny : on exige tant de finesse, de légèreté!

Vraiment! N'exigera-t-on pas aussi, selon Diderot, *la plume trempée dans l'arc-en-ciel, et la poussière des ailes du papillon!* C'est en nous payant de ces fadaises, que les sophistes nous donnent le change sur leur impéritie en calculs de politique amoureuse ou mineure, et nous occupent exclusivement de politique ambitieuse ou majeure, qu'ils ont traitée si habilement, sur-tout dans cette génération.

Sans recourir ni à l'arc-en-ciel, ni aux papillons, je vais présenter l'amour sous un point de vue plus digne d'intéresser les gens de bien; je vais leur démontrer qu'une erreur commise en théorie d'amour, suffit seule à renverser tout l'échafaudage de la politique et de la morale civilisées.

Elles ont organisé le régime des amours en *contrainte générale*, et par suite en *fausseté générale*; car il y a fausseté par-tout où il y a régime coërcitif. La prohibition et la contrebande sont inséparables en amour comme en marchandise. Or, si vous opposez à l'amour, des lois prohibitives, soyez certain qu'il ripostera par la contrebande générale.

De là résulte déjà que toutes les relations de famille sont viciées; que le père est trompé par sa femme et sa fille intéressées à lui déguiser leurs amours, et rétives à ses impulsions de fidélité, de mariage ou autres. Il est trompé, de plus, sur l'origine de ses propres enfans; et c'est la plus odieuse de toutes les perfidies sociales, quoique sujet de plaisanterie.

Cependant nos équilibristes veulent fonder le bonheur public et privé sur le bon ordre des familles. Nous aurons donc à examiner comment la fausseté des amours jette le désordre dans les familles, et par suite, dans tout le système social. Ce sera une *thèse graduée*, s'élevant de la partie au tout.

Elle m'a paru nécessaire, en réponse aux critiques prématurées qu'excitera la 4e Notice, Liv. 2e. Chacun s'insurgera à l'idée d'une liberté de choix laissée aux jeunes filles, malgré l'observation faite que ce régime ne devra s'établir qu'au bout de deux générations, et qu'il sera pondéré de manière à faire le bonheur des pères comme des enfans.

Il convient de modérer ces impatiens, par une réplique négative, par un tableau des désordres qu'engendre leur methode, produisant tous les effets contraires aux biens qu'elle promet. C'est l'usage de la philosophie : manquerait-elle à le suivre en régime d'amour, comme en toute branche de mécanique sociale ?

Toutefois, si les sophistes ont pour la vérité le zèle dont ils font étalage, ne doivent-ils pas applaudir à l'idée de la faire dominer dans les amours, d'où elle est si bien bannie qu'ils n'ont jamais songé aux moyens de l'y introduire, tant la difficulté leur a paru insurmontable.

Cet obstacle, comme tant d'autres, tombe devant les Séries passionnelles : mais fixons-nous à l'objet de cet Intermède, qui est purement négatif, n'ayant d'autre but que de constater le mal actuel, et amortir la fougue des sophistes qui s'écrient « que tout est perdu, si on s'écarte de leurs méthodes » coërcitives et fautrices de la dissimulation et de la per-» fidie, sous le masque d'appui de la vérité. »

C'est au sujet le plus frivole en apparence, *aux amours*, que va se rattacher le plus grave des problèmes, celui du *règne de la vérité :* préalablement, donnons, sur l'emploi de la vérité, une boussole fixe, comme j'en ai donné sur l'estimation du bonheur, au 24ᵉ chapitre des Prolégomènes.

Nous allons passer, dès le livre suivant, au calcul le plus effrayant pour la politique humaine, celui des *ÉQUILIBRES PASSIONNELS*. Quelle serait notre déconvenue, en pareille étude, si nous n'avions pas de boussoles théoriques et pratiques sur l'emploi de cette vérité, gage de tout équilibre, en matériel et en passionnel !

Quant à présent, quelle vérité trouver dans les deux branches principales du passionnel, dans les relations d'amour et d'ambition ? Ce sont des abymes de fausseté. On ne s'en est guères inquiété quant à l'amour, qu'on a cru hors du domaine de la politique sociale, et bon seulement à occuper Colin et Colette.

Loin de là : cette passion nous présentera des problèmes d'équilibre plus difficiles encore que ceux d'ambition, parce qu'en mécanique passionnelle ainsi qu'en musique, l'ordre mineur a moins d'accords que le majeur.

Cependant que deviendrait le calcul de l'Attraction ou Harmonie spontanée, s'il ne s'étendait pas à l'amour comme à l'ambition, et si on ne parvenait pas à établir en amour la pleine dominance de la vérité ? Ce sera le plus compliqué de tous les équilibres, le plus étendu en ramifications et ressorts. Il faut donc y disposer de loin les esprits ; tel est l'objet de ces Interliminaires, affectés à quelques analyses de nos ridicules sociaux en mode mineur, des bévues du régime civilisé en relations d'amour et de famille.

CIS. — *THÉORÈME de l'emploi intégral de la Vérité, de sa connexion en modes majeur et mineur.*

TITRE bien glacial, début bien pédantesque dans un interméde consacré à l'amour ! Qu'on se rassure ; les roses pourront se trouver à la suite des épines, et il me serait facile de semer de fleurs le chemin de cette nouvelle doctrine ; mais il est force de débuter sur le ton sévère en attaquant des illusions scientifiques ; *la prétention de créer un bonheur public et privé, isolé de la vérité et des garanties.*

Je consens, puisqu'on l'exige, à donner quelques pages aux détails amusans ; qu'on me permette un article préalable sur la violation des principes. Je serai bref sur ce sujet.

Signalons d'abord l'aveuglement de ceux qui prétendent introduire la vérité dans le monde social, sans y comprendre les relations d'amour. Ils semblent ignorer que l'amour étant une des quatre passions cardinales, et l'une des plus puissantes, il suffit que celle-là soit faussée, pour fausser par contact, le mécanisme des trois autres, c'est-à-dire tout le système social ; il est compris implicitement dans les quatre passions cardinales :

> Ordre MAJEUR,   *Ambition, Amitié ;*
> Ordre MINEUR,   *Amour,   Famillisme.*

Car on voit dans toute relation sociale quelqu'une de ces 4 passions coïncider avec l'exercice des 8 autres. Il suffirait donc, pour généraliser la vérité, de l'établir dans le jeu de ces 4 passions.

Le régime civilisé opère comme un ministre qui, voulant former un cordon contre la peste et devant bloquer une frontière de 80 lieues, ne placerait les troupes que sur une longueur de 60 lieues, et laisserait ouvert un quart de la frontière, 20 lieues, en libre passage aux pestiférés. Cette disposition serait digne de risée, et n'opposerait à la contagion qu'une barrière illusoire.

Tel est le fait de notre politique : elle ouvre à la fausseté plein accès dans la passion de l'amour, qui régit au moins le quart des relations sociales. Une fois introduite sur ce point, la fausseté gagne nécessairement les relations de famille, et bientôt tout le système, comme ferait une contagion à qui on ouvrirait le quart de la frontière infectée.

Je viens de tracer le plan d'une éducation qui, dès l'entrée en puberté, ferme les voies à la fausseté des amours, en laissant aux penchans contrastés un essor suffisant, et assurant des récompenses de divers degrés à ceux qui se distingueront dans l'une et l'autre carrière, soit dans la virginité prolongée, soit dans l'exercice décent des amours précoces et fidèles.

J'ai prévu que ces coutumes, décrites en 4ᵉ Notice, paraîtraient choquantes et inadmissibles. J'ai pris l'engagement, 291, 334, de réfuter les objections d'incompatibilité avec nos principes sociaux, et de donner sur ce point les éclaircissemens les plus satisfaisans.

Provisoirement j'ai eu recours à un moyen dilatoire, à l'hypothèse d'un tableau des mœurs et usages de la planète *Herschel*, en premiers amours. Ce n'était point une fiction : ces coutumes sont réellement celles de toute planète cardinale où les passions sont en plein équilibre en 8ᵉ période sociale, I, 25.

Sur notre planète retardée et arrêtée en 4ᵉ et 5ᵉ périodes, l'amour, comme les autres passions, n'engendre qu'égoïsme et duplicité. Ces résultats sont-ils le vœu de la politique, de la morale et de la religion? Non, sans doute, puisqu'elles s'en indignent sans cesse, adressant à ce sujet les reproches les plus amers aux nations civilisées, que Jésus-Christ appelle race de vipères. C'est vraiment leur nom.

Il y a donc erreur sur le choix des coutumes applicables à la vérité, et notamment sur celles qui régissent l'amour dans les divers âges. Nos coutumes sont visiblement en état de guerre avec nos principes.

Si l'on désire le règne de la vérité, si on la veut *en réalité et non en rêve*, il faudra donc s'étayer de mœurs fort opposées aux nôtres, et modifier en plein les relations cardinales ; celles d'amour et de famillisme, aussi bien que celles d'ambition et d'amitié.

Le siècle transigerait aisément sur ce qui touche aux relations majeures, *ambition, amitié*. On convient sans peine que tout est faux dans les relations d'intérêt, qu'elles auraient besoin d'une réforme complète. Mais on prétend améliorer les mœurs en laissant à la contagion moitié du domaine social, toutes les relations mineures d'amour et de famillisme.

Débrouillons ce chaos de préventions qui règnent au sujet de la *vérité active*, c'est-à-dire vérité praticable, compatible avec l'Attraction, avec l'intérêt et le plaisir. Ce sont les grands maîtres du monde ; ils le seront toujours, même en Harmonie. Si donc la vérité, après 3ooo ans de bannissement, veut passer du dernier rang au premier ; si elle veut saisir le gouvernail du navire social, il faut qu'elle avise enfin aux moyens de se concilier avec l'intérêt et le plaisir ; de s'appliquer intégralement à l'ensemble des relations ; car il est certain que si on laisse une branche du système social ouverte à la fausseté, ce sera imiter le général qui laisserait une partie du cordon ouverte aux pestiférés. Ainsi opère la civilisation.

Beau sujet de réflexions pour nos controversistes qui avaient oublié de porter en compte l'amour, dans leurs spéculations de vérité et de régénération. Je vais leur décrire les effets de cette omission et les disposer à comprendre que, vouloir à demi le règne de la vérité ; admettre un partage entr'elle et le mensonge ; céder au mensonge tout le domaine des amours, et par suite beaucoup d'autres, c'est consacrer le triomphe absolu de la fausseté : aussi envahit-elle en entier tout le système civilisé.

Voilà de graves principes à propos de cet amour qu'on ne croyait bon qu'à occuper les romanciers : ainsi l'avaient persuadé nos subtils politiques, pour se dispenser de recherches sur le plus épineux des problèmes, celui du règne de la vérité en amours. Cependant, où sera l'unité d'action en mécanique sociale, si on admet que la fausseté doive dominer dans l'ordre mineur, dans les relations d'amour, et par suite dans celles de famillisme ?

On n'admet point la fausseté, répliquent-ils ; on défend l'adultère en mariage, et la fornication hors de mariage :

puissant moyen, quand il est prouvé par le fait que les amours illicites sont sept fois plus nombreux que les conjugaux ! On défend aussi de préférer les richesses à la vérité : le beau succès qu'ont obtenu toutes ces prohibitions morales !

Résumons et déterminons les boussoles en fait de vérité sociale ou praticable.

Boussole concrète ou pratique : elle est dans l'emploi des Séries pass. ; hors de ce mécanisme, tout est faux. De là vient que l'ordre civilisé est aussi faux en relations *majeures*, astuces d'ambition, amitiés trompeuses, etc., qu'en relations *mineures*, amours illicites et vénaux, familles discordantes et paternité incertaine.

Boussole abstraite ou théorique : elle est dans *L'UNITÉ ET L'INTÉGRALITÉ* de système, qui exigent que toute mesure tendant à l'établissement de la vérité, soit applicable aux relations majeures et mineures. Il y a duplicité d'action, si on ne spécule que sur un seul des deux ordres, si on veut établir la vérité dans les relations sociales d'intérêt, sans l'établir dans celles d'amour. Cette prétention *simpliste* engendre la fausseté générale : il faut y substituer le système *composé*, une théorie applicable simultanément aux relations d'intérêt et d'amour.

La vérité une fois compatible avec l'ambition et l'amour, s'étendra par suite aux relations d'amitié et de famille ; car il est, parmi les quatre passions cardinales, deux rectrices qui dirigent les deux autres.

Rectrices.	Régies.
Hyper-majeure, *L'AMBITION* ;	*Hypo-maj.*, *L'AMITIÉ* ;
Hyper-mineure, *L'AMOUR*.	*Hypo-min.*, *LE FAMILLISME.*

Voilà, en théorie abstraite de vérité, le principe auquel devait se rallier la science ; *unité d'action* et *intégralité d'emploi.* Si tout est lié dans le système de la nature, comme le disent nos oracles civilisés, ils doivent en conclure que tout est lié dans le système des passions, et que les relations d'amour doivent être comprises dans un système de vérité sociale. Or, comment y établir la vérité sans la liberté ?

Mais cette liberté en amour n'est pas compatible avec l'ordre civilisé et barbare : qu'en conclure, sinon que, pour arriver à la liberté et la vérité, il faut découvrir une société autre

que

que l'état civilisé et barbare, et que pour la découvrir, il faut la chercher.

Ainsi la boussole abstraite, *RÈGLE D'UNITÉ ET D'INTÉ-GRALITE* de système que tout savant pouvait déterminer et proposer, aurait bien vîte conduit à inventer la boussole concrète; càr, en cherchant un état social différent du civilisé ou morcelé, on se serait nécessairement occupé du sociétaire, dont l'étude aurait acheminé au calcul des Séries pass.

La philosophie n'a pas daigné spéculer sur *l'unité et l'intégralité en majeur et mineur.* Toute préocupée de chimères en *liberté majeure* ou licence ambitieuse, elle n'a point songé aux *libertés mineures* ou amoureuses. Elle a déclaré l'ordre mineur bon dans son organisation actuelle. Sanctionnant ainsi la fausseté et la contrainte dans une moitié du mécanisme social, elle a dû s'attendre à voir la fausseté et la contrainte dominer dans l'autre moitié, dans l'ordre majeur, où il ne peut exister ni liberté, ni vérité en civilisation.

J'ai constaté l'absence de principes dans les théories actuelles sur l'amour : c'était la première réponse à faire aux détracteurs qui critiqueront mes dispositions sur l'âge de puberté, 4ᵉ Notice, où l'on a vu plein essor assuré à la liberté et à la vérité. Quel en sera l'effet? C'est de quoi je traiterai au Livre 4. Continuons à modérer les critiques par l'analyse des résultats de leur ouvrage. Disséquons ce beau système de contrainte et fausseté en amour, et voyons s'il serait possible à l'esprit humain d'en imaginer un plus stupide.

CITER. — *ETAT DE LA VÉRITÉ SOCIALE en relations mineures d'amour et de famillisme.*

LA question doit être envisagée en sens politique, moral et religieux, selon l'engagement pris de satisfaire à la fois les trois autorités.

L'examen des convenances religieuses est placé à la fin de l'article, vu la nécessité de traiter le fond avant la forme : or, le fond comprend les débats du ressort de la politique et de la morale.

Au reste, les trois intérêts se compliqueront plus ou moins

dans le cours de la discussion. L'on se rappellera que sous le nom de *vérité sociale*, je désigne la vérité praticable et pratiquée, les réalités, et non les illusions.

§. 1. — *POLITIQUE.* Son but est de fonder le bonheur domestique sur les bonnes mœurs et l'union des familles, et par conséquent sur la pratique de la vérité ; car l'emploi des astuces, des perfidies, ne peut engendrer que la discorde.

En principe général, l'on ne peut pas introduire la vérité dans les relations de famille, si elle ne règne pas en relations d'amour : analysons dans les unes et les autres l'état de la vérité.

Déjà j'ai démontré, au Trans-Lude, que la politique établit quadruplicité d'action dans le système d'éducation, branche primordiale du famillisme.

La politique d'amour est de même faussée dans tout son système, et organisée en quadruplicité d'action et de conflit que je vais analyser.

Quadrille du conflit érotique.

K *SÉRAILS COMPOSÉS.*

1. *Amours vénaux ;*   3. *Mœurs du petit monde ;*
2. *Amours secrets ;*   4. *Mœurs du grand monde ;*

⋈ *AMOURS COMPRIMÉS OU LÉGAUX.*

L'examen détaillé de ces vices va prouver la justesse du principe : « que le bonheur domestique ou familial est insé-
» parable de la vérité en régime d'amours : que si la poli-
» tique manque l'équilibre en relations d'amour, elle le
» manque par contre-coup en relations de famille, et que
» si la fausseté règne dans les amours, elle doit règner par
» suite dans le mécanisme domestique ou familial. » Procédons à l'examen des faussetés et conflits du régime d'amours civilisés.

K *Sérails composés.* Il existe de véritables sérails dans tous les pays civilisés ou règne l'esclavage. Les Colons se font un sérail de leurs Négresses ; les graves Hollandais ont à *Batavia* des sérails de trois couleurs, assortis en femmes blanches, mulâtresses et noires. C'est un engrenage en coutumes barbares, un caractère de transition ; j'ai dû le noter du signe K.

Les sérails existent, quoiqu'en petit nombre, dans les pays exempts d'esclavage. On en a vu, à Versailles, un sous le nom de Parc-aux-Cerfs. Combien de maisons affublées d'un masque décent et d'un titre pompeux, ont été de jolis sérails, ouverts en secret à quelque haut et puissant seigneur ! Au reste, un civilisé opulent n'a-t-il pas pleine licence de se former, soit dans son domestique, soit ailleurs, un petit sérail, mettre en campagne des matrones intelligentes, qui savent bien lui procurer femmes et filles de haut parage, la nombreuse famille d'*ARGENCOUR* !

Jusqu'ici l'abus n'est que simple, qu'imitation des cou-tumes barbares que proscrivent la religion et la morale. Mais l'ordre civilisé, je l'ai fait remarquer plus d'une fois, a la propriété d'élever au mode composé tout vice que la bar-barie exerce au mode simple. Celle-ci ne connaît que le sérail *fixe et forcé :* la civilisation en établit de pareils, comme on vient de le voir ; en outre, elle y ajoute le sérail *vague ou libre.*

Qu'est-ce que le sérail vague ? C'est l'apanage de tous les jeunes gens bien favorisés de la nature, et un peu de la fortune. Comment le sérail vague est-il organisé ? On peut s'en informer vers le chevalier *JOCONDE*, qui vient sur les théâtres nous faire le récit de son genre de vie *en sérail vague.*

Sans me p'quer d'être fidèle,
Je courais d'amour en amour.
Je n'aimais jamais qu'une belle ;
Je ne l'aimais guères qu'un jour.
Ce n'était pas de l'inconstance ;
C'était plutôt de la prudence ;
Car des femmes, en vérité,
Je connais la légèreté,
Et je ne les quittais d'avance,
Que pour n'en pas être quitté.

Joconde en avait donc 365 par an ! Réduisons et abonnons pour une cinquantaine. C'est à peu près le train de vie de la plupart des jeunes gens riches ; du moins de la classe nombreuse dont les caractères inclinent au genre volage. On verra, au traité des caractères, que cette classe est en ma-jorité des 3/4 ; et ce qui le prouve, c'est que Joconde est fort applaudi des femmes comme des hommes, quand il fait trophée de pareils mœurs.

» Applaudi ! Eh, de quelle classe ? dira-t-on, d'une tourbe » de débauchés qui fréquentent les spectacles ? » Mais, si d'autres ne les imitent pas, c'est souvent parce qu'ils ne peuvent pas. La crainte des maladies siphyllitiques en ramène quelques-uns à la constance ; l'intérêt, l'esprit de corps, le titre de caractère, en contiennent d'autres ; mais supposez la bride lâchée, les humains abandonnés à la bonne nature, vous en verrez le plus grand nombre imiter Salomon et Joconde. Quoi de plus moral que les Hollandais, dans leur pays ! Voyez ces mêmes hommes à Batavia.

Quoi qu'il en soit, l'analyse dépose que les civilisés élèvent au mode composé le vice de plurigamie, qui n'est que simple chez les Barbares ; ceux-ci n'ayant que des *sérails fixes*, tandis que les civilisés en ont de *fixes* et de *vagues*. Tout jeune citadin un peu avantagé de la nature et de la fortune, sait se former un *sérail vague*, assorti en femmes de tous rangs, et sans être comme les Barbares, astreint à faire les frais de leur entretien. Loin de là ; il en est bon nombre qui grugent et spolient les femmes.

J'ai parlé du vice de transition ; examinons plus brièvement les vices du quadrille de conflit.

1° *Les amours vénaux.* Il en est de beaucoup d'espèces : la vénalité en amour ne se borne pas aux filles du bazar. Combien d'hommes et femmes de haut parage sont enclins à ce genre de corruption ! Sanchez est d'avis qu'une femme a le droit de se vêtir d'un fichu clair quand elle va solliciter un procès : dans ce cas, la solliciteuse et le juge qui s'y laisse prendre ne sont-ils pas deux champions d'amour vénal ? On pourrait leur accoler beaucoup d'autres classes et des plus huppées ; mais soyons discrets en parlant de la bonne compagnie.

Quant au peuple, sa vénalité en amour n'est pas un mystère : on en connaît même les tarifs, comme ceux des prix-courants de la bourse : et faut-il s'en étonner, quand on voit des tarifs établis sur des vertus de plus fort calibre, comme celles des représentans d'une nation ? Walpole ne disait-il pas qu'il avait dans son porte-feuille le tarif de toutes les probités du parlement d'Angleterre ?

Sous le règne de telles mœurs, comment la politique, la morale et la religion atteindront-elles à leur but, au bonheur domestique fondé sur la fidélité conjugale des épouses, la continence des filles, et le règne de l'auguste vérité dans les relations domestiques ?

2° *Les amours secrets.* C'est encore une kyrielle des plus volumineuses. J'en abandonne le compte aux statisticiens ; ils en rempliront pour la seule ville de Paris, dix tomes aussi épais que l'almanach royal. Tout ce manège pourtant est violation des lois morales, civiles et religieuses : quelle insubordination dans ce monde galant, quelle rebellion à la morale douce et pure ! et comment, à l'aspect de tant d'infractions notoires ou secrètes, peut-on tarder à reconnaître

Ou que le régime des amours est organisé à contre-sens des convenances de la vérité et de la morale ;

Ou que si un tel régime est inséparable de la civilisation, cette société est l'antipode de la morale et de la vérité ?

3° *Les mœurs du petit monde*, et sur-tout de la catégorie nommée petites bourgeoises, boutiquières, grisettes, etc. Elles sont, avant le mariage, une classe de femmes entièrement libres, sur-tout dans les grandes villes. Elles ont des amans affichés, à la barbe de père et mère ; elles en ont à rechange en toute occasion, tant connus qu'inconnus. Enfin, elles jouissent à profusion de ce qui est refusé aux demoiselles d'un rang supérieur. Elles passent leur jeunesse à voltiger d'homme en homme. *VRAIES JOCONDINES*, elles n'en sont que plus intelligentes au travail, et plus habiles à empaumer quelqu'innocent, qui les épouse quand elles sont sur le retour.

Cette classe est par le fait *ÉMANCIPÉE*, aussi bien que s'il existait pleine liberté en amour. Et pourtant ladite classe, ouvertement dégagée du frein des lois civiles, religieuses et morales, forme moitié de la population féminine des grandes villes, où les saines doctrines de la morale douce et pure sont prodiguées au peuple.

En fait de petit monde, je m'abstiens de citer les soubrettes et chambrières, qui sont censées n'avoir pas connaissance des lois de continence ; du moins agissent-elles comme si elles n'en avaient jamais ouï parler, bien qu'elles soient, comme les petites bourgeoises, assidues au prône, où on leur enseigne ces préceptes. Que penser, après cela, des mesures prises par la politique, la religion et la morale, pour mettre un frein aux amours ? Ne doit-on pas soupçonner un trio d'erreurs dans les trois systèmes répressifs ?

4° *Les mœurs du grand monde*, ou classe des gens comme

il faut, qui se dispensent des lois morales, tout en les protégeant comme bonnes à contenir le petit peuple. Chez des gens comme il faut, le mari a ses maîtresses connues, et la dame ses amans connus. Cela concourt à l'harmonie du ménage. C'est ce qu'on appelle *savoir vivre*.

Un petit inconvénient de ces mœurs dites *comme il faut*, est qu'on ne sait trop de quel père sont les enfans : mais la loi *is pater est*, etc., y a pourvu, et ne laisse aucune équivoque, en dépit de certaines ressemblances qui pourraient jeter du louche sur l'origine des tendres enfans.

La médecine vient à l'appui de la loi, en déclarant que ces ressemblances peuvent provenir de regards que la femme enceinte aura jetés sur quelqu'homme dont la physionomie l'aura frappée. A-t-elle regardé un nègre, c'en est assez pour qu'elle accouche d'un mulâtre ! Or, si l'affaire ne tient qu'à des regards, un mari aurait bien mauvaise grâce à concevoir des doutes, contre le témoignage de la loi et de la médecine, aussi infaillibles l'une que l'autre.

D'autre part, des voisins et amis bien endoctrinés, garantissent au père que cet enfant lui ressemble beaucoup. Les gens qui n'en croient rien, se bornent au silence ; dès-lors tout s'accorde, je l'ai dit, 355 3/4, à favoriser et légitimer la fraude sur pareil article.

D'ailleurs, n'est-il pas de fort mauvais ton d'être jaloux de sa femme ? Si l'on veut mériter le titre de bon mari, il faut avoir une foi vive, et croire *qu'il ne peut rien se passer entre gens de bonne compagnie*. Voilà le précepte moral, quant aux bourgeois.

Mais les maris du grand monde y regardent-ils de si près ? la plupart ont spéculé sur une dot ou une alliance utile ; ils ne sont peut-être pas trompés sur ce point. Souvent encore ils ont une spéculation accessoire et fort commode, qui est d'attirer chez eux, à titre d'amies de madame, force jeunes femmes et demoiselles, les courtiser du gré même de la dame qui ferme les yeux, selon la règle, *passe-moi la rhubarbe, je te passe le séné*.

Dans le cas de ce concert anti-moral d'une jeune femme et d'un mari rusé qui s'entend avec elle pour faire du mariage un masque d'intrigues, la maison devient une arène de haut tripotage où l'on dirige l'opinion, où l'on fait et défait les réputations. Une telle coterie est en grand crédit ; elle exerce le *matronage composé*, qui est une des belles ordures de civilisation, un des trophées de l'auguste vérité. Ladite maison a plein accès vers les puissances ; elle obtient les grâces, les sinécures ; *elle fait des colonels*, de l'aveu même de Bonaparte, qui reprochait à pareilles dames de s'en être vantées. Si elles en faisaient sous lui, sous quel règne n'en feront-elles pas ?

Une matrone simple se fait tancer et rançonner par la police ; une matrone composée, opérant sous l'égide du mariage et du mari, marche à la haute fortune, distribue des sinécures. Tant il est vrai qu'en vice comme en vertu, la nature n'attache le bonheur qu'au mouvement composé.

Ainsi va le monde civilisé ; il n'y a que dupes et rieurs. Faites de la morale et du mariage un masque d'orgie, et tout vous réussira. Critiques rebattues, si l'on veut, mais nécessaires dans une réplique aux partisans de la contrainte : il faut les confondre par le tableau des fruits de leur système.

Voilà, en cinq articles, un exposé du rôle que joue l'auguste vérité dans le monde érotique. Voilà le quadrille de conflit bien établi en *amour*, comme on l'a vu en *famillisme*, branche de l'éducation, Trans-Lude, 284. Singulier effet des dispositions de cette politique, dont tous les régulateurs prétendent à l'unité d'action, et ne jurent que par l'unité et la vérité. On ne saurait voir la fausseté et la quadruplicité d'action mieux établies dans l'ordre mineur : peuvent-elles manquer d'envahir les relations majeures, *ambition et amitié !*

Il reste à parler du pivot en monde érotique : c'est la classe contenue et légalement vertueuse. Il est quelques jeunes personnes si bien surveillées par des pères et maris, qu'elles sont obligées, les unes à la continence, les autres à la fidélité. Leur nombre, bien plus petit qu'il ne paraît, accuse la loi qui rallie si peu de monde à son drapeau, et qui n'a guères de soldats que ceux qu'elle enchaîne. Si l'on distingue la classe des épouses fidèles en libres et forcées, pourrait-on garantir qu'*après dix ans de mariage*, il en restât

un millième de fidèles spontanément ;

un centième de fidèles forcément ?

Lorsqu'une législation est parvenue à de tels résultats, on peut la sommer de se juger elle-même. Une loi n'est-elle pas une œuvre de démence, quand elle ne compte pas un centième d'observateurs parmi ceux qu'elle doit régir ; quand elle créa parmi les 99/100ᵉˢ, quatre classes dont chacune opère à contre-sens du vœu de la loi, de la vérité et de l'unité, et ajouter à l'infraction quelque vice choquant, comme vénalité, fraude en lignée, etc. etc.? Comment se fait-il qu'en voyant de telles bizarreries, un tel conflit de faussetés, la philosophie dite *Politique*, ait tardé 3000 ans à mettre en question, s'il n'y a pas *aberration du génie social* dans cette législation répressive des amours, si elle est le ressort à employer pour conduire les nations dans les voies de la vérité?

§. 2.— *MORALE*. Examinons si, en spéculant sur le système répressif, la morale aura mieux réussi que la politique à établir le règne de la vérité dans les relations mineures. Je les ai analysées politiquement en sens d'amour ; nous les envisagerons ici en sens de famillisme.

La morale considérant l'amour comme un léger accessoire, et ne plaçant le bonheur de l'homme que dans les plaisirs de famille, l'union des ménages et les vertus champêtres, il faut, pour abonder dans son sens, traiter spécialement la branche familiale des relations mineures. Distinguons-la en *PLAISIRS CONJUGAUX* et *PLAISIRS PATERNELS*.

Dans les tableaux que j'en vais donner, on se rappellera que je parle de la classe immensément nombreuse qui n'a que le nécessaire de fortune. La classe riche n'étant qu'en très-petite exception, ne saurait entrer en compte dans les analyses générales, où l'exception, comme par-tout, confirme la règle.

Gamme des disgrâces de l'état conjugal.

K *LE VEUVAGE.*	Ʞ *L'ORPHELINAGE composé.*
1. *Le malheur hasardé.*	7. *Le discord en éducation.*
2. *La disparate de goûts.*	8. *Les placemens et dots.*
3. *Les incidens complicatifs.*	9. *La séparation des enfans.*
5. *La vigilance.*	10. *L'alliance trompeuse.*
4. *La dépense.*	11. *Les informations fautives.*
6. *La monotonie.*	12. *L'adultère dit cocuage.*
Y LA STÉRILITÉ.	X LA FAUSSE PATERNITÉ.

1. *Le malheur hasardé* et l'inquiétude anticipée. Est-il un jeu de hasard plus effrayant que celui d'un lien exclusif, indis-

soluble, dans lequel on *joue aux dés* le bonheur et le malheur de sa vie? on voit des hommes et des femmes s'en inquiéter plusieurs années à l'avance ; et c'est à bon droit. Quelle impéritie en politique sociale, de subordonner le sort de la vie à la plus incertaine de toutes les chances !

2. *La disparate de goûts et de caractères.* Elle éclate souvent dès le lendemain du mariage, ne fût-ce que sur la cuisine, qui n'est pas de deux espèces dans les petits ménages ; puis sur la parure, sur les fréquentations : la tendre épouse veut introduire et fréquenter certains habitués et parens qu'elle dit très-honnêtes, vrais amis du commerce et de la charte ; l'époux n'a pas foi à leurs reliques. Bref, on ne va guères à la quinzaine sans découvrir de part et d'autre des goûts et des habitudes incompatibles. On trouve promptement du mécompte en bonheur de ménage, et l'illusion est dissipée du moment où elle va en declinant.

3°. *Les incidens complicatifs.* Il est rare qu'on aille à six mois, sans qu'un évènement quelconque ne vienne changer la face des choses. J'ai vu un jeune marié dont le beau-père, au bout de deux mois, fit une faillite et paya la dot par un bilan. Le pis était que le gendre ayant donné quittance en échange d'effets non payés, il se trouvait compromis de telle manière, que la masse pouvait le forcer à rapporter la dot qu'il n'avait pas reçue, 80,000 francs.

Ceci est un incident de mode majeur, d'ambition : d'autres sont de mode mineur, d'amour. Par exemple, un mari reconnaîtra, au bout d'un mois, que sa femme est une Messaline, et que s'il ne continue pas comme le premier mois, il court grand risque de voir intervenir la *cour des aides.*

On remplirait cent pages de ces incidens qui viennent bientôt dissiper le charme, et montrer à l'un ou l'autre des époux le piége où il est tombé : quelquefois c'est dès la première nuit des noces qu'un mari est désappointé, en ne trouvant pas ce qu'il espérait trouver. Les décomptes ou attrapes ne sont pas moindres pour les femmes.

4 *La dépense.* En général, tout s'accorde à engager les jeunes mariés dans les dépenses. On en voit beaucoup se plaindre au bout de trois mois, et parler d'économie à la femme, qui en réponse les accuse d'avarice. La vie de ménage est si coûteuse,

qu'on en vient toujours à excéder le devis qu'on s'était fixé ; puis il faut en rabattre : l'amour s'envole, dès que l'hymen cause de pareils débats ; l'illusion tombe, la chaîne reste.

5. *La vigilance.* L'obligation de surveiller les détails d'un ménage sur lesquels il n'est pas prudent de s'en rapporter aveuglément à la ménagère. Si elle dispose tout à son gré, la table pâtira pour le service de la toilette. Combien d'autres dangers obligent le mari à une vigilance dont il était dispensé dans son état de liberté !

6. *La monotonie.* Il faut qu'elle soit grande dans les ménages, puisque les maris, malgré les distractions attachées à leurs travaux, courent en foule dans les lieux publics, cercles, cafés, spectacles, etc., pour se délasser de cette satiété qu'on trouve, dit le proverbe, *à manger toujours du même plat.* La monotonie est bien pire pour les femmes, si elles veulent être fidèles à leurs devoirs.

7. *Le discord en éducation :* source de mésintelligence quand le père, plus sage que l'épouse, ne veut pas consentir à ce qu'elle gâte les enfans. Un père s'ennuie de leurs criailleries, s'en plaint et déserte. La femme s'en console avec quelque voisin, et la discorde naît de ces enfans mêmes que la morale nous donne pour gage d'ineffables accords.

8. *Les placemens et dotations.* C'est à l'époque de ces corvées, qu'un homme trouve à décompter sur les douceurs du ménage. Cependant ses filles lui resteront sur les bras, s'il ne s'ingénie pas à leur gagner une dot : comment faire ? il n'a tout à point que le nécessaire : puis, il faut placer des garçons, subvenir aux frais d'éducation. Que de supplices dans cet état conjugal, dépeint comme un chemin de fleurs !

9. *La séparation des enfans.* Si l'on n'a que des filles, elles suivent leurs époux en divers pays, ou en ménage dans la même ville. D'ordinaire, l'hymen enlève celle qui faisait le charme des parens ; ils demeurent tristement abandonnés à eux-mêmes. Le garçon trouve un bon parti dans quelque pays où il va se fixer. Combien de parens sont réduits ou à perdre en entier la compagnie de leurs enfans, ou à ne conserver que ceux qui leur plaisaient le moins, et les conserver de loin, en ménage séparé où la compagnie des pères devient parasite !

10. *L'alliance trompeuse :* les désagrémens à éprouver de

la part des familles à qui on s'est allié. Dans leur conduite postérieure, elles ne réalisent que rarement les espérances qu'on fondait sur leur parenté, et souvent elles engagent dans maintes duperies. Leur inconduite oblige à une rupture, à des discordes, qui remplacent les doux plaisirs de famille, promis par la morale.

11. *Les informations fautives* ou renseignemens inexacts sur ce qui s'est passé avant la noce, en-deçà du mariage, et sur le compte de l'épouse ou de ses parens Combien de maris croyant avoir épousé une Agnès, combien de pères, après le mariage conclu, s'écrient : si j'avais su telle chose, je ne serais pas entré dans cette famille, ou je ne lui aurais pas donné ma fille ! Les informations sont si inexactes, qu'on voit les 3/4 des individus faire entendre pareilles plaintes.

12. *L'adultère*, qu'on nomme cocuage sur les théâtres de France. Il faut que ce soit un fâcheux accident, puisqu'on s'épuise en prétentions pour y échapper, malgré la certitude qu'a l'époux, avant le mariage, de subir le sort commun qu'il a fait subir à tant d'autres. L'analyse de cette 12me disgrâce exigerait seule un article aussi étendu que cet Intermède. Voyez *Trans*.

Y—LA STÉRILITÉ. Elle menace de déjouer tous les projets de bonheur, et suffirait seule à épouvanter quiconque prend femme dans l'espoir de progéniture. Le pauvre a toujours des légions d'enfans : *aux gueux la besace*. Il pleut des enfans chez celui qui n'a pas de quoi les nourrir ; mais la stérilité semble frapper spécialement les familles riches : elle vient déconcerter époux et aïeux, livrer leur patrimoine aux collatéraux, dont l'avidité et l'ingratitude connues ou déguisées font le désespoir des testateurs. et leur inspirent de l'aversion pour une compagne stérile, pour ce nœud conjugal qui a déçu toutes leurs espérances ; vrai préjugé social, souverainement impolitique sous ce rapport, et encore plus sous le suivant.

X—LA FAUSSE PATERNITÉ. C'est la plus odieuse des perfidies qu'engendre le système conjugal ; et pourtant elle est en France un sujet de facétie publique, même sur les théâtres, où l'on en badine en vers et en prose ; plaisanterie bien digne d'un ordre social où tout est faux, et où il n'y a de voies de succès que pour la fausseté. Aussi la loi et l'opinion s'unissent—elles pour interdire à un mari toute réclamation à cet égard, ou neutraliser les plaintes qu'il peut porter. La justice lui répond, *cela n'est pas prouvé* ; elle l'éconduit comme Guillaume réclamant ses moutons volés par Agnelet. L'opinion lui dit, *quand on ne le sait pas, ce n'est rien ; quand on le sait, c'est peu de chose.* Le voilà chargé des enfans d'autrui, et berné pour s'en être aperçu. Injustice composée, essence de la civilisation, qui ne fait jamais le mal en mode simple.

K.—*LE VEUVAGE.* Il réduit le père de famille au rôle de forçat ; disgrâce bien pire que les faibles ennuis du célibat ! Un père, à moins de grande fortune, est transformé en galérien s'il reste veuf avec plusieurs enfans, et qu'il veuille les élever aux bonnes mœurs, à l'industrie ; et si le père décède avant leur majorité, l'inquiétude pour des enfans livrés à des mains mercenaires, la perspective des désastres qui vont fondre sur cette jeune famille, l'abreuveront de fiel à ses derniers momens.

K.—*L'ORPHELINAGE COMPOSÉ.* La garantie du bonheur des enfans est jouissance principale pour les père et mère : l'état conjugal ne garantit en aucun cas ce bien-être des orphelins. Les précautions de tutelle et curatelle ne suffisent nullement à préserver l'orphelin de lésion et spoliation.

Il y a plus : l'enfant est souvent *orphelin négatif*, dans les cas très-fréquens où des père et mère inhabiles dissipent le patrimoine qui devait lui échoir. Il est aussi malheureux et peut-être plus que s'il était *orphelin positif* par leur décès prématuré ; d'où il suit que l'état conjugal expose les enfans à deux orphelinages, sans garantie contre les lésions qui en doivent résulter. Aucun de ces vices ne peut se reproduire dans l'état sociétaire, qui pourtant ne spécule pas sur le lien conjugal.

Corollaire. — S'il est vrai que cette union maritale soit un gage de bonheur, d'où vient qu'une jeune veuve qui jouit de quelqu'aisance, est réputée très-heureuse, plus qu'elle ne pouvait l'être du vivant de son mari, et que l'opinion, chez les deux sexes, proclame le bonheur des jeunes veuves, sur-tout quand elles savent conserver leur liberté, ne pas tomber de Carybde en Scylla, du joug d'un mari sous le joug d'un hableur sentimental , mais se réserver l'indépendance en amours et le droit de changer d'amans ?

Telle est la classe de femmes civilisées dont chacun vante le bonheur. Il n'en existe donc ni pour les femmes, ni pour les hommes, dans le lien conjugal. En effet, la jeune femme n'est réputée heureuse que lorsqu'elle est veuve, ou lorsqu'elle à un mari assez débonnaire pour se départir des droits conjugaux, ne voir dans les alentours de l'épouse aucune liaison suspecte, l'élever au rang de *LICENCIÉE* en mariage, libre sous la tutelle d'un maître fictif. Telles sont les deux sortes de jeunes femmes citées comme heureuses ; mais, dans l'une ou l'autre condition de *veuve* ou *licenciée*, le bonheur de la jeune femme consiste à échapper au joug conjugal. Ce lien constitue donc le malheur et non le bonheur des femmes, dans le cas où les statuts en sont strictement observés.

Quant aux hommes, si on recueille leurs votes, on en trouvera les $7/8^{es}$ en jérémiades sur les tribulations du mariage, sur-tout chez le pauvre, qui ne connaît du ménage que les misères. Mais à consulter les riches mêmes, qui n'ont à se plaindre ni d'inconduite, ni de lésion sur la dot, ni de mauvais caractère d'une épouse, on en voit encore la grande majorité s'écrier : « quelle folie, quelle galère que ce mariage : » ah ! si c'était à refaire, on ne m'y prendrait pas ! »

Ce lien perpétuel fut donc imaginé pour le malheur des hommes et des femmes ; les rares exceptions confirment le principe général. Il faut le redire sans cesse, à tant d'ergoteurs qui allèguent des exceptions pour des règles.

Résumant sur cette analyse, je demanderai quel mari peut se flatter d'échapper à ces 16 disgrâces, dont souvent une seule suffit à faire le malheur de sa vie? Sur 100 individus mariés depuis 10 ans, n'en trouvera-t-on pas 99 qui auront à se plaindre, non pas d'une seule, mais de deux et trois de ces disgrâces? Quelle source de leurre, en fait de bonheur, que ce lien de mariage, à moins de grande fortune ! Quelle pauvreté de génie dans cette politique et cette morale, qui, en opposition au sérail vexatoire pour les femmes, n'ont su imaginer qu'un lien vexatoire pour les femmes et les hommes à la fois ! tant il est vrai que la civilisation reproduit en mode composé, tous les vices qu'on voit en mode simple dans l'état barbare !

En indemnité de ces misères conjugales dont on pourrait doubler et tripler le tableau, la morale promet aux époux des jouissances paternelles. Quelle garantie en offre-t-elle? et à supposer une famille en plein accroissement, voyons de combien de mécomptes est menacé un père civilisé.

On en va juger par une table synoptique des levains de discorde que la civilisation crée entre les enfans et les pères, dans les régions les plus vantées pour leur morale et leur saines doctrines, comme l'Europe moderne, la Grèce antique et la Chine, tant prônée par l'abbé Raynal.

C'est ici de ces vérités qu'il faudrait taire, si l'on n'apportait le remède au mal; mais la découverte de l'antidote n'étant pas douteuse, les pères devront lire avec plaisir le tableau de leurs mécomptes et de leurs torts, soit pour se convaincre de la déraison qui règne dans les calculs et devoirs d'affection réciproque entre enfans et pères, soit pour reconnaître combien l'on avait besoin d'une science autre que la philosophie, et d'une société autre que la civilisation, pour arriver à un équilibre passionnel en relations de famille.

GAMME DES GERMES DE DISCORDE ENTRE PÈRES ET ENFANS CIVILISÉS.

K *INCOMPATIBILITÉ DE CARACTÈRES ET DE GOUTS.*

Vices d'Autorité abusive.

1. Partialité injuste jusqu'au ridicule.
2. Dégoûts causés par l'abus de l'autorité paternelle.
3. Frustration, exhérédation en faveur des préférés.

Vices de Mécanique faussée.

4. Monotonie de la vie de famille, fatigante pour l'enfant que l'instinct pousse à la vie sériaire.
5. Ignorance des enfans en bas âge sur les titres de paternité.
6. Contraste qu'ils remarquent dans l'adolescence entre les prétentions des pères et les motifs illusoires dont elles s'appuient.
7. Délais et expectative d'hoirie.
8. Suggestions d'époux mécontens l'un de l'autre par suite d'avarice ou vexation, *item* des voisins, parens et valets.

Vices de Cupidité dénaturée.

9. Abandon des naturels, dits bâtards.
10. Vente des enfans, quand la loi y souscrit.
11. Mutilation physique et morale des enfans.
12. Exposition et infanticide.

✗ *INÉGALITÉ TIERCÉ DES DOSES D'AFFECTION RÉCIPROQUE.*

L'examen des germes de discorde remplirait un immense chapitre : il est forcé de le renvoyer aux équilibres de familisme, et se borner à quelques lignes sur le K et le ✗.

K *Incompatibilité de caractères et de goûts.*

Les pères civilisés ignorent qu'il existe une échelle de 810 caractères formant 415 titres bien distincts en hommes ; 395 en femmes ; plus, quelques transcendans hors de gamme.

Il est donc très-possible qu'un homme qui a six enfans, et à plus forte raison celui qui n'en a que deux, rencontre en eux des titres et penchans fort antipathiques avec lui. La nature les jette au hasard sur la masse, comme le semeur jette sans choix les grains de blé. De là vient qu'un père juge très-vicieux des enfans qui ne le sont point du tout, et qui, au contraire, peuvent être d'un titre plus élevé et plus précieux que le sien. Il n'en résulte pas moins entr'eux une incompatibilité qui disparaîtra en Harmonie, où les 810 titres sont tous utilisés, et où chaque père voyant sous ses yeux l'emploi fructueux de tous, ne blâme ni ne réprimande un enfant pour disparate de goûts avec ses père et mère.

Entretemps : l'ignorance qui règne aujourd'hui sur le clavier général des caractères, devient une source de discordes familiales aussi fréquentes que mal fondées ; c'est un désordre inévitable en civilisation ; un vice inhérent à l'état morcelé ou insociétaire appelé *doux ménage*, bien rude pour les couples sans fortune qui composent le grand nombre.

✗ *Inégalité tierce des doses d'affection réciproque.* Les pères se plaignent sans cesse de n'être pas aimés autant qu'ils aiment, ne pas obtenir moitié de l'affection qu'ils croient leur être due. Ils vont accuser la nature d'injustice criante, en apprenant qu'elle veut, *en civilisation*, limiter la tendresse filiale au tiers de la paternelle. Eux-mêmes connaîtront bientôt la justice de cette loi, et sa nécessité en équilibre général, où le père obtiendra un retour d'affection filiale en dose de quatre pour trois : il recueillera en ce genre plus qu'il n'aura semé , quoique dégagé des soins d'éducation.

Quant à présent , les pères n'obtiennent en retour d'affection qu'un pour trois ; dose tierce et insuffisante sans doute : encore ce faible lot est-il celui des pères aimés , des plus heureux : il en est une foule qui n'obtiennent pas 1/6ᵉ de retour , grand nombre pour qui l'enfant n'a que de l'indifférence , et quelquefois de l'aversion , déguisée ou non. Il importera de leur bien démontrer cette disgrâce , puisqu'elle touche à sa fin et que le remède en est découvert.

Il en sera de même des douze autres disgrâces dont je diffère l'analyse : elle prouvera que la politique et la morale sont au superlatif d'impéritie , en voulant établir le bonheur familial dans les ménages morcelés ou insociétaires , en fondant leurs présomptions sur quelques familles riches qui sont l'exception et non la règle , et qui encore ne s'élèvent pas, en ce genre de bonheur , au quart du charme familial dont jouira chaque père en Harmonie.

§. 3. — *RELIGION*. Il conste, d'après les tableaux précédens ,
Que nos usages engendrent, en relations d'amour et de famille , tous les désordres anti-politiques et anti-moraux ; exclusion de toute vérité , et déception des époux et des pères dans leurs espérances de bonheur.

En principe , on ne saurait se refuser à convenir :

1. Qu'il faut spéculer sur un changement de période sociale, et par suite un changement de mœurs et usages , si l'on veut établir la vérité et l'unité dans les relations industrielles , domestiques ou familiales ;

2. Qu'on ne peut pas établir la vérité dans les relations majeures (ambition et amitié), si on ne l'introduit pas dans les relations mineures (amour et famillisme) , dont la fausseté gangrène de proche en proche tout l'ensemble du système social.

On adhérera facilement à ces deux principes ; mais quelques personnes scrupuleuses pourront critiquer l'application que j'en fais , les usages que l'état sociétaire substitue aux nôtres , usages renvoyés à la troisième génération d'Harmonie , mais dont l'exposé est nécessaire dans une théorie d'équilibre passionnel, où il faut spéculer sur le futur comme sur le présent.

Plus

Plus d'un père pourra répugner à penser que sa troisième génération adopterait des mœurs contraires aux lois religieuses actuelles sur la chasteté, le mariage, la fidélité conjugale, etc.

Il est à propos de rassurer sur ce sujet les personnes pieuses. Une courte dissertation va lever les scrupules et réconcilier avec les mœurs d'Harmonie, même les consciences les plus timorées.

On objecte : « que le mariage exclusif et permanent étant » l'état voulu par Dieu, ordonné dans ses commandemens, on » ne doit pas spéculer sur d'autres liens en amour et en état » domestique. »

Une telle opinion supposerait des limites à la puissance de Dieu. Nous connaissons ses volontés *quant aux unions civilisées*, et devons les observer constamment *en civilisation*. Mais nous ignorons quelles nouvelles lois il pourra nous donner quand nous serons sortis des voies du mensonge et de la lymbe sociale, et entrés dans les voies divines, dans les sentiers de la vérité et de l'unité industrielle.

Plus d'une fois, Dieu a modifié les coutumes relatives à l'amour et aux relations sociales. Il permit aux patriarches le concubinage, les divorces consécutifs équivalants à la polygamie. Ensuite il donna sur le Mont-Sinaï une nouvelle loi qui, appliquée au peuple juif, devint la voie du bien pendant un long espace de temps. Plus tard, il envoya le Messie pour modifier les coutumes juives, circoncision et autres, qui n'étaient plus en accord avec ses vues.

On peut en induire que, lorsque les sociétés auront subi une métamorphose de vice en vertu, un passage du chaos social à l'Harmonie, Dieu proportionnant ses décrets aux conjonctures, pourra se manifester de nouveau et donner, comme sur le Mont-Sinaï, par l'organe de quelque prophète, une loi nouvelle sur les unions sexuelles de l'état sociétaire.

Sans rien préjuger sur ce sujet, nous pouvons espérer une telle faveur, d'après l'aspect du passé.

En effet, *la puissance de Dieu n'est point limitée*, et ses lois en union sexuelle ayant différé selon les convenances des périodes patriarcale, civilisée et primitive, elles pourront différer encore selon les convenances des périodes supérieures, Garantisme, Association simple ou composée, auxquelles nul peuple ne s'est élevé jusqu'à présent.

Si Dieu a cru devoir interdire en civilisation l'inconstance et la pluralité d'amours, il est pourtant certain que ces coutumes ne lui sont pas essentiellement odieuses, puisqu'il les autorisa chez Jacob et autres patriarches vivant dans un ordre social différent du nôtre. Il est donc possible que, lorsque nous serons sortis de la civilisation, Dieu nous dispense des statuts imposés à cette société, et rétablisse des coutumes qu'il jugea admissibles dans les âges primitifs.

Dans l'ignorance où nous sommes de ses desseins à cet égard, nous devons éviter toute opinion qui limiterait sa puissance et sa providence. Or, ce serait tomber dans ce vice, que de prétendre qu'après la fondation de l'Harmonie, il manquerait à donner pour cette société des lois spéciales sur les mœurs publiques et privées, comme il en a donné pour les précédentes sociétés et les divers âges du genre humain.

Une considération qui motive cet augure, c'est qu'il ne conviendra pas à l'Harmonie, dans ses débuts, dans ses deux premières générations, de s'écarter des usages de civilisation relativement aux unions sexuelles, et qu'on devra organiser d'abord l'état mixte ou Harmonie hongrée, qui conserve en relations mineures la plupart des coutumes civilisées, sauf les dispendieuses, comme l'éducation isolée des enfans.

Il n'y a donc, dans le système de liberté amoureuse dont je viens d'exposer le premier développement, rien qui contrevienne à l'esprit religieux, vu les délais qu'exigera l'introduction de ces nouveaux usages, et la probabilité d'une communication prochaine de la part de Dieu, sur les mœurs ultérieures à adopter dans l'Harmonie, lorsqu'elle sera pleinement établie par toute la terre.

Les scrupules auxquels je réponds, ne sont, à les bien examiner, qu'une double erreur en sens de piété ; ils proviennent :

1º D'un mouvement d'orgueil ou prétention de l'esprit humain à limiter la puissance de Dieu, et la faculté qu'il a de modifier ses lois selon les temps, les lieux et les périodes sociales ;

2º D'un manque de foi et d'espérance en l'universalité de la providence ; d'un penchant à douter (comme Moyse frappant deux fois le rocher), que Dieu vienne à temps subvenir à nos besoins.

Ainsi, les objections que je refute, quoique louables au premier abord, deviendraient double outrage à la Divinité, si l'on y persistait après cet éclaircissement.

D'ailleurs, comment présumer que Dieu veuille nous priver de l'énorme bénéfice d'une différence du triple au septuple produit (3 à 6 au bas)? elle aura lieu dès qu'on pourra allier les accords mineurs aux accords majeurs, qui seront provisoirement les seuls admis dans la transition de l'état civilisé à l'Harmonie.

Mais quelles que soient les restrictions que l'autorité et l'opinion jugeront nécessaires dans cette transition, et dans tout le cours des première et deuxième générations harmoniennes, il faut théoriquement envisager l'ensemble des équilibres possibles, en amour comme en toute passion; il faut, pour la gloire même de Dieu qui a créé l'amour, déterminer ses emplois en industrie combinée, dans un avenir plus parfait que le présent, et chez des générations sur qui nous ignorons les desseins du Créateur.

Combien d'indices dénotent qu'il a considéré les coutumes amoureuses comme affaire de forme temporaire et non de fond. Au début de la race humaine, il ne créa qu'un couple dont la reproduction exigea trois incestes de Caïn, Abel et Seth, avec leurs trois sœurs. Dieu jugea à cette époque l'inceste admissible, car il aurait pu l'éviter en créant un second couple dont les enfans auraient épousé ceux d'Adam et Eve.

Dieu préféra, *pour cette époque seulement*, la voie de l'inceste : ce n'est pas à nous de scruter ses motifs; bornons-nous à conclure sur les faits, et en induire que, dans l'esprit de Dieu, *les coutumes amoureuses ne sont que formes temporaires et variables, et non pas fond immuable.*

A l'appui de ce principe, j'ai cité les mœurs des patriarches; on pourrait y ajouter celles qui ont régné de tout temps, et règnent encore chez l'immense majorité des humains; chez les Barbares où la polygamie est dominante, sans que ces nations inclinent aucunement à s'identifier ni en amour, ni en administration, aux mœurs des civilisés qu'ils méprisent, oppriment et massacrent plus audacieusement que jamais.

D'autre part, des enfans de la simple nature, tels que les Otahitiens qui n'avaient eu aucune communication avec le monde social, ont été polygames par impulsion naturelle. Combien de preuves que les coutumes amoureuses ne sont dans les plans de Dieu que formes accessoires et variables, selon les transitions d'une période sociale à une autre, I, 25 !

Nous ne devons pas moins pleine obéissance aux lois qu'il nous a données pour la période civilisée ; mais leur violation générale est un motif de conclure que si telles dispositions civilisées sont abusives et éludées de toutes parts, comme les lois de fidélité en mariage et continence hors de mariage, on ne doit pas pour cela méditer un changement d'usages qui pourrait bouleverser la civilisation ; mais chercher une issue de cette civilisation qui fait naître les abus, même des institutions divines, et qui place les humains en état de rebellion permanente et générale aux volontés de Dieu.

Toutefois on pourra, après la lecture de l'Interlogue suivant, juger sainement des motifs qui l'ont déterminé à donner préférence au mariage pour méthode légale en unions civilisées.

Je ne donne ici la solution du problème qu'en sens religieux et simple ; il reste à la donner en sens religieux et social, ou sens composé : ce sera le sujet du morceau suivant, qui sert de lien à l'ensemble de ces réflexions critiques sur la fausseté des amours civilisés. La question n'a été traitée qu'*ABSTRACTIVEMENT* dans le présent article *Citer* ; nous la traiterons *CONCRÉTIVEMENT* au suivant *Inter*, qui exposera en final les vues de Dieu sur l'emploi du mariage, comme voie d'acheminement au Garantisme et de progrès le plus rapide en échelle sociale.

L'analyse des abus qui naissent du commerce et du mariage, était une double voie ouverte à l'esprit humain pour s'élever aux garanties de vérité et de justice. On eût introduit la vérité dans les relations industrielles, en inventant le remède aux vices commerciaux, I, 168, dont on n'a pas même fait l'analyse. On eût introduit la justice dans les relations domestiques, en cherchant des palliatifs au triste sort des pères, et aux désordres conjugaux dont on a de même repoussé toute analyse. On va reconnaître combien sur ce 2ᵉ point les inventions étaient faciles, et combien notre politique, en mariage comme en toute branche du mécanisme social, est constamment en opposition aux vues de Dieu et aux lois générales du mouvement.

INTERLOGUE.

POLITIQUE *divine et humaine sur l'Etat conjugal.*
Thèse des Garanties mineures.

NO US allons, d'ici à quelques pages, passer à la théorie des équilibres passionnels; le défaut d'espace obligeant à déplacer le 3ᵉ livre et le renvoyer au 3ᵉ tome.

Le lecteur ne parviendrait pas à comprendre les équilibres mineurs, ni par suite les majeurs, s'il ne se dégageait de ses préjugés sur le prétendu bonheur conjugal et familial, sur ces liens où quelques heureux PAR EXCEPTION constatent le malheur collectif de la multitude prise au piége conjugal.

On peut déjà conclure de la 1ʳᵉ partie de cet Intermède, que l'ordre actuel des amours et des familles est ce qu'il y a de plus opposé à la vérité, à la concorde, au bonheur domestique ou privé, et qu'il serait impossible d'inventer, 370, un régime plus illusoire en garanties de bonheur. J'en atteste les tableaux, Citer.

L'état conjugal, si onéreux pour la plupart des pères de famille, offrait un beau problème à la science; elle devait alléger le fardeau, leur garantir quelques appuis sociaux, et d'abord le principal, qui est la solidarité familiale externe ou contribution des non mariés et pseudo-mariés, en indemnité à fournir aux mariés géniteurs et surchargés de famille.

C'est une discussion assez neuve et qui va prouver ce que j'ai souvent avancé; savoir : » que la philosophie, sans sortir du cadre des idées » civilisées ni du régime appelé vie de ménage, avait douze voies pour » entrer en Garantisme (période 6ᵐᵉ), et nous ouvrir une issue des » misères sociales. »

PRINCIPE. —Le mariage est en ordre mineur ce que l'industrie est en ordre majeur. L'un est chargé de reproduire et manutentionner les subsistances; l'autre, de reproduire et éduquer les industrieux. Tous deux ont un égal droit à la protection des lois; et si la politique n'était pas simpliste dans tous ses plans, elle aurait reconnu que l'appui des lois doit être COMPOSÉ, appliqué aux producteurs de mode majeur et mineur, aux pères de famille comme aux industrieux.

Loin de pourvoir aux besoins des pères malheureux, proclamer et établir leurs droits à un *minimum*, la politique, tout en déclamant contre la noblesse majeure ou titrée, a créé une noblesse mineure qui se compose des privilégiés conjugaux, des couples qui, n'ayant que les plaisirs du mariage ou du célibat prolongé, ne contribuent en rien au soutien de la masse des *producteurs mineurs*, des pères chargés d'enfans, sans moyen de les élever.

Cette noblesse mineure, tout en affectant de favoriser l'état conjugal, ne tend qu'à le persécuter, envahir toute la faveur des lois et de l'opinion, et méconnaître les droits des pères malheureux : ainsi l'on voit la noblesse majeure envahir toutes les faveurs du prince, et fouler tous les droits de l'industrieux. Dissertons sur celui qu'ont les pères à un minimum familial.

L'instinct suffit par-tout à nous enseigner « que la masse du corps social « doit être engagée et grevée de redevances pour le soutien des corpora- « tions pivotales de la société, entr'autres du gouvernement. » Ce principe de garantisme est indiqué par la nature à tous les souverains, sans qu'il soit besoin de la politique pour le leur apprendre.

D'ordinaire, la civilisation étend trop loin l'application du principe, car elle grève le corps industriel de redevances parasites, entr'autres d'une prestation de tributs féodaux en faveur de la noblesse, et d'une prestation de dimes en faveur du clergé ; bien qu'il soit constaté que l'ordre civilisé peut exister sans dimes ni droits féodaux.

On n'ignore donc pas le principe des solidarités collectives, car on en fait deux sortes d'emplois ; les uns utiles, comme tributs pour le service administratif et les besoins communaux ; les autres abusifs, comme tributs de dîmes et de féodalité.

Est-il de classe qui ait plus de droits aux secours solidaires, que celle des pères de famille nécessiteux ? la philosophie les représente comme les colonnes du système social ; elle ne voit de vrai citoyen que dans le père de famille. En effet, c'est l'homme essentiellement intéressé au bonheur de l'état et au maintien de l'ordre. Les *pères* et les *propriétaires* semblent à ce titre mériter toute la protection des lois.

La législation n'a point su faire le lot à chacune des deux classes : injuste sur ce point comme par-tout, elle prodigue ses faveurs au grand propriétaire ; elle l'accable de dignités et de priviléges, selon l'adage, *la pierre va toujours au tas* ; puis elle ne donne aux pères qu'un stérile encens, ou pour mieux dire un tribut de gasconnades morales sur leur prétendu bonheur ; quand il est évident que les 7/8 des pères chargés de famille sont accablés de dégoûts et de tribulations, faisant, dit-on, *le purgatoire en ce monde.* La charité publique leur fournit des secours illusoires et souvent humilians. D'ailleurs, il en est beaucoup à qui l'honneur défendrait d'en recevoir, et qui ne sont pas moins à la gêne.

Comment se fait-il que les comités de bienfaisance qui voient de près l'énormité du mal, n'aient pas eu l'idée de suppléer le stérile génie philosophique, et de proclamer le principe de garantisme hypomineur ; savoir : QUE LES RICHES CÉLIBATAIRES ET LES PSEUDO-MARIÉS DOIVENT ÊTRE ENGAGÉS SOLIDAIREMENT ET PROPORTIONNELLEMENT EN FAVEUR DES PÈRES SURCHARGÉS DE FAMILLE ET NÉCESSITEUX EN DIVERS DEGRÉS !

APPLICATION. — Elle consiste à former le tableau des classes obligées selon ce principe, et déterminer les règles à suivre dans la contribution qu'on doit leur imposer.

CATÉGORIE DE LA NOBLESSE MINEURE,
Ou des Solidaires *externes* pour le minimum paternel.

Division en 3 degrés de fortune :

3°, *móyenne*; 2°, *copieuse*; 1ᵉʳ, *grande fortune*; ╼╂╾ *colossale*.

✠ Célibataires des 3 degrés.

Pseudo-Mariés.

*   { Veufs et veuves sans enfans ;
           { Mariés sans enfans ;   } Fᵉ des 3 degrés.

* *   { Veufs et veuves ayant un enfant ;
           { Mariés ayant un enfant ;   } Fᵉ des 2ᵉ et 1ᵉʳ deg.

* * *   { Veufs et veuves ayant 2 enfans ;
           { Mariés ayant 2 enfans ;   } Fᵉ de 1ᵉʳ degré.

╼╂╾ Veufs ou mariés ayant 3 enfáns et plus,
        avec une fortune colossale.

K Corporations Propriétaires.

Cette classe fortunée, tout en feignant de protéger les pères de famille, agit comme les Jacobins de 94 à l'égard de l'armée, à qui ils disaient : « Allez, tendres frères d'armes, combattre les ennemis du dehors, et » vous faire échiner pour nous qui combattons les ennemis du dedans, » qui pillons tout, grugeons l'huître et vous laissons les coquilles. »

Ces diverses catégories de non-mariés et pseudo-mariés devraient, dans chaque province, contribuer de *revenu* et d'*hoirie* en faveur des pères surchargés, des victimes qui portent le fardeau de l'état conjugal et paternel, dont l'avantage est tout entier aux sept degrés de pseudo-mariés mentionnés au tableau. Un père peut avoir vingt enfans ; mais si sa fortune est de 20 millions, il est dans la classe des nobles mineurs ou pères heureux et privilégiés quant aux moyens d'existence et d'éducation : il doit, sous ce rapport, contribuer pour le soutien de la multitude nécessiteuse dans l'état paternel.

Quant à la proportion de cet impôt, elle exige des *échelles composées* en double raison de fortune et de condition ; des taxes en raison composée de ces deux bases. Par exemple, dans la classe pivotale, celle des célibataires de 1ᵉʳ degré ou de grande fortune, ou pourrait établir la progression suivante :

REDEVANCE DE REVENU ET D'HOIRIE.

Au-delà de 20 ans, 1/144ᵉ.   Au-delà de 44 ans, 7/144ᵉˢ.
  de 24 » 2/ »   de 48 8/ »
  de 28 » 3/ »   de 52 9/ »
  de 32 » 4/ »   de 56 10/ »
  de 36 » 5/ »   de 60 11/ »
  de 40 » 6/144ᵉˢ.   de 64 12/144ᵉˢ.

Selon ce tableau, un célibataire de 41 ans doit à la caisse de garantie hypo-mineure de sa province, le 24e de son revenu annuel, et en cas de décès, le 24e de son capital. Celui de 65 ans doit le 12e, sans préjudice de la redevance pour garantie hyper-mineure affectée aux filles non mariées et autres classes.

Le tribut serait peu inférieur dans les 2 ordres ⊢ : il décroîtrait dans les classes * * et * * *.

Je donne à ces solidaires le titre d'*externes*, parce qu'en 6e période la garantie hypo-mineure est interne et externe. On nomme *interne*, celle qui pèse sur les parens de divers degrés et qui astreint à d'autres engagemens.

Nota. Les classemens doivent être proportionnels aux conditions sociales. Un villageois sans faste et sans dépense étant de 1re fortune à 300,000 fr., aussi bien qu'un grand personnage riche à un million, mais tenu à représentation.

Cela posé, il reste à demander à la législation et à ses doctes auteurs, ce qu'ils ont fait pour la classe la plus précieuse du corps social, pour les pères surchargés de famille ? RIEN ; pas le moindre secours légal, aucune reconnaissance de droits.

Voilà donc cette profonde sagesse qui promet de tout équilibrer, de tout garantir, et qui a puisé dans le *Contrat social* et *l'Esprit des lois*, tant de sublimes théories de balance, contre-poids, garantie, équilibre ! elle ne s'est pas encore aperçue, en 3000 ans, que la 1re classe à qui on doive des garanties sociales, est celle des pères de famille, et que leurs garanties doivent, comme l'impôt communal (garantie hypo-majeure), se composer de prestations locales et vicinales, à asseoir sur la catégorie des célibataires et pseudo-mariés.

Assurément, des *pseudo-mariés* possédant un million, sont plus heureux avec deux enfans, que s'ils n'en avaient point. Ils ont amplement de quoi salarier des instituteurs et surveillans ; ils ne connaissent donc de la paternité que les roses, et nullement les épines. Ils doivent, en garantisme social, être engagés pour le secours des pères malheureux qui n'ont pas de quoi fournir à la subsistance des enfans, ou qui n'ont pas le nécessaire proportionnel aux degrés ; car un père de la classe dite *comme il faut*, devient nécessiteux si, ayant six enfans, il ne jouit que de 3000 francs de revenu.

Le garantisme doit donc, en éducation comme en fortune, distinguer les 3 classes, haute, moyenne et basse. Deux couples ont chacun six enfans et 3000 fr. de rente ; celui de classe populaire est dans l'aisance, et celui de classe polie dans le dénûment.

Nos politiques n'ont admis aucune de ces considérations. Ils n'ont spéculé sur le mariage que pour en faire un piége social, une galère pour le peuple et un trébuchet pour la classe instruite. On n'a envisagé le mariage que sous le rapport d'amorce à la pullulation, et contrainte à l'industrie par imminence des besoins d'une famille nombreuse.

En conséquence de ces calculs perfides, la politique feignant de protéger le mariage, abandonne les mariés nécessiteux, les prive de toute
garantie sociale. Tel est l'arrière—secret du mécanisme civilisé. C'est
tout—a—point la fable du renard qui attire le bouc dans le piége, et l'y
laisse en disant :

    » Tâche de t'en tirer, et fais tous tes efforts. »

On essaiera d'atténuer l'accusation, en répliquant » que la politique
» est entraînée ; qu'elle ne connaît pas de meilleur ordre que le mariage
» *exclusif permanent*, bien moins vicieux que le système de concu-
» binage et divorce pratiqué par les anciens patriarches. »

Réplique évasive ! S'il est certain que le mariage est le seul procédé
convenable en régime civilisé, il est encore plus certain que la philosophie ne saurait se justifier de n'avoir assuré aucune garantie de secours
social aux pères nécessiteux qui supportent tout le faix des fonctions de
paternité. Ils sont, plus que toute autre classe, dévorés par le ver ron-
geur, ATRA CURA. Les célibataires les plus pauvres, le salarié, le soldat,
ont par fois l'insouciance pour soutien (l'hôpital pour asyle.) Mais le père
de famille sans fortune est la victime du pacte social : des enfans qui
lui demandent du pain, sont pour lui, matin et soir, le calice d'a-
mertume, le vautour de Tityus.)

L'antiquité en était si convaincue, qu'elle accordait aux pères le droit
d'exposition et abandon des enfans. La Chine dont on vante les sages
lois, leur accorde le droit de vente des enfans. L'Italie chrétienne
accorde le droit odieux de mutilation ; tant on est convaincu du mal-
être des pères et de leurs droits à des secours quelconques.

La philosophie, pour esquiver la reconnaissance de ces droits et les
recherches de garantie qu'ils exigeaient, a payé les pères en gasconnades sur le bonheur du doux ménage, *les plaisirs qu'un tendre père*
goûte sous le chaume, et les tendres entrailles de la douce paternité.
Jongleries d'autant plus coupables, que les philosophes habitant les
capitales et voyant de près les misères paternelles de la multitude ouvrière, savent bien que ce n'est pas en fleurs de rhétorique, mais en
indemnités pécuniaires, qu'on doit venir à son secours.

Et cette classe de forçats politiques n'a pas été jugée digne de garantie solidaire ! La sollicitude législative ne se porte que sur le sybarite
non marié, ou sur le riche propriétaire qui ne connaît du rôle de père
que les plaisirs !

Tel est le déplorable résultat du défaut d'analyse des passions. Leur
classement régulier nous aurait appris que chacune des cardinales et
même chacune des douze, doit jouir de la garantie qu'on accorde à
quelques—unes. Or, si l'on admet une garantie hypo—majeure (titre
d'amitié), en obligeant la masse pour le soutien de l'autorité commu-
nale qui fait fonction d'amitié collective ; si on la dote par des octrois,
centimes additionnels, etc., d'où vient que la classe des pères de famille, qui est en titre hypo mineur ce qu'est la commune en titre hypo-
majeur, ne jouit pas du même appui ?

C'est pour avoir manqué à faire ce raisonnement et à poser le principe énoncé plus haut sur la garantie familiale solidaire, que la civilisation a manqué l'une de ses issues les plus naturelles ; car la fondation des garanties familiales en aurait entrainé beaucoup d'autres ; elle eût préparé les voies à la théorie de garantie générale, et de là à de grandes découvertes (*).

Il est surprenant qu'un siècle si subtil en finance, n'ait pas songé à établir *indirectement* et au profit du fisc, cet impôt familial solidaire qu'on aurait pu affecter au dégrèvement des pères chargés d'enfans et gênés pour subvenir aux impositions. Mais la finance et l'économisme n'ont de génie que pour favoriser les parasites. Aussi la classe la plus malfaisante du corps social, celle des entremetteurs d'agiotage, nommés agens de change et courtiers, est-elle celle qui échappe le mieux à l'impôt ; elle fait plus, et l'on peut prouver qu'au moyen de formalités illusoires, comme un cautionnement très-minime, elle grève l'état d'impôts bien supérieurs au léger tribut qu'il obtient d'elle ; de sorte qu'en stricte analyse, c'est l'état qni paie les agens de change et courtiers, pour les déterminer à accepter cent mille francs de revenu.

Ainsi la politique civilisée ne déclame contre un vice que pour en créer un plus grand. L'agriculture était pressurée par le système féodal ; elle l'est maintenant par une autre sangsue, par le corps des agioteurs, où l'on voit des tripotiers gagner rapidement, non pas des millions, mais des 10 et 20 millions, tout en disant que le commerce ne va pas, qu'on ne protège pas le commerce.

Dans ce chaos de jongleries, comment se fait-il que la seule classe vraiment opprimée, celle des pères pauvres, ne fasse entendre aucune plainte, n'élève aucune réclamation d'indemnité corporative et que, d'autre part, les philosophes, nos pasteurs sociaux, n'aient de sollicitude que pour ces agioteurs qui saignent les brebis ! Cette double bizarrerie n'a rien de surprenant ; elle est conforme aux règles du mécanisme civilisé, qui, je l'ai dit maintes fois, n'exerce le vice et la sottise, qu'en mode composé, et jamais en simple.

Aussi le régime conjugal, œuvre des pères et des vieillards (car c'est

______

(*) *Elle y conduisait par quatre voies :*

1. *Elle fixait l'attention sur la distinction et le classement des garanties majeures et mineures.*

2. *Elle acheminait du calcul des garanties de passions affectives à celui des garanties sensitives.*

3. *Elle donnait accès, par un point quelconque, au principe du minimum proportionnel, sans lequel il ne peut exister, I, 127, aucune liberté sociale.*

4. *Enfin, elle conduisait par degrés à la reconnaissance des trois conditions requises, I, 132, pour l'établissement du minimum et sa généralisation.*

dans ces deux classes que sont choisis les législateurs), est-il pour
eux un sceau de double sottise et double duperie, étant organisé de
manière à priver les vieillards d'intrigues et de charme en amour, de
secours et de minimum en affaires domestiques.

Même subversion règne dans l'ordre majeur : l'agriculture, fonction
principale, y est asservie au commerce, fonction accessoire ; le propriétaire direct qui cultive et manufacture, est asservi aux propriétaires indirects ou marchands. Nous trouverons pareille subversion dans le système
administratif, où existe une duplicité bi-composée qu'il est inutile d'analyser. Renvoyons ces détails au traité de contre-marche passionnelle, qui
donnera la mesure de nos lumières politiques en fait d'unité, vérité, liberté, contre-poids, garantie, etc.

Préalablement il a convenu, pour acheminer aux équilibres, d'examiner
l'état vicieux des relations mineures, sur lesquelles il existe des préjugés
d'autant plus nuisibles, que la correction du système social mineur était
l'issue la plus naturelle de civilisation ; car les découvertes en ce genre ne
tenaient qu'à un esprit de charité et de justice qu'on pourrait rencontrer
par-tout, si la philosophie n'avait faussé les esprits sur ces deux vertus.

Les découvertes en garanties majeures, en correction du système commercial, etc., étaient moins faciles ; partant, elles auraient suivi de près
les mineures, car à chaque fondation de garantie, le corps social aurait vu
diminuer par degrés les fléaux dont il déplore la ténacité, entr'autres l'indigence. Il en aurait induit la nécessité d'un système général de garanties ;
et cette doctrine eût été le coup de grâce pour la philosophie et la civilisation.

A ce tableau de l'impéritie de la politique humaine en système familial,
opposons un aperçu des plans de la politique divine, aussi judicieuse en
ce genre que la nôtre s'y montre noueuse et incorrigible.

PARALLÈLE. — Dieu considérant que dans le cours des périodes
lymbiques ou âges rebelles à l'Attraction, les humains tombent nécessairement sous le joug de la contrainte et la fausseté, a dû nous ménager
dans ces vices mêmes, des voies d'issue de lymbe et d'avénement au
bonheur.

L'une de ces voies est le garantisme successif (tableau des 16 issues,
I, 109), introduction consécutive des garanties possibles, sans aucune
commotion politique.

Telle serait la garantie d'indemnité paternelle dont l'intention est dans
le cœur de tous les hommes justes. Henri IV en exprimait le vœu en sou-
haitant à ses laboureurs *la poule au pot*. C'était reconnaître implicitement
que les chefs de familles industrieuses, qui sont les chevilles ouvrières de
la société, devraient avoir la garantie d'un petit bien-être, d'un *minimum
familial*.

Nos philosophes ont méconnu ce principe. Tout préoccupés de s'immiscer dans les affaires administratives, ils n'ont pas même fixé leur atten-tion sur les deux garanties primordiales dont le génie devait s'occuper:

Celle de vérité commerciale en relations majeures;

Celle de minimum familial en relations mineures.

Dieu, en nous astreignant à l'état conjugal, nous ménageait donc une belle voie de progrès social et d'issue de lymbe; il prévit que la nécessité évidente de soutenir les pères de famille, amenerait bientôt l'invention des garanties hypo-mineures, et d'autres successivement. Telle est la marche ordinaire de l'esprit social dans les divers globes: il faut que le nôtre soit bien encrouté d'égoïsme, pour ne l'avoir pas suivie ni même entrevue.

Dans cette étude il eût fallu débuter comme je viens de le faire, par l'analyse des disgrâces qui pèsent sur l'état conjugal et paternel, dont je continuerai plus loin l'examen. On en aurait conclu à la nécessité d'y porter remède, et organiser la garantie. Mais nos savans, en nous vantant le flambeau de l'analyse, ne veulent analyser aucune branche des vices de la civilisation. Ils ont pris le parti de les travestir en perfectibilités; leur muse une fois montée sur ce ton, ils n'osent plus rétrograder. Ce serait compromettre tous leurs écrits existans.

Il n'est pas moins évident que la providence avait fait de très-sages dis-positions pour utiliser deux vices inévitables en lymbe, *la contrainte et la fausseté.* Contrainte en état conjugal, fausseté en relations commer-ciales. Les tentatives de remède aux vices qu'engendre cet ordre de choses, nous auraient ouvert promptement des issues de lymbe.

La providence n'est donc point en défaut de tutelle politique pour l'homme, puisque dans le mal même, dans cet état de morcellement, de contrainte et de fausseté où nous nous obstinons, elle nous ménageait des voies de rapide acheminement au bien. Mais notre globe est du petit nombre des mondes à génie noueux et cretin, qui font exception à la marche ordinaire. Aussi s'est-il perverti au point de faire l'apologie des misères conjugales et familiales, et des brigandages mercantiles, I, 168, dont il eût dû chercher le remède. Il existe environ un seizième de globes noueux ou postmeurs en génie qui ne savent pas mettre à profit les moyens fournis par la providence.

On pourra s'étonner que Dieu n'ait pas suppléé à cette apathie du génie par quelque révélation orale ou écrite, confiée aux prophètes ou au Messie.

Une telle communication eût été hors du cadre du mouvement. Dieu qui ne veut laisser dans l'oisiveté aucune fonction, a confié à la raison humaine certaines opérations; elle est sur tous les globes commise à la recherche des issues de lymbe: Dieu en les révélant contreviendrait à son plan. Les révélations *orales et écrites* sont affectées aux commandemens religieux; les commandemens sociaux ont pour interprète divin *la synthèse de l'Attraction passionnée.* Dieu serait en contradiction avec lui-même, s'il usait, en affaires sociales, de la révélation *orale ou écrite.*

Aussi le Messie a-t-il décliné cet emploi, en disant: *mon royaume n'est pas de ce monde.* L'objet de sa mission était le salut des ames; il a dû laisser au monde le soin des affaires temporelles; intention qu'il exprime par ces mots : *rendez à César ce qui est à César*, et par suite laissez au génie scientifique ainsi qu'à César, leurs attributions respectives.

Les objections de ce genre doivent être différées jusqu'au traité des transitions, où l'on exposera le système suivi par Dieu dans ses relations avec l'univers, sa neutralité dans les cas de délai social et aberration de génie, son attachement au principe du *libre arbitre*, qui serait entravé chez Dieu même s'il était entravé chez l'homme. Les débats sur ce sujet ainsi que sur les diverses branches de la politique divine, telle que l'emploi de la *fausseté harmonique* ou du bien produit par emploi de deux faussetés combinées, sont des questions trop abstruses pour des commençans tout neufs encore dans l'étude du mouvement social.

Au reste, ces mystères de la politique divine, loin de mériter le titre de *profondes profondeurs* que leur donne le sophisme, sont des calculs qui n'exigent que du bon sens, de la méthode, mais sur-tout de la vérité analytique, telle qu'on l'a vue, *Citer*, dans les tableaux de l'état conjugal et paternel, et telle qu'on la verra en *Ulter et Trans*.

Dans le cours du 2ᵉ livre, j'ai annoncé diverses fois une réplique aux lecteurs que pourrait choquer l'aperçu des coutumes amoureuses d'Harmonie, et la critique des coutumes conjugales de civilisation.

Cette réplique dont j'achève le deuxième article, consiste à établir :

« 1° Que certaines coutumes approuvées par Dieu, comme l'état conjugal, n'ont pas obtenu son assentiment à titre de destin irrévocable, mais à titre de moindre mal; ressorts les plus expéditifs en échelle sociale et les plus propres à acheminer à l'invention des garanties.

» 2° Que loin de servir les vues de Dieu, on entrave ses desseins en déguisant les vices de l'état conjugal; Dieu ne l'ayant admis qu'à titre de stimulant au génie inventif, et voie d'acheminement naturel aux deux garanties mineures. »

» 3° Que la science trahit l'humanité lorsqu'excipant de ce que telle coutume est admise par Dieu et qu'on n'en connaît pas de meilleure, elle se croit par-là dispensée de la recherche des correctifs, autorisée à une indolence léthargique, à un trafic de sophismes tendant à laisser croupir le genre humain en lymbe civilisée. »

Ainsi loin que l'analyse des vices et duperies du mariage puisse offenser les mœurs, elle est nécessaire à signaler la classe insidieuse qui ne connaissant de l'état paternel que les douceurs, étouffe les idées de charité et garantie due à la nombreuse classe des pères malheureux.

C'est donc une astuce que ce reproche d'offenser les mœurs, quand il est visible que je confonds ceux qui en prennent le masque pour favoriser un égoïsme contraire aux inventions de garantie paternelle.

Je continue, dans le troisième article, sur les preuves négatives de l'aberration du génie en politique familiale, sur les abus de ce lien conjugal dont nous avons manqué le seul emploi utile et conforme aux vues de Dieu, l'emploi d'acheminement aux garanties mineures et d'engrenage en 6ᵉ période.

ULTER. —   *MÉCANISME subversif en mariage :*
          Ses faux essors et faux contre-essors.

REMETTONS le lecteur sur la voie : il peut avoir perdu de
vue le plan de cet Intermède. J'y donne une courte analyse
des vices mineurs de civilisation, en liens d'amour et de famillisme. C'est un prélude aux calculs de demi - équilibre
(Garantisme, 6ᵉ période), et par suite à la théorie de plein
équilibre ou état sociétaire.

Faisons part égale aux deux passions mineures, quoiqu'elles
ne soient nullement égales en influence.

Le Citer n'a envisagé que les intérêts du famillisme ; il a
tout rapporté à cette passion.

L'Inter a traité de questions applicables indistinctement aux
deux passions mineures, amour et famillisme.

L'Ulter doit être affecté plus particulièrement à l'amour,
et au mariage, seul essor d'amour qu'autorise l'état civilisé.

———————

La destination du mariage comme échelon de garantisme,
I, 25, ne pouvait être découverte que dans une civilisation
parvenue au moins en deuxième phase, comme celle des Grecs ;
mais ces peuples distraits par des mœurs licencieuses, des
courtisanes légales, des orgies religieuses et civiles (Delphes et
Corinthe), des coutumes de pédérastie morale, n'envisagèrent
le mariage qu'en demi-barbares ; ils ne virent dans ce lien
qu'un gage de paternité peu suspecte, d'après l'état de réclu-
sion où ils tenaient les épouses. Bref, ils ne spéculèrent sur
cette chaîne qu'en despotes, sans essayer aucune analyse de
ses inconvéniens, et ils transmirent aux modernes leurs préventions sur ce lien, leur insouciance à en étudier le but au
présent et au futur.

Il en est des ressorts du mouvement social, comme des fruits
qui se corrompent si on ne les emploie pas à l'époque de leur
maturité. Tel a été le sort du mariage : c'est un fruit que nous
avons laissé corrompre, par impéritie à en tirer parti : il ouvrait
double carrière à nos études.

L'HYPO-MINEURE ou calcul de la garantie *d'indemnité familiale solidaire.* C'était une porte d'entrée en 6ᵉ période :
j'en ai traité à l'Interlogue.

L'*HYPER-MINEURE* ou calcul de la garantie *d'affranchisse-ment féminin gradué*; porte d'entrée en 7ᵉ période, I, 109.

Je signale dans le présent article ces deux lacunes d'études, leurs influences en dépravation sociale.

Propriétés subversives dans le mariage.

Ж Stagnation en échelle.

DÉPRAVATIONS.

MORALES
{ 1. Simple masculine :
2. Simple féminine :
3. Composée antérieure :
4. Composée postérieure :

POLITIQUES
{ 5. Collusoire :
6. Conflictive :
7. Répercutée :.

Y Déraison spéculative.

Λ Provocation a l'égoïsme.

Ж *Stagnation en échelle* ! tout languit sur ce globe ; nul progrès vers le bien, quoi qu'en disent les chantres de perfectibilité. Au lieu de progrès, c'est de la dégénération qu'on observe de toute part. On ne voit que subversion matérielle des climats, et subversion politique des sociétés. A l'heure où j'écris, 1ᵉʳ juin 1822, on en distingue deux effets bien frappans.

Subversion matérielle. Dernière semaine de mai 1821, gelées qui enlèvent moitié de diverses récoltes et saison hivernale prolongée et consécutive, plusieurs semaines avant et après cette époque. *Dernière semaine de mai* 1822, chaleurs de la canicule ; thermomètre de Réaumur à 25 degrés, avec saison estivale consécutive depuis plusieurs semaines, quoiqu'en printemps.

Subversion spirituelle. Mai 1822, indifférence parmi la chrétienté, sur ce que ses féroces amis, les Turcs, ont égorgé à Scio 40,000 chrétiens sans défense, la plupart faisant acte de soumission, et 20,000 femmes âgées ; emmené 20,000 jeunes femmes en esclavage, et 40,000 enfans pour les élever dans la religion mahométane. Grands éloges à la Russie, sur ce qu'elle reste, avec ses 912,000 soldats, spectatrice indifférente du massacre d'une nation chrétienne dont elle est, par les traités de Kaïnardgi et Bucharest, protectrice obligée.

Sur tant d'horreurs, la mercantile Europe ne donne pas même signe d'émotion : ce bouleversement des mœurs, des saisons et des esprits , n'est-il pas un témoignage irrécusable de subversion physique et morale ?

Mais quel rapport entre ces évènemens, et le mariage, sujet de l'article ? Un rapport très-intime ; l'article tend à prouver que le monde social tombe en marche rétrograde, s'il tarde à utiliser les essors du mouvement, tels que mariage, commerce et autres. Les conserver avec leurs vices, n'essayer ni ne chercher de remède , c'est une stagnation qui mène à l'empirisme , de même qu'une maladie négligée fait bientôt un progrès colossal.

On n'est pas impunément stationnaire en mouvement social. L'immobilisme vanté par de petits esprits, a déjà la propriété notoire de détériorer forêts et climatures : il vient un temps où le mal matériel engendre le spirituel , et tous deux réunis ont bientôt miné un globe : le nôtre est arrivé à ce point de dégradation ; il pèche par stagnation sociale et délai de transition, empirisme par commerce et mariage. C'est un caractère négatif, et par cette raison noté K inverse. Je passe aux caractères de gamme positive.

1° Dépravation *interne masculine*. Le monde se composant de dupes et de fripons, il semble que les institutions devraient favoriser la classe exposée aux duperies. Le mariage, au contraire, est tout au désavantage des gens confians ; il semble inventé pour récompenser les pervers. Plus un homme est astucieux et séducteur, plus il lui est facile d'arriver par le mariage à la fortune et à l'estime publique. Mettez en jeu les ressorts les plus infames pour obtenir un riche parti, dès que vous êtes parvenu à épouser, vous devenez un petit saint, un modèle de vertu. Acquérir tout à coup une grande fortune pour la peine de jouir d'une jeune personne , c'est un résultat si plaisant, que l'opinion pardonne tout à l'intrigant qui sait faire ce coup de partie : il est déclaré de toutes voix bon mari, bon père , bon gendre , bon parent , bon ami , bon voisin , bon citoyen, bon républicain. Tel est aujourd'hui le style des apologistes : ils ne sauraient louer un quidam , sans le déclarer *bon de la tête aux pieds, en gros et en détail*.

Un riche mariage est comparable au baptême , par la promptitude avec laquelle il efface toute souillure antérieure. Les pères et mères ne sauraient donc faire mieux que de stimuler leurs

fils

fils à tenter, pour obtenir un riche parti, toutes voies bonnes ou mauvaises, puisque le mariage, *vrai baptême civil*, efface tous péchés aux yeux de l'opinion. Elle n'a pas la même indulgence pour les autres parvenus ; elle leur rappelle longtemps les turpitudes qui les ont conduits à la fortune.

D'autre part, quelle voie de succès en mariage peut trouver un innocent qui, docile aux lois civiles et religieuses, déclare qu'il veut conserver sa virginité jusqu'à 30 ans pour l'apporter en dot à son épouse future, et que fidèle aux préceptes de l'excellent livre nommé *introduction à la vie dévote*, il s'abstiendra jusqu'à 30 ans de *boire dans le gobelet de la paillardise, du vin de la prostitution de Babylone !* S'il s'avise de faire cette déclaration, quel gré les femmes lui en sauront-elles ? Il sera badiné par les mères comme par les filles ; et à égalité de fortune, d'âge, de physique, etc., toutes préféreront le jeune homme exercé, au dadais qui garde sa virginité selon les ordres de la morale.

Les avantages en recherche de mariage sont donc entièrement du côté des intrigans et des pervers : d'où il suit que ce nœud est une amorce à la dépravation masculine simple ou personnelle.

2° Dépravation *simple féminine*. Même récompense aux libertines et aux rouées ; le mariage n'a de belles chances que pour elles. Un riche et vieux garçon ne veut pas se marier ; il a beaucoup de parens pauvres ; son héritage leur est dévolu à juste titre ; mais une sirène, une servante maîtresse vient à la traverse, et fascine si adroitement le barbon, qu'elle lui fait sauter le pas, signer contrat et donation de biens, aux dépens des pauvres parens.

Que serait-il arrivé si la gouvernante eût voulu vivre moralement avec son maître, lui interdire toute privauté contraire à la morale douce et pure ? Elle aurait manqué son bien-être ; le Cassandre l'aurait éconduite pour en prendre une plus traitable. Qu'on passe en revue toutes les autres chances, et l'on verra que le succès pour les femmes n'est assuré qu'à celles qui savent cajoler un prétendant, *JEUNE OU VIEUX*.

Voilà le vice féminin en sens actif : observons-le en sens passif, en influence du mariage pour vicier subitement les femmes. Rien de plus général que la docilité d'une épouse à adopter les défauts d'un mari, sans adopter ses bonnes qualités. Mariez une Agnès à un fripon, elle sera bientôt l'émule du mari en friponnerie, sa complice en recélement. Mariez cette Agnès à Robespierre, elle sera, le mois suivant, sinon égale en férocité, au moins complice; elle le flattera dans tous ses crimes.

Si on la marie à un homme vertueux, loin d'adopter ses vertus, elle ne suivra que les impressions de quelque libertin qui la courtisera. Brillante propriété du mariage! il communique aux femmes les vices de l'homme, et jamais ses vertus. Or, comme il y a chez les maris civilisés $99/100^{es}$ de vice pour $1/100^e$ de vertu, il faut estimer en même rapport le perfectionnement moral que le mariage produit chez le sexe féminin.

Les deux articles précédens ont traité de la dépravation individuelle; passons à la collective, et posons en principe que la coutume du mariage excite chacun des deux sexes à s'ingénier et se concerter cabalistiquement sur les moyens de tromper l'autre sexe: j'en vais donner les preuves de fait.

3° dépravation *collective antérieure*. Il est bien avéré que tous les hommes considèrent le mariage comme un piége qui leur serait tendu. Ce sont les pères mêmes qui excitent les fils à envisager ainsi le nœud coujugal; et pourquoi? C'est que les pères sachant par expérience que la duperie en ce genre est irréparable, s'efforcent de persuader à leurs enfans cette vérité, de les rendre cauteleux et cupides en négociation de mariage.

Aussi les trenténaires ou candidats, avant de franchir ce pas, s'épuisent-ils en calculs. Rien de plus plaisant que les instructions qu'ils se donnent sur la manière de façonner l'épouse au joug, et de l'ensorceler de préjugés. Rien de plus curieux que ces conciliabules de garçons, où l'on fait l'analyse critique des demoiselles à marier, et des embûches tendues par les pères qui cherchent à se défaire de leurs filles. Après tous ces débats, on les entend conclure qu'il faut s'attacher à l'argent; que si l'on risque d'être dupe de la femme, il faut au moins n'être pas dupe sur la dot, et s'assurer en prenant femme, une indemnité qui compense les inconvéniens d'u mariage, en termes de l'art, *LES ATTRAPES*.

Ainsi raisonnent entr'eux les hommes à marier: telles sont les dispositions qu'ils apportent à ces nœuds de l'hyménée, à ces douceurs philosophiques du ménage. Les femmes sont-elles moins perverses dans leurs comités consultatifs sur le mariage, sur la conduite à tenir pour ensorceler et maîtriser un homme, en faire un de ces niais qu'on appelle *bons maris*, voyant tout avec les yeux de la foi?

En politique spéculative, quelle considération mérite un lien dont les inconvéniens notoires excitent les deux sexes à se défier l'un de l'autre avant de le contracter; s'endoctriner sur les moyens d'échapper au trébuchet, et d'y prendre ses concurrens! Comment un nœud perpétuel auquel on prélude par ces viles spéculations, n'a-t-il pas été suspecté par des écrivains qui se disent amis de l'auguste vérité!

N'omettons pas, en dépravation antérieure, les incestes et fornications spéculatives. Tel préfère, à égalité de dot, la famille qui a beaucoup de filles, parce qu'une fois installé chez elle à titre de beau-frère, il se formera aisément un sérail des belles-sœurs et de leurs amies : calcul aussi fréquent chez les hommes à marier, que l'est chez les mères celui de fixer un amant auprès d'elles, en lui donnant leur fille! Combien ces spéculations antérieures au mariage, fourniront de belles pages dans les fastes de *l'auguste vérité civilisée !*

4° Dépravation *collective postérieure*. L'infidélité n'est que dépravation simple ou personnelle; ce même vice devient *composé* quand il est d'accord entre les deux époux, 375, et *collectif*, quand il est soutenu par les deux sexes, à l'unanimité *publique ou secrète.*

La violation des lois conjugales est d'unanimité publique en divers pays, par le fait ou le droit, et quelquefois par l'un et l'autre, comme en Italie: L'adultère y jouit d'une protection légale ; on le stipule en contrat de mariage : l'acte mentionne l'admission de tel individu à titre de *sizisbée* de madame, et conservant malgré le mariage un droit de privautés avec elle. C'est une bigamie contractuelle.

En d'autres pays les usages ont autorisé l'adultère mystique : en Espagne, au 10ᵉ siècle, tout prêtre, tout moine, avait le droit d'entrer chez une femme, et en laissant ses saudales à la porte, il interdisait l'accès de l'appartement au mari même, qui ne devait pas franchir cette barrière. Un tel usage avait presque force de loi ; si quelques maris y résistaient,

26.

beaucoup s'y soumettaient. L'abus devenait dépravation collective, puisqu'il était appuyé de la majorité en opinion.

Dans ce 4ᵉ caractère est comprise l'infidélité combinée, dont j'ai déjà parlé sous le nom de *matronage composé*, 375, mœurs de certains ménages où la concorde naît de ce qu'on s'y passe réciproquement *la rhubarbe et le séné*. Cet accord est positif quand les époux sont de concert pour spéculer sur le double adultère : il est négatif quand les époux, sans convention verbale, ferment les yeux sur leurs infidélités respectives. Ce vice très-fréquent dans les ménages, doit obtenir le suffrage de nos économistes, car il est le meilleur gage de *balance*, *contre-poids*, *garantie*, *équilibre*. La paix est assurée dans le ménage, quand madame a son amant et monsieur sa maîtresse : mais c'est une paix par voie passive et scissionnaire ; elle est de voie active et combinée, dans le matronage composé.

Telles sont les 4 dépravations cardinales qu'engendre l'état conjugal. Je ne les ai analysées que sous le rapport de l'amour ; il faudrait y ajouter la corruption en sens de famillisme. Par exemple, en titre descendant ou paternel on citerait la bassesse obligée des pères, les démarches auxquelles ils s'abaissent pour le placement des enfans, et sur-tout pour le mariage de leurs filles, même des biens dotées.

Je conçois que l'amour paternel puisse les aveugler sur l'infamie des cajoleries auxquelles ils sont réduits pour amorcer les épouseurs ; au moins confesseront-ils que ce rôle est pour eux un océan d'humiliations. Combien ceux qui sont chargés de filles, doivent-ils désirer qu'on invente un nouvel ordre domestique où le mariage n'existe plus, et où les pères soient délivrés du souci de procurer à leurs filles des dots et des époux ! combien doivent-ils d'actions de grâces à celui qui leur apporte cette invention !

5º Dépravation *COLLUSOIRE*. Un effet bizarre du mariage (effet dont on indiquera les causes), est que les diverses classes de la société, quoique suffisamment éclairées sur le piége, s'y poussent à l'envi.

ANTÉRIEUREMENT, tout conspire à y entraîner les sages comme les fous. *La morale* prend l'initiative en prônant les charmes ineffables du doux ménage ; et si on lui objecte les ennuis du ménage sans argent, elle répond en style fataliste, que nous sommes destinés en cette vie aux tribulations, et qu'il faut savoir se résigner.

La politique l'excite parce qu'elle sait que le célibataire incline à l'insouciance, et qu'il ne deviendra soucieux qu'à l'aspect d'enfans talonnés par la famine.

L'économisme prouve qu'une fourmilière de populace est l'enseigne de la sagesse administrative. Le gouvernement adhère à ces fausses doctrines qui légitiment les spéculations ambitieuses d'un conquérant sur l'affluence de soldats.

Ainsi tout concourt à couvrir le piége de fleurs : ceux mêmes qui y sont tombés et qui s'en désolent en secret, y entraînent le célibataire, soit pour placer une de leurs filles, soit par jalousie de le voir à l'abri des ennuis conjugaux.

Postérieurement, tout conspire à jeter le père dans un autre piége, celui de la fourmilière d'enfans. Il y est poussé d'abord par la pauvreté et le désespoir. Le peuple fabrique des enfans par douzaines, en disant, *ils ne seront pas plus malheureux que nous.*

Dans la classe aisée, un mari est incité par de perfides voisins : complices de l'accroissement de sa famille, ils lui disent *que c'est Dieu qui les envoie, et qu'il n'y a jamais trop d'honnêtes gens.* Dieu n'en enverrait pas tant, si les voisins et amis ne s'y entremettaient pas. 1

D'autre part, les dogmes religieux, plus sévères que dans l'antiquité, interdisent au mari certaines précautions que dicte la prudence : *interdictio semen effundendi extrà vas débitum.* La femme l'exige par masque de piété; son vrai motif est de légitimer les œuvres d'un amant.

Ainsi tout s'accorde à pousser dans l'abyme un chef de famillé, joncher d'enfans son pauvre ménage, et le conduire par cette pullulation à la pauvreté, source de tous les vices.

6° Dépravation de *conflit :* la protection qu'accordent l'opinion et la loi aux classes de contrevenans les plus audacieux. Examinons cet effet en masculin et en féminin.

Masculin. L'adultère est déclaré crime, et pourtant un homme jouit dans la bonne société d'une considération proportionnée au nombre de ses adultères connus, affichés et protégés de fait par la loi qui tolère, d'après le motif, *cela n'est pas prouvé.* On admire un Alcibiade, un Richelieu, qui ont suborné une infinité de femmes mariées, et on raille celui qui, obéissant aux lois et à la religion, évite la fornication avant le mariage, et conserve sa virginité pour une future épouse.

En fait d'adultère comme de duel, on voit la loi neutralisée par l'opinion, qui n'est favorable qu'aux supercheries amoureuses, et même au dévergondage. En effet, on note d'infamie une pauvre fille qui se laisse faire un enfant sans permission de la municipalité ; on la déclare coupable, lors même qu'elle a été fidèle à son amant : mais comparez la conduite de cette jeune fille avec celle des soi-disant honnêtes femmes, qui donnent au mari des suppléans de divers degrés. En menant ce train de vie, elles obtiennent de plein droit le brevet d'honnêtes femmes. (Soit dit sans blâmer les dames qui se divertissent : elles n'auront peut-être pas tant d'amans que leurs maris ont eu de maîtresses avant le mariage, et même après).

La loi, si ridicule par ses injustices, l'est encore plus par ses contradictions ; témoins les filles enceintes : on leur fait un crime de la grossesse, et un crime de l'avortement provoqué. Cependant si elles tiennent à l'honneur, elles doivent aviser aux moyens de conserver l'honneur en effaçant les traces de leur faiblsse, en se faisant avorter dans le commencement de la grossesse où le fœtus n'est pas vivant. Je tiens qu'une fille agissant de la sorte, est moins coupable que les père et mère qui, du consentement tacite de la loi et de l'église, mutilent un enfant pour en faire un chanteur de cathédrale, ainsi qu'on le voit dans la capitale de la chrétienté.

Féminin. Il est à remarquer que, malgré le système oppressif qui pèse sur les femmes, elles ont obtenu le seul privilège qui devrait leur être refusé, celui de faire accepter à l'époux un enfant qui n'est pas le sien, et sur le front de qui la nature a écrit le nom du véritable père.

Ainsi, dans le seul cas où la femme soit grièvement coupable, elle jouit de la haute protection des lois ; et dans le seul cas où l'homme soit grièvement outragé, l'opinion et la loi sont d'accord pour aggraver son affront. Eh, comment les civilisés, si persécuteurs dans les devoirs de chasteté imposés aux femmes et filles, s'accordent-ils si débonnairement à courber leur front sous le joug, à héberger un fruit d'adultère évident, à l'associer dans leur nom et leurs biens ! Voilà donc les vœux de la philosophie accomplis : c'est vraiment dans le mariage que les hommes forment une *famille de frères*, où les biens sont communs à l'enfant du voisin comme au nôtre. La générosité de ces honnêtes maris civilisés sera dans l'avenir un sujet d'amples risées, et il faudra bien quelques-uns de ces accessoires divertissans, pour aider à soutenir l'insipide lecture des annales de civilisation.

L'extrême tolérance des maris sur l'offense la plus coupable, et la flexibilité des lois pour pallier le délit, s'accordent bien avec les autres conflits du régime amoureux! La confusion y est à tel point, qu'on y voit d'une part à l'église, et d'autre part au théâtre, deux morales contradictoires et prêchées simultanément aux mêmes individus. A côté d'un temple où l'on enseigne l'horreur de la galanterie et de la volupté, on voit un cirque où l'on ne forme l'auditoire qu'à l'exercice des ruses galantes et aux raffinemens du plaisir. La jeune femme qui vient d'entendre un sermon sur le respect dû aux époux et aux supérieurs, ira l'heure suivante au théâtre y prendre une leçon sur l'art de tromper un mari, un tuteur ou autre argus; et Dieu sait laquelle des deux leçons fructifie le mieux. Ces conflits permanens peuvent suffire à faire apprécier nos doctrines sur l'unité d'action en mécanique sociale. Comme l'observe Montesquieu, des théories qui voient dans le mariage un *état saint*, et dans le célibat un *état saint*, peuvent bien être envoyées à l'école sur la question de l'unité.

7° Dépravation de CONTRE-COUP. Effet de représaille et répercussion du vice.

Divisons-la en familiale et amoureuse.

Représaille familiale, par connaissance du piége où l'on est tombé. Dès la troisième année, le doux ménage commence à se meubler de marmots, dont les criailleries et l'entretien dispendieux apprennent à un père gêné, dans quel trébuchet il est tombé. Grand sujet de doléances entre les conjoints : de là naît cet esprit de *molinisme conjugal* ou conscience accommodante, et morale de circonstance fondée sur le besoin de subvenir aux frais du ménage et des enfans. A ce titre les époux se croient tout permis en affaires d'intérêt. Le laboureur qui déplace les bornes du voisin, le marchand qui vend de fausses qualités, le procureur qui dupe les cliens, sont en plein repos de conscience quand ils ont dit: « il faut que

» je nourrisse ma femme et mes enfans. » L'esprit de rapine
et complicité frauduleuse est tellement inhérent au mariage ,
que les gens mariés sont remplis de défiance contre leurs semblables. Rien de plus difficile que d'assembler et faire vivre en
ménage deux couples d'époux. L'incompatibilité s'étend des
maîtres aux serviteurs , et dans tout ménage on répugne fortement à prendre en domesticité un couple marié. C'est qu'on
n'ignore pas que l'esprit conjugal établit entre les époux une
ligue contre tout ce qui les entoure ; qu'il étouffe les idées généreuses : de là vient que la classe des gens mariés est (sauf
exception) la plus astucieuse , la plus indifférente pour les
malheurs dont elle n'est pas atteinte , la plus disposée à la vénalité. Son esprit cauteleux est si bien reconnu , qu'on croit
faire un grand éloge d'un homme , en disant de lui : « le ma-
» riage ne l'a point changé ; il a conservé le caractère aimable
» d'un garçon. »

Représaille amoureuse. Il est surprenant que les civilisés
qui se vantent de surpasser les femmes en raison , exigent
d'elles , à 16 ans, cette raison qu'ils n'acquièrent qu'à 30 et
40, après s'être vautrés dans la débauche pendant leur belle
jeunesse. S'ils ne sont arrivés à la raison que par le sentier
des plaisirs , doivent-ils s'étonner qu'une femme prenne la
même voie pour y arriver? Pourquoi, en se retirant du monde ,
les hommes ne prennent-ils pas une épouse mûrie comme eux
par l'expérience? Pourquoi veulent-ils trouver dans une jouvencelle , des vertus plus précoces que les leurs qui ont été si
tardives? Ces détails seront connus de la jeune femme ; un
amant l'en instruira ; et selon la loi du Talion , elle opinera à
imiter dans sa jeunesse la conduite que le vertueux époux a
tenue à pareil âge. C'est dépravation de contre-coup, de représaille, comme la précédente où les époux une fois pris au
piége , s'ingénient à user de représailles et tromper le corps
social qui les a dupés.

On n'a jamais procédé à cette dissection du mécanisme du
mariage ; et je n'en donne ici qu'une ébauche très-incomplète,
qui pourtant doit suffire à exciter d'étranges réflexions chez
les partisans de l'unité d'action. Pourraient-ils imaginer un
ressort plus méthodiquement contraire à toute unité d'action?
Or , comment expliquer l'adhésion de Dieu à l'emploi de ce

vicieux procédé, sinon par la propriété qu'il a de conduire subitement au calcul des garanties mineures, et à l'engrenage en 6e période, pour peu qu'il se trouve quelqu'homme juste parmi les politiques sociaux. Malheureusement il ne s'en est pas rencontré sur notre globe.

Y DÉRAISON SPÉCULATIVE, duplicité d'action. Observons-la dans les prétentions de nos politiques sociaux, qui ne rêvent que *balance*, *contre-poids*, *garantie*, ✕ *ÉQUILIBRE*. Voyons comment l'institution du mariage se concilie avec ces verbiages, vraiment vides de sens en civilisation.

1. *Balance subversive*. Il ne peut exister de balance que dans des institutions consenties par les deux sexes. Il y a oppression si l'un des deux, et encore plus si tous deux résistent : or, quelle est l'opinion de tous deux sur ce contrat et ses conditions ? L'on va en juger.

Supposons qu'on pût inventer un moyen de réduire toutes les femmes, sans exception, à cette chasteté qu'on exige d'elles, de manière que nulle femme ne pût se livrer à l'amour avant le mariage, ni posséder après le mariage d'autre homme que son mari. Cette disposition envelopperait les deux sexes dans la même servitude, et chaque homme ne pourrait avoir, dans le cours de sa vie, que la ménagère qu'il aurait épousée. Or, quelle serait l'opinion des hommes sur cette perspective d'être, toute leur vie, réduits à ne jouir que d'une épouse qui pourra leur devenir insipide le second mois du mariage ? Certes, chaque homme opinerait à étouffer l'auteur d'une pareille invention qui menacerait d'anéantir la galanterie. D'où l'on voit que tous les hommes sont personnellement ennemis de leurs préceptes de chasteté antérieure et fidélité postérieure au mariage : les femmes n'y adhèrent pas davantage ; et en définitive, le bonheur de l'un et l'autre sexe ne se fonde que sur la résistance balancée et réciproque de tous deux, aux préceptes de l'institution conjugale. C'est balance en mode subversif, double violation, tacitement consentie par les hommes et les femmes. Or, une coutume qui exige ce que les deux sexes collectivement et individuellement s'accordent à refuser et éluder, n'est-elle pas déraison spéculative ?

2. *Garantie subversive*. Toute garantie suppose progression, classement de degrés en vices et vertus, en protection et puni-

tion. Les lois civilisées ont adopté la méthode contraire en amour où règne une confusion absolue. Par exemple, s'agit-il d'adultère, toute infidélité conjugale est également coupable aux yeux de la loi : elle appelle sur une femme les foudres du ciel et de la terre pour une faute grave ou légère indifféremment.

Cependant il est une gradation de délits dans l'adultère, comme en tout vice. La copulation avec une femme stérile ou avec une femme déjà enceinte, enfin toute copulation dont il ne résulte pas grossesse, est un délit bien moindre que celui qui introduit dans les ménages des rejetons hétérogènes.

En refusant d'admettre ces nombreuses distinctions, en voulant confondre et condamner en masse tous les genres d'adultère, on a amené l'opinion à les tous excuser, et à railler les plaignans les mieux fondés : on a fait porter sur tous l'indulgence due à quelques-uns. L'opinion révoltée a confondu les persécuteurs par le ridicule ; et sous le nom de *cocuage*, on est parvenu à excuser et favoriser des perfidies odieuses, que la loi confond avec des délits très-minimes.

Si toute copulation, hors du mariage, est crime selon les philosophes, il devient nécessaire de tout nier et de tromper sans cesse. De là vient que femmes et filles se donnent pour modèles de fidélité ou de continence ; déguisement qui n'aurait pas lieu, si l'on admettait des gradations de vertu et de vice en affaires d'amour ; des échelles de titres et devoirs conjugaux ou non conjugaux, comme seraient les distinctions graduées de *possesseur passager*, *possesseur fixe*, *géniteur*, *époux* (à un enfant), *binépoux* (à deux enfans), etc.

Négligeons ces détails qui tiennent à un code des garanties amoureuses : je n'en fais mention que pour dénoter l'absence totale de garanties sur cette passion comme sur toutes les autres.

Aussi n'y voit-on régner que la confusion, notamment dans les renommées. Nos coutumes obligeant toute femme ou fille à jouer la pratique absolue de la vertu, ce travestissement est tout à l'avantage des plus licencieuses ; elles peuvent nier leurs amours, ou du moins rabattre sur le nombre des amans qu'elles ont possédés. Combien voit-on d'honnêtes femmes qui, dans leurs adroites confidences, prétendent n'en avoir eu qu'une demi-douzaine, et en dissimulent une vingtaine ; tandis qu'une malheureuse qui n'en aura eu que deux, est diffamée plus que celles qui se sont fait des partisans par de nombreuses complaisances. La garantie devient *subversive*, car elle est tout entière pour celles qui ont le plus commis d'infractions aux lois. Elles ont en outre, dans la duperie de quelques hommes et dans l'esprit d'intrigue dont elles sont pourvues, des garanties de mariage que n'a pas une fille sage et sans fortune. Celle-ci est délaissée, tandis que la galante ensorcelle un épouseur.

De tels désordres n'ont rien de surprenant dans un siècle où la politique ignore que la confusion et l'égalité sont l'antipode des garanties ; que la prétention d'établir des garanties sans échelle graduée, n'est autre chose qu'une déraison spéculative.

3. *Contre-poïds subversif.* C'est un sujet effleuré, liv. II°, notice 4°, au traité des premiers amours d'Harmonie. On y a vu double contre-poids ; l'un en matériel, l'autre en spirituel.

En matériel : cet ordre garantit aux individus que presse le tempérament, une voie de libre essor concordant avec les lois. Si une moitié de la jeunesse préfère les jouissances précoces, il est juste que par contre-poids elle abandonne à la classe vestalique diverses prérogatives.

En spirituel : la corporation du vestalat éprouvant une privation réelle par délai d'exercice amoureux, il faut, pour la compensation, que les honneurs et les voies de fortune soient de son côté. Ce contre-poids est d'autant plus juste, que le corps du damoisellat a eu l'option, et a de son plein gré renoncé aux avantages du vestalat.

Voilà un contre-poids composé, appliqué aux deux classes ; à celle où domine le principe matériel, et à celle où domine le principe spirituel. Il est COMPOSÉ, en ce qu'il favorise proportionnément les deux parties, assurant les indemnités d'ambition à celle qui souscrit des privations en amour, et les indemnités d'amour à celle qui abandonne les chances d'ambition.

L'ordre civilisé présente-t-il aucune de ces dispositions équitables et compensatives ? L'on n'y voit, au contraire, qu'un contre-poids composé subversif, ou double partialité d'une part et double lésion de l'autre. En effet :

Il y a double avantage pour celui qui contrevient aux lois

de continence ; il a pour lui l'opinion et le plaisir. (Voyez l'article Alcibiade , Richelieu , 405 3/4).

Il y a double duperie pour celui qui observe les lois de continence ; il essuie privation de plaisir et raillerie générale.

Voilà évidemment des contre-poids subversifs ; double bénéfice pour l'infracteur aux lois , double écueil pour l'observateur des lois.

Qu'on nous explique maintenant ce que la politique civilisée entend par contre-poids , et où elle en veut venir avec ses verbiages de balance , contre-poids , garantie , aussi illusoires en régime d'amour qu'en affaires politiques , où ils n'aboutissent qu'à organiser la contrainte , comme ils organisent la fausseté en amour. Contrainte et fausseté , égoïsme et duplicité d'action , voilà en quatre mots toute la politique civilisée.

✗ ÉQUILIBRE SUBVERSIF. L'équilibre est le but du mécanisme social. On ne s'occupe de balance , contre-poids et garantie , que pour arriver à l'équilibre. Signalons donc l'absence d'équilibre en relations mineures d'amour et famillisme. Observons cette lacune en sens collectif et individuel.

EN SENS COLLECTIF. Il faut recourir ici aux calculs arithmétiques. Nos coutumes entraînent l'homme à se marier à 30 ans avec femme de 18. C'est le moyen terme des mariages en pays policés. La peur de la conscription pousse quelques hommes à abréger le délai ; mais c'est un effet accessoire. Il règne entre les conjoints une différence moyenne de douze années en excédant chez le sexe masculin ; compte applicable à toute civilisation où le mariage n'est point violenté par voies coërcitives comme la conscription.

Pendant les 12 ans de célibat , l'homme a formé en moyen terme 12 liaisons d'amour illicite , à peu près 6 en commerce de fornication , et 6 en commerce d'adultère. Ce n'est pas caver trop haut que d'estimer ces liaisons à *UNE PAR AN* , quand on entend des jeunes gens âgés de 20 ans et n'ayant que cinq ans d'exercice , dire : *j'en suis à ma vingt-cinquième honnête femme* , sans compter le fretin. Abonnons donc pour 12 liaisons pendant les 12 années de célibat : il en résulte,

Que le sexe féminin collectivement envisagé , contracte ,

Avant le mariage six liaisons en fornication ;

Après le mariage six liaisons en adultère ;

proportion inévitable d'après l'énorme différence qui règne entre l'âge de mariage pour les deux sexes.

J'estime ici en compte général qui admet des exceptions. Chacun se flatte d'en avoir le bénéfice : qu'en resulte-t-il ?

Tel prétend avoir pris une femme vierge ; il en a eu, dit-il, de bonnes preuves. Cela se peut, s'il l'a épousée jeune ; mais si elle n'a pas, avant la noce, fourni le contingent d'équilibre en amours illicites, elle devra donc, après la noce, compenser par douze liaisons en commerce adultère.

Non, dit le mari ; elle sera chaste, et j'y veillerai. En ce cas il faudra donc que la voisine compense par vingt-quatre infractions ; savoir : douze liens en fornication et douze en adultère, puisque l'équilibre général nécessite *autant de fois douze liaisons illicites qu'il existe d'hommes.*

Tel serait le résultat d'une prétention d'équilibre en amours civilisés, et c'est vraiment de cette manière qu'il s'établit.

Tel a pris une femme qui est fidèle par raison et maturité ; elle avait donc formé avant le mariage douze liens de fornication.

Tel en a pris une mixte, entre la jeunesse et la raison, entre 18 et 30 ans ; elle a donc eu six commerces de fornication avant la noce, et en aura six d'adultère après la noce.

Conséquence inévitable selon les hommes mariés, puisque leurs aveux, s'ils sont exacts, donneront en moyen terme douze liaisons illicites avant le mariage, même à n'y pas comprendre les menues passades, comme soubrettes et accessoires. Aussi fais-je usage du terme de *LIAISONS*, à la moyenne durée d'une année dans l'âge de 18 à 30 ans.

Pour donner le change sur ces fâcheuses vérités, la nature a doué les maris de la faculté de s'étourdir sur cet horoscope estimatif. Chacun d'eux se flatte de faire partie du 16e d'exception (1/8 en femmes, 1/8 en hommes) : je les en félicite, et me garderai de les désabuser. Mais puisque le siècle exige qu'on porte dans les calculs d'équilibre le flambeau des méthodes analytiques, j'ai dû suivre à la lettre son sage précepte, et lui donner sur le mariage, des notions exactes, qui deviennent consolantes pour tous, puisqu'il est hors de doute qu'on tient le fil du labyrinthe, le moyen d'en sortir à volonté. Achevons sur l'équilibre subversif qu'engendre le mariage.

EN SENS INDIVIDUEL, politique et matériel.

Sens politique : on trouve ce faux équilibre dans les railleries dont homme et femme sont payés pour prix d'une jeunesse perdue en continence virginale. Ainsi la civilisation se lave d'une injure par une autre ; elle pratique toujours, 394 1/4, l'injustice en mode composé, et jamais en simple.

Sens matériel. Il exigerait un accord de la législation avec la nature ; mais nos coutumes, loin d'y entendre, oppriment la nature jusqu'à l'assassinat. L'on voit de jeunes filles languir, tomber malades et mourir, faute d'une union que la nature commande impéricusement, et que la loi leur interdit sous peine de flétrissure. Ces évènemens, quoique rares, sont encore assez fréquens pour attester le mépris des volontés de la nature, et l'absence d'équilibre matériel en législation d'amour.

Par contre, si une femme est puissante et protégée, on tolère en elle, non pas le nécessaire, mais le superflu, l'affluence d'amans, le libertinage effréné ; elle devient à ce titre femme *comme il faut* ou courtisane de bon genre, jouissant de la protection des grands et des autorités. Laïs et Phryné en courtisanes, Catherine et Elisabeth en souveraines, ont prouvé que cet équilibre subversif se concilie à merveille avec les lois civilisées, et que l'ordre social se soutient également par leur violation ou par leur observance. L'Angleterre et la Russie n'ont jamais été plus grandes que sous les souveraines qui ont donné l'exemple de cette violation éclatante des lois coërcitives de l'amour. Est-ce asssez prouver la *déraison spéculative* en législation conjugale ?

χ *PROVOCATION A L'ÉGOÏSME* en relations affectives.

En amitié. Quelle direction prend-elle chez les gens mariés ? Si un homme de 3o ans épouse une jeune et jolie femme, la noce est un brevet de congé pour les amis ; ils deviendraient suspects dans le ménage : dès-lors un homme n'a plus, en liens d'amitié, d'autre boussole que l'ambition. Brillant ressort en mécanique sociale ! un lien qui excite un homme à se défier de tous ses amis et les fuir, hormis ceux que le grand âge met à l'abri du soupçon.

Le côté plaisant est que ceux qui en agissent ainsi, sont encore les plus sages aux yeux de l'opinion ; car il n'est pas d'homme plus raillé ni qui le mérite mieux, que celui qui, après le mariage avec une jeune femme, introduit chez lui une douzaine de ses amis de 25 à 30 ans. C'est bien pis s'il y introduit ceux de sa femme. Pourrait-on imaginer un lien plus apte à transformer l'amitié en égoïsme !

En amour. De l'aveu de tous les gens mariés, l'état conjugal donne à l'amour une direction insidieuse, égoïste, qu'on ne connaissait pas avec les maîtresses. Un mari veut mettre son jeune tendron sur un bon pied ; il mène l'amour en spéculateur moral. Aussi, quand le dame vient à lui adjoindre un amant, trouve-t-elle une prodigieuse différence quant à la gentillesse et l'illusion : elle devient à son tour amante spéculative avec le mari, affectant la modération dans le plaisir, et prenant le masque de cette moralité qu'il a voulu lui inculquer. Tous deux se leurrent par cette fraude. L'époux s'applaudit d'avoir su former une Lucrèce, et l'épouse jouit d'avoir su jouer et dominer son rusé Mentor. L'un a commencé en amour conjugal par l'égoïsme ; l'autre ne tarde guères à prendre le même rôle. C'est vraiment de l'équilibre, mais du subversif, jeu de faussetés contre-balancées.

En ambition. Il serait inutile d'énumérer les spéculations cupides qui président au mariage. C'est-là que l'égoïsme brille de tout son éclat, et que l'homme se joue des belles promesses faites aux maîtresses. Est-il d'affaire où le poids de l'or et l'égoïsme l'emportent mieux qu'en négociation de mariage? On est amoureux, dit-on ; mais un chiffre de plus ou de moins dans les débats, fait d'un instant à l'autre évaporer l'amour.

Ajoutons que les mariages d'amour sont réputés les plus mauvais ; et tel est l'avis des gens rassis, gens de bon conseil ; ils opinent tous pour les mariages de spéculation, et augurent mal de ceux d'inclination ; tant il est vrai que l'égoïsme est l'essence du lien conjugal, même dans les préparatifs !

De même qu'en grammaire deux négations valent une affirmation, l'on peut dire qu'en négoce conjugal *deux prostitutions valent une vertu.*

En effet, la prostitution n'est que *simple* chez les courtisanes, qu'on traite de vénales en amour, et qui le sont vraiment, puisqu'elles se vendent à beaux deniers : mais en mariage, la prostitution est composée ; le mari et la femme se vendent vertueusement l'un à l'autre, et le matronage y est composé externe, car on y entremet des courtiers et des pères, tandis qu'il n'y a que matronage simple chez les courtisanes. Il est composé interne chez les mariés cités 375 : la belle chose que les institutions civilisées, lorsque, selon le vœu de la philosophie, on les soumet au creuset de l'analyse !

En famillisme. Il suffit d'un mariage pour transformer en égoïste le meilleur des parens. Un homme n'a plus de parens dès qu'il a un enfant légitime. Quelqu'énorme que soit sa fortune, les parens et enfans naturels seront exclus d'y participer. Belle propriété dans ce lien conjugal, que de rompre tous les liens antérieurs, pour y substituer, quoi ? l'égoïsme.

Ce serait exposer le lecteur à une indigestion de vérités, que de prolonger cette analyse des caractères vicieux du mariage. Plus ils sont innombrables, et plus on conçoit que la politique se soit accordée à les dissimuler. Elle a cru faire un acte de sagesse, et a fait tout le contraire, puisque sa retenue à cet égard n'a servi qu'à sanctionner les influences du vice, et détourner de la recherche des correctifs qui auraient conduit rapidement le genre humain en 6ᵉ et 7ᵉ périodes.

TRANS. — *Théorème de la nécessité d'attaquer les vices par la vérité méthodique et intégrale.*

Après le tableau de tant de vices rassemblés dans une seule branche du mécanisme civilisé, quel homme hésiterait à se ranger à l'avis de Montesquieu, reconnaître avec lui que le monde social est atteint *d'une maladie de langueur, d'un vice intérieur, d'un venin secret et caché !* cette maladie n'est autre que la civilisation même : il fallait le démontrer par l'analyse de quelqu'une de ses coutumes et institutions titrées de sagesse politique.

Lorsqu'on veut ramener dans le bon chemin un voyageur égaré, il faut d'abord le convaincre qu'il s'est fourvoyé, que ses guides l'ont induit en erreur. Tant qu'il ignorera cette duperie, il persistera dans la fausse route. Si les modernes ont persisté si longtemps à admirer la civilisation, c'est parce que personne n'a procédé, selon le conseil de Bacon, à l'analyse critique des vices de chaque profession et institution. Cette négligence

gligence a donné pleine latitude aux sophistes pour encenser les abus, montrer la perfection sociale dans les fourberies du commerce, dans les vices mécaniques du mariage.

Leur but étant de familiariser le monde social à ces vices, et d'esquiver la sommation d'en chercher le remède, ils en ont fait deux sujets de facétie, fardant la banqueroute du nom benin de *FAILLITE*, excusant l'adultère par le nom plaisant de *COCUAGE*.

A l'appui de ces deux mots, *FAILLITE ET COCUAGE*, les plus grandes infamies sociales, *BANQUEROUTE ET ADULTÈRE*, se trouvent au niveau des vertus, puisqu'elles jouissent de protection composée; savoir :

Tutelle tacite et négative de la loi;
Tutelle expresse et positive de l'opinion.

La vertu, au lieu de défenseurs en positif et en négatif, éprouve le sort contraire, la persécution composée.

Si l'on veut remonter à la cause de ce désordre, on la trouvera dans un vice commun à nos sciences politiques et morales; c'est le tort de n'opposer au mal que des demi-mesures, une demi-résistance.

Il est connu, et sur-tout des philosophes, que les demi-mesures sont pires que le mal : elles ne servent qu'à l'envenimer. Pourquoi donc ont-ils transigé avec les vices de toute espèce, au point de ne pas oser en faire l'analyse, n'en donner que des tableaux abréviatifs, insignifians, et par le fait, apologétiques. Ils ne savent que farder et dissimuler le vice en feignant de l'attaquer; ils n'en montrent que le côté excusable, n'en donnent que des tableaux propres à calmer l'indignation plutôt qu'à l'exciter.

Ce tort n'est pas astuce chez les philosophes; mais seulement couardise, escobarderie. Pour les convaincre de la justesse du reproche, donnons ici une ébauche d'analyses conformes au vœu de Bacon, qui aurait voulu de la franchise et des détails méthodiques dans les tableaux du mal.

Je choisis deux exemples en majeur et mineur.

Maj. La banqueroute, 31ᵉ caractère du commerce, distinguée en 36 espèces.

Min. L'adultère, l'un des caractères du mariage, distingués en 72 espèces.

On va se convaincre par ces tableaux, que dans les critiques publiées jusqu'à présent sur chaque vice, le sophisme n'a dénoncé que les faibles délits servant à excuser le mal. C'est un effet inévitable de toute analyse qui n'est pas intégrale, graduée en classes, ordres, genres, espèces, et au besoin en variétés, ténuités, et ⋈ infinités. (*Voy. le Tableau, à la p. suivante*).

Ne sont pas classées dans ce tableau, les banqueroutes nationales, soit en direct, comme le système de Law; soit en indirect, comme le tiers consolidé. Elles formeront une catégorie particulière dans un tableau complet; celui-ci est une ébauche, où lesdites banqueroutes figurent en haut pivot Y.

La définition de ces 36 espèces étant renvoyée au traité des crimes du commerce, nous devons nous borner ici à l'objet de la thèse; elle tend à démontrer : « que dans la critique des » crimes sociaux, le sophisme ne s'attache qu'aux détails qui » peuvent excuser le mal et familiariser l'opinion avec l'aspect » du désordre. »

Etablissons l'accusation sur des faits notoires. Quelle est, sur les 36 espèces de banqueroute, celle qu'on persifle au théâtre? C'est, avant tout, la 36°, la banqueroute *pour rire*. On met en scène le savetier qui, ayant reçu deux bottes pour les raccommoder, n'en rend qu'une : c'est faillite de 50 p. %.

Si on n'expose que cette sorte de banqueroute à la critique, c'est familiariser les spectateurs avec le vice; transformer en sujet de facétie, ce qui devrait être un sujet de profondes méditations, et de recherches sur l'antidote à appliquer au vice.

On le découvrirait, même en n'observant que le côté plaisant, si on voulait, selon l'avis des philosophes, s'étayer de méthodes analytiques par classes, ordres, genres et espèces. Le classement s'appliquera fort bien aux banqueroutes *pour rire* : on en trouvera au moins 24 sur les 36 exposées au tableau; et pour preuve, je vais sans choix, décrire la première, *l'enfantine*, qui de droit prend place à la tête de la confrérie, car elle est le coup d'essai d'un débutant.

1° Banqueroute *ENFANTINE*. C'est le fait d'une jouvenceau qui entre dans la carrière et fait étourdîment cette équipée, sans tactique préparatoire. Le notaire a beau jeu d'accommoder l'affaire : il la présente comme folie de jeune homme, et dit en circulaire : *sa jeunesse réclame votre indulgence*. L'esclandre

devient

HIÉRARCHIE DE LA BANQUEROUTE. — Série *LIBRE* en 3 Ordres, 9 genres, 36 espèces.

ORDRE ASCENDANT.	ORDRE CENTRAL.	ORDRE DESCENDANT.
TEINTES LÉGÈRES.	TEINTES GRANDIOSES.	TEINTES ABJECTES.
1er. GENRE. *Les Innocens.*	**4e. GENRE.** *Les Tacticiens.*	**7e. GENRE.** *Les Sournois.*
1. La Banqueroute Enfantine.	13. La Banqueroute Cossue.	25. La Banqueroute d'Indemnité.
2. *id.* en Casse-cou.	14. *id.* Cosmopolite.	26. *id.* Hors de ligne.
3. *id.* en Tapinois.	15. *id.* de haute Espérance.	27. *id.* Repicquée.
4. *id.* Posthume.	16. *id.* Transcendante.	28. *id.* Béate.
	17. *id.* en Echelon.	
2e. GENRE. *Les Honorables.*	**5e. GENRE.** *Les Manœuvriers.*	**8e. GENRE.** *Les Barbouillons.*
5. La Banqueroute en Oison.	18. La Banqueroute en feu de File.	29. La Banqueroute d'Illusion.
6. *id.* en Visionnaire.	19. *id.* en Colonnes serrées.	30. *id.* en Invalide.
7. *id.* Sans principes.	20. *id.* en Ordre profond.	31. *id.* d'Ecrasement.
	21. *id.* en Tirailleurs.	32. *id.* Cochonne.
3e. GENRE. *Les Séduisans.*	**6e. GENRE.** *Les Agitateurs.*	**9e. GENRE.** *Les Faux Frères.*
8. La Banqueroute à l'Amiable.	22. La Banqueroute de Grand genre.	33. La Banqueroute en Filou.
9. *id.* de Bon ton.	23. *id.* au Grand filet.	34. *id.* en Pendard.
10. *id.* de Faveur.	24. *id.* en Attila.	35. *id.* en Borgnon.
11. *id.* Galante.		36. *id.* Pour rire.
12. *id.* Sentimentale.		

Y Les Banqueroutes *NATIONALES.*   X Les Banqueroutes en *MINIATURE* X.

devient une amusette publique ; ces banqueroutes de jouven—
ceaux étant toujours entremêlées d'incidens plaisans , usuriers
dupés , Harpagons mystifiés , etc.

Le failli de cette espèce peut hasarder force gueuseries ; enlè-
vemens de marchandises , emprunts scandaleux , vol de parens ,
amis et voisins ; tout est lavé par cet argument d'un compère
qui dit aux créanciers courroucés : » que voulez-vous ? c'est
» un enfant qui n'entend pas les affaires : il faut passer quelque
» chose aux jeunes gens ; il se formera avec le temps. »

Ces banqueroutiers enfantins ont pour eux un grand appui,
qui est la raillerie. On est très-railleur dans le commerce ; on
y est plus enclin à turlupiner les dupes, qu'à critiquer les
fripons ; et quand un failli peut mettre les rieurs de son côté,
il est assuré de faire capituler la majorité des créanciers, et
obtenir son traité d'emblée.

Si je transcrivais la définition des 35 autres banqueroutes,
on en trouverait au moins les 2/3 de risibles et très-risibles ;
cela n'empêcherait pas que leur analyse bien régulièrement
classée, ne portât coup au vice, et ne commençât à désabuser
les esprits sur le mérite de ces marchands si sottement révérés
de notre siècle.

Supposons qu'à cette analyse de la banqueroute on ajoute
celle de l'agiotage, distribuée de même en ordres, genres,
espèces, variétés, etc. ; puis celle d'autres caractères, comme
l'accaparement, l'usure, les fourberies théoriques et pratiques
du gros et du détail ; puis successivement les autres crimes du
tableau, I, 138 : l'opinion à la fin serait tout-à-fait insurgée
contre le commerce ; elle en viendrait à l'accuser en masse, et
reconnaître que la société doit se précautionner contre lui,
l'astreindre à une garantie solidaire, le contraindre à devenir
assureur de lui-même. Cette réforme une fois introduite, le
monde social échapperait par le fait à la civilisation, et mar-
cherait à grands pas au *Garantisme.*

Ces voies de progrès social sont manquées, si on attaque le
vice *mollement, confusément* et *partiellement,* à la manière
des philosophes. Il faut dans l'attaque, les trois conditions de
vigueur, méthode, intégralité.

Loin de là ; sur tant d'espèces de banqueroutes dont il sera
facile de quadrupler le tableau, la littérature en dénonce à

peine deux ou trois, sans méthode, sans classement. Cependant, si l'on manque à désigner les ordres, les genres, les espèces, on ne peut donner aucune saillie aux tableaux du vice, et les faibles critiques ne servent qu'à familiariser l'opinion avec le règne du désordre : effet ordinaire des demi-mesures ; elles aggravent le mal ! Nous allons mieux juger de leur insuffisance, par les fautes que la morale a commises au sujet de l'adultère, dont je mets ici le tableau en parallèle.

Dans l'analyse de l'adultère comme dans celle de la banqueroute, les écrivains ont à peine effleuré le sujet et n'en ont présenté que les côtés plaisans. Molière, auteur qui en a traité divers genres, semble n'avoir écrit qu'en faveur des coupables. Telle est la dépravation de la littérature, qu'elle fait de tous les vices un objet de spéculation mercantile, et leur donne des forces en feignant de les corriger par une critique illusoire.

Son premier tort est de manquer de vigueur : elle en a mis si peu dans l'attaque de l'adultère, qu'aujourd'hui l'opinion l'a innocenté au point qu'il n'est pas même permis d'en prononcer le nom. Les mots d'*adultère* et *cocuage* sont réprouvés par la scène et la bonne compagnie : quel nom faut-il donc employer ? Un nouveau mot, une néologie, comme les noms de *coiffuage* et *coiffu*, puisque celui de cocu semble trivial, et que celui d'adultère semble pédantesque.

Mais à quoi bon cette indulgence et ces capitulations avec le vice ? la disgrâce où est tombé le mot cocuage, ne sert qu'à constater le progrès de la chose, et la mollesse des écrivains qui s'agenouillent devant le vice, au lieu de lui présenter courageusement un ample miroir, un tableau méthodique et intégral des ordres, genres, espèces et variétés de l'adultère.

L'un des journaux de Paris (gazette de France), voulant un jour en donner une analyse méthodique, borna sa division à trois espèces, et sans oser les désigner par un nom spécial. Il rappelait à peu près les personnages de Molière ; le George Dandin, l'Arnolphe et l'Imaginaire. Est-ce définir un vice dont les variétés sont innombrables, que d'en présenter seulement trois ? Il faut un tableau intégral, une grande série qui embrasse et distingue amplement les ramifications et degrés.

Je pourrais donner cette hiérarchie du cocuage en parallèle avec celle de la banqueroute. J'ai un tableau de 72 modèles bien distincts, en ordres, genres et espèces, par série mixte dont suit la distribution.

.Cis.   Aile ascend^e.   Centre.   Aile descend^e. Trans.

1. 2.—3. 4. 5. 6.—7. 8. 8. 7.—6. 5. 4. 3.—2. 1.—72.

Le N° 1 doit être donné au *cocu en herbe* ou dupé anté- rieurement à la noce. Je le désigne par le nom admis sur la scène française,

» Et ne l'être qu'*en herbe*, est pour lui peu de chose. » *Molière.*

Par opposition, le N° 72 qui termine la série, doit être le cocu posthumisé.

» Deux ans encor après j'accouchai d'un posthume. » *Regnard.* On admet en France des enfans posthumes d'un an. Je pourrais citer le tribunal qui a rendu l'arrêt.

Remarquons, à la honte du siècle et pour la confusion de ses sciences politiques et morales, que l'opinion condamnerait cette analyse de l'adultère comme trop juste, trop exacte et trop complète ; chacun se reconnaîtrait dans l'une des 144 es- pèces de cocuage (72 en hommes et 72 en femmes, dont le cocuage est de titres différens de ceux des hommes).

Rien ne constate mieux la dépravation et la charlatanerie morales, que ce refus d'entendre les tableaux d'un vice, de ses degrés et ramifications. Je n'ose pas même les donner no- minalement, comme celui de la banqueroute, qui est admissible parce qu'il ne déplaît qu'à une portion du corps social, qu'à une moitié de classe ; tandis que sur le tableau du cocuage, on pourrait trop aisément discerner le rang occupé par chaque citoyen ou citoyenne, les femmes n'étant pas moins cocues que les hommes. Le théâtre n'a glosé jusqu'ici que sur les hommes : j'estime que l'analyse des cocuages féminins serait aussi digne d'attention que celle des masculins ; le sujet serait des plus neufs ; il est tout-à-fait oublié.

J'avais promis, 365, que les roses pourraient succéder aux épines, et qu'il serait aisé de semer le chemin de fleurs : ce n'est pas moi qui m'y refuse ; je supprime à regret les deux analyses dont je viens de parler : elles auraient fourni deux articles amusans, plus longs que le Citer et l'Ulter, et réunis- sant l'utile à l'agréable ; car ils auraient démontré la justesse des deux théorêmes Cis 365 et Trans 416, sur lesquels je vais conclure.

POST. — *RALLIEMENT des 2 théor. CIS et TRANS.*

C'EST ici le décompte des verbiages sur l'auguste vérité. J'ai examiné, dans ces Liminaires, en quel sens elle peut être utile aux nations policées, notamment en amour, PRÆ.

Jusqu'à présent la vérité, en affaires sociales, n'a que trois emplois connus : 1° *ridiculiser* un homme, 2° le *ruiner*, 3° le *faire pendre*. Je parle ici des relations majeures, celles d'ambition et d'amitié collective.

On a vu que la pauvre vérité n'est pas moins malencontreuse en relations mineures d'amour et de famillisme. Quel emploi peut-elle donc trouver en civilisation?

J'ai démontré qu'elle n'y peut être utilisée que par emploi INTÉGRAL, par tableaux du vice méthodiquement et complettement classés, avec détail d'ordres, genres, espèces, variétés, etc.

Ces analyses intégrales, par série graduée en ordres, genres, espèces, variétés, etc., ont le don d'exciter facilement l'intérêt. Elles sont la voie que Dieu a choisie pour répandre les lumières sociales, et dissiper les illusions sophistiques. Il a dû y attacher un charme d'attraction qui s'augmentera lorsqu'on saura disposer les tableaux par séries mesurées, bien plus saillantes que les libres et les mixtes.

Mais à ne classer qu'en mode libre, comme celui-ci, la vérité en acquiert déjà un relief suffisant à démasquer le vice. Qu'on juge de l'effet que produirait un traité de ces analyses appliquées à tous les crimes du commerce, I, 168, puis aux subdivisions; car dans le 16ᵉ caractère, Parasitisme, on trouve une catégorie, celle des courtiers, susceptible d'une analyse de crimes d'espèce aussi nombreux que ceux des banqueroutiers.

Ces branches de critique sont absolument négligées. La philosophie habitue le siècle à révérer, sous le nom d'opérations, tous les brigandages mercantiles, même ceux des courtiers. Leurs menées spoliatrices de l'industrie, telles que le ricochet, la poussette, le soubresaut, la bascule et tant d'autres, sont des sublimités, au dire de cette philosophie qui pourtant censure avec virulence les fautes des souverains, et en compose des collections sous le titre de crimes des Rois et des Papes.

C'était aux crimes du commerce qu'il fallait s'attaquer. Un traité sur les crimes des banqueroutiers, des courtiers, des agioteurs, des usuriers, aurait désabusé le siècle de ses préventions pour l'anarchie commerciale ou libre mensonge; mais sauf la condition d'attaque intégrale, classant les vices par genres, ordres, espèces, etc. La vérité ainsi employée, devient voie de progrès en échelle sociale, et d'acheminement aux inventions de garantisme. Si elle est employée mollement, sans le secours des méthodes intégrales qui lui donnent du nerf, elle échoue et n'aboutit qu'à favoriser le vice.

Dans les deux articles *CIS* et *TRANS*, j'ai établi ce principe; il est posé en sens *abstrait* dans le *CIS*, en sens *concret* dans le *TRANS*, et en applications dans les articles *CITER*, *INTER*, *ULTER*.

Après avoir disposé les esprits par ces éclaircissemens, j'étais en mesure d'essayer contre deux vices, l'un majeur, la *banqueroute*, l'autre mineur, l'*adultère*, une attaque *méthodique* et *intégrale*. Mais on a vu par le tableau nominal de la banqueroute et l'aperçu du tableau nominal de l'adultère, que les esprits sont pervertis au point de repousser même les aperçus de vérité intégrale, et que cette méthode est indigeste pour des civilisés.

Ce refus est un indice de l'énorme succès qu'aurait obtenu ladite méthode; elle aurait dissipé du premier choc les illusions de la politique civilisée; et, montrant la fausseté sociale dans toute son étendue, elle aurait fait suspecter les sciences et fait conclure à la recherche des garanties dont l'ordre civilisé est dépourvu; on les aurait peu-à-peu découvertes, du moment où on les aurait cherchées.

La victoire aurait donc été gagnée et l'avènement en garantisme assuré, si les savans eussent consenti à faire les analyses intégrales de chaque vice, des commerciaux, des conjugaux, etc., selon l'invitation que Bacon leur en avait faite.

Mais tout en prônant le discernement de Bacon, ils ont, selon leur usage, suivi la route opposée à celle qu'il indiquait; ils ont innocenté toutes les institutions vicieuses; et qui pis est, ils en ont fait l'apologie indirecte, par une mollesse d'attaque tendant à renforcer le vice et lui donner du lustre.

Souvent l'homme trop rusé est dupe de lui-même. C'est le fait de notre siècle qui, à force de jongleries sur l'auguste vérité, a fini par manquer tous les bénéfices qu'il aurait obtenus de calculs sur l'emploi de la vérité. On peut, au sujet de cette maladresse, appliquer à l'âge moderne ce distique de La Fontaine :

   » Tel, comme dit Merlin, cuide engeigner autrui,
   »   Qui souvent s'engeigne lui-même. »

Ainsi a fait la philosophie, en se jouant de la vérité dont elle pouvait tirer si grand parti. Redisons pour la vingtième fois, que cette vérité dont on a voulu faire une vertu stérile, est au contraire la source des richesses, puisqu'elle est lien de l'Association et voie des découvertes qui mènent à celle de l'Association.

Aussi, dans ce vers trop fameux,
» L'argent, l'argent ; sans lui tout est stérile, »
on pourrait changer le mot d'*argent* en celui de *vérité*, car il est certain qu'en Association, l'argent ou richesse ne naît que de la vérité mise en pratique.

Mais elle ne comporte pas de demi-emplois. J'ai prouvé qu'on doit l'introduire en relations mineures comme en majeures ; qu'on ne pouvait arriver aux inventions en mécanique sociale, que par *des emplois intégraux de la vérité* et par *des attaques intégrales du mensonge :* en suivant cette méthode, on aurait marché à grands pas au garantisme.

Il eût fallu d'abord procéder par étude négative, comme je l'ai fait dans ces Liminaires, où je me borne à signaler les erreurs. J'invite les lecteurs studieux à se pénétrer de ces doctrines négatives dont fourmille l'Intermède, et dont la récapitulation nous conduirait trop loin. Les principales sont :

K Les propriétés subversives, 399, qui font du mariage une voie de dépravation générale et de déraison spéculative, transition ou échelon de vice pour toutes les classes.

1° La lacune *D'ORDRE* en emploi partiel de la vérité ; emploi qu'on veut borner aux relations majeures, d'amitié et d'ambition, sans l'étendre aux relations mineures d'amour et de famillisme.

2° La lacune *DE GENRE* ; tort de vouloir introduire la vérité en affaires de famille, sans l'introduire en affaires d'amour, intimément liées à celles de famille.

3° L'échelle de fausseté du mineur au majeur, ou le régime qui façonne les adolescens à la fausseté en amour, et par suite en ambition dans un âge plus avancé.

4° Le quadruple conflit des amours contre la vérité, 370.

5° Les disgrâces innombrables de cet état conjugal où on entraîne le peuple en le lui peignant comme voie de bonheur, 376, et spéculant sur ses craintes de famine.

6° Les mécomptes sur les jouissances paternelles, 382 ; Article en suspens, où je me borne à l'indication des 12 vices de gamme.

7° La perfidie de la classe qui vante l'état paternel, 391.

X L'aberration complète de la politique mineure ; la fausse position des époux et des vieillards qui, auteurs de la législation conjugale, n'ont travaillé *par le fait* qu'à donner des armes contre eux-mêmes, et neutraliser toutes les sources de bonheur qu'ils croyaient s'être garanties par le lien conjugal, (les exceptions confirmant la règle).

En considérant que les sophistes excusent complaisamment cet amas de vices et nous habituent à rêver un bonheur public et privé sans vérité ni garanties, on ne doit plus être surpris que l'humanité ne fasse que des efforts inutiles pour atteindre au bien ; qu'elle soit réduite à s'apitoyer sur *sa maladie de langueur* (Montesq.) dont on voit maintenant la cause : c'est le refus que font les philosophes d'analyser les maux de la civilisation, de peur qu'on ne les somme d'en chercher l'issue.

Je devais aux histrions de vérité cette réplique *NÉGATIVE* où j'argue des tableaux de leurs inepties politiques sur la nécessité de chercher un meilleur ordre. Personne n'a mieux jugé qu'eux-mêmes les ridicules de l'état actuel ; mais ne voyant aucun moyen de concilier la civilisation et la raison, ils ont adopté la tactique des charlatans, *vanter outre mesure leur orviétan, leur civilisation.* Quelque rabais qu'on fasse sur le mérite de cette drogue, c'est lui accorder toujours trop de valeur, puisqu'elle n'en a aucune. Ainsi ont calculé nos philosophes, quand ils ont imaginé de nous dire que la société civilisée était la perfection du perfectionnement de la perfectibilité.

Après 3ooo ans perdus de la sorte en jongleries scientifiques, faut-il s'étonner que le premier homme qui a spéculé sur l'emploi intégral de la vérité, en ait obtenu le prix que Dieu y avait attaché, la découverte des lois intégrales du mouvement, et des destinées matérielles et sociales, dont la théorie Neutonienne avait inutilement frayé la route ?

FIN DE L'INTER-LIMINAIRE.

TABLE DE L'INTER-LIMINAIRE.

FAUSSEMENT du système social par celui des amours.

Præ. — Fausseté des amours civilisés. 363
Cis. — Théorème d'emploi intégral de la vérité. . 365
CITER.—Etat de la vérité en ordre mineur. 369

INTERLOGUE. Thèse des garanties mineures. . 389

ULTER.—Mécanisme subversif en mariage. 398
Trans. — Théor. d'attaque intég. du vice. . . . 416
Post. — Ralliement des théor. *Cis* et *Trans.* . . . 423

Tableaux de l'Inter-liminaire.

Quadrille de conflit érotique. 370
Gamme des disgrâces conjugales. 376
Discordes entre pères et enfans. 382
Catégorie de la noblesse mineure. 391
Propriétés subversives dans le mariage. 399

LIVRE TROISIÈME.

DISPOSITIONS DE HAUTE HARMONIE.

SECTION CINQUIÈME.

DES 2 MODULS MESURÉ ET PUISSANCIEL.

ARTICLE ABRÉVIATIF. APERÇUS DIVERS.

TRAITER à demi un sujet très-neuf et très-abstrus, c'est risquer de fatiguer le lecteur sans l'instruire. J'ai craint cet inconvénient, et gêné par le défaut d'espace, j'ai dû renvoyer au tome suivant, l'exposé des hauts moduls (*) auquel j'avais affecté le livre III.

A parler net, ce traité n'est pas d'absolue nécessité pour initier les lecteurs aux dispositions sociétaires; ils ne sera désiré que par les rigoristes, qui veulent des méthodes pleines et sans lacune, des théories ralliées à l'ensemble de la nature.

(*) MODUL !!! Pourquoi ne pas s'en tenir aux termes usités, qui sont, *mode*, MODULE et *modulation*? C'est que ces trois mots ont un sens limité, spécial, et très-différent de celui dont il s'agit ici. Je dois adapter un nom nouveau à un sens nouveau, s'il est vrai selon Condillac, que les mots sont les véritables signes de nos idées. J'adopte *mode* et *modulation*, termes d'analogie, ayant le même sens en passionnel qu'en musique : mais *module*, nom de dimension en architecture, en numismatique, ferait équivoque en passionnel; je préfère *modul*, pour indiquer les 4 formes des Séries pass.

Dès l'avant-propos, j'ai réfuté ces objections parasites contre la néologie obligée, et je dois rappeler à ce sujet la tolérance des grammairiens sur les bizarres expressions qui sont chaque jour mises en scène par la finance et le commerce, comme le *cumul* et le *débet*, le *décrochement* de la rente et le *raccrochement* de la pratique. Tout est permis en néologisme, quand les agioteurs ont dicté l'ordre aux académies. Mais un *Provincial*, un PARIA, qui a l'impertinence de faire des découvertes sans être académicien, doit-il être admis aux droits dont jouit chaque limier d'agiotage? Non : ceux-ci ont le privilège de néologisme grossier et inutile; un inventeur n'a pas même le droit de néologie technique et obligée! Voilà la justice littéraire.

Cette classe de lecteurs sera exigeante sur les preuves, et pensera que le 4e livre qui contient un aperçu des équilibres passionnels, a plutôt l'air d'un tableau de plaisirs que d'une théorie d'unité sociale.

Pour obvier à ce reproche, j'avais projeté de placer avant le tableau des équilibres, une théorie des calculs d'où l'on extrait cette doctrine. Ces calculs très-étendus auraient désabusé les gens superficiels qui seront tentés de croire, en lisant le livre IV, que la théorie des équilibres est un beau rève non étayé de démonstrations méthodiques.

Loin de là : les preuves seront surabondantes ; mais il n'y a pas d'inconvénient à les différer. Si quelques lecteurs les exigent, on est assuré que le grand nombre veut une prompte initiation, et répugne à s'engager dans un dédale de calculs. Je me bornerai donc, dans deux articles, à donner un aperçu des sujets que devaient traiter les deux sections du liv. IIIe.

Je désigne sous le nom de moduls d'Harmonie, les quatre méthodes employées dans la distribution des Séries.

1º En *simple*, 2º en *mixte*, 3º en *mesuré*, 4º en *puissanciel*.

On peut les comparer avec nos méthodes employées dans le langage ; savoir : *correspondance.*

Modul 1er, simple, — prose ordinaire.
Modul 2e, mixte, — prose poét. ou mêlée de vers.
Modul 3e, mesuré, — vers libres.
Modul 4e, puissanciel, — vers suivis et stances.

La méthode simple est celle des civilisés dans leurs tableaux de la nature, où ils se bornent à passer consécutivement des classes aux ordres, de là aux genres, puis aux espèces, etc., négligeant de distinguer les transitions.

Cette méthode a été suivie dans la série des banqueroutiers, qu'on vient de lire aux Inter-Liminaires. On y a distingué 3 ordres, 9 genres, 36 espèces : je n'ai pas mentionné celles de transition. Le mode simple ne les classe pas séparément.

La méthode *mixte* a été employée, I, 168, dans le tableau nominal des crimes du commerce. Elle est déjà plus féconde en accords que la simple ; elle est plus distincte en progression croissante et décroissante ; elle donne plus de saillie, plus de contraste aux subdivisions de genres et d'espèces : en outre, elle détache les transitions, qu'elle sépare aux deux extrêmes, en double sorte, selon ce tableau d'une série mixte à 64 espèces.

TP. TS. Ordre ascend. *Centre.* Ordre descend. TS. *TP.*
1. 2. — 3. 4. 5. 6. — 7. 8. 7. — 6. 5. 4. 3. — 2. 1.

3.   18.   22.   18.   3.

Cette division a tous les avantages de la simple, et y en ajoute d'autres, comme de mieux graduer les termes, et mieux distinguer les transitions en deux primaires et quatre secondaires. Mais il reste, dans cette méthode, le tort de ne pas distinguer et graduer les pivots. Elle a seulement un grand corps pivotal, qui est figuré ici par le n° 8. Ces distinctions sont encore loin de l'harmonie désirable dans une série. Celle-ci peut subdiviser ses termes copieux, faire de 7 et 8 les sous-séries 2, 3, 2 : et 2, 4, 2.

On obtient des accords bien plus nombreux, un classement plus méthodique et plus varié, si l'on emploie le 3° modul, ordre mesuré, ou distribution par octaves et pivots. Elle est de divers degrés : nous ne parlons ici que du 3°, contenant 2 octaves. C'est celui qu'on emploie pour classer les tribus et les chœurs d'une Phalange sociétaire, p. 19 et 20 : cette méthode est ébauchée, p. 18 et 19 : je vais la tracer régulièrement.

Table pivotée des 16 Tribus et 32 Chœurs.

Gamme majeure ou chœurs masculins.

2. 3. — 4. 5. 6. — 7. 8. 9. 10. — 11. 12. 13.

1.   15.   *Foyers.*   14.   16.

Bambins.   Patriarches.

    Bas   Y   Hauts
    pivots.   X X   pivots.
               Y

A   P   O   Q

B C — D E F — G H I J — L M N

Gamme mineure ou chœurs féminins.

18. R ⎱
19. S ⎰ Tribus de   U 21. Tribu de réserve.
20. T   complément.

Les chiffres désignent les chœurs masculins.
Les lettres désignent les chœurs féminins.

Le foyer ou grand pivot est quadruple, composé de

La Magnature, l'Aréopage, l'Etat-major, la Régence.

On dispose ainsi les lettres de l'alphabet naturel :

Les 4 foyères : A long, A bref : O long, O bref :

4 voyelles en bas pivots, 4 en transition :

12 consonnes en majeur, 12 en mineur, correspondant comme les 6 couples,

Majeur　Be. De. Se. Ge. Gue. Ve.

Mineur　Pe. Te. Ze. Che. Que. Fe.

Couples qu'il faut porter à 12 ; je les indiquerai.

Cette distribution, dite mesurée, est la plus commode pour établir des affinités ou sympathies en matériel et en passionnel.

De tout temps la classe qui aime le merveilleux a rêvé des calculs sur les sympathies. Le défaut de notions fixes a donné sur ce sujet beaucoup de crédit aux charlatans et magiciens. Quelques savans ont pensé confusément qu'il pouvait exister une théorie fixe en ce genre ; ils ont essayé quelques systèmes simples, et n'en ont obtenu aucune lumière sur cette énigme.

Les sympathies et antipathies ont été pour Dieu l'objet d'un calcul très-mathématique ; il a réglé celles de nos passions aussi exactement que les affinités chimiques et accords musicaux.

Je comptais préluder sur cette matière dans le 3ᵉ livre, qu'il est force de renvoyer. Ce délai s'accorde bien avec l'annonce faite, page 8, d'élever d'abord les disciples en *ROUTINIERS*, à la manière des *maçons gâcheurs*, qui deviennent architectes par pratique.

Bornons-nous donc à l'argument de la science différée.

Les sympathies ne peuvent s'établir méthodiquement qu'en graduant les caractères par douzaines, avec pivot et transitions, selon le tableau ci-dessus.

Ces douzaines ou octaves doivent être distribuées de manière à produire 3 sortes d'accords.

1° Le *contrasté* progressif majeur et mineur, qui est en rapport avec les tierces, quartes, quintes et sixtes musicales.

2° Le *conjugué* progressif ou identique. On peut en voir les degrés dans le tableau suivant, où la série se conjugue sur elle-même en divergence.

1. — 2. 3. — 4. 5. 6. — 7. 8.

16. — 15. 14. — 13. 12. 11. — 10. 9.

8/8. — 7/8. 6/8. — 5/8. 4/8. 3/8. — 2/8. 1/8.

3° L'*alternant* progressif, selon lequel les sympathies doivent alterner du contrasté au conjugué, et du mode majeur au mode mineur.

Cette division correspond aux trois passions distributives, qui doivent régir les sympathies, comme toute autre harmonie.

La cabaliste régit les accords contrastés;
La composite régit les accords identiques;
La papillonne régit l'alternat des accords.

Appuyons—nous de quelques détails.

Rien de plus connu que les accords de contraste : j'ai déjà prouvé que les espèces vicinales sont discordantes en passions comme en notes musicales; que la femme blonde préfère l'homme brun ou opposé en couleur ; que le groupe cultivant le beuré gris, sera antipathique avec celui du beuré vert, espèce trop rapprochée.

Le tort des philosophes, toujours simplistes, a été de penser que cet accord de contraste était l'unique boussole des sym—pathies. Elles ont besoin de se former aussi en identique ou homogénéité de penchans, qui se trouve dans les caractères parfaitement semblables. Une ame veut ces 2 sortes de sym—pathie, pour être bien équilibrée en accords composés.

L'accord identique ou conjugué existe par degrés entre les 16 âges correspondans, selon la série ci—dessus. L'accord est plein, 8/8, entre les deux tribus, 1. bambins, 16. patriarches : leurs goûts se concilient à merveille. L'accord est 7/8 entre les tribus, 2. chérubins et 15. vénérables. Enfin, il est très-faible, réduit à la dose de 1/8, entre les deux tribus

8. les formés et les formées;
9. les athlétiques et athlétiques.

Ledit accord, quoique de faible degré, est identique en ce que l'impression est la même dans la tribu entière, à peu d'excep—tions près.

L'homme le mieux pourvu de ces sortes d'accords, les trou—verait bientôt insipides, s'il n'avait les moyens d'alterner des uns aux autres, et du majeur au mineur. C'est ce qui manque en civilisation, même aux Sybarites. Aussi se plaignent—ils tous de manquer d'illusions, d'être blasés sur les plaisirs.

Il est encore une sorte de sympathies, les pivotales ⋈ ou infinitésimales dont il n'est pas temps de parler, et qui doivent intervenir dans le cadre général des accords sociaux.

Le traité des séries mesurées devait enseigner comment on organise en majeur et mineur ces octaves ou douzaines de passions graduées, d'où l'on tire les mêmes accords que des octaves musicales.

Il n'est pas aisé de classer ainsi les goûts par octaves ; une Phalange peut cultiver 40 sortes de poires, tellement distribuées qu'on ne pourra pas, sur les 40 groupes de cette culture, former une octave de groupes régulièrement gradués, comme ceux de la série des âges (429).

Aussi les séries mesurées sont-elles beaucoup plus rares que les libres et les mixtes ; mais elles ont une plus forte influence en Harmonie sociale ; et il suffit bien, pour la plénitude des accords, qu'une Phalange puisse organiser en *MESURÉ* un tiers de ses séries : on en aura à peine un huitième dans le début.

Du reste, les séries mesurées sont d'autant plus commodes en distribution, qu'elles peuvent rejeter (page 20, C), dans trois corps complémentaires, tout ce qui serait parasite ou faux en échelle d'octaves graduées.

On ne court aucun risque à tenter l'ordonnance mesurée par gammes de 7, 12, avec pivot et transitions : si elle ne peut pas réussir, l'ébauche retombe au rang de série libre ou mixte. C'est par cette raison que je préfère les gammes septénaires et douzainaires dans mes aperçus. Fussent-elles incomplètes, elles sont toujours aussi régulières qu'une série libre ; car la douzaine et la septaine comportent de belles divisions par 2, 3, 2 ; 4, 5, 3 : il est donc prudent, en toute division, de tenter le modul mesuré, sauf à retomber dans le libre, qui comprend toutes les séries irrégulières.

Je ne donnerai aucun détail sur le modul puissanciel. C'est un sujet tellement hors de portée des commencans, que l'abrégé même le plus succinct ne réussirait nullement à les satisfaire.

On peut seulement indiquer son emploi. Il tend à unir des masses de Phalanges ou de provinces, dans l'exercice d'une industrie ou d'une passion. En effet :

La série puissancielle mesurée devant opérer au moins en quatrième puissance, qui exige 135 groupes, il serait difficile,

dans

dans une Phalange, et souvent impossible, de les former sur une même culture. S'agit-il de la poire? il est certain qu'aucun terrain d'une lieue carrée ne possédera les variétés de terre, d'exposition et de climat, qui conviennent à 135 espèces de poires. On ne pourra donc former ladite série que de groupes stationnés dans divers cantons et y exerçant.

Sous ce rapport elle est lien naturel entre les régions diverses; car il pourra se faire qu'une Série de poiristes qu'on voudrait former en Languedoc, ne puisse être complète qu'en s'adjoignant des groupes stationnés en Espagne, en Piémont, en Ligurie, en Auvergne, etc. Ainsi la série puissancielle, mesurée ou non mesurée, établit des liens *naturels* d'industrie entre les diverses nations; et par suite, des liens passionnels qui, tenant au mécanisme sériaire, sont inconnus dans l'état morcelé, où les relations industrielles n'établissent guères entre les peuples, que des jalousies et non des liens.

Concluons superficiellement sur le parallèle des deux ordres libre et mesuré, dont j'ai distingué les genres dans la table, 428.

L'ordre libre y comprend les essors 1 et 2 qui correspondent à la prose. L'ordre mesuré y comprend les essors 3 et 4 qui correspondent à la poésie.

Je n'examine ici que l'instinct des nations pour l'ordre mesuré et les indices de son excellence. Je ne veux point ravaler les deux ordres inférieurs, *le libre et le mixte*, mais prouver que les deux supérieurs sont à préférer lorsque l'emploi en est possible.

D'où vient le goût universel des peuples pour tout ce qui tient à la mesure matérielle, pour la poésie, la musique, la danse, qui sont des harmonies mesurées en langage, en son, en démarche? On trouve ces trois harmonies même dans les régions d'où l'âpreté du climat semble devoir bannir les illusions des beaux arts. Dans les glaces du nord, on a vu les Bardes cultiver la poésie, la musique et la danse. Les grossiers Sauvages de Sibérie ont aussi leurs mauvais vers, leur chétive musique, leurs danses grotesques; et ces harmonies mesurées se rallient par-tout à la religion. Chez le sauvage comme chez le civilisé, la poésie et la musique font le luxe des solennités religieuses.

D'autre part, la poésie est proclamée langage des dieux: le

chantre lyrique est à nos yeux un être qui entre en commerce avec la Divinité ; nous voulons qu'il traite en égal avec elle, qu'il sache émouvoir et entraîner même les Dieux Infernaux.

Où serait l'unité de l'univers, si nos passions étaient exclues de participer à cette harmonie mesurée, que nous considérons en matériel comme inspiration divine, et qui est à nos yeux le sceau de la justice divine en matériel, notamment dans le plus vaste ouvrage de Dieu, dans les tourbillons de mondes planétaires si mesurés dans leur marche, qu'ils parcourent à minute nommée des milliards de lieues ? Ces astres sont disposés en binoctave mesurée, comme celle dont je viens de donner le tableau. Ils fonctionnent de même en double octave dans leurs versemens ou absorptions et résorptions d'arômes.

Tant que nous ne savons pas reconnaître l'esprit divin dans les harmonies mesurées matérielles, nous ne sommes pas dignes de nous élever aux passionnelles, ni d'en pressentir le système. Comment ces accords mesurés ne seraient-ils pas applicables aux passions, qui sont la portion de l'univers la plus identifiée avec Dieu ?

Loin d'avoir entrevu ce destin des passions, nous voyons l'ordre mesuré tomber par ainsi dire dans le discrédit. L'opéra, réunion de toutes les harmonies mesurées, 191, est plus que jamais titré de frivolité ; et l'on vante encore aujourd'hui la sagesse du rêveur Platon, qui voulait bannir les poëtes de sa république, et les faisait conduire à la frontière, au son de la musique : c'était employer une harmonie mesurée à en chasser une autre. Si nos oracles de sagesse ont de si sottes idées sur l'ordre mesuré, faut-il s'étonner qu'ils n'en aient jamais entrevu le mystère, qu'ils n'aient pas su y apercevoir l'agent principal de l'harmonie des passions ?

(*Nota.*) L'étude du modul puissanciel en cinquième degré est celle qui devra, par le secours de l'analogie, fournir aux géomètres un procédé pour les équations de 5e, 6e, 7e degré. J'en donnerai les indices, dont le principal est, que les Séries pass. une fois parvenues en 5e puissance, changent de procédé, et opèrent sur des caractères au lieu d'opérer sur des groupes. Il est probable que l'algèbre devra imiter cette méthode, et chercher dans le mécanisme sériaire les emblèmes de la route nouvelle qu'il faudra suivre en formules excédant le 4e degré.

Plan de l'ULTER-PAUSE.

Simplisme et fausse Position
de la Politique moderne.

Supprimant la 5ᵉ section, je dois supprimer la pause qui en était une appendice : il est bon d'en donner le canevas.

La 5ᵉ section devait traiter de la convenance des harmonies composées avec la nature humaine, et de l'aveuglement de ceux qui cherchent dans les méthodes simples, des voies d'harmonie sociale.

On voit l'Europe s'engager de plus en plus dans cette fausse route : aussi, depuis 7 ans est-elle en décadence interne et externe ; déchirée à l'intérieur par l'esprit de parti, et bafouée à l'extérieur par les Barbares qui viennent supplicier les chrétiens sous les fenêtres de leurs ambassadeurs.

Exposons brièvement l'erreur commise par la politique européenne, et la route qu'elle aurait dû suivre.

Après la chute de Bonaparte, on parla vaguement de la restauration, sans déterminer le mode à suivre dans cette opération qui devait être BI-COMPOSÉE et non pas SIMPLE.

Une restauration bi-composée eût exigé que les confédérés Européens servissent à la fois *l'intérêt et la gloire* en affaires *extérieures*, *l'intérêt et la gloire* en affaires *intérieures*. Il fallait un plan qui pût remplir ces 4 conditions. L'on va voir qu'en accomplissant les deux externes, on eût accompli les deux internes.

A l'extérieur se présentaient deux carrières d'intérêt et de gloire : d'une part, mettre un terme à l'anarchie qui ensanglantait l'Amérique, et lui donner des princes européens ; d'autre part, morigéner les Barbares Africains et Orientaux. Ces deux entreprises d'une extrême facilité, assuraient intérêt et gloire externe aux confédérés, et presque sans coup férir.

A l'intérieur se présentait aussi une carrière d'intérêt et de gloire ; la perspective d'éteindre l'esprit de parti par un nouveau charme politique ; une SUBSTITUTION ABSORBANTE, I, 392 et 393, et de donner aux peuples civilisés, sous des dynasties légitimes, les biens que la révolution avait promis en vain.

Que d'entreprises ! vont s'écrier les hommes à courte vue. Ils ignorent que le succès est plus facile dans une opération bi-composée que dans une simple. Ici toutes les tentatives auraient réussi l'une par l'autre : il eût suffi de les toutes mener de front ; tandis que la tentative isolée d'une seule restauration, devait les faire avorter toutes.

C'est ce qui a eu lieu : l'Europe n'a envisagé qu'une seule affaire sur quatre ; que l'intérêt interne ou répression des partis. Les mesures

28.

ont été si mal-adroitement conduites, qu'au bout de 7 ans on voit à l'intérieur de l'Europe, les partis plus envenimés que jamais ; et à l'extérieur, la chrétienté avilie par les Barbares, l'Amérique échappant à ses envahisseurs, et les finances périclitant de plus en plus dans tous les empires, dont chacun accumule emprunts sur emprunts.

Expliquons comment une politique judicieuse eût réussi sans efforts, en menant de front toutes les opérations indiquées.

L'Europe, à l'époque appelée *restauration*, avait en tous pays un superflu de troupes qu'il eût été bien plus sage d'occuper utilement que de licencier. C'est en partie le licenciement qui a développé ou attisé les germes de discorde.

L'Europe avait de plus une masse de vaisseaux inutiles, notamment les 40 pris à la France dans le port d'Anvers.

Il y avait donc surabondance de matériaux pour une expédition d'*intérét et de gloire externes* : on va voir comment elle eût garanti les deux avantages d'*intérét et gloire internes*.

L'Europe devait débuter par la punition des pirates barbaresques, bourreaux des chrétiens. Mais pour attaquer le mal à sa source, il fallait expulser d'abord les Scythes campés en Europe, et renvoyer le Sultan turc à Bagdad. Il n'avait aucun moyen de résistance; ni flottes, ni armées. La confédération, en l'attaquant brusquement par terre et par mer, l'aurait en une campagne relancé au-delà d'Alep, et confiné entre ses ennemis naturels, les Persans et Vahabis, et les Druses chez qui on aurait rétabli un roi chrétien à la résidence de Damas et Jérusalem.

Les biens confisqués sur les Turcs auraient payé les frais de l'expédition. La seule population grecque aurait suffi à contenir les Turcs d'Europe, après l'évacuation de Constantinople.

Ensuite les Barbaresques intimidés auraient été astreints à livrer des postes sur la côte, pour les garnisons destinées à observer le pays.

Après cette restauration externe, l'Europe aurait envoyé aux états espagnols d'Amérique, sa flotte pour leur donner une organisation régulière, mettre un terme aux guerres civiles, et installer des princes tirés des diverses maisons d'Europe.

Sur ce plan d'expédition *utile et glorieuse*, chacun se hâte d'objecter la difficulté de concilier les intérêts des diverses couronnes. Mais comment se fait-il qu'on les ait toutes conciliées depuis sept ans pour faire l'opposé de ce qu'exigeaient *leur intérét et leur gloire ?* Continuons l'examen des résultats de cette opération, dont je ne dois donner ici que l'aperçu.

Elle aurait produit d'emblée l'effet tenté pendant sept ans par les princes confédérés, la destruction du faux libéralisme et la substitution du vrai.

Que sont ces chimères de libéralisme dont l'Europe s'effraie au point de se jeter dans les bras de ses ennemis naturels ? ressusciter la puissance ottomane qui tombait de caducité ? la recréer pour l'opposer au pygmée qu'on nomme libéralisme? L'Europe, lorsqu'elle s'en fait un épouvantail, n'est-elle pas l'image de Dom Quichotte se battant contre des moulins à vent, et autres ennemis imaginaires que lui crée son esprit déréglé?

La révolution et le demi-grand homme qu'elle éleva sur le pavois, avaient habitué les esprits à des illusions de liberté, puis à des fumées de grandeur. Les peuples une fois engagés dans un sentier de chimères, n'en sortent pas au gré d'un nouveau maître. Les illusions, vicieuses ou non, sont un aliment qui devient, comme le tabac, besoin impérieux pour qui en a contracté l'habitude; et c'est bien mal connaître le monde social, que de penser qu'on le fera rétrograder à volonté. Il fallait le satisfaire, outre-passer même ses désirs, en l'élevant à la vraie liberté, à la vraie grandeur, qui se trouvaient réunies dans l'opération indiquée. Elle eût électrisé les nations et absorbé le faux libéralisme. Les agitateurs sont impuissans quand l'esprit des peuples dédaigne leurs doctrines et en reconnaît la fausseté. Chacun aurait vu la véritable grandeur dans l'affranchissement des terres et des mers, la répression des Turcs, Barbaresques et bourreaux des chrétiens, l'ouverture des deux Amériques et de l'Egypte au commerce général.

Auteurs d'un tel bienfait, les princes confédérés seraient devenus les dieux de l'opinion. Bonaparte avec ses folles conquêtes et sa tyrannie, aurait semblé un avorton de grandeur, à côté des entreprises utiles et glorieuses de la confédération. Qu'ensuite elle eût donné aux Européens et Américains ces hochets qu'on nomme constitutions représentatives, qui ne sont qu'une ruse pour augmenter les impôts, elle n'aurait eu à redouter aucun agitateur, parce que l'imagination des peuples eût été électrisée, et parce que les bénéfices de cette restauration auraient satisfait les ambitions particulières, tout en servant la justice.

Une création de plusieurs empires et de nombreux royaumes (*), dans l'Orient, l'Afrique et les deux Amériques, aurait été suffisante pâture pour les prétendans et les personnages à indemniser. Tous les princes d'Europe et tous les ambitieux auraient été pourvus. Telle devait être la TRANSITION COMPOSÉE ASCENDANTE de l'état révolutionnaire à l'état de restauration. (Observons que je ne parle pas ici de voies ultra-civilisées, voies de garantisme, etc.; je ne spécule que sur les méthodes et moyens essentiels de la civilisation).

(*) EMPIRES : *Constantinople, Alep; le Caire, (suzerain des Barbaresques); les Antilles, le Mexique; Buénos-Ayres pour toute l'Amérique méridionale.*

ROYAUMES : *Damas, Valachie, Servie, Albanie, Epire, Morée, et divers en Amérique méridionale.*

CESSIONS *diverses aux princes d'Europe; Moldavie et Mingrélie aux Russes; Bosnie à l'Autriche; Candie à l'Angleterre; 1,500,000 habitans à la France, en contiguité, etc., sauf détails.*

Au lieu de suivre cette marche, les confédérés ont spéculé sur une TRANSITION SIMPLE DESCENDANTE ; une méthode qui ressuscite et retrempe les Barbares et qui transforme en ennemis les classes de civilisés qu'on pouvait employer pour l'intérêt et la gloire des souverains et des nations.

D'où vient cet aveuglement ? De ce que les philosophes qui régentent le monde civilisé n'ont jamais connu que la politique simpliste qu'ils ont enseignée à tout ce qui existe. Imbus sans le savoir des doctrines philosophiques, les souverains et leurs ministres ne rêvent que des plans de simplisme, et tombent en tout sens dans la duplicité d'action inhérente au simplisme. Observons-la seulement sur quatre points.

1° *Traite.* 2° *Légitimité.* 3° *Religion.* 4° *Révolution.*

1° TRAITE. Les souverains, sur l'invitation de l'Angleterre, signent à Vienne l'abolition de la traite des nègres. Depuis ce temps, il arrive que la traite se fait ouvertement sous le pavillon des signataires, avec redoublement de cruauté ; que la puissance qui avait proposé l'abolition de la traite, en tolère la continuation, pouvant l'empêcher à volonté ; qu'elle protège en outre la *traite des blancs*, faite par les Turcs dans tous les pays grecs, dont ils emmènent les femmes et les enfans en esclavage.

2° LÉGITIMITÉ. Ce titre est donné à un gouvernement où la soldatesque joue aux boules avec les têtes de ministres, massacre ses souverains, et tout récemment Sélim et Bairactar.

D'autre part, on méconnaît les familles les mieux fondées en titres ; le descendant de Gustave–Adolphe. Il n'était rien de plus légitime que la dynastie VASA : elle a commis le crime de résistance à Bonaparte ; elle n'est ni légitime, ni indemnisée. On objecte des convenances politiques : mais si on avait bien opéré, le jeune VASA serait aujourd'hui placé sur l'un des trônes d'Orient ou d'Amérique, et ne regretterait pas celui de ses ancêtres.

3° RELIGION. Elle nous enseignait à préférer les chrétiens aux infidèles. Aujourd'hui, pour être dans le sens de la religion, il faut révérer les Scythes massacrant *les chiens de chrétiens*, fumant la pipe sur les cadavres de leurs prélats crucifiés, et enlevant leurs enfans pour les élever au mahométisme.

4° RÉVOLUTION. Il s'agissait de la terminer ; on travaille à l'organiser chez les Barbares qu'on vient de révolutionner et retremper. On leur a enseigné tout le grimoire de 1793 ; les levées en masse, l'art de battre monnaie en coupant les têtes des riches chrétiens ; *aujourd'hui les Grecs, à demain les Francs :* qui sait comment se terminera la crise, quand toutes ces hordes levées en Turquie rentreront chez elles sans le pillage promis ?

C'est le simplisme qui a conduit l'Europe à toutes ces duplicités d'action ; la politique engagée dans ces fausses positions, en est venue au point de ne pouvoir plus s'entendre elle–même, ni sur les principes, ni sur les résultats, ni sur les voies.

On se comprend fort bien, réplique-t-elle : on n'a que faire de tant de principes ; on veut à tout prix se délivrer de ces agitateurs qui compromettent la sûreté des trônes. Sans doute c'est bien vu ; mais il ne fallait pas opérer à contre-sens ; imiter l'ours de la fable, qui, pour chasser une mouche du nez de son ami , lui lance un pavé et

» Casse la tête à l'homme , en écrasant la mouche. »

Ainsi a fait l'Europe, en opérant par *voie répressive*, au lieu d'opérer par *substitution absorbante*. Elle a donné depuis 7 ans de la consistance à un parti qui n'aurait pas même paru en scène , si on eût su employer l'absorption au lieu de la répression ; si on eût su mettre en jeu une transition *composée ascendante* , au lieu d'une *simple descendante* qui a pour résultat évident l'accroissement des Barbares, l'humiliation des civilisés et leur unité pour la seule duperie.

D'où vient que l'âge présent ne produit ni grands hommes , ni grandes choses ? que la confédération européenne , en pleine paix et pourvue d'immenses moyens, se trouve paralysée par la fausse position où elle s'est placée ; tremblant devant des partis qu'elle a mal-adroitement créés ; tremblant devant un Sultan dont elle devait sans coup férir se partager les états ; tremblant devant l'Angleterre, qui elle-même fléchit devant les pirates et les négriers , et tombe en double avortement , après une tentative contre Alger , aussi inutile que les élucubrations et bills du parlement contre la traite ?

Tant d'impéritie provient , je l'ai dit , de ce que les princes et diplomates ont tous été élevés par des philosophes, qui les ont façonnés au SIMPLISME , aux mesquines conceptions , à une politique étroite, répressive , incapable d'aspirer à de nobles trophées , ni d'exciter aucun enthousiasme.

Il eût fallu qu'un prince moins petit que son siècle , méditât les moyens de conquérir l'opinion au lieu de l'étouffer ; reconnût que tout est à créer en mécanique civilisée ; que le continent dupé par une puissance qui attise les factions, devrait opposer la politique magnanime à la machiavélique ; enfin, que l'Europe , en spéculant sur de glorieuses et utiles conquêtes , n'aurait pas fait le quart des dépenses qu'il en a coûté pour paralyser le continent par ses divisions internes , pour asservir le monde au monopole , à l'obscurantisme et à la barbarie , pour entretenir le volcan des révolutions , l'ulcère des dettes publiques , et le mal-être général.

Tel était le sujet à traiter dans cet entr'acte : il devient invraisemblable , suspect d'illusions et de vues exaltées , n'étant pas étayé des calculs que cette section y aurait appliqués.

Entretemps : il est bon de remarquer que la théorie des passions peut être utile même à ses détracteurs , même aux partisans de la civilisation, puisqu'elle donnera à ceux qui douteraient de la possibilité de passer à l'Harmonie, des méthodes pour régulariser les opérations les plus importantes de la politique civilisée , tout-à-fait fourvoyée et dupe d'elle-même , pour n'avoir pas su absorber le libéralisme , opposer les grandes actions aux grands verbiages, et les hautes combinaisons d'utilité et de gloire , aux petitesses de l'esprit de parti.

SECTION SIXIÈME.

HARMONIES K AMBIGUES, ET ⋈ INFINITÉSIMALES.

ARTICLE ABRÉVIATIF. APERÇUS DIVERS.

JE me proposais de traiter, en 6ᵉ section, de l'extrême utilité du genre ambigu, si dédaigné parmi nous, où il est vraiment méprisable, parce qu'il n'y trouve que peu ou point d'emplois utiles, mais beaucoup de nuisibles et odieux.

Le contraire a lieu en Harmonie, où l'ambigu joue un rôle transcendant, et sous le nom de *TRANSITION*, sert de lien universel soit en passionnel, soit en matériel : il y intervient par-tout en ressort de concert général.

MODULATION AMBIGUE.

L'ambigu ne doit pas être confondu avec le neutre ; tous deux font partie du mouvement mixte ; mais le *NEUTRE* est un des 3 modes ; l'*AMBIGU* s'entend des transitions, au nombre de 4.

Les produits ambigus sont très-nombreux en matériel ; toute série animale, végétale, aromale et minérale, offre des espèces ambiguës à ses extrémités, et souvent entre ses subdivisions de centre et d'ailes. Deux groupes qui cultivent des coings et des brugnons, sont des groupes ambigus. Les Patagons et Lapons sont deux races ambiguës.

Il existe des groupes ambigus en passionnel, ainsi que des caractères. Ils servent à utiliser une foule de manies bizarres dont on se plaint dans le mécanisme civilisé : indiquons-en une série formée de genres bien connus.

Caractères généraux en ambigu.

Les *initiateurs*, gens qui commencent tout et ne finissent rien.

Les *finiteurs*, gens qui finissent tout et ne commencent rien.

Les *occasionnels*, adhérant à l'avis du dernier venu.

Les *ambiants*, qui ne savent jamais se tenir à un poste, et quittent le meilleur pour prendre le moindre.

Les *caméléons* ou *protées*, si connus en civilisation, qu'il est inutile de les définir :

On voit non-seulement des individus, mais des nations entières atteintes de quelqu'une de ces manies : par exemple, on peut citer la nation française pour type du caractère ambiant ; car elle ne peut, ni en matériel, ni en passionnel, s'en tenir fixément à un goût, à une opinion.

Les *initiateurs* sont nombreux en France, où ce caractère est vraiment national. Aucun peuple ne porte à si haut degré le défaut de tout commencer sans rien finir. La France est couverte de monumens auxquels on a mis la première main, et qu'on oublie quand le travail est à moitié fait. On ne les achève qu'autant qu'ils sont pour le service de Paris ou de quelque ville favorite.

Les Français, initiateurs individuellement, le sont bien plus familialement et corporativement : aussi ne voit-on jamais chez eux un fils achever ce que le père a commencé, ni un architecte continuer un édifice conformément au plan adopté avant lui. Chez eux un commencemeut n'a jamais de suite garantie, quelque bon qu'il puisse être.

Les *finiteurs* sont d'autres ambigus si communs en France, que ce caractère y est national comme le précédent. Une entreprise ne leur plait que lorsqu'elle est presqu'achevée : jamais elle n'aura leur suffrage au début ; ils crieront à l'impossible, au ridicule, se répandront en diatribes contre l'autorité qui fait une amélioration ; ils traiteront de fou le propriétaire qui construit, dessèche, innove en industrie.

Mais lorsque la besogne en est aux trois quarts et que le travail commence à prendre couleur, alors on voit ces Aristarques changer de ton, se déclarer apologistes de ce qu'ils ont tant décrié ; prétendre, *en mouches du coche*, qu'ils ont conseillé, aidé l'entreprise. On les voit souvent prôner cet ouvrage à ceux mêmes qu'ils ont indécemment raillé pour y avoir coopéré. Ils ne s'aperçoivent pas de leur inconséquence, entraînés par la passion qui ne germe chez eux qu'au dénouement de l'affaire. Ces caractères n'ayant ni force, ni constance, frémissent d'envisager un grand travail, s'en dissimulent les avantages, s'en exagèrent les difficultés lorsqu'il n'est qu'en projet ou au début.

Les Français ne manqueront pas de se montrer en *finiteurs* sur la fondation de l'Harmonie. Ils débuteront par diffamer

l'invention et l'auteur. Après avoir amplement raillé les actionnaires, entrepreneurs et fondateurs, ils commenceront à se
raviser un peu tard, lorsqu'ils verront s'avancer les dispositions
du canton d'épreuve ; puis au moment de l'installation, ils
achèteront les actions à la hausse du double, prouveront que
ce sont eux qui ont tout fait, que l'auteur est un des leurs,
qu'ils ont admiré sa découverte, et opiné pour la prompte
exécution.

Les *occasionnels* ou *girouettes*, gens tournant à tout vent
et inclinant pour l'avis du dernier venu, gens versatiles collectivement et individuellement. C'est en France que ce caractère est dominant : on s'y fait un mérite de la légèreté et de
l'inconstance : elle plaît même au peuple qui en souffre ; il
aimerait à changer de constitutions comme de modes et d'uniformes. Il accueille toute nouveauté si elle est inutile ou nuisible ; il ne proscrit que les innovations utiles.

Les *ambiants*, êtres fantasques, impatiens de leur sort, et
mécontens de leur propre ouvrage. Tels sont ceux qui rebâ-
tissent la maison à moitié construite ; changent le jardin trois
et quatre fois ; changent de profession, de commerce et de
fréquentations, sans autre motif qu'une inquiétude naturelle
dont ils ne peuvent pas pénétrer la cause (11e passion).

Les *caméléons* ou *protées*, seule classe d'ambigus qui soit
considérée en civilisation : leur fortune y est assurée ; on leur
défère même le titre de sages, selon ce distique de La Fontaine :

 » Le sage dit, selon les gens,
 » Vive le Roi, vive la Ligue ! »

Notre siècle abonde en sages de cette espèce ; la révolution
les a mis en vogue. Autrefois on ne les trouvait qu'à la cour ;
ils affluent maintenant à la ville et aux champs.

Ces ambigus dont j'ai cité seulement cinq titres, forment
une série de genre à subdiviser en espèces, variétés, etc. Les
initiateurs en maçonnerie seront une secte différente des initiateurs en plantation ; et ainsi des finiteurs. Passant sur ces
menus détails, exposons quelques principes généraux sur les
harmonies ambiguës.

En général, ces caractères sont dédaignés en civilisation,
comme gens nuisibles et dangereux. On peut répondre que si
Dieu ne les avait pas jugés utiles en mécanique sociale, il ne

les aurait pas créés. S'il les a créés sans utilité prévue, il a donc contrevenu à la première de ses propriétés essentielles , à l'économie de ressorts.

Il n'en est rien : les ambigus sont infiniment précieux en Harmonie. L'examen de leurs fonctions sera pour nous un motif d'admirer la sagesse du Créateur , dans toutes les passions que nous jugeons les plus vicieuses. (V. 257, les essors directs).

Les ambigus au nombre de 104 sur 810 , sont les pièces de transition en tous degrés du clavier général des caractères ; mais la transition n'est utile à rien dans l'ordre civilisé, où rien n'est lié en système d'*association domestique industrielle*. Or, les ambigus n'étant créés que pour les liens de série , on ne doit pas s'étonner qu'ils soient nuisibles hors de l'état sociétaire , ne pouvant moduler qu'en faux essor.

On ne saurait trop répéter à cet égard , que l'être qui a créé nos 12 passions et nos 810 caractères , est exercé depuis une éternité à créer des hommes et des passions dans des milliards de mondes. Il a bien eu le temps d'apprendre par expérience quelles proportions distributives on doit observer en pareille œuvre. Il a sans doute assez de lumières pour se passer des conseils de quelques orateurs de notre globule , gens qui n'ayant pas le pouvoir de détruire ni changer une seule de nos passions , auraient dû , au lieu de déclamer contre elles , s'étudier à découvir le mécanisme auquel Dieu les destine ; mettre en problême si c'est la divinité qui s'est trompée en distribution du système passionnel , ou si c'est la raison humaine qui s'est fourvoyée en n'adoptant pour mécanisme des passions , que l'état civilisé et barbare , si incompatible avec la nature de l'homme , qu'on voit par-tout les peuples s'insurger et renverser cet ordre , dès l'instant où ils ne sont pas contenus par la crainte des gibets.

On a vu que la nation française est celle chez qui prédomine le genre ambigu. Il existe des titres en caractère national comme en individuel , et il est bon que les Français apprennent à connaître les leurs , qui sont le titre ambigu et le titre infinitésimal. Une fois pourvus de cette connaissance , ils verront que de toutes les nations la leur est celle qui avait le plus besoin de l'invention de l'Harmonie , seul ordre où on puisse utiliser les caractères titrés d'ambigu , et d'infinitésimal.

MODULATIONS INFINITÉSIMALES.

Il n'est rien de plus flatteur pour les fantaisies individuelles, que le calcul des passions *infinitésimales* ou *hyper-nuancées.* En le publiant (il se trouve renvoyé au 3ᵉ tome), je donne de l'encens à tout le genre humain; les êtres les plus ridiculisés y trouveront l'avantage de pouvoir s'admirer eux—mêmes en toute légitimité; se faire honneur de goûts hétéroclites que l'opinion condamne, et qui vont être, non pas absous, mais illustrés par la théorie du mouvement infinitésimal.

Ces goûts bizarres et risibles sont bien plus nombreux qu'on ne croit. Tel qui les blâme en habitudes gastronomiques, y est sujet en affaires d'amour. Tel autre qui les condamne dans les amours, s'y livre en affaires d'ambition, de famillisme, en exercice des sens.

Ainsi la manie des *VILAINS GOUTS* est le péché mignon des sept huitièmes de l'humanité, qui pourtant les tourne en ridicule; tant il est vrai, selon l'Evangile, « que chacun voit une » paille dans l'œil de son voisin, et ne voit pas une poutre » dans le sien. »

La théorie qui va réhabiliter et utiliser les goûts bizarres (essor infinitésimal inverse χ), doit absoudre de même et ennoblir les raffinemens minutieux (essor infinitésimal direct Y), sur lesquels on critique les Sybarites.

Pour ne rien donner à l'arbitraire, étayons-nous de principes dans ce débat frivole en apparence, et pourtant le plus grave qu'on puisse élever, puisque les harmonies infinitésimales sont les plus nécessaires à l'unité sociale dont elles forment le pivot.

A la lecture des aperçus que j'en vais donner, on se convaincra que ce n'est pas moi qui suis en arrière de calculs justificatifs, mais que les lecteurs sont fort en arrière d'intentions bénévoles et studieuses : les uns (les Français) voudraient que la théorie d'équilibre passionnel fût exposée de manière à n'exiger aucune étude; les autres (les Sophistes) voudraient qu'on leur présentât des calculs méthodiques, mais en les ralliant à la bannière des quatre sciences métaphysiques, économiques, politiques et morales, qui sont antipathiques avec leurs propres méthodes. (Prolégom. 99, chap. III).

Convaincu de cette inconséquence des lecteurs, j'ai dû renvoyer aux tomes suivans quatre sujets :

Les moduls mesuré et puissanciel ;

Les modulations ambiguë et infinitésimale,
qui sont des doctrines hérissées de vastes et minutieux calculs.

Même dans cet article d'aperçus, je retranche du manuscrit tous les paragraphes empreints de formules arithmétiquement calculées ; encore y en restera-t-il bon nombre, malgré la quantité que j'en ai éliminée. Quelques lecteurs se trouveront égarés dès les premières lignes ; ils ne comprendront ni la théorie infinitésimale, ni les antérieures ; ils m'accuseront de les engager dans le dédale.

Tel est l'effet des théories trop abrégées. L'excès de concision égare un étudiant, aussi bien que l'excès de prolixité : je ne peux pas ici prendre un juste milieu, étant restreint à deux volumes là où il en faudrait au moins trois en première livraison ; inconvénient que je n'avais pas prévu en traçant le plan des deux tomes, dont la matière s'est allongée sous la plume.

Toutefois, je dispose l'article de telle manière que le lecteur puisse en conserver des impressions suffisantes, lors même qu'il échouerait sur des paragraphes dogmatiques affectés aux principes, dont l'aridité sera compensée par quelques détails intéressans qui se graveront aisément dans l'esprit du lecteur.

✄ GÉNÉRALITÉS SUR L'INFINITÉSIMAL PASSIONNEL.

Dans l'état sociétaire comme dans l'état civilisé, l'on tend au mieux possible en toute relation sociale. Si on ne peut pas élever un essor de passion aux deux moduls mesuré et puissanciel, on se fixe aux deux moduls libre et mixte. On imite l'homme qui n'ayant pas de quoi rouler carrosse, prend le parti d'aller à pied ou en *FIACRE*, mode mixte entre l'état de piéton et l'état d'homme à voiture.

Mais on essaie autant que possible de mettre en usage les deux derniers moduls, bien plus aptes à harmoniser les passions, en ce qu'ils opèrent par octaves de groupes.

Ou bien d'employer l'ordre infinitésimal, modulant par gamme de 8 séries libres ou mesurées, dont je vais mettre en regard les deux échelles aux colonnes 2 et 3 : la colonne 1re indique la régie proportionnelle de chaque division.

Hyper-série octavienne à deux dimensions.

		Régie 1.	Échelle.	Div. libre 2.	Div. mes. 3.
1.	Ut	10000	Classe.	1. . . .	1
2.	Ré	3000	Ordres.	3. . . .	4
3.	Mi	1000	Genres.	10. . . .	12
4.	Fa	300	Espèces.	30. . . .	48
5.	Sol	100	Variétés.	100. . . .	144
6.	La	30	Ténuités. . . .	300. . . .	576
7.	Si	10	Minimités.	1000. . . .	1728
✕	UT	4	INFINITÉS. . . .	3000. . . .	6912

La 3ᵉ colonne de chiffres indique le nombre de groupes nécessaires en modulation mesurée, I, 286. On voit qu'à la 8ᵉ puissance ✕, elle exige déjà au-delà du double de ce qu'exige la libre, colonne 2ᵉ. Tenons-nous-en à celle-ci, qui est suffisante dans les calculs élémentaires.

Il suffit donc, pour arriver à l'essor infinitésimal libre, qu'une Phalange puisse déployer dans une modulation 3000 groupes rivaux exerçant sur 3000 goûts distincts, mais appliqués à un seul objet, en industrie ou en plaisir. Par exemple :

On a vu, I, 493, qu'une Phalange a communément dix mille poules pondantes : elle pourrait donc, *sur les seules poules*, non compris les poulets, poulardes et chapons, former une Série infinitésimale de 3000 petits groupes soignant chacun trois à quatre poules.

S'il suffit du nombre de 10000 poules pour entretenir une Série infinitésimale de 3000 groupes, quelle extension de chances trouvera-t-on dans le soin de 200,000 poulets, poulardes et chapons que doit élever annuellement une Phalange. Son poulailler sera donc une industrie gérée en modulation infinitésimale, à 3000 petits groupes formant une octave de Séries en huit degrés.

Ladite série sera dualisée en fonctions, s'établissant d'une part sur les espèces, formes, couleurs et races de poulets ; d'autre part, sur les différens systèmes alimentaires et régimes qui modifient les saveurs des viandes et des œufs.

Dans cette industrie, la Phalange *à l'extérieur* forme UNE CLASSE, en rivalité avec d'autres classes qui sont les Phalanges voisines différenciées par des systèmes locaux sur la gestion, ou par des saveurs variées en raison du terroir et du climat.

Intérieurement, la secte des poulaillistes forme les 7 divisions d'ordres, genres, etc. ; et d'abord celle des 3 ordres, se partageant les 3 grandes divisions de poules pondantes, poulets d'engrais, poulardes et chapons. Le soin des fours à éclosion est travail de pivot, et non de division.

Et successivement les genres divisés en 10 séries, puis les espèces en 30 séries, etc., rivalisant, en matériel, sur les races, formes et couleurs ; en scientifique, sur les régimes alimentaires et autres soins.

Les subdivisions du poulailler, en genres, espèces, variétés, etc., peuvent être facilement poussées au 8e degré, vu les différences de couleurs et formes. Ainsi, en genres, chacun des 3 ordres distinguera les *crétus*, les *huppés*, les *mixtes*.

La subdivision d'espèce distinguera en *crêtes*, les hautes, les plates, les couronnées : en *huppes*, les directes, les inverses, les quadruples à collier et moustache : en *mixtes*, les cornus huppés, les huppés couronnés, les crêtus sous-huppés.

En variétés, en ténuités, etc., on commencera à classer par couleurs, qui donneront d'innombrables divisions. La nature a dû varier cet oiseau à l'infini, parce qu'elle le destine à la gestion infinitésimale, où les différences d'ornemens sont un appât très-puissant pour passionner les enfans, stimuler les rivalités de série.

Si je descends à ces minutieux détails sur les couleurs et jaspures des poulets, sur les crêtes, huppes et ornemens de tête, c'est pour démentir le préjugé qui dédaigne ces distinctions. Raisonnons sur leur emploi.

Une série infinitésimale ou série à 7 degrés devant se ménager double échelle de rivalités en matériel et en régime, il importe qu'elle s'attache en matériel à tirer parti des différences de races, formes, couleurs et ornemens. Ce sont des mobiles puissans sur l'enfant, prompt à juger selon les impressions des sens.

Or, la série infinitésimale qui emploie une Phalange entière, devant passionner tous les âges, s'emparer de bonne heure des enfans et les attirer en masse, elle doit ménager avec soin ces rivalités de formes et couleurs.

Vient ensuite la rivalité intellectuelle ou scientifique, établie sur les régimes de nutrition et d'éducation. Celle-ci est spécialement l'attribut des gens âgés.

On n'atteindrait pas aux accords infinitésimaux ou accords de huit séries échelonnées sur une même passion, si on ne savait pas faire intervenir double échelle de ressorts; les matériels appliqués au jeune âge, et les spirituels dominant chez l'âge mûr, sauf alliage.

Une autre condition à observer dans les séries infinitésimales, c'est *la conjugaison divergente en contre-échelon.*

Je craindrais que le bénin lecteur ne perdît patience à la lecture de ces doctes préceptes :

Echelle composée de rivalités matérielles et scientif. ;
Conjugaison divergente en contre-échelons de série.

J'ai fait consécutivement 3 essais pour en abréger l'exposé, et je retranche encore le 3ᵉ, sachant trop que les lecteurs français ne pardonnent pas les calculs dans une nouvelle science, et voudraient qu'elle leur fût communiquée en madrigaux ou en calembours.

Je me bornerai donc à dire que l'exercice d'une industrie en modulation infinitésimale présente deux avantages du plus grand prix ; ce sont :

L'infinité numérique de produit;
L'infinité graduée de saveurs.

C'est-à-dire que, dans tel canton d'où l'on tire à peine dix mille poulets médiocres et de plate saveur, une série infinitésimale produira deux cent mille poulets exquis et différenciés à autant de saveurs que la gestion aura employé de groupes ; dont le minimum (446) est de 3000.

Aile ascendᵉ., les poulets de grain ou élèves,   900 saveurs.
Centre, les œufs,   1000   »
Aile descendᵉ., poulardes et chapons,   800   »
Complément, coqs et poulets,   300   »

Ces aperçus, satisfaisans je pense, pour les gastronomes, les résoudraient-ils à supporter quatre pages d'instruction sur la conjugaison divergente? Je ne l'ai pas espéré, car je les ai supprimées : de là naîtront beaucoup d'objections mal fondées. Un lecteur demandera comment il peut se faire qu'une Phalange qui n'a pas plus de 1200 sectaires à fournir au poulailler,

parvienne

parvienne à y former 3,000 groupes, dont chacun exige pour l'entretien du service journalier, au moins 15 sociétaires, afin qu'il s'en trouve, absens et malades déduits, environ 9 ou 10 à la séance? 3,000 multipliés par 15, exigeraient 45,000 personnes, et non 1,200.

J'aurais satisfait à cette objection; mais on veut en France, des théories exactes, et on ne veut pas prendre la peine de les lire. Il est bien forcé que l'auteur les renvoie à l'époque où il pourra compter sur des lecteurs plus équitables : jusquelà, je m'engage à prouver qu'une Phalange pourra, sur 1,200 sectaires, fournir par contre-échelons en retour, 3,000 groupes faisant un service actif et journalier, à 9 personnes par groupe, en moyen terme.

La Phalange qui saura produire et distinguer environ 3,000 saveurs internes sur les œufs et les poulets, devra faire écho en nuances de préparation, et donner en art culinaire ou saveur externe, autant de variétés de goûts aux poulets et aux œufs, qu'elle en aura donné en saveur interne.

Tant de sensualité ne cadre guères avec les vues de la morale civilisée : c'est pourtant sur les raffinemens sensuels poussés à l'infini et adaptés hygiéniquement à tous les tempéramens, que repose l'art d'atteindre au but désiré par la morale; « transformer le genre humain tout entier en une famille de frères, et l'élever à l'unité universelle. » On n'y parvient que par emploi des accords infinitésimaux en industrie et en plaisir, choses intimément liées; car si l'on sait donner aux poulets et aux œufs 3,000 saveurs différentes, il faut bien donner aux hommes 3,000 fantaisies en ce genre, pour apprécier et encourager les variantes industrielles de chaque groupe de travailleurs, dont les peines deviendraient illusoires si chacun, selon le vœu de la philosophie, mangeait indifféremment et sans appréciation minutieuse, les objets qu'on lui présente.

Chaque Phalange doit traiter en infinitésimal, au moins deux branches d'industrie; une externe, dont le soin soit commun à tout le globe (*Accord infinitésimal identique*), et l'autre interne ou locale, non exercée par les cantons voisins (*Accord infinitésimal contrasté*).

Le poulailler est évidemment la branche sur laquelle exercera le globe entier en infinitésimal. C'est pour généraliser cette industrie, que Dieu a fait du poulet le plus précieux, le plus salutaire des comestibles, et le plus généralement préféré, soit pour la chair, soit pour les œufs et leurs nombreux emplois. On élèvera à peine le 10ᵉ de toute autre volaille, à moins de convenance locale.

Les deux industries infinitésimales ont rang de fonction sacrée dans chaque Phalange ; celle du *poulailler* l'est par esprit d'unité avec le glôbe entier, où elle existe par-tout en ce degré (sauf le 8ᵉ d'exception) : l'autre devient sacrée par amour-propre de la Phalange, par orgueil de s'élever à elle seule à une modulation infinitésimale qu'on ne pourrait pas entretenir sur plusieurs branches.

Toute Phalange a, de plus, douze modulations de ce genre, en participation avec des cantons vicinaux ou éloignés. Elle forme de ces douze travaux et de son infinitésimal interne, ses titres de noblesse.

L'écusson et le sceau d'une Phalange représentent, sur 5, 3, 5 de hauteur, les 13 principaux signes de son industrie. La plus saillante, placée au centre de l'écu, est celle d'infinitésimal interne ou local. En grand sceau, on grave jusqu'au nombre de 32 les signes de célébrité industrielle de la Phalange.

Ces armoiries conformes au bon sens peignent les titres d'un canton à l'estime générale. Chaque individu se compose de même des armoiries emblématiques, écartelées à 32 quartiers ou seulement à 12, indicatifs de ses talens constatés et de son titre caractériel représenté entre l'écu et la couronne.

Ainsi l'Harmonie sait utiliser toutes les coutumes absurdes qu'enfante la civilisation, comme nos pitoyables armoiries qui ne sont emblématiqués DE RIEN. Quelle allégorie, quel sens trouver dans un écu de *gueules au pal de sable*, dans un lion passant ou un aigle cantonné ? Usages stupides, qui dénotent la prétention à se faire valoir sans aucun titre.

Les accords infinitésimaux sont les principaux liens d'unité entre tous les peuples. Exposons-en quelqu'emploi dans les armées industrielles : ceci nous conduit à la distinction de l'infinitésimal en direct et inverse.

X *PASSIONS INFINITÉSIMALES INVERSES.*

La théorie en est aussi triste que celle des directes est gaie. Laissons le sujet amusant pour le dernier ; plaçons l'épine avant la rose.

Les passions infinitésimales *directes* sont celles qu'on peut dire communes à tout le genre humain, comme le goût des diamans, des belles fleurs, choses que tout le monde aime.

Les passions infinitésimales *inverses*, goûts bizarres, ne se rencontrent que chez une très-faible minorité, insuffisante à former un groupe régulier dans une Phalange.

Le groupe régulier doit, *en minimum*, se composer au moins de 9 personnes subdivisées en trois groupillons liés et pivotés comme il suit.

K. — 1. 2. — 3. 4. 5. — 6. 7. — ✕.

On ne peut soutenir ce minimum de 9 sectaires, qu'autant que la passion s'étend à un plus grand nombre, à 15 au moins, dont 5 ou 6 peuvent être absens ou malades.

Cette faible dose d'un groupe sur 810 caractères (bambins et patriarches non compris), est le degré *AMBIGU*, degré hors de série, puisqu'il est borné à un seul groupe. Une telle réunion ne figure ni dans les séries, ni dans les individualités ; elle est d'ordre ambigu : elle tient rang *d'échelon minime et hors de ligne* dans la classe des séries, et *d'échelon maxime et hors de ligne* dans la classe des manies individuelles ou passions hétéroclites, inhabiles à figurer en harmonie domestique, et obligées de chercher leurs sectaires hors de la Phalange. Ladite secte prend ci-dessous le rang K transition, dans l'échelle des vilains goûts, où elle figure à titre de *plaisant goût*, I, 442, état moyen entre les *jolis goûts* qui modulent par séries internes, et les *vilains goûts* qui ne s'associent que par séries externes.

Ainsi dans une Phalange de 15 à 1600 personnes, toute passion qui ne s'étend pas à 1/100e de la masse, au moins à 15 personnes, est titrée d'incohérente, goût hétéroclite, qui ne trouve pas à s'assortir harmoniquement.

Ces passions prêtent volontiers à la raillerie, à moins qu'elles ne portent sur quelque raffinement de sciences ou d'arts ; mais en toute autre affaire, comme en gastronomie, un goût est raillé si, n'étant pas branche de série, il ne se rencontre que chez 1/150e des êtres, et ne peut pas fournir un groupe complet : dans ce cas il est titré de *VILAIN GOUT*.

Les *Vilains goûts* sont de 13 degrés, dont les 8e, 9e et suivans sont infinitésimaux en cas de dimension simple, 44.

29.

ECHELLE PROGRESSIVE DES *VILAINS GOUTS*.

K	en transition,	4 couples sur individus				810
	En 1ᵉʳ degré,	un couple sur ind.			.	810
	En 2ᵉ	»	un	»	sur	»	. .	2,430
	En 3ᵉ	»	un	»	sur	»	. .	9,720
	En 4ᵉ	»	un	»	sur	»	. .	29,160
	En 5ᵉ	»	un	»	sur	»	. .	116,640
	En 6ᵉ	»	un	»	sur	»	. .	349,920
	En 7ᵉ	»	un	»	sur	»	. .	1,399,692
X¹	en 8ᵉ	»	un	»	sur	»	. .	4,198,076
X²	en 9ᵉ	»	un	»	sur	»	. .	16,792,304
X³	en 10ᵉ	»	un	»	sur	»	. .	50,376,912
X⁴	en 11ᵉ	»	un	»	sur	»	. .	201,519,648
X⁵	en 12ᵉ	»	un	»	sur	»	. .	604,558,944
Z	en haut pivot	un	»	sur ind.	.	2,418,235,776

Le 1ᵉʳ degré est celui qui ne compterait qu'un couple sur 810 caractères. Cette rareté l'expose au ridicule, qui va croissant dans les degrés suivans.

Pour en indiquer l'emploi, spéculons d'abord sur un degré peu rare, comme les 4ᵉ et 5ᵉ.

Trissotin, ami des raves, a le goût bizarre de les manger à demi-cuites, légèrement amollies dans l'eau chaude. Personne dans sa Phalange n'en peut manger de la sorte ; on les veut ou crues, ou tout-à-fait cuites. On raille Trissotin, qui s'obstine et soutient son vilain goût.

Vadius, ami des courges, se régale de courge toute crue, assaisonnée de moutarde : il ne peut trouver aucun amateur qui partage son goût.

Les régences qui font en tout pays un travail d'exploration sur l'assortissement *des vilains goûts*, ont découvert que sur l'ensemble de la province peuplée d'environ 200,000 ames, il s'en trouve une douzaine du goût de Trissotin ; mais que pour trouver une douzaine de collègues à Vadius, il faut recourir aux tableaux de la région entière, comprenant 800,000 ames.

On en avise Trissotin et Vadius : grand triomphe pour eux, car il n'est rien de plus obstiné que les gens à vilain goût. Ce sera une amorce de rassemblement pour ces originaux disséminés : ils se réuniront ; savoir :

Les *Ravistes* et *Trissotin*, à l'armée provinciale de 5e degré.

Les *Courgistes* et *Vadius*, à l'armée régionnaire de 6e degré.

Ils y jouiront du charme de manger et vanter en chorus les raves à demi-cuites et les courges crues à la moutarde ; se proclamer entre eux les vrais amis des raves et des courges , les soutiens des saines doctrines raviques et courgiques , méconnues du profane vulgaire.

Voilà une amorce pour attirer ces deux groupes à des armées de 5e et 6e degré. C'est pour Trissotin un voyage d'environ 10 lieues ; pour Vadius environ 20 lieues.

Ce médiocre appât suffirait à amorcer tant de fantasques et d'oisifs civilisés : ils accourraient à ces réunions pour y voir leur vilain goût encensé, y former secte, et prendre place dans la hiérarchie passionnelle. On y admet toute manie innocente au rang d'impulsion louable et harmonique, pourvu que ses amateurs puissent rassembler un noyau de série composé de 9 personnes au moins, et distribué en groupe régulier comme ci-dessus.

Quelque plaisante que soit une fantaisie, elle obtient brevet de passion utile et respectable, si elle peut présenter cette réunion corporative. Elle a droit de bannière dans ses réunions, droit de signes extérieurs chez les sectaires, et place honorable dans le cérémonial de tel degré, province ou région, si elle ne peut pas figurer dans celui de Phalange.

Tout harmonien pourra, en satisfaisant cet amour-propre, bénéficier au-lieu de dépenser, car le séjour à l'armée est très-profitable par conservation des dividendes en séries de résidence. Tout légionnaire est traité comme nos fonctionnaires absens, qui touchent le traitement sans exercer. En outre, il jouit de divers avantages qu'on trouve à l'armée, et dont nous parlerons à l'article suivant. Son voyage est agréable, et gratuit.

L'admission à l'armée est un avantage qu'on n'obtient que sur titres notoires. Les *vilains goûts* sont titre pour une campagne ; et plus un vilain goût est rare, plus il élève le degré d'admission. Spéculons sur les degrés infinitésimaux qui commencent au 8e, selon le tableau ci-dessus.

L'archéologue *Philogone* aime les raves accommodées à l'*assa fœtida* ; il démontre que cette puanteur a été en crédit chez les anciens.

L'astronome *Lunarius* a une fantaisie plus éminemment dégoûtante ; il mange des araignées toutes crues. (On assure
que c'était le goût de Lalande.)

Les régences ont pris note de ces fantaisies. Après les recherches d'usage, on reconnaît que celle de Philogone est de 8°
degré, et qu'on ne peut l'assortir en groupe complet, qu'en
puisant dans une masse de 17 millions d'ames. Celle de Lunarius est de Z^e degré : il faut, pour en compléter un groupe,
étendre les recherches à 2,400,000 ames.

Ainsi le *vilain goût* de Philogone est raréfié à un sur un
million d'hommes, et celui de Lunarius à un sur 150 millions
d'hommes, titres d'admission à une campagne, le premier en
armée du 2e degré, le 2e en armée de Z^e degré.

Assurément rien n'est plus risible, au premier coup-d'œil,
qu'une fantaisie limitée à un individu sur 150,000,000. C'est
pour s'être laissé prendre à ces apparences trompeuses, que
les philosophes ont avorté en étude de la nature, et ont vu
de *profonds mystères* là où ils auraient dû voir des dispositions unitaires, l'analogie du passionnel au matériel.

Etudions cette proposition sur les fantaisies raillées, que
j'ai nommées infinitésimales inverses.

On les étouffe en tous pays, sur-tout chez les enfans qui
inclinent fortement aux goûts bizarres, comme de manger du
plâtre qu'ils arrachent des murs : c'est pourtant la bonne nature qui les y pousse.

Dans le cas où ces fantaisies étouffées en tous pays par la
raillerie et la contrariété, pourraient se développer en liberté,
quelle est la quantité qu'on en verrait éclore, soit en gourmandise, soit en amour, soit en toute autre passion ? L'on
en trouv ait 7 sur 8 individus ; c'est-à-dire que sur 900,000,000
d'habitans, somme actuelle, il y en aurait 780,000,000 sujets à quelques-uns de ces goûts bizarres de 13e degré Z, que
la raillerie étouffe aujourd'hui, et qui sont réduits à se dissimuler, ou à ne paraître que difficilement, sans essor plein,
sans emploi utile.

Ces goûts dépravés de 13e degré, qui ne sont départis qu'à
un individu sur 150,000,000, sont souvent inconnus des titulaires mêmes, qui les considèrent comme impulsions vicieuses
à réprimer. Cependant elles sont l'ouvrage d'un créateur qui
ne fait rien sans motifs plausibles.

J'ai dit que l'un des emplois de ces *vilains goûts* est l'attraction aux grandes armées : parmi les amorces qui y entraînent, plaçons en pivots

Inverse λ, les bizarreries infinitésimales ;

Direct Y, les raffinemens infinitésimaux.

Si donc on veut rassembler et utiliser une armée de 13ᵉ degré $\bowtie$, tirée de tous les empires du globe, il faut dans les 18 amorces, dont 14 de gamme, 2 de pivot et 2 de transition, ménager avec soin les 2 pivotales, celles des hautes bizarreries et celles des hauts raffinemens. Toutes deux fournissent égal nombre de recrues, à peu de chose près : toutes deux comprennent environ les 7/8ᵉˢ de l'espèce humaine.

L'organisation de ce lien corporatif gradué sera une fonction des sibyls de gastrosophie et des fées d'amour, dans les armées de 13ᵉ degré ; puis on formera pareilles séries moindres en puissance, dans des armées de 12ᵉ, 11ᵉ, 10ᵉ degré. Ce sera une voie de liens ajoutée à vingt autres, et une voie qui tient un rang très-éminent dans le mécanisme passionnel. J'en ai décrit, I, 440, un bel effet, au sujet des poules marinées ; lien dont on a vu de brillans résultats, et qui pourtant n'est qu'au plus bas degré d'intensité ; car dans la gamme infinitésimale inverse, 452, il n'est classé qu'en ambigu K et hors de gamme ?

Ainsi Dieu sait aller au but de l'unité, par la double voie

des infiniment petits comme des infiniment grands,

des ridicules infinis comme des charmes infinis :

l'équilibre de l'univers, en passionnel comme en matériel, consistant à tenir en balance les contrastes ou effets directs et inverses, et puiser dans les minimités un contre-poids aux maximités.

C'est un principe qu'ont entrevu les modernes sans en faire aucune application. Faute de s'y être ralliés, ils ont manqué toutes les notions en cosmogonie, manqué en plein le calcul du mécanisme aromal. Ils n'ont pu s'élever à penser que les astres, malgré leur énorme grosseur, fonctionnaient par le plus subtil de tous les fluides, par l'Arome différencié en milliers de gammes, et servant à la nourriture de ces grands corps ainsi qu'à leurs autres fonctions. Ils ont cru que le soleil avalait des comètes comme un brochet avale des goujons, et que les mondes se mangeaient entre eux comme les anthropophages.

Il n'en est rien : les corps sidéraux n'opèrent que par des arômes analogues en système aux agens de nos relations, aux fluides de nos corps et aux produits animaux, végétaux et minéraux qu'exploite notre industrie. Mais laissons ce détail qui s'écarte du sujet. (Voyez note E, Pivot inverse).

J'ai prévenu que le calcul des passions infinitésimales inverses serait une étude fort aride pour des lecteurs non initiés aux équilibres généraux. Il faudrait d'abord les exercer sur la théorie des conjugaisons en retour, ou séries à contremodulation, renversées sur elles-mêmes dans l'ordre suivant :

    1. Classes ; 2. Ordres ;   3. Genres ; 4. Espèces ;

     Infinités ; 7. Minimités ; 6. Ténuités ; 5. Variétés ;

et déployant en infra—ligne l'échelle *directe* des groupes en raison *inverse* du nombre des individus. Ce n'est pas un sujet à aborder dans un article abréviatif.

Il suffit pour initiation de recourir à un problème déjà traité sur cette matière, au Trans—Ambule, I, 439. Rappelons-le pour en tirer une conclusion du petit au grand, du connu à l'inconnu.

J'y ai dépeint une *TRANSITION EN VILAINS GOUTS*, c'est-à-dire, un *plaisant goût*, qui n'est pas encore *vilain goût*.

Le *plaisant goût* comme celui des vieilles poules coriaces, parvient encore, dans la Phalange, à réunir un groupe complet, et former ses harmonies en interne dans le domestique même ; tandis que *le vilain goût* ne peut s'harmoniser qu'en liens externes progressifs, selon les 12 degrés de l'échelle, 452.

Le mécanisme pour les harmonies des 13 degrés de *vilains goûts*, est le même que celui que j'ai décrit pour la transition ou *plaisant goût*, dont j'ai déjà obtenu un quadrille régulier d'accords cardinaux, I, 442. Nous l'obtiendrons de même de tous les degrés de vilains goûts, avec une addition d'accords externes, croissant selon les degrés, c'est-à-dire,

    5 En sus chez *Trissotin*,   8 En sus chez *Philogone*.
    6 En sus chez *Vadius*,   13 En sus chez *Lunarius*.

Quel démenti aux avilisseurs de passions, gens qui croient que Dieu les a créés au hasard, sans théorie d'emploi, et qu'on doit les réprimer ou supprimer selon la fantaisie de Sénèque et Platon, qui ne manqueront pas de vouloir supprimer leurs contraires, c'est-à-dire les passions, d'où on obtiendrait même dose d'harmonie que des leurs.

Je néglige les démonstrations, qui nous engageraient trop avant : je me borne à poser la thèse d'emploi harmonique des *vilains goûts* et manies d'antipathie générale, art de les utiliser par *série infinitésimale inverse.* J'en conclus contre la science qui suppose des lacunes de providence en théorie de passions. J'ai démontré que Dieu sait, en mécanique passionnelle, changer le cuivre en or, par-tout où les lois des hommes n'aboutissent qu'à changer l'or en cuivre ; qu'à transformer en germes de discorde les passions les plus nobles, celles de la gloire et l'amour, quand la théorie sociétaire sait, des goûts ignobles et odieux, des bizarreries infinitésimales λ, faire naître des gages d'harmonie entre 150 millions de groupes hétérogènes, c'est-à-dire entre l'humanité entière.

C'est, je pense, un puissant motif d'accueillir et étudier la théorie des *vilains goûts* déployés par hyper-série simpl., 446, comp., 452 ; et comme les philosophes sont la classe la plus sujette aux fantaisies bizarres ou vilains goûts de tous les degrés, quelle gratitude ne me devront-ils pas pour cette théorie de l'infinitésimal inverse qui va répandre sur toutes leurs originalités un lustre éclatant, les exalter à titre de contre-pivots de haute harmonie, ressorts transcendans d'unité universelle !

Après avoir fait la conquête des philosophes sur la théorie des *vilains goûts*, je vais tenter celle des Français sur la théorie des *jolis goûts*, des raffinemens de haut degré, nuancés en modulation infinitésimale.

Passions infinitésimales directes.

Guerre majeure ou gastrosophique.

Bannissons les calculs d'un article consacré aux sujets gracieux, aux *jolis goûts :* cependant ne négligeons pas tout-à-fait la méthode.

On appelle *jolis goûts* ceux dont on peut former dans chaque Phalange au moins une série régulière d'une trentaine de personnes en minimum, selon le tableau suivant, à 2 pivots, 4 transitions et 9 groupillons.

$Y : \boxtimes : 3.\ 4.\ 2 : K : 3.\ 5.\ 4 : \Bbbk : 2.\ 3.\ 2 : \boxtimes : X.$

Les jolis goûts sont de divers degrés, selon qu'ils comprennent 1/12, 2/12, 3/12, 4/12, etc., de la Phalange : donnons-en deux exemples extrêmes à 1/12 et 12/12.

Les bons melons musqués sont un fruit qui plaît à peu près à tout le monde, aux trois sexes en masse, et sans préparation culinaire. Quant aux courges, malgré l'intervention du cuisinier, elles sont un chétif aliment, bon pour la populace actuelle, et n'arrivant pas jusqu'aux bonnes tables.

Ainsi le melon, en Harmonie, réunira aisément en série les 12/12 de la Phalange; il sera *joli goût* de haut degré. La courge assemblera à peine la série de 1/12, tablée ci-haut : elle sera *joli goût* de bas degré, et non pas *plaisant goût* qui ne réunirait qu'une sous-série ou groupe régulier (451).

Les plus jolis goûts en haut degré tiennent à la bonne chère et à l'amour. Ces jouissances dont le goût est le plus général, sont les principaux ressorts qu'emploie l'Harmonie pour intriguer les armées par série infinitésimale. De là naissent à l'armée trois rivalités ou guerres; savoir :

La *pivotale* ✕ , guerre d'intrigues en industrie.

La majeure Y, guerre d'intrigues en gastrosophie.

La mineure ⅄ , guerre d'intrigues en amour.

Je ne parlerai pas de celle d'amour, qui ne serait pas compatible avec nos mœurs ; il suffit d'un tableau de régime gastrosophique, pour faire connaître les intrigues des armées harmoniennes. (*Piége aux Zoïles ; je les en préviens*).

Supposons une grande armée de 12ᵉ degré, réunissant des divisions tirées d'un tiers du globe, d'environ 60 empires qui ont fourni chacun 10,000 hommes ou femmes. Les 60 divisions ou armées d'empire sont rassemblées sur l'Euphrate, ayant leur quartier-général à Babylone.

Cette grande armée a choisi deux thèses de campagne, dont une en industrie qui est l'art de l'encaissement. Elle doit encaisser cent vingt lieues du cours de l'Euphrate, selon des méthodes quelconques.

Ladite armée étant d'ordre majeur, a de plus une thèse gastrosophique ; c'est la détermination d'une série des petits pâtés en orthodoxie hygiénique de 3ᵉ puissance, à 32 sortes de petits pâtés, plus les foyers, tous adaptés aux tempéramens de 3ᵉ puissance, conformément au tableau, 429.

Les 60 empires qui veulent concourir, ont apporté leurs matériaux, leurs farines et objets de garniture, les sortes de vins convenables à leurs espèces de pâtés. Quoique le globe

paié les frais, chaque empire fait à son gré ses approvisionnemens pour la thèse de bataille.

Chacun de ces empires a choisi les gastrosophes et pâtissiers
les plus aptes à soutenir l'honneur national, et faire prévaloir
les sortes de petits pâtés qu'il prétend faire admettre en série
orthodoxe de 3ᵉ puissance.

Avant l'arrivée des 60 armées, chacune d'entrelles a envoyé
ses ingénieurs disposer les cuisines de bataille qui sont relatives à l'objet de thèse et aux consommations accessoires. Les
cuisines de bataille ne font pas le service journalier des subsistances ; chaque armée se nourrit dans les caravenserais des
Phalanges où elle est campée.

Les oracles ou juges qui siègent à Babylone sont tirés,
autant qu'il se peut, de tous les empires du globe, et non
pas exclusivement des 60 empires qui figurent au coneours.

L'armée forte de 600,000 combattans et 200 systèmes de
petits pâtés, prend position sur l'Euphrate, formant une ligne
d'environ 120 lieues, moitié au-dessus et moitié au-dessous de
Babylone.

Avant l'ouverture de la campagne, les 60 armées font choix
de 60 cohortes de pâtissiers d'élite, qu'elles envoient à Babylone, pour le service de la haute cuisine de bataille servant
le grand Sanhédrin gastrosophique. C'est un haut jury qui
fait fonction de concile œcuménique sur cette matière.

En même temps on détache des 60 armées, cent vingt bataillons de pâtissiers de ligne, qui se répartissent par escouades
en chaque armée, de manière que chacune ait 59 escouades
tirées des 59 autres armées, et fabricant les petits pâtés selon
les instructions des chefs de thèse de leur empire.

Chacun des 60 armées se classe dans le centre ou les ailes,
selon la nature de ses prétentions en série :

> L'aile droite en petits pâtés farcis, 20.
> Le centre en vols au vent à sausse, 25. } 60.
> L'aile gauche en mirlitons garnis, 15.

(Cette distribution, sauf erreur, car je suis tout-à-fait intrus
en matière gastronomique).

L'affaire s'engage par des fournées de l'un des trois corps,
soit de l'aile gauche, sur les mirlitons qui sont dégustés à
Babylone par le grand Sanhédrin ou congrès des oracles et

oraclesses. On ne peut pas présenter au concours plus de 2 ou 3 systèmes par jour. La dégustation deviendrait confuse si on excédait le nombre de trois.

Chaque jour, dans les 60 armées, les cuisines de bataille fabriquent et servent à leur armée les espèces présentées au jugement du grand Sanhédrin, afin que lesdites armées en aient la mémoire fraîche et encore un arrière-goût, au moment où arrivera le bulletin de Babylone qui relatera les opinions du Sanhédrin sur lesdites espèces.

Au bout d'une semaine employée à la dégustation des systèmes de l'aile gauche, le Sanhédrin rend un jugement provisoire, et le bulletin de Babylone fait connaître aux 60 armées et au monde entier, que les trois empires de *FRANCE*, *JAPON* et *CALIFORNIE* ont remporté un premier avantage ; que tels systèmes de mirlitons présentés par eux sont admis *provisoirement* en aile gauche de série orthodoxe, ou adaptée aux convenances de tempérament.

Jusqu'ici la lutte est concours et non pas bataille, qui ne peut commencer qu'après une admission de série entière. Il faudra qu'un mois s'écoule, avant que le Sanhédrin puisse former un cadre provisoire de systèmes orthodoxes à 12 espèces, distinguées par 3, 5 et 4 pour le centre et les ailes, plus un pivot.

Ce n'est là qu'un préliminaire de bataille, pendant lequel chaque armée a d'autres intrigues plus actives : mais celle-ci étant la principale, doit occuper la campagne entière, 5 à six mois.

Le cadre étant formé au bout d'un mois et notifié au globe, la bataille s'engage sur toute la ligne et en triple lutte ; car chacun des 48 empires qui ont échoué au concours du cadre, conserve les chances

De débusquer l'un des admis ou même un corps d'aile ou centre, en produisant de nouveaux systèmes de petits pâtés qui n'ont pas encore concouru ;

D'être admis en contre-octave, lorsqu'il faudra former une gamme complète à 12 espèces majeures et 12 mineures ;

De prendre place dans les 4 transitions, les 4 sous-pivots et les grands pivots non encore admis.

Ces trois chances donnent une extrême activité aux ligues, et aux voyages de diplomates dans les 60 armées. Chaque jour

on voit se former de nouvelles alliances entre divers empires
qui jugent convenable d'associer leurs sortes de petits pâtés
et de vins ou autres boissons, pour former centre ou aile, et
pour livrer bataille à une masse de systèmes déjà admis.

La multiplicité de ces prétentions oblige à former 3 jurys
en sous-ordre pour les dégustations et présentations. Ces jurys
placés aux trois grandes divisions, à 3o lieues l'un de l'autre,
sont servis comme le Sanhédrin, chacun par 6o escouades de
pâtissiers d'élite. Leurs décisions sont provisoires et subordonnées aux dégustations du Sanhédrin. Dès-lors la lutte devient
générale, et d'autant plus variable que chaque admission ou
rejet cause de nouveaux plans, produit de nouveaux cartels
adressés à un ou plusieurs empires, et exige de nouvelles négociations entre les vainqueurs qui ont des attaques à redouter
jusqu'à la fixation définitive de la série orthodoxe.

Entretemps, les 64 cuisines de bataille font des prodiges de
talent; les voyageurs accourent de toutes parts pour être témoins de ces luttes savantes qui vont décider sur les prétentions de tant d'empires; les bulletins de Babylone sont lus
avidement par tout le globe, sur-tout dans les empires qui
prennent part au combat.

*Balivernes, dira-t-on! vous promettez un traité sur l'As-
sociation, et vous débitez vingt contes d'enfans!!!* Patience,
jusqu'au commentaire qui va suivre; et la prétendue baliverne
deviendra solution très-méthodique d'un problème d'équilibre
en INFINIMENT PETIT, contre-poids nécessaire de L'INFINIMENT
GRAND : mais achevons.

A la fin de la campagne, il y aura 24 empires vaincus et
36 triomphans; peut-ê:re moins, car un même empire peut
réussir à faire adopter 2 et 3 espèces de sa composition.

Toutefois les vaincus ne se tiennent pas pour battus; ils
reproduiront leurs petits pâtés à un nouveau Sanhédrin qui
formera une série de 4e degré à 135 espèces : jusque-là leurs
méthodes sont hétérodoxes, non applicables en gamme des
32 tempéramens, non admises en hiérarchie gastrosophique.

Les armées débattent une foule de ces thèses en divers degrés, et chaque jour elles ont aux repas quelques luttes entre
les empires, dont on passe en revue les procédés, moyennant
les distributions de cuisiniers que chaque armée fait aux autres.

Elles ont de même, pour leurs séances du soir, des thèses en affaires de beaux arts et de sympathie occasionnelle. Sur ces nombreuses intrigues, il en est qui emploient toute une campagne avant d'atteindre au dénoûment.

Leurs plaisirs sont encore variés par divers incidens, comme les rencontres de caractères ou légions d'aventuriers et aventurières, qui voyagent en déployant un caractère en sciences ou arts, et qui contiennent de nombreux virtuoses en ce genre.

A la fin de la campagne, les armées se rassemblent pendant quelque temps, d'abord en sous-divisions, puis en trois divisions, puis en masse, pour donner des fêtes unitaires dans les villes de quartier-général ; rendre hommage public aux vainqueurs individuels, c'est-à-dire aux auteurs d'une production adoptée en Sanhédrin gastrosophique ou autre.

Une capitale, en Harmonie, est toujours entourée à quelque distance d'un cercle d'ombrages, ou boulevart à plusieurs allées, dont l'emploi est d'abriter et attabler les armées.

Au jour du triomphe, les vainqueurs sont honorés d'une salve d'armée. Par exemple, Apicius est vainqueur pivotal ; on sert ses petits pâtés au début du dîné ; à l'instant les 600,000 athlètes s'arment de 300,000 bouteilles de vin mousseux dont le bouchon ébranlé et contenu par le pouce est prêt à partir. Les commandans font face à la tour d'ordre de Babylone, et au moment où son télégraphe donne le signal du feu, on fait partir à la fois les 300,000 bouchons ; leur fracas accompagné du cri de vive Apicius, retentit au loin dans les antres des monts d'Euphrate.

Au même instant Apicius reçoit du chef du Sanhédrin la médaille d'or portant en exergue : « A Apicius, triomphateur Y en petits pâtés, à la bataille de Babylone. Donné par les 60 empires, etc. » Leur nom est gravé au revers de la médaille.

Pareil hommage sera rendu au triomphateur pivotal inverse, homme ou femme, dont les petits pâtés auront été adoptés en terme X de série orthodoxe.

Pygmées gastronomiques de nos jours, osez comparer vos obscurs trophées à ceux d'un gastrosophe d'Harmonie, dont les triomphes, *sur un seul mets*, retentissent avec tant d'éclat dans le monde entier ! Tout n'est qu'arbitraire dans votre science ; les Beauvilliers, les Archambault, ne sont que des guides confus , opérant sans distinction des tempéramens, sans aveu d'autorités compétentes. Leurs palmes sont plutôt un sujet de facétie qu'un sentier de gloire ; celle d'Apicius réunira intérêt et gloire , car elle sera pour lui une voie d'acheminement à de hautes dignités , même à divers degrés de magnatures et de sceptres, en titre d'ambition * 2 , et d'institution * 3 , p. 337.

J'ai donné ces détails pour appuyer un principe, savoir ; que les armées harmoniennes de tous degrés ont des fêtes si brillantes et des intrigues si actives , si nombreuses , que l'admission à l'armée est une faveur , et ne s'obtient que sur des titres fondés. Par exemple, à cette campagne des petits pâtés, on exigera de moitié des postulans l'aptitude au travail de pâtissier , et à d'autres qui seront sujets de moindres thèses.

On établit pareille bataille sur tous les *jolis goûts* , soit en gastrosophie, soit en beaux arts et en amour. Or , les petits pâtés sont *joli goût* de très-haut degré, et peut-être même du plus élevé, car on trouvera peu de gens, hommes, femmes ou enfans , qui ne soient amateurs de quelque sorte de petits pâtés ou mirlitons.

Ladite armée, outre ses thèses en jolis goûts , aura opéré aussi sur les vilains goûts par série divergente en retour. Les armées d'Harmonie ont une foule de fonctions qui toujours tendent à former des liens de toute espèce entre les régions du globe , et les établir en proportion du degré de raffinement; lorsque les orthodoxies seront fixées, on verra dans toute armée de 10,000 hommes, des fêtes en 5.e degré ; par exemple :

On se donnera des repas de tempérament, divisés par 810 compagnies, qui auront préparé chaque mets de 810 manières différentes mais orthodoxes pour chacun des 810 tempéramens.

Ce n'est qu'aux armées qu'on peut se donner de pareilles fêtes ; car 810 compagnies à 9 ou 10 personnes, font déjà 8,000 personnes attablées , plus les servans : il faut donc des réunions de 10,000, pour se donner des fêtes en 5.e degré, sur les mets ou autres objets. Une armée de 30,000 peut donner des fêtes de 6.e degré, bien plus raffinées , et répandant plus de charmes sur les liens dont elles sont la source.

On s'est donc lourdement trompé sur le but des passions, en prétendant les ramener à l'uniformité d'essor. Leur harmonie, leur équilibre en mécanisme sociétaire, tiennent à l'extrême variété des développemens qu'on donne à une même passion.

Entendez à une table quelques civilisés manifester des goûts différens sur une bagatelle, sur une omelette : un sage croira opiner philosophiquement, en disant que toutes les omelettes sont égales en droits, et qu'on doit manger indifféremment toutes celles qui sont présentées.

Loin de là : il faut, pour harmoniser en 5e degré la passion des omelettes, lui ouvrir 810 voies d'essor, par un classement de 810 variétés appliquées à autant de tempéramens, et adoptées par un Sanhédrin qui transmettra théoriquement à tous les empires du globe les règles de fabrication des 810 omelettes dont la science-pratique sera communiquée aux susdits empires, par les légionnaires qui auront fait la campagne des omelettes de 5e degré.

Si l'on s'apercevait d'un retard de digestion dans quelque série de tempéramens, dans ceux qui s'adonnent à *l'omelette soufflée*, ce serait une thèse à proposer aux armées. Le congrès d'unité siégant à Constantinople, indiquerait pour l'année suivante une lutte d'industrie quelconque, jointe à une *bataille d'omelettes soufflées*, à donner en lieu quelconque, soit à Paris, par une armée de divers empires, qui viendrait prendre position de Rouen à Auxerre, y débattre théoriquement et pratiquement la thèse des omelettes soufflées, et de leur assortiment orthodoxe en série des tempéramens.

Tout en s'occupant gravement de ces apparentes futilités, une armée d'Harmonie exécute d'immenses et magnifiques travaux. Qu'importe qu'elle ait, aux heures des repas, des intrigues de pâté et d'omelette? Ces rivalités qui semblent frivoles, sont branche principale en équilibre de passions, et plus on parvient à élever les raffinemens en haut degré, selon la table, 446, plus on est assuré d'établir un parfait équilibre dans les essors de chaque passion. Quel démenti à cette philosophie qui voulait nous ramener à la sainte égalité des goûts, à la monotonie universelle, et qui prétendait fonder sur l'uniformité, cet équilibre de passions qu'on ne peut asseoir que sur l'essor progressif et méthodique des variétés de goûts VILAINS OU JOLIS !

LEÇON

LEÇON D'ÉQUILIBRE ET DE PRUDENCE.

Combien de lecteurs se croiront sages, en traitant de fadaise inconvenante une grave discussion sur des batailles de petits pâtés entre 60 empires ! Je les attendais à ce piége : ils auraient dû présumer que je ne choisissais pas sans dessein un thème si bizarre. Ils ont besoin qu'on leur apprenne à reconnaître sur ce sujet ou autres, la fausseté de leur jugement.

J'ai traité un problème relatif à la consommation des graminées ; j'en ai déterminé l'équilibre sur un objet *infiniment petit*, et c'est un sujet de glose pour nos sublimes politiques ! Mais voyons si leurs grandes conceptions économiques sont autre chose que de grandes sottises, tant sur les subsistances que sur chaque branche du mécanisme social.

Prenons-les d'abord en flagrant délit sur ce qui touche à l'équilibre de consommation. Comment se fait-il qu'on voie en 1822, l'Irlande mourir de faim, quoique la paix générale permette le transport des blés qui affluent en Europe à tel point que le fermier est dans l'indigence au sein de ses greniers encombrés ? Bel éloge de ces économistes qui prétendent à la sagesse distributive en régime de subsistances, et qui fondent le bonheur du peuple sur l'industrie et la richesse nationale ! Manque-t-il donc d'industrie et de richesse dans cette Grande-Bretagne où le peuple meurt de faim en temps d'abondance ?

Les harmoniens aussi auront des prétentions en sagesse distributive bien nécessaire chez eux, où le grand problème d'équilibre agricole sera d'élever la consommation individuelle au triple de ce qu'elle est aujourd'hui. L'énormité du produit exposerait les denrées à pourrir chaque année en magasin, si on n'habituait pas les individus riches ou pauvres à consommer, en solides et liquides, le triple de ce qu'ils consomment dans l'état actuel où, malgré l'exiguité des récoltes, on éprouve déjà le fléau de l'encombrement local et de l'avilissement des denrées.

J'ai voulu, sur cette importante question, donner une leçon d'équilibre en économie *intégrale composée* ; elle doit être :

INTÉGRALE ; c'est-à-dire embrassant tout l'ensemble des produits, ou du moins tout l'ensemble d'une branche, comme les graminées, si on ne spécule que sur cette branche seule ;

COMPOSÉE; c'est-à-dire donnée en preuve et contre-preuve du petit au grand comme du grand au petit, et en convenance interne avec les tempéramens, externe avec les rivalités industrielles.

Conformément à ces principes, j'ai dû, au sujet de graminées, mettre en scène la pâtisserie considérée comme branche minime en consommation de farines, et choisir dans la pâtisserie ce qu'il y a de plus petit, *les petits pâtés* examinés dans leurs rapports d'harmonie avec une armée immense, et avec les intérêts du globe entier. (A la rigueur, il eût fallu choisir le croquet ou autre minutie plus rapprochée de l'infiniment petit en farine ; il se trouve dans la confiserie.)

Pour plaire à nos équilibristes et économistes, il faudrait représenter cette grande armée livrée à une demi-douzaine de fournisseurs, qui la feraient mourir de faim pour le bien du commerce, ou lui donneraient du pain noir immangeable, en faisant payer du pain blanc à l'état.

Notre objet ici est fort différent : il s'agit d'examiner comment cette armée pourra, sur une très-petite branche de consommation, sur les petits pâtés, opérer en système intégral composé, se ralliant aux plus grands intérêts du globe.

Le premier de ces intérêts est la gastrosophie, ou art de consommer en raison du produit, et par conséquent élever la consommation, sur les farines comme sur d'autres objets, au triple de ce qu'elle est aujourd'hui individuellement.

Si on ne résout pas le problème sur une minutie comme les petits pâtés, on ne le résoudra pas sur les branches supérieures, comme le pain. Les beaux esprits, dans leurs gloses, ne tiennent aucun compte de cette connexion du petit au grand.

Un critique judicieux aurait envisagé tout autrement la question, et m'aurait dit : « si vous connaissez en plein la théorie des équilibres, donnez-en une preuve par emploi composé, par combinaison d'équilibres infiniment petits et infiniment-grands en consommation de graminées.

J'ai satisfait d'avance à ce problème, en choisissant l'objet le plus petit dans une branche très-minime, la pâtisserie : je l'ai traité en équilibre composé intégral, en convenance matérielle avec l'échelle générale des tempéramens, et convenance spirituelle avec les intrigues émulatives du globe entier.

En choisissant pour exemples d'infinitésimal deux sujets dignes de raillerie, j'étais assuré de prendre au trébuchet deux classes de critiques ; les *sophistes*, qui croient trouver à mordre sur les calculs facétieux ; et les *pusillanimes*, signalés à la médiante, I, 112, qui croient tout perdu quand on s'écarte des graves calculs de cette philosophie moderne, qui, avec ses perfectibilités de droits imprescriptibles, n'aboutit qu'à ensanglanter l'Europe depuis 30 ans, et faire naître la famine au sein de l'abondance.

La seule objection spécieuse qu'ils pourraient m'adresser, c'est qu'en annonçant ici une harmonie infinitésimale ou de 8e degré, j'en donne une de 3e, puisque la thèse des petits pâtés n'est établie que sur 32 espèces et 32 tempéramens.

Je me suis restreint à ce 3e degré, sachant que c'en est déjà assez pour effaroucher les pygmées. J'aurais pu, en spéculant sur une réunion de 600,000 industrieux, décrire une harmonie de 8e degré qui n'exige que 300,000 coopérateurs en série convergente. L'armée aura foule d'autres intrigues en 8e degré, ne fût-ce que sur le pain. Mais il suffit bien d'un 3e, sur une minutie comme le petit pâté, qui est lui-même de 8e degré quant au rang qu'il tient en fabrication de graminées, et qui pourtant nous a fourni un moyen d'intrigue universelle.

Bref, cet aperçu des accords infinitésimaux ne paraîtra frivole qu'aux lecteurs vraiment frivoles, à ceux qui, ne jugeant que sur les apparences, méprisent les petits moyens en équilibre. Je leur ai démontré que le plus petit, comme la combinaison sériaire des *vilains goûts* de 13e degré, fournit une harmonie applicable à l'humanité entière ; de sorte que le plus minime des ressorts engendre la plus immense des unités passionnelles.

Pour désabuser le lecteur de ces préventions contre les petits moyens, il a convenu de l'exercer un instant sur deux de ces petitesses apparentes, dans les deux articles

Infinitésimal inverse, les vilains goûts ;

Infinitésimal direct, les minuties gastronomiques.

Un tel choix est beaucoup plus régulier que n'aurait été celui d'une industrie grande à nos yeux, comme celle des rivalités sur l'encaissement des fleuves ; fonction que j'ai assignée à

30.

l'armée d'Euphrate. Je dois préférer les détails propres à confondre le préjugé, la fausse grandeur qui traite de petitesses les calculs hors de sa portée. C'est un vice dont il faut se corriger, si l'on veut s'initier à la théorie de l'équilibre passionnel, toujours composé, opérant toujours sur l'infiniment petit comme sur l'infiniment grand.

Rectifions tous ces faux jugemens par un rappel aux principes. Comment harmoniser les passions d'une armée de 600,000 individus, hommes et femmes; la maintenir en plein accord avec 600 Phalanges locales dont elle habite les caravenserais? Un civilisé répondrait avec les Algériens : *on mettra le bon ordre en fusillant et coupant des têtes.* Rien de cela : il faut que l'armée s'accorde par attraction : il faut donc l'intriguer, selon les lois des trois passions distributives.

1° Selon la *cabaliste*, il faut que cette armée opère par séries sur toutes ses fonctions, sur les repas comme sur les encaissemens de fleuves, et sur tous les détails du repas, depuis le pain jusqu'aux pâtés grands ou petits. Tout ce qui ne serait pas distribué et intrigué par séries, deviendrait source de discorde.

2° Selon la *composite*, il faut savoir créer à cette armée des sujets d'enthousiasme et d'intrigues générales rehaussées par intervention du globe entier, appliquer cet enthousiasme aux plaisirs comme aux travaux. Or, sur quel plaisir opérer? Sur celui de la table, puisqu'il est de première nécessité. Eh! sur quelle branche de la table? Sur les très-petites comme sur les grandes, afin d'opérer en ordre composé intégral.

3° Selon la *papillonne*, il faut que l'armée ait un alternat dans ces vastes intrigues; elle a celui des cabales relatives aux systèmes d'encaissement; je l'ai omis, n'étant pas en état de traiter cette matière qui est de la compétence des ingénieurs.

C'est ainsi qu'avec une légère connaissance des lois du mouvement, personne ne se serait aventuré dans cette sotte critique où seront tombés les neuf dixièmes des lecteurs.

Achevons de confondre nos Aristarques sur leur adhésion aux intrigues de récréation stérile. Chacun d'eux n'est-il pas sujet à jouer aux cartes ou autres jeux? Quel est son but? De s'intriguer, pour donner essor à la cabaliste; c'est reconnaître la nécessité de donner cours à cette passion.

Si l'on disait à ces savans, qu'une armée d'Harmonie joue aux cartes dans ses loisirs, ils jugeraient la récréation louable ; elle ne l'est pas : on dédaigne en Harmonie les récréations improductives, comme le jeu. On a des moyens d'intrigue réelle et productive, soit en cultures et constructions aux heures de travail, soit en beaux arts aux séances du soir, soit en gastrosophie, science infiniment précieuse, et sans laquelle les harmoniens seront bientôt, comme les Français de 1822, misérables au sein de l'abondance. Pour éviter le sort des propriétaires et fermiers français, pour consommer l'immense quantité de leurs graminées, qu'auront-ils de mieux à faire que d'appliquer intégralement la gastrosophie à tous les emplois du grain, y compris les plus petits, comme pâtisserie, confiserie, et organiser dans une grande armée les luttes propres à faire un choix hygiénique entre les méthodes de 60 empires ?

Ici la malignité s'est prise au trébuchet : les orgueilleux ont besoin de ces piéges périodiques ; je leur en tendrai plus d'une fois, pour leur apprendre à douter de leurs arguties, et à reconnaître que Beaumarchais les a bien jugés, en disant d'eux : *que les gens d'esprit sont bétes !* (sur-tout quand ils veulent enseigner la science de l'équilibre social à celui de qui ils doivent l'apprendre).

APPENDICE. Ces notions abrégées sur l'essor infinitésimal des passions et de l'industrie, deviennent un sujet d'orgueil pour les Français, nation qui a le plus d'aptitude au raffinement infinitésimal. Observons-en les germes en diverses facultés sociales du Français.

1° Dans sa littérature, bien plus châtiée que celle des autres nations, plus exigeante sur les unités et les finesses de l'art.

2° Dans son industrie, où les dessins sont plus soignés, les formes plus grâcieuses, les caprices de la mode plus raffinés, plus multipliés que chez toute autre nation.

3° Dans ses amours : le Français est plus subtil en courtoisie, plus quintessencié en coquetterie, plus fécond en intrigues, et par conséquent plus rapproché de l'essor infinitésimal ou raffinement hyper-nuancé.

4° Dans sa cuisine, où il obtient la palme, de l'aveu même de ses détracteurs, et où il sait s'élever des variétés aux té-

nuités de nuances, approcher plus que tout autre des minimités, et tendre aux infinités.

Enfin dans son aptitude à varier les plaisirs, *à vivre si
bien et si vîte ;* expression des Parisiens, qui dépeint avec
justesse le but du régime infinitésimal. Pour vivre *si vîte*,
voltiger sans cesse de plaisir en plaisir, il faut en avoir grande
affluence, et savoir y établir une succession opportune qui
en prévienne l'excès. Tel est l'effet des emplois de l'ambigu
et de l'infinitésimal réunis : en désirer le fruit, l'art de *vivre
si bien et si vîte*, c'est prouver qu'on est fait pour les hautes
harmonies. Voilà le beau côté du Français.

Les autres peuples n'ont qu'une tendance bien moindre aux
passions hyper-nuancées ; encore sont-ils limités quant aux
genres. Le Français en embrasse 4 que je viens de citer, et
peut-être davantage ; on en trouve à peine un en dominance
chez les autres nations.

Le Français a la même aptitude aux essors de passions ambiguës, 440, qui, méprisées et nuisibles dans l'état civilisé,
sont du plus grand prix dans l'état sociétaire, où les deux
rôles de haute Harmonie sont l'ambigu et l'infinitésimal.

C'est donc le Français qui paraît la nation la plus faite pour
l'Harmonie sociétaire. Aucune nation n'aurait de plus beaux
moyens pour y figurer, à part quelques taches, comme celle
d'oreille fausse, qui sera un grand vice dans le nouvel ordre.

Mais en balance générale de titres, il est évident que les
Français, et sur-tout les Parisiens, l'emportent de beaucoup
en aptitude aux raffinemens de toute espèce qu'exige le mécanisme d'Harmonie.

Quel dommage pour eux que l'esprit de détraction, leur
maladie endémique, les excite à retarder leur propre bien-être
et celui du monde entier, en contrariant une découverte dont
il leur serait si facile de prendre l'initiative d'épreuve et s'allouer le bénéfice de fondation !

A ces mots, ils pourraient me considérer comme un flatteur,
quêtant leur suffrage, et cherchant parmi eux des fondateurs
de l'Association. Je me garderais bien de faire fonds sur eux
pour l'initiative d'aucun bien. Je me borne à signaler leur
duperie dans cette conjoncture ; ce sera un sujet d'intermède.

———

TABLE DU IIIe LIVRE.

Dispositions de haute Harmonie.

SECTION 5e. *Des moduls, mesuré et puissanciel.*
      Article abréviatif. . . . . page 427

Ulterpause. Fausse position de la politique moderne. . 435

SECTION 6e. *Harmonies ambiguës et infinitésimales.*

    Modulations ambiguës. 440
    Modulations infinitésimales. 444
    Passions infinitésimales inverses. 450
    Passions infinitésimales directes. 457
    Leçon d'équilibre et de prudence. 465
        Appendice. 469

TABLEAUX DU IIIe LIVRE.

Table pivotée des 32 chœurs de Phalange. 429
Table d'hyper-série octavienne. 433
Table des vilains goûts en tous degrés. 452

FIN DU 3e LIVRE.

SUJET D'ULTERLOGUE.

Les Français doublement dupes de la Flatterie.

» L'ennui naquit un jour de l'uniformité. »

SI cela est vrai, les Français doivent être bien blasés sur la flatterie, car ils en reçoivent continuellement des tributs dans les ouvrages que Paris voit éclore, et dont les auteurs se croiraient hérésiarques, s'ils ne débutaient par encenser tous les ridicules de la belle France. Elle en est dupe comme on l'est toujours des flatteurs ; elle joue avec eux le rôle du corbeau qui laisse tomber son fromage.

Si je débutais comme eux par des distributions d'encens , je serais suspect de vouloir les imiter, payer de sophismes au lieu de découvertes. Il faut donc rappeler aux Français la double duperie où les engage ici leur goût pour la flatterie. 1° Duperie de retard passé qui leur a déjà coûté 1,500,000 têtes perdues sur les champs de bataille ; plus les dommages pécuniaires et autres. 2° Duperie de retard futur qui leur fera manquer l'acquittement de leur dette publique de 12 milliards , en manquant le titre de fondateurs du canton d'essai.

Voulant éviter le reproche de ne les avoir pas sérieusement avertis, j'ai dû me garder de ces éloges qui donnent à une découverte le ton de jonglerie, la teinte de spéculation littéraire. J'ai donné aux Français, 469, le seul éloge qui puisse leur être utile, en prouvant qu'ils sont la nation la plus apte à figurer dans l'Harmonie, par penchant à l'essor ambigu et au raffinement infinitésimal. Ils sont donc la nation la moins faite pour l'état civilisé, et la plus gênée dans cet ordre de choses. Aussi donne-t-il à leur caractère une foule de développemens vicieux (faux essors et faux contre-essors, 257), qu'on peut rapporter à trois branches ; *les petitesses*, *les vices* et *les travers*.

PETITESSES. 1° *L'engouement anti-national*, même pour des étrangers qui les dédaignent, comme *Grimm*, cité à l'avant-propos ; comme *Kotzebue*, qui vient à Paris les titrer de petits Français, bons tout au plus à raffiner sur la cuisine. Mais ces hommes sont étrangers ; ils seront les idoles des Parisiens, en leur disant cent impertinences.

2° La *servilité*. On leur avait persuadé, en 1787, qu'un Français devait trembler devant laqueue d'un Prussien, et qu'il fallait des coups de bâton pour former de bons soldats. Le ministre St.—Germain faillit réussir dans ce beau plan. La nation la plus facile à conduire par le point d'honneur, fut près d'y renoncer, par un servile penchant à exalter ses rivaux. C'est vraiment la vertu que prêche le R. P. Franchi, sous le titre d'*amour du mépris de soi-même*.

3° La *duperie*. Ils sont partisans outrés de toutes vilenies qu'invente la charlatanerie mercantile ; sucre de lait ou de raisin, café de chicorée et vinaigre de bois ; toutes ces immondices trouvent chez eux des prôneurs empressés. Ils sont les premiers à s'engouer de faux systèmes, et les derniers à accueillir une invention utile.

4° La *mesquinerie*. Elle éclate sur-tout dans leurs libéralités. On peut en citer pour exemple récent, les dons relatifs à l'achat de Chambord. Que de lésine et de lenteur ! on n'a vu d'empressés donataires, que les maires qui donnaient le bien d'autrui. Les royalistes sont-ils, comme tous les Français, prodigues de belles paroles, avares de dons effectifs ? ils craignent sans doute de passer pour *libéraux* ; le jeune Dauphin ne pourra pas les en accuser (*).

(*) *Déjà pareille lésine a eu lieu au sujet de la statue d'Henri IV : des dons si lents, si réfléchis, qu'ils deviennent presqu'offensans pour celui qui en est l'objet ! Le grand Henri n'aurait point voulu d'un hommage si froidement rendu. Quant à son petit-neveu, je ne doute pas que si on lui fait lire à 20 ans les détails de la libéralité française dans l'affaire de Chambord, il ne prenne en aversion le domaine qui en est le fruit. Je suppose que le neveu tiendra de l'aïeul.*

On aurait dû s'attendre, dans ces deux hommages, à quelque beau mouvement, quelque noble élan de la classe compétente. Il fallait que

5° La *futilité*. Aucune nation n'est plus esclave et plus dupe de la mode. On a borné ce reproche à quelques torts saillans, comme l'anglomanie ; il en est bien d'autres, notamment celui d'adopter un vêtement ou meuble incommode et laid, parce que celui qui réunit l'agréable et l'utile est mode de l'année précédente. Depuis 30 ans ils avaient renoncé aux habits d'été ; le drap était obligé pendant la canicule : enfin ils ont repris cette année le bouracan léger ; ils ont donc été bien dupes de s'en passer pendant 30 ans.

6° Le *mauvais goût*. Il règne dans toute leurs distributions générales. Aussi leurs villes et villages n'offrent-ils que des amas de maisonnettes, entassées comme si le terrain manquait aux constructions. L'on en est frappé lorsqu'on passe de Belgique, d'Allemagne et d'Italie, dans la belle France, la belle Picardie, la belle Champagne Pouilleuse, le beau Vivarais. Ils ne savent pas apprécier ni même discerner une superbe campagne. Poissy, le plus beau site des environs de Paris, le local éminemment convenable pour capitale ou résidence royale, est tout-à-fait dédaigné. On ne voit pas une maison de plaisance dans le superbe amphithéâtre de coteaux dont il est entouré.

Vices. *Faux patriotisme*. Ils ne voient la patrie que dans l'esprit de parti, se consolant par une chanson de la perte d'une province, et affluant dans les spectacles au moment où ils apprennent la déroute d'une armée ou d'une escadre. On ne connaît pas de nation plus indifférente collectivement sur les intérêts et les malheurs de la patrie.

2° *Egoïsme communal et individuel*. Il n'est aucun pays où les autorités municipales soient plus insouciantes sur les intérêts de la commune. On devient ridicule en France, quand on paraît s'occuper sérieusement de ce qui peut être utile à une ville, à un canton. Ces soins n'étant par-tout qu'un masque d'intérêt personnel, on tourne en dérision celui qui les pousse jusqu'au degré de dévouement communal.

Par suite, il n'est aucun pays où le lien d'amitié individuelle soit plus faible, plus éphémère, et où les amis soient moins dévoués, moins serviables. On s'en aperçoit sur-tout dans les successions : le plus riche personnage ne léguera pas une obole à des amis pauvres.

les portions royalistes des corps électoraux souscrivissent individuellement ; elles le devaient, sur-tout depuis la loi qui restreint en leur faveur les droits des petits propriétaires à l'éligibilité : dans ce cas, on aurait sans doute vu le parti libéral se piquer d'émulation, et déclarer qu'il ne voulait pas être en arrière de générosité. C'eût été une explosion subite et collective de zèle national, au lieu d'une souscription stimulée et pitoyable. Mais les Français, soit libéraux soit illibéraux, ne s'élèvent guères à la LIBÉRALITÉ. *On les disait grande nation ; oui, grande en mesquinerie et en excès.*

Pour ne parler que de statues, on en a élevé par douzaines à Louis XIV ; pas une seule à Charlemagne, à Saint-Louis, à François Ier, à Bayard, à Turenne !

3° *Cruauté inutile.* De toutes les nations, le Français est celle qui maltraite le plus les animaux. Tout Français tournerait en dérision celui qui solliciterait pour leur épargner d'inutiles souffrances. Les bouchers, les cuisiniers, les enfans mêmes, n'ont pas de plus grand plaisir que de torturer les animaux, et se croient justifiés en disant : pourquoi sont-ils moutons, pourquoi sont-ils veaux ?

4° *Déperdition.* L'on ne voit aucune nation plus dévastatrice. Les Turcs ravagent par férocité et barbarie ; les Français ravagent par instinct de malfaisance. Un soldat français à la guerre fait couler vingt tonneaux dans une cave, là où un Allemand se bornerait à prendre son nécessaire. Effet naturel du caractère français, qui destiné à l'essor outré, infini-tésimal, ne connaît aucunes bornes dans la dévastation, notamment dans celle des forêts.

5° *Injustices méthodiques.* On voit les Français frustrer à plaisir la plupart de leurs grandes villes. Rheims, Valenciennes, Dunkerque, l'Orient, n'ont pas même une préfecture, qu'il eût été si aisé de leur donner, sans contrevenir aux proportions moyennes de population dé-partementale. Nantes n'a point de cour d'appel. Même injustice dans toutes les distributions de siéges inférieurs, et plus encore dans les cir-conscriptions. L'on voit d'anciennes capitales de grande province ou d'in-tendance, Limoges, Besançon, Poitiers, réduites à un petit ressort ad-ministratif qui n'est pas moitié de ceux de Saint-Lô ou Saint-Brieux. D'autres, Nancy, Dijon, Montpellier, ont un ressort inférieur à ceux de Laon ou de Quimper-Corentin.

Vingt bourgades, Guéret, Privas, Foix, Digne, Gap, Valence, Draguignan, Mende, Rodez, Alby, Montbrison, Vesoul, Lons-le-Saunier, Laon, Chaumont, Mézières, Melun, Château-Roux, Tulle, Mont-de-Marsan, Vannes, Quimper-Corentin, et autres dont la plupart n'étaient pas même petits chefs-lieux, ont les mêmes administrations que Marseille, Nantes, Lille, Strasbourg, Clermont ; une préfecture sans cour d'appel. C'est la sainte égalité des constituans, dépouillant les grandes cités, les grands propriétaires, pour donner au petit peuple.

N'est-ce pas être injuste à plaisir que de priver d'arrondissement une belle capitale d'ancienne province, Valenciennes ? réduire à une justice de paix des villes de 10,000 habitans, comme Salins? On sait donner une province à Mont-de-Marsan, et rien à Bayonne. Je remplirais vingt pages des ridicules de cette distribution territoriale dont il faut dire comme des cartes mal données, *tout à refaire.*

6° *Esprit vexatoire.* Le Français jouit moins du bien qu'il possède que du mal qu'il voit souffrir à ses voisins ou compatriotes. Il n'est pas de nation plus imbue du faux principe, que pour assurer le bien des riches, il faut organiser le mal-être des pauvres. Aussi la France est-elle pleinement insouciante sur tout mal-être du peuple. On voit les soldats manquer de vêtemens de propreté, comme le bas ou demi-bas qu'ils avaient en 1789 : on s'en aperçoit à l'odorat, lorsqu'on passe à côté d'un régiment, et c'est une humiliation pour le soldat. Mais personne en France ne réclamera, bien qu'on sache que nul député n'oserait refuser deux millions que coûterait ce service annuel. Il suffit, en France, qu'une classe pauvre soit privée du nécessaire, pour que toute la nation y adhère. Henri IV sous ce rapport était digne de n'être pas Français, puisqu'il souhaitait la poule au pot à toute la classe ouvrière.

TRAVERS. 1. *La détraction nationale.* Une palme scientifique n'a rien de flatteur pour eux, si elle peut répandre un lustre sur la nation entière. Tout autre pays serait fier d'avoir enlevé à l'Angleterre la découverte des lois du mouvement, effleurée et manquée par Newton ; mais les Français sont indifférens sur la gloire nationale, à moins qu'une affaire de parti ne vienne les stimuler ; à défaut, leur premier mouvement sera toujours de traverser tout compatriote qui pourrait illustrer leur nation.

2. *Basse jalousie.* Leur capitale ne jouit que de l'avilissement des autres villes, et ne permet pas qu'elles aient de beaux édifices. On n'a pas accordé à la ville de Lyon de mettre deux péristyles à colonnes sur la place Bellecour, la plus grande de l'Europe ; Paris se serait ombragé de voir un beau monument dans la seconde ville de France. Je connais telle cité à qui on n'a pas permis de placer quatre petites colonnes au portail de sa bibliothèque publique.

3. *Parisisme.* Manie de ravaler les provinces qui auraient besoin de dégrossissement. L'on se plaît à leur en ôter les moyens, pour favoriser les railleries d'autres provinces privilégiées et plus habiles à flatter. Toutes, au reste, s'accordent sur un seul point, sur le principe, *Gniak Paris, Gniak Paris.* Toutes se tiennent honorées si on leur fait quelque passe-droit, pour l'avantage ou l'amusement des Parisiens.

4. *Barbouillage.* L'esprit français est le plus ennemi de toute méthode : aussi ne voit-on aucune nation plus amie de la mauvaise musique et des chanteurs faux. On la verra changer vingt années de suite les uniformes de ses régimens, et sans jamais établir aucune différence méthodique. Semblable au Sauvage qui ne sait compter que jusqu'à 10, autant qu'il a de doigts, le Français ne sait pas trouver au-delà de dix couleurs, quand il serait si aisé d'en employer cent aussi distinctes que solides, même sans recourir aux mélanges. La confusion est bien pire dans les affaires importantes, comme la division territoriale, et dans les opérations extérieures, comme les conquêtes et les catastrophes qui les suivent ; effet nécessaire de l'antipathie des Français pour la méthode et la prudence.

5. *Impéritie politique.* La France abuse de tout ce qui fructifierait chez d'autres nations. La liberté a fait prospérer les Etats-Unis, et chez les Français elle a causé tant de désordres, que les monarques en sont devenus des ennemis irréconciliables. Ainsi par la maladresse des Français, l'Europe se trouve privée de la dose honnête de liberté dont elle aurait pu jouir en civilisation.

6. *Mystification diplomatique.* La France est toujours, en dernier ressort, dupe de toutes les puissances. On persuada à Louis XV que

s'il conservait la Belgique, ce serait agir en marchand ; et là-dessus son plénipotentiaire à Aix-la-Chapelle déclara, » que le Roi ne voulait pas » traiter en marchand, mais en Roi, et tout rendre. » Garder une province qui rend cent millions, fi ! cela est bon pour un marchand ! Avec de pareilles sornettes on est assuré d'ensorceler la France. Gagnât-elle cent batailles, elle est toujours mystifiée au dénouement, par un croc-en-jambe diplomatique, une ruse grossière à laquelle ne se laisseraient pas prendre les imberbes de toute autre nation.

Le grand Fréderic disait : » Si j'étais roi de France, on ne tirerait pas » un coup de canon en Europe, sans ma permission. » Il savait juger la politique française qui est jouée par tous les cabinets, et ne sait faire valoir aucun de ses moyens. On peut dire de ce monarque ce qu'un député a dit des Suisses : *Fréderic était meilleur Français que nous.*

Dans cette esquisse des mauvais côtés du caractère français, j'ai omis au moins la majorité des reproches possibles. Il me suffit d'avoir évité par quelques lignes satiriques, le reproche de perfidie ; je l'encourrais si je prenais le ton de l'adulation ; je mériterais vraiment le reproche d'avoir dupé les Français.

En effet, ils ne voient que spéculation littéraire, tactique de vendeur, dans un écrit qui leur donne de l'encens. Imbus à juste titre de cette opinion, ils me confondraient avec ces tacticiens mercantiles qui ont tous l'encensoir à la main. Dès-lors envisageant ma théorie comme sophisme ingénieux, ils ne prendraient pas au sérieux le reproche de la double duperie, l'avis important à répéter, *qu'après avoir perdu par délai passé* 1,500,000 *têtes dans les combats, etc., ils doivent se garder de délais futurs qui causeraient le rejet de leur dette de douze milliards.*

En réitérant cet avis donné dès l'avant-propos, je dois me mettre à l'abri du soupçon de flatteur cherchant à les capter. Je dois rallier cet utile avertissement à un sujet qui soit l'antipode de la flatterie, à une kyrielle de leurs vices nationaux, exposés avec franchise.

Le tableau n'aura rien de désobligeant pour eux, ayant été d'avance balancé par un éloge aussi vrai que précieux, 469, par la preuve de leur aptitude aux deux rôles de haute harmonie, aux deux exercices passionnels d'ambigu et d'infinitésimal, dont l'entrave, permanente en civilisation, fausse le caractère français.

Elle y produit l'impatience et la versatilité si justement critiquées : les Français ne seront donc dans leur élément que lorsqu'ils auront passé à l'état sociétaire : alors ils deviendront de fait, grande nation et premier peuple du monde, par excellence en fonctions infinitésimales, dont on voit les germes dans leur littérature et leurs habitudes, et même dans leurs défauts ; comme la versatilité, qui deviendra perfection lorsqu'elle sera appliquée à l'état sociétaire, seul ordre où elle puisse être utile.

LIVRE QUATRIÈME.

DE L'ÉQUILIBRE PASSIONNEL.

SECTION SEPTIÈME.

DES ÉQUILIBRES CARDINAUX.

PRÉ-ALABLES sur le ralliement passionnel.

Nous abordons les beaux problèmes de l'Harmonie, les équilibres passionnels : expliquer comment tous les harmoniens seront fidèles à l'amitié et à l'honneur, comment les amours et l'esprit de famille deviendront des germes de concorde et d'affection collective, ce ne sont pas là de médiocres questions : aussi voulais-je y préluder par deux longues séctions dogmatiques. Obligé de les différer, je me suis borné à disserter, aux Inter-Liminaires, sur le faux jugement des lecteurs en mécanique sociale ; puis, à la 6e section, sur l'ignorance relative aux combinaisons et jeux de passions, sur-tout en *infiniment petit*, ressort aussi puissant que l'*infiniment grand*.

Etudions d'abord l'équilibre passionnel dans les détails familiers et à portée de tout le monde. La doctrine sera moins régulière que si j'employais un formulaire ; mais quand le lecteur se sera façonné à ces perspectives d'accords, on sera mieux à temps d'en expliquer la théorie.

L'unité passionnelle est trinaire, car elle repose sur le concours de 3 classes d'accords ; ceux des 5 passions sensitives, ceux des 4 affectives, et ceux des 3 distributives.

Ces 3 unités peuvent se réduire à une seule ; car si l'on réussit à établir l'équilibre dans le jeu des affectives, on l'établit par suite dans le jeu des 2 autres classes ; les affectives ne pouvant pas opérer sans le secours des 5 sensitives, ni ces 9 sans le concours des 3 distributives. Si donc on élève une des 3 classes de passions à l'équilibre parfait, on y élèvera par suite les deux autres.

Dès-lors la théorie sera fort abrégée, en ce que nous n'aurons à étudier l'équilibre que sur 4 des douze passions radicales. Ce sera le sujet de cette section.

Quant aux moyens d'équilibrer ces 4 passions, nous les puiserons dans une même source, dans l'emploi des Séries passionnelles, dont les propriétés admirables, (charme composé et prodige composé, 201), fournissent toujours des leviers de concorde en quantité supérieure aux besoins de l'Harmonie générale.

L'équilibre des passions affectives ne peut s'établir qu'autant qu'on fera naître des affections, des sympathies corporatives entre les classes aujourd'hui antipathiques, telles que riches et pauvres, jeunes et vieux : les affections à créer entre eux seront des accords de RALLIÉMENT, en ce qu'elles uniront les antipathiques naturels ou extrêmes divergens.

Les accords de ralliement doivent être au moins de huit genres ; deux pour chacune des affectives. L'équilibre ne pouvant pas s'établir par fonction simple, mais par composée, il faut opérer au moins deux ralliemens sur chaque passion, et plutôt quatre en modulation bi-composée ; mais nous nous bornerons à deux.

Chacune des quatre passions est le produit de deux ressorts élémentaires, l'un spirituel et l'autre matériel : aucune des quatre n'est de nature simple ; on y distingue :

Table des ressorts affectifs.

En amitié,	ressort S {	d'affinité caractérielle.
	» M {	d'affinité industrielle.
En ambition,	ressort S }	de gloire.
	» M }	d'intérêt.
En amour,	ressort M {	de lubricité.
	» S {	de céladonie.
En famillisme, ressort M {		de consanguinité.
	» S {	d'adoption.

On peut remarquer dans cette table un ressort S intitulé *céladonie*, amour à longue expectative, sur lequel il serait assez difficile de donner aucune théorie d'équilibre satisfaisant pour des lecteurs civilisés ; les deux céladonies, la simple et la composée, n'étant pas praticables en civilisation, elles exposent un homme à la raillerie et à la duperie, s'il diffère un seul jour à jouir de la personne aimée, ou du moins à tenter le succès en matériel.

On voit à peine quelques lueurs de céladonie obligée, dans les cas de contrainte, lorsque les amans sont contenus par des surveillans, des entraves quelconques ; mais la céladonie spontanée, lien plus spirituel que matériel, est généralement inapplicable aux mœurs astucieuses des civilisés ; bien qu'on en fasse le simulacre pour persuader aux pères et aux maris qu'on n'obtient aucune faveur secrète, ou pour masquer les vues de séduction. Cet étalage d'amour sentimental dont on rit en secret, s'oppose à tout emploi social de la céladonie, amour antérieur à la jouissance et titré *à dominance du ressort spirituel sur le matériel.*

Les céladonies, en simple et en composé, ne peuvent naître que de coutumes non encore existantes. et dont une seule a été décrite, c'est le Vestalat. Il sera donc le seul ralliement spirituel à citer en amour. Nous serons de même gênés sur ce qui touche aux essors de famillisme. Sans ces entraves, j'aurais analysé dans chacune des passions cardinales quatre fonctions de ralliement ou voies d'équilibre, qu'il est aisé d'y découvrir.

Dans une science nouvelle, il faut éviter d'amonceler les preuves : tout superflu en ce genre est plus fatigant qu'instructif. Il suffira donc de faire entrevoir que je pourrai, si on le désire, quadrupler les preuves de propriété de ralliment inhérente à l'ordre sociétaire. Je pourrai démontrer que, dans cet ordre, chacune des passions cardinales présente quatre garanties de rapprochement des classes extrêmes et de concert passionné entre les castes les plus inconciliables aujourd'hui.

Nous nous bornerons, je le répète, à 2 garanties sur chaque passion, total 8 ; soit parce que ce nombre suffit en théorie d'équilibre général, soit parce qu'il ne serait pas possible d'exposer les 4 ralliemens d'amour, ni les 4 de famillisme ; les accords dérivant de coutumes futures dont le tableau serait inconvenant, et dont l'établissement est renvoyé aux 3e, 4e et 5e générations d'Harmonie.

Ne perdons pas de vue que tout ralliement entre des classes extrêmes, comme riches et pauvres, suppose le régime des Séries pass., et les effets que j'en ai décrits; entr'autres le minimum proportionnel ou aisance de la classe inférieure, les manières polies chez le cultivateur et l'ouvrier, l'élégance des ateliers, le faste des cultures, la division du travail, la brièveté des séances, l'option sur les emplois, l'activité des intrigues, etc. A défaut de ces germes de concorde générale qui naissent du régime sériaire, il serait inutile de songer à aucun ralliement passionné entre des antipathiques tels que riches et pauvres.

Le lecteur devra donc, en lisant ce petit traité du ralliement, éviter avec soin la bévue de comparer les tableaux d'Harmonie avec les moyens de la civilisation, où il serait de toute impossibilité d'opérer des rapprochemens entre castes ennemies.

Envisageons bien l'emploi des ralliemens ou accords affectueux entre classes opposées. Que deviendrait le lien sociétaire, si, au moment où une Phalange se rend à la salle de conseil pour statuer sur les répartitions du produit annuel, les Séries, les groupes arrivaient à la séance avec des haines corporatives, des antipathies de caste? Il faut que tout soit disposé pour que cette séance de répartition resserre les liens, au lieu d'exciter les discordes que l'intérêt éveille si aisément dans l'ordre actuel.

Avant donc de traiter de cette répartition, qui sera le sujet de la 8ᵉ section, étudions l'esprit général que les sociétaires apporteront à ladite séance, les intentions conciliantes dont ils seront animés. C'est ce que nous allons déterminer par le calcul des ralliemens affectueux que les Séries pass. établissent entre les diverses classes antipathiques parmi nous. Quand on connaîtra la surabondance de ces liens, leur influence colossale pour établir l'affection collective, on sera convaincu que les harmoniens, en séance d'évaluation, n'auront que des luttes de générosité et jamais de sordide intérêt.

CHAPITRE

CHAPITRE PREMIER.

Généralités sur l'équilibre de Ralliement.

Principes déduits du Ralliement d'amitié.

————

Il est deux procédés à employer en opérations de ralliement passionnel ; le négatif ou art de lever les entraves qui s'opposent à l'accord, et le positif ou art de créer des illusions sympathiques entre gens antipathiques.

Les divers accords dont je vais traiter sous le nom de ralliemens, ne procèderont que par l'une ou l'autre de ces deux méthodes, *la positive,* Entrave levée ; *la négative,* Illusion créée, ou par la réunion de l'une et de l'autre.

Distinguons les ralliemens en directs et inverses.

L'art d'affectionner les pauvres aux riches, sera procédé ascendant ou direct, puisque l'essor amical s'élèvera des inférieurs aux supérieurs, de la basse condition à la haute.

L'art d'affectionner les riches aux pauvres, sera procédé d'ordre descendant où inverse ; l'essor de la passion descendra de la haute classe aux inférieures.

Passons aux exemples, et d'abord à l'essor ascendant d'amitié, qui est dû principalement au service charitable exercé par les Petites Hordes ; (4e section, 3e notice.)

Dans un état de choses où le peuple jouit d'un *minimum social* ou honnête nécessaire, sans obligation au travail, il refuserait les travaux immondes, pour peu qu'on y attachât quelque mépris. On serait réduit à les faire exercer par une classe avilie, par des esclaves, des nègres, des parias.

Mais l'existence d'une classe avilie suffirait à troubler tout le mécanisme sociétaire : en effet, il doit se composer, dans chaque Phalange, de 810 caractères de franc titre et sociables entr'eux ; puis de supplémentaires ou faibles titres, qui étant analogues aux 810 de grand clavier, et devant les remplacer en cas d'absence ou maladie, sont également gens honorables et *sociables avec la masse.*

Une classe méprisée ne serait plus sociable avec les autres : on ne déciderait pas aujourd'hui une compagnie de ducs et pairs à fréquenter habituellement une troupe de savetiers. Cependant la Série des savetiers d'une Phalange, faisant partie des 810 caractères actifs et des supplémentaires, doit être *sociable avec la masse*. Il faut que ses fonctions soient honorables et considérées, et que les savetiers soient gens d'aussi bon ton que les marquis, pour que les marquis se décident à fréquenter les savetiers. Il faut enfin créer double lien d'amitié ; *l'ascendant*, des plébéiens aux grands, et le *descendant*, des grands aux plébéiens.

C'est à quoi l'ordre sociétaire procède par quatre moyens.

RALLIEMENS D'AMITIÉ.	MODE.
E L Par les Petites Hordes :	Ascendant Pos.
E L Par la division sériaire.	*Entrave levée.*
I C Par les intrigues de Série :	Descendant NEG.
I C Par la domesticité passionnée.	*Illusion créée.*

1° Les *Petites Hordes* sont le moyen principal de rapprochement, en ce qu'elles préviennent la scission du riche au pauvre ; elle naîtrait des fonctions avilissantes ; il n'en existe plus d'après l'entremise de cette corporation nécessairement chère à toute la classe populaire, à qui elle ouvre les voies à la considération. Elle passionne le peuple pour les riches dont il voit les enfans intervenir pour lui épargner des travaux humilians, et rendre honorables toutes les fonctions industrielles. C'est le vrai moyen de préparer la sociabilité générale, et faire naître chez le pauvre l'amitié pour le riche, *le ralliement ascendant*.

2° *La division sériaire.* On a vu, 81, comment elle entraîne Mondor à s'associer au groupe des cultivateurs de pêchers. S'il faut, comme en civilisation, qu'un riche surveille toutes les fonctions sous peine d'être dupé, friponné sans cesse et de voir péricliter toute branche où il n'intervient pas, le travail lui devient odieux ; ceux qui l'exercent lui sont suspects ; il les traite en ennemis. Mais si par les charmes de division sériaire, décrite 81, Mondor est excité à cette culture ; s'il s'y empare d'une branche telle que l'émondage, il devient bienveillant pour ces industrieux qu'il dédaignait ; eux, de leur côté, s'attachent vivement à Mondor qu'ils voient coopérer à leurs travaux favoris, et les aider de son crédit. La distribution sériaire est donc 2ᵉ voie de ral—

liement *ascendant* ou direct, qui excite l'affection des pauvres pour les riches.

3° Les *Intrigues de Série*. L'obstacle d'amitié causé par l'inégalité des fortunes et des rangs, disparaît du moment où l'esprit cabalistique peut intervenir, et où la garantie de minimum rassure le riche contre le danger de sollicitations, piéges et friponneries. On a vu, en affaires de révolution, les grands s'abaisser à des cajoleries avec les derniers plébéiens. Caton et Scipion, en un jour d'élection, serrent la main aux petits électeurs de campagne : il est donc évident que le riche ne craint pas d'entrer en commerce avec la classe inférieure, quand le levier de l'intrigue est mis en jeu, et quand cette classe est à l'abri du besoin ; ce qui a lieu en Harmonie.

Ajoutons que le riche éprouvant comme d'autres le désir de rivalités cabalistiques (essor de la 10° passion), s'affectionne aux réunions où il jouit de ce plaisir qui est porté au plus haut degré dans toutes les Séries pass.: dès-lors tout homme riche en épouse les intrigues, en aime les sociétaires, dont un tiers au moins est de classe inférieure.

En s'associant aux cabales industrielles de 30 Séries, le riche en vient donc à aimer la classe pauvre de la Phalange. Ces cabales sont voie de ralliement *descendant*, qui affectionne les riches aux pauvres. (Observons que le nom de pauvre, appliqué à l'Harmonie, équivaut à celui de classe bourgeoise, qui n'est jamais pauvre, puisque son minimum lui assure le train de vie de nos riches bourgeois).

4° La *domesticité passionnée*. On en a lu les tableaux, sect. 2, chap. 2. Le salaire transforme les inférieurs en mercenaires mécontens et jaloux des supérieurs : ceux-ci, par contre-coup, haïssent la classe qui les sert, ouvrière ou domestique. J'ai prouvé, 86, 87, que le service harmonien dégagé de salaire, est passionné, affectueux de la part des inférieurs ; c'est une voie de liens descendans, du riche au pauvre. Une gouvernante qui veut maîtriser un vieux garçon, lui persuade toujours qu'elle le sert par amitié. Cela est quelquefois vrai ; et malgré que l'intérêt soit fréquemment le mobile des gouvernantes, on voit beaucoup de célibataires pris au piége, épouser ou doter celle qui les sert.

L'affection du riche naîtra bien mieux pour les serviteurs,

quand il sera prouvé que leur entremise est une préférence affectueuse, puisqu'ils ne seront point payés par celui qu'ils serviront. Chacun se livrera à l'impulsion de la nature, à l'amitié pour des êtres de qui on reçoit des soins gratuits.

Or, à examiner le mécanisme sociétaire, on reconnaît que toute la classe pauvre y est affectée au service du riche. Dans les appartemens, les écuries, les jardins, les caves, les cuisines, etc., le riche ne saurait faire un pas sans voir les pauvres travaillant avec ardeur à satisfaire quelqu'une de ses fantaisies, faisant passionnément un service qu'il serait obligé de salarier en civilisation. Il aimera ces classes inférieures, par influence de la domesticité passionnée; elle est donc en amitié 2ᵉ ralliement *descendant*.

J'ai défini le ralliement d'amitié en ressort quadruple ou bi-composé, pour en venir à poser le principe,

Que les ralliemens sont une mécanique à seize rouages, où chaque équilibre d'amitié, d'amour, d'ambition, de famillisme, dépend du concours interne *de ses quatre ressorts, et du concours* externe *des trois autres ralliemens, équilibrés de même à quadruple ressort.*

L'intervention combinée de ces 4 quadrilles d'accords, produit l'équilibre pivotal ✕ ou unitaire, but collectif de l'Association; (sujet de la 8ᵉ section).

A examiner isolément chacune des quatres voies de ralliement, on la trouvera faible, insuffisante, soit en amitié, soit en ambition : il a donc fallu poser d'abord en principe la nécessité de leur jeu combiné, en mécanisme sociétaire.

Le Ralliement a pour base les Séries passionnelles,

Et pour colonnes, 4 propriétés inhérentes aux Séries pass.

COLONNES DE RALLIEMENT.

Attraction industrielle.   *Éducation unitaire.*

Minimum intégral.   *Population proportionnelle.*

C'est sur l'ensemble de ces quatre facultés que repose tout le mécanisme des ralliemens et équilibres. Comment espérer de rallier riches et pauvres, les amener à une affection réciproque, si le pauvre est exposé à tomber dans l'indigence qui est l'épouvantail du riche? Comment assurer au pauvre un minimum intégral, comprenant subsistance, vêtement et logement décens, si on ne sait pas créer l'attraction indus--

trielle, à défaut de laquelle il abandonnerait le travail dès qu'il serait pourvu d'un ample minimum?

D'autre part, comment réunir amicalement le riche et le pauvre, si celui-ci n'a pas reçu une éducation propre à lui donner le ton et les manières du riche? Enfin, que serviraient les trois propriétés précédentes, si le régime sériaire avait, comme le familial, la propriété de population illimitée, produisant des fourmilières sans balance numérique, sans proportion avec les moyens d'aisance générale?

Ces quatre propriétés sont donc le gage essentiel des ralliemens et de l'équilibre social : j'aurai souvent lieu de le rappeler, et je me bornerai à citer les deux premières, attract. indust. et minim. intég., ainsi que je l'ai déjà fait.

Que de conditions pour arriver à cet équilibre des passions! Mais pourquoi s'effrayer de l'étude, quand tout se borne à connaître le mécanisme des Séries d'où naissent, comme par enchantement, tous les accords sociaux (101), ainsi qu'on a déjà pu en juger par le court exposé sur le ralliement d'amitié?

CHAPITRE II.

Du Ralliement subversif ou confus, procédé de l'harmonique.

———————————

Les passions étant sujettes à l'essor dualisé, I, 27, au jeu harmonique et au jeu subversif ou contre-marche, il s'en suit que l'ordre civilisé doit engendrer de faux ralliemens, fondés sur l'égoïsme et produisant la duplicité d'action, en opposition aux ralliemens d'Harmonie, qui sont fondés sur l'affection et produisent l'unité.

Il conviendra de donner sur les faux ralliemens, quelques notions succinctes. Le parallèle servira de contre-preuve : il fera d'autant mieux apprécier l'excellence des dispositions sociétaires, et l'aveuglement des sophistes qui prétendent établir la concorde et l'unité en civilisation.

Je ferai usage du tableau suivant, représentant les seize classes de civilisation.

ÉCHELLE DES CASTES ET SOUS-CASTES CIVILISÉES.

Castes.	Échelons.	Industrie.
X　LA COUR.......	Pivot..........	Le plaisir.
K　Le Clergé......	Sur-Transition..	Le culte.
La Noblesse. ...	1. 2. 3. 4.	L'indust. attrayante.
La Bourgeoisie. .	5. 6. 7. 8. 9.	L'indust. ambiguë.
Le Peuple......	10. 11. 12.	L'indust. répugnante.
Я　La Domesticité.	Sous-Transition.	Le servage simple.
X　LE SOLDAT.....	Contre-Pivot....	Le servage composé.

On verra à l'article *équilibre civilisé*, pourquoi cette table doit être ainsi distribuée.

Dissertons d'abord sur les douze sous-castes de gamme. L'analyse n'y découvre, au lieu de liens amicaux, qu'une échelle ascendante en haines et descendante en mépris.

Le mépris s'attache principalement à la 12ᵉ sous-caste, comprenant le bas peuple qui vaque aux fonctions immondes. Le mépris pèse un peu moins sur la 11ᵉ sous-caste, comprenant le moyen peuple; et moins encore sur la 10ᵉ, le haut peuple, qui pourtant est méprisé des cinq sous-castes bourgeoises, lesquelles à leur tour essuyent pareil dédain des quatre sous-castes nobles.

A ce ricochet de mépris qui règnent de l'ascendant au descendant, il faut accoler un ricochet de haines qui règnent du descendant à l'ascendant. Le bas peuple ou salarié est jaloux du moyen peuple composé d'artisans et petits laboureurs : ceux-ci à leur tour jalousent le fermier et le petit boutiquier.

Même échelle de haines et de mépris dans les sous-castes de nobles et bourgeois. La noblesse de cour méprise la noblesse non présentée; la noblesse d'épée méprise celle de robe : les seigneurs à clocher méprisent les gentillâtres : tous méprisent les parvenus anoblis qui ne sont que de 1ᵉʳ degré, et qui dédaignent les castes bourgeoises.

Dans la bourgeoisie nous trouverions en 1ʳᵉˢ sous-castes. nº 5, la haute banque et la haute finance méprisées des nobles, mais s'en consolant avec le coffre-fort, méprisant le gros marchand nº 6, et le bon propriétaire. Ceux-ci, tout fiers de leur rang d'éligibles, méprisent la sous-caste nº 7 qui n'a que rang d'électeur : elle s'en dédommage en méprisant la sous-caste 8, les savans, les gens de loi et autres vivant de traitemens, ou casuels, ou petits domaines, qui ne leur donnent pas l'entrée au corps électoral : enfin, la classe 9, la basse bourgeoisie, petit marchand, petit campagnard, méprisée de la 8e, serait bien offensée si on la comprenait dans le peuple dont elle méprise les trois sous-castes, et dont elle se pique d'éviter les manières.

Il règne entre toutes ces castes, des haines régulières ; c'est-à-dire que la 9e hait la 8e autant que la 8e hait la 7e, quoique chacune recherche la fréquentation du degré supérieur, par ambition et non par amitié.

Telle est la douce fraternité que nos sciences politiques et morales ont établie en civilisation : cependant on y trouve des lueurs de ralliement amical : par fois les grands sont amis avec la populace, ainsi qu'on le voit dans certains états mal gouvernés, comme à Naples où la noblesse protège les Lazzaronis, comme en Espagne où le haut clergé protège les mendians : cette alliance des castes extrêmes 1 et 12 n'est qu'une source de vice, un effet de subversion sociale, et non de sincère amitié, utile à l'industrie, au bien-être général.

Nous analyserions pareil vice dans les ralliemens des trois autres titres. Par exemple, ceux d'amour : que les grands deviennent amoureux des femmes de classe populaire, il n'en résultera que des désordres moraux, et non des rapprochemens entre les castes. Si quelques enfans naissent de ces unions, c'est un surcroît de désordre quand ils ne sont pas reconnus ; et s'ils donnent lieu à des mariages (ralliement de famillisme entre inégaux), c'est un nouveau sujet de discorde et de scission entre les branches d'une même famille. Tous ces ralliemens sont subversifs, jeux d'égoïsme, duplicité d'action.

Il en est de même des ralliemens d'ambition : lorsque la classe opulente se rapproche du peuple, c'est pour négocier des intrigues funestes au repos public, des cabales de parti, des ligues d'oppression. Il est donc vrai que la civilisation ne fait naître que le mal des élémens du bien, entr'autres, du ralliement des castes dont elle ne crée quelques lueurs que pour semer le trouble dans la société.

Ces désordres naissent de ce que les ralliemens actuels ne remplissent aucune des conditions établies pour opérer avec

fruit le rapprochement des classes extrêmes, richesse et pauvreté, jeunesse et vieillesse. Rappelons ces conditions.

RÈGLE QUATERNAIRE DU RALLIEMENT;

*Par lien composé, c'est-à-dire du supérieur à l'inférieur
et de l'inférieur au supérieur.*

*Par voie composée, c. à d. par entrave levée et illusion
créée, en accord avec les 2 élémens de passion,* 478.

On a vu au Chap. I⁰ʳ, ces 4 conditions remplies dans les
4 liens amicaux que l'ordre sociétaire établit entre les classes
de fortune opposée. S'il peut affectionner sincèrement les castes
1 et 12 qui sont les plus antipathiques, il réussit d'autant
mieux sur les intermédiaires.

Par exemple, en amour; si sur les 12 âges

    20, 25, 30, 35, 40, 45, 50, 55, 60, 65, 70, 75,
on parvient à établir des liens d'amour véritable entre jeunes
gens de 20 ans et vieilles femmes de 75, il sera bien plus
aisé de rallier ces jeunes gens avec les femmes de 70 et 65;
et de même en amitié. Si les magnats de classe 1 sont intimes
avec la classe 12 qui vaque aux fonctions immondes, ils le
seront d'autant mieux avec les classes d'industrie 11, 10, etc.,
en supposant l'intervention des 4 chances d'union qu'engendre le mécanisme sociétaire,

Attraction industrielle,   Éducation unitaire,
Minimum intégral,   Population proportionnelle.

Lorsque dans un tel état de choses on met en jeu pour
chaque ralliement 4 moyens réguliers et adaptés à la règle
quaternaire, comme ceux que j'ai exposés, Chap. I⁰ʳ, en
ralliement d'amitié, il peut arriver que l'un des 4 moyens ne
lève qu'un quart de l'obstacle, ne crée qu'un quart des illusions nécessaires; mais les 4 intervenant combinément, leveront l'obstacle entier, éleveront l'illusion au plein. Il faudra
donc procéder de cette manière dans les ralliemens d'ambition,
d'amour, de famillisme. Ce n'est qu'à ce prix qu'on peut
voir naître l'harmonie parmi ces passions, dont l'énigme a
désorienté les sages de tous siècles et de tous pays.

Les principes que je viens d'établir, devaient être placés
en tête du Chap. I⁰ʳ: j'ai cru à propos de les faire précéder
d'un emploi en ralliement d'amitié: le sujet a été trop brièvement exposé; je vais le reprendre au chapitre suivant.

CHAPITRE III.

COROLLAIRES SUR LE RALLIEMENT D'AMITIÉ.

CE serait peu d'indiquer le quadrille de ressorts qu'emploie l'Harmonie dans chaque ralliement ; il faut encore convaincre le lecteur que ces moyens seront praticables, et lui en donner des indices tirés de l'état actuel des relations sociales. Analysons donc les germes de ralliement amical qu'on découvre en civilisation ; et faisons-en l'application à chacun des quatre ressorts indiqués au quadrille, 482.

1° *CHARITÉ INDUSTRIELLE*; (entrave levée) : 1ᵉʳ *ralliement par affinité caractérielle.*

Déjà j'ai observé qu'on trouve les indices de dévouement charitable aux fonctions abjectes, chez les monarques mêmes, et qu'on voit le Jeudi-Saint les souverains laver les pieds à douze pauvres ; fonction dont le monarque se croit honoré en raison de l'abjection du service. Or, quand il existera une corporation de haut parage, vouée à l'exercice de toute fonction abjecte, aucune ne le sera réellement : sans cette condition, point de ralliement de la classe riche à la pauvre.

S'il nous est démontré que l'esprit religieux engendre ce dévouement de charité générale, tel que l'on voit chez les Pères de la Rédemption et autres sociétés, il ne restera qu'à employer ce penchant selon les convenances du nouvel ordre ; et lors même que la corporation des Petites Hordes ne paraîtrait pas le procédé le plus efficace, il ne serait pas moins certain *que le principe de charité industrielle existe parmi nous, sauf alliage à l'esprit religieux*, et que si j'ai erré dans l'application, dans les us, coutumes et statuts du corps de charité unitaire, les critiques devront s'évertuer à mieux employer un ressort dont ils ne peuvent pas contester l'existence ; inventer une secte plus apte à lever l'entrave du dégoût industriel en fonctions immondes.

Toutefois les harmoniens, plus judicieux que nous en théorie et en pratique de charité, n'appliqueront pas cette vertu à des cérémonies inutiles, comme de laver les pieds aux pauvres qui se les laveraient bien eux-mêmes, ou d'employer un pé-

nitent de 5o,ooo fr. de rente à détacher du gibet un supplicié.
Quand il n'existera plus ni mendians, ni pendus, on ne
pourra pas spéculer sur eux pour la charité d'ostentation. Toutes
ces pratiques, louables quant à l'intention et l'exemple, ne sont
qu'un avortement de politique charitable. Elle doit s'attacher
à opérer le ralliement sincère des castes extrêmes que rien ne
peut concilier en civilisation, parce que cette société manque

De la base du ralliement; *SÉRIES PASS.*

Et des 4 colonnes du ralliement ou gages d'union, table 484.

A défaut de ces leviers inconnus en civilisation, nos tentatives
d'union et d'équilibre ont le sort du grain qui tombe sur le
roc au lieu d'être semé en terre végétale. De là vient qu'on
ne tire aucun fruit de nos pratiques charitables.

2° *DOMESTICITÉ PASSIONNÉE;* (illusion créée):

2° *Ralliement par affinité caractérielle.*

Ce sera le 2° moyen en ralliement de caractères. Le serviteur
étant indépendant, 85, et pouvant opter sur les individus à
servir, s'attache nécessairement à ceux vers qui l'entraîne l'affinité personnelle. D'autre part, le servi s'affectionnera d'autant mieux au servant, que celui-ci souvent sera supérieur
en fortune et en rang. Exemple :

Lucas, âgé de 20 ans, est très-pauvre : il a, par une chute,
déchiré et taché son plus bel habillement. Les taches seront
enlevées par Eudoxie, dame très-riche, qui excelle dans les
fonctions du groupe de dégraissage. Le raccommodage sera fait
par Orphise, autre dame riche et vraiment philosophe, puisqu'elle se plaît à *ressarcir les culottes*, et qu'elle excelle au
groupe du raccommodage en drap et des reprises masquées.

Le pauvre Lucas a été bien servi par deux grandes dames,
et ne sait comment leur en témoigner sa reconnaissance. Voilà
un lien amical par domesticité, car les deux dames ont été
ses domestiques dans cette affaire. Ces dames touchent à la
cinquantaine; mais Lucas, dans un transport de gratitude,
excédera peut-être les bornes de l'amitié, et pourra payer sa
dette par un brin d'amour. Laissons à part cet épisode; il serait étranger à un chapitre qui ne traite que des liens amicaux.

Observons à cette occasion, que tout est lié dans le système des ralliemens. Tel ressort d'amitié conduit en même temps à des liens d'amour entre les antipathiques de 20 et 5o ans; et de même, tel ressort en ralliement d'ambition conduit aussi à des liens de famillisme. Cette propriété de liens composés double la force des 16 ressorts, et les rend égaux à 32 au moins en action combinée.

La domesticité passionnée est l'un des principaux liens du mariage : les deux époux, en cas de bon ménage, sont, l'un pour l'autre, ce que sont dans une Phalange cinquante serviteurs affectueux dont chacun est entouré : c'est-à-dire que chaque harmonien obtient, en services affectueux, l'équivalent de ce qu'il obtiendrait aujourd'hui de cinquante épouses, aussi dévouées que la sienne, et plus intelligentes.

En considérant la variété d'amorces que présente en Harmonie le lien de domesticité passionnée, soit en ordre *descendant*, affection du supérieur à l'inférieur, selon les détails 86, 87, où l'on voit Léandre servi constamment par des amies ou des amantes; soit en ordre *ascendant*, selon l'exemple de Lucas cité plus haut, affection de l'inférieur au supérieur :

En observant de plus que chacun, dans l'état sociétaire, forme de pareils liens avec une centaine d'individus, membres de sa Phalange, et qui tous ont coopéré à son service personnel, avec preuves de préférence affectueuse :

En estimant, dis-je, l'influence que ces liens doivent exercer, on concevra que la fonction de domesticité pourra, dans l'état sociétaire, fournir à elle seule autant de leviers de concorde qu'elle fournit de leviers de discorde en régime civilisé.

L'homme riche, parmi nous, au lieu de trouver cent amis et amies empressés à l'obliger en tout service, ne trouve que cent spoliateurs forcés par la pauvreté à des spéculations cupides, à des simulacres d'affection.

C'est ainsi que la civilisation, par le service individuel et salarié, crée au riche cent sujets de mécontentement, là où l'Association lui créerait cent liens amicaux, cent germes de ralliement composé, soit du supérieur à l'inférieur, soit de l'inférieur au supérieur.

(*Nota,* Les deux ressorts que je viens de citer, rallient par affinité de caractère, en ce que l'intérêt se porte sur les in-

dividus et non sur leurs fonctions. Dans les deux ressorts suivans, le ralliement est par voie d'affinité industrielle, en ce
que l'intérêt s'attache d'abord aux fonctions et s'étend de là
aux individus qui les remplissent. En mécanisme d'amitié
comme des trois autres cardinales, il faut que les quatre ressorts
de ralliement s'adaptent par deux couples aux deux élémens
de la passion, selon la table, 478).

3° *DIVISION DU TRAVAIL SÉRIAIRE ;* (entrave levée.)

1er *Ralliement par affinité industrielle.*

Que servirait d'amener la classe riche à sympathiser avec
les industrieux, par la bonne éducation et l'aisance du peuple,
par la propreté des ateliers et autres amorces de l'état sociétaire, s'il fallait faire excès de travail, l'exercer consécutivement pendant 12 heures sur un même objet, comme cela se
pratique dans nos ateliers, nos campagnes, nos bureaux ? Il
n'y aurait nul moyen de se faire illusion sur l'ennui de ce
travail outré ; il deviendrait rebutant même en fonctions agréables ; tandis que les courtes séances de 1 et 1/2 ou 2 heures
au plus, soutenues d'une société d'amis, répandront la gaieté
et le charme jusques dans les fonctions essentiellement répugnantes.

Un inconvénient bien pire que les longues séances et plus
répugnant encore, est la complication des travaux dont il
faut, dans l'état actuel, embrasser tout le détail. J'ai observé,
81., que tel homme riche veut bien se charger d'une seule
branche, mais non pas de vingt fonctions que peut exiger un
seul végétal : il ne veut pas s'occuper d'arrosage, parasolage,
sarclage, paillassonnage : par cette raison, il s'attache à 4
groupes de co-sectaires, qu'il voit ardens et intelligens dans
ces 4 fonctions nécessaires au soutien de celle qu'il a choisie,
et où il se trouve aidé par une dizaine de coopérateurs passionnés.

C'est donc de la minutieuse division des travaux sériaires
que naît l'amitié du riche pour tous les groupes de la Série.
S'il n'est pas porté à partager les fonctions de tels groupes, il
n'est pas moins désireux de leurs succès, puisqu'elles sont
utiles à la sienne : eux, de leur côté, portent même intérêt à
la branche que préfère cet homme riche, à son groupe dont

pourtant ils ne veulent pas adopter les fonctions. Ainsi chacun de ces groupes est serviteur empressé des autres dans la partie qu'il a choisie, et l'amitié est réciproque entre eux, par échange de services. Un agent nous devient précieux s'il sait exécuter à la perfection un travail utile à nos intérêts, mais dont nous répugnons à nous charger.

Telle est la situation où se trouvent tous les groupes d'une Série à l'égard l'un de l'autre : est-elle de 12 groupes, chacun des 12 est précieux pour les 11 autres qui ont besoin du service dont il se charge passionnément, et chaque groupe voit dans les onze autres autant de ligues officieuses occupées à assurer le succès de la 12° fonction dont il fait son plaisir. Quel motif d'amitié entre tous les individus de cette réunion, indépendamment des 3 autres liens que fournissent les ralliemens d'amitié, et de 12 autres liens fournis par les ralliemens d'ambition, d'amour et de famillisme !

Tout ce mécanisme de bonheur et d'unité sociale disparaît, du moment où l'on cesse de spéculer sur la boussole d'harmonie, la Série pass. Tous les liens d'amitié s'évanouissent dès qu'on rentre dans le cercle de nos travaux incohérens, qui n'excitent que les jalousies, les haines entre voisins, et n'engendrent que l'ennui par leur complication, par l'accumulation des détails sur un même individu.

4° *INTRIGUES DE SÉRIE ;* (illusion créée.)

2° *Ralliement par affinité industrielle.*

Pour estimer les chances d'amitié qu'ouvre l'intrigue, chacun doit se rappeler des circonstances où il a été vivement stimulé dans quelque menée suivie d'un plein succès. Par exemple : cabale électorale pour faire passer tel candidat ; cabale de la bourse dans les jeux d'agiotage ; cabale d'écoliers méditant une fredaine à l'insçu des pédans ; cabale d'amans projetant une partie carrée à l'insçu des pères ; cabale de famille sur un bon parti à obtenir. Si ces intrigues sont couronnées de succès, l'on prend en amitié les coopérateurs : on a, malgré quelques inquiétudes, passé d'heureux momens à conduire l'intrigue ; les agitations qu'elle produit sont besoin de l'ame. (Cabaliste, 10° passion supprimée par les philosophes, ainsi que l'ambition, 7°).

Loin de ce calme plat dont la morale nous vante les douceurs, l'esprit cabalistique est la véritable destination de l'homme. L'intrigue double ses moyens, agrandit ses facultés. Comparez le ton d'une coterie d'étiquette, son jargon moral, guindé, languissant, avec le ton de ces mêmes individus en état de cabale : ils vous sembleront métamorphosés ; vous admirerez leur laconisme, leur ton animé, l'essor actif des idées, la prestesse des actions, des résolutions ; enfin, la rapidité du mouvement spirituel ou matériel. Ce beau développement des facultés humaines est le fruit de la cabaliste ou 10e passion, qui règne constamment dans les travaux et les réunions d'une Série passionnelle.

Comme elle obtient toujours des succès quelconques, et que ses groupes sont tous précieux les uns aux autres, le charme des cabales devient un puissant lien d'amitié entre tous les sectaires, même les plus inégaux.

De là vient que la courte séance d'une Série ou d'un groupe est un moment plus désiré que ne peut l'être parmi nous un bal ou un festin, dont le plaisir est contre-balancé par des embarras de toilette, étiquette, transport et retour, inconnus en Harmonie : un groupe y a pour costume des uniformes de travail, qui exigent tout au plus deux minutes de vestiaire, et le transport d'un séristère à un autre se fait par des corridors chauffés ou ventilés, (rue – galerie, 36). Tout est charme en pareilles relations : aussi les réunions d'ateliers sont-elles attendues avec impatience, objet de négociations très-actives à la bourse (*).

L'intrigue répand du charme sur les fonctions les plus insipides : c'est un ressort puissant pour rallier les castes incompatibles. Un roi aime la pêche maritime ; il prend plaisir à vendre lui-même son poisson au marché : le voilà, par le fait, bienveillant pour les pêcheurs qu'il a la prétention de rivaliser en art de la pêche, et pour les dames de la halle, qu'il rivalise en art de la vente.

(*) J'avais promis un chapitre sur la bourse d'Harmonie, sur l'art d'y traiter et dénouer en moins d'une heure, des milliers d'intrigues, dont chacune peut impliquer cent personnes. C'est un chapitre difficile et assez long : il a fallu le renvoyer comme tant d'autres, dont le délai nécessitera un volume additionnel à cette livraison.

Cet évènement récent est un très-bel exemple de *ralliement amical descendant*, ressort qui fait naître, en industrie, l'affection du supérieur pour l'inférieur. C'est un effet qu'il faut savoir produire dans tous les genres d'industrie, et qui sera généralisé dans l'état sociétaire.

Telle est la propriété des intrigues de Série : elles créent *l'esprit cabalistique*, passion où l'on trouve, comme dans l'amour, la propriété de confondre les rangs, rapprocher le supérieur de l'inférieur. Une cabale active et ardente établit entre ses meneurs une intimité de longue durée, si d'autres intérêts ne viennent pas les désunir. On ne court pas ces risques en Harmonie, où les cabales de Série ne sont que des voies d'émulation, des luttes en procédés honnêtes ainsi qu'en industrie. Les rivalités sociétaires sont joviales et polies ; les individuelles sont tristes et malveillantes.

D'ailleurs, si une Phalange organise bien ses ralliemens qui sont de vastes accords de masse, il arrive que les brouilleries individuelles sont de nulle influence, et ne peuvent en aucun sens troubler les accords collectifs ; de même que la querelle de deux militaires ne change rien à l'esprit du régiment.

J'insiste sur la force de 4e levier, sur l'avantage d'attirer les grands à l'industrie populaire, ce qui ne peut avoir lieu que dans les Séries pass. On peut, par des exemples connus, se convaincre que si les grands s'adonnent à quelque fonction vulgaire, ils y sont plus passionnés que le peuple, et d'autant plus jaloux d'éloges, qu'ils ne font pas de ce travail un objet de spéculation pécuniaire. Louis XVI aurait été très-piqué qu'on l'eût cru médiocre en serrurerie : on assure qu'il pouvait aller de pair avec les plus habiles de Paris. Cette prétention à les rivaliser, était un ralliement amical avec eux, une illusion répandue sur telle fonction qui semble hors du cercle des délassemens royaux, et qui, par cette raison, rallie le supérieur à l'inférieur, par affinité industrielle.

Et si l'on suppose qu'un roi, un grand, au lieu d'être seul de sa caste dans tel atelier, y rencontre une dizaine de magnats de sa Phalange, une échelle des diverses castes, point de mercenaires, par-tout des sectaires passionnés, des hommes polis et honorables, même les enfans, son affection pour les coopérateurs sera vingtuple de ce que peut être, en civilisation, celle d'un roi que l'attraction engage dans quelque travail populaire, dont les ateliers ne lui offrent que des mercenaires disparates avec lui par les manières, et suspects sous le rapport de l'intérêt.

APPENDICE. J'ai analysé dans la seule amitié quatre puissans moyens de rapprochement entre inégaux, sauf concours des 4 gages d'unité ou colonnes de ralliement, 484, que fournit l'état sociétaire;

Attraction industrielle,   Education unitaire.

Minimum intégral,   Population proportionnelle.

A ces 4 conditions est subordonné tout le système des ralliemens et équilibres entre castes extrêmes. Or, s'il dépend de nous de réaliser sans délai ces 4 prodiges sociaux, il est de même en notre pouvoir d'établir les 16 ralliemens dont ils sont les colonnes.

J'ai prouvé que la civilisation, tout incompatible qu'elle est, par ses faussetés, avec l'amitié entre inégaux, en recèle pourtant tous les germes : ceux d'amitié, que je viens de définir, seraient déjà un moyen très-efficace pour disposer à la concorde générale en séance de répartition des bénéfices.

Cette séance est le point sur lequel doivent se diriger toutes nos vues. Il s'agit d'atteindre au concert général dans cette journée décisive où on répartira, aux sociétaires inégaux, en raison des trois facultés industrielles ; *capital*, *travail* et *talent.*

J'ai avancé (fin des Pré-alables), *que ladite répartition n'excitera que des luttes de générosité, et jamais de sordide intérêt.* Le plus important de tous les problèmes est celui de satisfaire, sur ce qui touche à l'intérêt personnel, une réunion de 1,600 associés inégaux; les transformer en 1,600 amis, par le fait même de ces débats d'intérêt qui, aujourd'hui, exciteraient entr'eux 1,600 procès, autant de haines.

Loin de là, cette immense réunion d'inégaux présentera, en affaires d'intérêt, le plus généreux désintéressement, les plus sublimes accords ; si le fondateur sait organiser, *seulement à demi*, les quatre quadrilles de ralliemens; je dis *A DEMI*, puisque les deux mineurs n'arriveront qu'à peine à ce degré, vu l'obstacle de nos coutumes en amour; mais des deux majeurs, celui d'ambition peut arriver d'emblée au-delà du demi-équilibre, et celui d'amitié approcher du plein, atteindre à l'essor combiné ou quaternaire des ressorts indiqués 482.

Avant de traiter des lacunes de ralliement inévitables dans les débuts, étudions d'abord le mécanisme en plein, le quadrille complet sur chaque passion, comme nous l'avons analysé sur l'amitié. Les contre-poids seraient faussés, incomplets, si le ralliement ne se formait pas de quadruple ressort, (sauf réduction à 2 en harmonie hongrée).

Sans argumenter sur la suffisance de chacun en particulier, il faut attendre l'exposé du tout. Ce sont, je le répète, 16 rouages d'une mécanique où tout engrène et se communique l'impulsion, où chaque pièce concourt au mouvement des autres. Il faut donc se garder d'objections sur l'insuffisance apparente de tel ou tel de ces rouages : ils sont destinés, tous les seize, à opérer simultanément et non pas isolément. Si tel des 4 ralliemens d'amitié ne promet d'influence que sur un quart des sociétaires, on influencera les trois autres quarts de la Phalange par emploi des 3 moyens de ralliement qui n'auront pas été appliqués au premier quart.

En outre, quand on douterait que l'ensemble du quadrille des accords d'amitié pût rallier plus de moitié de la Phalange, n'aura-t-on pas le secours des 3 autres branches de ralliement, ambition, amour, famillisme? Ces deux derniers seront faibles, à la vérité, dans les débuts; mais on pourra donner aux deux premiers une intensité plus que suffisante pour la garantie de l'équilibre sociétaire.

J'ai mis dans l'exposé des ralliemens d'amitié, une régularité qui ne pourra pas régner dans les trois autres quadrilles, dont quelques branches offenseraient les préjugés : c'est donc sur l'équilibre d'amitié que les étudians doivent s'exercer, quant à ce genre d'accords; ils doivent s'attacher à la formation des quadrilles de ressorts contre-balancés.

Je leur ai tracé régulièrement la marche, dans les divers tableaux, 478, 482, et dans les deux règles, 484, 488. Il eût peut-être convenu de les récapituler; je le ferai à la suite du ralliement d'ambition. En attendant, c'est un petit travail que feront aisément ceux qui étudient avec méthode.

Quel sujet serait plus digne de leur attention? C'est le dénouement de toutes les erreurs scientifiques, l'initiation au plus grand des mystères, à l'arrière-secret de la nature, *L'HARMONIE DES PASSIONS.*

C'est dans ce 4e livre qu'on va commencer à résoudre l'effrayant problème de l'unité passionnelle; prouver que le Créateur, qui ne fait rien à demi, nous a ménagé pour le lien d'unité générale, pour l'harmonie domestique et sociale, des moyens doubles et triples du nécessaire. Quelle déconvenue pour les sciences incertaines qui, avec leurs pompeux sophismes sur l'équilibre social, n'ont su créer que la discorde universelle, et n'ont rencontré sur tous les points, qu'une résistance invincible de la part des passions!

L'on va voir, par l'ensemble des 16 ralliemens (7e section), avec quelle facilité l'ordre sociétaire se joue de tous les obstacles qui ont réduit aux abois la politique civilisée, et qui, aujourd'hui plus que jamais, dénoncent l'ignorance absolue des philosophes en mécanique des passions.

C'est un titre de gloire pour les sectes expectantes, I, 91, qui ont confessé la vanité des connaissances philosophiques, et invoqué une lumière nouvelle, en s'écriant, depuis Socrate jusqu'à Voltaire:

« *Mais quelle épaisse nuit voile encor la nature!* »

CHAPITRE IV.
Principe de l'équilibre d'ambition.

Nous en sommes à la plus redoutable de toutes les passions, à celle qui est spécialement chargée des malédictions de la philosophie. Quel dommage qu'à l'époque où Dieu créa les mondes et les passions, il ne se soit pas trouvé près de lui un philosophe, pour lui dire: « Eternel, veux-tu savamment équilibrer » l'univers, selon le vœu de la saine morale? Crée des mondes » sans ambition, des mondes où les hommes soient tous ré-» publicains perfectibilisés, méprisant les richesses et les si-» nécures, n'aimant que le brouet noir, le trafic, les clubs » et les abstractions métaphysiques. Voilà les sentiers du vrai » bonheur dégagé d'ambition; voilà, Éternel, comment tu

» dois organiser les mondes, pour te rendre digne du beau
» nom de Créateur philosophe. » Il est probable que Dieu
aurait obtempéré à ces sages conseils, et qu'il nous aurait créés
tous ennemis de l'ambition, dédaignant les grandeurs, les sinécures, et n'aimant que la morale douce et pure des clubistes
et des amis du commerce. (*Voy. fin de chap.* 5).

Mais puisque Dieu, dans ses créations, n'a pas été assisté
des lumières de la philosophie, et qu'il nous a irrévocable-
ment assujettis à l'ambition, consentons à étudier les méthodes
qu'il a adoptées, pour faire de cette passion un levier de
haute harmonie sociale.

Accorder tous les humains par l'entremise de cette ambition
qui les pousse aujourd'hui à tant de perfidies et de fureurs ! La
tâche va sembler bien effrayante, et nous aurons à ce sujet
un principe fort neuf à établir ; c'est que les hommes civilisés,
même les plus insatiables de pouvoir, de conquêtes et de richesses, n'ont pas le quart de l'ambition nécessaire en Harmonie sociale.

Après la chute de Bonaparte, on cita de lui, comme un acte
de démence, une médaille qu'il avait fait graver à Moscou,
et qui portait en exergue : *Dieu au ciel et Napoléon sur la
terre* ; c. à d. qu'il voulait laisser à Dieu l'empire du ciel, et
s'emparer de celui de la terre. Prétention bien effrayante pour
des Français, qui n'osent pas convoiter une province placée
à six marches de leur capitale !

L'intention de monarchie universelle, décélée par cette médaille, est ce qu'il y a de plus sensé dans les vues de
Bonaparte. Mais sur ce point, comme sur tout autre, il se
montre en avorton, en demi-grand homme, en *SIMPLISTE*,
qui se borne à méditer la conquête du monde, et ignore qu'il
faut pourvoir à la conservation des conquêtes ; qu'elles ne sont
qu'un trébuchet pour le tyran qui se crée autant d'ennemis
que de pays conquis.

Jamais homme, depuis l'existence des sociétés, n'a eu mieux
que Bonaparte les moyens de *conquérir* et *conserver* le sceptre
du monde. Il y serait parvenu, s'il n'eût été rapetissé par
l'esprit français. La France lui a reproché l'éducation qu'elle
lui a donnée ; c'est bien lui qui aurait pu reprocher à la France
l'éducation qu'il en avait reçue. Veut-on faire un avorton de

celui que la nature a moulé en type de grand homme? il suffira de le faire élever en France; le façonner au goût de l'arbitraire, de la confusion, de l'imprudence et autres vices qui constituent le caractère national des Français.

Brisant sur ce sujet, occupons-nous des ralliemens d'ambition, et débutons par une comparaison qui fera toucher au doigt le ridicule de nos doctrines sur la modération, et la fausse direction de nos idées en équilibre d'ambition.

Chacun, soit dans les siéges et les armées, soit en voyage ou ailleurs, a pu se trouver à des repas où l'on manquait de l'abondance et même du nécessaire. En pareil cas, la politesse est bientôt oubliée; chacun songe à se pourvoir, et ne voit que deux êtres dangereux dans ses deux voisins.

Supposez les mêmes individus attablés le lendemain avec une chère décuple, un repas surabondant, magnifique, vous verrez renaître la confiance et la civilité; chacun offrira les mets à son voisin, et les convives seront, selon le vœu de la morale, une famille de frères; ce sera un vrai ralliement d'amitié. A quoi aura tenu cette métamorphose? A décupler la proie, à l'élever fort au-dessus de la dose désirée par l'assemblée.

Dans un tel festin, on n'entendra pas l'amphitrion dire aux convives : » Modérez votre appétit : la faim, la soif sont vos » dangereux ennemis; défiez-vous de la nature qui vous excite » à manger les bons morceaux. » (Discours équivalent au dogme moral qui nous dit : « Modérez votre ambition : l'a- » mour des richesses et des grandeurs est votre dangereux » ennemi; défiez-vous de la nature qui vous excite à sollici- » ter les bonnes sinécures. »)

Loin de tenir ce langage, le maître excite les convives à satisfaire leur appétit, à l'aiguiser par le choix de mets et de vins adaptés à leurs facultés digestives. Ainsi doit s'établir l'équilibre d'ambition : il ne peut se fonder que sur le plein essor des désirs que nous donne la nature, sauf à l'état social à nous fournir les moyens de satisfaire ces désirs, nous en ménager *l'essor proportionnel aux facultés*, qui sont sans bornes en jouissances d'ambition.

Les civilisés sont cette compagnie famélique et défiante que je viens de dépeindre; gens qui ne songent qu'à frustrer leurs semblables, et avec raison, car ils sont tous au dépourvu ; et quoi qu'en dise la morale dans ses élucubrations sur la soif de l'or, il est certain qu'un civilisé n'en a jamais assez ; l'état social étant organisé de manière à exciter toujours plus de désirs qu'on n'a de moyens. Il est donc deux conditions à remplir en équilibre d'ambition.

ACCORD DIRECT. Il consiste à décupler, centupler les chances de fortune, les multiplier à tel point qu'il ne reste à chacun que l'embarras du choix, comme dans un repas copieux et surabondant.

ACCORD INVERSE. Il consiste à proportionner les désirs en *infra-dose*, c. à d., persuader à chacun qu'il aura toujours en surabondance les moyens d'avancement et de bien-être pour lui et les siens.

Ces conditions une fois remplies par les Séries pass., on verra, en affaires d'ambition, les hommes aussi concilians, aussi méconnaissables que le sont, du jour au lendemain, les convives de deux repas, l'un insuffisant, l'autre surabondant.

Un tel ordre sera l'opposé du mécanisme civilisé, où les moyens de fortune sont évidemment très-restreints pour l'immense majorité, et où chacun est persuadé à bon droit, qu'il risque au moindre revers de manquer du nécessaire.

En vertu de ces principes, l'harmonie a pour règle de décupler au moins les fonctions lucratives et honorifiques, ainsi qu'on l'a vu à la table, 336, qui présente vingt sceptres au lieu d'un, y compris le masculin et le féminin de chaque titre. Encore ces sceptres s'étendent-ils à 13 degrés, depuis ceux d'un canton jusqu'à ceux du monde entier, table I, 286.

Mais où puiser les trésors nécessaires à payer tant de hauts dignitaires ? Je réponds : qu'importent leur nombre et leurs émolumens, puisqu'ils produiront plus qu'ils ne coûteront ? Le problème se réduit à rendre ces fonctionnaires productifs. Dans ce cas, le peuple sera d'autant plus riche qu'il aura plus de dignitaires.

Dans l'état actuel, un dignitaire est dispendieux sans rien produire, et c'est un sujet de glose pour les philosophes, qui ne s'aperçoivent pas d'un abus bien pire ; c'est qu'en échelle de fonctionnaires publics, les infiniment petits sont bien plus ruineux que les infiniment grands. En effet :

Un soldat est un fonctionnaire bien pauvre ; il ne s'enrichit pas aux dépens du fisc : il n'est pas moins un improductif. Dira-t-on qu'il veille à la sûreté des producteurs ? Mais quand rien ne les menacera, quand la paix perpétuelle régnera sur le globe, il ne sera pas besoin de prélever, sur un milliard d'hommes, dix millions de travailleurs les plus robustes, et souvent le double, pour ne rien produire en cas de paix, et détruire immensément en cas de guerre ; gens qui coûtent négativement, par le fait de leur enlèvement à la culture, au moins le triple de ce qu'ils coûtent en positif ou entretien. D'où il suit que, dans un état où le budjet des militaires, marins, douaniers, agens fiscaux, etc., est porté pour 250 millions, on doit ajouter le triple, 750 millions, produit éventuel de leur retour au travail.

Cette masse d'agens improductifs ou destructifs qu'entretient à grands frais la civilisation, est beaucoup plus coûteuse que la masse de fonctionnaires qu'établira l'Harmonie, pour satisfaire toutes les ambitions aujourd'hui comprimées et frustrées même chez les monarques, dont la plupart ne sont que des ambitieux perclus, privés de tous les biens que le diadême devrait leur assurer.

Un monarque civilisé est toujours logé à l'enseigne des *Justes* : après avoir payé les officiers de sa maison, il ne lui reste le plus souvent rien, et il a été roi à ses frais ; car il dépense encore, en frais de royauté, le produit de ses domaines patrimoniaux, et après tant de déboursés il n'a pas satisfait le vingtième des solliciteurs dont il est obsédé.

Un roi, dans l'ordre sociétaire, jouit de tous les avantages opposés ; il n'a pas d'autre dépense à faire que celle de son entretien personnel, pas un seul officier à payer ; parce que les officiers de sa couronne étant, ainsi que le roi, utiles au travail productif, sont rétribués à ce titre d'un dividende quelconque. Dans cet état de choses, le roi, loin de consommer en frais de maison le produit de ses propres domaines, peut au contraire ajouter à ses épargnes toute la somme qu'il reçoit pour liste civile ou traitement de royauté.

Je m'attache à établir dans ce prélude, que les rois mêmes sont excessivement restreints en essor d'ambition. Cette vérité une fois établie, on n'aura pas de peine à conclure que les particuliers sont encore plus restreints. On en jugera plus loin, par le tableau d'un seul des ralliemens d'ambition, celui des trônes de divers degrés, et notamment des trônes du monde que chacun peut et doit convoiter en Harmonie.

Le vice des civilisés n'est donc pas d'avoir *TROP* d'ambition, mais d'en avoir *TROP PEU*; et le vice de la civilisation est de ne fournir aucun moyen de satisfaire les médiocres ambitions qu'elle excite. Ces deux torts qu'il fallait préalablement signaler, vont être pleinement démontrés par la théorie de ralliement et équilibre d'ambition, dont je viens de poser le principe.

CHAPITRE V.

Du quadrille des ralliemens d'ambition.

Nos facultés en ambition sont sans bornes ; aucune passion n'est plus insatiable. Celle-ci, dans ses deux élémens, *INTÉRÊT ET GLOIRE*, 478, n'admet de limite que le monde entier : on veut une gloire et une influence qui s'étendent *à la terre entière*, n'en déplaise aux modérés.

L'artiste veut être admiré de toutes les régions policées ; le conquérant veut que son autorité soit reconnue chez tous les peuples, que son monopole mercantile s'étende chez les Barbares et Sauvages : on voit jusqu'au plus sot moraliste vouloir que sa morale fasse le tour du monde (note, p. 5): la propagande religieuse et la propagande révolutionnaire, dans leurs plans de prosélytisme, ne sont pas moins immodérées ; elles ne veulent s'arrêter qu'aux limites du monde. Il n'y a donc point de bornes à l'ambition : elle est immense chez ceux même qui croient ne souhaiter que la médiocrité ; parvenus à ce point, ils veulent s'élever par degrés, et s'arrêteraient à peine sur le trône.

Chaque passion ne pouvant s'équilibrer que par un quadrille de vastes essors, ainsi qu'on l'a vu en amitié, ouvrons à l'ambition quatre carrières immenses en intérêt et en gloire, selon le principe *d'essor proportionnel aux facultés* qui ne veulent admettre en ambition aucune limite. Mais dirigeons ce quadruple essor selon les règles du ralliement des extrêmes, 484, 488, alliance entre riches et pauvres, etc.

RALLIEMENS ASCENDANS de l'ambition.

Titre dominant, *la gloire*, 478.

J'ai préludé sur ce sujet au grand Intermède, I, 265. Des 4 moyens dont il se compose, les 2 premiers, 268 et 280, sont, en équilibre d'ambition, les deux *ralliemens ascendans*, voies d'affection ambitieuse de l'inférieur au supérieur.

Si, dans l'état sociétaire, les liens entre inégaux se bornaient aux quatre gages de ralliement amical déjà décrits, l'affection générale ne s'élèverait pas au degré nécessaire en débats d'intérêt : il faut la renforcer, 484, par de quadruples liens d'ambition, d'amour, de famillisme ; établir ces liens du supérieur à l'inférieur, et de l'inférieur au supérieur.

On a vu (article I, 268), que les magnifiques récompenses décernées aux savans et artistes, ouvrent à tout individu, homme ou femme, la plus vaste carrière de gloire ; avec pleine garantie contre les injustices quelconques. Cette carrière sera indirectement précieuse à tout le monde ; car tel qui ne peut briller ni dans les sciences ni dans les arts, voit ou espère voir un de ses parens ou amis obtenir une des palmes unitaires.

La longévité des Harmoniens leur permettant de spéculer sur plusieurs générations, chaque individu tiendra du plus au moins à quelqu'un de ceux qui auront remporté ces prix, ou qui y prétendront. Chacun d'ailleurs adhère avec plaisir à des actes de munificence et d'équité si peu coûteux, I, 270. Ils seront donc *Ralliement ascendant* de l'inférieur au supérieur ; art d'intéresser l'inférieur, l'homme peu instruit, aux luttes de gloire, aux prix où il aura concouru de son vote, et dont il espérera l'honneur pour ses proches ou ses amis.

Ce mécanisme est l'opposé de celui de nos mesquines récompenses qui, par l'injustice qu'on y voit régner, ne sont qu'un sujet de haine entre les savans, de critique sur la partialité des distributeurs, sur les torts de l'opinion, et d'insouciance du citoyen pour des débats dont il ne tire aucun fruit, des prix où il n'a aucune participation indirecte. Ces prix intéressent tout au plus quelques privilégiés de capitale ; mais, dans le régime décrit, I, 270, ils intéressent le moindre citoyen du moindre canton. Dès-lors, les dernières classes de la société se trouvent ralliées, par le mobile de gloire, avec les premières classes du monde savant. Le plus pauvre des hommes y voit une chance de brillante fortune, sinon pour lui ; au moins pour son fils ou sa fille , pour son frère ou son ami.

J'ai traité d'une autre carrière de gloire qui ne sera pas moins immense (2ᵉ moyen , I , 280 , récompenses de souveraineté) ; elle intéresse les moindres des humains par un mécanisme semblable à celui de la précédente. Les 10 couples de sceptres , II , 336 , et leurs 13 degrés , I , 286 , sont une voie de grandeurs ouverte à tout le monde, et flatteuse pour ceux mêmes qui n'y prétendent qu'indirectement, dans la personne de leurs enfans , ou parens , ou amis.

La difficulté de parvenir en civilisation aux grandes dignités, couronne , ministère , fait naître dans toutes les classes une jalousie graduée. Chacune hait les possesseurs d'un rang dont elle se voit privée à perpétuité. Les dignitaires, de leur côté, haïssent une légion d'envieux convoitant leurs places : ainsi la société est en discorde par le motif qui devrait l'unir , par la soif des grandeurs qui, dans l'état sociétaire , devient un des plus puissans moyens de ralliement entre les inégaux. Chaque individu y a quelqu'espoir d'obtenir ou sceptres , ou magnatures des 13 degrés , I , 286 , pour lui ou les siens ; cette perspective attache tous les inférieurs au système de souverainetés graduées , I , 286 , en décuple titre , I , 336.

Le dividende qu'alloue chaque Phalange aux traitemens de ces 10 couples , est de tous les tributs celui qui est voté avec le plus d'empressement, parce que ces souverainetés et magnatures graduées ont pour chacun le charme d'une loterie perpétuelle , où l'on peut espérer fréquemment d'énormes bénéfices en y jouant fort peu de chose , infiniment peu. J'en traiterai dans un article spécial. Bornons-nous ici à observer le second *ralliement ascendant* des inférieurs aux supérieurs ; l'art d'intéresser les moindres classes aux dignitaires et aux dignités, qui ne sont aujourd'hui pour la masse du peuple que des objets de haine bien fondée , par l'oppression qu'exercent en tous lieux les grands sur la multitude civilisée de qui ils se disent adorés , dans les gazettes.

J'indiquerai plus loin, note H , comment l'état sociétaire amène peuples et individus à une affection réelle pour le souverain et la souveraineté, pour l'homme et la chose , et comment les monarques obtiennent véritablement des inférieurs cette affection dont les apparences, exigées aujourd'hui, ne produisent en réalité que l'indifférence, pour ne pas dire plus.

RALLIEMENS DESCENDANS. Titre dominant, *l'intérêt*. L'un de ces deux ralliemens est *la protection fédérale inverse*, dont on voit déjà quelques germes.

Qu'un colonel ait un soin particulier de sa troupe, elle s'affectionne à lui ; mais si, au combat, il paie bien de sa personne, s'il enlève un drapeau ennemi à la face du régiment, c'est faire le métier du soldat ; dès-lors il est l'idole de ses inférieurs, à titre d'émule de leur industrie ; il se plairait avec eux, si les convenances de ton et de manières venaient à l'appui.

Rien n'est plus flatteur pour un grand, que l'éloge de subalternes qu'il égale en talent. Un académicien français voyageait dans les montagnes de Dalmatie, conduit par un guide morlaque (demi-sauvage du pays) ; l'abbé gravissait les rochers de marbre glissant, aussi lestement que son guide ; le Morlaque étonné de sa dextérité, s'arrête, et lui dit : *Seigneur, vous n'êtes pas un Français, vous êtes un Morlaque*. L'abbé rapporte qu'il fut bien plus flatté de ce franc compliment que d'un éloge académique.

Latour-d'Auvergne pouvant être général, préfère le rang de premier grenadier, combat et meurt à la tête des grenadiers. Tout homme qui se passionne ainsi pour les fonctions des inférieurs, est leur zélé protecteur ; fier de leur estime bien méritée, il ferait d'eux ses intimes amis, sans les inconvéniens d'intimité avec le peuple civilisé ; mais il épouse chaudement leurs intérêts : c'est *protection fédérale descendante*.

Elle est d'autant plus fréquente en Harmonie, que le régime sériaire et ses 4 propriétés, 484, lèvent tout obstacle à l'intimité des grands avec le peuple. Elevés à l'industrie qu'ils pratiquent passionnément dans trente séries, en divers sens aux yeux de leurs collègues inférieurs en fortune, les grands sont fiers de ce trophée industriel ; c'est un lien puissant des supérieurs aux inférieurs, sauf accomplissement des 4 conditions dites *colonnes de ralliement*, 484.

Ainsi la passion de l'orgueil, qui, aujourd'hui, entretient une constante aversion entre les grands et le peuple, devient, chez les harmoniens, gage de leur union dans la plus délicate des relations, celle de l'intérêt. Le riche est ligué par amour-propre avec ses inférieurs; par orgueil d'exceller dans leurs travaux, il les soutient dans l'importante affaire de leur bénéfice industriel, dans la séance de répartition annuelle.

Etrange parallèle à faire avec notre mécanisme social! Chez nous, l'intérêt transforme chaque riche en vautour du pauvre; en Harmonie, l'intérêt devient chez le riche un moyen de gratitude envers le pauvre; et ce prodige est dû à l'éducation sériaire, qui a dès l'enfance habitué le riche à exceller dans les travaux du pauvre.

Du moment où l'amour-propre des grands se portera dès le bas âge sur la pratique de l'industrie, ils seront ligués pour soutenir leurs co-sectaires d'atelier. Un roi s'intriguera pour faire briller et surtout faire amplement rétribuer 20 groupes, appuis de sa renommée; il en sera de même de tous les grands, parce que tous, dans l'éducation unitaire dont j'ai donné le plan, auront en divers sens pris parti dans l'industrie; et c'est à une branche d'ambition, à l'orgueil, qu'on devra ce puissant ralliement, ce dévouement des grands à l'intérêt du peuple, qu'ils ne cherchent qu'à pressurer dans la philosophique civilisation.

Ce beau moyen de ralliement, par orgueil industriel, deviendrait nul si les vocations n'étaient pas secondées, et si l'Harmonie ne favorisait pas le penchant de l'enfant aux fonctions subalternes qui n'auront plus rien d'abject, en compagnie de sectaires polis, comme le seront les ouvriers élevés dans l'ordre sociétaire.

Répétons qu'on trouve chez tous les grands les germes d'industrie descendante, engouement pour des fonctions inférieures. Le Czar Pierre II prit du service dans l'armée prussienne, et s'enorgueillissait du titre d'officier prussien. Un Empereur d'Allemagne s'épuisa en intrigues pour être nommé coadjuteur du Pape, et se tint plus fier de sa coadjutorerie que du sceptre de Charlemagne. D'où il appert que les grands ont du penchant pour les fonctions inférieures, et pour de très-subalternes, comme celle de marguillier qu'exerçait le prince de Parme. Ainsi un monarque d'Harmonie sera plus flatté de figurer en banneret des choutistes ou ravistes, qu'aujourd'hui en grand cordon d'une douzaine d'ordres , dont l'étalage ne dénote en lui aucun mérite personnel ; car ces décorations sont privilége de naissance dans son pays , et piéges diplomatiques en insignes de l'étranger.

Les ralliemens produits par l'amitié, ceux des intrigues de série et autres, chap. 3, ne suffiraient peut-être pas à passionner le riche pour le pauvre dans l'important débat des intérêts et répartitions pécuniaires : on vient de voir le but atteint par un levier d'orgueil ou ambition ; effet auquel concourront plus loin les ralliemens mineurs d'amour et de famillisme.

C'est assez insinuer que les seize ralliemens , 484, sont une mécanique dont les rouages n'ont de force que par leur ensemble , par l'effet combiné des impulsions. Je viens de prouver que l'ambition ne fournit pas les moins puissantes : quel est donc l'aveuglement de cette morale qui veut supprimer l'ambition, ou ne l'appliquer qu'à l'amour du trafic et de l'agiotage ? N'est-ce pas imiter un joaillier qui voudrait éliminer le rubis du nombre des pierreries , ou ne permettre cet ornement qu'aux charbonniers !

La *gastrosophie* serait le 4ᵉ ralliement d'ambition, le complément du quadrille : mais comment disserter sur un sujet que les civilisés tournent en dérision, bien que ce soit leur péché mignon , et qu'on voie la gourmandise régner même chez le philosophe qui prêche l'amour du brouet noir , même chez le prélat qui déclame en chaire contre les plaisirs de la table ? Envisageons ces plaisirs selon les convenances de l'état sociétaire.

Après la production des subsistances , il n'est pas d'affaire plus importante que le régime hygiénique. Ce régime , chez les harmoniens, est l'objet de calculs fort opposés aux nôtres : l'hygiène , chez eux , a deux buts ; savoir , l'équilibre en régime sanitaire et en régime politique.

Elle tend à élever l'appétit du peuple au degré suffisant pour consommer l'immensité de denrées que fournit le nouvel ordre. Si les harmoniens étaient limités à la dose d'appétit des civilisés , quel emploi feraient-ils d'une masse de denrées septuple de la nôtre (en harmonie composée) ? Ils arriveraient à peine à tripler la consommation, et dès l'année suivante chaque Phalange offrirait, en commerce, des masses de denrées qui s'accroîtraient d'autant la seconde année. Le tout serait condamné à pourrir en magasin, car il n'y aurait point d'acheteur là où tout le monde serait vendeur.

De là naîtra la nécessité de la nouvelle sagesse hygiénique; art d'accroître la santé et la vigueur, en raison du septuple produit; science qui sera merveilleusement secondée par l'exercice continu et varié sans excès, résultant des courtes séances de Série pass.

Aujourd'hui l'état des choses, la stagnation des citadins, la pauvreté des villageois et la pénurie de subsistances, obligent à spéculer sur la sobriété que nécessite encore la faiblesse des tempéramens formés par l'éducation civilisée. Un système social tout opposé exigera une marche tout opposée dans l'hygiène des harmoniens.

Nos modernes, en affaire de subsistance, placent la raison dans l'art d'approvisionner sans acception des convenances individuelles : ils savent que leur peuple affamé consommera les denrées quelconques dont on l'aura pourvu. Les harmoniens heureusement n'ont pas cette chance de famine et d'emploi confus : pour assurer la consommation de leur superflu, ils sont obligés de descendre aux détails de convenances individuelles, différenciées selon les tempéramens; théorie qui exige le concours des quatre sciences chimique, agronomique, médicinale et culinaire.

N'examinons, dans cette quadruple science, que les voies de ralliement. Si sur les gastrosophes repose le problème de la consommation intégrale, chacun d'eux doit s'intriguer pour exciter chez la masse du peuple un appétit fréquent, une prompte digestion par application judicieuse des mets aux tempéramens.

Les gastrosophes, par cette fonction, deviennent médecins officieux de chaque individu, conservateurs de sa santé par les voies du plaisir : il y va de leur amour-propre que le peuple, dans chaque Phalange, soit renommé par son appétit et l'énormité de ses consommations.

Sous ce rapport, les savans se trouvent en ralliement descendant avec la classe populaire; ils soignent individuellement et activement ses intérêts en ce qui touche à la santé et aux plaisirs des sens : le peuple répond à ces soins par son affection pour eux.

Tel est le canevas du 2ᵉ rall. desc. qui complète le quadrille. Il rallie les savans au peuple, objet de leur mépris actuel, et rallie le peuple aux savans, qui aujourd'hui ne sachant rien faire pour son bonheur, ne lui procurant que l'indigence et les ateliers de charité, méritent la dérision dont il paie leurs vaines lumières.

J'ai analysé quatre voies d'accords sublimes et de liens universels, dans cette ambition que proscrivent les philosophes : résumons sur les rapports du quadrille, sur sa régularité.

RALLIEMENS D'AMBITION, 482. *Mode.*

E L	1.	Les récompenses unitaires.	}	Ascendant *Pos.*
E L	2.	Les souverainetés graduées.	}	*Entrave levée.*
I C	3.	La protection industrielle.	}	Descendant *Neg.*
I C	4.	La gastrosophie hygiénique.	}	*Illusion créée.*

Le premier dégage le génie d'une foule d'entraves, du besoin de protections, du risque de passe-droits, du danger de pauvreté, disgrâce, etc.

Le 2ᵉ dégage l'ambition d'une foule d'entraves ; chacun peut aspirer à plusieurs trônes du monde ; l'essor est illimité.

Le 3ᵉ fait naître chez les grands une illusion tutélaire pour le peuple qu'ils protègent par orgueil industriel.

Le 4ᵉ fait naître chez les savans une illusion tutélaire pour la passion dominante du peuple, la gourmandise.

Ces quatre accords établissent, en rapports de *GLOIRE* et *D'INTÉRÊT* (élémens d'ambition, 478), des liens d'affection universelle. A ne parler que des deux premiers, ils rallient entr'eux ces savans et artistes si haineux, si jaloux, donnant par leurs dissensions un scandale perpétuel dont ils sont les premières victimes. Ils s'aimeront entr'eux quand ils seront assurés que l'état social garantit à chacun d'eux d'immenses récompenses ; et ils seront aimés du peuple qui espérera participer, par ses enfans, ou parens, ou amis, à ces voies de fortune, I, 270, aux souverainetés du monde, 336, *2, *3, aux souverainetés graduées, I, 286.

Nos savans sont donc bien mal avisés, lorsqu'ils déclament contre l'ambition qui doit réaliser tous leurs souhaits réels et apparens ; souhaits réels de gloire immense et fortune sans

bornes ; souhaits apparens de fraternité et d'unité, dont le
gage se trouve dans le quadrille des ralliemens d'ambition, plus
que dans aucun des trois autres quadrilles.

C'est pourtant contre cette passion que la philosophie veut
armer les autorités divines et humaines. A la vérité, l'ambition n'est qu'une source de crimes et d'horreurs en civilisation ; cela s'explique par la propriété d'essor dualisé, I, 27,
inhérente au mouvement, et selon laquelle toute passion doit
produire, en périodes lymbiques, autant de fléaux qu'elle
répandra de bienfaits en périodes sociétaires. Or, comme c'est
de l'ambition que naîtront les plus immenses concerts, les
accords les plus grandioses, il est juste qu'elle cause en civilisation les plus épouvantables fureurs.

On n'a pas encore pu juger de la sublimité de ces accords
d'ambition : je renvoie cet examen au chapitre suivant, celui-
ci étant affecté à la construction du quadrille de ralliement.

Sans aller plus loin, nous pouvons déjà évaluer la profonde
ignorance des publicistes et régénérateurs, en mécanisme d'ambition. Pour en juger, arguons des deux buts que se proposent les sectes opposées en philosophie.

Leurs théories tendent, comme tout ce qui est faux, à la
duplicité d'action. Elles protègent deux corps d'agitateurs
identiques en but, malgré leur inimitié apparente ; ce sont,
497 1/4, *les clubistes et les commerçans.*

La philosophie TURBULENTE, celle du contrat social et du
vote populaire, protège les clubs et les agitateurs de *forum*,
qui ne tendent qu'à renverser le gouvernement.

La philosophie MODÉRATRICE protège la fausse industrie, le
commerce, qui ne tend, par d'autres voies, qu'aux désordres
sociaux et aux commotions politiques.

Amalgame choquant, répondront les marchands ! quel rapport entre des agitateurs exécrés et les estimables amis du
commerce ? Un rapport des plus saillans ; *le contact des ex-
trémes.* Démontrons par application à la table des castes, 497.

Les amis de l'égalité veulent spolier les hautes castes,
la cour ou pivot, et la caste I, haute noblesse, grand propriétaire. *Les amis du commerce* veulent spolier les basses
castes, la 12e ou peuple, par les accaparemens, famines
factices, pénuries de matières, obstacles à l'industrie et à

la subsistance du peuple ; puis par les famines d'armée, qui frappent sur le contre-pivot, 497. Tel est le but des fournisseurs et amis du commerce d'armée, qui ne gagnent qu'en affamant et pillant le soldat.

Les uns attaquent L'INFINIMENT GRAND, la cour ⋈, et la classe I contiguë au pivot.

Les autres attaquent L'INFINIMENT PETIT, le soldat X, et la classe 12ᵉ contiguë au contre pivot.

Il y a, entre ces deux sortes d'agitateurs, contraste de forme et identité de fonds, malfaisance égale, même tactique pour attaquer le système social sur l'un des points extrêmes.

Cette manœuvre a deux fois réussi dans notre génération. Les clubistes ont renversé Louis XVI, par attaque directe contre le pivot ou trône. Les mercantiles ont renversé Napoléon par attaque inverse faite sur le contre-pivot, sur le peuple et l'armée. La famine factice de 1812, en retardant la campagne, donna aux Russes le temps d'accommoder avec les Turcs : ce délai, en faisant avorter l'expédition, amena la chute de l'usurpateur. L'ami du commerce qui organisa cette famine contre Bonaparte, l'aurait de même organisée contre Louis XVI. Le commerce ne connaît ni Dieux (*), ni princes, et ne se guide que par un aveugle instinct de rapine : s'il n'organise pas chaque année la famine, c'est qu'il ne le peut pas.

Ainsi l'ambition, même sous la bannière des philosophes modérés dits mercantiles, en revient toujours à sa nature, à

(*) « Les Arméniens, dit Peuchet (Dictionn. de géographie com-
» merciale), ont une dissimulation active et profonde, une bassesse in-
» dustrieuse, des manières aussi fausses que persuasives, tous les petits
» moyens que la fraude et l'artifice peuvent suggérer. Façonnés au des-
» potisme, humiliations, parjures, rien ne leur coûte pour parvenir à
» leur but. La religion même n'est qu'un instrument de plus entre leurs
» mains, pour cimenter leurs intérêts et leurs tromperies : en Russie ils
» suivent le rit grec, en Perse le mahométisme, etc. »
Les Hollandais au Japon foulent aux pieds la croix pour obtenir le droit de trafiquer. Les Juifs sont, par principe de commerce, les espions de toutes les nations, et au besoin les dénonciateurs et les bourreaux, comme on le voit aujourd'hui en Turquie, où ils signalent, à tant par tête, les proscrits cachés, et commettent mille autres infamies. Quel ulcère social que cet esprit de commerce, et quelle dépravation dans la philosophie moderne qui s'en fait l'apologiste !

l'essor

l'essor illimité en monopole, en accaparement, en conquête, etc.
» Naturam expellas furcâ tamen usquè recurret. »

En stricte analyse, il y a donc identité entre les deux philosophies, l'*agitatrice* ou la *modérée* ; entre les amis de *l'égalité* et les amis du *commerce* ; entre les agresseurs de *l'infiniment grand* ou trône, et de *l'infiniment petit* ou peuple. Toutes deux sont le même vice en essor et contr-essor, 257 : comparables à la lunette qui, en donnant d'une part l'extrême rapprochement, et d'autre part l'extrême éloignement, n'est toujours que le même instrument. On verra, section de l'équilibre externe, que le commerce, avec son attirail de monopole, banqueroute, usure, agiotage, est, en contre-marche, le même fléau que les affiliations jacobites, et que de toutes les inepties scientifiques, la plus honteuse, la plus éloignée de la modération, est l'esprit mercantile, antipode de la vérité.

Ce parallèle des extrêmes philosophiques disposera à reconnaître la fausseté de nos théories sur l'ambition, et de nos doctrines d'essor modéré, sur une passion faite pour l'essor illimité. C'est de quoi l'on va juger dans quelques détails de la magnificence des accords qu'en obtient l'ordre sociétaire, par un essor illimité, inspirant à chaque individu une ambition plus vaste que celle de tous les conquérans civilisés.

L'expérience de tous les siècles a démontré qu'il est impossible d'amener l'ambition à l'essor modéré ; qu'elle ne tend qu'aux envahissemens illimités, soit chez les agitateurs, soit chez les prétendus modérateurs, qui veulent modérer l'ambition d'autrui et non pas la leur.

Il devient donc évident que, pour se concilier avec la nature, il faut spéculer sur l'ambition illimitée, dont je vais décrire une merveille sociale entre mille, celle de l'affection composée du peuple pour le souverain. Sur ce sujet, on va reconnaître que l'ambition est la *plus philantropique* de nos douze passions, et qu'en lui donnant la haute influence en mécanique sociale, DIEU A BIEN FAIT TOUT CE QU'IL A FAIT.

Bref, le tort des civilisés est d'avoir *TROP PEU*, et non pas *TROP D'AMBITION* ; d'aimer la simple, celle d'*intérêt* qui désunit tout, et d'ignorer la composée, l'impulsion d'*intérêt et gloire* qui concilie tout. C'est le sujet du chap. suivant.

CHAPITRE VI.

Excellence des Ralliemens d'ambition pour affectionner les peuples aux souverains.

Il faut que le besoin d'être aimé des peuples soit bien impérieux chez les souverains, car on n'en voit aucun qui ne veuille jouer le rôle de père du peuple, recevoir des sujets un simulacre d'adoration. Tibère et Néron ne sont rien moins qu'aimables; cependant ils veulent être appelés *pères du peuple*. Bonaparte place au rang de premier devoir des Français, l'*amour de sa personne sacrée*. Le chef des bourreaux ottomans, le Sultan fait défiler devant lui des Icoglans qui se font des blessures à coups de couteau, en signe d'amour et de dévouement pour lui. Peut-être exige-t-il aussi d'être adoré des Grecs : cela ne serait guères plus déraisonnable que la prétention commune à tout monarque, d'être aimé de paysans et malheureux sujets qui ne l'ont jamais vu, et ne connaissent de lui que ses percepteurs, ses garnisaires, ses conscripteurs, ses rats de cave ; attirail vraiment digne de l'amour des peuples.

Je doute qu'il existe, en mécanique civilisée, un problème plus effrayant que celui d'exciter chez le peuple une affection sincère pour le souverain, et de plus pour les ministres et les grands; car si on aime le monarque sans le connaître, c'est-à-dire par les effets de son administration, l'on doit aimer les fonctionnaires grands et petits qui opèrent en son nom.

Il s'agit d'exciter double affection ; pour le monarque et ses agences, pour le souverain et la souveraineté. C'est ici qu'on pourra apprécier le mécanisme des ralliemens passionnels qui se joue de ces difficultés, et va garantir aux souverains et à l'administration, l'attachement le plus vif et le plus invariable de toutes les classes de citoyens.

Déterminons d'abord les conditions de ce genre d'affection. L'on ne peut aimer les grands qu'autant qu'on a l'espoir de participer à leur bien-être : tout homme à qui on ferme l'accès aux fonctions supérieures, devient jaloux de ceux qui les envahissent, et souvent haineux pour eux. Si l'on ne recueille pas quelque parcelle des faveurs, comment aimer ceux qui les distribuent et qui les obtiennent?

Si le rang de monarque était inaccessible pour les harmoniens, ils partageraient l'esprit secret des courtisans civilisés dont chacun, s'il était assuré de n'être ni vaincu, ni puni, conspirerait comme les Barbaresques pour détrôner son prince, ou comme les pachas de Turquie pour se soustraire à son obéissance; (détrônement partiel).

Il n'existe guères de dévouement sincère des inférieurs au prince. On n'aime point un chef quand on risque d'être destitué par lui. La civilisation se dissimule tous ces motifs de jalousie et de haine secrète, soit des grands entr'eux, soit des inférieurs aux supérieurs; il faut pourtant faire disparaître tous ces levains de discorde, si on veut rallier franchement les inférieurs aux monarques et aux grands.

Colloquons dans ce problème le sexe féminin et le neutre. Les convenances de civilisation obligent à interdire aux femmes les fonctions publiques : cette exclusion serait en Harmonie un sujet de mécontentement pour la moitié du genre humain. Déjà dans l'état actuel, on les voit se venger par l'intrigue; elles règnent indirectement sur tous les points d'où on a voulu les exclure : ne serait-il pas plus prudent de leur assigner un domaine assorti à leurs goûts, des fonctions où elles eussent la faculté de faire le bien et jamais le mal? Tel est le système de l'Harmonie; elle multiplie les dignités afin que chacun en trouve d'applicables à ses passions; elle crée des sceptres et des magnatures pour les femmes et les enfans mêmes; seul moyen d'extirper cet esprit de rebellion qui règne aujourd'hui chez les femmes et les enfans.

Les deux sexes, féminin et neutre, deviennent en Harmonie les soutiens des autorités, parce qu'ils en font partie. Le grand art de la politique est d'intéresser chaque membre du corps social au maintien de l'ordre établi : c'est donc un acte de sagesse que de faire entrer en partage de dignités les femmes et les enfans; à défaut, il arrive que la femme envahit de fait les fonctions civiles; qu'une favorite fait déclarer la guerre quand le Roi et les peuples voudraient la paix, et que, selon Marmontel, un petit nez retroussé change les lois d'un empire.

Pour éviter ces empiétemens, l'Harmonie concédera à chaque

33.

sexe, à chaque âge, et à toutes les classes de citoyens, des dignités graduées et plus sensées que les nôtres, où l'on ne voit que des titres vides de sens ; une Reine qui ne règne pas et n'exerce aucune branche d'autorité ; une présidente qui ne préside rien ; une maréchale qui ne commande rien : concessions aussi illusoires que le titre de *peuple souverain* donné à gens qui n'ont pas de pain.

C'est dans le système opposé que nous découvrirons l'art de liguer tous les sujets pour le soutien du souverain et de la souveraineté ; lorsqu'on aimera les effets de souveraineté, on aimera le souverain, à moins qu'il ne soit un monstre. C'est donc la souveraineté et ses agences qu'il faut rendre aimables, rendre aussi séduisantes que les agences actuelles sont haïssables. Je vais analyser cette amorce descendante ou séduction du peuple, par les huit sceptres cardinaux de la table, 336, et par les deux pivotaux dont l'influence est plus puissante.

Nous blamons un pauvre de désirer un million ; nous l'appelons visionnaire, quand il rêve aux moyens de gagner ce million par des jeux de loterie : le contraire a lieu en Harmonie, où chacun blame le pauvre de ne pas désirer cent millions et une souveraineté du globe, soit de *MÉRITE ACQUIS*, soit de *LOTERIE CARACTÉRIELLE*.

La chance de *loterie* influe par moitié dans les dix sortes de souveraineté, 336 ; est-ce une sage disposition de la Providence ? Des rigoristes vont répondre qu'il faudrait bannir cet esprit de loterie, n'admettre que l'esprit philosophique dégagé d'ambition. Laissons-les déraisonner sur le bien social, et continuons à examiner le but des passions ; l'on va se convaincre qu'en donnant moitié des dignités harmoniennes au mérite acquis et moitié aux jeux de loterie, *Dieu a bien fait tout ce qu'il a fait*. Exemple :

Irus, le plus pauvre des hommes, peut devenir l'égal d'Homère, composer des poëmes aussi fameux et moins ennuyeux que l'Iliade. Supposons que le globe lorsqu'il sera au complet d'environ 4 millions de Phalanges, adjuge à Irus, par majorité de votes, deux sommes de 12 fr. pour deux poëmes qu'on jugera supérieurs à l'Iliade et l'Odyssée ; Irus, pour prix de ces deux ouvrages, possédera environ cent millions de francs au grand contentement du globe qui, satisfait d'avoir deux beaux poëmes épiques, souhaitera qu'Irus en gagne encore autant à pareille condition. Il conviendra donc que le plus pauvre des êtres, homme ou femme, aspire dès le bas âge à d'immenses richesses, à un gain de cent millions.

Nonobstant cette fortune, Irus pourra être promu au trône électif * 2, d'ambition, donné à ceux qui excellent dans les sciences et les arts. Ce sceptre est annuel; Irus peut y être nommé pour un an; le voilà devenu l'un des omniarques du globe, et du gré du monde entier. Il est donc louable à tout homme ou femme d'aspirer à l'un des sceptres du globe entier, puisque le monde trouve son plaisir à créer ces sceptres beaucoup plus productifs que dispendieux; on en verra la preuve.

Irus dès son enfance a fait preuve de mérite supérieur dans les Petites Bandes; plusieurs actions d'éclat l'ont fait connaître au monde enfantin par la *gazette de la chevalerie*, et il a été nommé à l'âge de 13 ans, haut roitelet du globe; (dignité annuelle qui alterne d'un an sur trois entre les Petites Hordes et les Petites Bandes). Ainsi deux sceptres du monde sont échus à Irus; valait-il mieux qu'il ambitionnât la médiocrité philosophique?

Rien n'empêchera qu'Irus ne parvienne à d'autres omniar-chats, ou du moins à quelques degrés 12, 11, 10 de souverai-netés (table, I, 286). Tous les sceptres, 336, lui sont ac-cessibles, sauf le n° 3 * monarchat héréditaire: mais ce degré peut échoir à l'un de ses enfans: il se peut que sa fille soit la plus célèbre vestale du pays, et soit préférée par l'omniarque héréditaire du globe, si elle se rend à une armée unitaire où cet omniarque viendra faire choix d'une génitrice. Irus lui-même peut, d'après sa renommée, avoir été choisi pour gé-niteur par la omniarque du globe, et se trouver père de l'hé-ritier ou héritière du sceptre familial universel n° 3 *. Cette chance est de loterie autant que de mérite; car elle repose en partie sur la beauté qui est pour chacun loterie de formes, faveur de nature et non mérite acquis.

En considérant qu'Irus peut avoir des prétentions aux 10 sceptres du monde; que toute femme pauvre peut avoir les mêmes prétentions, puisque les sceptres sont masculins et fé-minins dans tous les degrés, I, 286, on concevra que les êtres les plus pauvres aiment un pareil ordre, et approuvent cette échelle de souverainetés dont quelqu'une doit échoir sinon à eux, au moins à leurs enfans ou amis. C'est un espoir que chacun est fondé à nourrir, et sans se faire illusion ; car si l'on n'atteint les souverainetés omniarchales, table, 336, on peut obtenir celles de n° inférieur, table, I, 286, notamment les bas degrés 1, 2, 3, qui n'exigent qu'une célébrité locale et vicinale, puisque le degré 3 ne dépend que des suffrages d'une douzaine de cantons ; le degré 2, que de 3 à 4 cantons ; le degré 1, que de la seule Phalange.

Par suite de cette chance de souveraineté flatteuse pour tout le monde, on verra tout le peuple *payer avec joie*, I, 216, ou pour mieux dire, souscrire avec joie l'impôt des souverainetés, tout-à-fait insensible pour lui. Cet impôt n'étant point déboursé individuel, mais prélèvement fait dans chaque Phalange, avant la répartition annuelle, chacun peut espérer, soit en sa faveur, soit en faveur de ses proches ou amis, l'un des gros lots qu'on forme de cet impôt.

Par exemple, qu'un enfant soit nommé haut roitelet, haute roitelette du globe, ne reçût-il qu'un traitement d'un demi-franc, ce serait dès à présent 300,000 f. sur 600,000 Phalanges, et 1,500,000 ou 2,000,000 fr. quand le globe sera porté au complet de 3 à 4 millions de Phalanges. Une telle fortune, pour un enfant de 13 à 14 ans, est déjà bien magnifique ; elle sera moindre dans les degrés 12, 11, 10, etc., mais encore suffisante à stimuler le peuple qui est bien plus joueur de loterie que les gens riches, plus enclin à se repaître d'espoir de fortune immense, pour peu qu'il y ait possibilité de succès : aussi joue-t-il à la loterie la chance du terne, qui est des plus mauvaises, comportant lésion de moitié pour le joueur.

Le régime des souverainetés graduées sera donc pour le peuple une loterie perpétuelle dont il souscrira l'impôt *avec joie*, impôt que je n'estime qu'à un 48e des bénéfices annuels de chaque Phalange.

D'après le penchant de chacun à s'exagérer le mérite de ses enfans, tel père qui aura échoué dans l'obtention d'une ou plusieurs souverainetés, ne doutera pas que son fils ou sa fille n'y réussissent. Elles plairont donc même aux plus sots des hommes, à ceux qui n'auront pas été en état de se mettre sur les rangs : chacun d'eux sera persuadé que ses enfans, par les ressources de l'esprit ou le charme de la beauté, vont s'élever à quelqu'un des trônes suprêmes ⋈, ou du moins des hauts degrés 8, 9, 10, 11, 12.

Voilà, sur le problème qui nous occupe, sur le ralliement affectueux du peuple aux grands, un aperçu de solution : il est déjà évident que le peuple aimera *les souverainetés*, et voudra par passion payer l'impôt qui y est affecté ; impôt prélevé, non déboursé, très-insensible pour qui jouit d'un ample minimum. Comment après cela n'aimerait-il pas les souverains et magnats qu'il verra se confondre avec lui dans les travaux attrayans des Séries pass., y soutenir cabalistiquement ses rivalités, l'appeler, dans les repas de festivité de la Série, à leur table où sa politesse le rendra admissible ? De tels souverains et magnats seront aussi aimés du peuple, qu'ils doivent l'être peu quand il ne les connaît que par les garnisaires, les rats de cave et les droits féodaux.

Pour mieux juger de l'influence des souverainetés graduées sur le peuple et de son enthousiasme pour cette foule de dignités, on peut en étudier l'effet dans les deux degrés pivotaux, CARACTÉRISME Y et FAVORITISME ⋋, qui prêtent bien davantage aux illusions paternelles et personnelles. Cet examen sera le sujet de la *Note* H.

NOTE H. *Sur les Sceptres de mérite et de loterie.*

On a souvent rêvé en morale que le bonheur des souverains consisterait à rendre les peuples heureux ; c'est un principe assez équivoque en civilisation, où les peuples sont ingrats comme les individus. Louis XVI dut son malheur à une déférence imprudente au vœu de la nation, qui demandait les états-généraux et la double représentation du tiers-état.

On voit que je ne me fais pas illusion sur les voies de bonheur que doivent suivre les souverains ; on en peut induire que je ne m'abuse pas non plus sur celles que leur ouvre, en Harmonie, l'institution des 10 couples de sceptres cardinaux et pivotaux, moitié de mérite, moitié de loterie.

Décrivons-en d'abord quelques détails intéressans, après quoi je réfuterai les craintes qu'une politique ombrageuse pourrait en concevoir avant examen, et je prouverai que cette méthode est le seul moyen d'affermir les trônes, les garantir à perpétuité aux dynasties légitimes, et affectionner les peuples au souverain comme à la souveraineté.

C'est dans le tableau des 2 sceptres pivotaux que je vais puiser les preuves. Définissons d'abord celui de FAVORITISME ⋋, plus aisé à concevoir que celui de CARACTÉRISME Y.

» Est-il probable, dira-t-on, que les souverains consentent
» à la création de tant de sceptres nouveaux ? »

Question oiseuse ! Toute disposition d'harmonie est réglée
selon le vœu collectif et individuel des souverains et des peuples.

—————————————————

Rien de plus déraisonnable que la faveur, et pourtant c'est la passion
de tout le monde. Chaque père élit un favori parmi ses enfans, et préfère
souvent le plus vicieux.

Les Barbares, plus rapprochés que nous de la nature, donnent plus
d'essor à la passion de *Favoritisme*. Tout empereur ou pacha barbare
a sa favorite variable au sérail, et son favori variable au ministère. Les
monarques civilisés donnent moins ouvertement dans ce prétendu travers qui n'en est pas un, mais qui devient vicieux, en ce que la sagesse, dans l'état civilisé, consiste à s'éloigner le plus que possible de
la nature ; étouffer toutes ses impulsions, dont l'une des plus impérieuses
est le favoritisme (passion contre-foyère de l'unitéisme).

Les harmoniens, dociles à la nature, donnent le plus vaste essor à
cette passion. Ils développent le favoritisme légal en 13 degrés, I, 286,
formant autant de sceptres pour des couples de favoris annuels, depuis
le couple de Phalange n° 1, jusqu'au couple ⋈ 13, omniarque du globe
en favoritisme.

Les choix ne se fondent sur d'autres motifs que le caprice, la préférence
aveugle. Il faut savoir charmer la phalange, la province, la région, l'empire, le césarat, l'univers. Celle qui sait mettre l'univers à ses pieds, est
élue favorite omniarchale du globe. N'importent les moyens : talens
beauté, intrigue ou autres, toutes voies sont bonnes : elle peut même,
selon la décision de Sanchez, mettre en jeu le fichu transparent : s'il accorde cette licence quand il s'agit de gagner les juges et le procès, il
l'accordera d'autant mieux pour capter des armées, et s'élever au trône
du monde, affaire de tout autre importance qu'un procès.

Quelle carrière pour des femmes aimables dont l'empire est si borné
aujourd'hui ! Mais, dans cette élection de favoris, la beauté n'est pas
le seul arbitre des choix ; il faut exciter un enthousiasme quelconque.
Madame de Staël, sans être belle, avait tout à point les qualités propres
à capter le suffrage de favoritisme général. Elle aurait parcouru quelques
armées, où le charme de sa faconde joint au relief de ses écrits, aurait
décidé en sa faveur le vote de la majorité des Phalanges du globe.

A défaut du globe entier, on peut tenter de moindres conquêtes,
charmer au moins un petit empire comme la France, 9ᵉ degré, I, 286.
N'obtint-on que la faveur de sa Phalange, c'est déjà un lot d'autant
plus propre à enthousiasmer les Français, que dans cette branche d'é-
lections l'on se piquera d'agir à la française, juger sans raison et selon
le pur caprice.

Parmi nous, des favoris ou favorites, tant du prince que de l'opinion,

Autant vaudrait demander si le pouce ne doit pas être jaloux des neuf autres doigts, et s'il ne faut pas les faire couper pour assurer la supériorité de l'un des pouces? Les dix couples de souverainetés, dont huit cardinales et deux pivotales, sont

---

ne sont point des êtres intéressans pour l'industrie; ils le deviennent en Harmonie, où cette fonction est un stimulant très-actif dans les travaux de série ou d'armée. Quiconque aspire au favoritisme hante les grandes réunions d'industrie passionnée, et cherche à y répandre le charme. Les harmoniens étant sans cesse au travail, ce n'est que là qu'on peut les courtiser en masse. La Phalange se passionne pour celui ou celle qui sait animer les grandes réunions; il devient d'abord favori de Phalange ou de vicomté, I, 286; puis, par degrés, favori de comté, de marquisat, de royaume, d'empire, de césarat, etc.

On sait combien les pères se font illusion sur le mérite de leurs enfans; l'ourse de la fable trouve ses petits beaux et mignons: tout père, toute mère porte pareil jugement sur le physique et le moral de ses enfans; dès-lors tout le peuple en Harmonie se berce du charme de voir ses enfans promus aux trônes de favoritisme. L'illusion est bien autrement forte sur les trônes de caractérisme Y, dont nous allons parler: elle existe de même sur les 8 sceptres de quadrille, 336.

On conçoit par là que le peuple d'Harmonie veuille foule de rois, d'empereurs et sceptres de tous les titres et de tous les degrés. Ses enfans, dit-il, parviendront à ce rang; il n'en doute nullement; c'est pour lui un prestige de loterie d'autant plus louable qu'il n'a rien de ruineux, rien de trompeur; qu'il excite le père à stimuler l'enfant dans ses études, et qu'il affectionne le peuple aux grands et aux princes, tous aimables pour lui, car il ne les connaît que par les bénéfices qu'il recueille de leurs fonctions.

Ce charme est sur-tout remarquable dans la souveraineté de titre caractériel, au sujet de laquelle chacun peut s'élever bien haut, en fait d'illusion, et voir le souverain présomptif du globe dans un enfant qui n'est pas encore né, ou qui est au berceau; y voir dès l'âge de 7 ans un omniarque légal. Expliquons l'énigme.

Les caractères nous sont distribués par la nature, en titre fixe, que l'éducation ne saurait changer: elle peut leur donner un vernis, des formes quelconques, sans dénaturer le fond. Sénèque et Burrhus n'ont pas changé le titre caractériel de Néron, tétratone à quatre dominantes bien distinctes; *composite, cabaliste, ambition, amour*. (Les caractères tournent au mal en civilisation, dès qu'ils ont en dominance un nombre de distributives supérieur ou seulement égal aux affectives.)

Les caractères sont distribués comme nos autorités et nos régimens, par échelons hiérarchiques. J'en ai donné une ébauche insuffisante, I, 257; rectifions-la en y plaçant les mixtes. Je change la désinence *titre*,

l'image des dix doigts qui se servent réciproquement, et dont aucun ne peut sans lésion se passer des neuf autres.

Avant d'élever de tels argumens, il faut attendre de connaître l'influence combinée des seize ralliemens, les avantages que

---

en celle de *tone*, plus radoucie : (d. b. signifie touches diézées ou bémolisées.)

LES 810 CARACTÈRES DOMESTIQUES OU INTERNES,
Formant le clavier général d'une Phalange.

UT. Solitones	576	1	Dominante quelconque.	
d. b. *Bimixtes*	80	2	*Ralliantes.*	
RÉ. Bitones	96	2	Dominantes animiques.	
d. b. *Trimixtes*	16	3	*Ralliantes.*	
MI. Tritones	24	3	Dominantes animiques.	
FA. Tétratones	8	4	idem.	idem.
d. b. *Tétramixtes*	8	4	*Ralliantes.*	
SOL. Pentatones	2	5	Dominantes animiques.	

CARACTÈRES UNIVERSAUX DITS EXTERNES,
Ou clavier général des hauts titres passionnels.

Même gamme que celle tablée, 452 : on place le couple pentatone en touche basse n° 1, couple donné sur environ 810 personnes ; et ainsi des degrés plus élevés : d'où il suit qu'on ne trouve sur 2 et 1/2 milliards, qu'un couple d'individus titrés intégralement pour les fonctions d'omniarque du globe en régie caractérielle.

Sans étudier les caractères en si haut degré, observons-les seulement dans la gamme interne, dans les emplois d'une Phalange qui n'a besoin que des caractères domestiques, bornés à 810 touches : il suffit d'en étudier les deux extrêmes, *solitones et pentatones.*

Les 576 solitones, gens qui n'ont qu'une passion dominante, sont assez constans, s'adonnent à peu de fonctions, et préfèrent volontiers celles qui exigent des réunions fréquentes. Les pentatones au contraire doivent, à eux deux, exercer en régie passionnelle dans toutes les Séries de la Phalange : si elles sont au nombre de 400, il faut que le pentatone et la pentatone en fréquentent chacun 200 à peu près, et qu'ils y fonctionnent en raffinement de 5ᵉ degré. Il faut donc pour pentatones des êtres d'un esprit très-actif, très-subtil, très-étendu, comme Voltaire, Fox, Leibnitz, hommes qui étaient peut-être de plus haut degré, mais au moins du 5ᵉ. (Ces notions, je l'avoue, sont bien peu intelligibles tant que je diffère à donner un ample section sur les claviers de caractères en gammes interne et externe.)

Un caractère de haut degré est don de nature et non pas d'éducation. La nature en distribue la quantité nécessaire à la régie passionnelle d'une Phalange : elle sème AU HASARD, sur 811 enfans, les 810 titres de carac-

leur emploi général assure aux souverains comme aux peuples :
tant que cet exposé n'est pas terminé, il n'est pas temps de
répondre aux objections.

Les monarques aujourd'hui ne peuvent pas même jouir en

---

tères internes. (Je dis 811, parce qu'il en faut quelques-uns de titres
plus élevés pour la régie externe, qui emploie à peu près 1 sur 2,000.

L'Harmonie ayant des méthodes fixes pour découvrir le degré de chacun, l'on est sûr qu'il n'y aura ni erreur ni faveur dans ce classement:
dès-lors toute femme enceinte peut se dire : je suis peut-être enceinte
d'un omniarque pivotal du globe, ou d'un degré éminent dans les hautes
régies, I, 286, ou tout au moins d'un pentatone qui aura, *par droit
de nature*, la régie passionnelle de sa Phalange ; il en sera le premier
personnage en hiérarchie harmonique, et jouira des dividendes et bénéfices attachés à ce rang.

Cette idée est pour le peuple une loterie d'autant plus charmante,
qu'on y gagne *sans y rien jouer*. Nous raillons sur le théâtre un nigaud
nommé Jocrisse, qui, n'ayant rien mis à la loterie, va voir les nu-
méros sortis, pour savoir s'il a gagné. On lui dit : « Imbécille, comment pourrais-tu y gagner, tu n'y as rien mis ? » A quoi il répond :
« *Eh ! que sait-on?* l'hasard.

Chacun, en paternité harmonienne, jouira de la chance miraculeuse
qu'entrevoit Jocrisse, *gagner par effet du hasard, sans avoir rien
joué.* En effet, il faudra bien que ces nombreux officiers caractériels,
dont les brevets sont distribués au hasard par la nature, soient engen-
drés de quelqu'un. Tout homme ou femme, en cas de paternité, aura
des espérances bien fondées dans cette loterie qui ne coûtera rien à
personne ; on risquera tout au plus de n'y pas gagner, et jamais d'y
perdre une obole.

A ne spéculer que sur l'intérieur de la Phalange, on voit déjà que,
sur 810 naissances, il y a 234 lots d'officiers et sous-officiers carctériels,
dont 176 sous-officiers et 58 officiers ; toutes fonctions qui rapportent
un bénéfice en dividende caractériel. Que d'espoir pour une femme
pauvre dans sa grossesse, que d'illusions fondées ! Pourrait-on imaginer
une loterie plus séduisante pour la classe populaire, surtout quand on
envisage la chance de procréer les hauts titres, des officiers de province, de région, de royaume, d'empire, enfin du globe entier ?

Ainsi se trouvera utilisée la passion des loteries, si violente chez le
peuple : elle interviendra en Harmonie, non pour le pousser traitreu-
sement à sa ruine, selon les suggestions de la fiscalité ; mais pour l'attacher à l'ordre établi, aux grandeurs, aux souverainetés qu'il ne possédera pas, et dont il pourra espérer, pour sa progéniture, des omniar-
chies, duarchies, triarchies du globe. Plus un homme est pauvre en
Harmonie, plus il tient à la conservation des nombreuses dignités qu'il

sûreté de leur couronne ; ils sont obligés de s'étayer de sbires, tribunaux, police et contre-police. Quand ils verront un ordre de choses où le sceptre d'apparat leur sera garanti à perpétuité, sans commotion politique, ils ne seront pas plus jaloux des

---

espère pour ses enfans ou petits-enfans ; la longévité des harmoniens leur garantissant l'avantage de voir peut-être 7 générations.

Un monarque du titre familial qui est le seul héréditaire, ne pourra pas plus jalouser les neuf autres souverainetés, qu'il ne jalouse aujourd'hui ses propres ministres, chargés de fonctions dont il ne veut pas se charger lui-même. Ces neuf classes de souverains, dont huit électives et une naturelle, seront, par le fait, les ministres du souverain d'apparat, titre familial 3 *. Il se pourra que l'omniarque de ce titre soit un *solitone* en degré de caractère ; il serait bien ennuyé, bien désorienté, s'il lui fallait faire les fonctions de pentatone ; intervenir avec 200 Séries quand il n'en veut fréquenter que 30 ; exercer des fonctions de 5e degré, quand son inclination le fixe à celle de 1er. Il en sera de même de tous les autres titres et degrés de souveraineté ; un monarque d'apparat ou hérédité, loin d'en être jaloux, les aimera par concours de service, et d'autant mieux que les neuf carrières lui seront ouvertes, si la nature lui donne les moyens et le goût d'y figurer.

D'ailleurs, les souverains familials en tous degrés, depuis l'unarque, I, 286, ou baron héréditaire de canton, jusqu'à l'omniarque héréditaire, n'ont-ils pas sur les autres classes un avantage assez marqué dans l'hérédité dont ne jouissent pas les neuf classes de collègues ? Un prince familial pourra obtenir et cumuler ces grades ; être avant 15 ans roitelet, en même temps que roi familial ; être à vingt ans père d'omniarque ou de césar, par un hymen vestalique avec une omniarque ou une césarine ; être à 30 ans hyper-faquir du globe, en même temps que roi familial d'une heptarchie ; obtenir ainsi en quelque degré les autres titres, comme cet empereur d'Allemagne qui devint coadjuteur du pape, sans pour cela quitter le trône germanique.

C'est donc une objection mal fondée que cette hypothèse de jalousie : elle n'est applicable qu'aux périodes lymbiques, où les grands princes cherchent à se spolier et se supplanter ; encore en voit-on vivre en fort bon accord, si leurs fonctions sont distribuées de manière à éviter les conflits. Un roi de France ne s'ombrage pas de ce que le pape exerce une juridiction religieuse en pays français. Il en est de même des 10 classes de souveraineté harmonienne ; elles sont homogènes par convenance réciproque aussi intime que celle des dix doigts entr'eux.

Il est donc vrai, 505 1/2, que les discordes principales entre civilisés naissent du motif le plus propre à établir l'union entre Harmoniens, de la *soif des grandeurs*, voie des ralliemens les plus brillans entre classes extrêmes : tant il est certain que le mécanisme civilisé ne sait que chan-

autres sceptres qu'ils ne le sont aujourd'hui de leurs ministres, véritables rois amovibles, régnant souvent plus que le Roi. D'ailleurs, ne sera-t-il pas loisible à tout souverain héréditaire d'aspirer à l'un des trônes électifs, et cumuler quelque sceptre du monde ou de haut degré avec le sceptre d'apparat qu'il possède héréditairement? Voyez à ce sujet la Note H.

Ces divers sceptres électifs (le familial seul est héréditaire), ouvrant à l'ambition tant de chances magnifiques, on devra inspirer aux enfans harmoniens une ambition sans bornes, ou pour mieux dire abandonner la passion à son cours naturel, à l'essor illimité, ennemi des désirs modérés. Il conviendra que chacun aspire aux magnatures omniarchales du

---

ger l'or en cuivre, et faire naître du faux essor des passions autant d'élémens de discorde que Dieu y avait ménagé de voies d'unité.

Voilà sur la question qui nous occupe, sur l'accord passionné entre peuples et souverains, des solutions déjà suffisantes, avec lesquelles concourront beaucoup d'autres à tirer des ralliemens mineurs. J'ai donné en sens d'ambition 2 liens analogues aux ressorts de la passion, INTÉRÊT ET GLOIRE : j'ai prouvé que les souverainetés décuplées et graduées satisfont tout le peuple sous ces deux rapports.

Eh! comment le peuple aimerait-il ses maîtres dans l'état actuel où les sceptres et magnatures, loin d'ouvrir aucune carrière de gloire à la multitude, ne la servent pas même sur le nécessaire, sur l'intérêt!

C'est pourtant le premier besoin qui se fait sentir chez le peuple: il n'aime les grands que sous la condition de bénéfice. Lorsque Néron jetait de l'or et des diamans à la populace de Rome, il s'en faisait aimer, parce qu'il donnait au lieu de prendre. Lorsqu'on introduisit chez les Tyroliens des droits-réunis, portes et fenêtres, octrois, centimes additionnels, et tout l'attirail de perfectibilité moderne, les Tyroliens maudirent leur nouveau maître; ils crièrent *à bas Maximilien! vive François!*

Ainsi, le peuple civilisé n'a pas d'amour positif pour les souverains: il ne les aime que négativement; il préfère celui qui prend le moins. Un roi civilisé est tout au plus aimé du courtisan gorgé de sinécures et de pensions : nous aimons celui qui nous enrichit et non pas celui qui nous dépouille. Organisez en ce sens toutes les souverainetés; faites que le peuple y voie des carrières de gloire et d'intérêt pour lui et les siens, et vous aurez établi la stabilité des trônes, fondée sur l'intérêt et l'amour des peuples. Quel appât pour tout monarque, de hâter la fondation de l'Harmonie sociétaire!

FIN DE LA NOTE H.

globe, afin d'arriver au moins à quelque degré inférieur; de même que dans les écoles, il est louable de prétendre au premier prix, sauf à se contenter du 2ᵉ, ou 3ᵉ, ou 4ᵉ, si on ne peut pas atteindre plus haut.

L'ambition tant diffamée par les civilisés, n'a donc chez eux d'autre tort que son extrême faiblesse. On appelle ambitieux démesurés des êtres qui, comme Jules-César ou Bonaparte, convoitent le trône de l'Europe ; tandis qu'en Harmonie le moindre enfant convoite plusieurs sceptres du monde entier. On verra par une plus ample connaissance de l'état sociétaire ou destinée humaine, qu'il en est de chacune des autres passions comme de l'ambition, et que loin d'être excessives, elles ne s'élèvent pas, chez les hommes les plus outrés, au quart du développement et de l'intensité où elles doivent atteindre en Harmonie.

A défaut de succés directs en ambition, chacun en aura d'indirects, car chacun régnera spéculativement sur le globe entier, par adhésion au bel ordre établi. C'est régner que de voir dominer l'ordre qu'on désire : le jour où je lus le traité de limites entre le Directoire exécutif et le Roi de Sardaigne, je me croyais Roi de France, en voyant les limites fixées comme si j'eusse dicté le traité. Nous sommes à moitié rois, quand nous voyons le Roi opérer conformément à nos désirs : c'est un charme dont on jouit constamment en Harmonie.

En effet, tout homme qui serait maître absolu du globe entier, s'occuperait à tout pacifier, établir un régime qui assurât le calme présent et avenir, le bon ordre des cités et familles, des relations industrielles et administratives : tel sera le régime sociétaire : sa permanence et ses bienfaits seront garantis pour une période estimée *septante-cinq mille ans.* Chacun régnera donc spéculativement sur le globe entier, en y voyant dominer l'ordre de choses qu'il préfère, celui qu'il établirait s'il était maître absolu.

C'est une jouissance qu'aujourd'hui nul souverain ne peut se procurer, même dans son royaume ; il ne la goûte ni en matériel, ni en politique. Tout souverain voudrait voir les dilapidations réprimées, les factions éteintes, le trône bien garanti à sa dynastie, les sujets sincèrement affectionnés, l'empire bien à l'abri des conquêtes ; aucun d'eux n'a sur ces divers points le quart des garanties qu'il peut souhaiter. Il en est de même en matériel : qu'un prince désire de voir les forêts restaurées, les marécages desséchés, les montagnes reboisées, il rendra cent ordonnances qui n'aboutiront à rien. Et dès la première année de l'Harmonie il verra 900 millions d'hommes occupés à satisfaire tous ses vœux sur ces divers points.

D'après cela, est-il raisonnable de demander si les princes voudront consentir à la création de tels et tels fonctionnaires ? Ils voudront tout ce qui sera nécessaire au soutien du bel ordre social qui contentera tous les désirs ; et convaincus que la stabilité de cet ordre dépend *du plein essor de chacune des douze passions*, ils n'auront garde d'en vouloir entraver aucune, sur-tout l'ambition, qui est la rectrice principale, et l'on peut dire la plus magnifique des passions cardinales.

Aucune autre ne fournit des ralliemens si grandioses, des liens si sublimes que ceux expliqués dans la note H et dans l'article *protection fédérale inverse*. L'amour et le famillisme nous en donneront de plus gracieux ; mais c'est dans les ralliemens d'ambition qu'éclate la grandeur des conceptions divines en mécanique sociale, et la grandeur des inepties sociales de la raison civilisée, dite philosophie. En outrageant les passions, le plus savant œuvre de Dieu, n'est-elle pas l'écho de ~~~~~~ :

> » Ces noirs habitans des déserts,
> » Insultant par leurs cris sauvages,
> » L'astre éclatant de l'univers ? »

CHAPITRE VII.

QUADRILLE DES RALLIEMENS DE FAMILLISME.

Si je n'eusse été gêné par le préjugé, dans cet abrégé des ralliemens, j'aurais divisé la section en 2 notices ; une pour les majeurs, *amitié*, *ambition* ; une pour les mineurs, *amour* et *famillisme*. Cette division aurait facilité des parallèles et autres moyens propres à familiariser l'étudiant.

Mais, sur cette matière, l'entrave du préjugé est telle, que je serai obligé de franchir en entier l'exposé des ralliemens d'amour, et de recourir pour ceux de famillisme, à l'innocent subterfuge déjà employé, l'hypothèse d'un récit des mœurs de la planète *Herschel*.

Avant de donner en tableau le quadrille des ralliemens de famillisme, il est à propos d'y préluder par une description de quelques emplois des 2 élémens; ce sont, 478, *la consanguinité* et *l'adoption*; nous commencerons par l'adoption, coutume déjà connue sur notre globe, et qui n'exigera pas, comme les ralliemens de consanguinité, une excursion dans d'autres planètes.

1. *Adoption continuatrice.* Cette coutume reposant sur des affections très-généreuses va paraître peu croyable aux riches civilisés. Redisons-leur que les 16 ralliemens naissent les uns des autres, sont liés en mécanisme général, et qu'il ne faut pas se hâter de les juger isolément, avant de connaître et les 16 cardinaux, et les 2 pivotaux.

Tout civilisé opulent regarderait comme insensé celui qui lui tiendrait le langage suivant : « Vous possédez trois mil-
» lions et avez 3 enfans ; vous comptez leur léguer un million
» à chacun : faites de votre bien un plus noble partage ; dis-
» tribuez un million seulement à vos enfans, puis le 2ᵉ
» à vos parens pauvres, et le 3ᵉ million aux enfans du lieu
» qui vous ont aidé dans vos travaux. »

Un tel avis exciterait la risée des pères civilisés : ils auraient raison, à ne considérer que les dangers de ruine qui menacent leurs lignées, dangers qui n'existent pas dans l'Harmonie. Un père n'y craint pas que ses enfans manquent jamais de l'utile ni de l'agréable : n'auront-ils pas pour pis-aller le minimum social, tables de 3ᵉ classe, mieux servies que celles de nos grands, avances de vêtement et logement, voitures et spectacles gratuits, faculté de prendre part à tous les travaux, et tant d'autres avantages inhérens au lot de minimum sociétaire ?

Cette perspective suffirait à prévenir l'inquiétude paternelle d'un civilisé ; mais connaissant l'étendue des piéges sociaux dans l'état actuel, il craint que ses enfans ne mendient à la porte des palais de leurs aïeux. Ces terreurs disparaissent en Harmonie, et le testateur, assuré que ses enfans auront toujours le superflu, adopte dans sa distribution d'hoirie des règles dont je vais rendre compte.

Un

Un père, en Harmonie, étant passionné pour une trentaine de travaux, se passionne par suite pour ses coopérateurs
les plus intelligens, et sur-tout pour les enfans pauvres qu'il
voit exceller dans ses occupations favorites où son fils ne s'entremet point. De là naissent les adoptions de ligue industrielle,
adoptions de continuateurs ; elles ne sauraient avoir lieu en
civilisation, où le riche ne se passionne pas pour le travail ;
ou bien, lorsqu'il s'y adonne, il rencontre pour toute compagnie des intrigans et des fripons, et jamais d'enfans intelligens, enthousiastes, et dignes du rang de continuateurs titulaires.

Entouré de collaborateurs astucieux, l'homme riche considère la masse de ses concitoyens comme autant d'ennemis à
surveiller : il se livre tout entier au lien familial, et l'hoirie
passe exclusivement à ses enfans.

Les défiances étant pleinement dissipées dans l'état sociétaire, l'homme riche n'y étant entouré que d'alliés cabalistiques, il s'abandonne sans réserve aux impressions amicales ;
elles germent à chaque pas chez les harmoniens, par effet des
travaux attrayans et cabalistiques. Tout homme riche y étant
ardemment passionné pour ses travaux, regarde comme un
second fils l'enfant qui épouse ses penchans industriels et
s'en montre le continuateur présomptif.

Dorimon aime beaucoup ses deux enfans ; mais aucun d'eux
n'a pris parti aux Séries de serre chaude, moutonnerie et
charonnage, dont il est l'un des chefs. Ou bien ces deux enfans
ont choisi dans les susdits travaux quelque branche étrangère
à celle qu'exerce Dorimon. Il soigne en Série les plantes grasses
dont il préside le groupe ; son fils ne s'occupe aux serres que
de l'orangerie ; ce n'est pas là un continuateur, un *héritier
industriel*. Dorimon trouve ce successeur dans la jeune Pasithée,
fille pauvre, fort empressée et intelligente pour le soin des
plantes grasses, et promue au rang de bannerette du groupe.
Il s'attache *industriellement et cabalistiquement* à cette jeune
personne sur qui il peut faire fonds pour la continuation de
ses travaux favoris.

Dorimon forme pareil lien cabalistique avec une trentaine
de jeunes gens d'un et d'autre sexe, qui sont les plus zélés
à l'aider dans les divers groupes industriels. Il confère suc-

cessivement à ces individus le titre d'*ADOPTIFS INDUSTRIELS*, titre qui leur donne part à une portion d'hoirie que tout harmonien fortuné laisse aux adoptifs cabalistiques.

Cette sorte de legs s'élève d'ordinaire au tiers de la fortune. L'industrie étant chez les harmoniens la chose la plus révérée, le charme de la vie, la source de liens amicaux et émulatifs, un individu serait méprisé s'il manquait à titrer des adoptifs industriels, et leur léguer tiers ou quart de ses biens.

Les penchans industriels étant variables, il est rare qu'on reste, pendant la vie entière, sectaire d'un travail. Dorimon, après avoir exercé 30 ans dans le groupe de la tubéreuse, peut le négliger pour d'autres goûts industriels qui lui sont survenus ; il n'est plus qu'auxiliaire de ce groupe, où il reparait quelquefois à titre de consultant ; il s'est fixé plus assidument à d'autres fleurs, à d'autres fruits ; en dix ans il a quitté dix branches d'industrie pour en prendre dix autres, où il va titrer encore quelques adoptifs industriels.

Ces variantes en fonctions sont assez fréquentes pour les estimer à une par an ; c'est-à-dire qu'un homme qui est sectaire habituel de 30 groupes, en aura parcouru 90 de plus dans le cours des 90 ans qui suivront : chacun commençant à titrer des adoptifs dès l'âge de 25 à 30 ans, tout homme riche aura, à la fin de sa carrière, au moins une centaine de ces adoptifs, nombre nécessaire en accords ascendans dont nous parlerons au chapitre suivant, et dont nous pouvons dès à présent poser le principe :

Établir entre les testateurs et les légataires quelconques, soit adoptifs, soit consanguins, une amitié assez vive pour que l'héritier désire prolonger la vie du testateur qu'il est aujourd'hui si impatient de conduire au monument.

Il n'est guères, en civilisation, de côté plus dégoûtant que les sentimens secrets des légataires pour les bienfaiteurs. En dépit des simagrées de déférence filiale, il est avéré que les héritiers poussent le vieillard dans la tombe ; et sauf rares exceptions qui confirment la règle, toute la civilisation semble dire aux vieillards : « Hâtez-vous de mourir ; vous n'êtes bons » à rien ; vous n'êtes pour le monde social qu'un fardeau » inutile. »

D'autre part, la civilisation habitue chaque père à oublier

tout sentiment de philantropie et de charité, pour ne songer qu'aux intérêts de ses héritiers en ligne directe ou filiale.

On n'arriverait point à l'équilibre familial, si on ne parvenait pas à extirper cette double dépravation des enfans et des pères ; égoïsme des enfans et collatéraux qui souhaitent en secret la mort de celui dont ils attendent l'hoirie ; égoïsme des pères qui ne voient le monde social que dans leur famille, n'étendent pas plus loin les bornes de leur libéralité testamentaire. Le problème d'absorption de ces deux égoïsmes sera résolu au chapitre suivant. Achevons sur les ralliemens d'adoption.

2. *L'instruction sollicitée*. Elle établit dans l'ordre sociétaire une affection vraiment filiale des élèves aux maîtres. C'est le fruit de l'esprit cabalistique régnant dans les travaux des Séries pass. L'enfant y est si fortement intrigué, si désireux de faire des progrès, qu'il regarde comme autant d'amis, autant de sauveurs, tous ces vieillards qui veulent bien le former à l'industrie ou à l'étude.

La civilisation a toujours pensé qu'il devrait exister un lien de gratitude entre l'élève et l'instituteur : mais en vain fait-elle valoir le bienfait de l'institution ; il existe parmi nons des intérêts et des principes inconciliables entre les âges opposés. Aussi un vieillard est-il rebuté, raillé par-tout où il s'entremet avec la jeunesse ; elle raille jusqu'au professeur qui lui donne des leçons.

L'instruction étant désirée et sollicitée en Harmonie, chaque vieillard devient par son expérience un compagnon précieux pour les Séries où il a longtemps exercé, et dont il peut, par ses conseils, soutenir les prétentions de supériorité. Il est pour elles ce que serait un vieux pilote dans une tempête où les jeunes marins sentiraient leur insuffisance, et le conjureraient de les aider.

Cette affection cabalistique des jeunes gens pour les vieillards ne saurait s'établir dans l'état actuel, où on ne travaille que par besoin, par contrainte, et non par attraction. Le jeune ouvrier qui gagne un modique salaire, s'inquiète fort peu des revers du maître instructeur ; il s'en réjouit, par vengeance d'un refus essuyé sur l'augmentation de solde ou sur l'avancement. L'enfant qui va aux écoles par ordre de parens, n'aime pas un régent dont il voudrait déserter les leçons.

Ainsi, la vieillesse aujourd'hui devient odieuse à la jeunesse, par influence du travail et de l'étude qui, dans les Séries pass., établissent, des élèves aux maîtres, une affection plus qu'amicale, un lien de paternité idéale, un véritable amour filial. Il s'étend des individus à la masse, et fait naître chez toute la jeunesse un enthousiasme collectif pour les vieillards ; véritable ralliement familial des inférieurs aux supérieurs, effet de gratitude par lequel l'enfant adopte pour second père celui qui ne l'est pas ; le lien est d'autant plus brillant, qu'il devient esprit de corps chez l'enfance tout entière : ceci est adoption en essor inverse ; la précédente, nommée continuatrice, est adoption en essor direct.

Après ces détails sur les emplois sociétaires de l'ADOPTION, il convient de classer en quadrille ses deux procédés. Je représente par initiales C, A, les élémens du lien familial, adoption et consanguinité.

RALLIEMENS DE FAMILLISME.	MODE.
C. Les hoiries disséminées. A. L'instruction sollicitée.	} Ascendant Pos.
A. La continuation industrielle. C. La lignée en majorité.	} Descendant Nég.

D'après les motifs exposés précédemment, je ne mentionne pas les effets d'*entrave levée* et *illusion créée*, qui se trouvent à peu près en égale dose dans les 4 ralliemens.

Les deux qui précèdent sont les moins puissans du quadrille, et pourtant on en sent vivement l'absence : il n'est pas un instituteur qui ne s'indigne de l'ingratitude de la jeunesse. Quant à l'absence d'héritiers continuateurs, c'est un sujet de jérémiades chez tous les pères. Leurs entreprises, leurs collections, seront abandonnées ironiquement par des enfans ; le beau cabinet d'antiques, la bibliothèque péniblement rassemblée, prendront le chemin de la friperie, deviendront la proie du bouquiniste et de l'antiquaire. Les pères, dans leurs passions industrielles, sont vraiment assassinés par leurs enfans. Que de lacunes dans les prétendus charmes du lien de famille, que d'indices accusant la civilisation, et soufflant à l'oreille de l'homme, qu'il a manqué la voie des destinées heureuses, et que l'état actuel de ce monde n'est qu'une lymbe sociale, dont quelque découverte inespérée nous ouvrira l'issue !

CHAPITRE VIII.

Des Testamens harmoniens,
et de leurs propriétés ralliantes.

A la suite des ralliemens par adoption, il reste à traiter de ceux de consanguinité : ce sont des coutumes qui ne naîtront que par la suite des temps, au bout de quatre et cinq générations, lorsque les hommes seront devenus franchement amis des richesses, et voudront élever leur revenu au septuple effectif, par un développement général de toutes les passions.

Il est donc peu nécessaire de faire connaître ces usages à la génération actuelle qui, modérée en ambition, préférera être moins riche, se borner à tripler son revenu, et conserver ses usages répressifs. D'ailleurs, elle n'aura ni la politesse nécessaire aux mœurs de l'Harmonie, ni le secours subit des quatre voies de ralliement, 484.

Elle souhaitera néanmoins de corriger quelques-uns de ses vices, entr'autres l'égoïsme des enfans qui, pressés de jouir, souhaitent en secret la mort du détenteur. Tel est le problème à résoudre dans ce chapitre.

Pour créer une vertu si étrangère à nos coutumes, pour habituer les héritiers à désirer la longévité du testateur, on devra sans doute recourir à des méthodes bien opposées aux nôtres. En traitant ce sujet, il faut, je l'ai dit, transporter le lecteur dans la planète *Herschel*.

Cet astre n'étant pas favorisé des lumières de la philosophie, ne connaît pas la coutume du mariage : les unions sexuelles s'y opèrent librement, comme nous l'avons vu à Otahïti, et comme on le voit encore chez divers peuples, tels que Javanais, Népauliens, etc.

Ladite planète étant depuis longtemps en pleine harmonie, ses habitans jouissent d'une longévité qui permet souvent à l'homme de voir son septième descendant.

Telles sont les deux voies d'équilibre en consanguinité, dans Herschel et autres astres de pleine harmonie :

Polygamie étendue aux femmes comme aux hommes.
Longévité atteignant de l'aïeul au 7e descendant.

Les successions sont réparties par 1/3 ou 1/2, aux enfans de tous degrés ; 1/4 aux adoptifs, 1/4 aux amis, épouses, collatéraux. On lègue fort peu aux épouses (femmes dont on a des enfans) ; elles ont leur fortune à part, et n'ont pas besoin de legs dans un âge avancé, où il est rare qu'un harmonien soit pauvre : dans ce cas, le testateur les doterait.

Un homme âgé de 150 ans, n'ayant d'ordinaire que deux ou trois épouses, distribue à ses enfans, qui en cumulant les sept générations, peuvent bien s'élever au nombre de 250, dont moitié vivans, selon la progression

$$1^e,\ 2^e,\ 3^e,\ 4^e,\ 5^e,\ 6^e,\ 7^e.$$
$$2,\ 4,\ 8,\ 16,\ 32,\ 64,\ 128.$$

J'ai supposé moitié de vivans, car il ne faut qu'entretenir la population, et non pas la doubler.

Analysons dans cet ordre de choses un résultat fort intéressant, qui est la fréquence des héritages, le plaisir de recevoir de petites hoiries non seulement chaque année, mais presque chaque saison.

Ithuriel, décédé à 150 ans, n'a pas donné, selon l'usage civilisé, tout à sa 1re génération : il a un fils et une fille de 125 à 130 ans, qui sont déjà enrichis ; il donne d'aussi fortes parts aux septièmes et sixièmes descendans, selon leur mérite et selon ses préférences. En léguant tout à sa 1re génération, il exciterait les six inférieures à désirer la mort de la première. Son testament contient donc pour la lignée directe une série d'environ 120 legs auxquels il affecte moitié de sa fortune. Les deux autres quarts sont de même subdivisés entre une centaine d'adoptifs continuateurs, et une centaine d'amis et collatéraux, y compris ses épouses.

Sur une planète comme la nôtre, où la vie est très-courte ; (elle l'est dans tous les mondes en phases de subversion), le testateur peut d'autant moins léguer aux 2e et 3e générations, que d'ordinaire il ne voit pas la 3e, et qu'elle est d'ailleurs trop jeune pour qu'on puisse lui rien confier. Mais en Harmonie, où la jeunesse ne peut être victime d'aucune fourberie, on lui fait des legs comme aux générations supérieures. On va voir que sans cette coutume d'hoiries disséminées, le ralliement ascendant, d'inférieur à supérieur, ne serait pas possible ; on n'amènerait pas les enfans de tous degrés à souhaiter la longévité des aïeux.

L'héritage d'Ithuriel distribué comme on l'a vu, se répartira indirectement sur la Phalange entière, car il a légué à plus de 300 personnes, dont chacune peut bien avoir dans la Phalange même, soit en consanguins, soit en adoptifs, quatre à cinq héritiers autres que les 300 mentionnés au susdit testament. Au moyen de ce ricochet, la succession d'Ithuriel se répartit avec le temps sur la Phalange entière, estimée de 15 à 1600 personnes, dont 300 ont hérité directement, et 1200 hériteront INDIRECTEMENT au décès des 300 hoirs titulaires.

Et lors même que le 1/8, un nombre de 200, serait excepté de cette participation, l'hoirie serait toujours distribuée *unitairement*, puisqu'elle s'étendrait aux 7/8es, qui en mouvement sont comptés pour le tout. D'ailleurs, ce 1/8 exclus participera aux héritages de quelques autres magnats.

Dans un tel ordre social, si la Phalange contient 40 riches, tout pauvre les considère en masse comme ses donateurs ; car il peut espérer de 35 d'entr'eux une portion d'hoirie, soit directement, soit indirectement ; et il devient partisan zélé des gens riches, quand il peut se croire participant à l'hoirie de 35 riches sur 40.

C'est le point où il faut atteindre pour établir l'équilibre dans la passion de famillisme, en faire une voie de ralliement affectueuse entre inégaux. Il y a équilibre par-tout où une passion est développée de manière à contenter la masse de population, collectivement et individuellement.

La morale civilisée nous invite à nous considérer comme une famille de frères : plaisant verbiage ! Comment Lazare, jeune homme très-pauvre, peut-il considérer comme frère le riche patriarche Ithuriel, s'il n'obtient pas de sa grande fortune la moindre parcelle, ni en héritage, ni en prestations quelconques pendant sa vie ? Lazare peut, en Harmonie, espérer ces avantages : il est peut-être des descendans directs, ou des adoptifs continuateurs, ou des collatéraux, ou tout au moins des héritiers *indirects*, ceux de ricochet : en attendant, Lazare se rencontre avec Ithuriel dans divers groupes de culture, de fabrique, et dans les repas de corps que ce vieux magnat donne à ces groupes, à titre de vétéran et doyen d'une industrie où il a brillé, dont il aime à s'entretenir, à soutenir les cabales et prétentions.

Lazare qui, aujourd'hui, n'obtiendrait pas *les miettes* de la table de ce riche, devient donc participant à sa fortune; il aura pour lui des sentimens de frère, et de même pour d'autres magnats de la Phalange, sur qui il fonde pareille espérance. Quant à présent, Lazare peut-il ressentir quelqu'affection fraternelle pour des égoïstes de qui il n'a rien à attendre ni au présent, ni à l'avenir?

Cet ordre ne s'établira point dans l'Harmonie hongrée, ni même dans les premières générations d'Harmonie composée; mais il est nécessaire de le décrire, pour initier les lecteurs au calcul de ralliement, dont le thème est,

Que l'état sociétaire, en donnant à une passion le plus vaste développement, l'essor en tous degrés de gamme, selon la table I, 394, est assuré d'en voir naître des gages de concorde générale, et des ralliemens entre classes les plus opposées.

La thèse appliquée aux familles est d'autant plus digne d'examen, que le groupe familial est parmi nous le plus discordant des 4, et le principal foyer d'égoïsme. Continuons donc à analyser ses relations dans l'ordre sociétaire, notamment en ce qui concerne l'hoirie disséminée sur 7 générations.

Démontrons d'abord que le plaisir d'hériter, si rare en civilisation, devient en Harmonie un charme périodique, et presqu'aussi fréquent que le retour des 4 saisons.

Quelle que soit la longévité des harmoniens, il en meurt chaque année : ne fût-ce que 16, il s'en trouvera,

   4 de haute fortune,
   4 de moyenne fortune,
   4 de basse fortune, et 4 pauvres.

Chacun aura des parcelles d'hoirie à recueillir sur 4 des 16 défunts, et chacun pourra recueillir au moins sur 14, y compris la chance des ricochets : dès-lors les héritages en Harmonie sont une aubaine périodique répétée plusieurs fois par an; elle s'étend aux pauvres comme aux riches, aux enfans comme aux pères. Il faut bien cette périodicité d'héritages, dans un ordre de choses qui doit élever à l'infini tous les plaisirs.

L'amour familial ne serait plus réciproque, s'il excitait à de viles spéculations sur la mort du testateur. Aujourd'hui, l'homme qui jouit le plus du plaisir d'hériter est celui dont les parens sont frappés d'une mort prématurée. En Harmonie, au contraire, chacun voit les héritages se multiplier pour lui, en raison de la longévité générale : il en résulte que chacun désire longue vieillesse à tous ceux dont il veut partager l'hoirie. Effet assez inconcevable pour des civilisés, à qui le délai d'héritage inspire une impatience dévorante, bientôt transformée en malveillance, quand le détenteur est tardif à trépasser.

Cette soif d'héritages est entièrement calmée par la dissémination que je viens de décrire ; elle habitue le jeune homme à recueillir annuellement des lots de lignée ou d'adoption : la fréquence de ces récoltes le rend d'autant moins avide, qu'il a très-peu de besoins en Harmonie où il trouve, sans dépense, la plupart des plaisirs de son âge. Il s'habitue à considérer les héritages comme fruits successifs dont on attend patiemment les récoltes consécutives. On n'est guères désireux de raisins ni de pommes, quand on jouit de la cerise et de la fraise ; mais si on n'avait dans le cours de l'année qu'un seul fruit d'une semaine de durée, on aurait cinquante semaines de violente impatience : telle est la situation des héritiers civilisés ; la chance est bien pire pour le grand nombre, qui n'a aucune hoirie à espérer.

La jeunesse, en Harmonie, n'a rien de ce caractère ignoble et rapace des légataires actuels qui, attendant tout ou presque tout d'un seul côté, sont réduits à souhaiter la mort de celui dont l'existence prolongée les prive du total. Un harmonien, recueillant chaque année quelque legs, patiente sans peine sur les hoiries différées ; il les considère comme une réserve assurée ; il se plaît à voir quelques patriarches prolonger leur carrière, amasser, grossir le trésor dont portion lui est garantie. Il spécule sur cette réserve, comme un homme aisé sur les bois dont il diffère la coupe, afin qu'ils gagnent en hauteur et maturité. Tel un héritier harmonien souhaite, pour son intérêt même, la longévité du testateur ; et lorsque l'hoirie lui échoit, il peut dire avec sincérité : j'aurais désiré qu'elle fût différée de 20 ans.

(*Nota*. L'affluence de dignités et fonctions publiques produit, en Harmonie, même générosité chez tous les prétendans, aujourd'hui si impatiens de la mort de leurs supérieurs.)

C'est donc dans la *grande subdivision des héritages*, et dans la coutume des 3 à 4 ordres de legs, ceux de lignée directe, ceux d'adoption industrielle, ceux de collatéraux, ceux d'amis, amantes etc., que réside le germe de ralliement entre les jeunes héritiers et les vieux donateurs. Cette dissémination est impraticable hors de l'état sociétaire : l'état civilisé, en forçant à concentrer les héritages sur un très-petit nombre de têtes, fait éclore de part et d'autre les germes de haine. S'il faut attendre d'un seul point le tout ou majeure partie de son bien-être, le jeune homme, en butte aux privations, ne peut pas aimer les détenteurs de son futur patrimoine.

Aussi tous les vieillards opulens de civilisation sont-ils plutôt haïs qu'aimés de leurs hoirs; ils le savent; ils se défient d'eux et cherchent ailleurs des amis. Ils sont d'autant moins aimés, que le lot est plus copieux. L'héritier se dissimule cette ingratitude; il se persuade qu'il ne les hait pas : mais est-ce aimer un homme, que de lui souhaiter en secret un prompt départ pour le grand voyage? Effet inévitable des hoiries concentrées, et limitées à un petit nombre de successeurs!

Ainsi l'ordre civilisé, en comprimant l'essor des passions, en les restreignant dans un cercle étroit, transforme en germes de haine tout ce qui serait gage d'affection dans le cas de vaste essor. Notre système social crée à chaque père, dans ses enfans, une troupe de *conspirateurs intentionnels :* ils le sont, *même involontairement*, et les exceptions confirment la règle. D'ailleurs, il n'y aura jamais de franche piété filiale, tant que l'état des choses poussera à désirer prompte jouissance de la succession, désir qui implique celui de la mort du père ou détenteur de la proie convoitée. Les rois sont plus que d'autres sujets à cette disgrâce, leur place étant, pour l'héritier, l'objet d'un violent désir.

Sur ce point la politique familiale se trouve, comme l'administrative, en état de SIMPLISME ET FAUSSE POSITION. (Ulterpause, 435.) Elle met aux prises les deux ressorts, *affection* et *intérêt.* C'est vouloir que l'un des deux étouffe l'autre; or, ce ne sera pas, en civilisation, l'intérêt qui cédera le pas aux devoirs d'affection; il faut un mécanisme qui les concilie, et qui fasse trouver les convenances d'intérêt dans la longévité même. Il n'est d'autre moyen que les hoiries disséminées en

3 ou 4 ordres ; effet résultant des deux conditions de *Polygamie bissexuelle et longévité septigénère*. A ce prix, le descendant ressent pour l'ascendant une affection COMPOSÉE, où le vœu de l'intérêt coïncide avec celui de l'amour filial, et milite spéculativement pour la longévité.

Quelle cacophonie, quelle duplicité d'action dans tout le système des affections familiales civilisées ! La fausseté en est si avérée, que chacun, après la mort d'un père, félicite hautement et crûment le fils héritier sur ce qu'il va enfin jouir. Cet ENFIN est synonyme du *tandem custode remoto* : on s'avoue nettement, après la mort du père, que le fils était impatient de cette mort, comme le jouvenceau d'Horace l'est du départ de son pédant.

A la vérité, ce n'est ni au fils, ni en sa présence, qu'on tient ce langage, mais en son absence ; on raisonne sur ce ton dans les compagnies les plus morales, dans celles où l'héritier viendra, un quart-d'heure après, jouer la comédie et assurer qu'il aurait voulu que cette jouissance fût différée de 20 ans. On sait ce qu'il faut en croire.

Je ne saurais trop accuser cet odieux mécanisme des hoiries concentrées, qui excite l'héritier à souhaiter la mort du bienfaiteur, même d'un père, et à plus forte raison d'un frère, d'un oncle, et d'un parent éloigné. Ainsi, le civilisé est poussé dans la tombe par ceux mêmes dont il fera le bonheur : juste représaille de la nature contre cet égoïsme paternel qui donne aux chefs de famille un cœur de fer pour tout le reste du genre humain, et leur persuade qu'ils ne doivent de sollicitude qu'à leurs enfans ! Si chacun est vertueux pour accorder sa tendresse à l'objet de sa passion exclusive, il s'en suivra qu'une dévergondée comme Messaline, une empoisonneuse comme Locuste, seront des ames sensibles parce qu'elles sont affectueuses pour leur enfant ou leur amant.

Il reste à parler d'un 2ᵉ ralliement en titre de consanguinité ; c'est le *descendant*, du supérieur à l'inférieur, par les *lignées en majorité*.

Sur 1,600 individus dont se compose la Phalange, le patriarche Ithuriel est parent de la majorité : en effet, ses descendans vivans en ligne directe s'élèvent à 120 au moins ; ses adoptifs au même nombre ; total 240 : soit 200, formant le 8ᵉ du canton ; en ajoutant les collatéraux de cette lignée directe, on aura au moins le quadruple, 800 et 200 ; total 1,000 : c'est plus de moitié de la Phalange ; de sorte qu'Ithuriel, *par esprit de famille*, est forcé à désirer le bien public, le bien de la Phalange entière, dont les 5/8ᵉˢ sont ses parens, et les 3/8ᵉˢ sont d'anciens amis ou jeunes co-sectaires en industrie, d'anciennes maîtresses ou leurs filles. Cette impulsion est *ralliement descendant*, établi du supérieur en âge à tous ses inférieurs.

Ici, comme dans le régime des hoiries disséminées, le mécanisme devient composé : le même esprit familial qui porte un civilisé à désirer le bien de sa famille aux dépens du bien de la masse, portera Ithuriel à ne désirer que le bien de la Phalange qui est en majorité sa famille, et en minorité son amie. Ici enfin l'intérêt familial se trouve d'accord avec l'intérêt public dont il est sans cesse isolé dans le mécanisme civilisé. Ce ralliement par *majorité de lignée* pourrait être le sujet d'un ample chapitre, si le défaut d'espace ne me forçait à abréger. Il resterait à ajouter, sur ce quadrille de liens familials d'Harmonie, quelques observations générales qui seront mieux placées aux Post-alables.

CHAPITRE IX.

Lacune des Ralliemens d'amour.

Lacune forcée, par le préjugé qui m'oblige à supprimer la partie gracieuse du calcul des ralliemens, le quadrille d'équilibre amoureux.

Ralliemens d'Amour.	*Mode.*
Par le Féat : ⎫	Ascendant,
Par l'Angélicat : ⎬	de l'inf. au sup.
Par le Faquirat : ⎫	Descendant,
Par le Pivotat. ⎬	du sup. à l'inf.

La suppression de ces quatre articles est d'autant plus gênante pour moi, qu'ils auraient désappointé les malins, portés à supposer qu'une théorie de libre amour est une théorie d'obscénité.

A coup sûr toute liberté de ce genre serait, chez les civilisés, une source d'impudicité et de dévergondage; mais, en Harmonie, les quatre ralliemens d'amour sont des gages de sublimes vertus sociales, correspondant selon la table suivante:

    Au Féat,   l'Hospitalité composée.
    A l'Angélicat,   le Civisme composé.
    Au Faquirat,   la Charité composée.
    Au Pivotat,   la Constance composée.

Les quatre ralliemens d'amour conduisent au but que se proposent les moralistes et même les romanciers; à faire prédominer en amour le principe spirituel nommé affection sentimentale, céladonie, 478, illusion de l'esprit et du cœur; à prévenir l'influence exclusive du principe matériel ou lubricité, 478, qui, lorsqu'il est seul dominant en amour, dégrade l'espèce humaine, la ravale au niveau des brutes.

Ce vice est très-fréquent dans les amours civilisés, sur-tout dans ceux de mariage, dont la plupart, au bout de quelques mois et peut-être dès le second jour, ne sont souvent que brutalité pure, accouplement d'occasion, provoqué par la chaîne domestique, sans aucune illusion ni d'esprit, ni de cœur: effet très-ordinaire chez la masse du peuple, où les époux affadis, bourrus, et se querellant pendant le jour, se réconcilient forcément au chevet, parce qu'ils n'ont pas de quoi acheter deux lits, et que le contact, le brut aiguillon des sens, triomphe un instant de la satiété conjugale. Si c'est-là de l'amour, c'est du plus matériel et du plus trivial.

Tel est pourtant le piége sur lequel spécule la philosophie, pour transformer la plus gracieuse des passions en source de duperies politiques, exciter la pullulation de la populace, et stimuler de pauvres gens au travail, par l'aspect de leur progéniture en haillons. Quel noble rôle donné à l'amour, en échange de la liberté qu'on lui ravit! On fait de lui, chez les civilisés, un fournisseur de viande à canon; et chez les Barbares, un persécuteur de la moitié faible du genre humain: voilà, sous les noms de sérail et mariage, les honorables fonctions qu'assignent à l'amour nos prétendus amans de la liberté!

Confus des vices de leur politique amoureuse, ils repoussent toute idée de calcul sur les propriétés de l'amour libre. Ignorans et trompeurs sur les emplois opportuns de la liberté, ils la veulent illimitée dans le commerce, dont les crimes, I, 168, et les fourberies, I, 419, appellent de toute part le frein des lois ; et ils privent de toute liberté l'amour, dont le vaste essor en Série pass., conduirait à toutes les vertus, à toutes les merveilles en politique sociale. Quelle science malencontreuse que ces théories de libertés civilisées ; quel instinct d'opposition à tous les vœux de la nature et de la vérité !

Brisant sur l'impéritie philosophique, raisonnons abstractivement sur les emplois du libre amour.

Les équilibres cardinaux dont nous traitons, sont comparables à un char qui, pour marcher, a besoin de ses quatre roues. Il est perclus du moment où l'une des quatre est brisée ou enlevée : c'est ce qui arrive de la théorie des ralliemens. Le préjugé enlève au char une de ses quatre roues, en excluant la théorie des ralliemens d'amour, qui doivent *donner à la passion les plus vastes dévaloppemens en accords de tous degrés*, I, 395.

Ce n'est qu'à ce prix qu'on en fait naître les sublimes accords décrits sous le nom de ralliemens, et dont la propriété est d'*absorber l'égoïsme et les discordes individuelles dans les accords des masses* ; propriété dont j'ai souvent expliqué les emplois spéciaux en régime sociétaire : voyez, 124, application aux subsistances ; 71, application aux grandes réunions domestiques, etc. etc.

Sur l'obstacle dont je me plains, des ergoteurs me répondront : « donnez votre théorie d'équilibres sociaux, en sup-» primant ce qui touche à l'amour ; elle sera un peu moins » étendue ; on jugera également de ses applications utiles. » A les en croire, il semble que la théorie, tronquée d'une de ses quatre branches, doive conserver les 3/4 de sa valeur. C'est raisonner comme s'ils prétendaient que le char dont on aura enlevé une roue, fera encore les 3/4 du chemin qu'il aurait fait avec les quatre roues. Il sera perclus à ne pouvoir pas avancer de quatre pas.

Tel est l'état où l'on réduit la belle théorie de l'équilibre passionnel, si, pour complaire au préjugé, l'on en retranche le ralliement d'amour qui est, parmi les quatre, le plus fort absorbant de l'intérêt, le plus puissant ressort d'union entre les inégaux.

J'ai décrit des concerts sociaux bien sublimes dans les trois autres cardinales, et sur-tout dans l'ambition ; mais ils ne sont pas de nature à remplacer ceux qui naissent de l'amour. C'est, parmi les quatre passions cardinales, celle qui fournit le plus de liens : les beaux accords décrits aux chapitres de l'ambition, régularisent la marche de l'intérêt ; ceux d'amour, notés 540, ont un autre emploi, qui est d'absorber l'intérêt : sous ce rapport, aucune autre des trois passions cardinales ne peut suppléer aux lacunes en ralliement d'amour.

Prévoyant que je serais arrêté à ce chapitre, par les convenances morales, et que cette lacune paralyserait tout l'exposé de la théorie, j'ai de longue main préparé le lecteur à cet incident ; je l'en ai averti dès l'avant-propos.

Sans cette contrariété, je n'aurais pas eu besoin de tant de précautions ni de si longs prolégomènes, pour former l'opinion du lecteur ; il a dû s'étonner souvent de trouver dans le cours de l'ouvrage des détails qu'on pourrait juger hors-d'œuvre, comme l'analyse du lien conjugal, aux Inter-Liminaires, et de la duperie des savans, Interm., I, 265.

Au premier coup-d'œil on traite les accessoires de diatribes superflues, de chevilles et redondances qui retardent l'exposé de la théorie ; il n'en est rien : ce sont des digressions nécessaires pour rappeler sans cesse que le siècle n'est pas en état d'entendre la vérité en étude de la nature, et qu'il faudra par cette raison le priver des plus belles portions d'une théorie dont pourtant j'annonce la découverte intégrale.

Pour convaincre le lecteur de la fausseté de ses jugemens en étude de la nature, je l'ai remontré, dès l'introduction, sur ce qui touche aux destinées matérielles climatériques, dont j'ai traité dans la grande Note A. Elle traite de l'impéritie des modernes en calcul d'harmonies physiques du globe. Lorsqu'on voit les esprits faussés à ce point, sur des branches d'étude que le préjugé n'entraverait pas, comment augurer quelque bon sens relativement aux études réprouvées, comme celle des emplois du libre amour ?

En vain les présenterais-je comme tableaux des mœurs établies dans Saturne et Herschel ; mœurs toutes favorables aux quatre vertus d'hospitalité, civisme, charité et constance ; on n'amènerait pas la philosophie intolérante à capituler sur le chapitre de la liberté amoureuse et des combinaisons qu'elle produit en tous degrés de gamme, I , 395. Il est donc forcé de mutiler la théorie, la réduire à des aperçus particls non susceptibles de lien général , ni de preuves complètes sur l'art d'équilibrer en plein les passions de tous degrés.

Je continucrai, néanmoins , car il est des branches en régime sociétaire, entr'autres celle de l'industrie journalière, où l'on a peu besoin du secours que prêteraient les ralliemens d'amour. Mais en calcul d'équilibre passionnel général et de répartition satisfaisante pour les trois facultés, capital, travail et talent, c'est du ralliement d'amour que nous obtiendrons le plus de liens : c'est celui qu'il aurait été urgent de décrire avant de passer au grand problème de la répartition.

Il est aisé de reconnaître que l'amour est la passion la plus puissante en mécanisme de ralliement : déjà , parmi nous , il sait créer subitement des liens entre un roi et une bergère, entre une princesse et un simple soldat : les trois autres affectives peuvent bien , par fois , opérer des rapprochemens entre inégaux ; mais non des ralliemens aussi forts , aussi subits.

C'est donc l'amour qui possède par excellence la propriété de ralliement, et c'est de lui qu'on tirera les plus puissans leviers , soit pour le rapprochement et l'affection entre inégaux , soit pour l'art de concilier les antipathies naturelles ou accidentelles. Mais le préjugé si complaisant sur les obscènes peintures d'un sérail turc, sur les mœurs immondes ou atroces des Barbares, ne veut pas admettre le tableau des amours d'un peuple libre et décent, d'un régime satisfaisant pour tous les âges, où la vieillesse trouverait l'art de s'affranchir des vils moyens de séduction pécuniaire ; où la jeunesse trouverait dans le calcul de sympathie occasionnelle , des milliers de charmes inconnus en civilisation.

Ces mœurs honorables sont réprouvées par l'ombrageuse philosophie : je lui cède le pas , en supprimant la théorie des ralliemens sur laquelle je n'ai fait que préluder. Je ne doute pas que les auteurs de cette lacune ne soient les premiers à se plaindre de mon extrême circonspection.

Entretemps : on peut les remontrer sur la marche vraiment illibérale qu'ils ont donnée aux amours civilisés : on n'en voit naître que des liens d'égoïsme suivis d'un oubli complet. Tel

couple

couple s'est adoré avec grand étalage de passion, et peu de temps après les deux individus engagés en d'autres liens, soit de mariage, soit d'amour, sont aussi indifférens, aussi étrangers l'un à l'autre, que s'ils ne s'étaient jamais connus. Ingratitude provoquée par la morale, qui déclare champions de vertu ceux qui oublient, pour une épouse, tout lien antérieur. Même dépravation dans l'opinion. Elle prône ceux qui oubliant toutes les maîtresses passées, leur refusent tout secours, et ne considèrent que la dernière en date.

Cet égoïsme sanctionné par la philosophie conjugale, est l'opposé du but de la nature, qui veut créer des liens nombreux et stables dans les 4 branches d'affection. Que l'amour soit tout entier pour la dernière venue, cela n'importe ; mais l'équilibre social exigera qu'on maintienne des liens entre amans qui se seront quittés. L'usage sera de se titrer en héritage, lorsque les amours auront eu quelqu'éclat, soit en passion, soit en durée. Aussi les hoiries d'amour joueront-elles un grand rôle dans la 3e portion de 1/4 ou 1/3, donnée aux affections autres que celles de consanguinité ou d'adoption.

Les courtisanes, par instinct, devinent le vœu de la nature ; elles se font doter et pensionner ; elles ont raison : si la flamme était si ardente, au dire de l'amant, n'est-il pas juste qu'il en reste quelque chose, ne fût-ce que pour l'honneur des sermens tant prodigués ?

Le titre d'hoirie une fois concédé en Harmonie, n'est plus révoqué. Une telle action serait infame ; la maîtresse régnante s'en ombragerait, et craindrait, avec raison, d'essuyer le lendemain pareille avanie. En même temps, la cour d'amour notifierait à l'égoïste révocateur, qu'il n'est plus admissible à ses séances. Une quarantaine de Séries industrielles qu'il fréquente, lui notifieraient que son nom est voilé sur le tableau, et qu'entaché par un procédé civilisé, il ne sera admis aux séances de Série qu'avec un crêpe jaune au bras.

Les hommes étant titrés en hoirie par les femmes, l'amour devient pour les deux sexes une belle chance d'héritages ; il est même probable qu'il figurera pour un quart en concurrence avec les descendans, les collatéraux et les adoptifs. On n'aura que très-peu d'amis à titrer en hoirie ; les amis, s'ils sont jeunes, ont les 4 chances précitées, et s'ils sont vieux, ils se trouvent d'ordinaire enrichis par lesdites hoiries et les bénéfices industriels.

Les liens d'hoirie en amours d'Harmonie sont de divers degrés, dont le principal est le *PIVOTAT*, ou lien de *constance composée*, amour omnimode $\bowtie$, qui s'amalgame avec tous les autres. On appelle pivotale, une affection qui broche sur le tout, à laquelle on revient périodiquement, et qui se soutient en concurrence avec d'autres amours plus nouveaux et plus ardens.

Tout caractère de haut titre, bien équilibré, doit avoir en Harmonie des amantes pivotales ou amans pivotaux, non compris le courant, c. à. d. les amours de passions successives, et le fretin ou amours de passade, qui sont très-brillans en Harmonie, vu les passages de légions d'un et d'autre sexe. Ils donnent lieu à tous les couples d'amans de conclure des trèves de quelques jours, lesquelles trèves ne sont point réputées infidélité, pourvu qu'elles soient régulières, consenties réciproquement après coup, et enregistrées dès le lendemain de la variante, en chancellerie de la cour d'amour, afin de démentir l'intention de fraude cachée.

Ces coutumes, je le répète, sont celles de la planète *Herschel*, qui, n'étant point honorée des lumières de la philosophie ni des maladies siphyllitiques, suit en amour des usages fort opposés aux nôtres : tel est le *pivotat* cité plus haut, qui donne lieu à de très-beaux ralliemens, et qui est appui de la constance simple, seule connue parmi nous.

La civilisation ne s'est élevée à aucune étude sur le simple et le composé en amour, sur les belles combinaisons sociales dont l'amour composé est susceptible quand il module en tous degrés de gamme, I, 395. De cet oubli résulte une plaisante bizarrerie ; c'est d'avoir ennobli la populace amoureuse, les titres bourgeois et solitones, et d'avoir avili les officiers passionnels (p. 522), les polytones, qui sont seuls aptes aux régies de Séries amoureuses. Par suite de cette subversion hiérarchique, le système des amours en civilisation est le *pur jacobinisme érotique*, la souveraineté du peuple passionnel, c'est-à-dire de tous les bas titres caractériels, et l'avilissement de tous les hauts titres ou ames susceptibles de liens grandioses, et d'aptitude à la direction générale. C'est un mécanisme dont l'examen sera des plus curieux.

Un indice de cette subversion, est l'opinion régnante sur les deux principes ou élémens d'amour, 478, Lubricité et Céladonie. On feint de dégrader le premier, le matériel, qui pourtant domine exclusivement; puis on feint de considérer le 2e, le spirituel, qui est non seulement ridicule par le fait, mais inconnu, confondu avec des duperies sentimentales et visions, comme celles de la *TANTE AURORE*. Faute d'étude sur l'élément spirituel, on n'a pu ni découvrir les belles combinaisons qu'il peut produire, comme l'*Angélicat* et le *Faquirat*, 540, ni constater l'état insocial et dépravé des amours civilisés, où règne le plus vil égoïsme, la provocation légale à l'ingratitude. Mais brisons sur ce sujet, puisqu'il a été convenu de le passer sous silence.

(*NOTA*). En terminant sur les ralliemens, observons qu'il eût fallu traiter de celui de haute transition, donné par les propriétés politiques du vestalat. Négligeons ce sujet; il faudrait, dès cette 1re livraison, 4 volumes au lieu de 2, si je voulais entrer dans les détails méthodiquement nécessaires.

POST-ALABLES. — *RÉSUMÉ sur les Ralliemens*.

Règle trinaire en leviers, et quaternaire, 488, en mode.

La théorie des ralliemens est, comme tout l'ensemble du calcul sociétaire, un nouveau monde social. En y introduisant des lecteurs novices, il faut leur ménager quelques points de direction et de reconnaissance.

La meilleure boussole pour eux, sera de se défier de l'arbitraire, exiger des calculs réguliers. Les passions sont l'ouvrage de l'éternel géomètre; il ne procède pas arbitrairement comme Platon et Sénèque, réprimant telle passion et proscrivant telle autre. Il ne les a pas créées inutilement : elles ont un emploi; il s'agit de le déterminer par des règles fixes.

Des milliers de théories sur la morale et l'équilibre social nous persuadent que la modération et la répression sont les voies de sagesse. Je viens de prouver, dans l'aperçu des ralliemens cardinaux, qu'on n'arrive aux équilibres sociaux que par un vaste développement des passions, un essor illimité, mais contre-balancé par quadruple impulsion.

J'ai démontré que chaque passion doit,

35.

1° *Opérer par base composée*, mettre en jeu ses deux élémens indiqués à la table, 478; c'est la 1re condition d'équilibre. Par exemple, en mécanisme d'ambition, si l'on ne fait intervenir que *l'intérêt sans la gloire*, ou *la gloire sans l'intérêt*, on n'arrivera qu'aux discordes sociales; et ainsi des trois autres passions. Il faut, dans tout essor de passion, donner cours à ses deux élémens ou principes. On a vu, dans les quadrilles, 482, 510, 532, que si l'un des deux principes domine dans chaque impulsion, l'autre y intervient, quoiqu'en moindre influence.

Cette première règle (combinaison des 2 élémens, 278), est tout-à-fait inconnue de nos politiques. Ils en ont donné, dans ce siècle, une preuve assez notoire, en prônant le commerce qui déclare franchement qu'il ne travaille pas pour la gloire, mais pour l'intérêt seul. (Elément simple.)

On prouverait aussi aisément, sur les trois autres passions cardinales, que nos théories, toujours simplistes, ne mettent en jeu qu'un seul des deux élémens.

2° *Développer la passion en contre-poids composé.*

> Deux essors ascendans en direct et inverse;
> Deux contre-essors descendans en direct et inverse.

Cette règle a été observée dans les ralliemens cardinaux, 482, 510, 532, où j'ai mis en jeu 2 impulsions ascendantes et 2 impulsions descendantes.

Ladite règle est tout-à-fait inconnue de nos équilibristes; ils veulent *réprimer* au lieu de *contre-balancer*. Les plus sages d'entr'eux ne sont toujours que des oppresseurs, voulant comprimer et modérer les passions d'autrui, pour donner cours aux leurs (voyez l'Ultra-Pause) : un mécanicien social doit donner cours à toutes les passions, sauf à régulariser leur marche par des contre-poids qui ne peuvent avoir lieu que dans l'état sociétaire.

3° *Alimenter l'essor en tous degrés*, table, 395; opérer sur des matériaux assortis en tous échelons. C'est la méthode suivie dans les Phalanges; elles se forment un arsenal de matériaux, un clavier à 810 caractères, (p. 522), distribué par Séries où se classent les variétés et les gradations, de manière à former une échelle complète, un magasin où l'on ait la faculté de puiser des doses quelconques de chaque titre, et procéder méthodiquement à la formation et l'engrenage des accords passionnels.

Ces 3 principes ont été exposés dans le cours de la 7e section; il convient de les rappeler aux étudians, en les combinant avec la règle déjà posée, 488, ce qui donne une gamme de sept principes; savoir:

4 relatifs au mode, 488:

3 relatifs aux leviers, ci-haut, 548:

X Principe fondamental, les Séries pass.

Au lieu de discuter sur ces développemens vastes et méthodiques, nos théories civilisées veulent réduire chaque passion au plus faible essor, borner l'ambition aux petits bénéfices, au mépris des places lucratives; restreindre l'amour à une même femme pendant la vie entière.

Il faut enfin s'entendre sur ces chimères de modération; elles se trouvent confondues lorsqu'on les met en parallèle avec les vrais équilibres que je viens de décrire, et qui se fondent sur des contre-poids et non sur des répressions.

Les accords passionnels nommés ralliemens, naissent de passions immodérées, insatiables dans leurs désirs: on a vu qu'il faut, en Harmonie d'ambition, convoiter des trésors immenses, aspirer aux divers sceptres du monde: qu'il faut en Harmonie de famillisme, étendre le lien à l'infini, par la polygamie masculine et *féminine*; absorber l'égoïsme familial, dans les ramifications nombreuses de la parenté et des héritages (sauf organisation sociétaire par Séries pass.)

Les sophistes n'ont admis le principe de *VASTE ESSOR* que sur la seule amitié. La philosophie veut faire de tout le genre humain une grande famille de frères et amis; mais elle ne veut tolérer que *l'essor le plus médiocre* en ambition, en amour, en famillisme.

Remarquons ici leurs inconséquences en théorie et en pratique; et d'abord en théorie. Que signifie cette prétention de donner plein essor à telle passion, et de réduire telle autre au plus faible développement? C'est accuser Dieu d'impéritie; prétendre qu'il a eu tort de créer telles ou telles passions; qu'il devait les supprimer ou les réduire au quart de leur intensité, pour complaire à Platon et Sénèque.

En pratique. Analysons les prouesses de la philosophie répressive : pour modérer les passions dans l'âge moderne, elle a mis en jeu la douce fraternité et l'amour du trafic.

En résultat, on a vu la fraternité vouloir envahir et révolutionner tout le globe ; prétention qui n'est rien moins que modérée. D'autre part, le trafic, avec ses monopoles, a voulu asservir et a de fait asservi tout le globe ; de tels effets sont loin de la modération.

Il est évident, d'après ces preuves, que l'ambition est incompatible avec l'essor modéré, et que nos équilibristes sociaux tombent en duplicité de système, lorsqu'ils veulent développer l'amitié et modérer l'ambition. Ce sont les 2 sœurs, les 2 cardinales majeures ; elles interviennent sans cesse l'une avec l'autre. Si l'on veut comprimer l'une des deux, on n'aboutit qu'à les fausser toutes deux. C'est ce qui est arrivé : nous n'avons su organiser que des amitiés trompeuses, et des ambitions insatiables sous le masque de modération.

Bref, nos philosophes, tout en raisonnant sans cesse d'équilibre et de balance, n'ont voulu faire aucune étude de la science des équilibres dont je viens de poser les 3 règles. Ils n'ont pas même analysé les passions ni leurs élémens, encore moins les ressorts et degrés d'équilibre : ils ne connaissent pas les matériaux sur lesquels ils veulent opérer ; ils ne suivent d'autre boussole que l'arbitraire, que les caprices de Sénèque et Platon, auxquels ils ajoutent les leurs.

Par exemple, en *AMITIÉ*, seule passion dont ils daignent autoriser le plein essor, *la philantrophie universelle* ; à quels moyens recourent-ils pour y parvenir ? Si on leur propose d'organiser des accords philantropiques ou omniphiles, titres Y et λ, (I, 413), ils ne sauront pas construire la moindre pièce de cet accord ; ou n'obtiendra d'eux que des verbiages sur les deux charmes de l'amitié pure, les tendres plaisirs de la douce fraternité.

On ne trouve rien de ces langueurs dans l'amitié philantropique : c'est une passion ardente et fougueuse, très-immodérée en degré Y, (I, 413) ; ou bien une passion piquante, raffinée, ennemie de la fadeur, en degré λ, décrit I, 407 et 408, note G.

Même ignorance en équilibre d'ambition. L'on veut modérer

le vil intérêt, l'un des élémens de la passion, 478 : il n'a rien de vil quand il se combine avec *la gloire*, 2ᵉ élément d'ambition ; mais pour opérer cette alliance de l'intérêt et la gloire, quelle voie suivent nos réformateurs ? Ils mettent en jeu l'esprit mercantile, dont tous les agens ont pour devise, le mépris de la gloire, et s'écrient en chorus : *Nous ne travaillons pas pour la gloire ; c'est de l'argent qu'il nous faut.* Singulière prétention en mécanique sociale, que de vouloir modérer la soif de l'or et d'exciter l'amour du trafic ! On aura peine à croire, lorsque la civilisation sera finie, qu'elle ait pu, de propos délibéré, tomber dans des contradictions aussi risibles.

Si nos équilibristes veulent modérer l'amour des richesses, pourquoi proscrire et réduire au moindre essor la passion la plus puissante pour balancer l'intérêt? C'est l'amour, principal ressort de libéralité. Harpagon, le plus tenace des hommes, laisse passer son diamant au doigt de la belle Marianne : si donc on veut établir dans les relations sociales une générosité universelle, il suffira de donner aux amours la plus grande extension possible, sauf la règle de développer les deux ressorts, 478, et éviter les amours simples, purement matériels ou faibles en illusion, ne laissant après eux aucun lien capable d'exciter la générosité.

Il résulte de ces aperçus, que l'équilibre passionnel dont on a tant raisonné dans notre siècle, n'est point une science arbitraire comme celle des Platon et des Sénèque : il repose sur des règles fixes, que j'ai dans ce résumé réduites au nombre de trois pour en faciliter le souvenir.

Si ces règles ne sont pas observées, ainsi que la condition primordiale d'Association par Séries contrastées, les passions deviennent l'image d'un orchestre d'instrumens discords qui fausseraient à qui mieux mieux, et dont les auditeurs s'écrieraient : arrêtez les violons, réprimez les basses, modérez les flûtes, etc. Ce n'est pas ainsi qu'on procède pour atteindre à l'Harmonie ; il faut bien accorder les instrumens, et les diriger en jeu combiné, chacun selon ses emplois indiqués en partition ; après quoi il n'y aura rien à réprimer.

Tel doit être le jeu des passions : Dieu n'a pas créé ces ressorts de mouvement pour les réprimer ; il veut au contraire leur donner l'essor le plus actif, sauf les emplois indiqués par synthèse de l'Attraction, et sauf à en régulariser la marche par les contre-poids dont la théorie nous restait à découvrir, et dont je viens de donner, sous le nom de ralliement, un aperçu qui relègue au rang des visions toutes les billevesées de modération.

FIN DE LA 7e SECTION.

TABLE DE LA VIIe SECTION.

Des Equilibres Cardinaux.

Pré-alables sur le ralliement passionnel. 477
Chap. 1er. Généralités sur l'équilibre de ralliement. . 481
    2. Du ralliement subversif ou confus. . . . 485
    3. Corollaires sur le ralliement d'amitié. . . 489
      Appendice. 496
    4. Principe de l'équilibre d'ambition. . . . 498
    5. Quadrille des ralliemens d'ambition. . . 503
    6. Excellence des ralliemens d'ambition. . . 514
      NOTE H, sur les sceptres de mérite et de loterie. 519
    7. Quadrille des ralliemens de famillisme. . . 527
    8. Des Testamens harmoniens, et de leurs pro-
      priétés ralliantes. 533
    9 Lacune des ralliemens d'amour. 540
Post-alables : résumé sur les ralliemens. 547

Tableaux de la 7e Section.

Ressorts affectifs élémentaires. 478
Quadrille des ralliemens d'amitié. . , . 482
Colonnes du ralliement. 484
Échelle des castes civilisées. 486
Quadrille des ralliemens d'ambition. . . 510
Clavier des 810 caractères domestiques. . 522
Quadrille des ralliemens de famillisme. . 532
Quadrille des ralliemens d'amour. . . . 540

ERRATUM, pag. 481, 1re phrase, on a mis le mot *positif* à la place de *négatif*, et *vice versâ;* l'erreur est rectifiée au tableau 482.

ULTRA-PAUSE.

La Déraison politique et morale,
ou le Piége des Ouvrages bien écrits.

« Quelque sujet qu'on traite, ou plaisant ou sublime,
» Que toujours le bon sens s'accorde avec la rime. »

Si le bon sens est exigé même en poésie, à plus forte raison est-il exigible en prose. Dès-lors on ne voit pas à quel titre les moralistes peuvent se croire affranchis des règles du bon sens et du sens commun, dans leurs théories de modération.

Surpris de l'apostrophe, ils vont répliquer que rien n'est plus sensé que la morale douce et pure, étayée de la froide raison. Quant à moi, j'y cherche vainement une lueur de raison, et je n'y trouve à chaque page qu'un tissu de folies. Choisissons pour preuve quelque fragment d'une de ces morales qui FONT LE TOUR DU MONDE (note, p. 5); la morale du divin Fénélon, ami des hommes et des dieux, oracle des saines doctrines de la simple nature. Voyons, dans cette courte analyse, *à quel degré de folie les dogmes de modération peuvent conduire l'esprit humain.*

Après avoir décrété de quelles couleurs les 7 classes de citoyens seront habillées à Salente, et avoir assigné aux dernières classes les couleurs rose, jaune et blanc, d'où il suit que les charbonniers, cordonniers et fabricans d'encre seront en habit rose, jaune et blanc, Mentor continue par le décret suivant, qui serait assez mal accueilli dans notre siècle mercantile.

« On ne souffrira jamais aucun changement, ni pour la nature, ni
» pour la forme des habits; car il est indigne que des hommes desti-
» nés à une vie sérieuse et noble, s'amusent à inventer des parures
» affectées : (voilà le congé de réforme pour les fabricans et ouvriers
» de mode); ni qu'ils permettent que leurs femmes, à qui ces amu-
» semens seraient moins honteux, tombent jamais dans cet excès. »

Le décret est galant : ainsi, Mesdames, quand vous songez à vous parer d'un colifichet, votre époux, s'il est ami des saines doctrines, doit vous défendre tout changement dans les parures et vêtemens ; jamais ni schall, ni bonnet de nouveau goût; ainsi l'exige la morale douce et pure du divin Fénélon.

» Il défendit toutes les marchandises des pays étrangers, qui peuvent
» introduire le luxe et la mollesse. » Qu'il se garde bien de prêcher cette morale aux fabricans de Paris et de Lyon, ainsi qu'à ceux d'Angleterre, tous gens fort jaloux de vendre leurs coquilles à l'étranger.

« Il régla de même la nourriture des citoyens!!! » Ceci devient intéressant : le sieur Mentor va nous prescrire et limiter nos mets à perpétuité. Quelques-uns se plaignent déjà du carême, qui établit cette gêne pendant six semaines : ici la philosophie va plus loin ; elle veut régler la nourriture pendant tout le cours de l'année. Mais voyons ses statuts en cuisine.

« Quelle honte, disait-il, que les hommes les plus élevés fassent » consister leur grandeur dans les ragoûts par lesquels ils amollissent » leur ame et ruinent incessamment la santé de leur corps ! Il faut donc, » ajoute Mentor, borner vos repas aux viandes apprêtées sans aucun » ragoût ; c'est un art pour empoisonner les hommes. » Tout doux, seigneur Mentor ; on vous citera tels individus qui ne peuvent se nourrir que de ragoût, même à déjeûné. Voilà bien les moralistes : ils veulent non-seulement soumettre à leurs caprices tous les esprits, mais qui pis est, tous les estomacs.

» Le roi Idoménée (en vrai ami des saines doctrines) retranche donc » tous les ragoûts, et Mentor retranche ensuite la musique molle et efféminée » qui corrompait toute la jeunesse. Il borne la musique aux fêtes, dans » les temples, pour y chanter les louanges des dieux et des héros. » Voilà de saines doctrines musicales : défendons tous ces chants efféminés des Grétry, des Sacchini : n'admettons que les musiques mâles, comme la *Carmagnole* et le *Tragala*, si nous voulons être au ton de la morale douce et pure.

« Il défendit très-sévèrement la magnificence des maisons, et voulut » que chaque maison un peu grande eût un péristyle. » Y pensez-vous, seigneur Fénélon ? un péristyle est une magnificence très-coûteuse. Voilà bien les moralistes : coûte qui coûte, ils veulent que chacun se conforme à leurs goûts, et un philosophe qui aura bâti un péristyle, ordonnera à tout citoyen d'en bâtir autant. Celui-ci veut « que chaque maison ait de petites chambres pour les personnes libres. » Pourquoi, dans un pays très-chaud comme Salente (état de Naples), ne pas permettre les grandes chambres salubres et bien aérées? Mais notre moraliste aime les petites chambres ; il faudra que chacun se confine comme lui dans un réduit, tout en faisant l'énorme dépense d'un péristyle, qui suppose colonnes ou pilastres.

L'article d'où j'extrais ces sornettes, ne s'étend qu'à une huitaine de pages, ce qui rend les contradictions d'autant plus plaisantes, qu'elles ne sont souvent qu'à un feuillet de distance, comme les suivantes, fort dignes de l'attention des commerçans et économistes.

« Il faut régler l'étendue de terre que chaque famille pourra posséder ; » il ne faut permettre à *chacune*, *dans chaque classe*, *que l'étendue de* » *terre* ABSOLUMENT NÉCESSAIRE pour nourrir le nombre de » personnes dont elle est composée..... » (C'est la *loi agraire*, l'arrière-secret de la morale douce et pure.)

« Si l'on a planté trop de vignes, il faut qu'on les arrache ; le vin » est la source des plus grands maux parmi les peuples. Que le vin soit » donc conservé comme une espèce de remède, ou comme une liqueur

» très-rare, qui n'est employée que pour les sacrifices. (Et ailleurs il dit)
qu'on n'admette que le vin du pays. »

Ne garder du vin que pour les burettes !!! Voilà un moraliste bien
endiablé contre les ragoûts et le vin : comment s'accordera-t-il avec
Horace et Anacréon, et même avec les sacrificateurs ou prêtres, qui
ne sont point d'avis qu'on limite aux burettes l'usage du vin ; ils aiment assez à voir du vin sur table : mais procédons au recueil des contradictions que notre moraliste va articuler, dès les pages suivantes, contre
son précepte de loi agraire et destruction des vignes.

» D'ailleurs, la liberté de commerce était entière à Salente : bien loin
» de le gêner par des impôts, on promettait une récompense à tout
» marchand qui pourrait attirer à Salente le commerce de quelque nou-
» velle nation. »

Eh, sur quoi commercera-t-on dans un pays qui ne cultivant que la
quantité de terre ABSOLUMENT NÉCESSAIRE pour nourrir son peuple,
n'a pas de superflu à exporter ? Un pays qui arrachant les vignes et
n'admettant que les vins du cru, ne peut acheter ni vins étrangers,
ni liqueurs, également prohibées, et qui défend *toutes marchandises de
pays étrangers, pouvant introduire le luxe et la mollesse* ; un pays où
le savant politique Mentor « RETRANCHA un nombre prodigieux de mar-
» chands qui vendaient des étoffes façonnées des pays éloignés ; des
» broderies, des vases d'or et d'argent, avec des figures de dieux,
» d'hommes et d'animaux ; des parfums, de beaux meubles, etc.
(Mentor a ordonné plus haut de rassembler tous les meubles somptueux et de les vendre aux Peucètes, pour éviter la corruption et la
renvoyer charitablement chez les voisins.)

Après tant de prohibitions, je ne vois pas sur quoi on pourra com-
mercer dans une contrée qui ne veut rien acheter de l'étranger, et qui
n'ayant que les cultures *absolument nécessaires*, n'a rien à donner en
échange, rien à livrer au commerce extérieur.

Cet obstacle n'embarrasse pas notre moraliste, et il va d'un trait
de plume créer dans Salente un commerce plus immense que celui
de Londres : écoutons.

» Ainsi les peuples y accoururent bientôt en foule de toutes parts :
» le commerce de cette ville était semblable au flux et reflux de la
» mer : les trésors y entraient comme les flots viennent l'un sur l'autre :
» *la franchise, la bonne foi, la candeur* semblaient, du haut de ces
» superbes tours, appeler les marchands des pays les plus éloignés ;
» chacun d'eux vivait *paisible* et *en sûreté* dans Salente. »

Holà, seigneur Fénélon ! vous avez dit plus haut qu'on *retranchait*,
c. à d. qu'on excluait et pourchassait tous ceux qui vendaient les étoffes
de pays éloignés, les vins, liqueurs, parfums, vases, meubles étrangers : que pouvaient donc faire à Salente ces marchands *qui apportaient
les trésors comme les flots viennent l'un sur l'autre* ? Les marchands ne
viennent pas pour la promenade, et ne livrent leurs trésors qu'à bonnes

enseignes. Ils ne pouvaient pas vendre aux Salentins des subsistances, puisque Mentor avait *pris des précautions* pour que chaque famille en produisît le nécessaire : on pouvait encore moins vendre aux Salentins des étoffes, même d'utilité, puisque Mentor avait employé aux arts nécessaires, comme draperie et toilerie, tous les ouvriers qui servaient aux arts pernicieux : ces navigateurs ne vendaient pas des épices dans un pays qui proscrivait les ragoûts, ainsi que toutes les productions *lointaines et riches* : le pays ne buvait que du vin du cru : sur quoi donc commerçaient ces légions de marchands *qui apportaient les trésors comme les flots viennent l'un sur l'autre* ? Venaient-ils faire emplette de vertus ? DE LA FRANCHISE, LA BONNE FOI, LA CANDEUR, que Mentor place au haut des tours de Salente ? Ces denrées morales n'ont rien qui puisse tenter les marchands : il faut laisser la franchise, la bonne foi et la candeur au-dessus des tours superbes ; si elles en descendaient pour venir à la bourse, elles se trouveraient furieusement dépaysées.

Singulière science que la morale ! Quel étrange privilège que celui d'enseigner gravement des inepties, des contradictions stupides qu'un enfant de 10 ans rougirait d'avoir écrites ! Horace dit que les peintres et les poëtes peuvent tout oser : il me semble que les moralistes usent largement de ce droit. Quel dommage qu'on ne rencontre plus de ces rois dociles, comme Idoménée, à qui un moraliste pourrait dire : « change tes passions, rédime ta table : point de ragoûts, ils amollissent « l'ame ; point de vins étrangers, ils ruinent le corps ; point de su- » creries ; ni café, ni liqueurs ; point de beaux meubles ni de beaux » appartemens : borne-toi à une petite cellule, selon le sage Mentor : » point de couverts d'argent ni de vaisselle plate ; mange dans une » cuiller de bois, selon la morale douce et pure de Salente, qui défend » les vases et meubles d'argent ; obéis aveuglément aux ordres des phi- » losophes ; réprime tous tes désirs ; fais arracher les vignes ; bouleverse » les cultures et les propriétés ; établis la loi agraire, et tu seras digne » du beau nom de Roi philosophe. » Voilà en résumé la morale que Mentor fait adopter au bon prince Idoménée : bonne pâte de roi ; on n'en fait plus de cette trempe !

« Aussitôt Idoménée régla sa table, où il n'admit que du pain ex- » cellent : (pourquoi si bon ? le pain bis serait plus moral ;) du vin » du pays, qui est *agréable et fort*, avec des viandes simples. Personne » n'osa se plaindre d'une RÈGLE que le Roi s'imposait lui-même ; » et chacun se corrigea ainsi de la profusion et de la délicatesse où » l'on commençait à se plonger par les repas. »

Ladite *règle* prescrite et pratiquée par le Roi, ne s'accorde guères avec la *règle* précédente, qui veut qu'on réserve le vin pour les sacrifices et les médicamens ; qu'on n'en cultive que le nécessaire pour ces deux emplois. Voilà les Salentins réduits, selon l'usage moral, à opter entre plusieurs règles contradictoires : celle de Mentor, qui ne veut point de vin à table, et celle du Roi qui se fait servir sur table du vin *agréable et fort*, comme exemple à suivre. Ici les Salentins se rangeront à l'avis du Roi, et avec d'autant plus de raison que Mentor, après avoir dit d'une part qu'il faut arracher les vignes, parce que le vin est la source des plus grands maux, dit, aux précédentes pages, qu'il faut en cultiver beaucoup : voici le texte.

« Mettez des taxes, des amendes, sur ceux qui négligent leurs cul-» tures ; et Bacchus foulant sous ses pieds les raisins, fera couler du » penchant des montagnes, des ruisseaux de vin plus doux que le Nectar ; » et les creux vallons retentiront des concerts des bergers. »

Nul doute que les bergers et paysans ne chantent miracle, quand ils verront les ruisseaux changés en vin aussi bon que du Nectar. La joie sera la même qu'aux noces de Cana. Mais il faudra bien leur permettre de boire de cet excellent vin, puisqu'on les punit par des *taxes et amendes*, s'ils en négligent la culture.

Un célèbre fabuliste blâme les médecins, *tant pis et tant mieux*, d'ouvrir deux avis contradictoires dont le malade est victime. Ces médecins ont au moins l'excuse de la dualité d'individus. Ici le moraliste étant seul, ne devrait avoir qu'une opinion, et il en a non pas deux, mais trois bien distinctes : en effet,

1° Il veut d'abord faire arracher les vignes, source des plus grands maux ; n'en laisser que pour les sacrifices religieux, contre l'avis des prêtres mêmes, qui ne sont pas fâchés de voir du vin sur table.

2° Après avoir condamné l'usage du vin, il excite le Roi à donner l'exemple de boire chaque jour, à l'ordinaire, du vin *agréable et fort* : c'est vouloir que le Roi invite à l'immoralité, puisque le vin et les ragoûts sont la source des plus grands maux.

3° Oubliant ses diatribes contre le vin, il finit par changer les ruisseaux en vin délicieux comme du Nectar, dont les paysans ne manqueront pas de se gorger au point de tomber morts-ivres et se livrer dans l'ivrognerie à tous les déportemens.

Toutes ces contradictions sont applaudies moyennant le passe-port de morale douce et pure. Un écrivain sensé et non philosophe aurait adopté une seule opinion, un parti raisonnable, comme de permettre qu'on bût modérément du vin, chose assez nécessaire au cultivateur, sous un climat brûlant comme celui de Naples.

Fénélon, dans un autre chant de son livre, fait l'éloge *des doux présens de Bacchus pour charmer les soucis des hommes* : pourquoi vouloir en priver le cultivateur qui en a besoin, non pour se charmer, mais pour prévenir des maladies et réparer ses forces épuisées par les feux de la canicule ? Un pauvre moissonneur brûlé pendant une journée par le soleil de Naples, aurait besoin d'un peu de vin pour se soutenir ; il n'en aura point ; cela ne convient pas à la morale : il faut que les moissonneurs deviennent philosophes, qu'ils s'exposent à une bonne fièvre, plutôt que de se restaurer par un verre de vin ! *risum teneatis*.

Le Télémaque est vanté comme oracle des saines doctrines de l'éducation philosophique : je n'y vois, ainsi que dans tous les livres de morale, qu'un tissu de fadaises faites pour fausser l'esprit des jeunes gens, les conduire à la perdition s'ils suivent seulement le quart de ces préceptes, que tout père a bien raison de démentir par *institution cupide*, 285. Un enfant imbu de tels principes, ne serait qu'un pédant hébété : arrivant à la table de son père, il y verrait, comme dans tous les ménages, un ragoût des restes de la veille : il faudrait donc qu'il sortît de table en disant au père : « *je ne veux pas amollir mon ame » ni faire consister ma grandeur dans les ragoûts.* » Si c'est un prince élevé selon le Télémaque, il faudra qu'en montant au trône de France, il dise à ses peuples : « habitans de Bordeaux et Cognac, de Languedoc » et Provence, de Bourgogne et Champagne, arrachez toutes vos vignes ; » n'en gardez que de quoi dire la messe ; le vin est la source des plus » plus grands maux. Quand il n'y aura plus ni vins ni eaux-de-vie à » vendre dans Bordeaux et la Rochelle, dans Marseille et Cette, vous » verrez les vaisseaux y accourir de toutes parts, et les trésors y entrer » comme les flots viennent l'un sur l'autre. »

« C'est mal interpréter, réplique-t-on : Fénélon disait cela au figuré. » Non vraiment : d'ailleurs, à quoi servent des préceptes qu'il ne faut prendre qu'au figuré ? Il ordonne très-positivement, avec des augures sinistres contre ceux qui n'obéiront pas : toutefois, si l'on doute du ridicule de ses doctrines, examinons-en pièce à pièce quelques-unes, d'où il sera évident que l'auteur veut anéantir la civilisation ; ce qui serait fort sage s'il indiquait une meilleure société (Garantisme, n° 6, I, 25) ; mais semblable à tous les philosophes, il veut détruire sans savoir édifier. Démontrons par des citations.

Education des Crétois : « On ne leur propose jamais d'autre plaisir » que celui d'être invincibles par la vertu. » Quelques-uns penseront qu'avec la vertu il faut de l'artillerie ; encore n'est-on pas sûr d'être invincible avec des vertus et des canons. Si je ne craignais les longueurs, je voudrais analyser au moins vingt balourdises dans cette proposition de plaisir moral, où il est impossible de trouver un sens. Allons plus loin.

« En Crète, on met le courage à fouler aux pieds les trop grandes » richesses. » Encore une vingtaine de balourdises dans ce genre de courage, comme dans le plaisir précédent. Tous les riches Crétois sont donc occupés à fouler aux pieds des sacs d'argent ! S'ils le méprisent tant, pourquoi ont-ils pris la peine de le gagner ? La belle chose que les idées morales, quand on les met en parallèle avec le bon sens.

« En Crète, on punit trois vices qui sont impunis chez les autres » peuples ; l'ingratitude, la dissimulation et l'avarice. » Eh ! ce sont les colonnes de la civilisation. *Egoïsme, fausseté, cupidité.* Si Fénélon ne veut pas de ces trois vices, il ne veut pas de la civilisation.

« En Crète, tout le monde travaille et personne ne songe à s'enrichir. » De plus fort en plus fort ! Comment se fait-il donc qu'il y ait tant de gens *trop riches*, mettant leur courage à fouler aux pieds les *trop grandes richesses?* Ile fortunée! on s'y enrichit à l'excès, sans songer à rien gagner! Le seigneur Fénélon a rêvé ici un effet de l'Harmonie sociétaire; il ne lui restait qu'à en inventer la théorie.

« On n'y souffre ni meubles précieux, ni festins délicieux, ni habits » magnifiques, etc. etc. On y boit peu de vin. (C'est dommage, dans » le pays de Malvoisie). Tout au plus y mange-t-on de grosses viandes, » sans ragoûts. » Encore la guerre aux ragoûts et au vin! mais les Mahométans qui ne boivent pas de vin, sont-ils meilleurs que nous? Voyez les massacreurs de Scio, les bourreaux ottomans occupés à faire périr une nation entière dans les supplices! Sont-ils donc moins vicieux que les buveurs anglais qui leur aident à exterminer les Grecs?

Parlant du Roi de Crète, il dit : « les lois peuvent tout sur lui : » il a LES MAINS LIÉES dès qu'il veut faire le mal. (Voici les principes » jacobites dans un traité de morale douce et pure et d'éducation ver- » tueuse). Les lois, en Crète, ne veulent pas que tant d'hommes servent » par leur misère et leur lâche servitude, à flatter l'orgueil et la mol- » lesse d'un seul homme. LE ROI NE DOIT RIEN AVOIR AU-DESSUS DES » AUTRES ; il doit être plus sobre, plus exempt de faste qu'aucun autre ; » il ne doit pas avoir plus de richesses et de plaisirs ; (la sainte égalité) : » ce n'est point pour lui-même que les Dieux l'ont fait Roi ; il ne l'est » que pour être l'homme des peuples. Quelle horrible inhumanité de » leur arracher les doux fruits de la terre qu'ils ne tiennent que de la » nature libérale et de la sueur de leur front ! »

En substance, il veut qu'on supprime les impôts, qu'on rédime la liste civile, qu'on *lie les mains au Roi*, et que l'autorité passe au peuple. Voilà en propres termes l'argot de la jacobinière, le pendant de la loi agraire conseillée plus haut. Cependant c'est Fénélon qui parle ; c'est le livre sans pareil, la boussole d'éducation, la quintessence de morale douce et pure. Eh! trouve-t-on dans là morale autre chose que l'esprit démagogique allié aux rêveries de folles vertus? Tel est le piége des ouvrages bien écrits : *déraison politique et morale* ; pas une phrase où l'on puisse concilier l'auteur avec lui-même ; pas un précepte com- patible avec le sens commun ! Tout à l'heure Mentor à retranché, 554 ; la musique molle et efféminée *qui corrompt toute la jeunesse*, et plus loin il met ses bergers en quête pour aller chercher des chansonnettes ! « Le berger revient avec sa flûte, et chante à sa famille assemblée les « nouvelles chansons qu'il a apprises dans les hameaux voisins. » Quoi, seigneur Fénélon ! vous voulez, 553, qu'on mène une vie sérieuse et noble, sans aucune musique *molle et efféminée* ; et vous conseillez de perdre le temps à s'occuper de chansons, en changer tous les jours ! A telle page vous n'admettez que la gravité et la constance, puis au feuillet suivant vous prêchez la frivolité et la nouveauté à ces misérables Salentins. Vous dites : « ils n'auront que du pain et des fruits de leur » propre terre, gagnés à la sueur de leur visage. L'époux avec les chers » enfans doivent revenir fatigués; tous les maux du travail finissent avec

» la journée. » Les voilà donc harassés, ne songeant qu'à trouver leur soupe aux choux et leur châlit, n'ayant pas le temps de courir les villages voisins, pour s'y meubler l'esprit de chansons efféminées, et interdites selon vos dogmes, qui, 554, « bornent la musique aux fêtes » des temples, aux louanges des Dieux et des Héros. »

Pour en finir de ces billevesées morales, voici le vertueux Narbal prouvant qu'il vaut mieux mourir que de mentir; soutenant que Télémaque et lui doivent aller à l'échafaud plutôt que de dire un petit mensonge qui leur sauverait la vie. Mais si nous avions raisonné de la sorte en 93 et 94, où en serions-nous? Chacun pour sauver sa vie a dit force mensonges aux comités révolutionnaires : pour mon compte, j'ai trompé trois fois en un jour le comité, et la visite domiciliaire : dans ce seul jour j'ai trois fois échappé à la guillotine par de bons mensonges, et je crois avoir bien fait, n'en déplaise aux moralistes. Je pense même qu'un bon civilisé doit, 285 1/3, exercer ses enfans au mensonge et à la dissimulation. Le beau galimatias qu'on verrait, si les diplomates et les courtiers prenaient tout-à-coup fantaisie de dire la vérité. De bonne foi, est-elle faite pour la mercantile civilisation?

Eh! si ces docteurs moraux sont si amoureux de la vérité, pourquoi avoir tardé 3000 ans à faire le calcul de la vérité supposée, 3ᵉ issue de civilisation, I, 108? Je n'ai pas employé d'autre procédé pour découvrir le mécanisme des Séries pass. Ils y seraient parvenus de même en spéculant sur la vérité collective, combinée avec l'industrie interne et externe; tandis qu'en prêchant la vérité individuelle, isolée des emplois industriels, ils n'ont pu aboutir qu'à enraciner la civilisation, engouffrer le genre humain dans les sept fléaux lymbiques, *67, et dans la *déraison politique et morale*.

Je viens d'appuyer la thèse par un aperçu des sottises dogmatiques du Télémaque; le bon homme Fénélon ne se doutait guères des résultats qu'aurait, en 1789, sa doctrine essayée en France. Fénélon n'est pourtant pas suspect de perversité : qu'est-ce donc des auteurs écrivant bien comme lui et n'usant de ce talent que pour exciter le désordre, s'élever aux fonctions publiques en bouleversant le système social? Ne suffirait-il pas de cette considération, pour apprendre enfin aux modernes qu'il faut, en politique sociale, se défier des ouvrages bien écrits, recourir aux inventions bien raisonnées, reconnaître enfin à quels travers systématiques, à quel degré de folie les dogmes de modération et les jongleries oratoires peuvent conduire la politique, lorsqu'elle se confie aux systèmes des philosophes qui, en feignant de vouloir modérer les passions, ne veulent que se livrer à leurs fantaisies et y asservir tout ce qui existe?

Je reprendrai ce sujet au Post-Logue, où je traiterai d'une erreur capitale des modernes, qui pensent que le bel esprit, les charmes du style, sont le seul guide à suivre en politique sociale, sans aucun accès pour le bon esprit et le sens commun.

SECTION

SECTION HUITIÈME.

DE L'ÉQUILIBRE UNITAIRE INTERNE,

OU ACCORD DE RÉPARTITION AUX TROIS FACULTÉS.

CHAPITRE PREMIER.

Formule générale des Equilibres de compensation.

Nous touchons au plus important problème de l'Harmonie, celui de répartition équilibrée et graduée en raison des trois facultés industrielles, *Travail*, *Capital* et *Talent*. Le lien sociétaire serait rompu dès la 1ʳᵉ année, s'il échouait sur ce point, et si chacun des sociétaires, homme, femme ou enfant, n'était pas persuadé qu'il a été rétribué équitablement, dans les trois sortes de dividendes alloués à ces fonctions.

Le débat sera fort peu scientifique ; la solution sera plus sentimentale que savante. Cependant, pour déférer autant que possible aux rigoristes, je vais préluder par un chapitre de théorie sur les compensations, qui jouent le plus grand rôle dans ce mécanisme. Les répartitions y étant toujours inégales, il faut bien que chacun se trouve suffisamment compensé, et qu'on ait à cet égard des règles fixes, opposées à l'arbitraire, au système dérisoire des compensations civilisées.

Il faudra, selon l'usage, attaquer le vice incorrigible de notre politique, le *SIMPLISME*, l'obstination à vouloir fonder les accords passionnels sur des ressorts simples. J'opposerai à cette erreur une formule applicable à l'équilibre de compensation composée, en toutes sortes de passions.

Les optimistes, secte d'embranchement en morale, ont de tout temps mis en scène des compensations chimériques et illusoires. Selon leurs théories, un pauvre qui n'a ni feu, ni lieu, pourrait trouver dans son dénûment autant de bonheur qu'un riche dans ses palais.

Jusqu'ici les pauvres ne sont guères de cet avis, et les riches encore moins, car on ne voit aucun Crésus faire échange de condition avec le pauvre, son voisin. Les compensations n'existent donc que dans les rêves de la morale qui prétend, selon Delille, que la nature est un échange perpétuel de secours et de bienfaits. On ne voit pas quels bienfaits elle répand sur la populace affamée d'Irlande, sur les nations trahies et livrées aux bourreaux, comme les Grecs.

Certains riches, pour pallier leur égoïsme, aiment à se persuader que le peuple est heureux, que ses misères sont compensées. On entretient les monarques dans cette illusion, et tout sophiste est bien venu lorsqu'il suppose des compensations dont il n'existe pas une ombre dans l'état civilisé.

La véritable compensation doit être *SENTIE ET AVOUÉE*. Or, combien rencontre-t-on, dans l'état actuel, d'hommes qui se trouvent compensés du manque de richesse? Qu'on fasse l'appel nominal sur cette question ; il donnera, pour un homme satisfait de sa fortune, cent mécontens qui se plaindront du défaut d'argent, de l'injustice des hommes et des rigueurs du sort. Ils ne sont donc pas compensés par un bien-être *senti et avoué !* Leurs passions sont hors d'équilibre compensatif, puisqu'elles souffrent des privations.

L'équilibre passionnel est un ordre dans lequel chacun trouve un dédommagement réel et suffisant à l'indemniser des inégalités de fortune et de facultés. La théorie sociétaire enseigne l'art d'établir subitement ce bien-être parmi les 900 millions d'hommes qui peuplent ce globe, et leur procurer le charme compensatif sur chacune de leurs douze passions. Mais auparavant, apprenons à quelles conditions il peut régner parmi neuf hommes, sur une passion quelconque ; ensuite nous étendrons le procédé d'une passion à toutes les douze, et du petit nombre de neuf hommes à l'ensemble des 900,000,000.

Soit pour exemple, un festin de neuf personnes bien assorties, bien amicales, qui dans cette réunion auront joui de la 12ᵉ passion, *la composite*, exigeant le concours d'une affective et d'une sensitive.

Chacun dans ladite réunion aura joui d'une sensitive par la bonne chère, et d'une affective par l'amitié et la gaieté qui auront régné entre les convives.

Chacun des neuf aura donc joui de la composite, mais en variétés graduées et contrastées ; car tel aura plus joui en gour-

mandise qu'en amitié; tel autre, plus en amitié qu'en gourmandise. De cette différence graduée nous allons déduire la
formule de l'équilibre compensatif–composé.

Noms des neuf convives. L. M. N. O. P. Q. R. S. T.

·Degrés de plaisir, 9 8 7 6 5 4 3 2 1
EN AMITIÉ. A A A A A A A A A

                          1 2 3 4 5 6 7 8 9
EN GOURMANDISE. G G G G G G G G G

Les exposans 1, 2, 3, indiquent les échelons ou degrés de
plaisir ; c'est-à-dire que T est celui qui a le plus joui de
l'amitié, de la conversation ; L est celui qui a le plus joui
de la bonne chère.

T est donc au premier rang en essor d'amitié, et au neuvième en essor de gourmandise ; L est au premier rang en
essor de gourmandise, et au neuvième en essor d'amitié.

Pour expliquer l'équilibre de compensation entre ces neuf
personnages, il suffira d'examiner le mécanisme sur trois des
convives, les deux extrêmes et le moyen :

L *Apicius*, P *Mécène*, T *Virgile*.

Le convive P, Mécène, est le seul qui ait goûté en égale
dose les deux plaisirs, amitié et gastronomie : il les a ressentis
en 5e degré, moyen essor de chaque passion.

Le convive L, Apicius, préoccupé de la chère, n'a joui
du plaisir amical qu'au degré 9e, qui est le dernier ; mais
il s'est élevé au 1er degré en plaisir gastronomique ; c'est lui
qui a le mieux fait honneur aux mets et aux vins. On trouve
son contraste dans le convive T, Virgile, qui a donné peu
d'attention au matériel du repas ; aussi est-il au 9e et dernier
rang en plaisir gastronomique ; mais il a fait une dépense de
bel esprit ; il a brillé ; son amour-propre est flatté ; il a fait
le charme des convives, et goûté le plaisir amical au plus
haut degré, au 1er.

Ses deux jouissances, amicale en 1er degré,
                      gastronomique en 9e degré,
font compensation ou équilibre avec celles d'Apicius, dont
l'essor passionnel donne plaisir amical en 9e degré,
                      plaisir gastronomique en 1er degré.

Le convive P, Mécène, qui a développé de niveau les deux
ressorts passionnels,   amitié en 5e degré,
                      gourmandise en 5e degré,

n'a ni plus ni moins joui que les deux précédens ; car chez tous trois les doses réunies des deux plaisirs donnent parité d'essor : 5 et 5 équivalent à 9 et 1, à 1 et 9.

Il en est de même des six convives,

M, N, O, en dominance de gourmandise,
Q, R, S, en dominance d'amitié.

On voit à l'inspection du tableau, que les doses contrastées et graduées de leurs deux plaisirs, ont dû procurer à chacun compensation de jouissances, mais sans égalité d'essor chez aucun des 9 ; tous ayant développé leurs deux passions en degrés inégaux, sauf le convive P, dont les deux essors, quoiqu'égaux entr'eux, ne sont pareils en degré à aucun essor des 8 autres convives.

Cette formule d'équilibre compensatif est un germe auquel on donnera l'extension nécessaire au traité des sympathies et antipathies. Nous n'en sommes ici qu'aux leçons élémentaires ; sur quoi il faut observer que l'Harmonie pass. n'exige pas des groupes aussi régulièrement équilibrés et gradués ; mais dans les formules on spécule toujours sur un équilibre de pleine exactitude en tous échelons, sauf à en approcher le plus qu'il se peut dans la pratique.

On voit, par ladite formule, que l'équilibre pass. des groupes n'admet ni *ÉGALITÉ* ni *SIMPLICITÉ*, car il exige 2 ressorts développés en gradation et en contraste, avec variante ou inégalité d'un individu à l'autre, jeu combiné des deux ressorts dans chacun et dans la masse entière. Un tel ordre composé en tout sens, est fort loin de la simplicité.

Toute simplicité ou monalité de ressorts ne produirait qu'une absence d'équilibre compensatif : en effet, si nous supposons une réunion bornée à l'un des deux plaisirs, à l'amitié seule (mode simple spirituel), aux charmes du bel esprit, le personnage T, Virgile, pourra trouver grand plaisir dans cette séance ; le personnage I, Apicius, y tombera dans l'ennui ; P, Mécène, y sera moyennement satisfait ; et en résultat, il n'y aura dans cette séance, au lieu d'équilibre passionnel, qu'une disparate choquante, selon la table suivante.

T ^{1}, S ^{2}, R ^{3}, flattés, contents de leurs frais de bel esprit, le premier surtout.

Q ^{4}, P ^{5}, O ^{6}, moyennement contens en ce genre, O médiocrement au-dessous du moyen terme.

N 7, M , L², le premier affadi de la conversation, le 2ᵉ ennuyé, le 3ᵉ fatigué de n'y jouir d'aucun plaisir matériel.

Ces 3 derniers, dans un repas (plaisir composé), auraient goûté du plus au moins les saillies des beaux parleurs, grâce à la diversion faite par la bonne chère ; mais ici, réduits au plaisir simple de la conversation, ils n'y attacheront plus le même intérêt ; ils seront en un quart d'heure saturés de bel esprit, surtout le troisième L, Apicius, qui au bout de 5 minutes donnera au diable les faiseurs de phrases.

Même disparate aura lieu en sens contraire, si on spécule en mode simple matériel, sur le seul plaisir de la gourmandise, et qu'on place les 9 individus chacun à une table isolée, comme les Chinois et les Parisiens, avec bonne chère, mais privation de compagnie et de babil.

Apicius, L, sera ici au premier degré de jouissance, quoique moins satisfait qu'il ne l'eût été au banquet des 9 convives. Mécène, P, ne sera que moyennement content, malgré l'excellence des mets : quant à Virgile, T, privé d'étaler sa faconde et les trésors de son esprit, il s'ennuiera malgré l'art du cuisinier. Ce plaisir de goinfrerie solitaire lui paraîtra ignoble ; il se hâtera et fera un triste repas.

Au résumé, trois conditions distributives et deux pivotales sont nécessaires à l'équilibre de compensation collective et individuelle ; il doit être :

Comp. 1. COMPOSÉ, c. à d. formé de deux ressorts développés simultanément, et non d'un seul.

Cab. 2. ÉCHELONNÉ, applicable en doses graduées à tous les membres de la société qu'on veut équilibrer.

Pap. 3. CONTRASTÉ par divergence conjuguée des deux ressorts dans la série d'individus.

Y. INTERNE plein, c. à d. senti et reconnu par tous les membres de cette société collectivement et individuellement, avec bienveillance réciproque pour la coopération de chacun au plaisir de tous.

X. EXTERNE plein, lié aux autres fonctions antécédentes et subséquentes des personnages à équilibrer dans cette séance.

Lesdites conditions, sauf la X, sont remplies dans le repas des 9 convives qu'on vient de citer : il reste à étendre cet équilibre aux autres séances de leur journée ; problème de bien haute importance ; car si l'on peut parvenir à compenser le bien-être et équilibrer les passions de 9 inégaux pendant le court espace d'une journée, on connaîtra, par suite l'art de compenser le sort et équilibrer les passions de 900 millions d'inégaux pendant leur vie entière. L'opération sera la même du petit au grand.

Quant à la méthode à suivre dans cette sorte d'accords, c'est celle déjà suivie dans tous les autres qui ont été décrits ; c'est toujours l'emploi combiné des 3 passions distributives : elles sont les agens exécutifs de toutes les Harmonies, notamment de la fondamentale, celle des Séries pass., qui doivent être, ainsi qu'on l'a vu :

Engrenées par la *Composite* 12 ;

Rivalisées par la *Cabaliste* 10 ;

Contrastées par la *Papillonne* 11.

Ce n'est que par le concours de ces trois ressorts qu'on arrive à l'unité ; aussi n'en ai-je pas employé d'autres dans l'équilibre de compensation. On voit plus haut les trois passions distributives accolées aux trois conditions essentielles, 1, 2, 3, d'où naissent les deux effets unitaires Y interne et X externe.

Dans chacun des 16 ralliemens, l'on trouvera de même par analyse, le jeu des trois distributives d'où l'Harmonie sériaire ne s'écarte jamais. Boussole aussi commode en opérations qu'en études ! Il suffit de se rappeler des 3 passions proscrites par la philosophie :

10e, Esprit cabalistique, obstination de parti ;

11e, Manie de papillonnage et raffinement en plaisirs ;

12e, Aveugle enthousiasme, ennemi de la réflexion.

Qui aurait pu penser que ce trio de prétendus vices fût la voie de la véritable sagesse ou unité sociale ! Cependant si Dieu nous donne ces trois passions, il faut qu'il les ait jugées utiles : on peut en pressentir l'excellence en arguant du contact des extrêmes, d'où il suit que les voies de l'extrême folie dans l'état insociétaire, doivent être voies d'extrême sagesse dans l'état sociétaire.

Il est entendu qu'en fait de compensations, comme en fait de ralliemens, tout est subordonné à la condition primordiale, au régime sociétaire des Séries pass., et aux quatre bases essentielles indiquées, 484.

Par exemple, sans la 2ᵉ de ces bases, 484, celle du *minimum proportionnel*, quelle compensation assigner aux malheurs du pauvre entouré d'enfans affamés? Nos philosophes lui offriront en dédommagement les beautés du commerce et de la charte : inutiles verbiages; il n'y a point de compensation là où il n'y a pas de minimum garanti. Aussi, plus la civilisation fait de progrès, plus elle est dépourvue de compensations, ne fût-ce que par le défaut de minimum.

Même obstacle aux compensations, dans les petites choses, dans le défaut *d'éducation unitaire*, l'une des bases de ralliement, 484. Il est dificile de concilier nos réunions sur la nature des conversations; les femmes surtout qui sont très-peu initiées aux sciences, aux arts, et qui s'ennuient dès que la conversation sort du cercle des futilités. Beaucoup d'hommes sont dans le même cas : cet obstacle aux liens accidentels se trouve levé par l'éducation harmonienne qui, du plus au moins, initie chacun à toutes les branches de sciences, arts, cultures, fabriques, etc. ; de sorte qu'homme ou femme, chacun peut participer à une conversation quelconque, y figurer en 9ᵉ degré, et y former partie intégrante d'un équilibre compensatif tel que je viens de le décrire.

Ajoutons que les compensations doivent s'étendre à toutes sortes de passions. Telle femme à 60 ans est encore amoureuse, mais dédaignée des jeunes gens. Quelle compensation lui fournir? Un sophiste répondra qu'à 60 ans une femme doit devenir philosophe, renoncer à l'amour et ne s'attacher qu'aux beautés de la morale douce et pure : mais ce raisonnement ne satisfait point la passion; il faut, ou la contenter par la jouissance de l'objet désiré, ou faire diversion compensative par un autre amour, ou faire *contre-poids* par substitution absorbante, I, 393.

L'ordre sociétaire opère dans tous les cas par un de ces trois moyens, et souvent par deux et trois à la fois, mais au moins par un seul. C'est sur quoi échoue la civilisation qui, tout en reconnaissant la nécessité des compensations et des contre-poids, n'en fournit en aucun cas, ou n'en donne que d'illusoires et dérisoires, 302, et organise le jeu des passions, notamment en ambition et en amour, de manière à donner tout aux uns et rien aux autres.

J'avais préparé un chapitre sur les fausses compensations, mais il exigeait des formules, des parallèles, etc. : il ne faudrait pas moins d'une ample section pour traiter méthodiquement des compensations réelles et illusoires. Il en eût fallu deux autres encore pour traiter des contre-poids de substitution, et des sympathies en essentiel et en occasionnel, qui exigent aussi un long formulaire.

Il suffit d'avoir démontré que tous ces bienfaits rêvés par la philosophie, *équilibres*, *compensations*, *contre-poids*, *sympathies*, doivent être l'objet de calculs réguliers dont on ne peut trouver la voie que dans la théorie de l'attraction ou art de développer les passions; art tout opposé à la philosophie, qui ne nous enseigne qu'à les contraindre.

J'ai donné sur une seule branche de leurs équilibres, sur le ralliement d'extrêmes divergens, une section assez complète pour dénoter que la théorie sera régulière et satisfaisante sur les autres branches dont je suis obligé de différer le traité; nous pouvons après cela passer à l'équilibre unitaire, qui est le résultat de tous les autres.

Il se divise en interne ou répartition, et externe ou commerce véridique. Ce deuxième seul exigerait un volume de contre-preuve ou analyse du commerce libre et mensonger, I, 168, II, 149. Par défaut d'espace nous nous fixerons à l'objet primordial en théorie, à l'accord unitaire interne ou domestique, fondé sur la répartition équilibrée en raison des trois facultés.

CHAPITRE II.

Formule d'un groupe d'équilibre industriel.

On se rappellera que les formules sont des modèles à suivre approximativement, et que l'équilibre n'exige pas une échelle d'assortimens aussi réguliers que ceux des formules. Il suffit de les prendre pour guides en distribution, et d'en approcher autant que possible, par une exacte proportion des 810 caractères, page 522, et de leurs complémens, 20.

La Phalange de Gnide est célèbre par la culture des œillets: elle a la prétention d'être la première du globe en ce genre.

La fabrication des parfums à l'œillet est une des branches d'industrie qui distinguent cette Phalange. (Les parfums sont gérés par une Série distincte de celle qui cultive la fleur): cette Série se compose de trois groupes ;

Un pour les grosses espèces,
Un pour les moyennes à parfum,
Un pour les petites.

Je ne disserterai que sur un seul de ces trois groupes, celui des grosses espèces en uni et panaché. Il est composé de 32 sectaires, selon le tableau suivant :

ŒILLETISTES. GROUPE DE PLEIN ÉQUILIBRE.

Sectaires.	Ages.	Fortune.	Chefs d'emploi en
Hécube et Théophraste,	80.	Médiocrité.	Connaissances théoriques.
Baucis et Philémon,	65.	Pauvreté.	Connaissances pratiques.
Zénobie et Crésus,	50.	Opulence.	Cabale extérieure.
Araminte et Damon,	40.	Médiocrité.	Correspond. et comptabilité.
Artémise et Cléophas,	30.	Opulence.	Cabale intérieure.
Amaryllis et Tityre,	25.	Pauvreté.	Tentes et serres.
Aréthuse et Atys,	22.	Médiocrité.	Etalage, vases, pots.
Galatée et Endymion,	18.	Pauvreté.	Apparat et culte.
Sélima et Nisus,	14.	Pauvreté.	Marcottes et graines.
Chloé et Lycidas,	11.	Médiocrité.	}
Clitie et Astyanax,	8.	Opulence.	} Menus soins, encartage.
Zélie et Hylas,	6.	Pauvreté.	}

Plus, 4 aspirans non compris au tableau, et de divers âges ; car le goût d'une culture peut naître à 50 ans comme à 5.

Plus, 4 auxiliaires ou émérites qui ont quitté le groupe, mais qui, experts à ce travail, s'y rendent en cas d'urgence.

Tous les sectaires de ce groupe, sans distinction d'âge, sont violemment passionnés pour leurs carreaux d'œillets : chacun d'eux est disposé à faire des sacrifices de toute espèce pour soutenir la renommée du groupe. Crésus et Cléophas, Zénobie et Artémise, malgré leur grande fortune, mettent la main à l'œuvre et encouragent à l'envi les travaux : enfin ces 24 sectaires sont 24 maniaques, perdant la tête pour leurs œillets, dont la patriarche Hécube est aussi engouée que la chérubine Zélie. Ils ne souffriraient pas dans leur compagnie un sectaire modérément passionné ; ils ne l'admettraient pas même pour aspirant : ils n'accordent ce titre qu'aux novices ardens à l'ouvrage et brûlans d'enthousiasme. Si tel enfant qui postule en admission, négligeait, aux approches d'un orage, d'accourir pour couvrir de tentes les carreaux d'œillets, on le rejetterait comme élève glacial, incapable de soutenir la renommée de ce groupe célèbre.

Ces 24 sectaires et leurs aspirans ou auxiliaires, malgré l'inégalité de fortune, se considèrent comme famille cabalistique, et s'entr'aident en toute occasion; propriété que n'ont pas les familles de consanguinité. Les quatre enfans pauvres, Sélima et Nisus, Zélie et Hylas, ont des protecteurs zélés dans Crésus et Zénobie, dans Cléophas et Artémise, dont les véritables enfans n'ont pas pris parti dans le groupe des œillettistes. La nature croise les penchans et les fait alterner du père au fils.

En conséquence, Crésus âgé de 50 ans, aime de prédilection la jeune Sélima, âgée de quatorze ans, parce qu'elle est un autre lui-même aux travaux de l'œillet; elle s'y est emparée de tous les soins matériels que Crésus, au retour de l'âge, commence à négliger. Les plaisans diront que ce penchant de Crésus pour Sélima est suspect de quelqu'autre affinité; il n'importe : si Crésus conçoit de l'amour pour elle, il ne l'en aimera que mieux sous le rapport cabalistique, à titre d'héritière de ses penchans et fantaisies industrielles; et il ne testera pas sans lui assigner un legs dans la classe des lots d'adoptifs, classe qui obtient communément un tiers dans tous les testamens des harmoniens.

Nous supposons que Thalès, riche sectaire de ce groupe, mort l'année précédente, aura laissé des legs à quelques-uns des quatre enfans pauvres, et à plusieurs des sectaires.

Chacun des huit enfans trouve des instituteurs aussi doctes qu'empressés, dans Hécube et Théophraste, dans Baucis et Philémon. Il importe de remarquer, au sujet des œillets, ce mode d'éducation amicale et passionnée qui s'étend à tous les travaux de l'Harmonie.

Le hasard a bien servi les œillettistes de Gnide, en enrôlant avec eux Galatée qui est la plus belle vestale de la contrée. Elle contribue puissamment à attirer les curieux au magnifique parterre de ce groupe. Tous les sectaires sont flattés que, dans les cercles et fêtes, elle paraisse quelquefois en costume d'Hamadryade de l'œillet ; qu'elle soit leur bannerette dans les parades, leur déesse mythologique dans les festivités, leur organe dans les réceptions d'étrangers et d'amateurs.

Arrêtons-nous un instant à observer les convenances qu'offre à tout étranger un groupe régulièrement gradué en séries d'inégalités contrastées. Celui-ci est disposé de manière que chacun, en l'abordant, trouve à s'y assortir. Si un monarque vient visiter les œillets de Gnide, on ne lui adjoint pas, selon l'usage, des beaux esprits pour l'endormir ; on lui donne pour introducteur la vestale Galatée. Si c'est une Reine, elle est accompagnée par le damoiseau Endymion. Si c'est un patriarche, il aura pour compagne la jeune Aréthuse, de l'ordre des Faquiresses qui protègent la vieillesse. Une vieille dame sera accueillie par le jeune Atys, de l'ordre des Faquirs ; un chérubin de 5 à 6 ans sera reçu et informé par les patriarches ; et ainsi des autres.

Un groupe régulièrement gradué a cette propriété d'offrir pour chaque âge des liens de contraste et d'identité. L'étranger, en l'abordant, y trouve toujours des introducteurs assortis à ses convenances ; à défaut de quoi il n'y aurait que plaisir simple ou philosophique. On viendrait admirer l'œillet pour l'œillet même, sans autre stimulant qui formât plaisir composé, selon le vœu de la 12ᵉ passion nommée composite, qui n'opère que par double et triple ressort.

Cette règle est méconnue de nos sages, qui veulent faire aimer la vertu pour elle-même, sans l'appuyer de la fortune, de la considération et du plaisir.

Crésus et Zénobie n'ont pas voulu se contenter des modestes édifices que fournit la Phalange, pour hangars de chaque groupe agricole. Ils songent moins à orner leur appartement que leur parterre chéri. (J'ai dit ailleurs, qu'en Harmonie personne ne se tient à son appartement, à moins de maladie ou rendez-vous, et qu'on reçoit une visite dans les séristères du palais, ou les belvédères et castels des groupes agricoles).

Crésus a fait les frais du pavillon où se réunit la secte des œillettistes ; Zénobie, les frais de la serre et du hangar : les marbres et colonnades y sont prodigués. Artémise a fourni les statues qui décorent le parterre ; Cléophas a fait construire le château d'eau. Enfin le défunt Thalès a fourni un matériel aussi somptueux que le mobilier d'un prince. Le dais des patriarches, les costumes de travail et de festivité, tout est du plus grand éclat. Les folies des harmoniens sont folies industrielles pour charmer les travaux.

Il est entendu que ce faste ne règnera ni dans l'Association simple, ni dans les premières années de la composée. Je décris l'Harmonie en 3ᵉ et 4ᵉ génération, et formée de sectaires élevés dans cet ordre. Il faut se garder aussi de confondre ce que j'ai dit des costumes de festivité, avec les vêtemens industriels. On peut penser qu'au travail, une femme n'arrivera pas en costume d'Hamadryade, mais en tunique de couleur peu salissante, et sans autre parure que les signes distincts du groupe, tels que pompon, collier, panache ou autre objet d'uniforme qui puisse s'allier avec les travaux.

Il est des lecteurs assez simples pour confondre ces emplois de costumes, et croire qu'une déesse va aller au travail avec des franges d'or, comme dans l'assemblée de festivité; il faut pour la seconde fois les désabuser bien positivement, et quant à ce luxe industriel, répéter que pour bien faire comprendre le mécanisme de répartition en Harmonie simple, il faut décrire celui qui existera en Harmonie composée, et retrancher ensuite ce qui ne sera pas applicable à l'ordre simple.

Déjà il a fallu de la théorie préparatoire éliminer la portion la plus intéressante, celle des amours libres et ralliemens d'amour, si puissans pour absorber la cupidité et établir au moment des partages, la générosité ou propension du riche à soutenir le pauvre, qu'il ne cherche aujourd'hui qu'à spolier. Je n'ai pu faire valoir en ce genre que des ralliemens de moindre influence, comme la *protection fédérale inverse*, pag. 506, et autres liens moins forts que ceux d'amour. Ne négligeons donc pas d'énoncer les accessoires de luxe et autres qui excitent la bienveillance collective des sectaires, et les préparent à n'élever en séance de répartition, que des luttes de générosité, 480 3/4, et jamais de sordide intérêt.

Augure de visionnaire, dira-t-on! Les hommes sont vertueux *à l'intérêt près :* je le sais; mais on verra au chap. 7 (équilibres hypo-unitʳᵉˢ), que c'est par intérêt et par raison *CUMULATIVEMENT*, que les harmoniens atteindront à cette générosité collective, dont l'augure fait sourire de pitié les mercantiles civilisés.

CHAPITRE III.

RÉPARTITION hyper-unitaire en raison directe des masses et inverse des distances.

En considération du relief que donne cette culture à la Phalange de Gnide et des bénéfices obtenus soit par les œillets employés à l'atelier de parfumerie, soit par les ventes et envois de plants, cette Série a été rétribuée à une somme de 3600 fr., dont 1200 au groupe des grosses espèces, 1500 au groupe des moyennes, et 900 au groupe des petites. On verra ailleurs, quel ordre préside à cette répartition entre Séries et groupes. Occupons-nous d'abord de la distribution individuelle des 1200 échus au nôtre, en lot de bénéfice sociétaire. C'est là que nous allons observer la tendance au foyer ou luxe, en conformité à celle des planètes, en raison directe des masses et inverse des distances, *non du carré :* on verra la cause de cette différence.

La somme de 1200 f. allouée audit groupe, est divisée en trois portions de 600, 400, 200, affectées aux trois facultés d'industrie, capital et lumières ; savoir :

Active,	3/6 accordés au travail,	600.	}
Passive,	2/6 alloués au capital,	400.	} 1200.
Neutre,	1/6 réservé au talent,	200.	}

(*Nota.* La division des lots se trouvant faite sur mes brouillons par 1/6, 2/6, 3/6, je la conserve, en avertissant qu'elle serait mieux par 3/12, 4/12, 5/12 ; 300, 400, 500. Cette différence ne change rien à la théorie).

Des 600 fr. accordés au travail, on formera huit Séries de 24 lots, à peu près dans l'ordre suivant : je dis 24 lots et non pas 32, les aspirans et auxiliaires n'ayant pas de rétribution.

8, 11, 14. » 33. }	24, 27, 30. » 81. }	204.
12, 15, 18. » 45. {	28, 31, 34. » 93. {	396.
16, 19, 22. » 57. {	32, 35, 38. » 105. {	———
20, 23, 26. » 69.)	36, 39, 42. » 117.)	600.

Supposons que le scrutin de répartition donne la distribution suivante, où les exposans 1, 2, 3, indiquent les trois classes de fortune, la richesse, la médiocrité, la pauvreté, conformément au tableau précédent.

1° 42 Galatée , 3.   39 Endymion , 3.   36 Amaryllis , 3.
2° 38 Tityre , 3.   35 Araminte , 2.   32 Damon ,   2.
3° 34 Crésus , 1.   31 Aréthuse , 3.   28 Atys ,   3.
4° 30 Zénobie, 3.   27 Artémise , 3.   24 Cléophas , 3.
5° 26 Sélima , 1.   23 Baucis , 2.   20 Philémon , 2.
6° 22 Nisus , 1.   19 Hécube , 2.   16 Théophraste 2.
7° 18 Chloé , 2.   15 Clitie , 3.   12 Astyanax , 3.
8° 14 Lycidas, 2.   11 Zélie , 3.   8 Hylas , 3.

On voit que les deux plus fortes parts sont adjugées à Galatée et Endymion ; non que leur travail soit le plus nécessaire , car ils ne peuvent pas, à 18 ans, avoir acquis une intelligence supérieure ; mais leur présence excite l'enthousiasme. La beauté est un levier puissant dans un ordre où tout marche par Attraction. Galatée est chef du corps vestalique ; or, une compagnie s'attache aux belles personnes quand elles ne sont pas infatuées exclusivement d'un seul favori. Endymion est chef du corps de Damoïsellat , corps des amans fidèles en premier amour et considéré sous d'autres rapports ; tous deux obtiennent le douzième de faveur , (selon la passion contre-foyère ou favoritisme, légèrement définie, 520). Cette part est peu de chose ici ; mais elle peut être beaucoup plus forte dans divers groupes au nombre d'une soixantaine , dont ces deux personnages sont sectaires. Ainsi Galatée quoique jeune et sans fortune, gagnera beaucoup , parce qu'elle est belle et chaste ; qualités dont la réunion ne procure aucun bénéfice en civilisation, par des voies honorables comme la faveur collective d'un groupe industriel ; Endymion obtiendra aussi cette faveur à titre de damoiseau distingué.

Viennent ensuite les travailleurs recommandables, Tityre et Amaryllis , jeunes gens pauvres , mais très-diligens dans le soin du matériel ; Araminte et Damon , gens de moyen âge, qui gèrent avec intelligence le bureau et les comptes , et méritent, vu leur fortune médiocre, une ample répartition. La tenue des écritures ne les empêche pas de vaquer à la culture.

Dans les Séries 3e et 4e , je place d'abord Zénobie et Crésus qui , d'après leur fortune colossale , n'auraient aucun besoin de lots élevés. Ils les méritent cependant, par leurs services empressés et judicieux , leur activité dans la cabale extérieure. Tous deux assez satisfaits de l'amitié de leurs sectaires , voudraient pouvoir abandonner le lot de bénéfice qui leur échoit ; ils n'en acceptent que le taux de minimum, huit fr., qu'on ne peut pas refuser. Ils emploient le surplus en encouragemens ; ils le distribuent aux enfans pauvres, ardens au travail et zélés pour l'honneur du groupe. Artémise et Cléophas font de leur portion semblable usage ; ils n'acceptent que le minimum de huit f., et distribuent le surplus aux enfans pauvres et aux aspirans sans fortune, dont les services précieux sont l'espérance du groupe.

Sans pousser plus loin le détail, raisonnons sur cette répartition. Si les plus riches sont ceux qui ont voulu recueillir le moindre lot ; si loin de prétendre à la plus forte part en raison de leur fortune, ils abandonnent tout ce qui leur échoit en sus du minimum, il en résulte qu'ils tendent au bénéfice *en raison inverse des distances de capitaux*, car ils possèdent la plus forte somme de capitaux actionnaires, et ils veulent la plus faible part de bénéfice industriel : ils tendent donc au premier foyer d'Attraction, au luxe ou bénéfice, en conformité avec les planètes, en *raison inverse des distances*. C'est une des deux conditions de l'équilibre passionnel de répartition. Examinons l'autre, qui consiste à tendre au luxe en raison directe des masses de capitaux.

On a vu que les 1200 f. alloués à ce groupe ont été divisés en trois portions, dont 600 au travail, 400 au capital, et 200 aux lumières. Sur la somme de 400 f. répartie aux capitaux actionnaires, les quatre sectaires opulens reçoivent d'autant plus qu'ils ont plus d'actions. Leur part est forte, parce que 10 des 24 sectaires n'ont que peu ou point de capitaux, et ne concourent presque pas au partage des 400 f. de portion passive. Les actionnaires perçoivent, sur ce point, *en raison directe des masses de capitaux*. Ainsi est remplie la 2e condition qui constitue le contre-poids d'Harmonie distributive.

Nous voyons l'effet contraire dans tout le mécanisme civilisé, où l'homme tend et arrive au bénéfice *en raison directe des masses et directe des distances de capitaux* ; car dans toute entreprise où il intervient à la fois de ses capitaux et de son travail, comme dans une maison de commerce, une régie de banque publique, etc., enfin dans toute société d'actionnaires, celui qui coopère des deux manières, par gestion active et versement de fonds, veut non seulement un dividende proportionnel à sa masse d'actions, ce qui est fort juste; mais il veut encore une levée ou traitement plus fort que celui des commis sans capitaux, à qui pourtant il laisse les plus pénibles fonctions.

Il tend donc au bénéfice en raison *DIRECTE* de la masse de capitaux, et *DIRECTE* de la distance de capitaux; ce qui constitue l'absence de contre-poids, la subversion du principe d'équilibre hyper-unitaire en répartition.

De ce vice il résulte que le mécanisme civilisé ne peut produire que des monstruosités, que des fourmilières d'indigens à côté de quelques fortunes colossales; aussi; à la honte de nos verbiages économiques de balance, contre-poids, garantie, équilibre, ne voit-on par-tout qu'indigence, fourberie, égoïsme et duplicité d'action, 67 1/4.

Passons à la 3ᵉ portion de genre. Il reste à répartir le dividende neutre des 200 fr. affecté au talent. Ce lot est l'objet d'un scrutin particulier, dans lequel Hécube et Théophraste, Baucis et Philémon, gens très-âgés qui sont, quant à l'industrie active, aux 5ᵉ et 6ᵉ rangs, obtiendront nécessairement les premiers lots, à titre de sectaires expérimentés et les plus précieux dans la direction des travaux.

Cette portion forme un lot considérable pour ceux qui se la partagent, vu qu'elle n'est que peu ou point applicable à la jeune moitié des sectaires; ils ne peuvent pas avoir acquis de connaissances notables, ni figurer à titre de talens théoriques ou pratiques.

Ladite portion neutre dédommage amplement les 4 vieillards à fortune exiguë ou médiocre, de n'avoir obtenu que des 5ᵉˢ et 6ᵉˢ lots eu industrie active, et peu en passive, en lots de capitaux. C'est donc la part neutre qui harmonise tout, le neutre ayant cette propriété dans tous les emplois du mouvement social ou matériel.

L'industrie neutre, celle de **talent**, qui doit établir la balance entre les bénéfices de capital et de travail actif, n'est parmi nous qu'un marche-pied pour l'injustice; et lors même qu'il y aurait dans notre système industriel et administratif des lots de bénéfice assignés spécialement aux talens, aux lumières, la mesure serait encore abusive et illusoire, parce que

que chaque agent ignorant s'attribuerait les connaissances qu'il emprunterait *DE SON TEINTURIER*, d'un subalterne pauvre et salarié.

Achevons sur la répartition et la balance *harmonique*, pour laquelle il ne suffit pas de satisfaire les droits respectifs ; c'est trop peu de la justice, elle ne serait que levier simple ; il faut encore que les répartitions excitent l'enthousiasme. Observons cet effet dans les lots de ricochet qui échoient aux enfans.

Sélima et Nisus, Hylas et Zélie sont les 4 enfans pauvres du groupe. Leur industrie, sur-tout chez ceux de six ans, n'est pas encore de grand prix ; cependant ils obtiennent de fortes rétributions, d'après l'abandon de dividende fait par 4 sectaires opulens, qui se sont bornés au minimum de 8 fr. Le surplus est réparti, à titre d'encouragement, entre ces 4 enfans et 2 aspirans pauvres de même âge.

Ces gratifications jointes aux lots inférieurs qu'ont reçu les enfans pauvres, doivent élever très-haut leurs dividendes. Zélie et Hylas, rétribués à 11 et 8 fr. au tableau, verront ces lots accrus jusqu'à 24 et 20 fr., somme double des lots de Clitie et Astyanax, qui sont des enfans riches et possesseurs d'actions. Sélima et Nisus, plus âgés, auront des gratifications plus fortes encore, du produit des dividendes abandonnés.

Les 4 enfans pauvres atteignent donc au bénéfice en raison *inverse des distances de capitaux* ; car plus ils sont éloignés de la fortune, plus ils gagnent dans le lot affecté à l'industrie active.

L'acte de générosité qu'on vient de lire, peut se répéter pour ces enfans dans vingt autres groupes, où les riches sectaires abandonneront de même le surplus du minimum (et non pas le minimum que chacun accepte par bienséance, pour ne pas s'isoler d'association ; tout homme opulent étant dans l'usage, ou de demander le dernier lot, ou d'accepter le sien pour le rétribuer aux enfans pauvres dont il se trouve toujours quelques-uns dans chaque Série industrielle).

Ces dons ne s'étendent pas aux sectaires adultes : ils ont assez de moyens de bénéfice, et entrent dans un âge où il ne serait plus décent de recevoir ces gratifications. Elles ne s'étendent qu'aux impubères, aux chœurs de chérubins, séraphins, lycéens et gymnasiens.

Il en résulte qu'au jour de répartition, chacun de ces enfans pauvres se trouve gratifié d'une forte somme; car si l'enfant a obtenu 15 f. dans une vingtaine de groupes qu'il fréquente, c'est pour lui 300 f. en sus des bénéfices alloués pour son industrie. Dissertons sur les résultats de cette répartition, si différente des ladreries et extorsions civilisées.

CHAPITRE IV.

PROPRIÉTÉS *de la répartition équilibrée.*

J'EN rassemble ici trois que j'aurai souvent occasion de citer. Pour les faire bien apprécier, je les analyse dans un chapitre à part, et je les borne à trois sur cent.

1° *L'intimité des classes riche et pauvre.* Elle naît du désintéressement des riches sur le lot de 3/6 alloué au travail. L'abandon qu'ils en font communément, est un ressort d'amitié collective parmi les harmoniens : on voit chez eux les riches idolâtrés par les pauvres qui participent indirectement à leur bien-être. Je laisse à penser quelle est la reconnaissance d'un père pauvre qui voit, dans 20 groupes de sa Phalange, 20 magnats ou magnates abandonner leur part industrielle à son enfant, l'instruire sur les procédés de l'art, le choyer, l'entraîner à l'envi dans leurs fêtes corporatives, le titrer adoptivement en participation d'hoirie : un tel père sera un Décius quand il faudra servir le corps des magnats.

Ainsi le régime sociétaire sait créer à chaque pas des liens, des germes d'affection entre les classes riche et pauvre, aujourd'hui animées respectivement d'une haine implacable. On voit toujours, dans les Séries pass., un magnat enrichir vingt familles pauvres et s'en faire aimer, dans la même situation qui, en régime civilisé, le conduirait à spolier les 20 familles pauvres et s'en faire abhorrer.

J'ai cité en 7ᵉ section, maintes voies de ralliement affectueux du pauvre au riche. Il s'en faut de beaucoup que je les aie toutes fait connaître : nous en découvrirons à chaque pas dans les relations d'harmonie, où la violente haine des pauvres actuels contre les riches est transformée en affection idolâtre, en dévouement sans bornes.

De là vient qu'en Harmonie, un monarque sourirait de pitié si on lui proposait une garde ; il répondrait : ceux qui m'entourent sont tous mes gardiens de cœur, sans aucune solde ni spéculation mercenaire ; ils sont de plus gratuitement mes gardes d'apparat, dans le cérémonial où tous figurent en parade sous ma présidence. J'ai donc, sans frais et par pure affection, ce que vos monarques civilisés ne pouvaient se procurer à aucun prix ; car ils n'étaient gardés que mercenairement et non passionnément ; encore bien mal gardés, notamment Paul 1er, Charles IV et Gustave ; et bien malheureux de ne pas se croire en sûreté au milieu de leurs sujets, être réduits à s'entourer d'étrangers stipendiés.

2. *Le concert d'extrêmes inégalités*. C'est une propriété à mentionner en réponse aux chimères philosophiques. Il suffirait d'une ombre d'égalité, d'un rapprochement des fortunes, pour anéantir l'effet de la bienveillance que je viens de citer, *l'abandon de ce qui excède le lot de minimum*. Si aucun des sociétaires ne possédait une grande fortune, aucun ne voudrait abandonner, sur le lot de travail, son excédant de minimum aux enfans et aspirans pauvres. Chacun pressé par le besoin de gain, se trouverait lésé d'être classé au 3e ou 4e lot. Il y aurait de toutes parts conflit de cupidité, qui étoufferait les germes de générosité.

Mais si le groupe contient des sociétaires à grande fortune, ils seront assez satisfaits de la portion considérable qui leur échoira en dividende actionnaire ou lot des capitaux : ils deviendront généreux et libéraux sur le lot des capitaux comme sur le lot à percevoir en dividende industriel.

Un riche harmonien se trouve assez payé d'un travail *attrayant*, quand il est entouré de sectaires dévoués et fidèles appuis de sa passion. Il regrette que la bienséance l'oblige à accepter un minimum de lot en industrie.

Il est donc bien important qu'une Phalange soit composée de gens très-inégaux en fortune comme en autres facultés. La Phalange où les inégalités seront le mieux graduées, atteindra le mieux à la perfection d'Harmonie, en répartition et autres relations. Voyez au chap. 7, l'effet des inégalités en équilibre de cupidité.

Il suit de là que le rapprochement de fortunes tant prôné

37.

par les sophistes, est la disposition la plus contraire à la nature de l'homme. L'inégalité extrême, la richesse colossale chez les uns et nulle chez les autres, est un des puissans ressorts d'Harmonie, sauf la garantie du minimum, base de toute concorde en régime sociétaire.

Aussi la nature qui a besoin du levier de l'inégalité, pousse-t-elle violemment certains caractères à une cupidité démesurée, qui se rit des lois répressives et morales : de là vient qu'on ne peut maintenir la modération que par des mesures tyranniques, des constitutions monastiques dans le genre de celles des Spartiates et des Hernutes, nations qui sont des monstres passionnels, en dépit du suffrage de la philosophie.

3. *L'adoption continuatrice*, déjà citée aux ralliemens de famillisme. C'est un sujet à reproduire en traitant de la répartition : l'on a vu combien les plus opulens du groupe sont jaloux du lustre de leur culture favorite, et doivent incliner à protéger, à *titrer d'adoption*, les enfans qui en seront continuateurs. Orythie, fille de Crésus, est peu engouée de l'œillet ; elle a pris parti au groupe des roses. Adraste, fils de Zénobie, est entiché des tubéreuses ; il est capitaine du groupe qui les cultive. Ainsi nos deux riches œillettistes ne peuvent jeter les yeux que sur Sélima et Nisus, pour successeurs cabalistiques, pour continuateurs eu attraction et adoptifs industriels. Dès-lors Nisus et Sélima sont nécessairement inscrits au testament de Zénobie et Crésus.

Il arrivera que les autres enfans pauvres, âgés de six ans, deviendront de même à 15 ans les continuateurs adoptifs d'Artémise et Cléophas, dont ils obtiendront des legs. Atys et Aréthuse, gens de fortune médiocre, obtiendront de même, à titre d'adoptifs d'Hécube et Théophraste, des legs de moyenne somme ou legs moyens : ils se trouveront en balance d'avantages avec Sélima et Nisus qui, dépourvus de fortune, auront besoin des riches legs de Crésus et Zénobie, pour se trouver en balance d'héritages cabalistiques.

Lorsqu'une Phalange est bien graduée en son passionnel, à 810 caractères contrastés, les équilibres s'y établissent comme par enchantement, et aussi régulièrement que je viens de le supposer. L'Harmonie n'existerait pas moins, lors même qu'on n'atteindrait pas à cette plénitude d'équilibre, dont on restera fort loin dans les débuts. Le groupe que je viens de décrire est de haute perfection, comme tous ceux de formule : on en verra fort peu de cette régularité ; ils ne seront pas moins harmoniques, de même qu'un couple humain peut être fort beau, sans atteindre à la régularité de formes de l'*Apollon* et la *Vénus*.

Ces notions jointes à celles qui ont été données au chap. des testamens harmoniens, feront apprécier l'erreur générale sur la balance à établir dans les affections paternelles ; un père n'est heureux que par le contre-poids ou concurrence des enfans directs et consanguins avec les adoptifs industriels ou continuateurs de passsion. Ceux-ci, dans l'Harmonie, procurent d'autant plus de satisfaction anx adoptans, que le lien peut se transformer en mixte et participer de l'amour après l'avènement de l'adoptif à la puberté, surtout aux époques d'entrée dans le monde galant, entrée qui ne commence qu'à l'issue des premiers amours de vestalat ou damoisellat.

Un père civilisé qui renaîtrait dans la pleine Harmonie, reconnaîtrait avec surprise que l'affection consanguine ou paternelle simple est une passion doublement estropiée, dont le plein développement exige l'intervention des adoptifs continuateurs, et la faculté de *gâtement* harmonique, 159, 163, des consanguins. Ce n'est qu'à ces deux conditions que le père peut obtenir une somme d'affection supérieure à la sienne, et se trouver amplement payé de retour, suffisamment idolâtré, aussi satisfait en ce genre qu'il l'est peu en civilisation. Tout père actuel qui verrait en Harmonie ce double retour en amour filial, s'écrierait : « J'ai connu la paternité, mais non les jouissances paternelles ; » de même que celui ou celle qui verrait les amours de pleine Harmonie, pourrait dire avec raison : « J'ai connu l'amour, et non pas les amours. »

A mesure qu'on étudiera ces brillans effets d'Harmonie, ces accords ou ralliemens du pauvre au riche, de l'inférieur au supérieur, et les moyens qu'ils fournissent pour concilier toutes les classes dans l'affaire *DÉCISIVE* de la répartition proportionnelle, on se convaincra que les passions, gages de tant de bienfaits dans l'état sociétaire, sont le plus sublime ouvrage de Dieu, et qu'en dépit des diatribes de la philosophie, on peut dire des passions comme de tant d'autres choses créées, *DIEU A BIEN FAIT TOUT CE QU'IL A FAIT*.

Toutefois, pour en venir à cette apologie de Dieu, il faut connaître la théorie des destinées et des créations présentes et futures ; celles du mouvement dualisé, I, 27, et de l'analogie universelle ou psycologie comparée, I, 497 ; sans cette connaissance, tout esprit faible incline à suspecter la Providence, *en croyant la nature bornée aux moyens connus.* Tel est le vice dont il faut corriger notre siècle qui, malgré ses prétentions au rang d'esprit fort, ne s'est élevé qu'au bel esprit faible et très-faible en judiciaire, tant qu'il croit les vues de la Divinité bornées aux abominations connues, telles que les sociétés civilisée, patriarcale, barbare et sauvage, et l'horrible mobilier de création subversive qui nous peint les mœurs infames de ces quatre sociétés.

CHAPITRE V.

OBJECTIONS sur l'Harmonie de répartition.

Avant de passer de celle des groupes à celle des Séries, je vais examiner trois objections seulement, sur la distribution faite aux individus d'un groupe sociétaire.

1° Argument d'analogie mathématique : on objectera que dans la répartition indiquée, l'équilibre est en raison *inverse des distances*, et non pas *inverse du carré des distances;* méthode qui semble déroger à l'unité, en ce qu'elle établit, de l'harmonie passionnelle à la sidérale, même différence que de la racine au quarré, que de la 1re puissance à la 2e.

Cette différence est un attribut de l'unité, qui est sujette, comme toute la nature, à la progression exigée par la passion foyère ⋈ unitéisme.

Les créatures de 1er échelon harmonique, les hommes, gravitent sur le luxe ou foyer, en raison inverse de la 1re puissance, ou somme simple des distances.

Les créatures de 2e échelon harmonique, les planètes, gravitent sur le luxe ou soleil, en raison inverse de la 2e puissance ou carré des distances.

Les créatures de 3e échelon harmonique, les univers ou

pommes de tourbillons, gravitent sur un univers pivotal, en raison inverse de la 3e puissance ou cube des distances.

Et ainsi des créatures de 4e échelon, dites *BINIVERS* ou pommes d'univers ; de 5e, les *TRINIVERS* ou pommes de binivers ; de 6e, les *QUATRINIVERS*, etc.

L'homme n'étant que de bas degré, que dernier échelon des créatures harmoniques, il doit graviter en raison inférieure d'un degré puissanciel à celui de la planète, qui est en échelle d'harmonie un chaînon de 2e puissance. L'unité dérive donc précisément de cette inégalité de degrés puissanciels sur laquelle repose l'objection.

2° On doutera que les effets d'amitié et de générosité énoncés aux précédens chapitres, soient applicables aux groupes industriels en général, et sur-tout à ceux de travaux peu attrayans, labour, fabrique, etc.

Nous concevons, dira-t-on, que Crésus dédaigne sa part de bénéfice industriel, 20 ou 30 fr. sur un travail de pure amusette, comme la culture des œillets. Nos Crésus font souvent des frais énormes pour leur parterre, et tel qui a la manie des fleurs, loin de chercher à gagner 20 fr., n'en est pas quitte, au bout de l'an, pour vingt louis de frais, outre les embarras de gestion, surveillance et friponnerie.

D'ailleurs, un fleuriste civilisé n'a pas l'avantage d'être secondé par des Amaryllis, des Galatées, que nos Crésus voudraient, au prix d'une forte somme, attirer à soigner leur parterre avec eux ; et de même, plus d'une douairière s'adonnerait ardemment à la culture des œillets, si elle voyait ses fatigues adoucies par les soins du beau Tityre, du bel Endymion : à ce prix nos douairières cultiveraient au besoin les ronces et les épines.

Mais comment organiser ces réunions si gracieusement assorties, dans des travaux presque répugnans, tels que le labourage qui n'a pas, comme les œillets, le pouvoir d'attirer un Crésus, une Artémise ? La charrue, la rizière, n'attirent que des athlètes pauvres, qui ne sont point disposés à céder leur quote-part de bénéfice.

Je réponds que ladite cession est un ressort accessoire ; l'Harmonie s'établirait sans cette générosité, et par d'autres liens non encore décrits. D'ailleurs, on se tromperait lourdement en estimant, d'après l'état actuel d'une industrie, la dose d'attraction qu'elle exerce en Harmonie. Cette charrue si odieuse aujourd'hui, sera conduite par le jeune prince comme par le jeune plébéïen : elle sera une espèce de *tournois industriel*, où chaque athlète ira faire ses preuves de vigueur et dextérité, s'en faire valoir devant les belles, qui viendront clorre la séance en apportant le déjeûné ou le goûté.

Un jeune prince élevé dans la Phalange y aura, dès l'âge de huit ans, conduit de petites charrues avec le chœur des séraphins. A onze ans on le verra, par plaisir et par amour-propre, manier déjà une moyenne charrue, et s'appuyer, pour l'admission aux gymnasiens, de la profondeur et de la régularité des sillons qu'il aura tracés. Il briguera l'honneur de concourir, avec de plus âgés, au labour d'une terre légère : le roi son père y applaudira, comme le père de la princesse Nausicaa lui applaudissait lorsqu'elle allait elle-même laver ses robes. (Odyssée).

Ainsi chacun sera laboureur, dans l'Harmonie, et se fera une fête de la courte séance de deux heures de labour qui réunira, par intervention de cohortes vicinales, quatre ou cinq appâts divers et inconnus en civilisation, comme la lutte industrielle entre les cohortes, sur la beauté et la manœuvre de leurs bœufs ; lutte qui offrira aux connaisseurs, autant d'intérêt que nos courses de chevaux.

3° On arguera de l'insuffisance des moyens actuels en Attraction : où trouver, pour le canton d'essai, des nymphes propres à exciter l'enthousiasme dans les groupes industriels? On ne trouvera que de grossiers paysans, avec qui tout sybarite répugne à frayer, et encore plus à s'associer dans les travaux champêtres.

Pour réfuter ces objections et autres sur les lacunes d'Attractions, examinées à l'Épi–Section, il faudrait anticiper sur l'ordre des matières : n'ai-je pas dit qu'on débutera par l'Association simple, et que dans le cas où on fonderait d'emblée la composée, on ne pourrait pas former toutes ces Harmonies transcendantes avec une grossière génération de civilisés? Elle se polira pourtant assez promptement : nos rustres seront d'abord enthousiasmés d'un état de choses qui leur assurera plus de bonheur que n'en trouve aujourd'hui le seigneur dans son château. Ils seront bien vîte corrigés de leur grossièreté, quand ils trouveront dans la politesse une voie de fortune assurée. Chacun d'eux deviendra, au bout d'un an, ce que devient aujourd'hui le paysan, qu'une hoirie d'un million installe dans un bel hôtel, où il se purge bien vîte de sa crasse originelle.

Je me borne à ces trois objections entre beaucoup d'autres. A les bien examiner, elles militent contre la civilisation. Par exemple, on est tenté de croire que nos sybarites ne voudront pas être associés avec Grojean et Margot : ils le sont déjà aujourd'hui (je crois l'avoir fait observer). L'homme riche n'est-il pas obligé de débattre ses intérêts avec vingt paysans qui tiennent ses fermes, et qui tous s'accordent à griveler sur lui ? Il est donc, par le fait, *associé des paysans*, obligé de s'informer des bons et mauvais fermiers, du caractère, des mœurs, de la solvabilité et de l'industrie : il est *en société très-directe et très-fatigante* avec Grojean et Margot ; il ne sera, en Harmonie, que leur associé indirect, dégagé des comptes de gestion qui sont réglés par les régens, procurateurs et officiers spéciaux, sans que le capitaliste ait besoin d'y intervenir, ni coure aucun risque de fraude. Il sera donc délivré des désagrémens de son association actuelle avec les paysans ; il en contractera une nouvelle où il n'aura rien à leur fournir, et où ils ne seront pour lui que des amis officieux et dévoués, selon les détails donnés sur le régime des Séries pass. et sur les ralliemens. Si dans les festivités il paraît à leur tête, c'est qu'il lui aura convenu d'accepter le grade de capitaine. S'il leur donne un repas de corps, c'est qu'il prend plaisir à se reconnaître de leurs prévenances continuelles.

Ainsi l'argument élevé sur les répugnances d'association entre Mondor et Grojean, *déjà associés de fait*, n'est, comme tous les autres, qu'une argutie vide de sens, et dénotant seulement que la civilisation sait semer des germes de haine partout où l'Harmonie créera, 538 1/2, entre le riche et le pauvre des germes d'affection. J'invite le lecteur à se défier de ses faux jugemens sur ce sujet : si l'on a passé 3ooo ans à étudier la science de discorde sociale ou civilisation, l'on peut bien accorder trois semaines d'étude à la théorie qui va donner tous les biens opposés, et ne pas se hâter d'accumuler les objections avant de connaître en plein les moyens d'exécution, dont ces deux premiers tomes sont loin de renfermer tout le système, et dont on ignore encore le plus brillant ressort, exposé au 7ᵉ chap., équilibre hypo-unitaire.

CHAPITRE VI.

Equilibre de Classement entre les Séries.

Nous passons de la partie au tout, et des masses inférieures ou simples, qui sont les groupes, aux masses composées qui sont les Séries de groupes affiliés.

Chaque Série étant *ASSOCIÉE* et non pas *FERMIÈRE* du tourbillon, elle perçoit un dividende, non sur le produit de son propre travail, mais sur celui de toutes les Séries, et sa rétribution est en raison du rang qu'elle occupe dans le tableau divisé en trois classes, *nécessité*, *utilité* et *agrément*.

Par exemple, telle Série qui cultive les graminées, ne perçoit ni demi, ni tiers, ni quart du produit des grains recueillis : ces grains entrent dans la masse du revenu à vendre ou à consommer ; et si la Série qui les a produits est reconnue de haute importance en industrie, elle est rétribuée d'un lot de 1ᵉʳ ordre dans sa classe.

La Série qui produit les grains est évidemment de 1ʳᵉ classe ou de nécessité. Mais dans la classe de nécessité on peut distinguer environ cinq ordres, et il est probable que celle de la culture des grains sera au moins de 2ᵉ ordre : je ne dis pas de 1ᵉʳ, car le travail de labour et de manutention du grain n'est nullement répugnant, et doit être classé après les répugnans, qui sont au 1ᵉʳ des cinq ordres de nécessité.

Le travail des Petites Hordes est le premier de tous. Vient ensuite celui de boucherie, où elles interviennent pour la partie fétide ou triperie.

La fonction de boucher est très-prisée dans l'Harmonie : on y a beaucoup d'affection pour les animaux, et l'on se tient très-obligé envers ceux qui ont le courage de les tuer avec toutes les précautions imaginables pour leur éviter les souffrances, et jusqu'à l'idée de la mort. (* *Note vis-à-vis*).

D'autres fonctions peu considérées parmi nous, comme celle des infirmistes ou curateurs de malades, jouissent en Harmonie de la plus haute considération. Il en est de même de la Série des nourrices et pouponnistes : leurs travaux étant répugnans, doivent être classés avant celui du labour, et former avec le travail des Petites Hordes, la section de 1ᵉʳ ordre dans la classe de nécessité.

Répétons que ce n'est pas la valeur du produit qui est règle de rang : voici à cet égard un problème sur lequel se tromperont tous les civilisés. Si l'on demande laquelle des deux Séries de *floricoles* ou *fructicoles* doit être classée avant l'autre, chacun répondra que ce n'est pas même un sujet de doute ; que les fruits sont infiniment préférables aux fleurs ; que la Série qui cultive les vergers, les espaliers, doit non seulement être classée avant celle qui cultive les fleurs ; mais que celle-là doit être classée en catégorie d'utilité, et celle-ci en catégorie d'agrément, qui est moins rétribuée.

C'est fort mal jugé : la Série des vergers, quoiqu'infiniment productive, reste dans la catégorie d'agrément, et de plus elle y est classée au-dessous de la Série des floricoles qui ne produit pas autant qu'elle coûte ; les ventes de graines et fournitures aux parfums ne couvrant pas les frais de culture.

Etudions les motifs de ce classement, déduits des influences d'Attraction en mécanique sociétaire.

(*) Dans notre civilisation perfectible, on s'évertue à raffiner les souffrances des animaux, en disant pourquoi sont-ils bœufs, pourquoi sont-ils poulets, pourquoi sont-ils poissons, 199, 474 ? Le boucher les entraîne à coups de fouet et morsures de chien dans les abattoirs fumans de sang, et dont l'odeur les effarouche, leur fait souffrir une mort anticipée. Tout cuisinier éclatera de rire si on l'invite à tuer ou étourdir les poissons avant de les écailler et les ouvrir.

La Série des bouchers harmoniens raffine sur les précautions qui peuvent éviter aux animaux l'idée de la mort. On a soin de laver par un canal et parfumer l'abattoir ; on les y attache en masse, afin que le groupe d'abatteurs les frappe simultanément : on prend enfin toutes les précautions qui peuvent leur éviter la souffrance réelle ou idéale. Le détail de ces soins serait ridicule aux yeux des Français, qui se délectent par-tout à torturer les animaux, quadrupèdes, oiseaux, poissons et jusqu'aux papillons. L'affection des harmoniens pour les bêtes donne un grand relief aux fonctions d'un boucher intelligent à les ménager, et cette fonction est classée au 1ᵉʳ rang en nécessité.

Les vergers, en Harmonie, sont des séjours délicieux ; leur soin est le plus récréatif de tous les travaux. Les rencontres de cohortes vicinales, et les amours dont je n'ai pas parlé, s'y joignent à mille autres amorces. D'ordinaire, les sexes y sont réunis, l'un pour le travail de force, l'autre pour celui d'adresse. Tout verger est parsemé d'autels de fleurs, entouré de cordons d'arbustes : le travail n'y exige guères de tentes roulantes, parce que les arbres en tiennent lieu. Si l'on ajoute à tous ces attraits, le charme puissant de la culture des fruits, l'avantage de n'être plus trompé sur les espèces ni volé sur les récoltes, de n'être entouré au verger que de sectaires polis et bienveillans, d'y trouver après la séance un déjeûné ou goûté au castel, d'y être stimulé par une foule de cabales sur les rivalités, on pensera que sur 1000 personnes il doit s'en trouver 999 en attraction pour le soin des vergers, au moins dans quelque branche. C'est une série infinitésimale, comme celle du poulailler, 446.

La secte des vergers, abstraction faite de son produit, est donc la dernière en titres classiques, parce qu'elle est la plus forte en dose d'attraction. D'autres sectes recourront aux expédiens pour renforcer d'attraction : celle—ci ne cherchera qu'à diminuer l'intensité d'appât, et ralentir l'empressement général à s'y enrôler.

Quant à la secte des floricoles, elle est fort mal appréciée en civilisation : si son produit est plein de charmes, son travail ne l'est guères ; il exige beaucoup d'assiduité, de connaissances, de soins minutieux, pour un plaisir de courte durée. Sur ce, les amis du commerce répondront qu'il faut supprimer les fleurs et semer en place des pommes de terre, comme aux beaux jours de Robespierre qui en fit placer dans les carreaux du parterre des Tuileries. Ces semailles morales ne se concilieraient pas avec le mécanisme harmonien qui exige beaucoup de fleurs, soit pour le charme des travaux champêtres, soit pour l'éducation des enfans, et surtout des filles. C'est par l'amorce des fleurs qu'on les passionne dès le bas âge pour l'agriculture, et qu'on les habitue aux études, à la dextérité qu'exige cette difficile industrie.

Les fleurs ont en Harmonie beaucoup d'autres titres qui laissent à douter si la Série des floricoles ne sera pas classée dans la 2e catégorie, au rang d'utilité, d'où chaque civilisé se hâterait de l'exclure en faveur de la Série des fructicoles qui a le tort, si c'en est un, d'attirer trop fortement. Or il faut, selon la loi des contre-poids, placer an dernier rang en bénéfice, la Série qui est au premier rang en dose d'attraction.

On peut juger par ce parallèle des fruits et des fleurs, que l'Harmonie, en appréciation de travail, se règle sur des bases fort différentes de celles admises en civilisation, et que la quantité ou valeur réelle du produit, qui serait parmi nous boussole exclusive d'estimation des travaux, ne le sera point dans l'état sociétaire. Il placera au dernier rang l'industrie la plus précieuse peut-être; car les deux sexes de femmes et enfans harmoniens vivront de fruits crus ou en compote et marmelade, bien plus que de graminées : nous en avons l'indice dans le bas prix actuel des sucres cultivés par les indigènes, comme en Indostan.

D'autre part, des fonctions qui nous semblent aujourd'hui de pure superfluité, comme l'*Opéra*, seront en Harmonie au premier ordre de nécessité. « Cependant, diront les civi- » lisés, on peut se passer d'opéra, et l'on ne peut pas se » passer de boulangers ni de bouchers. » L'objection est juste, quant à l'ordre civilisé qui n'est pas susceptible d'attraction industrielle; mais on a vu au livre de l'éducation, que l'opéra est un des plus puissans ressorts pour former l'enfant à la dextérité, à l'unité active en fonctions industrielles; il est, à cet égard, objet de 1re nécessité, et rétribué comme tel.

En définitive, le classement des Séries est réglé selon les convenances générales, et non selon les produits. Posons plus régulièrement le principe : on estime leur priorité de rang en raison composée des bases suivantes.

1. En raison directe de concours aux liens d'unité, au jeu de la mécanique sociale.

2. En raison mixte des obstacles répugnans.

3. En raison inverse de la dose d'attraction que peut fournir chaque industrie.

1° *Titre direct;* Concours a l'unité. Le but est de soutenir l'association dont on obtient tant de richesse et de bonheur; la Série la plus précieuse est donc celle qui, productive ou improductive, concourt le plus efficacement à serrer le lien sociétaire. Telle est la Série des Petites Hordes, sans laquelle tout le mécanisme de haute Harmonie serait dissout, et le ralliement d'amitié impossible. Elle est donc la première en titre direct ou concours à l'unité, comme sur les deux autres titres de base.

3° *Titre inverse;* DOSE D'ATTRACTION. Plus un travail excite d'attraction, moins il a de prix *pécuniaire :* dès-lors l'opéra et les vergers devraient être deux Séries de 3ᵉ classe ou agrément. La Série des vergers est renvoyée à ce rang, parce qu'elle n'est que de titre inverse, ne concourant pas plus à l'unité que tous les divers travaux agricoles. Mais la Série d'opéra concourt spécialement à l'unité, par sa propriété de former l'enfant à toutes les harmonies matérielles : cette Série est donc précieuse à double titre, en direct et inverse, et prend place aux premiers rangs dans la catégorie de nécessité.

2° *Titre mixte;* OBSTACLES RÉPUGNANS, comme travail des mineurs, ou des infirmistes et pouponnistes. L'obstacle purement industriel est souvent un sujet d'amusement; les athlètes s'en font un jeu; mais on ne peut pas se faire un jeu d'une répugnance qui fatigue les sens, comme serait le curage d'un égoût, la descente dans une mine : on peut la surmonter par point d'honneur, comme le font les Petites Hordes et les infirmistes; elle n'est pas moins lésion sensuelle; tandis que la fatigue simple et sans dégoût, comme celle d'un homme qui monte sur des poiriers et cerisiers, peut devenir amusette et plaisir réel. De là vient que l'ordre sociétaire n'estime pour mérite que les fatigues répugnantes.

Les obstacles purement industriels et sans fatigue sensuelle, seraient une fausse base de classement, qui éleverait la Série des vergers au rang des travaux de nécessité. Elle ne doit point y figurer quant au dividende ou rétribution pécuniaire, étant trop bien pourvue de contre-poids agréables, et dépourvue de concours spécial à l'unité. C'est en combinant bien les trois règles ci-dessus, qu'on parvient à classer exactement et équi-tablement les rangs de chaque Série, en prétention au divi-dende pécuniaire, dont la distribution n'est pas un travail purement arithmétique. On va en juger au chap. suivant.

CHAPITRE VII.

RÉPARTITION HYPO-UNITAIRE,

En raison directe du mérite et inverse de la cupidité.

———

Constamment j'ai posé en principe que l'homme est fait pour les Harmonies bi-composées ; qu'il ne lui suffit pas même du bonheur composé ni des accords composés, et encore moins des simples, qui ne sont admissibles qu'en relais. Voyez entr'autres le chap. XXIV, Cis-Légom., I, 478.

Appliquons ce principe à la grande affaire de la répartition. Je n'ai élevé l'accord, chap. 3e, qu'au lien composé, en raison *directe des masses et inverse des distances* : à ces conditions, ma théorie ne serait qu'au niveau de la newtonienne, qui borne à deux impulsions les lois d'équilibre du système planétaire ; il se forme du concours de quatre impulsions, et non pas de deux.

Les newtoniens n'expliquent rien sur les causes des distributions, distances et conjugaisons des astres ; ils n'ont déterminé qu'une harmonie d'effets : ils ignorent celle des causes de distribution, réglée par les affinités aromales d'où naît un contre-équilibre en raison directe et inverse. L'accord des planètes est donc bi-composé comme celui des passions, dont on a vu chacune en accord bi-composé, par les quadrilles de ralliement, 482, 510, 532, 540.

Même ordre doit régner dans l'accord de répartition unitaire : j'y ai appliqué, au chap. 3e, les deux leviers newtoniens, 575 ; il reste à en appliquer deux autres pour équilibrer en bi-composé.

En passant des groupes aux Séries, les principes de répartition sont les mêmes, quant au fonds, sauf modification de forme ; c. à d. qu'au lieu de rapporter les prétentions à trois titres, *Travail, Capital* et *Talent*, on les distingue en *Nécessité, Utilité* et *Agrément*. C'est même échelle en importance de fonctions.

Le mérite de chaque Série est composé, dérivant de diverses branches dont il faut estimer l'ensemble par une règle d'alliage. On distingue en prétentions :

Celle du nombre des sectaires ;
Celle de la fréquence des séances ;
Celle de la force des sexes,

et autres quelconques à évaluer combinément. On subdivise les séries de classe en séries d'ordre, comme seraient dans la classe de *nécessité*,

16 de 1ʳᵉ nécessité, à .... 5,000 fr.
18 de 2ᵉ   »   à 4,500
20 de 3ᵉ   »   à 4,000
22 de 4ᵉ   »   à 3,500
24 de 5ᵉ   »   à 3,000

Même échelle en classe d'*utilité* et en classe d'*agrément*.

La balance des divers titres, *Nombre*, *Fréquence*, *Force*, etc., est une affaire purement arithmétique, dont l'exactitude dépendra de celle des écritures et de l'observation des faits bien faciles à constater. On verra aisément combien une Série d'enfans de tel âge effectue de travail, proportionnément à une Série d'hommes faits. En moins de trois ans on aura des données fixes sur toutes ces estimations, où il n'est pas même besoin d'une exactitude bien rigoureuse. Il suffira provisoi-ment d'une bonne approximation entre sociétaires soutenus de l'accord intentionnel.

Cette branche d'accords est d'ORDRE DIRECT, puisque chaque Série doit recevoir en raison directe de ses titres industriels ou mérites. Quelque régularité qu'on mît à les classer et bien constater les droits respectifs, on risquerait de mécontenter les prétendans et échouer en accords généraux, si l'on ne trouvait l'art d'apprivoiser la passion qui désorganise tout dans l'état actuel ; c'est la CUPIDITÉ. Il faut, pour l'équi-libre hypo-unitaire, balancer l'accord *direct* de mérites ou titres industriels, par l'accord *inverse* de cupidité ; amener chaque individu à être d'autant plus ami de la justice, qu'il sera plus avide de gain.

« Y pensez-vous, répond le siècle ? C'est précisément la » soif du gain qui pousse les hommes à l'injustice et qui leur » ferme l'oreille à tout ce qui est juste et honnête : quand » l'amour du gain les possède, ce sont des tigres altérés du » sang du pauvre, sourds à tout conseil de modération. »

Je

Je sais là-dessus ce que chacun sait, et je répète que c'est en irritant la cupidité individuelle , qu'on va amener les harmoniens à l'extrème équité , et métamorphoser en *soif de justice* la frénésie que nous nommons *soif de l'or.*

J'ai dit (bas de 572), qu'on ne s'attendait pas à tous les moyens d'accord que fournit l'état sociétaire , et je réservais celui-ci pour le dernier, comme le plus surprenant. Les harmonies hyper-unitaires , décrites au chap. 3 , ne seraient point encore suffisantes ; il faut aux luttes de générosité ajouter les garanties de justice. Nous allons trouver la plus forte dans la cupidité , sans autre stratagème que d'élever du simple au composé cette passion si odieuse en essor simple.

Bien loin de supprimer le vil intérêt , selon le vœu des philosophes , nous allons lui donner le plus sublime essor , et faire naître de l'avidité même , la plus éclatante vertu , la justice collective et individuelle. C'est le plus beau des problèmes de substitution absorbante , I , 393 ; le plus propre à nous convaincre que le docte créateur des passions *a bien fait tout ce qu'il a fait.*

Il n'est pas, je crois, de sermons plus inutiles que ceux où l'on dit aux civilisés : « soyez modérés dans votre ambition ; » ne cherchez point à tout envahir ; aimez que vos concitoyens » obtiennent leur part des bénéfices , et sacrifiez, s'il le faut, » une partie du vôtre pour établir la concorde. » Celui qui prêcherait pareille doctrine aux marchands , aux procureurs , aux paysans, aux civilisés quelconques, serait bien la voix qui crie dans le désert.

C'est par les impulsions cupides qu'on va amener tous les harmoniens à cette justice pondérée : mais n'est-ce point contredire les lois de l'Attraction ? J'ai dit qu'elle veut des passions ardentes , insatiables de richesses et de plaisirs : comment de tels hommes seront-ils modérés , désintéressés en distribution des bénéfices ? Chacun , s'il est avide de richesses , voudra la part du lion ; et le premier débat sur les répartitions, sera le signal de discorde et de fureurs entre les groupes et les Séries ! Il n'en sera rien. Nous allons les voir sur ce point aussi calmes, aussi philosophes en réalité , que les beaux esprits le sont en paroles. Ce prodige ne tient, je le répète, qu'à élever la cupidité , du mode simple au composé.

Si chacun des harmoniens était, comme les civilisés, adonné à une seule profession; s'il n'était que maçon, que charpentier, que jardinier, chacun arriverait à la séance de répartition avec le projet de faire prévaloir sa profession, de faire adjuger le lot principal aux maçons s'il est maçon, aux charpentiers s'il est charpentier, etc. : ainsi opinerait tout civilisé : mais en Harmonie, où chacun, homme ou femme, est associé d'une quarantaine de Séries, personne n'est intéressé à faire prévaloir immodérément l'une d'entr'elles; chacun pour son intérêt même est obligé de spéculer en mode inverse des civilisés, et de voter en tout sens pour l'équité. Examinons la question sous le rapport de l'intérêt, et sous celui de la gloriole (co-élément d'ambition, 478).

Alcippe est membre de 36 Séries, qu'il distingue en trois ordres, A, B, C. Dans les 12 de l'ordre A, il est ancien sectaire tenant les premiers rangs en importance et en droits au bénéfice : dans les 12 de l'ordre C, il est nouveau sectaire, ne pouvant espérer que de faibles lots ; et dans les 12 de l'ordre B, il est en moyen terme d'ancienneté et de prétentions. Ce sont trois classes d'intérêts opposés, stimulant Alcippe en trois sens différens, et le forçant *par intérêt et par amour-propre* à opter pour la stricte justice. En effet :

S'il y a lésion, fausse estimation du mérite réel de chaque Série, Alcippe sera lésé sur les dividendes à recueillir dans les 12 Séries A où il excelle. Il sera piqué, en outre, de voir leur travail et le sien mal appréciés. A la vérité, cette injustice pourra favoriser les 12 Séries C; mais comme il n'y est que subalterne, rétribué de faibles lots, il ne serait pas compensé des pertes à éprouver dans les 12 Séries A, où il obtient les lots supérieurs. Quant aux 12 Séries B, où il est sectaire moyen, il lui importe également qu'elles soient rétribuées avec justice ; car en obtenant trop, elles préjudicieraient aux Séries A et C : Alcippe ne veut pas être lésé dans les Séries A où il a de fortes parts ; il ne songe pas à se récupérer sur les Séries B où il n'a que des parts moyennes ; ce serait duperie évidente.

Pense-t-on qu'Alcippe tâchera de faire favoriser les 12 Séries A où il perçoit de forts dividendes ? Mais ces 12 Séries sont des trois classes; environ quatre de nécessité, quatre d'utilité, quatre d'agrément. Si Alcippe obtenait du gain sur les quatre premières, il perdrait d'autant sur les 4 dernières. Le besoin de justice trinaire est le même sur ces 12 Séries qu'il l'était plus haut sur la balance d'intérêts dans les 36 Séries. Moyennant ce mécanisme, l'individu se trouve, par cupidité même, forcé à désirer et recommander la justice; et plus il raffine en calculs d'intérêt, plus il incline à l'équité.

L'impulsion est la même en sens d'amour-propre. Si quelque vice de répartition lésait l'une des trois classes, *nécessité*, *utilité*, *agrément*, Alcippe serait lésé dans les 12 Séries où il excelle, car elles se trouvent mi-parties de ces trois classes. Ni Alcippe, ni d'autres ne voudraient voir leurs travaux de prédilection ravalés et rétribués en dessous de leur valeur réelle. Or, pour leur garantir cette juste rétribution sur les douze travaux favoris, il faut que la justice s'étende aux trois classes dont se composent les douze fonctions favorites, c'est-à-dire qu'elle s'étende à tout l'ensemble des Séries distinguées en trois classes.

On pourrait sur ce sujet entrer dans les détails spéciaux et les parallèles de lésion, d'où l'on conclurait que plus un homme sera cupide et spéculateur en intérêt, plus il opinera pour la plus stricte justice, tant par intérêt que par amour-propre ou gloire, 478.

Voilà donc la cupidité d'accord avec toutes les impressions nobles, dont nous avons détaillé les influences à la section des ralliemens. On a vu que par impulsion des 16 ressorts de ralliement, chacun n'apporte en séance de répartition que les vues les plus généreuses : or, quand toutes les opinions et tous les intérêts s'uniront à vouloir la générosité et la justice, comment pourrait-on ne pas y arriver; sur-tout avec les moyens d'estimation régulière exposés dans ce chapitre et au précédent.

D'ailleurs, une légère inexactitude en évaluation ne préjudicierait à personne; car on sait que si on obtient plus dans une Série, moins dans une autre, on se retrouve à peu près en balance, et dans ce cas il n'y a pas de lésion réelle. Ces minuties de détail pourraient-elles troubler l'union, dans une société où tous les âges et les sexes enthousiasmés de leur bonheur social, n'arrivent aux débats de répartition qu'avec l'intention de tout sacrifier au maintien d'un si bel ordre?

Ajoutons que si on lésait *involontairement* une Série, effet qui pourrait avoir lieu sans intention et par suite d'erreur générale, on s'en apercevrait bien vîte au ralentissement d'attraction ; l'on y verrait de la désertion, de la tiédeur ; d'où l'on conclurait à la renforcer d'attraction, soit en modifiant l'assortiment de caractères ou clavier passionnel, soit en lui allouant une indemnité provisoire sur le fonds de réserve composé du lot abandonné par les Petites Hordes, soit en l'élevant en ordre à la répartition de l'année suivante. Ainsi les erreurs involontaires qu'on pourrait commettre, seraient réparées aussitôt qu'aperçues. Le défaut d'expérience et les lacunes d'attraction causeront au début bon nombre de ces erreurs ; mais en moins de trois ans, l'on arrivera à des données expérimentales et certaines sur tous les menus détails d'équilibre, et le travail de répartition ne sera qu'une routine familière dès la 3ᵉ année. Quant à la 1ʳᵉ, chacun abonnera d'avance (Epi-section), en lot industriel.

Il résulte du mécanisme décrit ci-dessus, que l'ordre sociétaire, en fait de répartition, a la propriété inestimable

D'absorber la cupidité individuelle dans les intérêts collectifs de la Série, dans ses impulsions de ralliement, etc., et d'absorber les prétentions collectives de chaque Série, par les intérêts individuels de chaque sectaire dans une foule d'autres Séries.

C'est une harmonie directe et inverse ; harmonie BI-COMPOSÉE, en ce qu'elle concilie d'une part l'intérêt des individus par celui des masses, et d'autre part l'intérêt des masses par celui des individus. Elle réunit la justice d'intention à celle de spéculation ; justice qu'ils n'acquerraient pas en lisant le Digeste et les Pandectes ; ils n'y puiseraient que les règles de justice simple et fausse, que l'art d'établir la duplicité d'action, le conflit entre l'intérêt collectif et l'intérêt individuel, qui se soutiennent en double sens dans le mécanisme sociétaire.

Ce prodige est dû principalement à l'essor de la passion anti-philosophique, dite *Papillonne*, qui, réduisant à une heure ou deux l'enthousiasme industriel et la durée des séances, donne lieu à l'enrôlement de chaque individu dans une quarantaine de Séries, au lieu d'une seule à laquelle il faudrait se borner selon les monotones usages de la civilisation : elle oblige un homme à faire du matin au soir, et du 1er janvier au 31e décembre, toujours la même chose ; toujours des souliers, toujours des plaidoyers : que de monotonies pour l'esprit et le corps, y compris celle du devoir conjugal, obligé selon Sanchez !

Analysons en thèse régulière le brillant effet de justice harmonienne que je viens de décrire ; on peut le réduire à deux impulsions, dont l'une milite en raison *directe* du nombre de Séries que fréquente l'individu, et l'autre en raison *inverse* de la durée des séances de chaque Série. Nul théorème n'est plus digne d'attention.

1° *En raison directe du nombre de Séries fréquentées.* Plus ce nombre est grand, plus l'individu associé à tant de Séries se trouve intéressé à ne point les sacrifier toutes à une seule, et à soutenir les intérêts de 40 compagnies qu'il chérit, contre les prétentions de chacune d'entr'elles.

2° *En raison inverse de la durée de leurs travaux.* Plus les séances sont courtes et rares, plus l'individu a de facilité à s'enrôler dans un grand nombre de Séries dont l'influence ne serait plus balancée, si l'une d'entr'elles, par de longs et fréquens rassemblemens, absorbait le temps et la sollicitude de ses sectaires, et les passionnait exclusivement. C'est pour éviter ce vice, qu'on a recours aux emprunts de cohortes vicinales et autres expédiens abréviatifs.

Dans ce mécanisme, la philosophie trouve enfin le gage d'équilibre qu'elle a vainement rêvé, le secret d'armer l'individu, l'égoïste, contre ses propres passions (effet de *cupidité composée*), et le secret d'harmoniser la masse par la droiture des intentions individuelles.

En admirant ces doubles équilibres, ces doubles miracles du mécanisme sériaire, observons que sa boussole est UNE : toujours la déférence rigoureuse au vœu des trois passions neutres ou distributives, toutes trois développées constamment et combinément dans le régime sociétaire, qui satisfait :

11° La *Papillonne*, par la plus grande variété possible en fonctions individuelles ;

10° La *Cabaliste*, par le classement trinaire des intrigues et leur contraste méthodique ;

12° La *Composite*, par intervention combinée des quadruples ressorts d'enthousiasme et d'équilibre.

Ces trois passions sont donc l'oracle qu'il faut consulter sans cesse, dans tout problème sur le dispositif de l'Harmonie. Leur application est le sujet le plus propre à exercer un étudiant : faisons-en le sujet d'un problème d'équilibre momentané et limité à une journée seulement.

CHAPITRE VIII.

DISTRIBUTION d'une journée de bonheur ou de plein équilibre de passion.

ENTENDEZ la belle compagnie, les oisifs des capitales. Ils vantent les délices de leur genre de vie, le ravissement qu'on goûte dans leurs sociétés choisies : quel fâcheux décompte ils vont trouver, en comparant leur plus heureuse journée au sort dont jouit chaque jour, dans l'Harmonie, le moins riche des hommes en santé.

Pour faire juger si un civilisé peut avoir une seule journée de bonheur plein, je vais tracer le tableau fictif d'une journée régulièrement employée selon le vœu des trois passions distributives. On verra par ce tableau, combien la civilisation est inhabile à nous procurer un seul jour, les biens que l'état sociétaire fournira chaque jour à ses moindres citoyens.

Vu la rareté des jouissances de l'état actuel, il me sera difficile de remplir convenablement le tableau : je vais le composer d'un minimum de 12 séances et 2 pivotales. Il faudra majorité des séances en plaisir composé, selon la règle générale qui n'admet le bonheur simple qu'en relais du composé.

Débutons par la tâche la plus difficile ; faire lever notre sybarite dès le grand matin. Quel stimulant mettre en jeu pour l'arracher du lit à 4 heures ? Suffira-t-il de lui présenter un chapitre de morale vantant les beautés du lever de l'aurore ? Ce ne sera pas pour lui un sujet de tentation : il répondra avec raison, que la campagne, au lever comme au déclin du jour, ne présente à ses regards que des masures et

des paysans déguenillés. Nos scènes d'agriculture sont un objet de répugnance et non d'attraction : aussi n'ose-t-on les produire, soit en poésie, soit au théâtre, qu'avec un fard de
luxe et un attirail d'exagération qui prouvent assez que les
fonctions de nos paysans sont un supplice pour eux, et un
spectacle insipide pour l'homme de goût.

Quoi donc proposer à celui-ci dès les 4 heures du matin,
la chasse ou la pêche ? Tout cela est plaisir simple, comme
celui de rester au lit. Cléon s'y trouve bien ; l'ennui de l'habillement l'y retient ; il n'en sortira pas volontiers avant 8
heures, ayant tout le temps d'aller chasser et pêcher. D'ailleurs, le mauvais temps peut régner et entraver les courses
de chasse et de pêche.

Bref, pour sortir Cléon du lit, il faut une composite ou
plaisir composé. Il faut donner à son imagination une secousse
assez forte pour surmonter à la fois l'appât du chevet et l'ennui du vêtement.

Dira-t-on qu'il a peut-être passé la nuit avec Phryné ou
Aspasie ; qu'il trouvera assez de plaisir à conserver sa compagne jusqu'à 8 heures du matin ? C'est escobarder sur le
problème de bonheur continu ; car le premier bien de l'homme
étant la santé ou vigueur, le luxe interne, qui est le fruit
d'une vie active, l'homme s'éloigne de ce but s'il se vautre
dans la mollesse. Il importe donc à celui qui a passé la nuit
avec sa belle, de trouver dès l'aube du jour une option sur
d'autres plaisirs qui le distrayent, le garantissent de l'excès,
et l'entretiennent dans la variété de fonctions qui est gage de
santé (vœu de la 11e passion, dite Papillonne).

Tel est l'avantage dont jouit chaque harmonien. Alcibiade
et Aspasie se leveront à quatre heures du matin, parce que
des plaisirs très-variés les appellent. Ils vont goûter un *PAR-
COURS*, ou assemblage de diverses jouissances qui feront contre-
poids à l'indolence. Ils auront pour amorces, le lever galant
ou arrière-cour d'amour qui est tenue à quatre heures du matin,
et où se débrouillent toutes les intrigues de la nuit ; la cour
des vestales, et différentes assemblées auxquelles succède, à
4 h. 3/4, le *délité* ou repas matinal suivi de parade et hymne
à Dieu ; les harmoniens jugeant sage de s'attabler et jouir des
bienfaits de Dieu avant de lui adresser des actions de grâces.

Aussi le repas matinal est-il considéré chez eux comme cène religieuse, initiative de l'office divin.

Essayons, avec les faibles moyens que fournit la civilisation, de composer à notre sybarite une journée harmonienne, et par conséquent attrayante en lever matinal.

Nous limiterons les séances au terme de 1 à 2 heures, selon les règles de la composite et de la papillonne qui ne permettent pas d'excéder ce terme ; l'ivresse du plaisir ne pouvant pas se soutenir au-delà de 2 heures.

1re Séance, de 4 h. à 5 1/2. Il faut débuter par une composite ou assemblage de deux plaisirs ; encore faut-il en exclure l'amour, défendu par la philosophie moderne. Recourons donc aux plaisirs politiques et moraux : supposons qu'un postillon vienne, à 4 heures du matin, annoncer à Cléon l'arrivée de son père qui, après une longue absence, revient avec la nouvelle du gain d'un procès de cent mille écus, d'où dépend leur fortune.

Il y a ici double plaisir de l'ame, composite bâtarde ; la joie du gain d'un procès décisif en fortune, et la joie de revoir un père depuis longtemps absent : (je le suppose père aimé, et non pas de ceux que le peuple appelle crûment des *péres vit trop*, parlant à leur personne ; tant les enfans se gênent peu chez le peuple, pour dire aux pères l'auguste vérité, et les inviter à mourir le plus tôt possible).

L'appât qu'on vient de citer est assez fort pour décider Cléon à se lever, et aller recevoir son père dont la voiture suit de près le courrier. Les détails sur les intrigues du procès et autres nouvelles, pourront bien fournir une séance animée et soutenir l'empressement pendant une grande heure. Au bout de ce temps, la fougue sera calmée, l'enthousiasme ralenti, et il faudra, selon les lois de la Papillonne, un nouveau plaisir et même une option sur plusieurs : mais avec les pauvretés du mécanisme civilisé, ne prétendons pas aux options, et bornons-nous à présenter un plaisir seulement, pour chaque relais passionnel.

2e Séance, 5 1/2 à 7 heures. Des voisins informés de l'heureuse nouvelle, viennent complimenter le père et le fils. L'un d'eux propose une partie de chasse et un déjeûné à son château près de la ville. Il faut supposer la chasse heureuse et

la compagnie agréable. Cette séance peut conduire Cléon jusqu'à 7 heures ; elle est de composite bâtarde. (On doit se
rappeler que la composite est de trois espèces , engrenée ,
bâtarde et multiple).

3ᵉ Séance, de 7 à 8 1/2 heures. Cléon arrive au château ;
il y trouve quelque beauté dont nous le supposerons amoureux,
ou du moins courtisan dans des vues de mariage , puisque
tout autre dessein serait coupable , selon la philosophie. Le
gain du procès donne du relief à sa prétention ; il sera fort
bien accueilli des parens ainsi que de la jeune personne, et
la séance, y compris un déjeûné, peut se prolonger agréablement jusqu'à 8 1/2 heures : c'est composite engrenée.

4ᵉ Séance, de 8 1/2 à 10 heures. Cléon retourne à la ville ,
où il arrive à 9 h. Il se bornera jusqu'à 10 h. à un plaisir
simple , comme lecture d'un ouvrage nouveau , de gazettes ou
mémoires , qui rempliront agréablement une heure. Ici le plaisir
simple est bien placé ; il forme relais à trois séances de composé.

5ᵉ Séance, de 10 h. à 11 1/2. Au sortir d'un plaisir simple ,
il faut alterner par un composé. Nous supposerons à Cléon
quelqu'intrigue secrète , quelqu'amour *illicite* qui l'occupera
jusqu'à 11 h. 1/2. Si nous n'admettons pas le vice à la fête ,
il sera impossible de conduire notre civilisé au terme d'une
journée de minimum harmonien , ou journée dialoguée en
octave simple à douze plaisirs et les deux pivotaux. Passons-
lui donc cette séance galante , de 10 à 11 h. 1/2 , puisqu'il
est connu que le plus juste péche sept fois par jour.

6ᵉ Séance , de 11 1/2 à 1 h. : on relayera la vacation amoureuse par une affaire d'intérêt , une acquisition avantageuse.
Le gain de son procès détermine quelque voisin à transiger
sur un immeuble en litige : Cléon acquiert un domaine arron-
dissant et longtemps contesté ; il l'obtient à bon prix. Les
pourparlers et rédactions fourniront une séance animée jusqu'à
1 h. ; séance de pur intérêt , plaisir simple.

Y Séance pivotale, de 1 h. à 2 1/2. *Le dîné.* Je le suppose
assez bien pourvu en bonne chère et en convives, pour réunir
les plaisirs des sens et de l'ame , composite engrenée.

7ᵉ Séance, de 2 1/2 à 4 h. Arrive un envoi de végétaux
exotiques pour la serre, qu'il veut rendre la plus brillante
du pays. Cet incident rassemble chez lui quelques savans qui,

aidés du café et du punch , dissertent en grec et latin sur les genres et les espèces , tandis que les jardiniers procèdent à l'empotage , et travaillent au lieu de parler et boire. Les végétaux sont arrivés en bon état; Cléon triomphe d'avance de l'éclat futur de sa serre. Il y a ici composite engrenée , plaisir de la vue excité par le bel assortiment de végétaux rares , et jouissance d'amour-propre , dans les éloges qu'obtient sa collection , et dans le relief de primauté dont va jouir sa serre.

8° Séance , de 4 à 5 h. Passage d'un personnage puissant , par la protection de qui il espère obtenir un emploi de haute valeur. Les belles promesses de sinécure et les fumées d'ambition vont l'enivrer pendant une heure , jusqu'au départ du voyageur. Plaisir simple , et peut-être composite bâtarde.

9° Séance , de 5 h. à 6 1/2. Visite d'une coterie que nous supposerons un peu moins insipide que d'usage. Il faut donner à Cléon un brin d'amour dans cette assemblée , qui à défaut serait fade comme toutes les coteries sans amour. Animons la séance en faisant obtenir à Cléon un rendez-vous de la belle. Toutefois , c'est déjà le second péché que nous lui laissons commettre dans cette journée ; tant il est impossible de suivre les sentiers de la morale douce et pure , en distribuant une journée à variantes graduées. Nous soutiendrons cette séance d'autres plaisirs permis , comme glaces , goûté délicat , pour former jouissance de composite engrenée.

10° Séance , de 6 1/2 à 7 1/2 heures. Cavalcade avec ses amis; plaisir simple : il en faut par fois en relais.

11° Séance , de 7 1/2 à 9 heures. Spectacle : nous y réunirons tous les ressorts du plaisir; pièce intéressante , acteurs *idem* , compagnie joyeuse dans la loge , rencontres piquantes , etc. ; enfin , composite engrenée , plaisir des sens et de l'ame.

12° Séance , de 9 heures à 10 1/2. Le soupé clorra la journée : afin qu'il ne soit pas maussade comme les repas de famille , recourons aux beaux arts; convions quelques artistes de passage qui charmeront la société : leurs talens , soutenus de ceux du cuisinier , produiront une jouissance composée.

X *Séance contre-pivotale.* Puisque nous décrivons la journée d'un heureux civilisé , il ne faut pas le supposer marié , l'envoyer à la corvée conjugale pour clôture. Laissons-le donc s'aller coucher sans nous informer avec qui : exceptons cette séance du nombre des situations morales dont il est permis de rendre compte. Après tout, ce n'est que son troisième péché ; et la morale nous assure qu'on passe au juste 7 péchés par jour : celui-ci est donc, au bout de la journée, en bénéfice d'indulgences.

Récapitulons sur cette distribution.

TABLEAU DES 12 SÉANCES DE JOURNÉE ÉQUILIBRÉE.

1re *Composite* mixte pleine.   7e *Composite* mixte pleine.
2e *Composite* mixte bâtarde.   8e Plaisir simple.
3e *Composite* engrenée.   9e *Composite* engrenée.
4e Plaisir simple.   10e Plaisir simple.
5e *Composite* multiple.   11e *Composite* engrenée.
6e Plaisir simple.   12e *Composite* engrenée.

Y *Composite pivotale.*   X *Composite contre-pivotale.*

Remarquons, par apostille à ce tableau, que les plaisirs simples, figurant ici au nombre de 4, deviennent très-séduisans lorsqu'ils forment relais ou variante d'une composite à l'autre. L'ame et les sens peuvent soutenir consécutivement 2 ou 3 séances de plaisir composé, sur-tout lorsqu'on goûte des composites bâtardes et radoucies, comme celles numérotées 1 et 2. Après cette succession de jouissances très-actives, l'ame et le corps ont besoin d'un plaisir simple, d'un bien-être modéré, qui succède pour quelques instans à l'ivresse. Il devient nécessaire comme le sommeil après la plus charmante journée ; et dans ce cas, la station momentanée d'une heure en plaisir simple, est presque aussi agréable que le charme véhément du plaisir composé. Ainsi le veut la 11e passion, *la Papillonne ou alternante.*

Soit dit pour satisfaire les amis de la simple nature, si maltraitée dans ma théorie. Je leur fais une concession bien ample ; 1/3 sur la journée, et souvent 5/12 ; car le minimum de bonheur peut comporter jusqu'à 5 séances d'essor simple sur les 12 qui doivent partager la journée du pauvre. Quant au riche, on a vu ailleurs que ses journées doivent être portées à 32 séances de plaisir, non compris les pivotales en parcours. Quel parallèle à faire avec les horreurs de la civilisation, et les ennuis dont est si souvent accablé le plus heureux des monarques, fort embarrassé de se procurer, seulement à chaque mois, une

journée aussi heureuse que celle que je viens de décrire
comme lot de minimum habituel pour le plus pauvre des
harmoniens !

CHAPITRE IX.

CRITIQUE *de cette journée de bonheur minime.*

J'AI terminé les Prolégomènes par un chapitre de théorie sur
les conditions du bonheur, I, 475, et II, 101. Je termine
le traité provisoire par un article de pratique ou application,
qui se compose des chapitres 8 et 9. Au tableau qu'on vient
de lire, ajoutons la critique, l'analyse des vices de mécanisme que présentent ces 12 séances.

Il n'est pas de civilisé qui ne s'estimât très-heureux au
bout d'une journée passée de la sorte : il n'oserait pas même
en prétendre autant pour le lendemain ; il vanterait pendant
une quinzaine la série de jouissances qu'il aurait réunies dans
ladite journée, qu'il appellerait la plus heureuse de sa vie.

Un harmonien, au contraire, penserait avoir été lésé en
tout sens par un tel emploi de journée ; il y trouverait d'emblée 7 vices d'équilibre passionnel, et par conséquent sept
griefs contre le système social ou contre la Divinité. Je vais
les énumérer, mais sans démonstration rigoureuse, vu que
je n'ai pas encore défini les 12 passions radicales dont il faut
définir les lésions.

1º Il y a dans la distribution générale de cette journée,
lésion de l'alternante ou Papillonne (11ᵉ passion), puisqu'il
y a absence de l'option qu'on doit avoir en Harmonie pour
chaque séance ; tout individu y jouissant, d'après les négociations de la veille, d'une option sur les séances de 2 ou 3
groupes réunis à la même heure, et dont les fonctions lui
sont familières.

2º Il n'y a dans ce tableau aucun parcours ou chance d'une
masse de plaisirs simultanément goûtés, aucune composite en
multiple de haut degré. Il en faut au moins une dans le
cours de la journée.

4º On n'y voit que fort peu de développemens en famillisme
et en amitié, qui sont pourtant des cardinales de haute importance, et doivent entrer en balance avec les deux autres.

3° N'y a-t-il eu dans cette journée aucune lésion sur les plaisirs sensuels? Par exemple, *en interne, sens du goût,* la cuisine a-t-elle été bien exquise, bien appropriée au tempérament du quidam? Cela est plus que douteux : n'aura-t-il pas fait quelqu'excès anti-gastrosophique ou excès contraire à la santé, tout au moins vice d'hygiène? Sur ces deux points d'équilibre, il aura commis plutôt deux fautes qu'une, le vicieux régime étant habituel chez les jeunes civilisés.

5° Il y a lésion de la Cabaliste. Cet homme n'est que peu intrigué dans le cours de la journée. On y trouve suffisance d'intrigue aux 4 séances, 3, 5, 8, 9; les 8 autres péchent du plus au moins en ce genre : quelques-unes sont tout-à-fait dépourvues de ce stimulant qui, chez les harmoniens, règne toujours en majorité de 7 sur 8 séances.

6° Lésion de la progression par défaut de connexité entre les repas, séances et amours de cette journée. Elle n'est guères qu'une pièce à tiroirs, dont les scènes, quoiqu'agréables, n'ont à peu près aucun lien.

7° Lésion de spécialité. C'est une journée au minimum de plaisir; dose inconvenante pour Cléon qui, à titre d'homme riche, pourrait prétendre à une journée dialoguée à 32 séances de plaisir, plus les parcours pivotaux. Loin de là; elle est remplie de vices mécaniques, bien que réduite à la dose de minimum en jouissance.

Ж K. Lésion en transition; ce bonheur n'ayant presque aucune connexité avec celui de la veille, et n'acheminant pas à celui du lendemain.

Y Λ. Lésion de l'unitéisme en direct et inverse, en ce que Cléon n'est point entouré de gens qui partagent son bien-être, qui puissent y rattacher leur bonheur futur, et qui aient dû à Cléon leur bonheur passé.

Mais combien cette heureuse journée va diminuer de prix, si l'on porte ses regards sur le lendemain! On verra la mécanique faussée en plein, et l'attraction en défaut dès le lever. J'ai supposé aujourd'hui un puissant ressort pour arracher du lit notre sybarite; le lendemain on sera fort embarrassé de mettre en jeu pareil stimulant, et Cléon risquera fort d'être trouvé au lit à 8 heures du matin; tandis qu'en Harmonie on est sûr qu'un jeune homme sera constamment matineux, ne fût-ce que pour jouir du parcours qui règne entre 4 et 5 heures, et dont l'intérêt roule principalement sur la séance du lever galant où chacun aime à étaler sa conquête, souvent ignorée du public au moment du coucher. Le lever étant un effet difficile à obtenir collectivement, Dieu, dans son plan de mécanisme domestique, a dû forcer d'attraction sur le lever, et le stimuler par l'appât d'un brillant parcours.

Si nous supposons qu'un civilisé parvienne à se procurer un seul jour le minimum d'Harmonie, à douze séances de plaisir et les pivotales, comment pourra-t-il s'en procurer autant les lendemain et surlendemain; varier seulement pendant un mois ce minimum de douze séances, qui sont en Harmonie le moindre lot du pauvre, tous les jours de sa vie, avec options et variétés sans cesse renaissantes?

Loin de là : les civilisés sont si dénués de plaisirs, que lorsqu'ils ont eu quelque sujet de charme, quelque fête passable, ils en rabachent pendant une semaine entière. Encore ces fêtes ne sont-elles, dans leur plus grand éclat, que de mauvaises caricatures de celles qu'une Phalange donnera chaque soir, et de l'état de fête continue qui règne dans tous ses travaux et ses repas.

Les 9/10es des civilisés, au lieu d'avoir chaque jour douze variantes de plaisir, n'ont souvent pas une séance heureuse, mais plutôt des privations accumulées; voyez I, 481, et II, 107. Tels sont les nombreux forçats de la classe ouvrière, qui sèchent d'ennui toute la semaine, pour aller enfin le dimanche noyer leur chagrin dans le vin. La plupart absorbés par l'inquiétude sur la subsistance d'une famille, n'ont aucun plaisir, et arrivent à la fin de la semaine, de l'année, de la vie, sans autre jouissance que d'avoir réussi à ne pas mourir de faim.

Les Rois mêmes, loin d'atteindre à ce minimum de bonheur à douze séances heureuses, en ont à peine deux en un jour. Harcelés par l'étiquette et les partis, privés à leurs repas de compagnie joyeuse, dépourvus de tout mobile d'enthousiasme, ils n'ont souvent que des plaisirs simples qui, à part quelques amours, s'affadissent l'un par l'autre; ils n'atteignent certes pas, un seul jour de l'année, au quart du bonheur dont jouira chaque jour le plus pauvre des harmoniens.

Par exception, il est quelques civilisés qui réunissant dans le bel âge, vigueur, beauté, richesse et liberté, peuvent encore varier médiocrement leurs plaisirs. On trouve même certaines nations de nuance calme et compatible avec la monotonie ; tels sont les Allemands, nation qui est une des plus aptes à se contenter des mesquineries civilisées. Quant aux peuples ardens au plaisir, comme les Français, ils doivent souffrir violemment de courir une carrière aussi restreinte. Aussi sont-ils sans cesse hors d'équilibre, donnant dans les excès qui exténuent et blasent les gens du monde.

Outre l'inconvénient de rareté des plaisirs, on ignore complètement en civilisation l'art de les aménager : telle jouissance est usée au bout d'une semaine ; elle se serait soutenue plusieurs mois si on l'eût distribuée avec discernement, par le moyen de variantes nombreuses. Mais la civilisation, en fait de plaisir, *mange son blé en herbe*, épuise un amusement en peu de temps, faute de variété pour le relayer. Aussi les riches civilisés sont-ils accablés de maladies résultant de ces excès ; désordre plus sensible en France que par-tout ailleurs.

En Harmonie, l'aménagement des plaisirs est calcul de haute politique sociale, fonction des autorités principales. On n'y use aucune jouissance, parce que les relais et nouveautés surabondent. Si tel amusement n'est piquant que de mois en mois, on en a mille autres à mettre en scène dans l'intervalle.

En règle générale, les journées doivent être différenciées au moins par tiers ; c'est-à-dire qu'en cas de minimum il faut, sur les douze séances de plaisir, une variante de quatre nouveaux plaisirs pour le lendemain, autant pour le surlendemain, et ainsi de suite. Même proportion sur les journées du riche, estimées à une trentaine de plaisirs qui exigent une variante portée chaque jour à dix jouissances nouvelles pour le moins.

Et dans celles qui sont permanentes, comme la table, il faut varier, sinon sur le fond, au moins sur les formes, sur les assortimens de la chère et des compagnies. Une table de minimum, servie de 30 à 36 mets, exigera une variante de 10 à 12 mets du jour au lendemain : les compagnies de repas varient jusqu'à 5 fois par jour ; d'autres variantes sont en périodes de semaine, de mois, d'année, et s'étendent au terme entier d'une vie estimée 144 ans, âge auquel les riches har-

moniens atteindront plus facilement que les pauvres, par l'extrême variété de plaisirs qui est le plus sûr ou plutôt le seul
garant contre les excès.

Quel sujet de réflexions sur l'erreur de cette philosophie
qui place le bonheur en civilisation! Elle ne raisonne que
d'équilibre; je viens de lui en enseigner les voies.

Pour compléter la leçon, il faudrait disserter sur les maux
de tant de civilisés qui, pourvus de santé, fortune et moyens
de bien-être, n'arrivent qu'à un extrême malheur. Il suffit
souvent d'une passion subversive comme le jeu, pour les ac-
cabler de chagrin. D'autres fois, une liaison imprudente en
amour vient les assiéger de maladies en pleine santé, inter-
rompre pendant des mois entiers tous leurs plaisirs. Un échec
en affaires d'ambition, une place manquée, l'inconduite d'une
femme, d'un enfant, les revers de parti ou autres disgrâces,
empoisonnent la vie de ceux dont on cite la situation comme
suprême bonheur. Qu'est-ce donc de ceux que l'indigence
accable, et quel parallèle à faire de tant de misères, avec
l'immensité de plaisirs qui attendent ces infortunés, et qui leur
seront prodigués dès qu'un fondateur aura fait l'épreuve d'où
dépend l'issue de civilisation et l'avènement aux destinées
heureuses?

CHAPITRE X.

ECHELLE DES ATTRACTIONS SPÉCIALES
en correspondance aux périodes sociales.

Ne négligeons rien de ce qui peut initier le lecteur à la théorie
des équilibres passionnels, si neuve pour des civilisés. Met-
tons à profit leurs préjugés de modération, pour les familiariser avec la nouvelle science.

La plupart accuseront d'exagération mes tableaux d'Harmonie, table à 36 mets variés par tiers d'un jour à l'autre,
et journées à 12 séances de plaisir en majorité de composite.
Ces tableaux soulèveront des esprits rapetissés par les privations : pourquoi, diront-ils, nous promettre, dans l'Harmonie, cet océan de délices? Pourquoi faire de ces raffinemens
une condition essentielle du bonheur, quand chacun de nous
déclare

déclare qu'il se trouverait assez heureux de goûter le quart de
ces plaisirs? Quelle manie de vouloir donner plus qu'on ne
demande; imiter les charlatans qui promettent monts et merveilles, et veulent guérir vingt maladies, quand on ne leur
demande que d'en guérir une! Si tel homme borne son ambition à 10,000 fr. de rente, n'est-il pas ridicule de lui insinuer qu'il sera malheureux tant qu'il n'en possédera pas
100,000? Il faudrait commencer par lui donner l'objet de ses
désirs, les 10,000 fr.

Réfutons bien cette objection, qui, sous des couleurs très-
plausibles, est souverainement erronée. J'y réplique par l'échelle
des prétentions, qui va montrer les côtés faibles de cette apparente modération, et le vice où l'on tomberait en la prenant
pour voie de raison.

Chaque société désire les biens de la supérieure, non pas
en échelle simple consécutive, mais en échelle conjuguée en
retour, telle que la suivante, dont l'étude peut dissiper bien
des préjugés.

ATTRACTIONS SOCIALES PARALLÈLES.

Rangs ascendans.	*Degrés d'Attraction.*	Rangs descendans.
4. Barbarie descendante.	✝	Barbarie ascend^te. 4.
5. Civilisation.........	A.	Patriarchat ...... 3.
6. Garantisme.........	B.	Sauvagerie ...... 2.
6 1/4 Séri-germie......	B 1/4.	Javanisme ...... 1 3/4.
6 1/2 Séri-simplie......	B 1/2.	Otahitisme...... 1 1/2.
7. Séri-sophie........	C.	Séri-gamie Eden. 1.
8. Harmonie divergente.	D.	
9. Harmon. convergente.	E.	
10. 1re Bin-harm. maj.	F. etc. etc.	

Cette échelle diffère du composé au simple avec celle qui,
I, 25, classerait consécutivement les sociétés humaines. Il
s'agit ici d'indiquer le degré d'attraction qu'elles exercent sur
l'homme : par exemple, si les 2 périodes *Sauvagerie et Garantisme* exercent égale dose d'attraction, elles doivent être
classées sur même ligne et sous même lettre B; et si elles attirent plus que la civilisation A, elles doivent être accolées
sur un échelon plus élevé que celui de la civilisation A; tel
est le sens de cette échelle.

On y voit que la barbarie, degré ⊢, répugne l'échelon civilisé A qui est pourtant plus élevé; ce refus est un effet d'attraction fort juste; car les Barbares pouvant s'élever à l'état sauvage, degré B, qui correspond en bonheur au garantisme, leur attraction serait faussée si elle tendait aux périodes civilisation et patriarchat, qui n'occupent en ligne de bonheur que le degré A.

L'impulsion sociale est donc fort juste *en inverse* chez les Barbares et encore plus chez les Sauvages, qui, élevés en bonheur au degré B, ne commettront pas la sottise d'adhérer à la civilisation, degré A, inférieur au leur. Ils n'adhéreraient qu'aux deux périodes Séri-sophie et Séri-gamie, degré C, et légèrement à la période Séri-simplie, degré B 1/2.

Je regrette de n'avoir pas pu donner quelques chapitres sur cet important sujet qui aurait débrouillé toutes les illusions conjecturales des philosophes sur le progrès social et la perfectibilité civilisée. Ils se seraient convaincus que la populace est en impulsion régulière *inverse* lorsqu'elle veut se révolter et renverser l'ordre social, pour rentrer dans l'état sauvage plus élevé d'un degré en bonheur; cette même populace rebelle aux lois civilisées, se ploierait avec plaisir aux coutumes de Garantisme, qui lui assureraient en industrie active un bonheur de degré B, égal à celui de la période sauvage, selon le tableau ci-dessus.

Nos savans sont de même en impulsion judicieuse et régulière *directe* dans leurs rêves de *balance*, *contre-poids*, *équilibre;* car ils tendent à la période Garantisme qui réalise tous ces biens, et qui correspond en bonheur à la sauvage, selon le tableau. Les savans veulent s'élever du degré A au degré B *en direct*, la populace *en inverse*.

Dès-lors le peuple est aussi régulier dans ses vues de subversion sociale, que la science dans ses vues de perfectibilité; l'un et l'autre tendant par voie contrastée au degré B; il comprend Garantisme et Sauvagerie, tendance composée, qui constate la justesse des impulsions attractionnelles en direct et inverse!

Pour habituer le lecteur à spéculer sur cette échelle de périodes et y rapporter les prétentions de bonheur social, je vais user d'une comparaison tirée de l'ordre civilisé, où l'on

trouve une échelle de convoitises exactement correspondantes
au tableau ci-dessus. Telle classe n'a que les désirs du Sauvage, un bon repas, sans songer au lendemain ; telle autre
s'élève presqu'aux désirs de l'Harmonien. Examinons-les en
série, et comparativement aux périodes sociales qui réalisent
chaque sorte de convoitise.

Correspondance des Attractions spéciales.

Classes.		*Périodes.*	
1. Les philantropes,	Désir de 1.	Séri-gamie Eden,	C.
2. Le menu peuple,	» 2.	Sauvagerie,	B.
3. Les artisans et fermiers,	» 3.	Patriarchat,	A.
4. La bourgeoisie,	» 4.	Barbarie,	—⊢—
5. La petite noblesse,	» 5.	Civilisation,	A.
6. Les philosophes,	» 6.	Garantisme,	B.
7. Les sybarites et grands,	» 7.	Harmonie simple,	C.
8. Les *maniaques pass.*,	» 8.	Harmonie comp.,	D.

Selon ce tableau, l'ordre civilisé contient une série d'ambitions adaptées à toutes les périodes sociales de 1ere phase,
I, 25. L'état sociétaire peut seul satisfaire ces 8 classes, notamment la 8e, et par conséquent les sept autres bien moins
exigeantes. Examinons leurs prétentions.

1° Les *Philantropes*, degré C, classe de visionnaires sociaux. Quelques-uns croient à un bonheur passé et perdu sans
retour ; opinion juste et fausse à la fois : *juste*, en ce que la
1ere période (Eden ou Séri-gamie), qui a été très-heureuse,
ne peut plus renaître ; *fausse*, en ce que ce bonheur n'est
point *PERDU SANS RETOUR* : c'était le régime domestique sériaire ; il peut renaître appliqué à l'industrie, et nous rendre
le bonheur primitif accru d'un grand luxe dans les 7e et 8^e^
périodes sociales. On ne doit pas regretter la coignée d'argent,
quand on en obtient une d'or.

Quelques-uns de ces philantropes rêvent le bonheur dans
des illusions de vertus républicaines, comme celles de Fénélon
sur les bergers de la Bétique. Ces utopies qui ne méritent
pas de réfutation sérieuse, prouvent seulement qu'il existe une
classe de savantas rêvant un bonheur *EXTRA-CIVILISÉ*. Or,
Dieu qui ne fait rien en vain, n'aurait pas donné aux hu-

mains, et aux plus instruits, cette propension aux rêves de félicité extra-civilisée, s'il ne voulait pas la satisfaire.

2° Le *menu peuple*, degré B, a des désirs de sauvage et de brute : par exemple, il convoitera un bon repas, sans plus, ne songeant point au lendemain : sur ce point comme sur tant d'autres, les philosophes n'ont pas trouvé moyen de le satisfaire. On a vu combien l'Harmonie excède ses faibles désirs.

On objecte qu'elle les outre-passe beaucoup trop ; qu'il suffirait d'une théorie qui assurât au peuple ce petit bien-être qu'il désire, cette garantie de subsistance. J'ai prouvé ailleurs que la demande est déraisonnable, en ce que le peuple, une fois pourvu du nécessaire, ne voudrait plus vaquer au travail. De là j'ai dû conclure qu'il faut procurer au peuple *attraction industrielle et minimum proportionnel*; deux effets qu'on n'obtient que de ces périodes 7° et 8°, dont on trouve les aperçus trop brillans.

Les ergoteurs ne connaissent donc pas la portée de leurs argumens ; ils se croient modérés en demandant peu pour le peuple, et ne voient pas que ces demandes, ne fût-ce que celle d'un travail garanti, impliquent beaucoup de conditions ultra-civilisées ; car en pays de pleine culture, la civilisation ne peut pas garantir au peuple un travail suffisant à ses besoins urgens.

3° Les *artisans et fermiers*, degré A, ont des goûts patriarcaux, n'ambitionnent provisoirement que le bonheur du ménage, les jouissances paisibles et obscures, une petite rente, un petit domaine. C'est le conseil donné par la philosophie ; mais elle satisfait à peine un 8° d'entr'eux ; or, le 8° de bien, en mouvement social, est compté pour absence de bien. Cette 3° classe veut donc, comme les précédentes, un bonheur que ne donne pas le régime civilisé ; et pour la satisfaire, il faut spéculer sur des périodes plus élevées, d'autant mieux que, dès le moment où on lui accordera ses désirs modérés, elle demandera davantage.

4° La *Bourgeoisie*, degré ⊣, a communément des goûts simples, qui correspondent à ceux des Barbares. Elle aime, en fait d'ambition, à thésauriser, sans prétendre au gouvernement. Tout est simple dans ses attractions ; point d'illusion, point d'enthousiasme ; la cupidité pure et abjecte, sans concurrence d'autre passion. La bourgeoisie, à la manière des

Juifs, n'envisage le monde social qu'en sens défensif, songeant à se garantir contre le fisc et les intrigans. C'est une classe d'avortons en essor d'ambition ; elle n'est pas moins dévorée de cupidité ; et puisque la civilisation satisfait à peine un dixième des bourgeois, il faut, pour contenter ces ambitieux simples, découvrir une autre société apte à leur donner la richesse immodérée, leur unique désir.

5° La *Noblesse*, degré A, même la petite, est déjà mipartie d'illusions et de cupidité. Elle veut, outre les richesses, des honneurs et de l'autorité ; elle n'est point simple, mais composée dans ses attractions ; sous ce rapport elle est la classe vraiment civilisée, car la civilisation n'admet point dans ses propriétés l'apathie de l'esprit qui caractérise les Barbares et les bourgeois : c'est une société inquiète, remuante, cabalistique, faite pour chercher à s'élever plus haut. Ceux qui veulent la ramener à l'immobilisme, ne s'aperçoivent pas qu'ils la font décliner vers la barbarie.

La noblesse veut bien modérer le bourgeois et le peuple, mais elle ne veut pas se modérer elle-même ; c'est dans ces vastes prétentions qu'on reconnaît le besoin d'une société ultra-civilisée ; car, chez les nobles comme chez d'autres classes, on trouve à peine 1/8° de familles contentes de leur sort.

6° Les *Philosophes*, degré B, classe dont les vues sont plus étendues que celles de la noblesse. Ils voient le mal régner dans le monde social, et sentent le besoin d'y remédier. Ils croient y parvenir en révolutionnant la civilisation d'où il faudrait sortir. Leurs conceptions n'enracinent que le mal, parce qu'elles maintiennent la civilisation, vrai Protée qui se joue de toutes les réformes. Pour seconder leurs vues de progrès sociaux, il faudrait les désenchanter ; les armer contre deux sirènes qui les fascinent, contre la philosophie et la civilisation. Ils ne rêvent que les harmonies du degré B, la garantie de justice et de bien-être qui règne en 6° période. Chez eux, ce ne sont pas les 7/8es, c'est la totalité de la classe qui n'est point satisfaite et qui a besoin d'un état de choses ultra-civilisé.

7° Les *Sybarites*, degré C, les oisifs des capitales, sont une classe supérieure aux philosophes ; non par le bel esprit, mais par le bon esprit en attraction. Ils sont plus près du but de la nature, plus près de la vraie perfectibilité qui est celle des plaisirs. En théorie de bonheur ils suivent la méthode du chanoine Evrard :

« Vingt muids rangés chez moi, sont ma bibliothèque. » Portant cet esprit dans toutes les branches de jouissance, ils tendent manifestement au mécanisme de 7ᵉ période qui raffine sur chaque plaisir; ils sont tous, sans exception, *ultra-civilisés*, car la civilisation ne sait pas même raffiner sur les plaisirs permis, comme la bonne chère, impossible hors du régime sériaire.

8° Les *Maniaques passionnels*, degré D, espèce de fous qu'on trouve en France plus qu'ailleurs dans la classe des jeunes gens. Ce sont des êtres courant d'excès en excès, impatiens de la civilisation et de ses faibles jouissances, passant les nuits dans la débauche. Leur imagination ardente ambitionne l'état de *composite perpétuelle* ou fougue d'attraction qui sera le partage des harmoniens, mais qui, chez eux, sera contre-balancé par l'affluence des plaisirs et la brièveté des séances : alors l'insatiabilité de jouissance deviendra garant de santé et de sagesse : et si cette classe d'insatiables doit trouver en Harmonie composée un plein contentement, pourquoi spéculer sur des périodes inférieures qui, satisfaisant les désirs modérés des classes 2, 3, 4, 5, 6, ne contenteraient pas pleinement la 7ᵉ et encore moins la 8ᵉ ? C'est donc un vice que la modération en pareil calcul.

Les 8 classes de postulans en bonheur ne peuvent donc trouver un gage de succès que dans la période 8, degré D, qui est la plus facile à établir; ou tout au moins dans la période 7, qui déjà s'écarte en tout point des vues de bonheur modéré. Il se trouverait dans la période 6, Garantisme : on en a l'option; mais il faut 300 ans pour l'organiser en plein; il ne faut pas 3 ans pour fonder la période 7 : celle-ci serait donc préférable, même à moindre dose de bonheur : or, elle en assure davantage; on ne peut donc pas hésiter sur l'option; et c'est par cette raison que j'ai dû négliger de m'occuper des prétentions de bonheur modéré, d'autant plus suspectes que celui qu'on satisferait en ce genre, aspirerait dès le lendemain à l'immense bonheur. C'est ne pas connaître la nature de l'homme, que de le croire compatible avec la modération : il est malheureux que , par différence pour ces dogmes erronés de bonheur modéré , on ait négligé depuis 3000 ans la voie de salut social , ou étude analytique et synthétique de l'Attraction passionnelle.

APPENDICE sur l'équilibre unitaire externe.

JE n'ai fait qu'ébaucher la théorie d'équilibre unitaire interne. Cet important problème eût exigé des détails très-circonstanciés ; par exemple, sur la population, problème qui touche à l'équilibre externe dont je n'ai pas encore traité.

Chacun élèvera sur ce sujet la question qui est l'écueil de tous les économistes , celle de la balance de population. Elle s'accroît immodérément dans l'état de pleine culture et de pleine paix ; elle réduit bientôt, sur un terrain donné , l'espèce humaine à l'indigence.

Or , le globe est un terrain limité, qui sera en deux siècles porté au complet d'environ 5 milliards 1/2 ; et malgré la conquête des régions glaciales qui seront pleinement habitables dès la 5e année d'Harmonie , malgré la restauration des déserts de Cobi, de Sahara, d'Arabie et autres, l'espèce humaine favorisée par l'opulence générale et la paix perpétuelle, en viendrait à s'encombrer et s'étouffer par la pullulation.

J'ai observé que, sur ce problème , les plus sages sont ceux qui avouent avec Malthus le cercle vicieux, ou qui , comme Stewart, après un demi-volume de recherches, finissent par avouer qu'ils n'y comprennent rien. Il sera très-facile de leur expliquer à cet égard le secret de la nature : mais l'équilibre de population est une question qui se lie au régime d'amour libre, à l'hypothèse d'un décroissement de fécondité chez les femmes, tant par excès de vigueur que par cohabitation multiple ou polygamie féminine , et à l'hypothèse des nouvelles lois que Dieu pourra donner à cet égard, lorsque l'humanité parvenue aux voies divines de justice et d'association , méritera de Dieu, 386, 387, des instructions sur les mœurs à établir dans ce nouvel ordre.

La balance de population touche à l'équilibre mineur externe ; quant au majeur externe, il se compose des relations de commerce et d'armée dont le traité exigera un ample volume, non pour l'exposé du mécanisme, car celui du commerce harmonien s'expliquerait en une section, et moins encore.

Mais comme le siècle est fortement prévenu en faveur des théories de libre mensonge, il paraît nécessaire de joindre à l'analyse du commerce véridique, une digression abrégée sur les infamies du commerce actuel, dont je me suis borné à donner deux tableaux ; .

I, 168, sur les caractères de genre ;

II, 419, sur les caractères d'espèce.

Peut-être aussi faudra-t-il donner simultanément connaissance du mode commercial mixte, qui est adapté à la période 6, Garantisme ; mode par lequel le gouvernement se trouve, dans chaque pays, ligué avec l'agriculture, pour garantir les producteurs des fourberies et rapines du commerce libre, et entrer en partage des énormes bénéfices qui passent aujourd'hui entre les mains des intermédiaires improductifs, nommés marchands, banquiers, etc.

D'après le retard de ces divers traités, ma théorie d'équilibre doit sembler bien incomplète : il y manque d'ailleurs une analyse des passions, dont j'ai donné le plan, I, 395, et beaucoup d'autres détails théoriques sur les caractères. Dans l'impossibilité de traiter tant de sujets dès la 1ere livraison, j'ai dû m'en tenir aux problèmes d'équilibre interne, dont certaines portions peuvent sembler trop peu détaillées. J'y suppléerai dès qu'on m'aura fait à cet égard des observations régulières. (Ce n'est guères par là qu'on débute en France).

Au reste, ce premier traité, quoique bien incomplet, suffit à ramener tout lecteur à des opinions judicieuses sur la destinée ; à lui prouver, 1° que les nations industrielles sont faites pour l'Association, et non pour le morcellement ; 2° que le Sauvage a raison de refuser l'industrie, tant qu'on ne la lui présente pas en ordre sociétaire et attrayant ; 3° qu'il n'est pas d'autre méthode compatible avec l'Attraction industrielle, que celle des Séries, adoptée par Dieu dans toute la distribution de l'univers, et dont l'introduction peut seule élever le mécanisme social à l'unité d'action avec le système de l'univers.

FIN DE LA 8ᵉ SECTION.

TABLE DE LA VIIIᵉ SECTION.

De l'équilibre unitaire interne.

Chap. 1ᵉʳ. Formule des équilibres de compensation. 561
2. Formule d'un groupe d'équilibre industriel. 568
3. Répartition *HYPER-UNITAIRE*. 573
4. Propriétés de la répartition équilibrée. . 578
5. Objections sur l'harmonie de répartition. 582
6. Equilibre de classement entre les Séries. . 586
7. Répartition *HYPO—UNITAIRE*. 591
8. Distribution d'une journée de bonheur. . 598
9. Critique de cette journée de bonheur. . . 604
10. Echelle des attractions civilisées. . . . 608
Appendice : sur l'équilibre externe. 615

Tableaux de la 8ᵉ section.

Groupe de plein équilibre. 574
Sa répartition. 569
Séances d'une journée équilibrée. . . . 603
Echelles des attractions sociales parallèles. 609
Correspondance des attractions spéciales. . 611

Fin de la Table.

POST-LOGUE.

Le bon sens banni, dans l'âge moderne, par le bel esprit.

ENFIN les voiles d'airain sont enlevés ; la théorie des destinées matérielles et sociales est évidemment découverte : la nature n'a plus de mystères ; elle nous en livre tout le grimoire. Adieu les verbiages d'impossibilité et d'impénétrabilité derrière lesquels se retranchait le sophisme : plus de profondes profondeurs, plus d'épaisse épaisseur !

Il est maintenant avéré que Dieu ne voulait rien nous cacher sur les causes et les fins du système de la nature. Je dis *LES CAUSES ET LES FINS*, puisque nous ne connaissions jusqu'ici que des *EFFETS*, sans pouvoir expliquer les causes ni déterminer les fins du mouvement et de ses désordres actuels ; sans prévoir dans quel cas ni à la suite de quelles opérations l'Harmonie succéderait à cet état de subversion matérielle et sociale de notre globe.

Que nous servent des sciences bornées à l'analyse des effets, aux tableaux du règne du mal ? Vaines lumières, tant que nous ne savons pas nous élever au calcul des voies du bien ! J'ai suffisamment établi, dans ces deux volumes, qu'il faut se défier de ces sciences : mais il est un piége que je n'ai pas assez signalé, et où tomberont la plupart des lecteurs ; c'est le piége de la rhétorique, non moins dangereux que celui du sophisme.

Battus par le raisonnement et hors d'état de lutter à cette arme, les sophistes attaqueront sur le style ; comme si un inventeur était un prétendant à l'académie, obligé de s'étayer de faconde oratoire. Il faut, en terminant, prémunir encore le lecteur contre ces prestiges de style et de méthode.

Je le répète ; les méthodes employées jusqu'à présent, sont nécessairement vicieuses, puisqu'elles n'ont rencontré que des impénétrabilités là où ma théorie a pénétré d'emblée, sans autre effort que de suivre les douze principes, I, 99, recommandés par les savans mêmes qui s'obstinent à n'en faire aucun usage.

Quant à la magie du style, il n'est pas de leurre dont on doive plus se défier en fait de découvertes ; elles sont plus que douteuses, lorsqu'elles n'ont que le style pour recommandation. Exiger d'un inventeur le fard de la rhétorique, ce serait lui donner le privilège de jonglerie et de déraison, dont usent tous les favoris de Polymnie. Ce n'est pas elle qu'on doit prendre pour arbitre, dans une affaire d'où dépend le sort du monde : il faut des preuves expérimentales, et non des illusions oratoires.

J'ai démontré à l'Ultra-Pause, le danger de ces utopies étayées, comme le Télémaque, des charmes du style. Je voulais étendre cette critique à une gamme de sophistes ; le parallèle de leurs contradictions aurait pu dissiper beaucoup de préventions philosophiques : mais obligé d'abréger cette facétie, j'insiste une seconde fois sur le tort d'exiger en politique sociale et sur-tout en matière de découvertes, ce bel esprit qu'on exige en littérature.

Je vais l'analyser dans l'un des coryphées de la littérature moderne, DELILLE, digne pas sa déraison de prendre place à côté de FÉNÉLON, déjà cité sur le même sujet. C'est Delille qui va faire les honneurs du second article : J'examinerai quelques pesanteurs de son premier chant de l'homme des champs : elles nous fourniront d'importantes conclusions sur l'influence du bel esprit en aberrations morales et politiques, et sur la duperie du siècle, qui exige des inventeurs le talent des rhéteurs. Suum cuique.

MORALE DE L'HOMME DES CHAMPS.

SELON l'usage des moralistes, celui-ci débute par les contradictions et l'intolérance ; il dit, aux premières lignes :

« Mais quoi, l'art de jouir et de JOUIR DES CHAMPS,
» Se peut-il enseigner? Non sans doute, et mes chants,
» Des *austères leçons* fuyant le ton sauvage,
» Viennent de la nature offrir la douce image;
» Inviter les mortels à s'en laisser charmer.
» Apprendre à la bien voir, c'est apprendre à l'aimer. »

On croirait, à ce début, qu'il va traiter de la nature champêtre; il n'en dit pas un mot; il ne met en scène que ses fantaisies morales auxquelles il veut astreindre tout le monde, sous peine d'être déclaré ennemi des champs, ennemi des saines doctrines, ennemi des torrens de lumières.

Après avoir dit que l'art de *jouir des champs ne se peut enseigner*, il veut l'enseigner dès la page suivante, où il gourmande Mondor sur ce qu'il ne sait pas *jouir des champs*; il le raille amèrement, prouvant qu'il va s'ennuyer parce qu'il veut faire bonne chère à la campagne, et qu'il veut au sortir du dîné repartir pour aller à l'opéra.

Il y bâillera, dit notre moraliste : j'en doute ; quelques nymphes du théâtre viendront égayer sa loge, et on y bâillera moins que dans le salon moral de votre homme des champs,

à côté . . . « *Du piquet des graves douairières,*
» *Du loto du grand-oncle et du wisk des grands-pères.* »

Mondor est peu tenté de cette coterie surannée; il réunit dans son château une compagnie fort différente; dès-lors c'est un ennemi des champs qu'on crible charitablement de quolibets.

Dans son château . . . . . *l'ennui*
Le reçoit à la grille et se traîne avec lui,

au dire du poëte, qui en a menti, comme dans tout le cours de son poème : les Mondors ou financiers sont des gens qui, à la campagne comme en ville, savent jouir de la vie aussi bien qu'on le puisse en civilisation.

Que d'intolérance et de contradictions! il a promis de *fuir le ton sauvage des austères leçons*; et le voilà diffamant tous ceux qui ne veulent pas imiter son sage; dictant ses lois en pédagogue, sans vouloir permettre que chacun *jouisse des champs* comme bon lui semble, et s'en aille lorsqu'il est rassasié de ce médiocre plaisir. A l'en croire, nos sens grossiers ne savent pas apprécier les charmes de la nature.

« *Apprendre à la bien voir, c'est apprendre à l'aimer.* »

Eh! que nous fera-t-il voir de neuf dans cette nature champêtre? La fantasmagorie morale ; vingt rêves de bonheur dont pas un n'est compatible avec le sens commun. Lisons-en l'avant-goût dans sa préface contenant le plan de l'ouvrage.

« Dans le premier chant, dit-il, c'est le sage qui, avec des sens » plus délicats et des yeux plus exercés que le vulgaire, parcourt, » dans leurs innombrables variétés, les riches décorations des scènes » champêtres, et multiplie ses jouissances en multipliant ses sensations. »

Que de raffinement sensuel pour un sage moraliste ! ne ferait-il pas mieux de modérer ses passions, selon tant de fameux auteurs ? Mais où trouvera-t-il cette *innombrable variété de riches décorations*, si sa campagne est située de Paris à Orléans, où l'on ne voit que de tristes plateaux, toujours uniformes, nus et désolans par leur immensité et leur monotonie ? Notre sage, dira-t-on, saura choisir un meilleur site : cela est douteux, car de tant de sages qui abondent à Paris, aucun n'a su choisir le seul local où l'on puisse trouver l'*innombrable variété de riches décorations naturelles* ; c'est l'amphithéâtre de Poissy. Continuons sur les prouesses du sage.

« Sachant se rendre heureux dans son habitation champêtre, il tra- » vaille à répandre autour de lui son bonheur, d'autant plus doux, qu'il » est *plus partagé*. » Mais s'il veut répandre parmi les paysans qui l'entourent, cette manie de *raffiner ses sensations, multiplier ses jouissances*, et par suite ses dépenses, il en fera des voisins très-dangereux et très-fripons ; plus ils acquerront en délicatesse des sens, plus ils inclineront à griveler sur le seigneur à cent mille écus de rente pour se rapprocher de son bonheur *sensationnel*. Aussi un seigneur prudent ne cherche-t-il point à exciter chez le paysan cette sensualité, cette avidité de sensations perfectibilisées.

Je doute que la religion et la politique s'accordent sur ce point avec notre sage ami des champs ; elles ne veulent pas de paysans si recherchés, si perfectionnés ; on ne leur laisse pas même l'enseignement mutuel, de peur qu'ils n'apprennent trop tôt à lire et à raisonner sur le budget, sur les lacunes de 20, 40, 60 millions.

« L'exemple de la bienfaisance lui est donné par la nature même, » qui n'est à ses yeux qu'un échange éternel de secours et de bienfaits. » Il s'associe à ce concert sublime, appelle au secours de ses vues » bienfaisantes toutes les autorités du hameau qu'il habite (le curé et » le magister), et par ce concours de bienveillance et de soins, assure » le bonheur et la vertu de la vieillesse et de l'enfance ! ! ! »

On est étourdi, après avoir lu ce pathos oratoire, ce déluge de pensées libérales, véritable enfilade de mots dénués de sens. La nature n'est rien moins que bienfaisante ; elle ne donne rien à celui qui n'a rien. Les seigneurs ne s'associent point aux concerts sublimes de la nature ; ils ne s'associent qu'aux ligues de féodalité pour pressurer le paysan ; ils ne voient pas des autorités dans le curé et le magister ; ils commandent au magister comme à un pied-plat ; et quant au curé, s'il veut être admis au château, il faut qu'il suive l'ordre. D'ailleurs, le seigneur ne veut pas tant d'acolytes pour assurer le bonheur du hameau ; il ne veut que lui, les gardes-chasses et le percepteur ; il exige que la vieillesse et l'enfance mettent leurs vertus à bien obéir et bien payer ; fort éloigné en cela de les appeler au partage de ses richesses et de ses sensations, comme le prétend notre poëte.

Et c'est avec ces balivernes morales que Delille veut nous enseigner à connaître la nature champêtre, en disant :

« Apprendre à la bien voir, c'est apprendre à l'aimer. »
Nous l'avons vue de plus près que lui, qui ne l'a aperçue que des
balcons du château, et c'est pour l'avoir vue de très-près, que nous
ne l'aimons pas, et que nous préférons la nature des châteaux à celle
des champs.

« Soyez l'homme des champs, votre rôle est sublime. »
Quais ! analysons les sublimités du rôle de cet homme qui, dit-on,
aime la campagne en vrai sage,

    et qui sait, « *Qu'il vaut mieux, sous ses humbles lambris,*
    » *Vivre heureux au hameau, qu'intrigant à Paris.* »

Le poëte nous apprend que le vrai sage a sous ses humbles lambris
une meute immense, et fait de grandes chasses au cerf. Il fallait bien
cela pour amener une description de la chasse ; car Delille n'a jamais
qu'un seul but, c'est de faire des descriptions souvent hors de propos.
Aussi, en traitant de plaisirs des champs, débute-t-il par décrire tous
les jeux de la ville ; billard, wisk, échecs, trictrac. Il a la manie de
l'hypotypose, comme Perrin-Dandin a celle de juger. Hors du genre
descriptif et des traductions, il devient, quoique bon phrasier et bon
rimeur, le dernier des écrivains en imagination et en raison.

Le sage qu'il nous dépeint est un épicurien qui, pour vivre *heureux
au hameau*, imite la frivolité des libertins, ne cherche que nouveauté
et raffinement dans les plaisirs champêtres.

    « Le vulgaire au hasard jouit de leur beauté ;
    » Le sage veut choisir : tantôt la nouveauté
    » Embellit les objets ; tantôt leur déclin même,
    » Aux objets fugitifs prête un charme qu'on aime.
    » Le cœur vole au plaisir que l'instant à produit,
    » Et cherche à retenir le plaisir qui s'enfuit. »

Eh ! comment concilier ce sage avec la morale qui veut qu'on réprime ses passions, et qu'au lieu de cet amour de nouveauté et de
voluptés sans nombre, on se borne à aimer la vertu et la constitution ?
Comment Delille ne s'aperçoit-il pas que, sous le masque d'un sage,
il n'a peint autre chose qu'un sybarite renforcé ?

Pour en juger, voyons les prouesses de la cohue que ce sage assemble
sous ses humbles lambris, où pendant l'hiver il n'amène pas moins
de 80 individus et 40 chevaux ; total, 120 bouches à nourrir. Tous
ces grands-pères jouant au wisk, ces grand-mères jouant au piquet,
et ces grands-oncles jouant au loto, sont escortés d'une foule de neveux
et petits-neveux, fils et petits-fils. Les jeunes gens forment, dit-il,

    « Un essaim étourdi,
    » Poussant contre l'ivoire un ivoire arrondi. »
C'est-à-dire, faisant la poule au billard. Il se trouve nécessairement dans
cette cohue, bon nombre de jeunes sœurs, nièces et cousines. On voit
que les familles sont arrivées par volées de trois générations, depuis
les grands-pères jusqu'aux marmots ; qu'elles ont amené chevaux,

cochers, laquais et soubrettes ; de sorte que *l'habitation champêtre* du vrai sage contient, en étrangers seulement, au moins 80 amis des champs avec leurs chevaux ; car la belle compagnie ne va pas à pied.

Pour exercer ce genre d'amour des champs, il ne faut pas moins de trois cent mille francs de rente. Ces 80 parasites ne vivent pas de peu, selon notre poëte ; ils font *sauter les bouchons des flacons délectables*, et leur caravane morale n'est pas moins amie des vignes que des champs.

L'étiquette régnera jusqu'au soupé ; mais une fois la séance levée et l'heure du coucher sonnée, quel joli manége moral va commencer ! Chacun fera semblant d'aller se livrer au doux sommeil, aux pavots de Morphée, puisque c'est une congrégation de poëtes : mais selon l'usage de la campagne où règne *une honnête liberté*, chacun se trompera de lit, et les jeunes *amies des champs* verront arriver, comme par hasard, de jeunes *amis des vignes* un peu échauffés par les fumées du Champagne. Ayant suffisamment joui des champs pendant la journée, ils voudront, pendant la nuit, *répandre autour d'eux leur bonheur, d'autant plus doux qu'il sera plus partagé*.

D'avance ils se seront entendus pour un partage des belles, selon l'usage des innocentes réunions de la campagne. C'est, nous dit le poëte, *un essaim d'étourdis*. Ils brusqueront l'affaire et entreront en tapinois dans vingt chambres que vingt dames ou demoiselles auront OUBLIÉ DE FERMER, comme la chambre d'Agnès Sorel,

      « Que dame Alix, suivante très-experte,

      » En s'en allant, oublia de fermer. »

Plus d'une Alix aura négocié, dans la soirée, ces partages de bonheur, ce commerce épicurien dont elle recueillera de bonnes étrennes. Je ne doute pas que chaque nymphe ainsi surprise ne rappelle ces jeunes amis des vignes aux lois de la sagesse. Chacun d'eux répondra selon Delille :

    « Que le sage doit multiplier ses jouissances en multipliant ses sen-
  « sations ; qu'il doit se laisser charmer des douces images de la nature,
  » et parcourir dans leurs innombrables variétés ses riches attraits ; la
  » bien voir pour apprendre à l'aimer ; savourer les voluptés avec des
  » sens délicats. » (Telles sont les expressions du moral rimeur).

Pour peu que les belles soient amies de la sagesse champêtre, elles se rendront à ces excellens préceptes, et emploieront *leurs sens délicats à échanger les secours et les bienfaits, s'associer aux sublimes concerts de la nature, et multiplier les sensations pour multiplier les jouissances.* Tout se passera au mieux et sans bruit à l'étage des marquis et des comtesses ; tandis qu'au bas et au voisinage des cuisines, ce ramas de cochers et de soubrettes amenées par les amis des champs, feront chorus de scènes champêtres, et multiplieront leurs sensations par leurs jouissances. Ainsi les sensations multipliées d'étage en étage, éleveront toute cette cohue morale au faîte de la perfectibilité perfectible et des innocentes vertus des hameaux.

Que fait notre sage pendant cette bacchanale ? Réfléchit-il sur l'amour des champs ou sur l'amour des prés ? Non ; le bon apôtre saura bien prendre part au gâteau ; il ne ferait pas les frais d'une telle bourdifaille, s'il n'était pas sûr de tirer son enjeu ; quelque tante officieuse lui aura ménagé une nièce accommodante. C'est donc un chef d'orgie, un directeur de bastringue champêtre que Delille nous a dépeint sous le nom d'*ami des champs*. Voilà à quoi se réduit la morale douce et pure, quand on veut en soumettre les visions à un sérieux examen ; les apprécier selon les notions du sens commun ; ne pas se laisser prendre au cliquetis d'expressions, au fatras d'illusions ; confondre l'histrion moral par ses principes mêmes, et le renvoyer à l'école sur cette nature champêtre qu'il prétend *nous apprendre à bien voir*.

Observons-la donc telle qu'elle est, en comparant les vertus de notre sage et de sa séquelle de bombanciers, avec les torts imputés à leurs antagonistes, à ce Mondor, cet *ennemi des champs*, ce Béelzébuth moral que le poëte accuse en ces termes :

« Avec pompe on l'habille, on le couche, on le sert,

» Et Mondor au village est à son grand couvert. »

C'est donc pour se mettre au petit couvert que notre sage épicurien rassemble sous ses humbles lambris 80 godailleurs et 40 chevaux : quel petit couvert ! Voilà bien les moralistes : quand ils déclament contre un vice, croyez qu'ils en sont beaucoup plus entachés que celui qu'ils dénigrent pour cacher leurs turpitudes.

Ce petit couvert de 80 amis des champs est un choix de beaux esprits et de joueurs ; à en juger par le tableau de leurs amusemens pastoraux ; *échecs, trictrac, wisk, piquet, loto, billard* ; jeux très-champêtres, auxquels il adjoint le plaisir de lire Voltaire et Racine. Aucun sot n'est admis dans ce congrès à prétention :

« Ainsi fermant la porte au sot qui, de Paris,

» S'en vient tuer le temps, la joie et vos perdrix. »

Voilà les chasseurs en disgrâce et traités de sots. Tout à l'heure le poëte les vantait pour acheminer à des descriptions ; elles sont faites, on n'a plus besoin d'eux, on se moque de leurs longs et assommans récits : ce sont des sots, tuant la joie et les perdrix. Notre sage leur ferme sa porte : voyons de quels beaux esprits il a fait choix hors de Paris.

« Ce sont de vieux voisins, des proches, des enfans,

» Qui visitent des lieux chers à leurs premiers ans. »

Précieux choix ! Les vieux voisins de campagne sont de vieux chicaneurs qui, après avoir grugé le sage, lui feront vingt procès, et qui, au lieu de s'amuser à *relire tout Racine*, liront Cujas et Barthole pour y trouver quelque rubrique de chicane. Et qui voit-on encore arriver, avec ces vieux voisins et vieux plaideurs ?

« C'est un père adoré qui vient, dans sa vieillesse, etc. »

Adoré ou non adoré, si ce père est homme prudent, que pensera-t-il en voyant le train de vie que mène son fils , assemblant chez lui , comme le Dissipateur du théâtre , non pas 40 , mais 80 dévorans , avec leur escadron de chevaux à l'écurie ; le tout sous prétexte d'étudier l'art de *jouir des champs* ?

On n'en finirait pas sur les ridicules du sage , et du poëte qui le prône. Intolérant comme tout moraliste , Delille subordonne les 80 élus à ses fantaisies ; il leur défend de jouer la comédie de société. Il en résulterait selon lui certains inconvéniens d'amourettes ;

   » Et quelquefois les mœurs s'y sentent des coulisses. »

Pour correctif il leur fait jouer un jeu d'enfer , et sabler le vin mousseux au diné , à la suite de quoi ces désœuvrés feront bien pis dans leur soirée , que s'ils eussent été occupés par une comédie de société. J'ai expliqué plus haut quelles scènes de morale ils machineront pour la nuit suivante , sauf à mystifier le sage en feignant , pour lui plaire , de

   « Relire tout Racine et choisir dans Voltaire. »

Ils y choisiront la Pucelle et les pièces de même acabit ; car, quel autre choix peut faire un *essaim d'étourdis* que le Champagne a mis en gaieté ? En nous peignant cette cohue de bombanciers , menant joyeuse vie dans le château d'un homme opulent , l'auteur a raison de dire :

   » Ce sont les vrais plaisirs , les vrais biens que je chante ;

   » Mais peu savent goûter leur volupté touchante. »

Et vraiment il est peu de gens assez riches pour monter leur maison sur un tel pied , soit aux champs , soit en ville. Toutefois on ne voit pas quel rapport ont ces joyeux ébats d'une légion d'oisifs , avec les fonctions agricoles et les scènes champêtres , dont le titre GEORGIQUES annonçait le tableau ; titre auquel s'était conformé Virgile , parce que dans Rome et Athènes le bel esprit ne dispensait pas , comme en France , de la justesse des idées.

Au résumé , voilà un sage qui , déclarant ennemis des champs et de la morale tous ceux qui ne seront pas de son avis , emploie une fortune de cent mille écus de rente à organiser des orgies , et sous ses humbles lambris , enchérit sur le luxe de la ville. Tels sont les moralistes ; ils ne sauraient écrire quatre pages , sans jouer le rôle des médecins , tant pis et tant mieux. Toutes ces contradictions aident à rimer et arrondir des périodes. Un avocat en plaidant successivement le pour et le contre , a chance double de celui qui ne plaiderait qu'une seule cause.

Plaisante sagesse que celle qui exige pour première condition , trois cent mille francs de rente ! Car il n'est pas possible d'organiser à plus bas prix ces bourdifailles morales et champêtres , véritable sentier de la vertu.

« Qui sait aimer les champs , sait aimer la vertu : » mais il faut les aimer à la manière de notre sage ; entre-

tenir

*tenir chez soi une pétaudure de 80 godailleurs ; tout autre
genre de vie est immoral ; car , nous dit-il ,*

 » *Le doux plaisir des champs fuit une pompe vaine.* »
C'est-à-dire goûtez-le en petit comité ; n'assemblez pas plus
d'une centaine d'amis et une cinquantaine de chevaux dans
ces émotions paisibles , ces sentimens doux et modérés , nécessaires à la vertu.

 » *Pour les bien SAVOURER , c'est trop peu que des sens ;*
 » *Il faut une ame pure et des goûts innocens.* »
Et puis , QUELQUES MILLIONS DE FORTUNE ; *précaution utile
pour purifier une ame , la mettre en état d'acheter un immense château , y rassembler et goberger cette légion de
parasites , et y SAVOURER la morale des champs , comme
le faisait*

 « *Dans Frênes , d'Aguesseau goûtant tranquillement*
 » *D'un repos occupé le doux recueillement.* »
*On ne voit guères comment concilier ce doux recueille-
ment avec une compagnie de 80 hôtes bruyans , faisant sauter
les bouchons et poursuivant toute la nuit les marquises et les
soubrettes. Mais en morale on ne doit pas y regarder de
si près , ni se montrer exigeant sur le bon sens : pourvu
que l'auteur sache rimer et enfiler des mots , le lecteur
doit se pâmer de tendresse ;* « *savourer avec des sens dé-*
» *licats , avec une ame innocente et pure , les innombrables*
» *variétés de riches décorations des scènes champêtres ;*
» *multipliant ses jouissances en multipliant ses sensations ,*
» *et assurant par un concert sublime avec la bienfaisante*
» *nature , le bonheur et la vertu de la vieillesse et de*
» *l'enfance.* »
*C'est avec de pareils verbiages qu'on fait aujourd'hui la
conquête de l'opinion. Sans blâmer ses goûts , je signale ce
travers pour en déduire le principe suivant :*

 « *On doit exiger d'un inventeur non pas ces prestiges*
» *oratoires , cette faconde ennemie du bon sens ; mais des*
» *raisonnemens bien suivis , des théories compatibles avec*
» *l'expérience. Tout prétendant aux inventions , qui aurait*
» *le style de ces verbeux écrivains , serait suspect de*
» *spéculer comme eux sur l'art de mystifier les lecteurs ,*
» *de leur donner des amplifications de rhétorique en place*
» *des découvertes promises.* »

POLITIQUE DE L'HOMME DES CHAMPS.

Il va régénérer les campagnes. Il doit , en politique ainsi qu'en
morale, débuter par se contredire. On n'est pas bon philosophe sans
cette condition de souffler à la fois le chaud et le froid. Delille s'y
montre fidèle ; aussi nous peint-il d'un côté :

II.   40

» Ces enfans dans leur fleur desséchés par la faim,
» Et ces filles sans dot, et ces vieillards sans pain.
Puis d'un autre côté :
» Là des vieillards buvant, content avec délices,
» L'un ses jeunes amours, l'autre ses vieux services. »
Il faudrait que les vieillards, dans un hameau si vertueux, employassent à un achat de pain pour leurs enfans desséchés, cet argent qu'ils prodiguent au cabaret. Mais où en serait la philosophie, si on lui disputait le droit de se contredire à chaque page ?

Avant de nous dépeindre ces enfans, ces filles, ces vieillards desséchés par la faim, il nous avait montré l'homme des champs répandant autour de lui son bonheur, assurant la vertu de la vieillesse et de l'enfance : voyons par quels moyens.

D'abord par la *loi agraire*, selon l'avis de Mentor, 554 3/4 : c'est le secret de tous les moralistes. Celui-ci, en parlant *de la pauvreté qui dégrade, et des privations du pauvre*, dit aux sages amis des champs :
» *Partagez avec lui votre riche récolte.* »
Précepte qui sera bien goûté par les pauvres : si le seigneur veut partager avec eux, tout le hameau arrivera à la douce fraternité. Mais où trouver ces seigneurs disposés à partager leur récolte avec les paysans ? On en trouvera plus aisément de ceux qui veulent dépouiller les paysans du nécessaire.

Ce n'est pas là un obstacle pour notre sage ; sa politique va remédier à tout, en s'associant aux concerts sublimes de la nature, et appelant au secours de ses bienfaisans projets, *toutes les autorités du hameau*, composées de deux personnes, le curé et le magister ; il ne dit rien du maire, du juge de paix, du percepteur, des gardes-chasses, des rats de cave ni des gendarmes. Ceux-là sont exclus de participer aux concerts sublimes de la nature : tout va rouler sur le curé et le magister. Toutefois notre sage ne veut pas d'un curé,
» Qui SUR L'ESPRIT DU JOUR compose sa morale. »
Il veut donc un curé libéral, un esprit indépendant et philosophe, s'affranchissant des doctrines régnantes. Reste à savoir si les grands-vicaires du diocèse voudront former de pareils curés, ni même les placer en cas qu'il en existe. Je ne m'arrête pas à discuter cette affaire qui n'est point de ma compétence ; mais je gagerais que tout seigneur dira au curé de son hameau : « gardez-vous de suivre ces principes de l'homme » des champs ; n'allez pas croire, d'après lui, qu'un curé doive fronder » l'esprit du jour, s'isoler de la politique dominante, ni qu'il doive
» Des préjugés aussi préserver le jeune âge : »
» lui enseigner philosophiquement,
que les hommes naissent libres et égaux en droits ;
que les grands ne nous paraissent grands que parce que nous sommes à genoux ;
que les prêtres ne sont pas ce qu'un vain peuple pense, etc.

« Loin de là, opposez à toutes ces maximes indépendantes, des pré-
« jugés salutaires ; gravez-les dans l'esprit de l'enfance, et composez
« soigneusement vos leçons morales SUR L'ESPRIT DU JOUR, si vous voulez
« être promu à quelque poste avantageux. »

Telles sont les instructions de tout seigneur au curé du hameau ; le
contraire des préceptes du bel esprit Delille, qui a oublié de donner
à ses curés de hameaux des revenus d'archevêques. Il n'en faudrait pas
moins pour l'exercice des vertus qu'il leur assigne. Ils vont secourir
tous les pauvres, concilier tous les débats, établir par-tout la douce
fraternité philosophique ! ! ! On pourra supprimer les juges de paix, les
procureurs et les gendarmes, dès qu'on aura des curés endoctrinés par
un homme des champs, et dotés d'un revenu de vingt mille francs.

Plaisant égarement du bel esprit ! Mais la civilisation ne se repaît que
de ces contes ridicules ; elle veut qu'on lui montre, en vers et en prose,
des torrens de vertus et de bonheur dans les innocentes campagnes où
chacun, sans avoir des yeux aussi exercés que notre ami des champs,
voit de toutes parts comme ce sage l'a vu plus haut ;

    « Des enfans dans leur fleur desséchés par la faim,
    « Et des filles sans dot, et des vieillards sans pain. »

Est-ce avec des rimes et des phrases qu'on remédie à tant de misères ?
Est-ce avec un triumvirat de médecins tels que le sage des champs, le
curé et le magister ? Voyons ce que Delille nous dira du troisième.

Il nous apprend que les enfans ou fils du hameau, lui lancent des
boulettes au menton. Sur ce, le pervers ami des champs se joint aux
polissons du hameau, pour ricanner le magister, et dit ironiquement :
    « Il sait, le fait est sûr, lire, écrire et compter. »
N'est-ce donc pas assez, et doit-il encore être poëte et académicien ?
S'il enseigne aux paysans à lire, écrire et compter, c'en sera déjà plus
que n'en sait votre caravane d'amis des champs rassemblés au château,
et dont la plupart ne sauront pas faire une division complexe.

Amorcé par l'appât d'une description, le poëte ne manque pas de
faire un portrait du *mentor pédantesque*, sans oublier la verge pliante
dont il étrille moralement les fils du hameau. Il termine par dire :
encouragez-le donc : — mais à quoi ? à fustiger les enfans ? — Non, non :
à répandre les saines doctrines de l'amour des champs : — eh ! quel succès
faut-il espérer, si vous, seigneur, et vos 80 godailleurs, tournez sa
science en ridicule, et souriez à la tourbe de polissons qui lui lancent
des boulettes au menton ? Là où l'instituteur est insulté, haï par les enfans
et raillé en secret par les grands, il n'y a ni institution, ni moralité.

Après avoir ainsi préludé à la régénération des hameaux, notre sage
va consommer l'œuvre par un coup de haute politique. Il transforme
d'un trait de plume tous les grands seigneurs en apothicaires de canton.

    « Dans les appartemens du logis le moins vaste,
    « Qu'il en soit un où l'art, avec ordre et sans faste,

40.

» Arrange le dépôt des remèdes divers ,
» A ses infirmités (du paysan) incessamment offerts.
» Menez-y vos enfans , etc. etc. :
» Que sur-tout votre fille amenant sur vos traces
» La touchante pudeur, la première des grâces, etc. »

Ainsi, pères et enfans du château doivent devenir apothicaires, s'ils veulent suivre le sentier de l'amour des champs. Cependant il ne faut pas moins de 6 ans d'étude pratique et théorique pour former un bon pharmacien. Dès-lors les grands seigneurs qui se destinent à la robe ou à l'épée, devront laisser en suspens leur instruction, négliger la jurisprudence et la stratégie , pour étudier la pharmacie *très-complètement;* car le villageois ne sait rien manutentionner ; il faudra lui préparer ses drogues dans l'officine du château. Quel doux charme pour la demoiselle qui, avec sa touchante pudeur , est spécialement chargée de l'apothicairerie par notre sage ! Quelle facilité pour l'amant, qui enverra la matrone demander ostensiblement une prise de rhubarbe , et remettre un billet doux ! On pourra à volonté s'introduire, lier une intrigue avec la châtelaine devenue pharmacienne : quelle vaste carrière aux vertus champêtres ! Notre poëte s'en extasie, et apostrophant tous les seigneurs qui ne se font pas apothicaires , il leur dit :

» Cœurs durs qui payez cher de fastueux dégoûts ,
» Ah! voyez ces plaisirs , et soyez-en jaloux. »

Il y aura ici des jaloux de plus d'une espèce , et je ne répondrais pas que les pharmaciens de profession ne fulminassent contre cette nouvelle morale, qui sera pour eux un signal de ruine totale ; car du moment où les grands seigneurs seront tous apothicaires , donnant gratuitement ou à crédit les drogues au paysan, il est clair que les apothicaires patentés seront réduits à plier bagage. Cette révolution pharmaceutique sera accompagnée de plusieurs autres qu'il est bon d'indiquer.

D'abord les seigneurs, obligés de former chez eux une pharmacie , sous peine d'être déclarés *cœurs durs* , acheteront leur assortiment chez le droguiste de la ville voisine. Ils seront attrapés, dieu sait : on leur glissera tous les rebuts de magasin, vieilles drogues sans vertu et fausses drogues malfaisantes ; écorce de cerisier en place de kina, etc. : les pauvres paysans pâtiront de ces duperies ; les malades paieront le tribut à la nature ; et les apothicaires de la ville, furieux de voir leurs boutiques abandonnées , diront que les campagnards immolés ont bien mérité leur sort en prenant des remèdes chez des intrus.

Entretemps : les seigneurs désappointés par ce début mal-adroit, aviseront à mieux opérer ; ils formeront un comité pour diriger les achats et aller aux sources. On écrira à Marseille et Livourne pour se mettre au cours des mannes et du séné ; à Londres et Amsterdam pour connaître les mouvemens des jalaps et des ipécacuanhas , et peu à peu nos grands seigneurs se trouveront engagés dans le tripot commercial ; car du moment où l'on saura que ces nouveaux amis du commerce pré-

sentent bonne garantie, on les amorcera comme dans les maisons de
jeu, par un début engageant; d'abord une petite spéculation en folli-
cules de séné; puis un accaparement des jalaps ou des casses; ensuite
un plus grand, et peu à peu on les lancera dans le haut tripotage des
cafés et des grains. On en a vu cent, dans le cours de la révolution,
dissiper de cette manière de superbes fortunes patrimoniales. Voilà le
piége où les conduirait le songe creux de notre philantropique homme
des champs. MM. les seigneurs, quoi qu'en dise le sage, laissez aux
apothicaires le soin de préparer potions, loques et pilules. Un adage dit :
que chacun fasse son métier, et les vaches serônt bien gardées.

(NOTA). Je n'ai cité dans cet article que les ridicules du premier
chant, dont encore j'ai omis la majeure partie.

Dans le 2ᵉ chant, notre sage se fait ministre de l'intérieur ou peu
s'en faut; il construit des canaux, s'empare des travaux publics, dirige
la province entière. De sorte qu'avec un pareil sage dans chaque province, le ministre n'aurait plus rien à faire. Mais ce n'est plus trois cent
mille francs de rente, c'est un million au moins qu'exige ce rôle moral.

Combien de pervers se convertiraient à l'amour des champs, si on
voulait leur assurer un tel revenu, indispensable pour exercer cette
nouvelle sagesse champêtre.

Le poëte nous la définit : « *Une heureuse habitude des sentimens.
doux et modérés, d'où résultent ces émotions paisibles, également
nécessaires au bonheur et à la vertu.* Quel roucoulement moral et quel
plaisant écrivain, avec ses émotions de vertu paisible et modérée qui
exige un million de rente ! Quelqu'un a dit que, pour éteindre un
incendie, il faudrait y jeter le *Bélisaire* de Marmontel; ajoutons—y
l'Homme des champs, ouvrage d'autant plus fade, que l'auteur l'a
composé pour se justifier du reproche de ne pouvoir rien imaginer, ne
savoir ni voler de ses propres ailes, ni faire choix d'un sujet intéressant.

Laissons l'homme des *châteaux* avec son chantre glacial et ses lieux
communs de morale épicurienne; je ne m'occupe pas ici de littérature,
mais des empiètemens qu'ont faits la littérature et le bel esprit sur le
raisonnement; c'est le sujet de conclusion.

Un auteur dit, QUE L'ESPRIT EST UNE SORTE DE LUXE, QUI DÉTRUIT
LE BON SENS COMME LE LUXE DÉTRUIT LA FORTUNE. *Telle est l'influence
de l'esprit sur notre siècle, où il envahit tout. On ne veut plus,
même sur les sujets les plus graves, que du bel esprit, sans acception
du sens commun. Le siècle n'a pas la sagesse de faire à chacun son
lot distinct, d'assigner au bel esprit le domaine littéraire, et d'exiger
en politique sociale du sens commun, c'est-à-dire des théories compatibles avec l'expérience.*

*D'après ce travers de notre siècle, c'est au tribunal littéraire que
sont jugés les inventeurs; on n'examine pas s'ils apportent des procédés utiles, des voies de prompte restauration; l'on exige pour titre*

exclusif, les charmes du style. Qu'un livre contiénne autant d'absurdités que de phrases, peu importe; chacun, sur ce reproche, répond,
cela est bien écrit; les charmes du style, voyez-vous, il n'y a que ça.
Tel est le refrain général en France: le bel esprit n'avait pas em-
piété de la sorte, à l'époque où Boileau le plaçait au second rang,
même en poésie; disant aux poëtes:

        » Aimez donc la raison; que toujours vos écrits
        » Empruntent d'elle seule, et leur lustre, et leur prix. »
Aujourd'hui la raison n'est plus comptée pour rien, même en fait de
sciences utiles, et le traité de la plus importante des découvertes ne
sera jugé que sous les rapports du style, de la méthode, de la distribution des matières.

Encore une fois, il n'y a ici que deux choses à examiner, la théorie
abstraite et la théorie concrète de l'Association.

En abstrait, il faut discuter la thèse de dualité du destin social,
I, 27; disserter sur cette possibilité des deux mécanismes industriels,
l'incohérent ou état morcelé et faux actuellement régnant, et le sociétaire ou combiné encore inconnu.

En concret, il faut discuter si l'auteur a vraiment trouvé le procédé d'Association, si la Série passionnelle est la voie efficace; il
faut, en cas de doute, sommer les sceptiques d'en rechercher un
meilleur, et provisoirement soumettre celui-ci à une épreuve: quel
qu'en soit le style, fût-il expliqué en patois, il n'est pas moins le
premier et l'unique procédé sociétaire qui ait été proposé, et le seul
d'accord avec les vues de la nature, puisqu'il est le seul conforme
à l'Attraction, le seul adapté à toutes les impulsions naturelles de
tous sexes et de tous âges.

Les faux jugemens sur cette opération et les délais qui en peuvent
résulter seront si préjudiciables au genre humain, qu'on ne saurait
trop le prémunir contre le tort de traiter et juger en affaire littéraire
l'exposé de la plus précieuse découverte. Répétons que ceux qui veulent
des charmes de style, en peuvent assez trouver dans 400,000 tomes
de sciences incertaines et de romans. Quelle bizarrerie à la nation
qui passe pour la plus amie de la variété, de tomber dans l'excès
contraire sur ce qui touche aux écrits scientifiques, et vouloir par-
tout de la muscade, par-tout du beau style! J'en ai suffisamment
démontré les abus, dans cette analyse partielle des visions de Delille
et Fénélon. N'est-ce pas assez prouver qu'un inventeur qui se re-
commanderait comme eux, par cet étalage de faux brillans, serait
suspect d'être comme eux un champion de déraison? Est-ce là ce
qu'on doit rechercher dans un traité de mécanique passionnelle? Et
après tant de malheurs qui ont pesé sur la génération présente,
n'est-il pas temps enfin qu'elle apprenne à distinguer entre les emplois
de bel esprit et de raisonnement, et qu'elle reconnaisse l'inutilité de
la rhétorique, et le besoin exclusif de la justesse, dans une théorie
d'où dépend le changement de sort de l'humanité?

Epi-Section.

MODE sociétaire simple, ou 7e période.

JE comptais donner sur les dispositions d'Harmonie simple ou hongrée une ample section ; mais, comme elles devront se proportionner aux localités, au climat, aux moyens du canton d'épreuve et de la société fondatrice, il serait fastidieux pour le lecteur de parcourir des aperçus de dispositions adaptées à cette diversité de chances. J'en ai les brouillons, et je ne crois pas devoir en extraire autre chose que les trois articles suivans.

Ier. DES LACUNES D'ATTRACTION.

Ce serait mal connaître un mécanisme, que de n'en pas indiquer d'avance les côtés faibles. On sait que les débuts sont pénibles en toutes choses, et le premier canton sociétaire devra rencontrer divers obstacles de circonstance : il a fallu les prévoir et aviser aux moyens de les surmonter. Il aura à vaincre le vice de transition ou d'initiative, les lacunes d'attraction ; en voici un aperçu.

EN MATÉRIEL. 1° Inhabileté de la classe riche aux fonctions agricoles et manufacturières. Heureusement elle sera peu nombreuse dans une Phalange d'Harmonie simple ; mais encore faudra-t-il savoir l'intéresser au mécanisme, l'attirer à s'y entremettre. Cet obstacle disparaîtrait d'emblée en Harmonie composée ; la simple n'aura pas les mêmes ressources.

2° *L'inexpérience des industrieux*, habitués à un seul travail et non pas à 20 ou 30. Ils seront donc neufs et maladroits dans la plupart de leurs nouvelles fonctions : ils auront la gaucherie d'une troupe de recrues arrivant au dépôt.

3° *Le défaut de fonctions hivernales* : elles reposent principalement sur les manufactures, qui ne pourront pas attirer suffisamment sans le concours de rivalités avec des Phalanges voisines. Or, la Phalange d'essai sera seule ; son premier hiver et le 2e abonderont donc en calmes passionnels, et les Séries y seront fréquemment dépivotées, c. à d. en fausse attraction ou tendance imparfaite au luxe et à l'unité, obligées de prolonger la durée des séances, et commettre maintes fautes contre l'équilibre pass.

4° *Le défaut d'animaux exercés.* Quelque bon qu'en puisse être le choix, ils n'auront pas reçu l'éducation harmonienne ; ils seront viciés par des habitudes contraires au mécanisme des Séries. Les vices originels ne se corrigent guères chez les animaux ; et les plus précieux aujourd'hui pourront, dans divers emplois, se trouver les plus défectueux par convenance et obstination pour les procédés civilisés.

5° *Le défaut de végétaux.* On manquera de vergers, travail de la plus haute importance en attraction, et qui ne s'organise pas d'une année à l'autre. Les vergers qui existent aujourd'hui ne sont ni assez grands, ni distribués convenablement pour des Séries pass. On n'aura pas non plus de forêts classées; elles sont par-tout confuses et incompatibles avec les développemens d'une Série contrastée. Toutes ces lacunes de fonctions réagiront fâcheusement sur le mécanisme industriel, et par contre-coup sur le passionnel.

LACUNES EN AFFECTIVES, absence des 16 ou de portion de chacune des 16 voies de ralliement, 482, 510, 532, 540.

Par exemple, en amitié on n'aura, dans une Phalange d'Harmonie simple, ni Petites Hordes, ni domesticité passionnée, ou du moins très-peu des ressources que ces deux ressorts peuvent fournir. On ébauchera l'opération autant que possible; mais on ne pourra compter, en mode simple, que sur une approximation très-faible : et de même sur tous les ressorts de ralliement; à peine sur les 16 en est-il 4 dont on puisse tenter l'introduction en Harmonie simple; vide bien fâcheux dans le cadre des liens sociaux de la 1re Phalange.

On y verra donc régner partiellement les duplicités qu'engendre parmi nous la dissidence des 3 classes, riche, moyenne et pauvre. Cependant les liens de ralliement sont des ressorts si puissans, que si on réussit à en ébaucher seulement 4 des 16, je dis *ébaucher et non pas former*, la petite Phalange d'essai semblera déjà un colosse de vertu et d'Harmonie, en parallèle avec les infamies du mécanisme civilisé.

Une des plus utiles précautions contre cette mésintelligence des 3 castes, sera de choisir un peuple très-poli, comme celui des environs de Paris et Tours en France, de Rome et Florence en Italie, de Dresde et Berlin en Allemagne. La politesse du peuple sera d'un grand secours en mécanisme d'essai. Je me hâte donc de recommander ce moyen en concours avec les autres palliatifs dont il sera fait mention.

LACUNES EN DISTRIBUTIVES. La première sera celle d'éducation, le défaut d'enfans élevés à l'Harmonie passionnelle. En admettant qu'on fasse parmi les enfans civilisés le meilleur choix, ils seront toujours dépourvus des connaissances et habitudes qui seraient le fruit de l'éducation harmonienne. Ils ne pourront pas opérer avec régularité, comme feraient des enfans élevés dans le nouvel ordre.

Ce vice deviendra plus sensible encore chez les pères ou hommes faits, qui, plus habitués que leurs enfans aux méthodes civilisées, seront d'autant plus inhabiles aux procédés harmoniens. Il faudra pourtant surmonter toutes ces entraves.

Je ne les cite que pour prévenir les détracteurs et ergoteurs, et en induire que si l'on a su prévoir tous les obstacles, on a su de même aviser au remède.

2°. *Absence de coopération externe*, de liens vicinaux et secours de cohortes. La Phalange d'essai sera tout-à-fait dépourvue de cet appui et réduite à elle-même. Des emprunts de mercenaires civilisés ne l'aideraient pas en liens passionnels; ils ne pourraient pas intervenir en intrigues de Série et fausseraient le mécanisme. On les emploiera pourtant, mais sans se lier d'intrigues avec eux. Ils fourniront un secours matériel, et non passionnel.

3° *Rareté de Séries*. La première Phalange, même en mode composé, en aura à peine le tiers de ce qu'en formerait une Phalange de 3ᵉ génération. Et si l'on descend du mode composé au simple, on essuiera encore une réduction portée au tiers; c. à d. que la première Phalange organisée en mode simple, n'aura guères que le 9ᵉ des Séries qu'on peut former en pleine Harmonie.

Elle éprouvera dans son mécanisme, dans ses liens sociaux, un ralentissement proportionnel, et comparable à celui d'une usine qui, au lieu de recevoir de son bief neuf pieds cubes d'eau, en temps donné, n'en recevrait qu'un pied.

K *Vices de transition. Défaut d'essor passionnel interne et externe.*

En interne. Les civilisés habitués à un régime vicieux, coërcitif, guindé, une fausseté continue, feront à chaque instant des démarches qui fausseront le mécanisme: ceux qui se croient les plus raffinés, seront souvent les plus gênans en manœuvre sociale. Par exemple, des philosophes qui veulent à chaque pas alambiquer les sensations de perceptions, des gens du monde prodiguant les formules polies, seront des caricatures incommodes, en se croyant des phénix d'atticisme.

On voit, en civilisation, foule de ces gens qui ne sauraient parler ni agir sans travestir leur intention. Mangent-ils, comme Tartuffe, deux perdrix aux choux, c'est, disent-ils, pour modérer leurs passions; boivent-ils un flacon de Bordeaux, c'est pour la balance du commerce; courtisent-ils une femme, c'est pour l'équilibre des perceptions de sensations. Cette manie de distiller la perfectibilité et quintessencier les sensations, existe du plus au moins chez tous les civilisés, et même chez les classes inférieures; car on voit des paysans qui, au moment de boire une rasade, diront au maître de maison: *ce n'est pas pour boire, c'est pour avoir l'honneur de vous saluer.* Les philosophes ont cette manie; farder chacun de leurs mouvemens de quelque perfectibilité imaginaire. Ces manières guindées seront nuisibles en Harmonie, où il faut du laconisme en actions comme en paroles.

En externe. La Phalange d'essai souffrira du vice de contact avec les fourbes civilisés; il sera forcé de communiquer avec eux, tant qu'il n'existera pas de Phalanges circonvoisines, pas de négoce véridique; et ces relations avec des civilisés, feront, sur le moral des harmoniens, l'effet d'un commerce avec des pestiférés; on s'en isolera le plus que possible, mais sans pouvoir y renoncer tout-à-fait.

✕ *Vices pivotaux*. DÉFAUT DE CORPORATIONS HARMONIQUES. On manquera des plus influentes en mécanisme, telles que les corps de vestalat et damoisellat, et toutes les corporations d'âge pubère autres que celles d'industrie. On manquera de même de toutes les corporations externes, telles que Grandes Hordes, armées industrielles, congrès d'évaluation commerciale, dispositions de quarantaine générale sur les maladies pestilentielles, psoriques, siphyllitiques, etc. On manquera de toutes les dispositions unitaires en langage, poids et mesures, monnaies, et mille autres détails.

Ainsi, les entraves seront bien nombreuses pour la première Phalange. Quel sera le remède? Beau problème à proposer aux plagiaires qui pourraient se vanter d'intervention dans la découverte! Je les attends à l'énigme de ce remède qu'il faudra appliquer à toutes les lacunes d'attraction collectivement.

IIme. FORMATION, DISTRIBUTION ET INSTALLATION D'UNE PHALANGE D'HARMONIE SIMPLE.

J'AI raillé et raillerai encore sur le dicton des Français, *gniak Paris, gniak Paris* : mais pour cette fois je serai obligé de faire chorus avec eux sur le *gniak Paris*; car les habitans de Paris et le voisinage de cette ville sont ce qui convient le mieux au monde pour la fondation de la Phalange simple. C'est une entreprise où excellera toute population adonnée au plaisir, et distinguée par des manières polies. A ces titres on conçoit que ladite fondation serait naturellement l'apanage des Parisiens, si leur esprit anti-national ou *extranéomanie* ne les prévenait contre toute invention de leurs compatriotes.

J'ai cité le château de Meudon comme local de convenance probable. Je pense qu'on trouverait, à 2 ou 3 lieues de rayon, beaucoup d'autres édifices qu'on pourrait adapter, sauf augmentation de bâtimens. Au reste, je n'apprécie ces châteaux que sous le rapport des plantations déjà faites, et du voisinage des forêts; car pour le bien du mécanisme, il vaudra infiniment mieux construire en plein l'édifice, afin de jouir des rues-galeries et des distributions opportunes de Séristères.

Il faut d'ailleurs porter en compte que le bénéfice des curieux payans serait plus fort autour de Paris que par-tout ailleurs; et c'est une chance à faire valoir à des actionnaires, qui seront plus ou moins imbus de l'esprit mercantile du siècle. Voyez les détails , 45.

La Phalange simple est une société destinée à louvoyer pendant la 1re année , où elle sera mal pourvue du nécessaire en manœuvre passionnelle. Il lui conviendra donc de ne pas enrôler d'emblée toute la masse à réunir , et de ne débuter qu'avec les 3/4 du nombre auquel on comptera la porter. Dès qu'elle sera installée , on aura assez d'option pour completter et se pourvoir des titres caractériels dont le mécanisme paraîtra manquer.

Si le clavier d'Harmonie composée est de 810 (v. pag. 19 et 20), plus, les titres hors de ligne et les complémentaires, il faudrait en mode simple débuter avec 405 au moins, afin que les chœurs et les tribus ne fussent pas réduits au-dessous de moitié. La mécanique serait trop gênée si on ne s'élevait pas à moitié de la table, 19.

Je suppose donc une réunion de 90 familles à 5 individus ; c'est 450 personnes. Il faudra choisir environ 40 familles pauvres , 30 moyennes , et 20 de richesse relative ; car la Phalange simple n'a pas besoin de sectaires de grande fortune ; ils y sont moins nécessaires que dans la composée.

Estimons les 14 tribus actives à demi-nombre de la table , 19 ; soit 405 ; plus , les patriarches , bambins et poupons ; total environ 450.

Les enfans étant plus aptes que les pères actuels à la manœuvre passionnelle , il conviendra de forcer de nombre sur les chœurs en bas âge , et au lieu de suivre la demi-proportion de page 19 , qui serait 18, 21, 24, etc. , préférer

²   ³   ⁴   ⁵   ⁶   ⁷   ⁸   ⁹   ¹⁰   ¹¹   ¹²   ¹³   ¹⁴   ¹⁵
21, 24, 27, 30, 33, 36, 39. — 33, 30, 27, 24, 21, 18, 15.

Moyennant cet assortiment , les tribus 2 , 3 , 4 , 5 , 6 , qui sont celles de l'enfance active , seront plus aptes à la manœuvre , mieux contrastées , mieux rivalisées. Ce sont elles qui doivent entraîner les pères ; elles seront harmonisées deux mois avant les pères : c'est donc sur ces tribus qu'il faut spéculer en premier ordre.

On a vu, section 1re, ce qui concerne l'estimation des valeurs apportées en fonds sociétaire ; on procédera de même dans la Phalange simple.

Elle devra être installée en trois corps distincts et à trois époques différentes. On commencera par la classe pauvre, qui devra entrer en exercice pendant l'automne , et passer l'hiver dans le Phalanstère en organisation demi-civilisée , c'est-à-dire soumise à une discipline , et exercée seulement à quelques dispositions de Série , principalement pour les repas. On ne pourrait pas , avant la réunion des trois classes , riche , moyenne et pauvre , tenter les manœuvres d'attraction : c'est pourquoi

il faudra installer ce premier corps en régime ambigu , et mi-
parti de civilisation ; les habituer aux localités, afin qu'ils
soient déjà façonnés et experts lorsqu'on entrera définitivement
en exercice. Ils auront pendant l'hiver appris à connaître les
animaux, les ateliers, etc. Ce dégrossissement sera d'un grand
secours au début de pleine manœuvre qui n'aura lieu qu'en
avril , à l'entrée de la classe riche.

Une convention nécessaire avec ces familles de basse fortune
ou d'ouvriers, sera d'abonner pour la rétribution sociétaire ;
stipuler l'avance de nourriture, vêtement et logement ; plus,
l'option d'une somme fixe au bout de l'an, si leur part de
produit sociétaire se trouvait moindre. Ce traité plaira beaucoup
à la classe pauvre ; et grâce aux notions qu'elle aura acquises
pendant l'hiver sur le mécanisme sériaire, on la trouvera parfaitement disposée en février, lorsqu'on procédera à l'installation de la classe moyenne.

Celle-ci devra entrer en fonctions dès le mois de mars , pour
s'exercer à la culture combinée dès les premiers beaux jours.
Alors commenceront les opérations de mécanisme sériaire, qui
seront très-faibles jusqu'à l'époque de pleine culture, en avril
et mai , parce que la 2ᵉ classe manquera d'habitude, et que
la 3ᵉ ne sera pas entrée. La cuisine, jusque-là, sera bornée
à deux sortes, moyenne et basse.

La Phalange d'essai commettrait une erreur si elle entre-
prenait en petit les travaux d'une grande Phalange, comme
le 1/4 où le 1/3 de labour. Elle devra adopter moins de fonctions, et s'appliquer à y introduire une subdivision complète.
Ce n'est pas sur la quantité de Séries, mais sur leur plein essor
et leur bonne organisation qu'il faudra spéculer : qu'elles soient
peu nombreuses, peu importe, pourvu qu'on y voie naître le
mécanisme des rivalités contrastées et des gradations de nuances:
on ne l'obtiendrait pas d'une affluence de petites Séries impar-
faitement distribuées : *paucæ, sed bonæ.*

En conséquence on devra, dans cet essai, rejeter presqu'en
entier les grands travaux de champs et vignes, et les grandes
manufactures, comme serait une fabrique de drap. Il faudra
s'attacher aux fonctions romantiques et attrayantes ; jardins,
troupeaux, serres, et vergers s'il se peut, fleurs en grande
quantité, comme tous les objets dont on peut jouir dès la
1ʳᵉ année ; car il ne s'agira pas tant de *bénéficier* que de réussir
à organiser le régime d'attraction industrielle. La Phalange
d'essai sera assez triomphante si elle peut, au bout de la belle
saison, montrer le mécanisme d'attraction en pleine activité :
il deviendra évident qu'on peut l'appliquer à la grande culture, par l'extension des procédés qui l'auront introduit dans
la petite culture. La civilisation sera déjà anéantie par ce résultat ; et une fois cette cause gagnée au bout de la campagne,

tous les sociétaires seront assez riches ; les actionnaires pourront vendre à trois et quatre cent pour cent de bénéfice ; ils s'en garderont, et ne céderont pas une action à mille pour cent après le succès.

La Phalange d'essai devra spéculer sur des attractions de travail indirect, comme la *FRUITERIE*. Elle n'aura que peu de fruits de son cru à conserver, car ses plantations en seront à leur 1re année, et ses vergers productifs seront bornés à peu de chose. Mais si elle est placée à côté d'une riche capitale pourvue de beaux fruits, comme Paris, elle en achetera une énorme quantité en superbes espèces, dont elle meublera un immense fruitier. Ce travail entretiendra une grande et attrayante série ; le soin des fruits étant de goût général, chez les savans comme chez les femmes et les enfans.

Employant à son fruitier les procédés que fournit la physique, elle pourra l'année suivante, en avril et mai, prodiguer les richesses de l'automne. Ce sera industrie *indirecte*, puisque l'objet en sera de production extérieure. Il faudra se ménager plusieurs séries en ce genre ; la Phalange d'essai étant obligée de s'écarter des méthodes régulières, et de chercher en industrie externe les ressorts qu'elle ne pourra pas trouver en industrie interne, par suite des lacunes d'attraction.

Ladite Phalange devant avoir au moins trois manufactures, elle adoptera la confiserie, tant par convenance avec la fruiterie que par affinité avec les goûts des femmes et des enfans dont il faut étudier les fantaisies pour les amener promptement aux harmonies de série. Les trois manufactures qui me paraissent préférables, sont : pour les enfans, la confiserie ; pour les femmes, la broderie ; pour les hommes, la fabrique de meubles ; ce choix, sauf meilleur avis.

Ce sera dans le courant d'avril qu'elle introduira sa 3e ou 1re classe, composée d'une vingtaine de familles riches. On pourra en choisir la majeure partie parmi les propriétaires ou rentiers qui ont un état de maison au-dessus de leurs moyens, et qui, pour compenser les frais du séjour d'hiver à la ville, emploient économiquement la belle saison à *savourer, avec une ame pure et une bourse légère, la touchante volupté du doux plaisir des champs.* (Delille).

Souvent ces familles louent une maison de campagne ; elles trouveront fort bien leur compte à entrer dans la Phalange, parce qu'elles y jouiront à peu de frais d'un luxe bien supérieur à celui qu'elles avaient dans la capitale, soit pour les voitures, soit pour la table. Dès que ces vingt familles riches seront installées, on organisera les cuisines en chère de trois classes ; plus, la commande et les animaux.

La Phalange simple ne pouvant pas établir en plein la domesticité passionnée, faute de Petites Hordes, elle y suppléera

par une corporation externe composée de domesticité salariée
et non sociétaire, affectée aux corvées qui seraient provisoirement hors de mécanisme et hors d'attraction; mais non pas
à celles qui, comme le service des cuisines, conviennent de
prime-abord au régime sériaire. Ainsi les employés des cuisines et des étables seront sociétaires et non pas salariés.

L'installation sera terminée une quinzaine après l'entrée de
la 1re classe qui, en moins d'un mois, sera pleinement habituée
au mécanisme de Série. L'initiative commence par les repas qui
sont gais, économiques et somptueux en état sociétaire; des
repas on s'initie aux fonctions du parterre et du potager, puis
à celles des étables et des ateliers; mais toujours spontanément,
par attraction, et sans statuts obligatoires.

Dans le cours de juillet, on admettra quelques sectaires dont
le besoin aura été reconnu. La dernière admission, composée
d'ouvriers les plus convenables pour obvier aux calmes passionnels de l'hiver, n'aura lieu qu'en septembre.

Je termine là cet aperçu qui deviendrait trop vague et exigerait trop de détails, tant qu'on ignore le local et les moyens
qui seront affectés à cette fondation : il suffit d'assurer que tous
les obstacles sont prévus, et seront surmontés sans effort.

IIIme. CANDIDATURE DE MOYENS ET DE CARACTÈRE.

JE dois, jusqu'à plus ample information, renvoyer ce sujet
au demi-volume complémentaire, et me borner à une distinction primordiale, celle des moyens et du caractère.

Sous le rapport des moyens pécuniaires, il est en civilisation
4,000 candidats en état de fonder l'Association simple, entreprise purement agricole, et qui n'expose l'actionnaire ou fondateur à aucun risque.

Mais sous le rapport de caractère ou convenance d'inclination, l'on peut augurer que sur quatre mille candidats on
en trouvera à peine le centième, à peine 40 de convenables. Peu
importe ce petit nombre; il n'en faut qu'un. On le découvrira
bien en Europe ou en Amérique : indiquons la voie d'exploration, en l'appuyant de quelques citations d'individus.

Ce n'est pas sur les gens colossalement riches qu'on doit
spéculer, car il ne faut pas une immense fortune pour se
mettre à la tête d'une souscription de 3 à 4 millions. Quiconque peut fournir le 10me de la somme, convient pour le
rôle de chef actionnaire, fondateur en titre.

On ne doit pas jeter les yeux sur des hommes enclins à la
petitesse; ils ne sont candidats que de moyens. Je range dans
la même classe les *effarouchés*, ceux qui alarmés à juste titre
du mal causé par les *fausses nouveautés*, I, 40, et ne sachant pas discerner entre la *FAUSSE* et la *VRAIE* nouveauté,
classeraient la théorie d'Association dans le rang des fausses
nouveautés. Il est peu de gens aptes à faire cette distinction.

Appliquons ces règles à des personnage connus. On publia en 1820 une liste de 25 des principaux propriétaires anglais, depuis le duc de Northumberland renté à 4 millions, jusqu'à sir Francis Burdett renté à 600,000 fr. M. le duc, 1er candidat de moyens, pouvait se trouver 25e candidat de caractère ; il était peut-être optimiste social, du nombre de ceux qui croient que tout va au mieux dans le monde, parce qu'ils vivent an large. (Ne l'ayant pas connu, je n'en affirme rien). D'autre part, M. Burdett, 25e candidat de moyens, était peut-être 1er candidat de caractère ; car il est notoirement de ceux qui ne pensent pas que tout aille au mieux en civili-sation, qui inclinent à goûter l'idée d'une erreur des sciences, et d'une destinée autre que l'état civilisé et barbare ; de ceux enfin qui seraient entraînés à fonder l'Harmonie, pour la gloire de délivrer le genre humain de la lymbe sociale, et d'obtenir le prix réservé à ce bienfait, l'omniarchat héréditaire de l'unité universelle.

Dans la même liste je distinguai M. Cooke, agronome très-renommé, et qui sans doute n'hésiterait pas à croire que le genre humain est fait pour la culture sociétaire et l'industrie combinée, plutôt que pour les fourberies, déperditions et misères qui naissent de la culture morcelée.

Sauf erreur, et d'après les renseignemens donnés par les gazettes, il m'a paru encore que le duc de Devonshire et le comte Grosvenor pouvaient être comptés parmi les candidats de caractère. Il en est probablement d'autres sur les 25 ; mais ne les connaissant pas, je ne puis en juger. Quant aux riches capitalistes et négocians anglais qui n'étaient pas portés dans cette liste, s'il se trouve parmi eux des êtres aussi honorables que l'était le négociant Gresham, de Londres, ceux-là sont candidats de caractère.

Je ne doute pas qu'on n'en trouve bon nombre aux Etats-Unis, et que la fondation de l'ordre sociétaire n'y soit en-visagée comme affaire nationale, vu son extrême facilité, et le besoin urgent de régulariser les climatures et policer les Sauvages. D'ailleurs on y voit, parmi les citoyens, de très-nobles caractères, tels que M. Rufus King, signalé par l'offre qu'il fit, dans un moment de détresse, de prêter à l'état moitié de sa fortune. On peut donc espérer de trouver sur ce point des candidats de caractère, et sur-tout des masses de sous-candidats ou souscripteurs actionnaires.

Dans l'île de St.-Domingue, le président *BOYER* est vivement intéressé à ce qu'on arrive promptement à une issue de civi-lisation. Même intérêt doit stimuler les chefs des gouvernemens américains nouvellement affranchis : ce sont des candidats sur qui l'on doit jeter les yeux, notamment sur le président *BO-LIVAR* qui, illustré par ses faits d'armes, ne l'est pas moins par son désintéressement politique, et son humanité à l'égard des nègres dont il a ménagé l'affranchissement.

Passant au continent européen, nous n'y trouverons pas nombreuse clientelle ; cependant je vois en Hollande un candidat très-distingué, le baron de Wulferer, de la Haye, qui a de ses deniers avancé aux Grecs, en munitions et secours, plus d'un millions de florins, et a contre-balancé à lui seul la tendance de la chrétienté à livrer cette malheureuse nation aux bourreaux mahométans. Un tel homme est de droit au 1er rang parmi les caractères magnanimes et vraiment philantropiques. Tels sont les êtres vers qui il faut tourner ses regards, pour la délivrance du genre humain et la fondation d'une Phalange démonstrative.

Jetant les yeux sur l'Allemagne, je n'y vois pas de candidats de caractère parmi les grands et les riches personnages. Les deux Rois de Danemarck et de Saxe ont été dépouillés d'un tiers de leurs états ; seraient-ils sensibles à l'idée d'obtenir en indemnité plus qu'ils n'ont perdu ? Ils traiteront d'illusion cette perspective : ni ces princes, ni d'autres, ne penseront que le genre humain soit malheureux en civilisation. Il n'est donc d'autre moyen à faire valoir auprès d'eux, que l'appât du triplement subit de revenu.

Parmi les princes dépossédés, il s'en trouve de collectifs, comme les magnats de Pologne et les trois sénats de Venise, Gênes et Lucqúes. Ceux-là, mécontens de la civilisation, peuvent goûter l'idée de passer à une autre période sociale, et entreprendre la facile fondation qui élevera le globe à l'unité.

Parmi ceux qui ont perdu un trône, on peut remarquer le prince *Eugène* de Leuchtenberg, candidat d'autant plus précieux que, si un personnage marquant de l'Allemagne incline à la fondation, il trouvera foule de sous-candidats ou actionnaires parmi les Allemands de moyenne fortune, et même parmi les grands. La nation allemande, renommée par sa judiciaire, est la plus apte à peser et apprécier les immenses avantages de l'Association : j'en conclus qu'on doit beaucoup compter sur elle.

En Italie et en Pologne, on trouvera des candidats parmi les princes et les grands. La circonstance les a entraînés dans les débats révolutionnaires ; ils y ont été froissés, et inclineront d'autant mieux à penser que la civilisation, incompatible avec toutes les idées généreuses, n'est point la destinée du genre humain.

Telle est l'opinion de tout parti battu en révolution : les hommes en général ne reviennent de leur engouement pour la civilisation, qu'après en avoir été dupes. On pourrait, d'après ce principe, spéculer sur les partis battus, si ceux qui échappent à l'échafaud pouvaient emporter leur fortune.

C'est

C'est ce qui n'a pas lieu : de là vient que l'Italie , l'Espagne et le Portugal qui auraient fourni beaucoup de candidats , ne seront peut-être d'aucun secours.

Je devrais considérer la Russie comme abondante en candidats , si l'esclavage des cultivateurs ne s'y opposait à l'essai du mécanisme d'attraction : l'on ne pourrait ni organiser , ni faire manœuvrer des Séries passionnelles en les composant d'esclaves. D'ailleurs, les seigneurs russes, habitués à conduire à coups de fouet leurs paysans, admettraient difficilement l'idée de culture attrayante et opérée spontanément sans fouets ni supplices.

Cependant aucun pays n'a un besoin plus pressant de la restauration climatérique (Note A , I , 53); aucun ne serait plus intéressé à voir l'oranger croître en pleine terre à *Kola* , *Nord-Laponie* , sous cinq ans ; (plus, les 2 ans nécessaires à l'épreuve démonstrative). Les seigneurs russes, possesseurs de vastes domaines que les frimats frappent de stérilité, trouveraient dans ce seul incident un triplement de fortune, indépendamment des autres chances de triplement, inhérentes au mécanisme sociétaire.

Plusieurs de ces Boyards pourraient , même sans toucher à leur revenu, effectuer la fondation. J'ai ouï dire que le prince Scheremetoff avait refusé un million d'un riche serf qui voulait s'affranchir à la suite de quelque grand bénéfice, héritage ou autre. En acceptant l'offre et employant ce million à former la compagnie actionnaire de 3 à 4 millions , le prince travaillerait pour l'intérêt du genre humain et pour le sien : la perspective de l'omniarchat du globe peut bien tenter un homme riche à 12 millions de rente. Le prince Labanoff construit, dit—on, un palais dont les frais s'éleveront à 10 millions. Qu'il essaie de laisser une aile en suspens, et d'affecter 3 millions à la fondation sociétaire, affaire digne de réflexion ! (*Item* , la bâtisse de St.-Sauveur, à Moscou.)

Et la France ! n'offre—t—elle donc point de candidats ? Le duc d'Orléans , par la naissance d'un héritier de la couronne , vient de perdre un beau trône qui serait échu à sa famille : ne sera—t—il point tenté d'obtenir un trône cent fois plus beau que celui de France ?

D'autres aussi ont les moyens et paraissent enclins aux grandes choses : malheureusement l'esprit français viendra à la traverse : nul homme en France n'oserait se prononcer sur une idée neuve, avant que les détracteurs et les sceptiques n'eussent donné l'impulsion.

Pour mieux définir l'obstacle, je pourrais indiquer en France une gamme complète d'antagonistes ; ils débuteront par des mesures hostiles contre une découverte qui est tout à leur avantage ; en voici la séquelle.

Table des Antagonistes français.

K LES CALEMBOURGEOIS.   **H** LES IMPOSSIBLES.

8. Les sophistes.

1 Les inconséquens.   4 Les rétrogrades.   9. Les faux libéraux.

2 Les moutonniers.   5 Les simplistes.   10. Les contre-pédans

3 Les extranéomanes.   6 Les mercantiles.   11. Les envieux.

7 Les sceptiques.   12. Les impies.

Y LES EFFAROUCHÉS.   **X** LES ENTRAINÉS.

J'avais joint à cette table, une note explicative de chacune des 16 espèces ; mais le commentaire eût paru offensant à la nation française qui n'aime pas les vérités : aussi ai-je réduit à 18 défauts au lieu de 36, l'Ulter-Logue, 472. Ici je réduis de 16 à 4, expliquant seulement les pivots Y et transitions K (*).

(*) K. *Les Calembourgeois.* Dans tout autre pays, ils ne seraient rien moins qu'une puissance ; ils en sont une en France. Le moindre calembour sur l'Attraction passionnée, intimidera vingt académies, et jettera dans l'hésitation celles qui inclineraient à une opinion favorable. En vain leur dirait-on que les calembours sont le talent du petit peuple, des compagnons du gavot ; raison insignifiante aux yeux d'une nation qui n'estime que les jeux de mots et l'abus du bel esprit. Il en résulte que les Calembourgeois, sans être tout-à-fait en France les arbitres de l'opinion, exercent *par initiative* une haute influence ; et il suffirait d'eux seuls pour faire tomber toute la nation française dans le vice indiqué, I, 42, le tort de confondre les vraies nouveautés avec les fausses ; de se laisser gagner de vîtesse par d'autres qui pourront opiner à agir, tandis que les Français perdront le temps à parler, et manqueront pour un jeu de mots, le remboursement de leur dette de 12 milliards.

H. Sur la ligne des *Calembourgeois* figurent les *Impossibles*, gens qui font encore moins de frais d'esprit, et obtiennent en France de l'influence à bon marché, car leur science tout entière consiste dans le seul mot IMPOSSIBLE. Ces deux classes vicient l'opinion sur tout ce qui touche aux découvertes ; accueillant les mauvaises, comme le sucre de lait et le café de chicorée, et rejetant les bonnes, entr'autres la vaccine qui a lutté vingt ans contre les détracteurs avant d'être admise.

Je place en *transition* lesdites coteries, sous-directrices de l'opinion française que régissent en *pivot* les deux suivantes.

Y. *Les Effarouchés.* La peur ne raisonne pas : une fièvre de peur a gagné l'Europe ; elle a désorienté certaines puissances, à tel point qu'on a vu la Russie perdre, en six mois, le fruit des travaux de Pierre et de Catherine, et manquer le moyen de mettre un terme aux révolutions civilisées, aux brigandages ottomans et barbaresques : l'*effarouchement* ou frayeur outrée de l'esprit révolutionnaire empêchera les cabinets européens d'apprécier la seule invention qui puisse servir leurs intérêts

Toute règle est sujette à exception : je ne doute pas qu'il ne se trouve parmi les grands dignitaires de France, des hommes plus clairvoyans que leur nation, et qui, en dépit du scepticisme, apprécieront la découverte, et reconnaîtront quelle duperie ce serait à la France de n'en pas prendre l'initiative.

Parmi les candidats, on peut porter en liste les sociétés qui ont un but philantropique ou industriel : en Angleterre, celle de l'abolition de la traite, et celle des découvertes dans l'Afrique intérieure : en France, celle d'encouragement de l'industrie nationale, et autres à qui la théorie d'Association devient indispensable pour les conduire à leur but, d'où les éloigne de plus en plus le régime civilisé.

Au nombre des corporations à compter pour candidats, on doit placer le clergé de France. Aucune classe n'est plus intéressée à réparer promptement ses pertes : sans trop d'attachement aux biens temporels, on regrette nécessairement ceux dont on a été dépouillé. L'état sociétaire assurerait d'emblée au clergé une compensation plus que suffisante; la place de curé élevant au rang de magnat de Phalange, devient en

politiques et fiscaux. La découverte de l'Association aurait été, il y a 40 ans, accueillie d'eux avec transport : à cette époque, j'aurais compté pour candidats tous les souverains d'Europe : aujourd'hui la défiance les a gagnés, et sans vouloir distinguer entre la fausse et la vraie nouveauté, I, 42, ils dédaigneront le calcul de l'Harmonie, par cela seul que c'est une nouveauté. Au reste, une puissance plus clairvoyante fera sagement d'entretenir leur défiance pour les gagner de vîtesse.

X. *Les Entraînés*; entr'autres les journalistes, corporation obligée à une pleine déférence pour l'opinion. A Rome, le cri du peuple était, *Panem et circenses*; en France le cri public est, *Panem et derisores*. Le Français veut des railleries à tort ou raison; elles suffisent à l'indemniser de la perte d'une bataille, d'une province, d'un musée.

Tout journaliste est dans la passe du négociant obligé d'approvisionner son magasin des denrées que lui demande le consommateur. Une gazette, en France, est donc obligée de railler les découvertes provenant des Français, et se prêter à l'esprit de la nation qui aime à ravaler les siens, selon la doctrine du R. P. Franchi : *l'amour du mépris de soi-même.*

Par suite de ces travers on ne peut espérer en France que des candidats hésitans, des TRAINARDS qui arriveront après le gain de la bataille. Je souhaite au reste que les exceptions soient assez nombreuses pour démentir l'augure; mais il suffirait déjà de ces 4 sortes d'antagonistes pour frustrer la France : que sera-ce en y ajoutant les 12 autres dont je supprime l'analyse, de peur qu'on ne considère comme diatribe malveillante ce tableau très-impartial du zoïlisme français ?

41.

Harmonie un poste équivalant, pour le temporel, au sort d'un archevêque de France. Le bien-être des vicaires sera en proportion ; ce qui me donne lieu de remarquer qu'aucune classe n'est plus vivement intéressée que le clergé français, sous les rapports de la charité chrétienne et de l'intérêt corporatif, à accélérer l'épreuve de l'Association.

La mort a enlevé les trois candidats sur lesquels on pouvait raisonnablement asseoir des espérances.

Le 1er était le *prince de la Paix*. Possesseur d'une fortune gigantesque et tombé dans la disgrâce, il aurait goûté l'idée de devenir subitement le premier homme du monde, sans aucun risque pécuniaire, et il aurait fondé la Phalange d'épreuve en Italie, local éminemment convenable par la douceur du climat et la longue durée des cultures.

Le 2e était le feu *duc de Bedford* qui, à une fortune colossale, joignait le goût des grandes améliorations agricoles, et semblait appeler une méthode ultra-civilisée. D'après la protection et les secours effectifs qu'il accordait à l'utile industrie, il est hors de doute qu'il aurait ambitionné le titre de fondateur de l'Association, et le sceptre du globe.

Le 3e candidat défunt était *Bonaparte*, qui aurait envahi ce rôle non par générosité, mais par voracité de puissance, par impatience de monarchie universelle, et crainte d'être devancé en Angleterre. L'entreprise convenait merveilleusement à son caractère ; il n'eût pas tenu un quart d'heure contre la chance de s'élever au trône du monde, et opérer l'unité universelle par une petite entreprise qu'il pouvait exécuter en 6 mois à côté de son palais de St.-Cloud, et sans aucun risque ni pécuniaire, ni politique. Il aurait employé dix mille ouvriers à accélérer la fondation, transporter des arbres à fruit avec leur terre enlevée en cylindre.

Dans cette occasion, Bonaparte, par égoïsme outré, aurait fait l'acte le plus philantropique, le bien de l'humanité entière. La perspective d'unité universelle aurait flatté Bonaparte, même sur ses goûts les plus critiqués, tel que celui de vouloir transformer en militaires jusqu'aux boulangers et écoliers : c'était une manie d'unitéisme ; elle serait pleinement satisfaite dans l'état sociétaire qui, dès la 2e année, habituera les 900 millions d'hommes, femmes et enfans, à opérer aussi unitairement qu'une légion de 900 hommes.

On demandera pourquoi je n'ai pas publié l'ouvrage sous le règne de Bonaparte, aux goûts de qui l'opération eût été si bien adaptée ? C'est que je ne connaissais pas la théorie du mode simple. Je n'ai fait qu'en 1814 et 1817 les deux principales découvertes sur le mode composé, et qu'en 1819 l'invention du simple. Le hasard ayant dirigé à contre-sens la marche de cette nouvelle science, et m'ayant engagé d'abord dans le calcul du mode composé, j'ai dû différer longtemps à le publier, parce qu'il exigeait de pénibles recherches, qui n'avançaient que lentement et sur lesquelles j'ai souvent échoué des années entières.

Tous ces calculs n'étaient pas rigoureusement nécessaires; je n'y tenais que pour lutter contre une nation de détracteurs qui se plaît à écraser toute invention d'un compatriote. Elle aurait pu jouir de celle-ci et la mettre à exécution, en mode sur-mixte (II, 17) dès l'an 1803. Bonaparte encore gêné à cette époque dans ses projets d'agrandissement, aurait saisi avec avidité cette chance de gloire et de suprématie universelle.

Négligeant les défunts, nous avons encore dans neuf classes de vivans, des candidats notables.

1. Parmi *les entreprenans*, je distingue l'amiral Cochrane, homme aventureux en guerre et en industrie, car il a établi de grandes usines au Chili. On assure qu'il a fait. d'amples bénéfices dans ses expéditions navales; c'est tout-à-point un candidat pour la fondation de l'ordre sociétaire.

2. Parmi *les agronomes politiques*, je ne sais si **M. de** Fellenberg inclinerait à se mettre à la tête de la société actionnaire. Je ne connais pas assez son caractère pour asseoir un jugement à cet égard.

3. Parmi *les proscrits*, les Grecs qui auront pu échapper aux boucheries ottomanes : on assure que le prince Karaza, retiré en Italie, possède de grands capitaux. L'entreprise lui conviendrait sous tous les rapports.

4. Parmi *les ambitieux* : je lisais dernièrement que le marquis de Londonderry a dépensé 30,000 l. sterl., soit 750,000 fr. pour sa 1re élection. Ceux qui font en Angleterre de tels sacrifices pour une fonction temporaire, hésiteront-ils à employer pareille somme, non pas en *dépense perdue*, mais en *avance garantie* pour une fondation qui, au lieu de conduire au médiocre poste de député, conduira au trône héréditaire du globe. Voilà une proie faite pour tenter un ambitieux.

5. Parmi *les colons* : dernièrement une réunion de 200 familles suisses a fondé sur l'Ohio, la ville de Neu-Vevay, composée d'environ mille habitans inégaux. Ils auraient fait moins de frais pour une distribution de Phalange mixte de 4e degré, pag. 17. Ainsi beaucoup d'individus et de corporations mettraient et auraient mis en pratique le procédé sociétaire, s'il eût été plus tôt découvert et publié.

6. Parmi les *négatifs* : je range dans cette catégorie les gens enclins aux folles dépenses, et incapables de faire de la fortune quelqu'emploi judicieux. Certain fermier-général (j'ai oublié son nom, bien digne d'oubli), dépensa 4 millions pour donner à Louis XIV une fête instantanée, recevoir dans son château le monarque à son passage. Louis dédaigna ce stupide hommage

et ne s'arrêta qu'un quart d'heure chez le traitant qui insultait à la misère des peuples par cette dépense de 12 millions. (4 millions du siècle de Louis XIV en valaient 12 de nos jours).

Les sangsues de cette espèce n'adhéreront jamais à faire un sage emploi de capitaux, dans une entreprise agricole, manufacturière et *franche de risques*, telle que la fondation de la Phalange d'épreuve : ils sont candidats de haut degré en moyens pécuniaires, mais candidats *CRETINS* en moyens intellectuels.

7° Parmi les *occasionnels*, c'est-à-dire ceux qui ayant une somme très-majeure engagée dans une affaire ingrate, peuvent en distraire tout ou partie sans paralyser l'entreprise. Telle est la situation du Corps Germanique ; il a 20 millions en dépôt pour la fortification d'Ulm, non adoptée ; sur quoi on lui a observé avec raison ,

1° Qu'Ulm tout seul ne formant pas ligue, serait insuffisant à arrêter un ennemi victorieux.

2° Qu'il faudrait, même en appuyant Ulm par d'autres forts, en établir encore une première ligne sur le Rhin.

3° Que les plans proposés pourraient entraîner une dépense de 100 millions au lieu de 20.

Le Corps Germanique n'en serait donc pas quitte à moins de 100 millions, dont le 20° est 5 millions.

Qu'il essaie d'affecter ce 20° à la fondation de la Phalange d'épreuve. Les fonds ne seront pas aliénés pour cela, et seront dans tous les cas placés aussi solidement que chez un banquier, où ils sont demeurés 3 ans sans intérêt.

Belle cause à plaider vers le Corps Germanique, d'autant mieux que toutes ses familles souveraines et princières auraient besoin de procurer des sceptres à leurs nombreux enfans ou collatéraux. Je les invite à réfléchir sur la perspective, exposée I, 286 et 318.

On devra faire valoir la chance d'inutilité prochaine de toutes les forteresses, dès l'instant où le globe passera à l'Harmonie sociale ; puissant motif de distraire, pour un essai *exempt de risque*, une portion de toute somme affectée à ces constructions, *ET DÉJA VERSÉE EN DÉPÔT*.

Nous pouvons donc placer le Corps Germanique au premier rang, parmi les candidats *occasionnels* ; mais il présente l'inconvénient de masse disséminée, qu'il est difficile d'amener à une décision, même dans l'affaire la plus favorable pour elle. Ce n'est pas moins un sujet de spéculation , sous le double rapport de la disponibilité des fonds, et du danger encouru par le Corps Germanique de quintupler inutilement le fonds de 20 millions déjà fourni.

Concluons de ce tableau, qu'on trouvera facilement un fondateur, puisque sur 4000 candidats il suffit d'en convaincre,

UN SEUL. Encore dans ces aperçus n'ai-je pas mentionné les deux plus notables, deux candidats vraiment *forcés* et *pivotaux*, X en individuel et Y en collectif.

La précaution à employer pour déterminer les indécis, c'est d'établir une distinction exacte entre la forme et le fond du débat.

QUANT AU FOND, il s'agit de savoir si le procédé d'Association est découvert, et si ce procédé est vraiment la *SÉRIE PASS.*, *contrastée, rivalisée, engrenée.* Les détracteurs nieront et railleront, selon leur usage : mais présentent-ils un procédé meilleur? Non; ils n'en proposent aucun, n'en savent imaginer aucun ; ils ne sont habiles qu'à diffamer les inventeurs et non à les suppléer ; comparables à de mauvais soldats qui refuseraient de combattre et voudraient après la victoire dénigrer ceux qui ont monté à l'assaut : bien fou qui prête l'oreille à de pareils hommes.

QUANT A LA FORME, ils trouveront amplement à mordre ; mais il restera à examiner s'ils ne sont pas dupes de leur malice, et pris aux divers piéges que je leur ai tendus. Voyez le plan de ce IIe tome, page 8 1/2.

Les lecteurs impartiaux et faibles approuveront le fond et non la forme ; les lecteurs judicieux approuveront l'un et l'autre, et concevront que l'inventeur n'ayant besoin que de persuader un candidat sur 4000, n'a que faire d'en convertir 3999 plus ou moins imbus de préjugés, ni de recourir à la flatterie qu'exigent les gens opulens. On doit peu compter sur les personnages heureux ; la prospérité les enivre, les aveugle sur le mal-être général, et leur persuade que l'état civilisé est, selon l'avis de Pangloss, *le meilleur état du meilleur des mondes.* Il est mieux de jeter les yeux sur les hommes qui ont essuyé quelques revers, et qui atteints par le malheur, sont forcés de croire à son existence et de suspecter la civilisation.

Nota. L'Épi-Section devait contenir un 4° article affecté aux aperçus d'Association sous-hongrée, page 17 : beaucoup de gens n'ont pas les moyens de tenter une réunion de 400, 500, 600, et pourraient entreprendre sur 200 personnes, soit 40 familles, en y employant quelque monastère vacant.

Sur ce, j'ai observé que plus le nombre va en diminuant, plus l'opération rencontre d'obstacles. Elle n'est pourtant pas impossible à 200; mais ce serait un sujet d'amples détails qui pourront trouver place au 3e volume, si on paraît les désirer.

TABLE. { Les lacunes d'Attraction. 631
Les deux candidatures. 638
L'installation de la Phalange. 634

ÉPILOGUE, renvoyé.

LA POLITIQUE RÉTROGRADE, FAUSSÉE PAR 16 DÉGÉNÉRATIONS.

Une sage administration évite avec raison les pas rétrogrades. Le siècle allait s'engager dans ce trébuchet, par crainte de l'esprit révolutionnaire qu'anéantit sans retour la découverte de l'Association. En échappant au mal, examinons le vice de l'antidote qu'on voulait y appliquer.

Quelques-uns envisagent comme unique voie de bien, le rétablissement intégral de l'ordre qui existait en 1780. Il est un incident qu'ils oublient de porter en compte ; c'est la dégénération sociale, qui mettrait en défaut tous les calculs rétrogrades.

Sans doute il est très-possible de rétablir les FORMES du passé ; la féodalité, la dîme, les parlemens *remontrans* ou opposition provinciale, etc. Mais peut-on rétablir le FOND, l'esprit social de 1780 ? Non : les bases ne sont plus les mêmes ; la civilisation a plus vieilli en 30 ans, qu'elle n'aurait fait en 300 ans de régime ordinaire, et depuis 1789 elle est affligée de seize nouvelles plaies ; par exemple :

1° *Dépravation du peuple* : il est plus rusé, plus vicieux aujourd'hui dans les villages, qu'il ne l'était autrefois dans les villes. On se flatte de le ramener aux mœurs : on ne le ramènerait qu'à l'hypocrisie ; les pères transmettraient leurs opinions à leurs enfans.

2° *Omnipotence des traitans et agioteurs* : ce sont des colosses qui aujourd'hui entrent en partage avec l'autorité, et seraient une arme dangereuse entre les mains d'un ennemi intéressé à entretenir les troubles.

3° *Le progrès de la fiscalité, source de désaffection.* Quand Bonaparte établit les droits réunis, la populace le surnomma BONNE-ATTRAPE. Un maître est d'autant moins aimé des peuples, qu'il est plus coûteux. Si le Tyrol affectionne l'Autriche, c'est à l'exiguité d'impôts qu'elle le doit.

Je pourrais porter de 3 à 16 la liste de ces dégénérations très-récentes ; j'en ai le tableau. De là il faut conclure qu'en rétablissant la forme de 1780, on ne rétablirait point le fond.

Une maison est renversée par un tremblement ; le propriétaire doit-il rebâtir sur les mêmes fondemens, sous prétexte qu'ils étaient solides ? Mais ils ne le sont plus ; le tremblement les a ébranlés, en a faussé l'équilibre. Tel est aujourd'hui le corps social : on n'y trouve plus les élémens de 1780, et celui qui veut bonnement revenir à 1780, calcule à peu près comme le croisé qui croit venir retrouver sa chaste épouse et son domaine. Que trouvera-t-il ? Son épouse occupée par le chevalier *Fleur-d'Amour*, et son château envahi par le *Barbare Baron.* (Pièce du retour d'un croisé, gens qui comptent sans leur hôte).

C'eût été un sujet d'Epilogue assez curieux, et propre à faire sentir à la politique française le prix d'une découverte qui la préserve des fautes futures, tout en réparant les fautes passées, en soldant la dette fiscale et consciencieuse de 12 milliards.

A Besançon, de l'Imprimerie de Vᵉ. DACLIN, Imprimeur du Roi.

www.ingramcontent.com/pod-product-compliance
Lightning Source LLC
LaVergne TN
LVHW050444060726
842526LV00001B/43